精通 ArcGIS Pro

（原书第 2 版）

Mastering ArcGIS Pro

（Second Edition）

〔美〕玛丽贝丝·H. 普赖斯（Maribeth H. Price） 著

陈健飞　陈颖彪　译

朱定局　校

科 学 出 版 社

北　京

图字：01-2025-2856 号

内 容 简 介

本书以 GIS 和 ArcGIS Pro 为两条主线，从实际应用角度出发，阐述了 GIS 的基本概念及相关理论，编写了循序渐进的学习指南；结合适当的实际案例，系统地介绍了 ArcGIS Pro 的概念、功能和用途。全书共分为 12 章，主要内容包括 GIS 概述、绘制 GIS 数据、展示 GIS 数据、坐标系统、矢量数据管理、栅格数据管理、属性数据、编辑、查询、连接和叠置、栅格分析、共享 GIS 等。每章的教程部分用较大篇幅介绍了基本操作技能，并随书附有软件实际操作视频。

本书内容覆盖面广，理论和实践相结合，深入浅出，可操作性强，适用于高等学校 GIS 及其相关专业学生及感兴趣的初学者，也适用于科研院所和企事业单位中从事 GIS 研究与应用工作的专业人员。

Maribeth H. Price
Mastering ArcGIS Pro（Second Edition）
ISBN 978-1-264-09120-1

审图号：GS 京(2025) 1124 号

图书在版编目(CIP)数据

精通 ArcGIS Pro : 原书第 2 版 / (美) 玛丽贝丝 • H. 普赖斯 (Maribeth H. Price) 著 ; 陈健飞, 陈颖彪译. -- 北京 : 科学出版社, 2025. 11. -- ISBN 978-7-03-083007-4

Ⅰ. P208.2

中国国家版本馆 CIP 数据核字第 2025JN0966 号

责任编辑：邓新平　仝　冉 / 责任校对：张亚丹
责任印制：赵　博 / 封面设计：义和文创

科 学 出 版 社 出版
北京东黄城根北街 16 号
邮政编码：100717
http://www.sciencep.com
保定市中画美凯印刷有限公司印刷
科学出版社发行　各地新华书店经销
*
2025 年 11 月第　一　版　开本：787×1092　1/16
2025 年 11 月第一次印刷　印张：25 1/2
字数：646 000

定价：98.00 元

（如有印装质量问题，我社负责调换）

译 者 序

本书为 *Mastering ArcGIS Pro*（原书第 2 版）的中译本，原著由美国 McGraw-Hill Education 于 2023 年出版，为美国高校广泛采用的地理信息系统（GIS）入门教材。该教材构建了 GIS 基本原理和国际主流软件应用的双轨教学体系，理论联系实际，内容图文并茂，数字资源完备（配备教学课件、实验数据集和软件操作视频），是 GIS 课程教学与自主学习的优质方案。

随着地理信息技术进入“空间智能”新纪元，Esri 公司推出的 ArcGIS Pro 标志着 GIS 软件范式的重大革新。相较于前代产品，ArcGIS Pro 采用 64 位多线程架构与功能区界面设计，实现 2D/3D 地理处理的无缝衔接，并深度整合 ArcGIS Online 云平台，形成“云端协同—终端操作”的新型工作流。这种技术迭代不仅提升了系统性能与跨平台适应性，更重新定义了现代 GIS 的技术边界。本译著的推出，正是为了对接 GIS 教育领域的技术升级需求，助力读者掌握新一代 GIS 技术体系。

全书由广州大学陈健飞教授、陈颖彪教授翻译，华南师范大学朱定局教授校阅。本书插图为原文原图。译者团队自 2002 年起持续引介国际 GIS 经典教材，其中张康聪（Kang-tsung Chang）教授所著的《地理信息系统导论》历经九版修订，累计发行十余万册，并于 2022 年入选中国科技出版传媒集团“社长总编年度精选”TOP5 学术著作。期待这部新引进的 GIS 迭代教材也能发挥同样的效益，并恳请广大师生与读者不吝指正，以便再版/重印时优化完善。

配套数字资源获取说明：刮开封底左上的涂层获取激活码，扫描封底二维码输入激活码可在线下载中英文双语教学课件、实验数据集、软件操作视频和练习参考答案等。

陈健飞

（E-mail：cjf@gzhu.edu.cn）

2025 年 5 月 1 日于广州

前　言

欢迎阅读《精通 ArcGIS Pro》，这是一本学习 Esri 公司最新 ArcGIS 软件的详细入门书，本书旨在为您提供掌握 GIS 基本要素所需的一切。

说明：ArcGIS Pro、ArcGIS、ArcMap、ArcCatalog、ArcGIS Desktop、ArcInfo Workstation 以及书中使用的其他程序名称均为 Esri 公司的注册商标。书中使用的软件名称和屏幕截图由 Esri 公司许可复制。为便于阅读，名称中省略了 ™ 符号；但是，作者无意侵犯或否认 Esri 公司的权益，也不宽恕这种行为。

GIS 新体验的新教材

虽然 GIS 的概念一直保持不变，但软件却在不断发展。随着 Esri 公司 GIS 系列最新软件 ArcGIS Pro 的发布，新一代 GIS 已经到来。ArcGIS Pro 采用 64 位多线程架构，使用功能区式菜单，集成了 2D 和 3D 应用程序，并与 ArcGIS Online 紧密相连。

《精通 ArcGIS Pro》是对《精通 ArcGIS》的重大修订，后者涵盖了使用 ArcMap 和 ArcCatalog 等 ArcGIS 桌面程序的 GIS 概念和技能。尽管这两本书中的 GIS 概念基本保持不变，但实施方法和某些术语却发生了变化。新软件促使第一版对其全书进行了重新编排，第二版保留了这些改动。

第一，本书重新聚焦于 GIS 基础知识。一方面是出于这个原因，另一方面也是为了更好地配合学期的节奏，本书现在分为 12 章，为教师留出时间，以便在学期中更好地安排考试和项目。一些更高级和不常用的技能，如平面拓扑和基于标准的元数据，则留给学生自己探索。ArcGIS Pro 软件的功能和界面在不断发展。虽然 ArcGIS Pro 的基本功能自第一版以来没有太大变化，但界面却有许多细微的变化。第二版已作更新，以反映 2.2 版和 2.8 版之间界面上的许多小变化。

第二，本书包含了一些新的主题。增设了栅格数据管理章节，让学生熟悉栅格数据集的编辑和处理，补充了关于矢量数据管理的类似章节。ArcGIS Pro 的设计旨在促进 GIS 数据和工作流程的共享，在另一个新章节中探讨了这些增强功能，包括如何为使用移动设备收集数据准备数据库。

第三，对章节和主题进行了重新组织，以消除一些重复，并更合理地呈现信息。全书仍大致遵循项目模式，数据管理在前，分析在后。

第一版重新编写了教程、问题和练习。第二版的编辑主要涉及界面上的许多小改动。其中有些改动很小，但却无处不在（例如更改按钮名称）。在这种情况下，修改了文本和第一、二段视频，以反映这些不同之处，但后面的视频保持不变。

在第一版中，我试图在练习中加入更多开放性和创造性的问题，而不是依赖枯燥的问题和答案。虽然第一版的问题和练习会增加教师评分的难度，但相信它能促进学生的学习，并使练习更有趣。第二版的问题和练习保持不变。与第一版相比，教材配套的数据没有变化。

我要感谢许多使用过《精通 ArcGIS》并对其发表过意见的读者，我一直努力将这些经验教训铭记于心。我希望本书能在快速发展的 GIS 世界中继续满足他们的需求。

对读者的经验要求

本书假定读者能够自如地使用 Windows 执行基本任务，如复制文件、移动目录、打开文档、浏览文件夹以及编辑文本和文字处理文档。以前使用地图和地图数据的经验也会有所帮助。使用本书无须任何 GIS 经验或培训。

本书及配套网站的内容

该学习系统包括教材和网站，其中包括：

- 12 章内容涉及 GIS 数据管理和分析的重要概念。
- 每章都有学习技能的综合教程，每个步骤都有视频短片演示。
- 一套用于独立练习技能的练习和数据。

本书假定学生可以访问 ArcGIS Pro 和 ArcGIS Online 的组织账户。第 11 章需要使用 Spatial Analyst（空间分析）扩展模块。

作者的个人理念

本书反映了作者 25 年来在一所工程学校教授 GIS 所形成的个人理念和见解。本书的主要目的不是培养地理学家，而是为任何领域的学生提供 GIS 技能和知识。我们假定，使用本书的大多数学生已经具备了可以借鉴的特定学科知识和技能背景，并且正在寻求在自己的知识领域内应用地理空间技术。

- **概念和技能都很重要**。学生必须能够理解空间数据管理和分析中不可或缺的地理和数据库概念。只知道一系列软件步骤是不够的，还应该了解这些步骤背后的“原因”。
- **GIS 的最佳学习方法是实践**。教程是本书的重要组成部分，它将理论与实践经验相结合，促进了动手实践的积极学习环境。
- **独立完成作业和项目对学习 GIS 至关重要**。本书中的习题鼓励学生独立寻找解决方案，而非遵循刻板的操作步骤。明智的教师还会要求学生独立开发一个项目。

章 节 顺 序

本书包括导言和 12 个章节。每章大约包括一门三学分学期课程一周的学习内容。导言介绍了 GIS，并举例说明了 GIS 的使用方法，还概述了 GIS 项目管理以及如何开发项目。第 1～11 章大致遵循项目管理的原则。最后一章探讨了与他人共享 GIS 工作的问题。这些章节是 GIS 入门课程的核心，在 GIS 入门课程结束时，学生在开发和实施独立的 GIS 项目方面应该没有什么困难。

章 节 布 局

每章分为以下几节：

- **概念**：提供了解地理概念的基本背景材料，以及如何在 ArcGIS 中具体实施这些概念。大多数章节包含两部分：一部分（关于 GIS）涵盖一般 GIS 概念和理论；另一部分（关于 ArcGIS）涵盖这些概念在 ArcGIS Pro 中的具体实施。在“概念”部分后附有一组复习题和重要术语。

▪ **教程**：包含演示概念和技能的分步教程。教程从详细的说明开始，随着掌握程度的提高，逐渐变得更加通俗易懂。教程中的每个步骤都配有视频短片进行演示。

▪ **练习**：提出一系列问题，培养学生在没有逐步帮助的情况下识别适当技术和应用这些技术的技能。通过这些练习，学生可以独立掌握 GIS 流程。所有练习都包含简要的求解方法，并在适当时显示结果地图。在 McGraw-Hill Instructor 网站上有完整的答案和方法文档供教师使用。

本书的网站 http://www.mhhe.com/Price_pro2e 还包含了学习教程和完成练习所需的所有数据。

教师在布置练习时应作出判断。一般的班级要完成每章的所有练习会很吃力。非常优秀的学生可以在 3～6 h 内完成整章内容，大多数学生需要 6～8 h，少数学生需要 10 h 或更多。有较多计算机经验的学生一般会比其他学生学起来容易。

如何使用本书

在阅读本书时，建议按以下顺序进行：

- 阅读“概念”部分，熟悉原理和技术。
- 回答本章复习题，测试对教材的理解程度。
- 阅读“教程”部分，了解关键技术的分步教程和说明。
- 重读“概念”部分，强化概念。
- 进行练习。

使用教程

教程提供分步练习，并详细介绍如何执行特定任务。应鼓励学生在执行步骤时进行思考，而不仅仅是争分夺秒地完成任务。

请务必仔细按照说明操作。跳过一个步骤或操作错误可能会导致后面的步骤无法正常运行。经常保存会更容易回头纠正错误，以便继续操作。有时，由于计算机系统或软件版本之间的差异，某个步骤会无法运行。如果身边有经验丰富的用户，可以帮助找出问题所在。不过，如果没有经验丰富的用户，只需跳过该步骤，继续前进即可。

使用视频

本教材的电子版包含每个教程步骤的视频。为便于参考，对视频进行了编号。视频旨在作为一种替代学习策略。观看所有视频会很乏味。相反，可以在以下情况下使用它们：

- 当学生不理解书面说明或找不到正确的菜单或按钮时。
- 当一个步骤无法正常工作时。
- 当为了完成一个步骤而需要有人提醒做以前学过的技能时。
- 当学生发现观看视频能提高学习效果时。

观看视频和安装训练数据

观看视频

视频已嵌入电子版课本，用户可进入在线学习中心观看。每一章都可以单独下载。

安装训练数据

gisclass_Pro2e.zip 压缩包包含一个文件夹，其中有完成教程和练习所需的文档和数据。学生必须将该文件夹解压缩到自己的硬盘上。如果计算机上有多人使用本书，则每个人都应在单独的文件夹中复制一份个人数据。这些数据需要大约 360 MB 的磁盘空间。

解压缩后会创建一个名为 gisclass 的文件夹。应将其解压缩到 C:\驱动器上的某个位置。请勿将其安装在用户文档文件夹或桌面上，因为 GIS 数据在这些位置通常运行不佳。也不建议将 GIS 数据放在 GoogleDrive 或 OneDrive 等云驱动器中。

系 统 要 求

硬件

ArcGIS Pro 需要至少双核的 64 位多处理器电脑，建议使用四核或更高处理器。ArcGIS Pro 至少需要 8 GB 内存，以及至少 2 GB 内存和 24 位显示色深的优质图形卡。

有关系统要求的完整说明，请查阅 Esri 公司提供的系统要求（http://pro.arcgis.com/en/pro-app/get-started/arcgis-pro-system-requirements.htm）。

软件

Windows10（64 位家庭版、专业版或企业版）或 Windows8.1（64 位专业版或企业版）。

ArcGIS Pro 2.8 或更高版本（基础版）；某些练习需要 Spatial Analyst 扩展模块。

网络浏览器，如 Chrome、Edge、Firefox 或 Internet Explorer。

压缩工具，如 WinZip 或 7 zip。

媒体播放器，可播放 mp4 视频。

其他

ArcGIS Pro 与 ArcGIS Online（AGOL）紧密结合，后者是一个基于云的系统，旨在鼓励组织和用户之间共享 GIS 数据、工作流和其他资源。强烈建议用户至少拥有一个公共账户，订阅账户可访问更多数据和工具。第 12 章中的一些可选练习需要具有发布权限的订阅账户。

安装 ArcGIS Pro 和使用 ArcGIS Online 的练习都需要访问互联网。

如需获取或安装这些组件的帮助，请联系系统管理员、硬件/软件供应商或当地电脑商店。

致　　谢

我要感谢许多人，是他们使本书得以出版。南达科他州州长詹克洛（Janklow）在 2000 年资助了一个为期三个月的暑期项目，作为其“技术教学”计划的一部分，该项目启动了最初的《精通 ArcGIS》一书。在 2000～2020 年，我的 GIS 课上有许多学生对课文和练习进行了测试，为确保教程清晰易懂、操作正确提供了极大的帮助。《精通 ArcGIS》前几版的审稿人包括：Richard Aspinall、Joe Grengs、Tom Carlson、Susan K. Langley、Henrietta Loustsen、Xun Shi、Richard Lisichenko、John Harmon、Michael Emch、Jim Sloan、Sharolyn Anderson、Talbot Brooks、Qihao Weng、Jeanne Halls、Mark Leipnik、Michael Harrison、Ralph Hitz、Olga Medvedkov、James W. Merchant、Raymond L. Sanders、Jr.、Yifei Sun、Fahui Wang、Michael Haas、Jason

Kennedy、Dafna Kohn、Jessica Moy、James C. Pivirotto、Peter Price、Judy Sneller、Dave Verbyla、Birgit Mühlenhaus、Jason Duke、Darla Munroe、Wei-Ning Xiang、L. Joe Morgan、Samantha Arundel、Christopher A. Badurek、Tamara Biegas、John E. Harmon、Michael Hass、Nicholas Kohler、David Long、Jaehyung Yu、Sarah Battersby、Gregory S. Bohr、Kelly R. Dubure、Colleen Garrity、Raymond Greene、Joe Grengs、Eileen Johnson、James Leonard、Tao Tang。

特别感谢柯蒂斯·普赖斯（Curtis Price），他接手了我的 GIS 课程的教学工作，并根据他的学生在课堂上使用这本书的情况，分享他的专业知识并提出修改建议。

Esri 公司迅速且慷慨地允许我在全书中使用屏幕截图、数据和其他材料。衷心感谢得克萨斯州奥斯汀市将其精美的 GIS 数据集用于公共领域。感谢 George Sielstad、Eddie Childers、Mark Rumble、Tom Junti 和 Patsy Horton 慷慨提供数据。感谢汤姆·伦纳德（Tom Leonard）和史蒂夫·鲍尔（Steve Bauer）长期以来对计算机实验室的管理，没有他们，我就无法教授 GIS 课程或编写本书。感谢 McGraw-Hill 团队为本书第二版所做的工作，特别是 Katherine Habr 和 Jodi Rhomberg。感谢达里尔·波普（Daryl Pope）和约翰·苏佩（John Suppe），前者引领我进入 GIS 领域，后者鼓励我重返研究生院，继续从事 GIS 工作，研究金星的迷人之处。感谢查尔斯·R. 培根（Charles R. Bacon），我有幸与他一起绘制了火山口湖的地质图。感谢我的搭档大卫·斯托拉兹（David Stolarz），当我在写作和编辑工作中遇到困难时，是他给了我持续不断的鼓励。最后，当然也是最重要的一点，感谢柯蒂斯·普赖斯和我的女儿弗吉尼亚（Virginia）和玛德琳（Madeleine），感谢她们在我花费大量时间编写这本书的过程中给予我的理解和支持。

作　者

目　录

导　言

目标

读完本导言后，您将能够

- ➢ 解释什么是 GIS，并介绍其一些操作和用途
- ➢ 开始管理 GIS 项目
- ➢ 规划完成 GIS 项目的任务顺序
- ➢ 查找资源，进一步了解 GIS

概　念

GIS 的定义

GIS 是地理信息系统的缩写。实际上，GIS 是一套计算机工具，可以让人们处理与地球上特定位置相关的数据。虽然 GIS 常被误认为只是计算机制图系统，但其功能范畴和复杂度远超于此。GIS 是一个专门用于处理地图数据的数据库。

请看当地电话公司的会计部门。他们维护着一个庞大的客户计算机数据库，其中存储着每位客户的姓名、地址、电话号码、服务类型和账单信息。这些信息与客户居住地的关联具有偶然性；他们可以执行大多数重要功能（例如计费），而不需要知道每家每户的位置。当然，他们需要地址来邮寄账单，但邮局才会关心房屋的实际位置。这种类型的信息被称为**非空间数据**，意思是它与地球表面的位置没有联系，或者只是偶然有联系。

然而，服务部门的员工需要利用**空间数据**来提供电话服务。当停电后有数百人拨打电话时，服务部门必须分析电话的分布情况，并找出发生停电的地点。当建筑公司开始在街道上施工时，必须告知工人埋设电话电缆的准确位置。如果开发商建造了一个新小区，公司必须能够确定与现有网络连接的最佳位置，以便有效地从主干线分配服务。当技术人员准备当天的上门服务清单时，他们需要计划上门服务的顺序，以尽量减少驾驶时间。在这些任务中，位置是工作的一个关键方面，而信息是空间数据。

在这个例子中，使用了两种软件。会计部门使用名为数据库管理系统（database management system，DBMS）的专用软件，该软件经过优化，可处理大量空间数据。服务部门需要访问一个专门用于处理空间数据的数据库，即地理信息系统。由于这两类软件相互关联，因此它们经常一起工作，也可能访问相同的信息。不过，它们处理数据的方式不同。

GIS 由一系列硬件和软件组件构成。

▪ **计算机硬件平台**。由于空间数据存储和处理的密集性，GIS 曾一度局限于大型主机或昂贵的工作站。如今，它可以在普通的台式计算机上运行。

▪ **GIS 软件**。这些软件在成本、易用性和功能水平方面差别很大，但至少应提供一些最基本的功能，如下面几段所述。在本书中，我们将研究一个功能强大、使用广泛的特定软件包，但也有其他软件可供选择，而且可能同样适合某些应用。

- **数据存储**。有些 GIS 项目只使用计算机的硬盘驱动器。如果要存储大量数据或多个用户需要访问相同的数据集，可能需要更复杂的解决方案。如今，许多数据集都存储在数字仓库中，许多用户可通过互联网访问这些数据集。光盘刻录机或 USB 便携式驱动器对于备份和共享数据非常有用。
- **数据输入硬件**。许多 GIS 项目都需要复杂的数据输入工具。数字化仪平板电脑可将纸质地图上的图形作为要素输入 GIS 数据文件，扫描仪可创建纸质地图的数字图像，互联网连接可方便地访问大量 GIS 数据。由于 GIS 数据集可能有几十或几百兆字节甚至更多，因此最好使用高速连接。
- **信息输出硬件**。能打印字母大小的优质彩色打印机可为 GIS 提供最基本的输出能力。许多项目都需要能处理地图尺寸输出（36 英寸×48 英寸[①]）的打印机。如今，电子输出已很普遍，包括 PDF 文件或网站或移动设备上的交互式地图。
- **GIS 数据**。数据的来源和格式多种多样。收集数据、评估其准确性和维护数据通常是 GIS 项目中耗时最长、成本最高的部分。
- **GIS 人员**。如果没有训练有素、知识渊博的人员来运行，计算机和硬件系统就毫无用处。专业培训对成功实施 GIS 的贡献往往被忽视。

GIS 软件的功能差别很大，但任何自称为 GIS 的系统至少应提供以下功能。

- 从各种来源**输入数据**，包括数字化仪、扫描仪、文本文件和最常见的空间数据格式，还应提供将信息导出到其他程序的方法。
- **数据管理**工具，包括建立数据集、编辑空间要素及其属性以及管理坐标系和投影的工具。
- **专题制图**（以地图形式显示数据），包括以不同方式符号化地图要素和组合地图图层进行显示。
- **数据分析**功能，用于探索地图图层内部和图层之间的空间关系。
- **地图布局**功能可创建带有标题、比例尺、指北针和其他地图元素的数字地图或纸质地图。

地理信息系统有多种用途，但提供收集、管理和分析数据的手段，从而为更好的决策提供信息，是每个地理信息系统的共同目标和优势所在。本书是了解和使用 ArcGIS 这一特定地理信息系统的实用指南，帮助读者了解什么是地理信息系统、地理信息系统有哪些功能以及如何应用地理信息系统的功能来解决实际问题。

GIS 的历史

地理信息系统起源于悠久的制图历史，早期人类在兽皮上绘制草图或用黏土制作简陋的模型，作为狩猎或战争的辅助工具。公元前 2 世纪的天文学家和地理学家托勒密（Ptolemy）绘制了已知最早的地图集之一，收集了世界地图、区域地图和地方地图，并提供了绘制建议。15 世纪之前，欧洲人基本上还不知道这本地图集。该地图集被翻译成拉丁文后，成为了西方地理学的核心，影响了许多制图巨匠，如格哈德·墨卡托（Gerhard Mercator），他于 1569 年出版了著名的世界地图。17 世纪和 18 世纪，制图学有了许多重要发展，如让·皮卡尔（Jean Picard）于 1669 年测量出经度并发现地球向两极变平，以及采用穿过英国格林尼治的本初子午线作为标准。1859 年，法国摄影师兼热气球运动员加斯帕德·费利克斯·图尔纳雄（Gaspard Felix Tournachon）将大型相机带上天空，开创了遥感技术。约翰·斯诺博士（Dr. John Snow）

① 参见书后所附的“长度（面积）换算”表——编者注。

于1854年9月绘制了伦敦市中心霍乱死亡图，并成功找到了疫情的源头——一口被污染的水井，这是空间分析的早期范例，经常被引用。然而，直到20世纪，地图绘制仍然是一门艺术和科学，需要通过费力的计算和手绘来完成。1950年，杰奎琳·泰尔维特（Jacqueline Tyrwhitt）第一次将地图叠置技术应用于英文版城乡规划教科书中。伊恩·麦克哈格（Ian McHarg）是公路规划技术的早期实施者之一。

与许多其他工作一样，计算机的发展激发了制图师的灵感，他们想看看这些新机器能做些什么。这些团体开发的早期系统，以今天的标准来看，既简陋又缓慢，但却为现代地理信息系统奠定了基础。罗杰·汤姆林森（Roger Tomlinson）博士是渥太华一个制图咨询小组的负责人，由于他倡导使用计算机制图的理念，并在20世纪60年代中期开发了加拿大地理信息系统（Canada Geographic Information System，CGIS），因此被称为“GIS之父”。霍华德·费舍尔（Howard Fisher）于20世纪60年代中期成立了另一个先驱团体——哈佛计算机图形和空间分析实验室。他和同事们在1966～1975年开发了许多早期程序，包括SYMAP、CALFORM、SYMVU、GRID、POLYVRT和ODYSSEY。其他著名的开发者还包括1958～1961年华盛顿大学地理系的Nystuen、Tobler、Bunge和Berry教授。1970年，美国人口普查局进行了首次地理编码普查，并在CGIS和POLYVRT数据表示的基础上开发了早期的DIME数据格式。DIME文件被广泛分发，后来被改进为TIGER格式。这些努力对用于存储和分发地理信息的数据模型的发展产生了明显的影响。

1969年，Laura和Jack Dangermond创立了环境系统研究所，率先提出了将要素的空间表示与表格中的属性联系起来的强大理念，这一核心理念彻底改变了整个行业，并启动了Arc/Info的开发，该程序的系列产品占据了当今GIS市场约90%的份额。其他供应商仍在积极开发GIS系统，其中包括MAPINFO软件包、Intergraph的MGA、克拉克大学的IDRISI以及开源程序QGIS和GRASS。

GIS能做什么？

GIS有许多不同的应用：土地利用规划、环境管理、社会学分析、商业营销等。任何使用空间数据的工作都可以从GIS中获益。例如，位于南达科他州拉皮德城的美国农业部落基山研究站的研究人员对南达科他州和怀俄明州黑山地区的麋鹿栖息地进行了一项研究，在大约70头麋鹿（既有雄性也有雌性）身上安装了无线电发射项圈（图0.1）。他们使用项圈和手持式天线对麋鹿进行追踪，并获得它们的位置。研究人员收集了数千个位置［图0.1（a)］，用于研究麋鹿栖息地的特征。

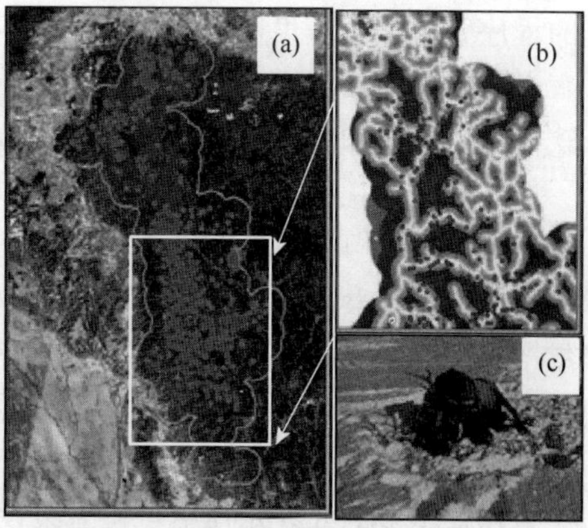

图0.1　麋鹿栖息地使用情况分析：（a）麋鹿的位置和研究区域；（b）地图上显示到最近道路的距离；（c）给麋鹿上项圈

Mark Rumble提供

麋鹿的位置被输入地理信息系统进行记录和分析。每个地点都成为一个点，并附有相关信息，包括动物ID编号以及看到的日期和时间。此外，通过多种途径获取了有关植被、坡度、坡向、高程、水源等环境因子数据。通过将这些点叠加到环境因子数据层上，使生物学家能够比较不同麋鹿栖息地的特征。图 0.1（b）显示了研究区域中部到最近道路的距离。麋鹿的位置集中在较暗的区域，统计分析证明了这一点。

GIS 在人类几乎所有领域都有许多应用，包括商业、国防与情报、工程与建设、政府、卫生与人类服务、自然保护、自然资源、公共安全、教育、交通、公用事业以及通信。2021 年 5 月，Esri 网站（www.esri.com）的"Solutions"（解决方案）部分列出了商业、政府和工业领域的数十个应用场景。感兴趣的读者可以访问该网站查看最新应用。

GIS 的新趋势和新方向

GIS 行业自诞生以来发展迅猛。从大型计算机到台式计算机，GIS 起初是一项相对私人的工作，主要集中在小规模的专业工人群体中，他们花费数年时间开发软件和数据方面的专业知识。从那时起，互联网的发展和计算机硬件领域的快速进步推动了该行业的一些重大变化。

数据共享的选项激增

越来越多的人不再将数据集存储在本地的个人电脑或机构内部的网络驱动器上，而是通过互联网向机构内部的远程站点、跨机构以及公众提供大量数据。过去，大量数据集由不同机构通过美国国家空间数据基础设施（national spatial data infrastructure，NSDI）赞助的信息交换中心托管。这些数据通常以各种格式的 GIS 数据文件存在，需要大量的专业知识和合适的软件才能下载和使用。如今，GIS 服务器的设计目的是将 GIS 数据提供给普通公众，只需点击即可下载数据。另一类数据提供商虽然不是专门针对 GIS 应用程序，但也可以广泛提供空间数据，包括 Google Earth、MapQuest 和 Microsoft Virtual Earth 等。

与许多其他计算机行业一样，GIS 也正在向云计算方向发展。云计算通过虚拟技术将计算资源池化，用户可按需租用其中的存储空间和处理能力，而无须自行购置物理硬件。ArcGIS Online 是一个基于云的平台，用户可以协作共享 GIS 数据，即使是没有特定 GIS 专业知识的人也可以轻松地与同事或全世界共享数据。

使用 GIS 数据的选项激增

早期，想从事 GIS 工作的人必须购买昂贵的大型程序并学习使用。现在，各种不同规模的程序允许不同程度的使用以满足不同层次的需求，并非每个用户都必须拥有完整的程序。有专门为只需要查看和打印地图的用户提供的网站、用于查看交互式地图出版物的免费下载软件，以及选项较少的完整程序精简版。

许多机构正在转向服务器 GIS，以较低的成本替代购买大量 GIS 许可证。许多工作者需要 GIS，但他们日常只使用一小部分 GIS 功能。服务器 GIS 可以向没有 GIS 许可证的用户提供数据以及一套可定制的查看和分析功能，他们所需要的只是一个网络浏览器。由于访问 GIS 数据和功能的方式更加简单且成本更低，用户群急剧扩大。诸如 ArcGIS Online 等平台正在不断发展，其功能也在快速扩展。

将 GIS 扩展到无线技术

越来越多的人开始使用手持无线设备收集和共享数据，如掌上电脑、智能手机和全球定位系统（global positioning system，GPS）装置。这些设备现在可以直接访问互联网数据和地图服务器，这样实地用户就可以下载背景数据层、收集新数据，并将它们传回大型服务器。手持无线设备技术发展迅速，每天都有新的地理定位选项、网络访问和地理应用出现。

强调开源解决方案

现在，越来越多的 GIS 功能不再依赖专有的专业软件，而是在开源软件和硬件中实现。

GIS 数据现在更多使用商业数据库平台的引擎进行存储，并使用与其他计算机行业软件相同的开发环境。这种趋势使 GIS 更容易与其他程序和计算机进行通信，并增强了系统和系统部分之间的互操作性。

定制

随着对开源解决方案的重视，在创建基于一套基本 GIS 工具（如水文工具或野生动物管理工具）的定制应用程序方面出现了新的机遇。智能手机和平板电脑应用程序编程正在蓬勃发展。这些定制应用程序将 GIS 的常用功能整合到更简单的应用程序中，引入新知识，并在易于使用的界面中将最佳实践标准化。定制要求具备面向对象计算机编程方面的高水平专业知识。

企业级 GIS

企业级 GIS 将服务器与访问相同数据的多种方式集成在一起，包括传统 GIS 软件程序、网络浏览器应用程序和无线移动设备。其目的是满足许多不同层次用户的数据需求，并为 GIS 的非传统用户提供访问途径。企业级 GIS 是上述其他趋势和功能的集大成者。开发和维护企业级 GIS 的成本和挑战是巨大的，但回报和成本节约也是可观的。

GIS 专业人员是做什么的?

如今，绘制地图变得如此简单，以至于有人会问，为什么还要费心学习 GIS 呢？然而，这些简单的解决方案都是基于专家的工作，以及他们提供的数据和处理数据的软件系统。学习使用智能手机或网络地图可能并不难，但工程师和软件开发人员必须建造手机和基础设施，使它们能够正常工作，GIS 也是如此。如今，GIS 专业人员扮演着各种角色，大致可分为以下几类。

原始数据提供者创建的基础数据是许多 GIS 设备的支柱。测量人员和土地规划专业人员对边界进行精确测量；摄影测量师从航空摄影或较新的激光雷达（light detection and ranging，LiDAR）系统中获取高程和其他数据；遥感专业人员从各种卫星和机载测量系统中提取各种人为和自然信息。提供基础数据的全球定位系统（GPS）专家也很重要。

应用 GIS 通常涉及在其他领域（如地理、水文、土地利用规划、商业或公用事业）接受过培训的专业人员，他们在工作中使用 GIS。数学和统计学专家开发了分析和解释空间数据的新方法。对于这些专业人员来说，GIS 是一项额外的技能和工具，能使他们的工作更有效率、更有成果和更有价值。

开发 GIS 的人员包括技术熟练的软件和硬件工程师，他们负责构建和维护 GIS 软件本身，以及软件所依赖的硬件组件——不仅包括计算机、硬盘驱动器和绘图仪，还包括 GPS 设备、无线设备、扫描仪、数字化仪和其他系统，没有这些，GIS 就无法运行。该领域还包括一类重要的 GIS 开发人员，他们从现有 GIS 软件的基本构件中创建定制应用程序，包括智能手机应用程序。

分布式数据库 GIS 涉及具有网络、互联网协议或数据库管理系统背景的计算机科学专业人员。这些专家负责建立和维护复杂的服务器和网络系统，使数据服务、服务器 GIS 和企业级 GIS 能够正常运行。

GIS 项目管理

一个 GIS 项目可能是一个人在几天内完成的小型项目，也可能是一个数百人的大型组织参与且持续进行的项目。但无论规模大小，项目通常都遵循图 0.2 所示的一般模式，大多数新用户都是通过项目实践学习 GIS 的。项目通常从需求评估开始。必须研究哪些具体问题？需

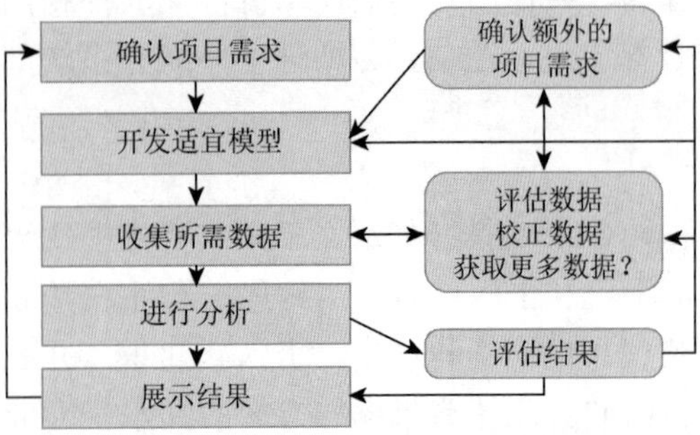

图 0.2　GIS 项目步骤的通用流程图

要什么样的信息来支持决策？GIS 必须执行哪些功能？项目将持续多长时间？谁将使用这些数据？有哪些资金可用于启动和长期支持？

如果对系统必须完成的任务没有一个现实的认识，就不可能有效地进行设计。用户可能会发现，系统中缺少一些关键数据，或者在获取数据时浪费了资源，但却无人使用。在短期项目中，需求通常是明确的。一个长期项目的需求会随着时间的推移而变化，需要定期重新评估。一个精心设计的系统很容易适应未来的修改。一个杂乱无章的系统的创建者可能会在需求出现变化时不断重复以前的工作。

在寻求科学或管理问题具体答案的研究中，必须选择一种方法或**模型**。模型通过一系列明确的步骤和假设，将项目的原始数据转换成有用的信息。绘制山体滑坡灾害地图就是一个简单的例子。我们可以定义这样一个模型：如果一个区域坡度陡峭，且由页岩单元组成，那么该区域就应被评为危险区域。地质和坡度的原始数据层可用于绘制灾害地图。更复杂的模型可能还会考虑页岩单元的倾角（层理角）。模型可以非常简单（如本例），也可以更加复杂，包含许多不同的输入和计算。

一旦了解了需求并设计了适当的模型，就可以开始收集数据。GIS 数据以图层形式存储，每个图层代表一类信息，如道路或土壤类型。需求决定了需要哪些图层，以及这些图层必须有多精确。必须找到每个图层的来源。在某些情况下，可以从其他机构免费获取数据。一般的基础图层，如高程、道路、溪流、政区边界和人口统计，都可以从政府渠道免费获得（尽管准确性和详细程度并不总是如人所愿）。更具体的数据通常必须在内部开发。例如，电力公司需要开发自己的图层，显示电线和变电站，因为其他人不可能拥有这些数据。

必须对数据的空间细节和准确性进行评估，以确保它们能满足项目的需要。例如，一家为购物中心制定场地规划的工程公司可以免费下载场地的等高线数据。但是，标准的 10 英尺等高线不能提供工程师所需要的详细地表信息。因而，该公司可能会与一家测量公司签订合同，以半英尺的间隔测量等高线。

数据收集完毕后，就可以开始分析了。在分析阶段，经常会遇到需要修改模型或数据的问题。因此，模型开发、数据收集和分析这几个步骤往往是反复进行的，因为获得的经验被用来完善整个过程。最终结果必须与实际情况进行仔细核对，以找出不足之处，并为改进今后的工作提供指导。

最后，无论是非正式展示，在科学杂志上发表，还是在激烈的公开会议上介绍，只有将成果公之于众，项目才算完成。成果展示可以包括地图、报告、幻灯片或其他媒体。

网络 GIS

自从出现了价格低廉、功能强大的台式计算机以来，GIS 工作主要是通过这些计算机上的软件程序来完成的。数据通常保存在同一台计算机或局域网的文件服务器上。数据通常以专有格式存储，只有创建这些数据的软件才能识别。然而信息共享、互联网的扩展、智能手机和其他移动设备的普及，以及将 GIS 推广到少数训练有素的专业人员范围之外的愿望，都推动了另一种模式（即网络 GIS）的发展。

网络 GIS 由通过互联网连接的组件系统组成。它使用与桌面 GIS 相同的组件（硬件、软件、存储数据等），但这些组件可能分布在千里之外，而不是在一栋建筑或一个办公室内。

许多机构通过互联网提供 GIS 数据。Google Earth 和 MapQuest 等免费数据服务平台可提供大量图像和地图数据。这些服务与特定网络应用程序和移动应用程序绑定，无法在 ArcGIS 中查看。虽然这些网站的数据质量和记录程序不是为专业级工作设计的，但它们的数量和受欢迎程度使许多人了解了 GIS 技术和数据。其他网站，如美国地质调查局（United States Geological Survey，GSGS）的国家地图，允许用户下载数据。

GIS 服务器通过互联网连接为 GIS 软件提供地理空间数据。在服务器上托管 GIS 数据需要有软件来响应用户在当前窗口中对特定地图或数据的请求。有些 GIS 服务器是开放和免费的，旨在向公众提供数据和地图。其他服务器则可能只对特定机构或用户群体开放。许多机构使用服务器向外勤人员提供内部数据，或允许不同地点的员工访问相同的公司数据集。服务器以客户端中立的格式提供数据，只要客户端程序知道如何使用服务，数据就可以在 ArcGIS Desktop、网络应用程序、平板电脑或智能手机上使用。

建立和管理 GIS 服务器是一项复杂且昂贵的任务，需要合适的设备、软件和专业知识。基于云的服务正在降低这一门槛。**云**包括公司管理的计算机和硬盘驱动器仓库，公司向客户出租处理能力和磁盘空间。一些公司向个人提供云存储服务，用于备份计算机数据或存储电影和音乐文件，所有设备都可以访问这些空间。GoogleDrive、DropBox 和 Microsoft OneDrive 都是基于云的数据存储平台，它们还自带用于小组数据共享和协作的应用程序。

许多机构已转而使用云来托管 GIS 数据，作为其自身 GIS 服务器的补充甚至替代。云服务的优势包括部署速度快且方便，能够扩大或缩小规模以满足不断变化的需求，以及在机构防火墙之外托管公共信息的安全优势。

ArcGIS Online

ArcGIS Online（AGOL）是一个基于云的平台，为创建和共享 GIS 数据和工具提供了一个环境。它还发挥着 GIS 社区的作用。用户可以创建并加入具有共同兴趣的小组。小组可以向所有人开放，例如专门为对骑自行车感兴趣并希望共享出行和路线地图的人建立的小组。或者，它们可以是安全和受限制的，允许一组研究人员在受邀加入该小组的成员之间私下共享信息。

ArcGIS Online 是围绕**网络地图**（一种完全基于 GIS 服务器的交互式地图）设计的。网络地图只能执行有限的基本功能，如缩放和查询；但它们与设备无关，可在网络浏览器、智能手机或平板电脑等移动设备甚至社交媒体网站上使用。它们的创建和共享都很简单。

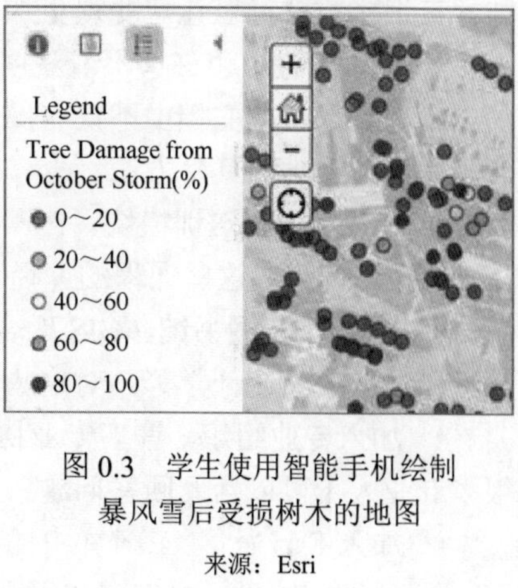

图 0.3　学生使用智能手机绘制暴风雪后受损树木的地图

来源：Esri

在智能手机或平板电脑上使用服务器和网络地图收集数据已成为一种普遍的活动。设置服务功能并配置其用于编辑相对简单。拥有免费账户的用户可以使用 ArcGIS 移动应用程序访问网络地图并收集数据，南达科他州矿业与技术学院的一些学生使用它来绘制校园树木地图，并评估暴风雪造成的损失（图 0.3）。拥有订阅账户的用户可以使用功能更强大的采集器或实地地图应用程序，它能够在手机信号或无线服务网络范围之外上传照片并进行编辑。

ArcGIS Online 不断增强的功能使其成为不可或缺的工具。ArcGIS Desktop 仍将是创建、制图和分析数据的主要引擎，因为它比网络服务强大得多，但 Desktop 用户肯定会从网络服务中受益。

账户类型

访客可以在不创建账户的情况下浏览特色地图，以了解可用的信息类型。但是，要访问 AGOL 更高级的功能，则需要一个账户。账户主要有两种类型。

公共账户允许用户访问部分数据和使用部分功能，允许用户查看数据、通过组合多层数据创建地图混合应用、保存地图以及与他人共享地图。购买 Esri 产品的用户会获得一个 Esri 账户，该账户会自动链接到 ArcGIS Online 账户。此外，用户还可以申请一个免费的公共账户，或使用 Facebook 或 Twitter 等社交媒体登录注册一个账户。

内容分为订阅内容和高级内容。**订阅内容**只对拥有组织账户（而非公共账户）的用户开放。**高级内容**需要一个组织账户，还需要消耗服务积分，而服务积分必须购买。

可以与他人共享 AGOL 中的内容。默认情况下，内容是私有的，只有其创建者可见，也可以与特定组、组织中的每个人或 AGOL 中的每个人共享。

ArcGIS Pro 旨在与 ArcGIS Online 的功能直接集成。使用 ArcGIS Pro 需要一个 AGOL 账户。程序启动时，会要求您提供 ArcGIS Online 的用户账户。

在开始学习 ArcGIS Pro 之前，熟悉网页版 ArcGIS Online 会有所帮助。由于它是一个不断改进的实时系统，因此最好使用它提供的在线教程，这些教程以“路径”的形式组织，通过关联的课程可以掌握一系列技能，例如创建地图或共享数据。以下是入门方法，前几节课不需要账户。

- 在网络浏览器中输入 arcgis.com。
- 从浏览器选项卡中选择“Help”（帮助）。
- 向下滚动并选择其中一个起始路径或点击“Explore more paths”（探索更多路径）来查找其他技能。
- 单击其中一个课程，如“Try ArcGIS Online”。

进一步了解 GIS

本书涉及 GIS 的许多方面，但无法涵盖所有有用的主题。此外，该行业发展迅速，完成书中的课程只是掌握 GIS 的第一步，聪明的用户会不断寻求新的信息和培训来积累经验和技能。有很多方法可以让您变得更加精通。

- **阅读帮助**。也许您不看说明书也能弄懂手机，但不要忽视 ArcGIS Pro 帮助文档中提供的丰富信息。帮助文档中不仅有操作说明，还包括讨论、图表、参考资料以及探索 GIS 及其实施背后的概念的其他方法。
- **使用 Esri 培训模块**。Esri 有几十种在线课程和研讨会可供注册用户使用。请向您的 GIS 讲师咨询获取这些课程的途径。
- **建立 GIS 图书馆**。GIS 融合了许多学科，包括地理学、测量学、制图学、统计学、计算机科学、空间统计学等。对这些学科了解得越多，就越容易理解“How”和“Why”。
- **加入专业组织**。许多专业协会都与 GIS 和遥感相关。他们有通信、期刊和会议，还有很多专业人士可以帮助回答问题和分享经验。
- **加入 Esri 社区**。Esri 主办的在线 GIS 社区涵盖 GIS 的许多方面。成员可以搜索问题的答案，也可以提出问题，并在一二天内得到答案。不同兴趣爱好的成员可以加入不同的小组。当您遇到困难而又无处咨询时，这是一个很好的去处，也是了解错误和解决方法的好地方。

第1章　什么是GIS?

目标

学完本章后，您将能够

- 描述 GIS 数据如何表示真实世界的要素
- 解释栅格模型和矢量模型的基本区别
- 定义地图比例尺并解释源比例尺如何影响地图数据的使用
- 识别并使用本地和互联网的 GIS 数据源
- 认识与 GIS 数据相关的各类缺陷
- 在地图或报告中正确引用数据集
- 使用 ArcGIS Pro 浏览数据和查看地图

1.1　掌握概念

1.1.1　GIS 概念

地理信息系统（GIS）为使用计算机存储、分析、管理和发布地图数据提供了数据结构和功能。目前已有多种软件包被开发用于实现这一功能。虽然本书重点介绍的是一种特定的软件产品，但其中的许多概念对于所有 GIS 程序来说都是基本的，尽管实施的细节可能有所不同。在本书中，每章的第一节“掌握概念”重点介绍这些贯穿各领域的基本概念。第二节“关于 ArcGIS”讨论了 ArcGIS Pro 的具体细节，ArcGIS Pro 是 Esri 公司（原环境系统研究所）发布的一款特定 GIS 软件产品。

在地图上表示真实世界的物体

在计算机上处理地图需要存储不同类型的地图数据以及与之相关的信息。地理信息主要分为两类：离散和连续。**离散**数据是现实世界中具有特定位置或边界的对象，如房屋、城市、道路或县。**连续**数据表示可在地球上任何地方测量的量，如温度或高程。人们发明了许多不同的数据格式来编码数据，以便在 GIS 程序中使用；不过，大多数数据格式都采用两种方法中的一种：**矢量**模型（用于存储离散数据）或**栅格**模型（用于存储连续数据）。这两种方法都采用**地理参照**，也就是说，通过标准方式定义的 *x-y* 坐标将空间信息与地球表面的特定位置联系在一起。我们熟悉的经纬度值就是一个例子，我们将在第 4 章中进一步了解坐标系。用于处理地理坐标信息的数据和软件都包含在**地理空间**这一总称中。

矢量模型使用三种基本形状来表示离散对象，即所谓的要素。**点要素**可代表单一位置，如水井或气象站。**线要素**代表线性对象，如道路和河流。**多边形要素**代表一个封闭的区域，如县或州。矢量数据集包括两个部分：一个或多个 *x-y* 坐标，用于将要素定位于地球表面（其形状）；一个**表格**，用于存储**属性**或每个要素的信息，如州名、缩写、人口等。一组存储在一起的相似要素（如组成美国的 50 个州）称为一个**要素类**。一个要素类只能存储一种类型的要素：点、线或多边形，这些要素应该是同一类型的东西，而绝不能存储任何要素类型的组合。县和州虽然都是用多边形表示，但应存储在不同的要素类中。

栅格模型将一个地理区域分割成称为**像元或像素**的小方格，每个像元或像素包含一个数字，代表一个被测量或描述的值。有些栅格存储的是物理量，如高程、温度或降水量。还有一些栅格存储的是构成航空照片、卫星图像或扫描纸质地图的颜色和亮度值。即使是离散的要素，如土地利用或土壤类型多边形，在需要时也可以用栅格来表示，尽管模型并没有针对该任务进行优化。

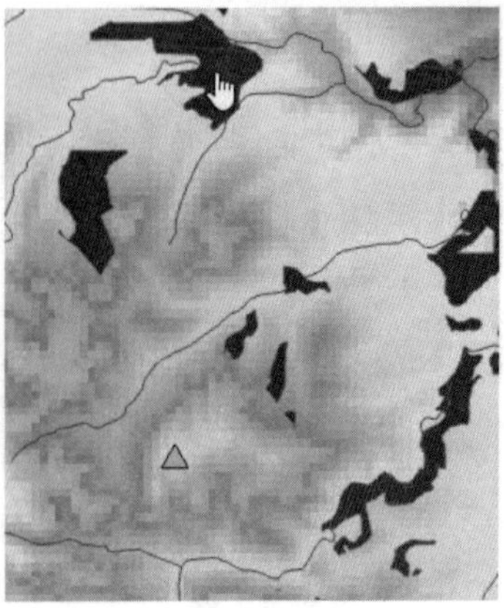

图 1.1　地图可由多层不同类型的信息组成

来源：USGS

图 1.1 展示了地理空间数据的示例。绿色三角形是一个点要素，代表防火瞭望塔的位置。蓝色线要素代表溪流。棕色图形是多边形，代表一种蜗牛的首选栖息地。背景显示了一个由 30 m×30 m 像元组成的栅格，记录了不同的高程值，其中绿色像元代表最小高程，白色像元代表最大高程。

地图通常由多个数据集构建而成。每个数据集放入地图后通常被称为一个**图层**，图层按照制图师定义的层次顺序绘制，通常栅格或多边形图层在下，点或线图层在上（这样上层图层就不会覆盖下层图层）。图 1.1 从下到上包含四个不同的图层：高程栅格图层、蜗牛栖息地多边形图层（棕色）、描绘溪流的线图层（蓝色）以及代表防火瞭望塔的点图层（绿色三角形）。

地图比例尺

将一组具有 *x-y* 坐标值的 GIS 要素绘制在屏幕上或打印在纸上，就建立了地图比例尺。在纸质地图上，比例尺在打印时是固定的。而在配置为交互式显示的数字地图中，每当查看者放大或缩小地图时，比例尺都会发生变化。

什么是地图比例尺?

地图比例尺是衡量地图所表示的要素大小的尺度。比例尺是地图表示的要素大小与地面实际物体大小的分数或比值。由于它是以比值表示的，因此对任何度量单位都有效。对于比例尺为 1∶24 000 的普通美国地质调查局地形图来说，地图上的 1 英寸代表地面上的 24 000 英寸。地图比例尺可用于确定地图上任何要素的真实大小，例如湖泊的宽度（图 1.2）。用尺子测量湖面，然后设定一个比例，使地图比例尺等于测量宽度除以实际宽度（x），然后求解 x。请记住，实际宽度和测量宽度的单位是相同的，必要时可以进行换算。

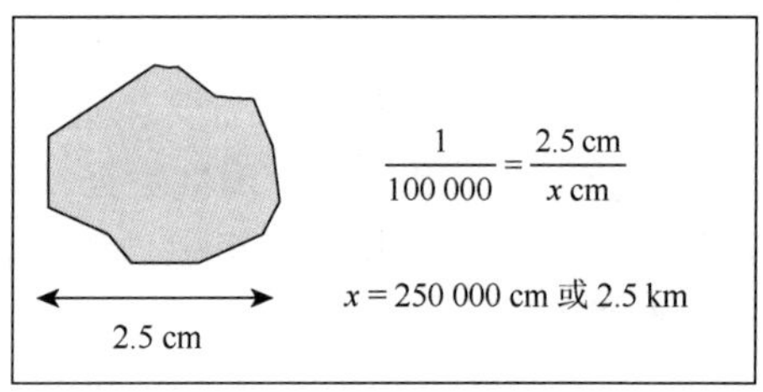

图 1.2　求解 1∶100 000 比例尺地图的湖泊面积

人们或出版物经常提到大比例尺地图和小比例尺地图。大比例尺地图是指比例尺较大（即分母较小）的地图。因此，1∶24 000 比例尺地图的比例尺比 1∶100 000 比例尺地图的比例尺更大。大比例尺地图显示的是相对较小的区域，如城市，而小比例尺地图显示的是较大的区域，如州或国家。

用于表示要素的对象类型取决于地图的比例尺。在美国地图上，一条河流会被表示为一条直线，因为在这种比例尺下，河流太小，其宽度不足以覆盖地图上的任何重要区域。但是，如果查看的是美国地质调查局的地形图，河流就会包括一个区域，并以多边形表示。

源比例尺

数据存储在 GIS 中时，从技术上讲并没有比例尺，因为存储的只是坐标。一旦数据被绘制到屏幕或纸张上，它们就有了比例尺。但是，地理数据集有一个**源比例尺**，即创建或转换为数字形式时的原始比例尺或分辨率。1∶24 000 四边形地图上的道路比整个州的公路地图（如地图册）更详细、更精确。如果通过数字化或扫描将道路转换为 GIS 数据集，其详细程度和精确度都将沿用数字格式。数据集的源比例尺是一个重要属性，在记录数据集时也要包括在内。

想象一下在一个以新泽西州为重点的项目中使用数据的情景。一个信纸大小的全州地图比例尺约为 1∶2 000 000，一个县的地图比例尺约为 1∶300 000。图 1.3 显示了桑迪胡克地区的州界，比例尺为 1∶300 000。紫色、橙色和黑色线条代表三个不同的数据集，源比例尺分别为 1∶2 500 000、1∶500 000 和 1∶50 000。紫色要素类是为全国范围的地图开发的，在此比例尺下对新泽西州的代表性较差。橙色要素类可用于绘制全州地图，黑色要素类则适合用于绘制县级地图。

图 1.3　新泽西州三个不同源比例尺的数据集

来源：Esri

在使用与源比例尺相差很大的数据时应谨慎。一条从纸质 1∶100 000 比例尺地图上数字化的管道，其位置的不确定性约为 170 英尺，即纸质地图上线条的大致宽度。在 1∶10 000 的城市地图上显示输油管道可能看起来还不错，但可能与实际位置相差很多英尺。

通过观察图 1.3，我们可能会得出这样的结论：我们应该始终以尽可能大的比例尺获取和使用数据。然而，大规模数据在单位长度上需要更多的数据点，从而增加了数据存储空间，降低了绘图速度。每种应用都有一个最佳规模，在超出需要的规模上使用信息几乎不会有什么好处。

GIS 数据可指定一个**比例尺范围**，该范围指定了数据显示有效的比例尺范围，因此数据只能以这些比例尺显示。许多网络地图使用缩放范围，以不同的缩放比例显示不同的数据集，随着用户进一步放大，细节也会越来越多。

本地和互联网数据来源

GIS 中使用的数据可以有多种来源。多年来，信息的主要来源是运行 GIS 软件的计算机硬盘。新数据可以从数据交换中心下载，也可以从 CD 或 DVD 复制。如果计算机是大学或公司建立的局域网的一部分，它还可以访问共享的网络驱动器上的信息。这种功能对于只存储一次的大型数据集或经常更新的共享数据特别有用（无须将编辑内容传播到多台计算机）。本地和网络驱动器仍然是存储 GIS 数据的重要场所。

最近，互联网已成为地理空间数据的主要来源。许多机构使用标准协议在互联网上提供数据，允许各种不同的设备（**客户端**）访问这些数据。Google Earth 等数据服务平台提供了大量航空摄影、街道和交通信息。GIS 程序通常不会直接访问这些服务，而是通过网页、智能手机应用程序或汽车导航设备来使用。这些服务与传统的 GIS 数据不同，用户可以根据需要自由访问信息，但不能在本地客户端下载或存储整个数据集。此外，使用这些资源的客户端开发者可能会被收取一定的使用费。创建和更新这些大型数据集是一项既昂贵又耗时的工作。

GIS 服务器

GIS 服务器通过互联网连接为 GIS 软件提供地理空间数据。在服务器上托管 GIS 数据需要有软件能够响应用户对当前窗口中特定地图或数据的请求。有些 GIS 服务器是开放和免费的，旨在向公众提供数据和地图。其他服务器则可能只给特定机构或用户群体使用。许多机构使用服务器向外勤人员提供内部数据，或允许不同地点的员工访问相同的公司数据集。服务器以客户端中立的格式提供数据，只要客户端程序知道如何使用服务，数据就可以在 ArcGIS Desktop、网络应用程序、平板电脑或智能手机上使用。

建立和管理 GIS 服务器是一项复杂且昂贵的任务，需要合适的设备、软件和专业知识。一些机构已转而使用**云**来托管 GIS 数据，作为对其自身 GIS 服务器的补充，甚至取代其自身的 GIS 服务器。云由公司管理的计算机和硬盘驱动器仓库组成，公司向客户出租处理能力和磁盘空间。有些公司向个人提供云存储服务，用于备份计算机数据或存储电影和音乐文件，所有的设备都可以访问这些空间。其他客户则因云服务比自建的服务器成本更低或更方便而选择此项服务。云服务的优势包括部署速度快且方便，能够扩大或缩小规模以满足不断变化的需求，以及在机构防火墙之外托管公共信息的安全优势。**ArcGIS Online** 是一种云服务，通常与 ArcGIS Pro 一起使用。

数据质量

将现实世界中的物体表示为点、线、多边形或栅格时，总会涉及一定程度的**综合**或简化数据以便进行数字存储，例如将房屋变成矩形多边形，甚至变成一个点。任何数据文件都无法捕捉对象的所有空间或属性特征。地图比例尺越小，综合程度越高。在标准地形图上，一条河流有宽度，可以用一个包含两个独立河岸的多边形来建模；一个城市可以显示为一个多边形区域。但在国家地图上，河流只显示为一条线，而城市则显示为一个点。

即使是物体的详细描述，也不一定就是真实的特征。河流和湖泊在春汛时会扩大，在干旱时会缩小；城市的边界会随着城市的发展而改变。GIS 数据的用户绝不能忘记所收集和使用的数据可能存在缺陷，用户有责任和义务确保用于特定目的的数据适合该任务。在评估数据集的质量时，地理空间专业人员会考虑以下几个方面。

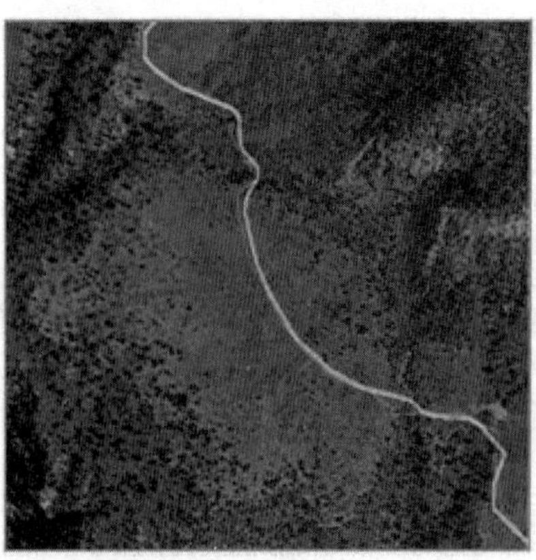

图 1.4　犹他州伍登索峡谷附近的航拍照片

来源：Google Earth 和 TeleAtlas

几何准确度（geometric accuracy）是指数据集的 *x-y* 值与地球表面实际位置的对应程度。几何准确度是源比例尺和数据采集方式的函数。测量是定位要素最精确的方法之一。GPS 设备的准确度为几厘米到几十米不等。根据航空摄影或卫星图像绘制的地图，其几何质量会因图像比例、图像分辨率、成像系统的缺陷和失真以及图像校正类型等因素而有很大差异。在图 1.4 中，请注意白色的矢量道路与航拍照片中的道路有部分偏差。这些差异可能是由于数字化错误、相机或卫星的几何变形或其他因素造成的。

此外，并非每个要素都能像道路一样精确定位。想象一下绘制图 1.4 中的土地覆被类型：森林、灌木林、草地和裸岩。草地和灌木林之间的界限在哪里？灌木林在什么时候变成森林？如果这张照片给六个人，他们会绘制出六幅略有不同的地图。有些边界会非常吻合，有些则会有所不同，因为每个人都会主观决定将每条边界置于何处。

专题准确度（thematic accuracy）指存储在表格中的要素属性信息的正确性。某些类型的数据记录起来相对简单，例如城市名称或道路车道数。即使在这种情况下，要素值也可能被错误地记录下来，甚至一些类型的信息永远无法准确获知。例如，人口数据是通过历时数月的调查和自我填报过程收集的，不可能将每个人都包括在内。此外，在调查过程中还会有人出生和死亡，或迁入和迁出城镇，人口数据永远只能是一个估计值。了解专题数据的局限性和潜在偏差非常重要。

分辨率（resolution）是指获取数据的采样间隔。分辨率可以是空间分辨率、专题分辨率或时间分辨率。空间分辨率表示测量或记录的距离间隔。卫星数据单个像素的大小是多少？如果驾车沿路收集 GPS 点，每个点的收集间隔是多少？使用类别而非测量量可能会影响专题分辨率。如果要收集森林树冠覆盖率的信息，那么每次测量是以连续值（32%）报告，还是以下列方式报告分类范围（10%～20%、20%～30%）？时间分辨率表示测量的频率。人口普查数据每 10 年收集一次，在气候站采集的温度数据可能每 15 min 记录一次，但也可能以月平均值或年平均值的形式报告。

精度（precision）指的是用于记录测量结果的有效位数，或重复单次测量结果的统计变化。许多人将精度与准确度混淆，理解两者的区别是重要的。试想一下，使用记录精确到千分之一度的口腔数字温度计记录某人的体温，得到的数值是 99.894℉。这种测量方法被认为是精确的。然而，假设读数是在该人喝下一杯热咖啡后立即读取的，这会导致温度计测得的数值高于真实体温。因此，测量结果是精确的，但并不准确。

逻辑一致性（logical consistency）评估的是数据模型或数据集是否准确地反映了现实世界中各要素之间的关系。例如，在现实世界中，两个相邻的州有一个完全相同的重合边界（图 1.5）。但在数据库中，这两个州可能被存储为边界略有不同的两个独立要素。如果代表街道的线与代表路的线相交，那么这些线就应该连接起来。直线或多边形边界不应交叉。一个县的边界不应超出其所在州的边界。在数据集内部和数据集之间创建和管理要素关系需要特别注意，因此并不是所有的数据集在逻辑上都是一致的。

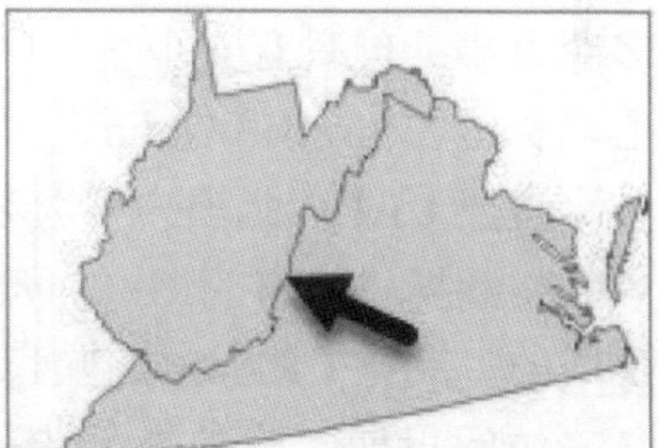

图 1.5　重合边界会被存储两次，但两个要素都是相同的

来源：Esri

评估数据集的质量可能很困难，尤其是在数据由他人创建的情况下。创建数据的专业人员通常也会提供**元数据**，其中存储了有关数据集的信息，如数据集的来源、开发过程、收集者、精度以及是否可以提供给他人。用户可以使用元数据来决定特定数据集是否适合特定用途。元数据可能包括对最关键信息的简短描述，也可能包括多页的详细信息。

引用 GIS 数据来源

出于道德和专业考虑，任何地图、出版物或报告都应注明所使用的数据来源，并适当注明数据的原始出处。元数据或获取数据的网站是引用信息的良好来源。最好的做法是在获取数据时记录引用信息，以便在需要时提供。一般来说，我们只引用公开（免费或购买）的数据。工作场所内部创建的数据无须引用，尽管公司名称或徽标通常会出现在地图上。应个人要求提供的数据集应作为个人通信引用。在地图上，同一来源的多个数据集只需引用一次，但报告应列出每个来源的所有数据集。

请记住，找到数据的地方可能并不是数据的原始来源。GIS 管理员可能会将常用的数据集（如 Esri 公司的数据和地图）放在大学的文件服务器上，以便于访问，但学生并不能因为这些数据是在内部获得的，就省略引用这些数据。

一般格式

引用的目的是让其他人能够找到并获得数据。并非总能找到完整的引用信息，但应尽力使引文完整。引文的一般格式如下。

数据集名称（出版年份）[来源类型]。制作者姓名、制作者联系信息。

数据集名称。该名称由数据创建者或提供者指定。

出版日期。有些数据集是一次性或间隔很长时间才收集和提供的，这些数据集被视为有出版日期。例如，在 ArcGIS Online 推出之前，Esri 公司的 Data and Maps（数据和地图）产品是随软件的每个版本以修订版的形式发布的，并带有出版日期。航空摄影照片是在特定日期拍摄的（尽管 Google Earth 等镶嵌图使用了跨越多年的多个来源）。要找到出版日期可能需要花点功夫。有些数据集的更新间隔较短，甚至是实时更新。这些数据集可以指定其访问的当前年份。

来源类型。指明提供数据的格式。类型可能包括物理介质（DVD、CD-ROM）、从互联网下载的文件或按需提供实时数据的服务。目前存在不同类型的服务，而且还在不断增加新的类型。

制作者姓名。提供数据的个人或机构的名称。在某些情况下，该来源可能不同于数据的来源。例如，Esri 使用来自许多不同来源的数据发布数据和地图。ArcGIS Online 提供公共数据。

制作者联系方式。对于公司或小型机构，应包括城市和州。对于大型机构，尤其是拥有多个办事处但只有一个统一网站的机构，名称本身就足够了。如果合适，请注明信息交流中心名称，如 ArcGIS Online。

资源 URL。此项为可选项，在适当的时候加入。只使用静态 URL，即使这意味着用户必须搜索数据（静态 URL 的形式总是相同的，而动态 URL 是根据搜索字符串或其他信息自动生成的。动态 URL 通常包含查询控制字符，如？或%）。

访问日期。此项为可选项，因为它主要适用于在线数据集。请注明访问或下载数据的年月。

引用范例

Black Hills RIS Vegetation Database（2008）[downloaded file]. Black Hills National Forest，Custer，SD. URL：http://www.fs.usda.gov/main/blackhills/landmanagement/gis [August，2010].

Esri™ Data and Maps（2012）[DVD]. Esri™，Inc.，Redlands，CA.

National Hydrography Dataset（2015）[downloaded file]. United States Geological Survey on the National Map Viewer. URL：http://viewer.nationalmap.gov/viewer/[July 23，2015].

USA Topo Maps（2009）[map service]. Esri™ on ArcGIS Online. URL：http://server.arcgisonline.com/arcgis/services/USA_Topo_ Maps/MapServer [January 1，2012].

EIA Coalbed Methane Field Boundaries（2011）[map service]. US Department of Energy on ArcGIS Online. URL：http://arcgis.com [August，2013].

Mineral Operations of Africa and the Middle East（2010）[layer package]. J.M. Eros and Luissette Candelario-Quintana on ArcGIS Online. URL：http://ArcGIS.com [July，2012].

Badlands National Park GIS Database（2012）[CD-ROM]. Interior，South Dakota：National Park Service—Badlands National Park，personal communication.

Airports（2018）[file geodatabase feature class] Price，M.H，Mastering ArcGIS Pro First Edition（tutorial data）mgisdata\Oregon\oregondata.gdb\airports，[01/04/2018].

1.1.2 关于 ArcGIS

ArcGIS 概述

ArcGIS 由 Esri 公司开发和销售。ArcGIS 历史悠久，历经多个版本。它最初是为大型主机开发的，现已从基于键入命令的系统蜕变为图形用户界面（graphical user interface，GUI）。随着时间的推移，数据模型也发生了变化，越来越强调通过互联网访问数据。以下背景信息应有助于您了解 ArcGIS 系统及其数据的性质。

ArcGIS 系统的旧核心最初于 1982 年发布。它被称为 Arc/Info，包括三个主要程序：Arc、ArcEdit 和 ArcPlot（图 1.6），可在大型计算机或 Unix 类型的工作站上运行。所有程序都以命令为基础，即用户键入命令来使程序运行。学习 Arc/Info 的困难促使 Esri 公司于 1992 年创建了 ArcView 3，这是一款基于图形用户界面的程序，使用起来更简单，但功能不如 Arc/Info。

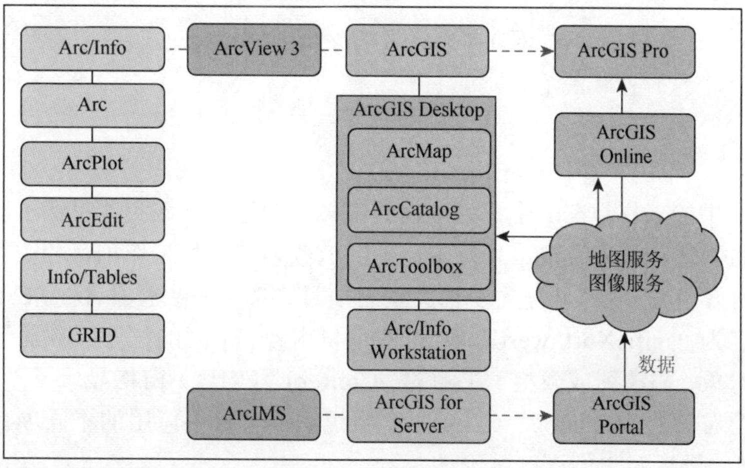

图 1.6 最初的 Arc/Info 程序经过 ArcView 和 ArcGIS Desktop 发展到 ArcGIS Pro，而网络 GIS 服务器则从 ArcIMS 和 ArcGIS for Server 发展到 ArcGIS Portal

ArcGIS Desktop 于 2001 年发布，结合了 Arc/Info 的强大功能和 ArcView 的易用性，并移植到了 Windows 操作系统上，因此可以在个人电脑上使用，而无须昂贵的工作站（因此被称为桌面 GIS）。它包含两个程序：ArcMap 可显示、分析和编辑空间数据，ArcCatalog 可管理空间数据文件。ArcToolbox 包含基于任务的程序或工具，可在任一程序中使用。

Arc/Info、ArcView 和 ArcGIS Desktop 最初设计用于使用驻留在本地或网络硬盘驱动器上的 GIS 数据文件。然而，随着基于互联网的服务的扩展，Esri 公司开始开发通过万维网提供 GIS 数据的方法。ArcGIS Portal［在其早期版本 ArcIMS（Internet Map Server）和 ArcGIS for Server 之后］的建立就是为了实现 GIS 数据共享。这些系统将地理空间数据存储在 Oracle

或 SQL Server 等商业数据库中，并与万维网交互，向不同客户提供数据，包括桌面 GIS、移动电话和网络浏览器应用程序。这些系统可提供 GIS 数据和 GIS 分析工具。

ArcGIS Pro（本书中通常简称为 Pro）是桌面 GIS 的最新版本。其设计旨在充分利用多核 64 位处理器的优势，并轻松使用 GIS 服务。它具有新的界面设计和新的工作组织系统。早期版本没有包含 ArcMap 和 ArcCatalog 提供的所有功能，但每个版本都增加了新功能。

ArcGIS Desktop 和 ArcGIS Pro 都提供不同级别的功能（基础版、标准版和高级版），因此用户只需购买所需的功能即可节省费用。本书主要使用 ArcGIS 基础版中的功能。该平台可通过购买**扩展模块**或为特定应用设计的附加软件功能进行扩展，例如分析栅格数据（空间分析扩展模块）或进行高级空间统计（地理统计分析扩展模块）。默认情况下，扩展模块与主程序一起安装，但需要额外的许可证才能使用。

ArcGIS Online（AGOL）是一个基于云的平台，提供许多 GIS 数据服务以及创建地图并与其他用户共享数据的环境。AGOL 是围绕**网络地图**（一种仅使用 GIS 服务器的地图）构建的。这些网络地图可由各种客户端使用，包括 ArcMap、ArcGIS Pro、网页、智能手机和平板电脑。

ArcGIS Pro 的设计目的是与 ArcGIS Online 的功能直接集成。首次启动程序时，用户需要提供一个 AGOL 用户账户，该账户通常由指导教师提供。账户可以是免费的公共账户，也可以是订阅账户，后者可以访问比公共账户更多的数据和功能。本书中的一些练习需要使用订阅账户。

> **提示：** 如果您无法通过指导教师获得订阅账户，Esri 公司可提供包括 ArcGIS Online 和 ArcGIS Pro 在内的临时试用版。

项目

ArcGIS Pro 中的工作是在一个称为**项目**的实体中构建的，该实体组织了进行 GIS 工作所需的多种类型的信息。项目通常是为特定地理区域或为完成与工作项目相关的一系列任务而开发的（因此而得名）。项目可包含多种类型的项目。图 1.7 显示了 ArcGIS Pro 程序界面，当前显示的是名为 PacificNorthwestHazards 的项目内容。中间的程序区域显示**视图**或用户可能使用的不同对象，如地图或表格。左侧的**“Content”（内容）窗格**显示了不同的地图图层，如火山和首都；右侧的“Catalog”（目录）窗格组织了项目中可用的不同项目；接下来将按照图 1.7 中出现的顺序对它们进行讨论。

地图。地图是使用指定符号、注记等将 GIS 数据集显示在一起的视图。地图可以是二维的（图 1.7 中的“Hazards”），也可以是三维的，在这种情况下称为**场景**（scene）。

工具箱。ArcGIS Pro 包含许多用于完成特定任务的独特程序例程（工具）。用户还可以使用 Python 语言创建自定义工具（模型）或编写程序（脚本）。为特定项目创建的工具可以保存在项目中，以便于访问。

数据库。包含地理数据的数据库通常称为地理数据库。每个项目开始时都会有一个**主地理数据库**，用于存储与项目工作相关并由项目工作生成的 GIS 数据。地理数据库采用项目名称（PacificNorthwestHazards），是保存输出数据集的默认位置。

地理处理历史。该项目记录了每个工具的运行轨迹，这样人们就可以回顾之前的步骤或检查运行工具时使用了哪些设置。

版面设计。版面设计是用于打印地图的正式页面设计，可以打印在纸上，也可以保存为 PDF 等电子格式。版面设计可以描绘一幅或多幅地图，并包含标题、图例、比例尺、指北针等内容。

样式。样式是用于描绘地图数据的符号集合。ArcGIS Pro 提供了默认样式（二维和三维），其中包含可单独定制以满足特定需求的符号。此外，用户或机构还可以开发和共享自己的样式；例如，用于发布地质图的符号集。

文件夹。默认情况下，**项目文件**（如 PacificNorthwestHazards.aprx）创建在与项目同名的文件夹内，即**项目文件夹**。主地理数据库也位于此处。项目文件夹可用于存储与项目相关的非 GIS 数据，如文字处理文档或电子表格（如果项目包含大量附加数据，可在项目文件夹内创建子文件夹来组织这些数据）。虽然项目中使用的部分数据会存储在主地理数据库中，但通常也会使用外部数据，例如存储在计算机其他地方或机构文件服务器上的信息。项目存储的**文件夹连接**会记住这些数据源的位置，以便快速访问。

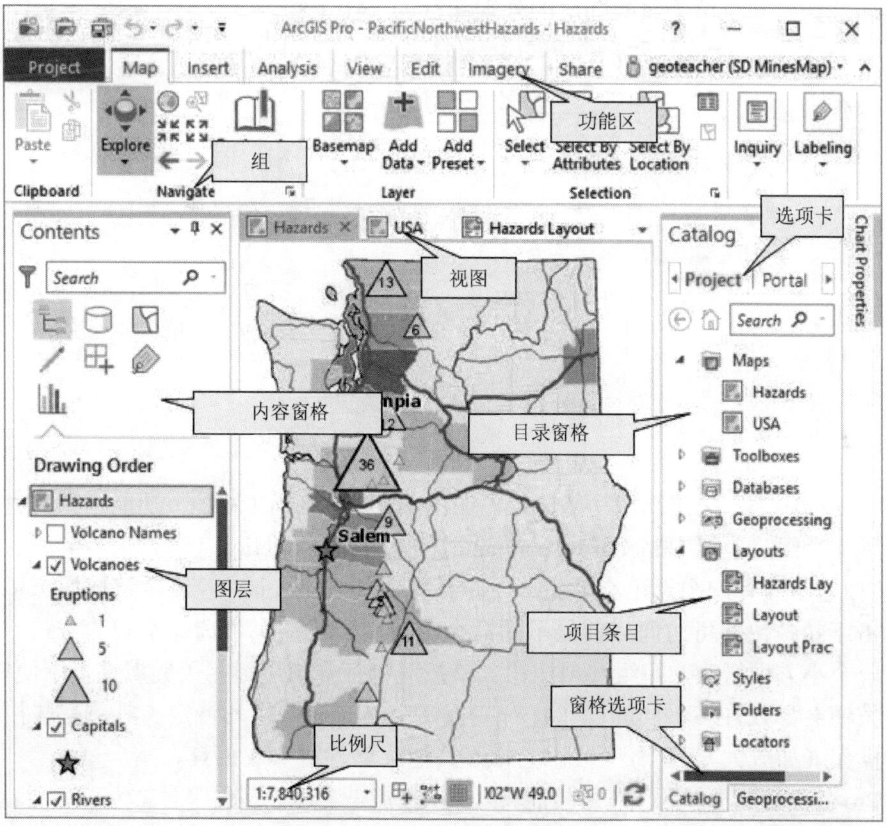

图 1.7　ArcGIS Pro 程序界面

来源：Esri

定位器。定位器用于将街道地址与街道及其地址范围的数据进行比较，从而将街道地址转换为地图上的点。ArcGIS Online 有一个默认定位器，即世界地理编码服务，它用于从单个键入的地址中查找位置。如果用户拥有合适的街道数据，还可以创建自定义定位器。

任务。任务是按步骤设置的说明，用于记录某个工作流程，供今后参考或与他人共享，以确保每次都正确执行某个程序。人们可以在执行过程中记录一系列步骤，然后用详细的说明加以解释。

门户。门户提供通过互联网获取 GIS 服务的途径。门户包括以下几种类型：①ArcGIS Online 账户中托管的数据和服务；②AGOL 中其他人托管的公共服务；③您所属并可访问的机构托管的任何其他服务（可能需要登录名和密码）。

ArcGIS Pro 界面

ArcGIS Pro 是一个功能强大的程序，可以做很多事情，因此将所有工具和命令整合到计算机上的一个窗口中是一项艰巨的任务。您必须了解图形用户界面的设计，才能有效地使用该程序，并按照本书教程中的说明进行操作。

ArcGIS Pro 使用功能区式界面来显示功能和命令（图 1.8）。它包括始终可见的**核心功能区**和**上下文功能区**，只有在选择和处理项目的不同部分时才会出现。例如，当点击地图图层时，就会出现 **Feature Layer**（要素图层）系列功能区［**Appearance**、**Labeling** 和 **Data**（外观、标签和数据）］，可用于修改图层的外观和行为（图 1.8）。

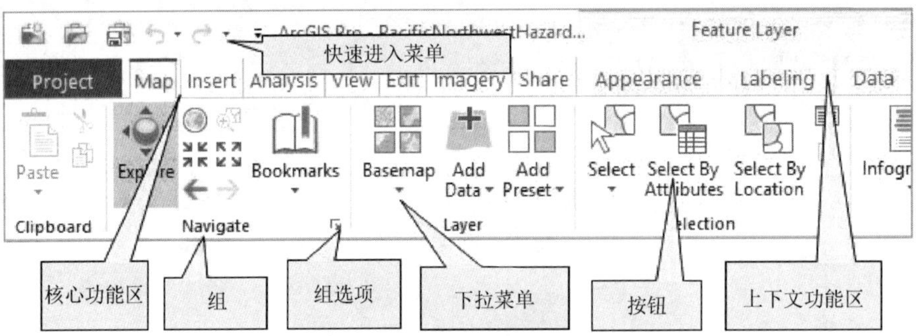

图 1.8　功能区组织和术语

来源：Esri

在每个功能区中，按钮都按功能分组。在图 1.8 中，**Map**（地图）功能区当前处于活动状态，显示了 4 个组，包括 Clipboard、Navigate、Layer 和 Selection（剪贴板、导航、图层和选择）。有些按钮下面有一个黑色小箭头（下拉按钮，如 Basemap），表示该按钮可以访问多个命令。单击下拉按钮即可访问当前显示的命令，使用黑色箭头可选择不同的按钮。有些组的右下角有一个小方框箭头，即组选项按钮。该按钮将打开与该组相关的属性，以便修改设置。

单击按钮会导致许多不同的操作。有些按钮会将光标转换为特定工具，有些按钮可能会执行某个操作（如放大），还有些按钮会打开其他菜单、窗口或工具。

浏览 Pro 界面需要掌握两项基本技能。第一项技能是学习许多程序对象（窗口、视图和窗格）的术语，并学会有效地管理这些对象。第二项技能是在工作中习惯界面的变化方式。

功能区下方是主程序窗口。**窗口**是一个工作区，可包含视图或窗格两种类型的对象。窗口可以悬浮在程序区域的顶部，但更常见的是停靠在程序区域内。

视图是一个包含实体的窗口，如地图、三维场景、表格或图表。视图只能停靠在程序的中心窗口，如图 1.7 所示。可以同时打开多个视图，但每次只能有一个视图处于活动状态。

一个**窗格**包含用于处理活动视图的命令或设置（图 1.9）。窗格可能有多个选项卡，用于将设置组织到相关部分；也可能有图标，用于显示包含选项或设置的不同窗格；还可能有标题，用于组织选项卡内的设置；或者有选项菜单，用于访问其他命令或设置。面板放置在窗口中，可以停靠在程序区域的边缘。可以同时打开多个面板，它们可以并排放置，也可以堆叠在一起。在图 1.7 中，停靠在程序区右侧的窗口包含两个窗格，一个是活动窗格（目录窗格），另一个是其下方的地理处理窗格（作为窗口底部的选项卡可见）。

一个窗口可以包含多个视图或窗格（但不能同时包含）。在窗口内，视图或窗格可以相互堆叠，在这种情况下，最上面的视图或窗格处于活动状态。用户可以通过点击窗口顶部或底部的标签切换到不同的视图或窗格。窗口还具有自动隐藏功能，可将窗口变成程序边缘的标签页，在需要时才会显示出来。单击标签可打开窗口，移动或单击其他位置可关闭窗口。

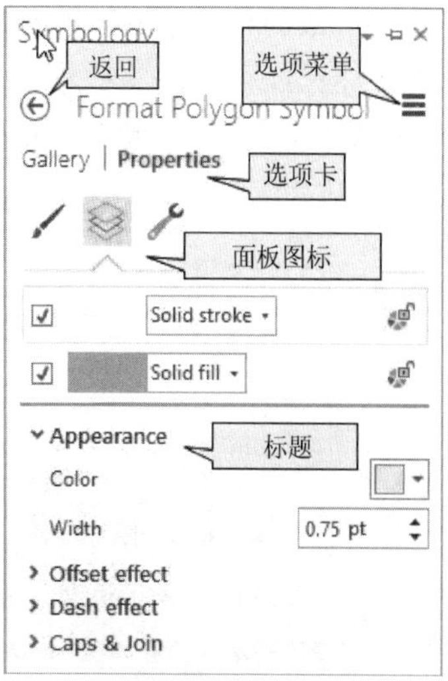

图 1.9　窗格组织和术语

来源：Esri

第二项技能的关键在于理解图形用户界面对上下文是敏感的，它会随着您的工作而改变。功能区和按钮只有在适合使用时才会显示，这意味着有时需要选择特定类型的对象，才能使功能区或按钮可见。例如，必须选择地图图层才能改变其外观。虽然这种灵活的安排最初会让人感到困惑，但很快就能学会如何让特定菜单出现。为了方便起见，有些对象还有一个右键菜单，右键单击后就会打开，可以直接选择功能。因此，通向同一功能的途径往往有多种。

用户很快就会形成自己的界面管理偏好。有些人喜欢整洁的视图，每次都会打开和关闭窗口。另一些人则喜欢某些窗口停靠在界面上并随时准备就绪，他们还制定了精心设计的分组方案，以保持某些窗格的可访问性。有时这取决于工作流程：如果要对许多地图图层进行符号化处理，那么在整个过程中都打开符号学窗格，然后在准备分析数据时关闭该窗格就会很方便；编辑时，将多个编辑窗格组合在同一窗口中并在它们之间来回切换则会很方便。

提示：由于程序界面非常灵活，因此在教程中描述如何导航是一项挑战。了解窗口、视图、窗格和选项卡等术语的含义和区别，以便更好地理解说明。

工具和地理处理

ArcGIS Pro 中的许多操作都是使用工具执行的。**工具**是为执行特定任务（如删除文件或计算统计数据）而设计的软件。要实现目标，可能需要依次执行多个工具，这就是所谓的**地理处理**。可以通过以下几种方式访问工具：点击功能区上的按钮、从菜单中选择一个项目，或从 Geoprocessing（地理处理）窗格中选择一个工具（图 1.10）。工具按功能组成工具箱（部分工具箱如图 1.10 所示）。查看工具箱中的内容是了解 ArcGIS 诸多功能的好方法，不过搜索通常是查找特定工具的快捷方式。

打开工具后，用户必须设置**参数**，指示工具如何继续。每个工具的参数都不同。图 1.11 显示了 Buffer（缓冲区）工具，它可以创建多边形，显示与一组要素保持一定距离的区域。参数包括输入要素（Roads）、输出多边形数据集（roadbuf 300）的名称和位置，以及修改缓冲区大小和形状的各种设置。

一些常用选项适用于所有工具（如图 1.11 中编号所示）。①后退按钮可清除设置并返回主地理处理窗格。②选项按钮会打开一个菜单，提供更多选项。③帮助按钮打开工具的详细说明。④环境选项卡打开可应用于工具的其他设置。⑤光标靠近参数框时，信息图标会出现，显示参数的相关信息。⑥出现一个警告图标，通知用户有一个潜在的问题，可能是指定的输出文件已经存在并将被覆盖。⑦出现错误图标，表示有错误存在，工具将无法运行，直至问题得到纠正。如果光标放在警告图标和错误图标上方，则会弹出解释问题的窗口。⑧运行按钮可执行工具。

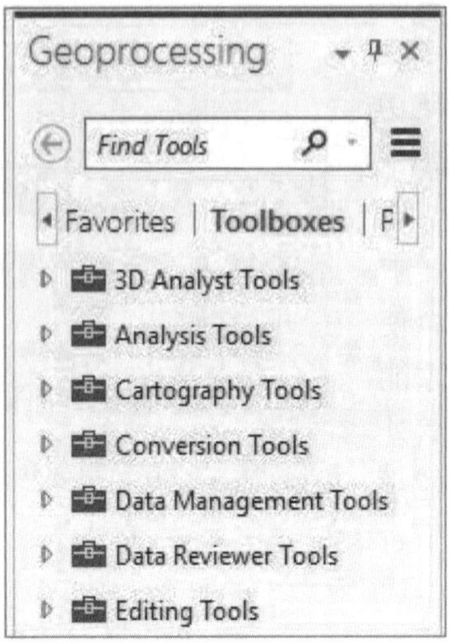

图 1.10　Geoprocessing 窗格中的部分工具箱

来源：Esri

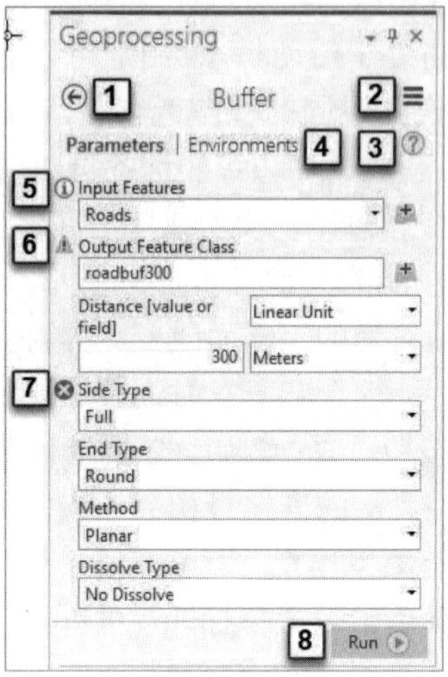

图 1.11　运行工具

来源：Esri

提示：首次使用工具时，请务必阅读详细的帮助信息，并检查每个参数的弹出信息框。这些资源描述了该工具，并可能包含使其正常工作的关键信息。

ArcGIS Pro 包含几种自动化工具和任务的方法，可使地理处理任务可重复且更高效。第 12 章将介绍这些方法。

1.1.3　摘要

- 地理信息系统（GIS）是一个空间数据库，利用地图和属性数据来回答有关事物的位置及其相互关系的问题。
- 地图可以表示道路或湖泊等离散要素，也可以表示高程或温度等连续测量值。矢量模型非常适合离散数据，而栅格模型则擅长存储连续数据。
- 地图比例尺是地图中物体的大小与其在地面上的大小之比。GIS 数据的源比例尺会影响其准确度和精度，以及适合的地图比例尺。
- GIS 数据可存储在本地硬盘或网络服务器上，但也可通过 GIS 服务器连接互联网访问数据。许多客户端都可以访问服务器数据，包括 GIS 程序、网页、智能手机和平板电脑。
- 每个 GIS 用户都有责任确保数据适合拟议的应用，并有义务注明所用数据的来源。
- 数据质量以几何准确度、专题准确度、分辨率和精度来衡量。元数据存储有关 GIS 数据层的信息，以帮助人们正确使用这些数据。
- ArcGIS Pro 使用灵活且上下文敏感的图形用户界面。了解界面对象（功能区、窗口、视图、窗格、选项卡和标题）的名称有助于浏览课程。

重要术语

ArcGIS Online	文件夹连接	地图比例尺	分辨率
属性	综合	元数据	比例尺范围
像元	几何准确度	窗格	场景
客户端	地理处理	面板	源比例尺
云	地理处理历史	参数	样式
内容窗格	地理参照	像素	表格
上下文功能区	地理空间	点	任务
连续	主地理数据库	多边形	专题准确度
核心功能区	图层	门户	工具
数据库	布局	精度	工具箱
离散	线	项目	矢量
扩展模块	定位器	项目文件	视图
要素	逻辑一致性	项目文件夹	网络地图
要素类	地图	栅格	窗口

1.1.4 复习题

1. 用自己的话解释离散数据集和连续数据集的区别。分别举三个例子。

2. 一个 50 m 长的游泳池在大比例尺地图上的测量值为 2 cm。地图的比例尺是多少？

3. 解释为什么 GIS 数据集被认为有源比例尺而没有地图比例尺。

4. 获取 GIS 数据的来源在哪些方面发生了变化？

5. 杰米正在森林中徒步旅行，并使用智能手机跟踪自己的位置。在这个树木茂密的偏远地区，他的手机通常能记录 25～50 m 以内的位置。请讨论他绘制的路径地图的准确度和精度。

6. 朱迪创建了一个智能手机应用程序，允许观鸟者上传他们发现鸟类的地点和种类。讨论可能影响她最终绘制的鸟类目击地图的潜在数据质量问题。

7. 为本书附带的数据编写适当的引文。

8. 比较和对比与 ArcGIS Pro 用户界面相关的窗口、视图和窗格。

9. 解释什么是地理处理工具和参数。

10. 说明核心功能区和上下文功能区的区别。

扩展知识

打开 ArcGIS Pro 帮助主页，并跟随链接进入这些主题。浏览这些部分，了解有关使用各章介绍的 Pro 各方面的更多信息（帮助的组织和内容可能会随着时间的推移而改变。如果指定的部分不再可用，请查找类似的部分）。

Help>Projects>Catalog pane，catalog view，and browse dialog box

Help>Projects>Terminology for working with projects

Help>Project>Project items

Help>Maps and scenes>Interact with maps and scenes

1.2 掌握技能

本书教程使用的数据集可扫描封底二维码或从网站 http://www.mhhe.com/Price_pro2e 下载。在开始教程之前，必须安装这些数据。教程的每个步骤和本书中学习的所有技能都有视频演示。有关下载和使用教程数据和视频的说明，请参见网站。

提示：提示提供了有关程序或设置的有用信息，这些信息可以节省时间或非常重要。请加以注意。

提示：在这些教程中，您必须输入的值以这种字体显示：*type this.*

1.2.1 教程

以下示例提供了在 ArcGIS Pro 中执行任务和解决问题的分步说明。要执行的步骤用箭头“→”突出显示，请仔细按照这些步骤操作。

提示：本书附带一个名为 gisclass 的数据文件夹。请将其安装在计算机的 C:\驱动器上，而不要安装在文档文件夹、桌面或网络驱动器上。安装后，请记住它的位置，以便在需要时访问。

探索 ArcGIS Pro 项目

ArcGIS Pro（简称 Pro）在**项目**中组织地理空间工作，这个容器可以记住正在使用的数据、地图和工具，并将它们组织到一个文件夹中。

1→ 启动 ArcGIS Pro 并使用 ArcGIS Online 订阅账户登录。

1→ 选择 Open another project（打开另一个项目）链接。单击 Computer 访问计算机文件。

1→ 导航至 C:\驱动器，然后导航至 gisclass 文件夹（无论放在何处）。这里包含两个文件夹，一个是用于存储与本书相关项目的 ClassProjects 文件夹，另一个是包含其他 GIS 数据的 mgisdata 文件夹。

1→ 浏览 ClassProjects 文件夹，然后进入 CraterLake 项目文件夹。

1→ 单击项目文件 CraterLake.aprx，使其突出显示。单击 OK。

提示：四个字母的.aprx 代码称为扩展名。是否显示取决于 Windows 文件夹设置。如果看不到，请暂时忽略它和其他扩展名。

程序窗口的中央是俄勒冈州火山口湖的**地图视图**。地图名称 Crater Lake（火山口湖）显示在左上角的视图选项卡上。左侧的 Contents（内容）窗格顶部显示地图名称以及组成地图的不同图层（岩石类型、断层、喷口等）。

2→ 点击 Lake（湖泊）复选框以关闭 Lake 图层。火山口底部的岩石单元就显现出了。

2→ 在 Lake 图层下方，检查 Crater Lake Geology（火山口湖地质）条目，这被称为组图层。取消选中旁边的复选框，关闭组中的所有图层。

2→ 打开 Hillshade（晕渲）图层，这是一个显示地形的栅格图层。

2→ 再次打开 Crater Lake Geology 组图层。Rock Types（岩石类型）图层略有透明，可以看到下面的地形。

2→ 重新打开 Lake 图层。

Contents（内容）窗格中有多个图标，可打开具有不同功能的**面板**（图 1.12）。

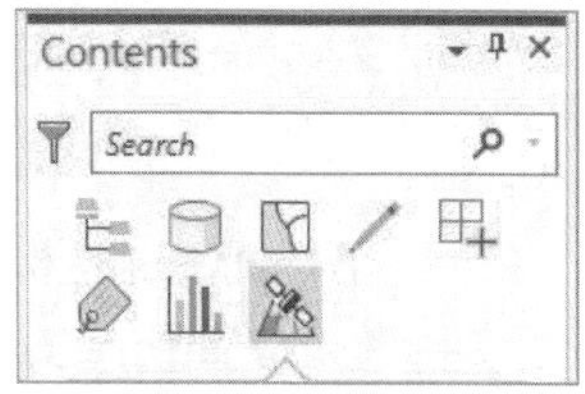

图 1.12　Contents 窗格打开各面板的图标

来源：Esri

> **提示：**菜单和窗格可能会根据您的软件版本略有变化，而且它们也是可自定义的，因此在图中显示的它们可能与您在屏幕上看到的略有不同。

3→ 在 Contents 窗格中，将鼠标悬停在第一个图标上，直到其名称 List By Drawing Order（按绘图顺序列出）出现。这是该窗格的默认视图。

3→ 单击 List By Data Source（按数据源列出）图标（第二个图标），该图标显示了地图中使用的数据的来源（数据文件的位置）。大部分数据来自 gisclass 文件夹，但地形图层是基于互联网的 GIS 服务。

3→ 点击其余每个图标，查看不同的面板。

4→ 完成后，返回 List By Drawing Order 面板（第一个面板），可以更改绘图图层的顺序。图层按从下到上的顺序绘制。

4→ 单击并拖动 Lake 图层到 Vents（喷口）图层上方。注意，湖泊中的喷口会消失，因为按此顺序绘制时，它们会被湖泊多边形覆盖。

4→ 将 Lake 图层后移到 Faults（断层）图层和 Crater Lake Geology 组图层之间。

窗口顶部使用标题为 **Project**（项目）、**Map**（地图）、**Insert**（插入）等的功能区来组织程序功能。每个功能区都有不同的按钮和设置，并按功能分组。

5→ 单击 **Map**（地图）功能区选项卡并查看其分组：**Clipboard**（剪贴板）、**Navigate**（导航）、**Layer**（图层）等。

5→ 依次单击每个主功能区选项卡，查看各组和按钮。

功能区菜单对上下文敏感：根据窗格或视图中选择的内容，可能会显示不同的功能区。某些按钮可能根据用户的操作而可访问或不可用（暗淡）。

6→ 在 Contents 窗格中，单击以选中 Crater Lake 地图标题。检查功能区标题。

6→ 在 Contents 窗格中，点击 Vents 图层名称使其突出显示。注意会出现一个新的功能区组 **Feature Layer**（要素图层），其中有三个附加功能区：**Appearance**（外观）、**Labeling**（标签）和 **Data**（数据）。

6→ 单击三个**要素图层**子功能区，检查组和按钮。

要素图层功能区用于控制图层的行为：如何显示、是否有标签等。这些按钮只有在应用于特定图层时才有意义，这也是为什么必须选中一个图层才能看到这些按钮的原因。

> **提示：**如果某个功能区不可见，请检查确保相应的项目已点亮，以使功能区出现。

提示：教程说明中提及功能区功能时使用的格式是 Ribbon Name：Sub-ribbon Name：Group：Button>Drop-down（功能区名称：子功能区名称：组：按钮>下拉）按钮选项。子功能区名称和下拉部分可能并不总是存在。

7→ 在 Contents 窗格中，单击 Lake 图层使其突出显示。

7→ 单击 **Feature Layer**：**Appearance** 功能区，找到 **Effects**（效果）组。将透明度设置为 50%，露出下面的岩石单元。

7→ 单击 Rock Types 图层，然后单击 **Effects**（效果）组中的 Swipe（轻扫）。将光标放在地图的边缘，然后单击并向中心拖动，以显示 Hillshade 图层。

7→ 再次点击 **Effects**：**Swipe** 工具，但注意它并没有关闭。

有些按钮在选择另一个按钮功能之前一直有效，例如选择 Explore（探索）按钮导航地图。

二维和三维地图导航

图 1.13　导航工具

来源：Esri

8→ 单击 **Map**（地图）功能区标题，查看 **Navigate**（导航）组（图 1.13）。

8→ 注意，即使切换了功能区，**Swipe**（轻扫）工具仍处于启用状态。

8→ 将鼠标悬停在 **Explore**（探索）按钮上。此时会出现按钮提示，说明如何使用鼠标浏览地图。所有按钮都有弹出式说明。

8→ 单击 **Explore** 按钮，将光标放在地图上。此时，**Swipe** 三角形会被一个手形图标取代，用于平移地图。

8→ 使用 **Explore** 按钮说明，学习如何平移和缩放。

8→ 将鼠标停留在 **Navigate**（导航）组中的其他按钮上，了解它们的作用。使用它们进行实验和练习，以了解每个按钮的工作原理。

某些按钮组有一个选项菜单，可以访问与该组相关的其他设置。

9→ 将鼠标悬停在 **Navigate**（导航）组右下角的小方框/箭头图标上，直到弹出文本 **Navigation Options**（导航选项）。

9→ 单击 **Navigation Options** 图标，Options（选项）窗口打开。

Options 窗口左侧列出了各组设置，Navigation 选项已被选中。点击其他部分以查看它们，然后返回 Navigation 部分。

9→ 根据用户偏好，向前滚动鼠标滚轮可指定为放大或缩小。如果需要，现在就更改设置。

9→ 单击 OK 接受更改。

10→ 点击地图中的一个地质单元（不在湖泊中）。该多边形会闪烁并弹出一个窗口，显示该多边形的相关信息。

10→ 点击湖中的一个地质单元。弹出窗口会显示湖泊的相关信息，因为它是顶层。

10→ 单击 **Explore** 按钮底部附近的黑色小箭头，查看菜单选项。这些选项可以控制哪些图层将出现在弹出窗口中。

10→ 选择 **Explore** 按钮选项：**Selected in Contents**（在内容中选定）。

10→ 在 Contents 窗格中，单击 Crater Floor Geology（火山口底部地质）图层将其选中，然后单击地图中湖泊的一个地质单元。现在弹出窗口显示的是火山口底部地质。

10→ 完成后关闭弹出窗口。

11→ 点击 **Full Extent**（全图范围）按钮，查看地图中所有图层的范围。

遗憾的是，Topographic（地形）底图图层的范围（地图区域）非常大。可以使用地图属性更改默认的 Full Extent（全图范围）。

11→ 在 Contents 窗格中，右键单击 CraterLake 地图标题旁的图标，然后选择 Properties（属性）。

11→ 在左侧单击 Extent（范围）查看这些属性（图 1.14）。

11→ 单击 Use a custom extent（使用自定义范围）。在 Get extent from（获取范围）下，单击 Crater Lake Geology 组图层。单击 OK。

11→ 再次点击 **Full Extent**（全图范围）按钮，就会缩放到 Crater Lake 地图。

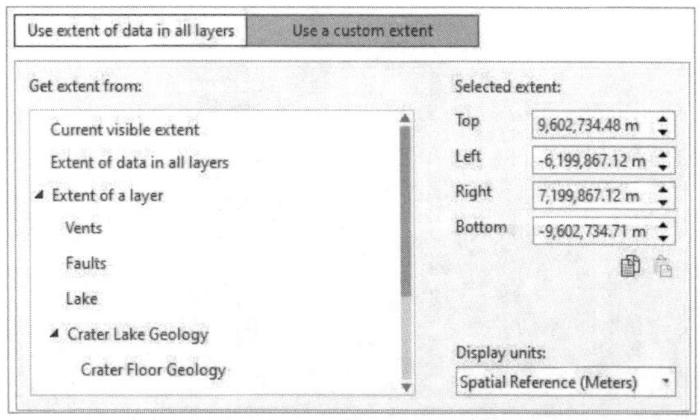

图 1.14　设置完整范围区域

来源：Esri

书签是另一种存储特定地图范围并方便返回的方法。本项目已经创建了一个书签。

12→ 单击 **Map**：**Navigate**：**Bookmarks>Crater Lake**。

12→ 放大到湖西侧的小岛。

12→ 选择 **Bookmarks>New Bookmark**。输入名称 Wizard Island。点击 OK。

12→ 点击 **Bookmarks**（书签）下拉菜单，选择 Crater Lake 书签，返回湖泊的视图。

最后一个导航工具 Zoom to Selection（缩放至选区）比较暗淡，因为在缩放至选区之前必须先选中某样东西。

13→ 点击 **Map**：**Selection**：**Select**（只有按钮，没有下拉三角形）。

13→ 点击 Wizard Island。点击的多边形以蓝色高亮显示，表示已选中。

13→ 单击 **Navigate** 组中的 **Zoom to Selection**（缩放至选区）按钮。

13→ 放大到上一个范围。

在多个要素周围画一个方框，就可以选择多个要素。

14→ 单击 **Select**（选择）组中的 **Selection** 按钮。单击并拖动几个地质单元周围的方框。部分位于框内的要素将被选中。

14→ 单击 **Selection** 组中的 **Clear**（清除）按钮清除选择。

15→ 选择 **Map**：**Inquiry**：**Measure>Measure Distance**。

15→ 在地图上单击，输入一条横跨湖面的线，双击结束该线。读出距离。

15→ 使用下拉框将单位从“Metric”（公制）改为“Miles”（英里）。

15→ 探索该工具和 Measure（测量）下拉菜单中的其他工具，直到可以用各种单位测量距离、面积和特征。

15→ 完成后，关闭 Measure（测量）工具。

1. 该湖的面积是多少（hm^2）？______________________

16→ 点击 **Map**：**Inquiry**：**Locate** 工具。打开 Locate（定位）窗格。

16→ 在搜索框中输入 *Timber Crater*，然后从出现的列表中选择 Timber Crater，Oregon，USA。地图会放大到 Timber Crater。

16→ 搜索 Olympia，放大至 Olympia，WA，USA。

16→ 关闭 Locate（定位）窗格，点击 **Full Extent** 按钮返回火山口湖。

当您放大到 Wizard Island 时，可能会出现一些新的符号。

17→ 点击 Explore 按钮，放大湖泊西南方的岩石单元，直到出现一些不同的符号。进一步放大，直到出现标签（图 1.15）。

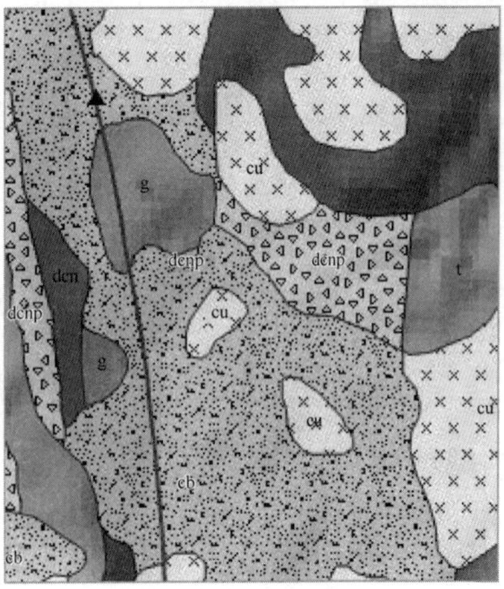

图 1.15　在达到预设比例尺之前，岩石单元类型和标签不会出现

来源：USGS

17→ 检查 Contents 窗格，找到 Classes and Labels（类和标签）图层。展开它（点击它旁边的三角形），查看火山类型符号。

17→ 放大直到火山类型符号从地图上消失。注意图层旁边的复选框变为浅灰色，表示其处于非活动状态，无法更改。

在这幅地图中，Class and Labels 图层被赋予了一个**比例尺范围**，因为如果以较小的比例尺查看，这些符号会使地图变得杂乱无章。图层可以被赋予许多属性，以控制它们的显示和行为方式。

17→ 在 Contents 中，单击 Classes and Labels 图层使其突出显示，并显示 **Feature Layer**（要素图层）功能区组。单击 **Appearance**（外观）功能区标题。

17→ 在 **Visibility Range**（可见范围）组中，注意 **Out Beyond**（超出）比例尺已设置为 1∶24 000。当地图放大到该比例尺以下时，就会出现这些符号。

17→ 单击 **Feature Layer**：**Labeling** 功能区，检查 **Visibility Range**（可见范围）组。1∶10 000 的标签也采用了类似的设置。

使用帮助

ArcGIS Pro 的功能远远超出了一本教科书所能涵盖的范围。帮助提供了广泛的资源，可帮助您进一步了解软件及其功能。熟悉并经常使用帮助，将极大地提高您的知识水平和技能。帮助默认为在线访问，但也可以下载并保存在本地。

18→ 单击 **Project**（项目）功能区并选择 **Help**（帮助）条目。稍等片刻，网络浏览器将打开 Help（帮助）主页面。如果要求您登录，请使用与 ArcGIS Pro 相同的账户。

18→ 检查包含“ArcGIS Pro”标题的实心条及其下方的选项卡：Home、Get Started、Help 等（图 1.16）。注意 Help 选项卡当前处于活动状态。

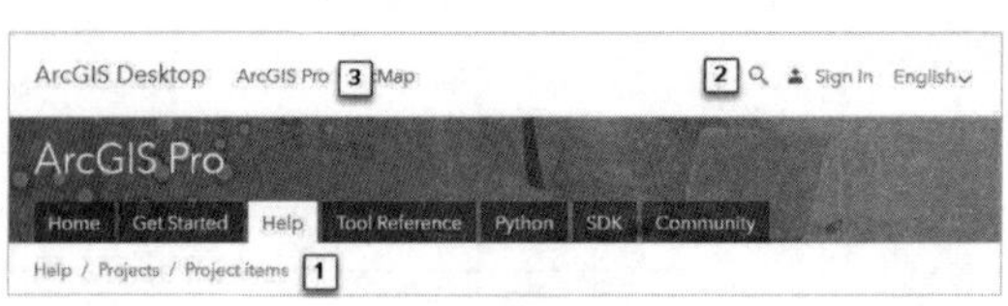

图 1.16　Help 窗口顶部

来源：Esri

18→ 检查左侧的主题大纲：Projects、Maps and scenes、Data…每个标题都可以展开或折叠，以获取更多信息。

18→ 检查窗口右侧显示的内容。

18→ 展开 Projects（项目）标题，查看条目。

18→ 点击 Terminology for working with projects（项目工作术语）条目。

18→ 浏览本节内容中介绍的主题。

提示：随着软件的更新，Help（帮助）的组织和内容可能会发生变化。如果无法找到本书中提到的特定项目，请尝试查找类似主题。

19→ 在左侧大纲中，单击 Project items 标题。

19→ 注意大纲的扩展和许多蓝色链接，这些链接指向内容中的其他信息。

19→ 点击内容中的一个蓝色链接。

19→ 滚动到内容底部，注意 Related topics（相关主题）中的其他链接节。

在这些信息中很容易迷失方向。请使用标题栏下方的面包屑导航（图 1.16 中的①）返回到主要部分。

19→ 单击 Projects in the Help>Projects…面包屑导航。

19→ 单击面包屑导航中的 Help，返回 Help 主页面。

Search（搜索）功能提供了另一种查找信息的方法。

20→ 点击 Search 图标。请确保使用 Help 搜索工具（图 1.16 中的②），而不是浏览器的搜索框，因为后者会离开 Help。

20→ 在 Search 行输入 *symbols*，然后单击 Search。

左侧大纲现在显示不同软件包和版本的筛选器，目前设置为 ArcGIS Pro。右侧包含不同的文章。请注意，每篇文章的标题后都列出了“ArcGIS Pro”。请确保只查看任何文章的 Pro 内容。

20→ 点击其中一条，如 Modify symbols（修改符号）。

20→ 简要检查大纲和内容。

20→ 检查面包屑导航，了解正在显示的帮助部分。

20→ 点击面包屑导航中的每个条目，从最后一个条目开始，退出内容并逐步返回 Help 主页面。

提示：在 Search Results（搜索结果）页面中，主大纲和 Help 选项卡会消失。选择一篇文章即可恢复，或单击窗口顶部的 ArcGIS Pro（图 1.16 中的③）并单击 Help 选项卡。

20→ 将带有 Help 的浏览器窗口最小化，而不是关闭，以方便日后查询。

20→ 返回 ArcGIS Pro 程序。

管理窗口

项目可以包含多个地图。Catalog（目录）窗格用于访问和管理项目中的不同项目。

21→ 检查地图右侧的 Catalog 窗格（图 1.17）。请注意窗口有几个选项卡：

Project、Portal 和 Favorites（如果 Catalog 窗格不可见，请单击 **View: Windows: Catalog Pane** 即可显示）。

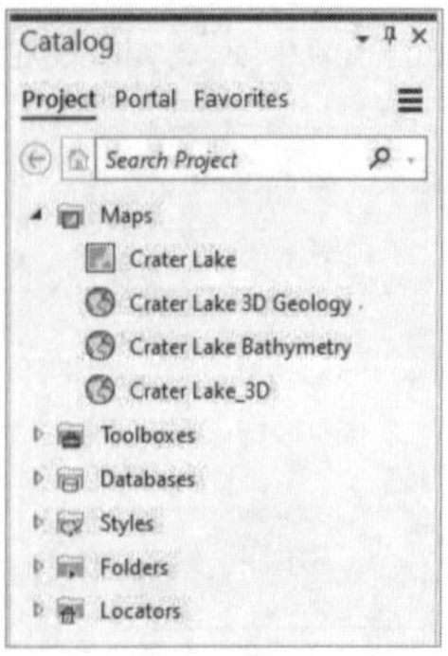

图 1.17　Catalog 窗格
来源：Esri

21→ 当前应选择 Project（项目）选项卡；如果未选择，请单击该选项卡。它将显示项目资源列表，包括 Maps（地图）和 Toolboxes（工具箱）。

21→ 点击 Maps 旁边的三角形，退出该部分。该部分包含 Crater Lake 地图（已打开）以及三张三维地图（称为**场景**）。

21→ 双击 Crater Lake_3D 场景打开它。

请注意，之前的 Crater Lake 地图视图仍保持打开状态，并以视图选项卡的形式显示（在场景上方），方便来回切换。单击选项卡上的“×”可关闭地图，但地图仍保留在项目中，可从 Catalog 窗格中重新打开。

22→ 使用 **Map:Navigate:Bookmarks** 创建名为 *Crater Lake_3D* 的新书签。

22→ 再次将鼠标悬停在 **Map：Navigate：Explore** 按钮上并查看用于导航三维场景的说明。

22→ 练习缩放、平移、倾斜和旋转场景，直到掌握三维导航工具。

22→ 完成后返回 Crater Lake_3D 书签。

23→ 在 Contents 窗格中（现在显示的是活动的 Crater Lake_3D 场景图层），单击 Classes and Labels（类和标签）图层，确保 **Feature Layer**（要素图层）功能区组可见。选择 **Appearance**（外观）功能区并查看 **Visibility Range**（可见范围）组。在场景视图中，比例尺范围用查看者与地图的距离来表示。

管理程序区域内窗口的位置是一项重要技能。目前打开的是地图视图和场景视图。两个视图停靠在同一个窗口中，一个位于另一个之上，点击窗口顶部的视图选项卡可以在两个视图之间切换。视图也可以并排停靠。停靠图标（图 1.18）可控制对象在窗口中的位置：中间、左侧、右侧、顶部或底部。

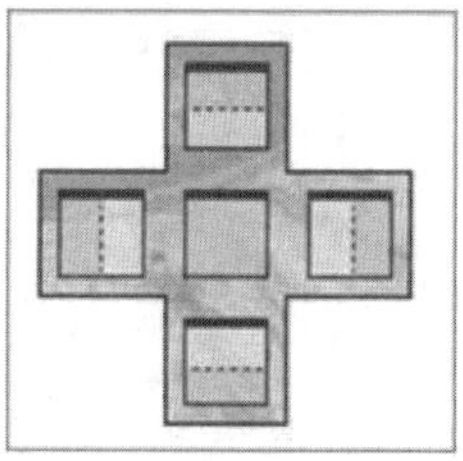

图 1.18　停靠图标
来源：Esri

24→ 如有必要，可调整程序界面的大小，使其仅覆盖计算机屏幕的一部分。

24→ 单击场景上方的 Crater Lake_3D 视图选项卡并向下拖动。出现对接图标。

24→ 将场景视图拖动到左侧选项，然后松开鼠标键。地图视图和场景视图将并排放置。

24→ 再次点击场景视图选项卡，将其拖动到地图上，然后选择不同的停靠选项。全部试一遍。

24→ 拖动场景直到看不到锚点图标，然后放手。场景就会变成浮动窗口。

任何窗口，无论是包含视图（地图和场景）还是窗格（内容和目录），都可以停靠在程序区域内，或移动到程序区域顶部或外部。

25→ 单击 Crater Lake 视图标题，将其拖离程序区域，使其也成为浮动窗口。

25→ 单击 Contents 窗格标题并将其拖离程序区域，使其浮动。

25→ 单击 Catalog 窗格标题并将其从程序区域拖出，使其空着。

26→ 将 Crater Lake 地图视图拖回程序区，注意程序区的中心点是唯一可以停靠的地方。

26→ 将 Crater Lake_3D 场景视图拖回程序区域，并使用图标将其停靠在地图视图的右侧。

26→ 将 Contents 窗格拖到程序区域的左边缘，并将其停靠在那里。

26→ 将 Catalog 窗格拖到左侧边缘，并使用图标将其停靠在中央，在 Contents 窗格的顶部。使用窗格底部的标签在两个窗格之间来回切换。

要从窗口中移除标签窗格，必须先将其再次转换为浮动窗口。

26→ 单击 Catalog 选项卡并拖动，创建一个新的浮动窗口。然后将窗口停靠在程序区域的左边缘。

26→ 练习重新排列窗口，掌握对接技巧。完成后，让地图和场景并排停靠。将 Contents 窗格放在程序区域的左侧，Catalog 窗格放在右侧（图 1.19）。

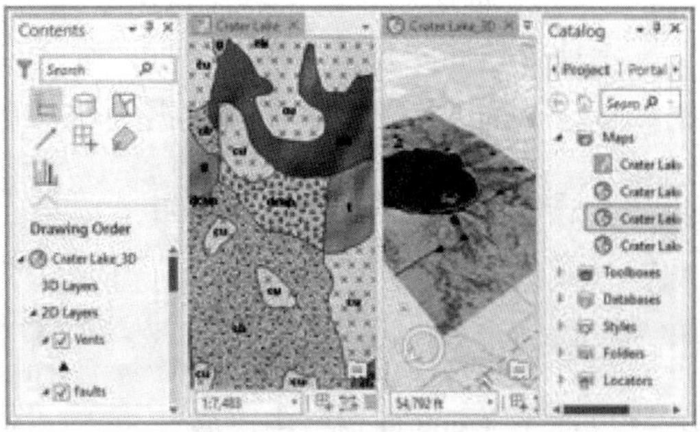

图 1.19　将 Contents 窗格放在左边，Catalog 窗格放在右边，两个视图并排居中

来源：USGS/Esri

二维地图和三维场景可以连接在一起，以增强可视化效果。

27→ 点击 **View:Link:Link Views>Center and Scale**。

27→ 在地图或场景中导航，其他视图也会随之更新。

27→ 点击地图顶部的 Crater Lake 视图选项卡。该选项卡变为蓝色，表示它是活动地图，Contents 窗格显示其图层。

27→ 单击 Crater Lake_3D 选项卡激活它，以便查看或修改其图层。

重新排列窗格的方法与重新排列地图和场景视图的方法相同。

28→ 激活 Crater Lake 地图，点击 Vents 图层使其突出显示。

28→ 单击 **Feature Layer**：**Appearance**：**Drawing**：**Symbology**。

28→ 尝试重新排列 Symbology 窗格和 Catalog 窗格。

> **提示**：如果两个窗格停靠在同一窗口中，显示为标签页，则必须先将窗格从窗口中分离出来，然后才能将 tab 拖走停靠在其他地方。

> **提示**：窗格有一个自动隐藏按钮，可将窗格变成沿程序边缘的选项卡。不使用时，窗格可折叠起来，为显示区域的地图节省空间。

> **提示**：Contents 窗格和 Catalog 窗格经常使用，通常保持打开状态。如果需要，可使用 **View**：**Windows** 组按钮来重新打开它们。

界面的灵活性给编写说明带来了挑战。除非非常重要，否则教程不会规定如何排列窗口。在完成步骤时，您可能需要独立打开或关闭图层，或打开和关闭窗口和窗格。请自由尝试，找到最适合自己的排列方式。

探索项目资源

Catalog 窗格管理项目的所有资源，包括已经查看过的 Maps（地图）条目。现在我们来看看其他一些资源。

29→ 单击 Catalog 窗格选项卡，确保选中 Project（项目）选项卡，显示项目内容。

29→ 展开 Toolboxes（工具箱）条目。每个项目都有一个特殊的工具箱，用于存储用户创建的自定义工具。这个工具箱目前是空的。

29→ Expand Databases（扩展数据库）。它会显示一个标有 CraterLake 或 CraterLake.gdb 的图标，这是存储与本项目相关数据集的**主地理数据库**。

29→ 展开 CraterLake 主地理数据库，查看其中的数据。将鼠标移至每个数据集上，查看数据类型说明，并注意用于显示该数据集的图标。

主地理数据库是项目保存数据的默认位置。它存储在项目文件夹中。CraterLake 主地理数据库包含一个表格、两个栅格数据集和八个矢量要素类。第 5 章将详细介绍地理数据库。

提示：.gdb 称为文件扩展名。是否显示取决于您的计算机设置。本书通常不会显示扩展名，除非有必要显示。

2. 列出哪些要素类包含点数据，哪些包含线或多边形数据。同时列出哪些是栅格。

29→ 在 Catalog 窗格中，展开 Styles（样式）条目，查看与此项目相关的不同符号样式。

29→ 展开 Folders（文件夹）条目，其中包含项目中使用的数据源的快捷方式。目前只显示一个快捷方式，即 CraterLake 项目文件夹本身。

29→ 使用 **Project>Save** 或快速访问菜单上的 **Save** 图标保存项目。定期保存项目是明智之举。

矢量要素类存储为点、线和多边形，包括一个存储每个要素信息的表格。

30→ 点击 Crater Lake 选项卡。

30→ 在 Contents 窗格中，右键单击 Vents 图层并选择 Attribute Table（属性表）。（它可能会停靠或浮动，请使用新技能按需要排列。）

30→ 右键单击 Faults 图层，同时打开其属性表。

30→ 查看完毕后关闭表格。

图层具有可以查看和设置的属性。让我们来看看其中的一些。

31→ 在 Contents 窗格中，右键单击 Vents 图层并选择 Properties（属性）。

31→ 单击 General（常规）条目，该条目可用于设置图层名称，并提供另一种方法来修改之前发现的可见范围。

31→ 将图层名称改为 *Volcanic Vents*。该名称只是图层的外观名称，不会影响存储的数据。

31→ 单击 Metadata（元数据）条目。理想情况下，数据集应包含有关其内容和来源的信息。

31→ 单击 Source（来源）条目。它提供了有关数据集存储格式和位置（在项目的主地理数据库中）的基本信息。

31→ 单击 OK。注意新名称已出现在 Contents 窗格中。

该数据集的来源是 CraterLake 主地理数据库。二维和三维地图中使用了相同的喷口、地质和湖泊数据集。当一个要素类被添加到地图中时，它就变成了一个**图层**。每个图层都有属性，例如您刚刚修改的名称，这些属性是地图或场景所独有的，可以独立设置。

3. 检查三维地图中的 Vents 图层名称。它的更新是否与二维地图中的更改一致？

组图层可用于组织具有相似主题的图层，并方便将它们一起打开或关闭。Crater Lake

Geology（火山口湖地质）条目就是一个组图层的例子。它包含三个独立图层：Crater Floor Geology（火山口底部地质）、Classes and Labels（类和标签）、Rock Types（岩石类型）（图 1.20）。

32→ 确保 Crater Lake 地图视图处于活动状态，并关闭 Lake 图层。

32→ 使用 Crater Lake Geology 复选框关闭组图层，然后再打开，查看对地图的影响。

32→ 展开组中的每个图层，查看它们的图例。

32→ 检查关闭和打开各个图层时的效果。

32→ 折叠各个图层以隐藏图例，但将它们全部选中。

32→ 关闭 Crater Lake Geology 组图层和 Hillshade 图层。

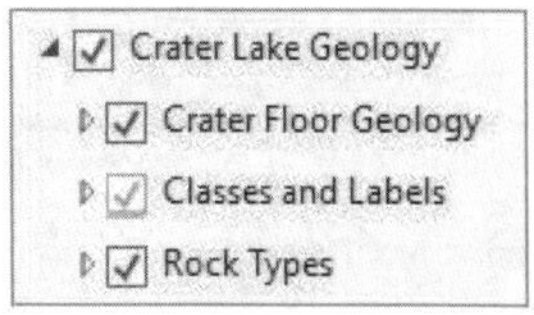

图 1.20　Crater Lake Geology 组图层

来源：Esri

提示：为节省篇幅，下文中“在 Contents 窗格中”将简称为“在 Contents 中”。

Contents 中的 Topographic（地形）底图图层被称为底图。它由 ArcGIS Online 通过互联网连接提供，覆盖整个世界。

33→ 选择 **Map：Layer：Basemap>Imagery** 切换到 Imagery 底图。

33→ 放大。请注意，分辨率更高的详细图像现在已经显示出来。放大到约 1∶10 000 的比例尺，直到可以看到单棵树木。

底图使用比例尺范围在不同的地图比例尺上显示适当的详细图像。

提示：按住 Ctrl 键并选中或取消选中可见性框，可同时关闭或打开 Contents 中的所有图层。这个快捷键还可以同时展开或折叠所有图层。

33→ 切换到 Crater Lake_3D 场景并关闭所有图层。

33→ 切换到 Imagery 底图，探索湖泊和 Wizard 岛。

我们将暂时一次处理一张地图。让我们取消这张地图和场景的链接，并修复存在的任何旋转。地图和场景都有可以设置的属性和选项。

34→ 检查 **View：Link：Link Views** 按钮；当前应为蓝色，表示视图已链接（注意视图选项卡上的图标也表示链接）。

34→ 单击 **Link Views**（链接视图）按钮删除链接。

34→ 点击视图选项卡上的“×”关闭 Crater Lake_3D 场景。

34→ 在 Contents 中，右键单击 Crater Lake 地图的图标并选择 Properties（属性）。

34→ 单击 General（常规）部分。将 Rotation（旋转）设置更改为 0。

34→ 点击 **Map：Layer：Basemap**>USGS National Map。

提示：单击场景中的指北针，可快速将场景调整为北上方向。

设置地图符号

Symbology（符号）窗格可修改用于显示地图图层的符号。

35→ 在 Contents 中，确保 Volcanic Vents 图层突出显示，然后单击 **Feature Layer：Appearance：Drawing：Symbology**。此时将打开 Symbology（符号）窗格。

35→ 在 Symbology 窗格中，将符号设置为 Single Symbol（单一符号）。

35→ 单击符号表示（黑色三角形），打开 Format Point Symbol（格式点符号）窗格。请注意，它有两个选项卡：Gallery（图库）用于选择基本符号，Properties（属性）用于修改符号的显示方式。

35→ 在Gallery选项卡中，选择一个不同的符号，例如Diamond 3（钻石 3）。地图会更新为新符号。

35→ 单击 Properties 选项卡，查看符号设置（图 1.21）。

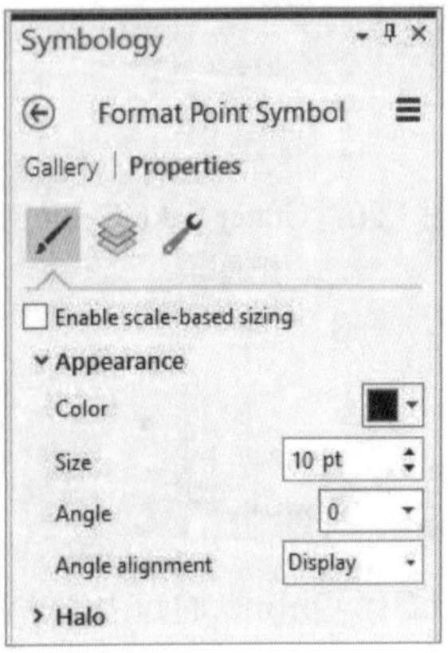

图 1.21　格式点符号

来源：Esri

Format Point Symbol（格式点符号）窗格是将许多选项集中在一个小空间内的一个例子。它有三个不同的面板，如图标所示（将鼠标悬停在每个图标上可查看其标题）。

35→ 单击每个面板的图标，查看每个面板的可用设置。

35→ 选择第一个名为 Symbol 的面板。将 Appearance（外观）和 Halo（光环）这两个条目展开并查看它们的设置。

35→ 更改符号的颜色、大小或角度，然后单击 Apply（应用）使更改在地图上生效。

36→ 要重新开始，请单击 Gallery 选项卡返回符号阵列。

36→ 使用 Gallery 和 Properties 选项卡将符号设置为 12 pt①粉色星星。

36→ 单击带圈箭头返回符号主窗格。

36→ 单击右上角的“×”关闭符号窗格。

可以通过多种方式访问符号设置。

37→ 在 Contents 中，右键单击 Volcanic Vents 图层名称，打开上下文菜单。选择菜单中的 Symbology 条目，打开 Symbology 窗格。

37→ 在 Contents 中，左键单击 Vents 图层符号，打开 Symbology 窗格的 Format Point Symbol 选项卡。

37→ 在 Contents 中，右击 Vents 图层符号，选择不同的颜色。

37→ 关闭 Symbology 窗格。我们将在第 2 章中进一步了解它。

> **提示：**注意访问相同功能的不同方法。一旦某个命令或窗格被多次引入和使用，教程说明就会只说要打开它，而不是如何打开它。

使用本地 GIS 数据

要使用项目文件夹以外的数据，我们必须为其创建一个链接或文件夹连接。我们将添加一个链接，以使用本书附带的其他数据。

38→ 单击 **Insert：Project：Add Folder**。

38→ 单击 C:\驱动器并导航到 gisclass 文件夹（无论您把它放在哪里）。

38→ 单击 mgisdata 文件夹使其突出显示（不要双击并进入其内部），然后选择 OK。

38→ 在 Catalog 窗格中，展开 Folders（文件夹）条目，查看 CraterLake 项目文件夹和 mgisdata 文件夹（如果需要，折叠其他条目）。

① pt 全称为 point，表示活字长度，1 point = 0.351 5 mm——编者注。

38→ 此 mgisdata 文件夹将被多次使用。右键单击它并选择 Add to Favor ites（添加到收藏夹），以便在其他项目中通过 Catalog Favorites（目录收藏夹）选项卡轻松访问它。

39→ 展开 mgisdata 文件夹，查看按地理位置排列的数据子文件夹。

39→ 展开 Oregon（俄勒冈州）文件夹，找到 oregondata 地理数据库。展开后可看到其内容。

39→ 单击并拖动 Crater Lake 地图顶部的 counties（县）要素类。

39→ 放大/缩小，直到火山口湖周围的几个县出现在地图上。

40→ 在 Contents 中，单击 counties 图层使其突出显示，并使用 **Feature Layer：Appearance：Drawing：Symbology** 打开 Symbology 窗格。

40→ 单击 Symbol（符号）标识打开 Format Polygon Symbol（格式多边形符号）窗格。

40→ 在 Gallery 选项卡中，在搜索框中输入 hollow（空心），然后单击 Enter。选择 Extent Hollow（扩展空心）符号。

40→ 切换到 Properties 选项卡，将轮廓颜色设置为艳粉色。单击 Apply（应用）。

41→ 放大并比较各县边界与底图（图 1.22）。

41→ 在 Contents 中，右键单击 counties 图层并选择 Properties（或直接双击 counties）。

41→ 阅读元数据部分的信息，然后关闭属性。

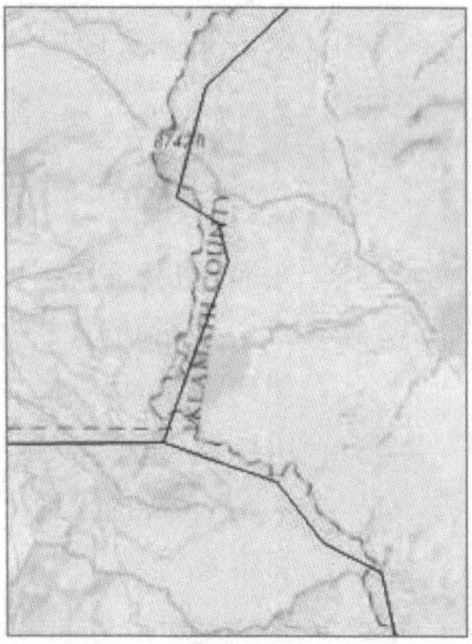

图 1.22　县级源比例尺的差异

来源：Esri

这个例子说明了**源比例尺**（source scale）的重要性。

元数据表明，各县来自一个通用数据集，该数据集经过优化，可快速绘制全国地图，因此其分辨率和精度低于底图。

将数据从 Catalog 窗格拖到地图上是添加数据的一种方法，但还有另一种方法。

42→ 点击 **Map：Layer：Add Data**。单击文件夹条目找到 mgisdata 文件夹。

42→ 在 mgisdata 文件夹中导航，找到 Oregon\OregonStateGeology\geology 要素类。选择后点击 OK 将其添加到地图中。

42→ 将该 geology 图层与 Crater Lake Geology 组图层进行比较，方法是放大至火山口湖，并关闭和打开 geology 图层。完成后将其关闭。

42→ 在 Contents 中，右键单击 counties 图层并选择 Zoom to Layer（缩放至图层）。检查比例尺读数。

Oregon 地理数据库中的大多数数据集都是按州比例尺（约 1∶3 000 000）设计的。现在看来，艳粉色的县已经足够了。Crater Lake 数据集是按 1∶24 000 左右的比例尺编制的。以州级比例尺查看时，几乎看不到火山湖。数据集的原始比例尺很重要，在搜索数据时应加以考虑。

由于 Crater Lake 和 Oregon 的数据集不适合一起使用，我们将创建一个新的地图，继续探索 GIS 数据。

43→ 在 Contents 中，右键单击 geology 图层并选择 Remove（删除）。同时删除 counties 图层。

43→ 右键单击 Crater Lake Geology 组图层，选择 Zoom to Layer（缩放至图层）。

43→ 关闭 Crater Lake 地图并保存项目。

43→ 选择 **Insert：Project：New Map**。

43→ 在 Contents 中，找到地图图标，然后缓慢点击两次旁边的 Map 标题，以启用编辑功能。

43→ 键入 *Oregon* 作为地图名称，然后单击 Enter。

44→ 使用 **Map：Layer：Add Data** 或 Catalog 窗格将 mgisdata\Oregon\oregondata 中的 Counties 要素类添加到地图中。

44→ 在 Contents 中，缓慢点击两次 Counties 图层名称，将其更改为 *Counties*。

44→ 使用 **Feature Layer：Appearance** 功能区或右键单击 Counties 图层以打开 Symbology（符号）窗格。

44→ 给 Counties 图层添加一个空心符号，轮廓颜色为绿色。

> **提示：** 我们将大量使用 Symbology（符号）窗格，因此请保持打开状态。在更改符号之前，请确保突出显示合适的图层。

45→ 在 Catalog 窗格中，展开 oregondata 地理数据库中的 Transportation（交通）文件夹。

45→ 单击 airports（机场）要素类，然后按住 Ctrl 键并单击 highways（公路）要素类，使两者都被选中。将它们拖到地图上。

45→ 用棕色线表示公路，用机场符号表示机场。

46→ 从 oregondata 地理数据库中添加 parks（公园）要素类。用浅绿色填充和深绿色轮廓将其符号化。

46→ 从 oregondata 地理数据库中添加 hospitals（医院）要素类。使用蓝色填充的粗十字符号和灰色轮廓（加点数）将其符号化。

使用 ArcGIS Online 内容

ArcGIS Pro 的优势之一是它与 ArcGIS Online 的链接，后者提供广泛的数据资源，包括行业撰写的内容和普通用户提供的信息。在线内容可通过门户窗格访问。

47→ 在 Catalog 窗格中，单击 Portal（门户）标题，从 Project（项目）选项卡切换到 Portal 选项卡。

47→ 检查标题下方的图标，将鼠标悬停在每个图标上查看标题：My Content、My Favorites、My Groups 等。

其中几个图标可访问您在 ArcGIS Online 账户中保存的内容。ArcGIS Online 图标可搜索 AGOL 的全部内容。Living Atlas 图标可访问由行业权威人士撰写的内容（针对拥有 AGOL 订阅账户的用户）。

> **提示：** 在线内容是瞬息万变的，本教程中提到的特定项目可能会更改或消失。如果找不到某项内容，可以寻找类似的内容来代替。重要的是要学会搜索、评估和使用内容。

47→ 单击 ArcGIS Online 图标，在搜索框中输 *Oregon*。单击 Enter。

47→ 注意代表不同类型数据服务的不同图标。

47→ 将鼠标悬停在项目上，弹出说明。

47→ 注意说明中的数据位置条目。这是提供数据服务的 URL。

提示：如果 URL 以 http://www.arcgis.com/开头，则可能是 ArcGIS Online 发布的服务。如果 URL 以其他字母开头，则可能是由政府或公司运行的 ArcGIS Portal 安装。

48→ 将搜索词编辑为 *Oregon colleges*，然后单击 Enter（图 1.23）。查找**网络地图**图标，例如 Oregon Community Colleges（俄勒冈州社区学院）。提示：单击 Sort（排序）按钮并选择 Relevance（相关性），以获得最佳结果。

48→ 地图不能拖入，必须打开。右键单击地图图标，选择 Add and Open（添加并打开）。一张与在线数据链接的新地图就会添加到项目中。

48→ 选择 **Map：Navigate：Explore：Topmost Layer**。

48→ 点击其中一个地图符号。弹出窗口显示所点击要素的相关信息。

48→ 在 Contents 中，双击地图图标打开地图属性。单击 Metadata（元数据）部分。

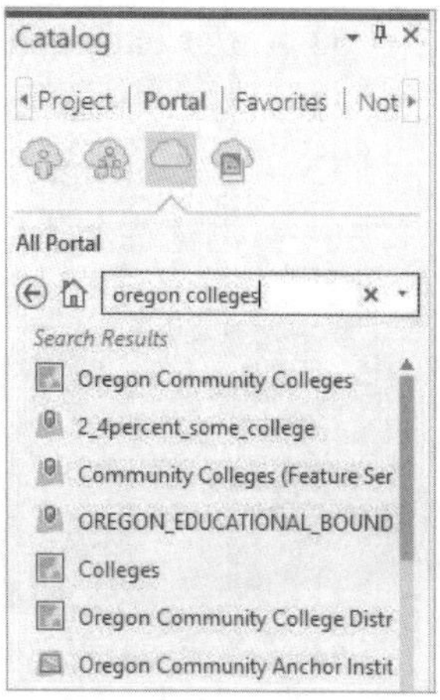

图 1.23　搜索俄勒冈州的院校

来源：Esri

要发布一个项目，ArcGIS Online 需要一套最低限度的元数据。描述的质量有时是数据集权威性的线索。就像互联网上的其他东西一样，用户应谨慎评估数据，不可轻信其表面价值。

网络地图中的图层是服务，可复制到不同的地图，包括我们之前创建的 Oregon 地图。

49→ 关闭地图属性。

49→ 右键单击其中一个网络地图图层并选择 Copy（复制）。

49→ 切换到 Oregon 地图，右键单击顶部的地图图标，然后选择 Paste（粘贴）。

标签可以在地图上提供更多信息。

50→ 在 Contents 中，单击 Counties 图层将其选中。

50→ 检查 **Feature Layer：Labeling：Label Class**。注意标签字段当前设置为 NAME。

50→ 点击旁边的 **Label**（标签）按钮，使标签显示出来（稍后我们将进一步了解其他标签选项的设置）。

50→ 再次单击 **Label**（标签）按钮关闭标签。

50→ 在 Contents 中，单击 airports 图层将其选中。打开其标签。

51→ 在 Catalog 窗格中，在当前 ArcGIS Online 搜索列表中查找代表**要素图层**的符号，并将其拖入地图。

51→ 图层通常由组图层组成。在 Contents 中，如有需要，可展开要素图层，直到出现单个图层。

51→ 右键单击图层并选择 Attribute Table（属性表）。要素图层的操作逻辑与要素类类似。

让我们来探索 Living Atlas（如果您没有订阅账户，请跳至步骤 55）。

提示：尝试使用 Catalog 窗格搜索框中的 Filter（筛选器）选项，按 Item Type>Layers>Imagery Layers 筛选结果。

52→ 在 Catalog 窗格中，单击最后一个图标，打开 Living Atlas 面板。

52→ 在搜索框中输入 *temperature*，然后单击 Enter。

52→ 找到名为 USA Mean Temperature（美国平均气温）的**图像图层**图标并将其拖动到地图上。

与底图不同，要素图层和图像图层提供的是实际要素或像素值，而不是预先渲染的地图快照。用户可以更改符号并使用数据进行分析。

53→ 在 Contents 中，右键单击 USA Mean Temperature 图层并选择 Symbology。

53→ 将 Color scheme（配色方案）改为蓝-红色阶，使其看起来更像气温。

53→ 在 Contents 中，双击 USA Mean Temperature 图层并查看 Metadata（元数据）部分。浏览整个条目。这些都是有据可查的数据。

> 4. 为 USA Mean Temperature 服务创建引用。在 Portal（门户）窗格中查阅元数据和弹出的窗口，查找所需的全部信息。

> **提示：**互联网服务可能会很慢，这取决于网络连接速度。有时也会出现宕机或无法使用的情况。如果一种服务无法使用，请尝试另一种。

54→ 关闭图层属性窗口。

54→ 在 Catalog 窗格中，将搜索词更改为 *traffic*，然后单击 Enter。

54→ 找到标有 World Traffic Service（世界交通服务）的**地图图像图层**图标，并将其添加到地图上。

54→ 关闭其他图层（底图除外），以便更好地查看交通地图。放大进入 Portland（波特兰）地区。

该图层描绘了显示当前交通状况的实时地图服务。放大到近处，可以看到当地街道的亮灯信息。

54→ 再次缩放至 Oregon 范围，必要时打开 Counties 图层。

54→ 保存项目。

我们在本练习中使用了四种 AGOL 服务（网络地图、要素图层、图像图层和地图图像图层），但您需要学习更多有关数据格式的知识，以了解它们之间的区别。我们将在第 12 章中介绍这方面的知识。

使用地理处理

GIS 不仅包括绘制地图，还提供分析地图数据的工具。分析功能和许多数据管理功能都是作为**地理处理**工具执行的。

55→ 在 Contents 中，关闭除底图和 Counties 以外的所有图层。

55→ 选择 **Analysis：Geoprocessing：Tools**，打开 Geoprocessing（地理处理）窗格。

55→ 检查窗口顶部的三个选项卡，依次单击每个选项卡。

Favorites（收藏夹）选项卡保存常用工具列表。Toolboxes（工具箱）选项卡显示按工具集组织的所有工具。Portal（门户）窗格显示作为 ArcGIS Online 服务运行的工具，这些工具通常需要订阅账户并消耗服务积分。我们想收集俄勒冈州各县人口的一些统计数据，以找出各县最大、最小和平均人口数。

> **提示：**Geoprocessing 窗口和 Catalog 窗格经常使用。试着在一个窗口中将它们一一对接。打开窗口，方便来回切换。

55→ 在 Geoprocessing 窗格中，再次单击 Favorites（收藏夹）面板。

55→ 在搜索框中输入 *statistics*。

55→ 将鼠标移至 Summary Statistics（汇总统计）工具，了解其功能。

55→ 单击 Summary Statistics 工具打开（图 1.24）。

Parameters（参数）选项卡提供工具运行所需的信息。标有星号的项目为必填项，其他项目将不使用或包含默认值。

55→ 将鼠标悬停在蓝色圆圈的问号上，即可看到该工具的简短说明。然后点击圆圈，在浏览器窗口中打开工具 Help。最小化浏览器。

55→ 将鼠标悬停在参数框附近，会出现一个带圈的“i”。将鼠标悬停在“i”上，可查看参数的说明。

该工具会生成一个包含统计数据的输出表。默认情况下，输出会放在项目的主地理数据库中。为所有输出命名，以显示其内容。

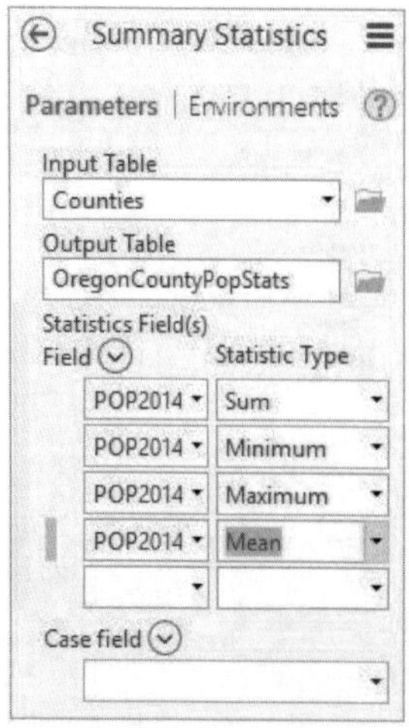

图 1.24　Summary Statistics 工具
来源：Esri

56→ 对于 Input Table（输入表），从下拉菜单中选择 Counties（只有在地图中还没有数据时才需要使用浏览按钮）。

56→ 单击 Output Table（输出表）框，查看完整位置和名称。

56→ 编辑名称中最后一个“\”之后的最后部分，改为 *OregonCountyPopStats*。单击 Tab 键完成名称输入。

56→ 使用 Field 下拉框选择字段“POP2014”。将 Statistic Type（统计类型）设置为 Sum（总和）。

56→ 使用第二个字段下拉菜单，再次选择“POP2014”。将 Statistic Type（统计类型）更改为 Minimum（最小值）。

56→ 增加 POP2014 的最大值和平均值条目。

56→ 将 Case field 留空。工具如图 1.24 所示。

56→ 单击窗格底部的 Run（运行）来执行工具。

57→ 在 Contents 中，在底部 Standalone Tables（独立表）下找到新表格。

57→ 右键单击 OregonCountyPopStats 表，选择 Open（打开）。

57→ 检查统计数据。

5. 俄勒冈州有多少个县？各县平均人口是多少？

我们可以对原始表格进行排序，找出哪些县的人口最少，哪些县的人口最多。

57→ 在 Contents 中，右键单击 Counties 图层并选择 Attribute Table（属性表）。

57→ 右键单击 POP2014 字段标题并选择 Sort Ascending（升序排序）。

6. 请列出 2014 年人口最少和最多的县。

我们可以使用表格数据来选择符合特定标准的要素。例如，有多少个县的人口超过 10 万？

58→ 在 Geoprocessing 窗格中，单击画圈的返回箭头，返回 Geoprocessing 主窗格。

58→ 搜索 *select* 并打开 Select Layer By Attribute（按属性选择图层）工具（图 1.25）。

58→ 将 Input Rows（输入行）（例如图层名称）设置为 Counties。

58→ 保留 Selection type（选择类型）为 New selection（新建选择）。

58→ 点击 New Expression（新建表达式），输入需要满足的条件。

58→ 将字段设置为 POP2014。

58→ 设置条件为 is greater than（大于）。

58→ 在数值框中键入 100 000。

58→ 工具如图 1.25 所示。

58→ 单击 Run（运行）按钮。

59→ 选中的要素会在表格和地图上突出显示。查看表格底部的所选数量（10）。

59→ 点击 **Map：Selection：Clear** 清除选中的要素。

59→ 关闭所有表格。

教程到此结束。

→ 保存项目并关闭 ArcGIS Pro。

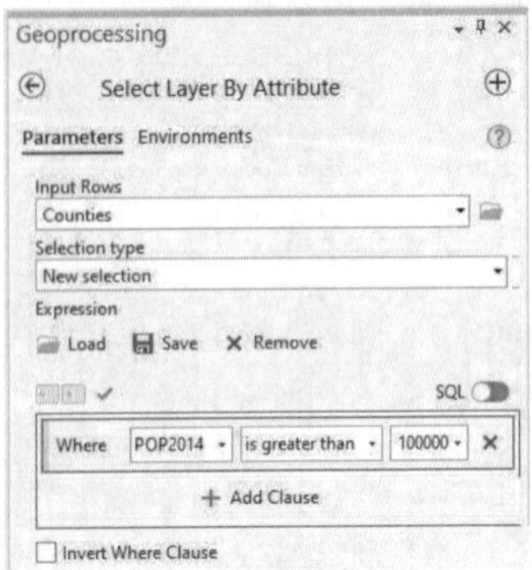

图 1.25　选择人口超过 10 万的县

来源：Esri

1.2.2　练习

提示：要截取地图或屏幕截图提交给教师，请按计算机上的 Alt + Prnt Screen 键，或使用 Jing 或 Snagit 等程序。然后将截图粘贴到 Word 文档中。如需帮助，请向指导老师咨询。

使用 ArcGIS Pro 根据自己的兴趣创建并探索地图和场景。

1. 启动一个新项目。将其命名为 ExploreGIS 并保存在 gisclass\ClassProjects 文件夹中。

2. 选择一个您感兴趣的地理区域，例如您的家乡或城市、您最喜欢的国家公园或您想去的地方。为了达到最佳效果，该地区至少应相当于一个中等城市的大小，否则可能找不到太多有趣的数据。

3. 为该地区绘制地图，并为其取一个合适的名字。

4. 在 C:\gisclass\mgisdata 文件夹中搜索包含所选区域的一个或多个数据集。将它们添加到地图上。

5. 在 ArcGIS Online 中搜索至少四个与您感兴趣的主题相关且覆盖所选区域的数据集。如果您有订阅账户，请将“Living Atlas”中的一两个数据集包括在内。

6. 创建三维场景并添加一到两个数据集。

7. 将二维地图和三维场景连接起来，探索该区域。

8. 准备一份一至两页的简短报告。首先要有一个导言，解释为什么选择这个区域。至少为地图和场景各截取一张屏幕截图，将其编号为数字，并解释每张截图所描绘的内容。最后讨论您对该地区的了解。最后，为地图和场景中可见的每个数据集提供完整、正式的引文。

第 2 章　绘制 GIS 数据

目标

学完本章后，您将能够

- 使用符号属性区分地图中的要素或栅格
- 区分标称数据、分类数据、序数数据和比率/区间数据
- 使用不同的地图类型从属性创建地图
- 显示数值型属性时选择适当的分类方法
- 显示专题栅格和图像栅格
- 解释图层与其源数据集之间的关系

2.1　掌 握 概 念

2.1.1　GIS 概念

地理信息系统有多种用途，但制作地图是最常见的用途之一。制图或地图绘制有着悠久的历史。尽管计算机让制图过程变得更简单，并提供了探索和编辑设计的能力，但地图的制作仍然是一个漫长的过程。制图师仍然必须了解描绘空间数据背后的基本原则，以及设计一种有效且有吸引力的方式来传达想法所面临的美学挑战。

为地图选择符号

制图师可以从多种策略中选择地图中的要素符号。一个图层可以只用一个符号来表示，也可以根据属性字段的值为不同的要素分配不同的符号。点要素用标记符号表示，线要素用线性符号表示，多边形要素用阴影区域符号表示（图 2.1）。

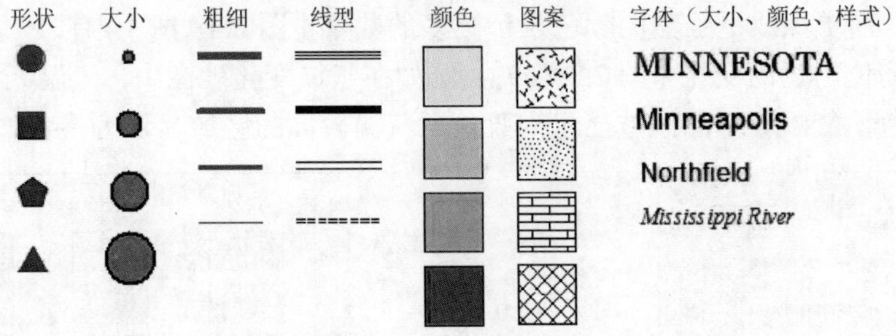

图 2.1　地图中用于区分物体的符号的变化

制图师有很多方法来表示地图中要素之间的差异：形状、大小、粗细、线型、颜色、图案和字体（图 2.1）。传统上，这些变化用于表示类别（事物类型）的变化或数量的变化。形状、线型、图案和字体通常用于显示类别的变化，如不同类型的水井（点）、不同等级的道路（线）或不同的土壤单元（多边形）。大小和粗细通常用来表示数量的增加，如城市人口（点）

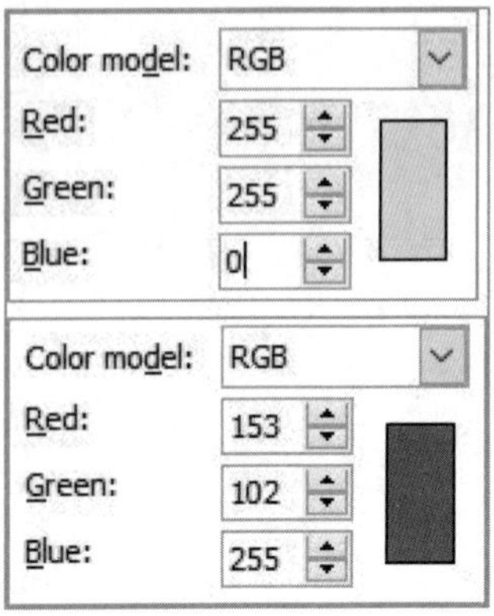

图 2.2　计算机存储和识别的颜色是红光、绿光和蓝光的混合物，每种颜色的测量范围为 0～255

来源：Esri

或河流的排放量（线）（图 2.1）。文字符号的变化通常表示类别（城镇与河流），尽管字体大小可以表示价值的定性差异，如城镇大小，但只要使用的不同字体大小不太多即可。

颜色可以用来表示类别或数量，可以用几种常用的颜色模型来定义。**CMYK** 颜色模型通常用于印刷，它指定了打印机或印版中使用的油墨混合物（青色、品红色、黄色、黑色）。

RGB 颜色模型是在 0～255 的范围内混合不同比例的红光、绿光和蓝光。如果红光的值较高（接近 255），而其他两种颜色的值较低，接近 0，则会产生鲜艳的红色。如果红光和绿光的值都很高，而蓝光的值很低，那么红绿混合光就会产生黄色（光的混合与颜料的混合过程不同，会产生不同的颜色）。图 2.2 显示了两种可能的混合物及其产生的颜色。RGB 颜色模型可指定 2563 种不同颜色（超过 1600 万种）。

HSV 颜色模型为地图可视化提供了理论依据。HSV 代表**色调**（hue）、**饱和度**（saturation）和**明度**（value）（图 2.3）。色调取决于光的波长，决定了颜色的基本属性（如红色、蓝色、黄色等）。通常，色调被描绘成一个颜色数值范围从 0°到 360°的**色轮**。**饱和度**与颜色的强度相对应，用百分比来衡量。试想一下，在调配一罐颜料时，从白色基底开始，加入一种颜料——少量颜料产生的饱和度较低，而大量颜料则产生高饱和度。**明度**是指颜色的明暗程度，有点像把颜料装进罐子里底漆的颜色，从黑色到灰色再到白色。明度也是以百分比来衡量的。任何颜色都可以通过这三种属性的组合来定义。

第四个参数名为 **alpha**，可用于 RGB 或 HSV 颜色模型。它指的是颜色的不透明度，或者说颜色的透明或透视程度，就像有色玻璃一样。零值表示颜色完全透明，而最高值可表示为 DN = 255 或 100%，表示完全不透明。

为地图图层选择一组颜色应遵循一定的准则。图 2.4 展示了三组不同的五种颜色。一组基于色调变化的颜色应用于描述类别的变化，如不同的土壤单元［图 2.4（a）］。对于类别而言，颜色的饱和度和明度应相似。数量一般用饱和度或明度的差异来表示，浅色或不饱和色表示数量较少，而更深或更强烈的颜色表示更多的数量［图 2.4（b）］。有时，**离散色组**有助于显示重要中间值附近的变化［图 2.4（c）］，例如在气候变化地图中，气温无明显变化的区域显示为中性色，气温较低的区域显示为蓝色，气温较高的区域显示为橙色。

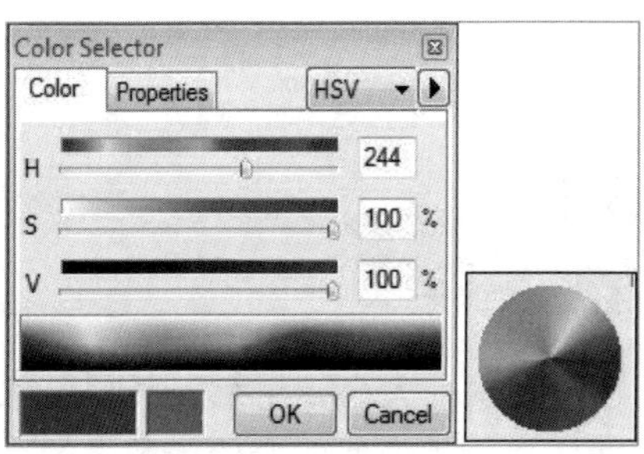

图 2.3　定义颜色的色调、饱和度和明度方法

来源：Esri

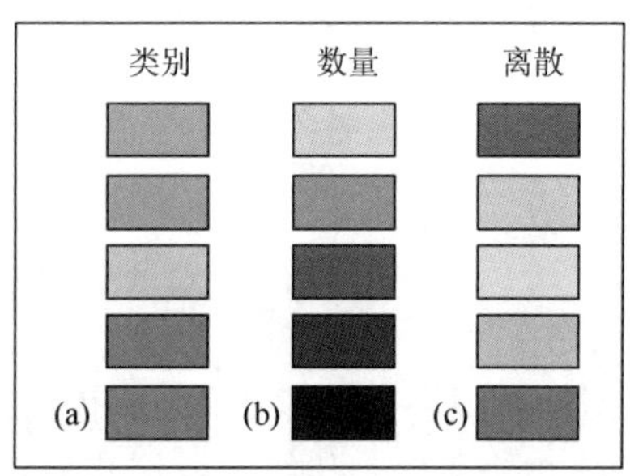

图 2.4　颜色色阶的变化

黑白符号方案的重要性不容忽视。在商业印刷或复印中，彩色的成本仍然高于黑白。在专业期刊或报告中呈现图表，彩色的成本也会高出很多。此外，我们还应该考虑大多数读者将如何观看地图。硕士论文中的图表用彩色可能看起来很美，但有些读者可能会从馆际互借中获得黑白版本。一开始就设计黑白地图有很多原因。在黑白地图中，通常只能分辨出四五种不同的灰色，因此符号的选择在很大程度上取决于形状、大小、粗细、线型或图案的变化，而不是明度。

在指定符号时，也可以将这些因素结合起来使用，例如使用形状和颜色都会改变的点、颜色和图案都会改变的多边形，或者大小、颜色和样式都不同的文字。不过，应少用组合符号，因为符号越复杂多变，解释起来就越困难。在图 2.5 中，火山和公路都使用了颜色、形状和大小（粗细）的组合。这些组合有助于突出图层内的差异，并可用于强调某一类要素，例如使用较大、饱和度较高的粉红色符号来引起人们对层状火山的注意。不过，如果显示的是多个点图层，这种策略就会适得其反，因为很难解释哪些要素属于哪个点图层。

图 2.5　点、线和多边形的分类数据表示示例

大约 10%的男性和 1%的女性是色盲，这使得颜色选择变得复杂。色盲的类型多种多样，但最常见的是红绿色盲。如果图层的符号化是为了让一个人进行数据探索，那么用户可以使用任何一组有助于解释数据的颜色。但是，如果地图是供多人使用的，则最好避免使用红绿色彩集，而应依赖饱和度、明度、图案和形状变化。如果需要不同的颜色或多种色调，棕色-紫色或橙色-蓝色等组合可以被大多数色盲读者解读。

制图师还需要注意与不同颜色或符号相关的惯例和内涵。**惯例**指的是以通常理解的方式使用特定颜色或符号，例如用蓝色表示水，用蓝色和红色对比寒冷和炎热，或用蓝色十字表示医院。常规符号有助于读者解读地图。**内涵**是与特定符号相关联的情感或心理影响，例如红色表示危险，或红、白、蓝三色唤起爱国主义情感。不过，内涵往往具有特定的文化背景。在美国，红色可能表示危险，但在泰国它与欢乐联系在一起而在中国则与民族自豪感相关。为国际受众绘制地图，在颜色和符号的选择上需要特别的谨慎和知识。背景也很重要，即使在美国，圣诞节的红绿地图也可能会让人感到喜悦而非恐惧。

数据类型和地图类型

地理学家、统计学家和其他学者将测量数据或属性数据划分为若干数据类型：**标称**、**分类**、**序数**、**区间**或**比率**。数据类型会影响数据在数据库中的存储方式以及适合的分析或统计类型。在制图中，数据类型也会影响用于显示要素属性的地图类型。

标称数据用于命名或标识对象，如州名。几乎每个要素都有不同的名称。标称数据通常是文本值，但也不一定非得是文本值，地块编号或税号也可用于唯一标识对象。标称数据在地图上通常用标签来表示。每个图层通常有一个文本符号，但也可以使用不同的文本符号来突出不同的图层，例如州名使用全大写字母，河流使用斜体蓝色文本。

图 2.6　基于地质岩石单元的唯一值图

来源：南达科他州地质调查局

分类数据将要素分为不同的组或类。图 2.5 显示了点要素（火山类型）、线要素（公路等级）和多边形要素（土地覆被类型）的分类数据示例。其他例子还包括土壤类型、种族群体和地质岩层。分类数据通常以文本形式存储，但是也可以用数字代码表示类别，如商业服务 = 20 和工业 = 40。如图 2.6 中的地质岩石单元所示，分类数据用**唯一值图**表示，该图根据形状、线型、颜色或图案为每个类别赋予不同的符号（图 2.5）。

序数数据的类别是根据某些定量指标进行排序的，尽管该指标可能不是线性的。例如，城市居民点可分为村庄、城镇或城市。学生的成绩分为 A、B、C、D 或 F 级，土壤则根据其渗透性分为 A、B、C 或 D 级。如果数值是文本，则必须用唯一值图表示序数数据，而不是色调或图案，但明度或饱和度应有所不同，这样就可以很容易地解释数量的增加。数值型序数数据可以用唯一值图或渐变色图来表示。

定量数据表示的是按一定间隔测量的现象，如距离或降雨量。间隔的等量变化涉及被测量量的等量变化。例如，将一茶匙水从 16°F加热到 17°F所需的能量与将其从 96°F加热到 97°F所需的能量相同。**比率数据**有一个有意义的零点，表示没有被测量的事物。降水量就是比率数据的一个例子，零降水量相当于完全没有降雨，而两英寸的降雨量是一英寸降雨量的两倍。比率数据支持加、减、乘、除所有四则运算。**区间数据**具有规则的刻度，但与有意义的零点无关。以我们熟悉的摄氏度或华氏度测量的温度数据就是区间数据，因为温度为零并不代表完全没有温度（热能）。任何可以有负值的刻度（如高程）都是区间数据。区间数据只支持加法和减法。今天的最高气温为 80°F，可能比昨天的最高气温 40°F更热，但不能说是两倍热，除非是一种比喻。

定量数值数据的取值范围是连续的，例如，每个州都有自己的人口值。为了将数值数据符号化，必须将数值划分为具有特定范围的组。这些范围称为类，地图称为分类地图。在图 2.7 中，城市人口和公路车道数的数值分为三类，县人口密度分为四类。每个类别使用不同的符号大小、粗细或颜色饱和度/明度来表示。

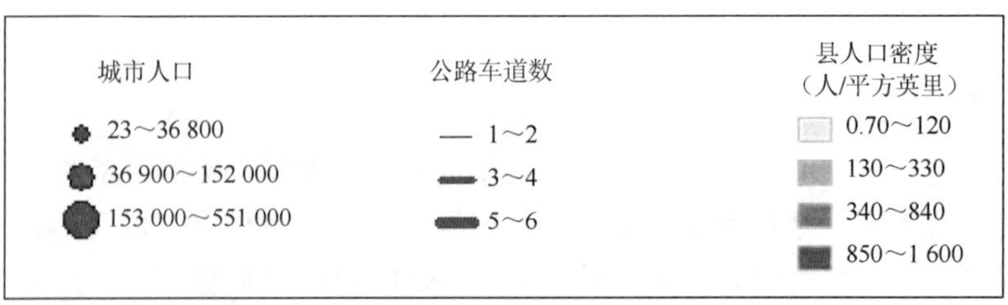

图 2.7　点、线和多边形的数值数据表示示例

点或线数据通常通过不同的符号大小或粗细来显示，并使用**渐变符号图**（graduated symbol map）来描绘。不过，点或线数据也可以使用**比例符号图**（proportional symbol map）来显示，

其中数值按比例确定符号的大小。地图上的符号大小范围是连续的，而不是几个大小等级。这种方式通常被称为未分类地图。图 2.8 比较了各州首府人口的渐变符号图和比例符号图。

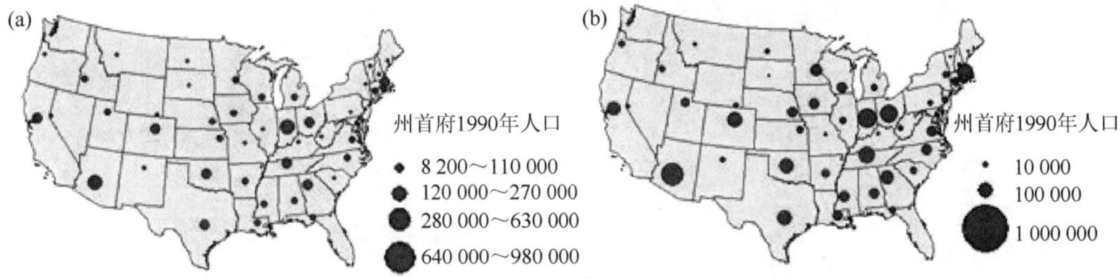

图 2.8　显示各州首府人口的（a）渐变符号图和（b）比例符号图的比较

来源：Esri

多边形的数值数据类使用彩色阴影符号表示（图 2.9），绘制的地图称为**渐变色图**或**等值区域图**。这些地图通常使用明度或饱和度的变化（单色色阶）来表示，以便数量的增加一目了然，如图 2.9（a）所示的县人口分布图，虽然彩虹色斜线在软件包中很流行，但用它来绘制渐变色图通常是错误的，因为人们很难将色调理解为代表较大或较小的数量［图 2.9（b）］。一般来说，眼睛无法区分超过七或八级的同一种颜色，因此使用的等级数不应超过这个数。

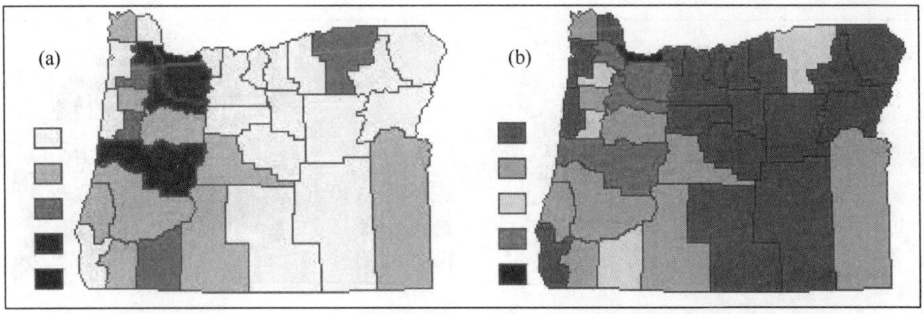

图 2.9　通过改变（a）明度或饱和度以及（b）色调显示人口数量的等值区域图

来源：Esri

可塑性面积单元问题

数据通常是在一组特定的区域单元（如普查区）上进行测量，然后合并或**汇总**成一组数据更大的区域单元，如街区组、片区和县。如果测量和汇总单元是任意形状和大小的，而不是有规则间隔的网格，那么单元的大小和形状就会影响记录的数值。对于某些测量值，如农场数量或雷击次数，面积较大的单元往往会有较高的数值，这只是因为它们的面积较大。图 2.10（a）显示，在得克萨斯州和加利福尼亚州等较大的州，其农场数量更多。某些变量（如房屋空置数量）与人口密切相关，根据这些变量绘制的地图反映的是人口，而不是对潜在模式的洞察。在图 2.10（b）中，面积最大、人口最多的州房屋空置率最高。

另一个可能出现的问题是，较大的多边形仅仅因为其面积而在地图中占据更突出的位置。在图 2.10 中，西部大州比东部大州更受关注。这两个问题都是一种被称为**可塑性面积单元问题**（modifiable areal unit problem，MAUP）的现象的例子，该现象通常出现在对任意划定区域进行测量数据汇总时。分析空间或统计模式变得更加困难，因为模式被汇总方案所掩盖。不过，有一些方法可以减少 MAUP 对地图的影响。

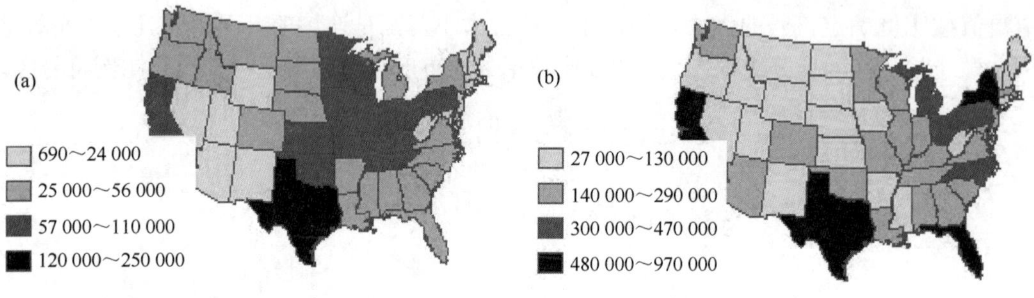

图 2.10　（a）农场数量；（b）房屋空置数量

来源：Esri

一种方法是对数据进行**归一化**处理，将每个值除以指定变量。如果担心聚合区域的大小会影响数值的大小，则可以用要素区域进行除法，如图 2.11（a）所示，农场数量除以州面积[与图 2.10（a）相比]。如果数值受人口影响，则可除以人口或其他合适的变量，如图 2.11（b）所示，将房屋空置数量除以房屋总数量，可以得到更有趣、更准确的结果。与图 2.10（b）相比，图 2.11（c）的信息量更大。另一种不太常用的归一化方法显示了属于每个要素的总量百分比，图 2.11（c）显示了各州在国会中所占的席位比例，通过显示各州的选区数量占选区总数的百分比来实现。

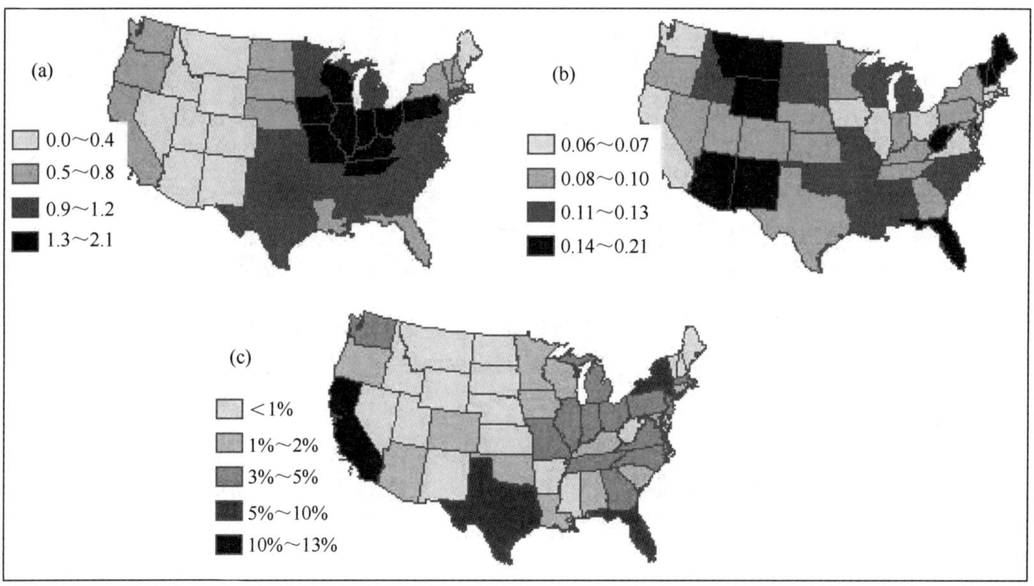

图 2.11　（a）按州面积归一化的农场数量；（b）按房屋总数量归一化的房屋空置率；（c）各州在国会中所占的席位比例

来源：Esri

不过，并非所有属性都需要归一化。在降水量地图中，每个值已经代表了任何地点的降水量。一个县的租金中位数并不直接取决于该县的面积。这些属性不需要进行归一化处理。在绘制任何属性地图之前，必须停下来考虑聚合单元可能对地图产生的影响，并确定是否应该对数值进行归一化，以及归一化的方式。

当大型多边形在地图中占主导地位时，就会出现视觉 MAUP，这个问题可以通过改变地图类型来解决。将渐变符号图应用于多边形，在每个多边形的中心放置一个符号，可以最大限度地减少视觉上的不平衡，如在渐变符号图中显示农场密度［图 2.12（a）与图 2.11（a）对比］。**点密度图**（dot density map）使用随机放置在每个多边形内的点来表示属性表中数值的大小［图 2.12（b）］。每个点代表一定数量，在图 2.12（b）中，代表 2000 个农场。需要注意的是，这些随机放置的点并不一定代表该州农场的分布情况。

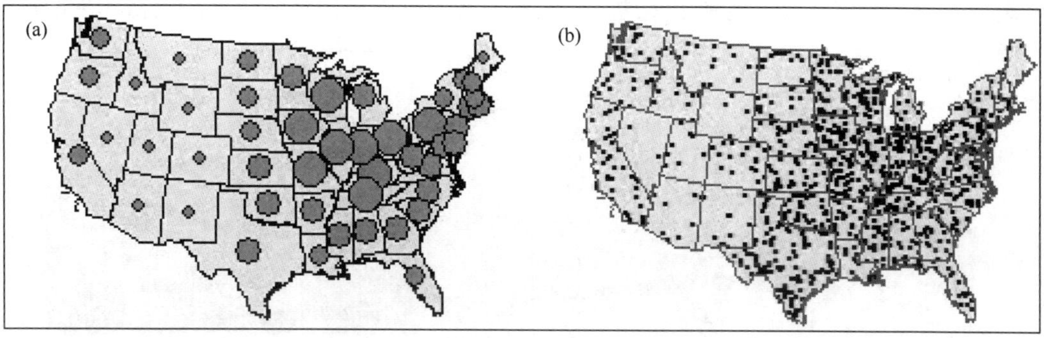

图 2.12　使用（a）面积归一化渐变符号图和（b）点密度图显示的农场数量

来源：Esri

多属性地图

有时，在地图上描绘两个不同变量之间的关系非常有用。**图表地图**（chart map）是一种渐变符号图，它将圆形或三角形符号换成了小条形图或饼图，能够同时显示多个变量。

双变量等值区域图（bivariate choropleth map）可用来比较两个数值变量的空间模式。图 2.13 显示了俄勒冈州各县男性和女性的年龄中位数。女性的年龄中位数用浅色的三个量级（三等分）表示。

男性的年龄中位数则显示为蓝色。在大多数县中，两个群体的年龄中位数表现相似，粉色和蓝色组合成紫色。当男性和女性的年龄中位数都较低时，则呈现浅紫色；当两者都较高时，则呈现深紫色。在杰斐逊县，男性往往比女性年长，因此该县呈现蓝色。在莱恩县，女性往往比男性年长，因此该县呈现粉红色。下一步可能要探讨这两个县的社会经济特征，以尝试确定产生这种中位年龄模式明显差异的因素。

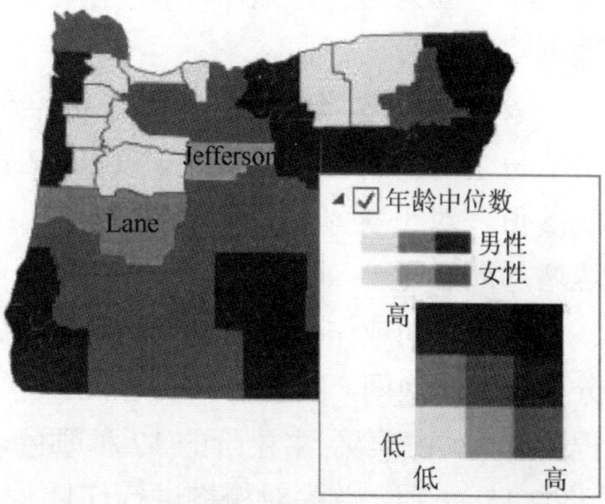

图 2.13　比较男性和女性年龄中位数空间模式的双变量等值区域图

来源：Esri

本章介绍的地图类型是显示数据的最基本方法，但并不是唯一的方法。新的软件版本有时会添加新的地图类型，而且可以使用多种技术配置自定义显示方式。请务必在版本升级后探索软件中的制图选项并进行尝试。留意独特或有创意的地图制作实例，并尝试找出它们是如何完成的。

显示栅格

回顾第 1 章，栅格模型是一种基于像元的数据模型，其中像元或像素阵列存储数值与地球表面的某些要素或数量有关。栅格可大致分为三大类：专题栅格、图像栅格和索引栅格，每一类的显示方式都不同。

专题栅格

专题栅格表示要素或数量，如道路、地质、高程或植被密度（图 2.14）。栅格模型的设计目的是存储**连续**值，这些值可能出现在地球表面上的任何地方，如高程。不过，它们也可以存储**离散**对象，如道路或土地利用多边形。因此，我们可以将栅格分为连续栅格和离散栅格。

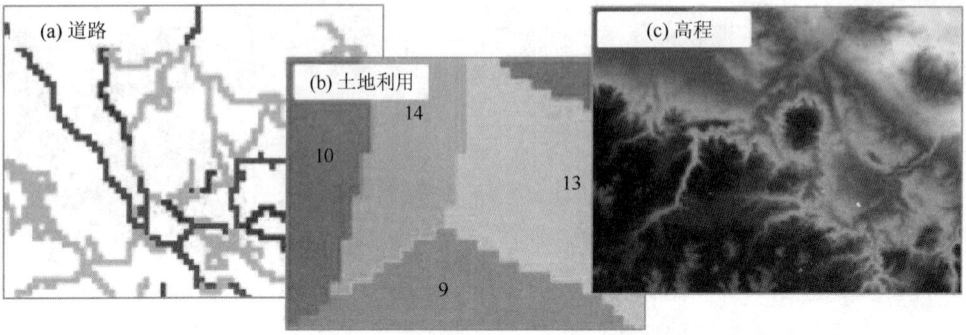

图 2.14　专题栅格：离散栅格存储要素数据，如道路或土地利用；连续栅格存储随处可见的数值，如高程

（a）来源：黑山国家森林公园；（b）、（c）来源：USGS

栅格中的值总是以数字形式存储，并可分为分类、序数或区间/比率（标称数据不存储在栅格中，因为这样做效率不高）。显示专题栅格的方法与显示矢量数据的方法类似，也取决于数据类型。

表示分类或序数数据的离散栅格使用唯一值图显示。与用于数据集的唯一值图一样，栅格的每个值都有自己的颜色，如图 2.15（a）所示的地质图。唯一值图的配色方案有 32 种可能的值，对于类别相对较少的数据效果最佳。在表示序数数据时，可使用单色配色方案来传达增加的感觉。

包含区间或比率数据的专题栅格必须用两种方法之一进行范围分类。**分类**显示法是将数值划分为少量的区间，类似于渐变色图。选择一个色阶来为每个分区分配颜色。图 2.15（b）中的高程图有 12 个等级，由色阶的 12 种颜色表示。**拉伸**显示法将图像值缩放为具有 256 种色调的色阶[图 2.15（c）]。首先对栅格进行**切片**，将高程值（800～1600 m）重新缩放为 256 个分区，然后将这些分区与色阶中的 256 种色调相匹配。切片实质上是一种分类，可创建 256 个类别。

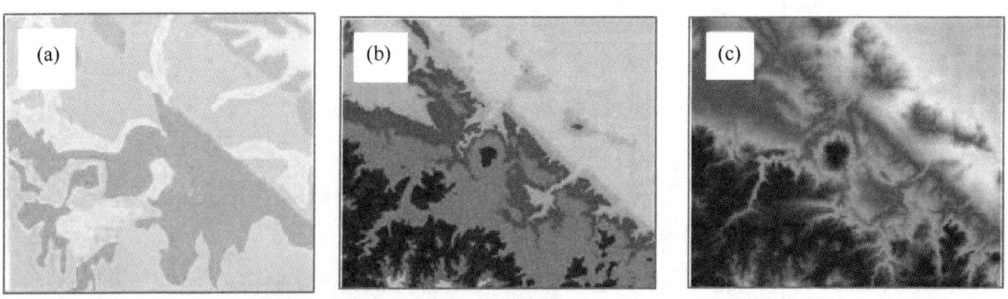

图 2.15　专题栅格的显示方法：（a）唯一值地质图；（b）分类高程；（c）拉伸高程

（a）来源：南达科他州地质调查局；（b）、（c）来源：USGS

如图 2.15 高程栅格中的色阶，忽略了使用饱和度或明度而非色调来表示数量的准则，但能

很容易地解读出高程的增加。连续栅格通常表示具有潜在结构的表面，例如低值附近出现低值，高值附近出现高值。这种结构强加了一种视觉秩序，使眼睛能够解读更多的颜色。这种色阶并不适合要素或所有栅格，但在适当的时候可以起到一定的作用。

许多地理数据集都表现出这样一个特性，即相距较近的数值往往比相距较远的数值更为相似。事实上，这种特性非常普遍，因此经常被称为地理学第一定律或**托布勒定律**。如前所述，它不仅在数据可视化中发挥作用，而且也是空间分析中的一个基本因素。

图像栅格

图像栅格包括航空摄影和卫星数据。像素代表由地表物质反射的光线所产生的亮度。亮度值通常按 0～255 DN（digital numbers）的范围排列。如果给每个像素一个亮度值，图像通常会以灰度斜线显示，暗影的亮度较低，而黑影的亮度较高［图 2.16（a）］。这些图像使用这种**拉伸**显示法与应用于连续专题栅格的方法相同。基于 0～255 的图像不需要切片，但有些图像包含较大的值，则需要切片。要显示彩色图像，每个像素都有三个 DN 值，分别代表红光、绿光和蓝光，从而指定一个独特的颜色。如前所述，这种显示方法称为 **RGB 合成**［图 2.16（b）］。

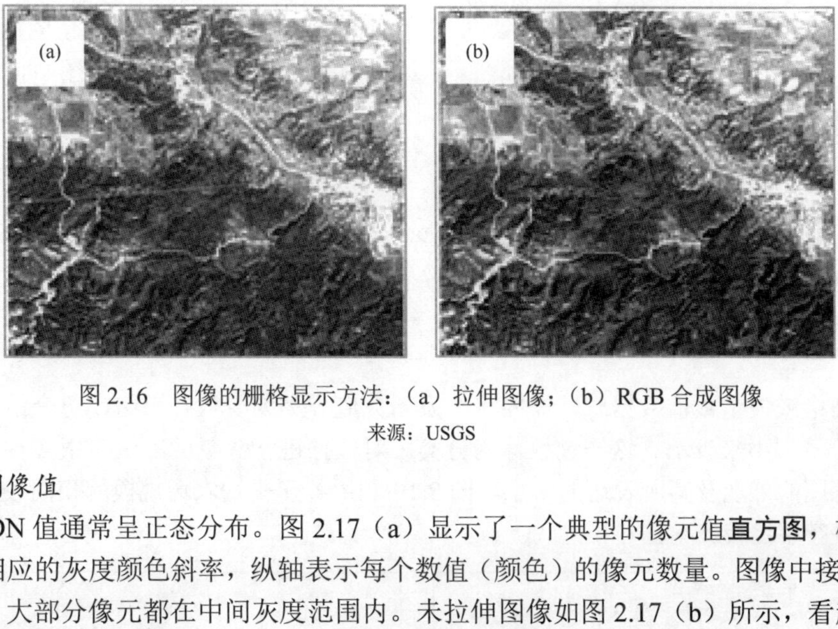

图 2.16　图像的栅格显示方法：（a）拉伸图像；（b）RGB 合成图像

来源：USGS

拉伸图像值

图像 DN 值通常呈正态分布。图 2.17（a）显示了一个典型的像元值**直方图**，横轴表示数值范围和相应的灰度颜色斜率，纵轴表示每个数值（颜色）的像元数量。图像中接近 0 或 255 的值很少，大部分像元都在中间灰度范围内。未拉伸图像如图 2.17（b）所示，看起来暗淡无光，对比度很小。

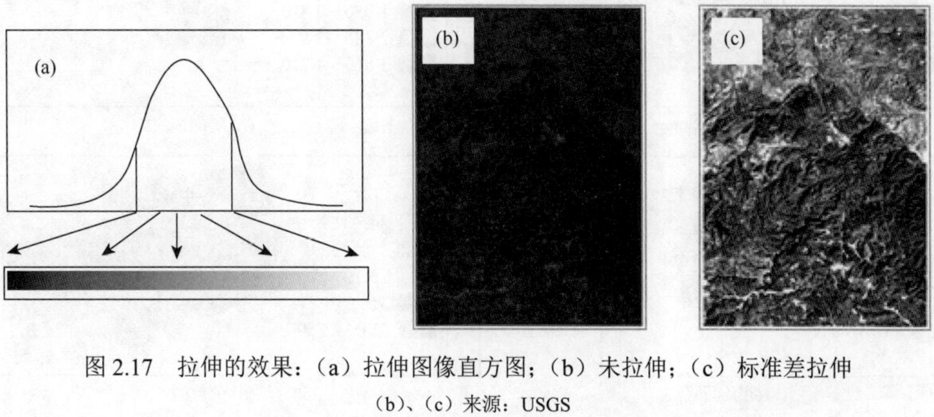

图 2.17　拉伸的效果：（a）拉伸图像直方图；（b）未拉伸；（c）标准差拉伸

（b）、（c）来源：USGS

拉伸显示法可以忽略分布的尾部，从而改善正态分布值的显示效果。一种方法是将图像的最低值和最高值分别指定为 0 和 255，然后沿色阶拉伸其余颜色。这就是所谓的最小-最大拉伸。使用标准差拉伸可以形成更大的对比度，它只使用平均值两个标准差范围内的值［图 2.17（c）］。拉伸可应用于专题连续栅格和图像，在图像值分布不均匀时很有帮助。

索引彩色栅格和颜色映射

RGB 颜色模型能够存储数百万种不同的颜色，最适合精细渲染图像。不过，它需要使用大量的内存和存储空间。另一种存储颜色的方法是识别图像中出现的有限颜色。它为每种颜色分配一个 0～255 的整数，并存储生成该颜色所需的 RGB 比例。该颜色列表称为**颜色映射**（colormap），与图像一起存储。栅格中的每个值都使用其指定的颜色进行描绘。图 2.18 显示了数字栅格图（digital raster graphic，DRG）的一部分。DRG 是扫描的美国地质调查局地形图。等高线由像素表示，像素值为 4 并使用指定的棕色显示。每个像素值和定义的地图中使用的颜色在附带的颜色映射中显示：绿色代表植被，黑色代表文字，以此类推。

图 2.18　索引彩色栅格存储了一个颜色映射，为栅格中的每个值分配了一种颜色

来源：USGS

索引彩色栅格通常是在扫描大型彩色地图时产生的。以 RGB 格式存储可能需要数百兆字节或更多。索引彩色地图使用的空间通常不到 RGB 地图的十分之一，而且肉眼无法轻易区分两者。

对数值数据进行分类

绘制栅格或矢量数值数据时，需要将一系列数值分类为少数几个组，每个组可以用不同的颜色或符号大小来表示。这一过程称为**分类**。对数据进行分类的方法有很多种，方法的选择会影响地图的外观及其所表达的信息。图 2.19 利用各州平均农场规模的相同数据集对一些常用方法进行了比较。

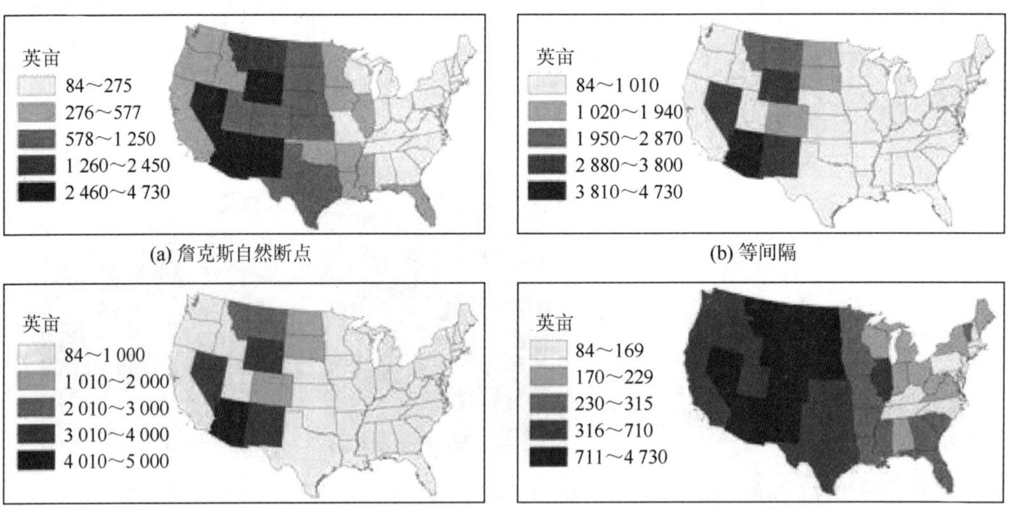

(a) 詹克斯自然断点　(b) 等间隔　(c) 定义间隔　(d) 分位数

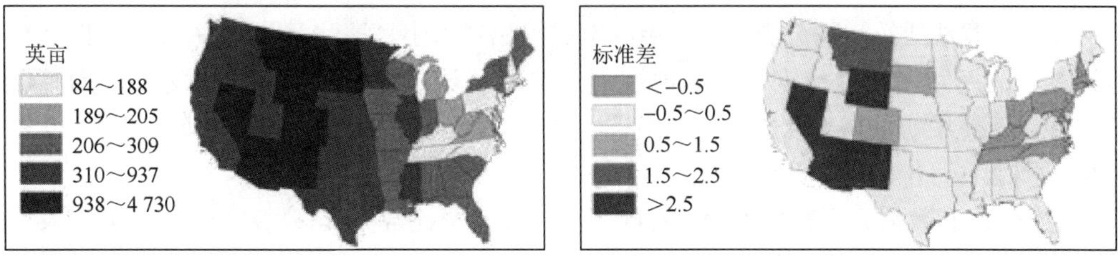

(e) 几何间隔　　　　　　(f) 标准差

图 2.19　使用同一数据集（各州平均农场规模，英亩）对不同分类方法的比较

来源：Esri

詹克斯法（Jenks method）将类别间断设置在数据组之间自然出现的间隙处［图 2.19（a）］。每个类间隔可以有自己的宽度，每个类中的要素数量也会有所不同。詹克斯法适用于分布不均的数据，如图 2.8 所示的各州首府人口。其中有许多低人口密度和中等人口密度的首府，也有少数人口密度非常高的首府。詹克斯法几乎适用于所有数据集，因此自然而然地成为 ArcGIS Pro 默认的分类方案。

等间隔（equal interval）分类法将数值划分为一定数量的大小相等的等级［图 2.19（b）］。这种方法适用于收入或降水量等比率数据，因为它使观察到的数值增加具有规律性。然而，我们很难预测每个类别中会有多少要素。请注意，在农场规模的例子中，几乎所有的州都属于第一类。将图 2.19（b）与图 2.19（a）进行比较。

定义间隔（defined interval）分类法与等间隔分类法类似，不同之处在于用户可以指定类间隔的大小，然后类的数量取决于值的范围［图 2.19（c）］。这种方法可以在类别中创建易于解释的取整数值。在比较由百分比、美元、温度和其他值组成的类时，如果需要特定的断点值（100、200 等），定义间隔图是理想的选择。不过，它也有等间隔分类法的缺点。

分位数（quantile）分类法在每个类别中放置的要素数量大致相同［图 2.19（d）］，可以显示统计中常见的组别，如四分位数。这种方法会创建一个平衡的地图，所有类别都有相同的代表性，但同一类别中的一些要素可能具有非常不同的值，而不同类别中的要素可能具有相似值。分位数分类法最适用于均匀分布的数据。请注意，分位数分类法能突出显示隐藏在詹克斯法、等间隔分类法和定义间隔分类法中的东部各州之间的差异。

几何间隔（geometric interval）分类法［图 2.19（e）］将等级间隔建立在几何级数的基础上，其中每个等级乘以一个常数系数，得出下一个更高的等级。几何间隔分类法适用于降水等连续数据，并在每个等级范围内提供大致相同数量的值。对于正偏态分布的数据分布，这种方法尤其有效。

标准差（standard deviation）分类法是根据字段的统计数据来分配数值的。用户选择类别间断作为标准差的数量，而数据范围则决定所需的类别数量。这种方法擅长突出哪些值是典型值，哪些值是异常值，特别是使用离散色组来强调低于与高于正常值的数据。在图 2.19（f）中，黄色各州的农场规模接近平均值，东部几个州的农场规模似乎小于平均值，而西部一些州的农场规模远大于平均值。该图最适用于正态分布数据。

最后，如果前面的选项都无法提供所需的地图，用户可以手动将类别断点设置为任意选择的值。该选项也适用于对数或指数比例尺的分配。

选择分类方法

分类方法的选择取决于制图者的目的和数据类型。詹克斯法显示的是分布中的“最近邻”，而定义间隔分类法或等间隔分类法则能更好地描绘相对大小。请注意图 2.19（a）和图 2.19（b）中地图之间的区别。使用詹克斯法的地图给人的印象是，许多州都有大农场，因为等级规模增长缓慢；而使用等间隔分类法的地图则显示，大多数州的农场实际上平均面积为 1000 英亩或更少。图 2.19（b）让人一目了然。

有些数据具有数值大小有内在意义的特性。例如，百分比数据具有物理意义和心理意义——人们对 50%和 100%之间的差异有直观的认识。租金中位数的差异是以美元值表示的，人们可以赋予其意义。在处理此类数据时，明智的做法是使用定义间隔分类法，选择具有逻辑分界点的类别，如 20%（5 英寸）降雨量或 200 美元，而不是 12.6%（1.47 英寸）降雨量或 187 美元。这样，读者可以更有效地理解这些等级。

数值的分布对方法的选择也有影响。詹克斯法和几何间隔分类法可以很好地处理分布不均的数据。等间隔、定义间隔和分位数图可用于任何数据，但对均匀分布的数据效果更好。标准差图背后的统计信息假设数据呈正态分布。

虽然一种分类方法可能更适合或不太适合不同类型的数据，但作为一种探索工具，您仍然可以尝试不同的方法。改变分类方法所造成的地图差异可以突出有趣的模式，而如果您每次都采用詹克斯法，就会忽略这些模式。回顾图 2.19 中的地图，思考每张地图是如何突出农场规模数据的不同特征的。第一次绘制数据集地图时，要养成尝试不同分类方法的习惯，以便更多地了解数据。

2.1.2　关于 ArcGIS

图层

当数据集从文件夹添加到 ArcGIS Pro 中的地图时，我们称之为**图层**（layer）。虽然我们倾向于将这些图层视为数据集，但实际上它们之间存在着重要的区别。在 Word 文档或幻灯片中插入图片时，图片的副本存储在文档里面。这样，即使文档被复制或通过电子邮件发送，它也会一直存在。即使原始图片从硬盘中删除，副本也会保留在文档中。我们习惯于这样处理信息，因此很难意识到 Pro 并不这样处理地图数据。我们将在第 5 章中进一步了解其中的原因。

在地图上添加数据时，不会复制数据，信息仍保留在原来的位置，地图图层只是指向它。图层所基于的原始数据称为**源数据**（source data）。当改变图层的属性时，例如给它加上标签或用不同颜色显示，源数据集不会改变。图层每次都会找到源数据，并在地图中对其进行处理，以产生所需的效果。图层就像一份烹饪食谱——它描述了在哪里可以找到数据文件（配料）以及如何显示（烹饪说明）。图层中的信息，例如应使用哪些符号以及要素是否有标签，构成了**图层属性**（layer properties）。图层保存在内存中，并在保存项目时存储。如果源数据集被删除、重命名或移动，地图将无法显示该图层。

在 Pro 中工作时，必须始终牢记图层和它所引用的地理空间数据是不同的对象。数据集可能存储在磁盘上，也可能来自 ArcGIS Online 或其他服务器的门户。**图层指向地理空间数据集的位置，并存储有关如何显示和使用该数据集的信息**。同一数据集可由多个图层和地图访问，以呈现同一信息的不同视图，无论是在单个地图中、同一项目中，还是在不同用户创建的多个地图中。图 2.20 显示了存储在网络驱动器上的一个县数据集，多个学生在他们的项目中使用了同一个数据集。

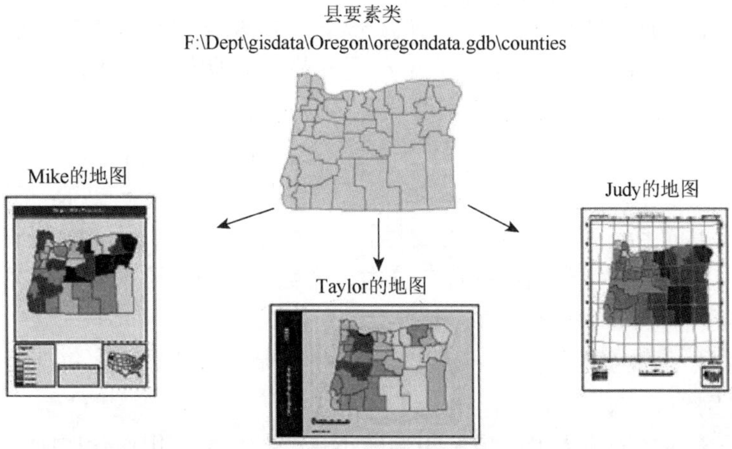

图 2.20　同一要素类可用于多种地图，甚至由不同的人使用

来源：Esri

图层可以保存为**图层文件**（layer file）。该文件存储了引用数据集的位置和图层的属性。保存的图层文件可用于将带有预定义符号的图层快速添加到地图文档中。组图层文件可以将多个带有预定义符号的图层组织成专题地图或底图。例如，地质图符号使用许多特定的颜色和图案，设置起来可能需要数小时。

在图 2.21 中，用户将不同的大小、颜色甚至形状组合在一起，生成了一个显示水井砷值的特定分类，“×”表示低于检测限值，蓝色圆圈表示低于环境保护局（Environmental Protection Agency，EPA）标准值，橙色圆圈表示高于 EPA 标准值。保存完成的图层作为图层文件，我们可以快速将分类方案转移到新的图层，并保持符号的一致性。

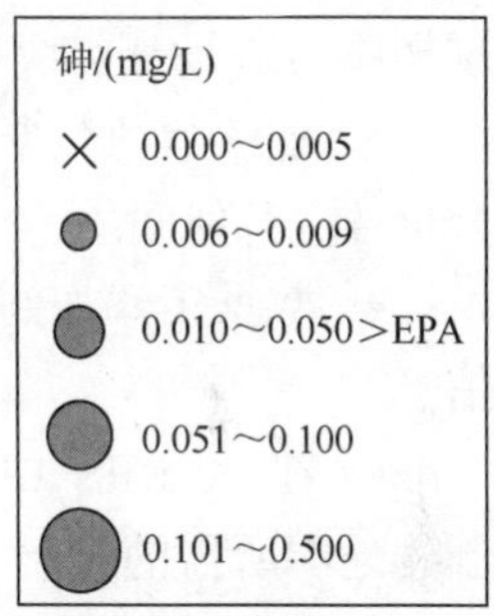

图 2.21　结合形状、颜色和大小自定义砷分类

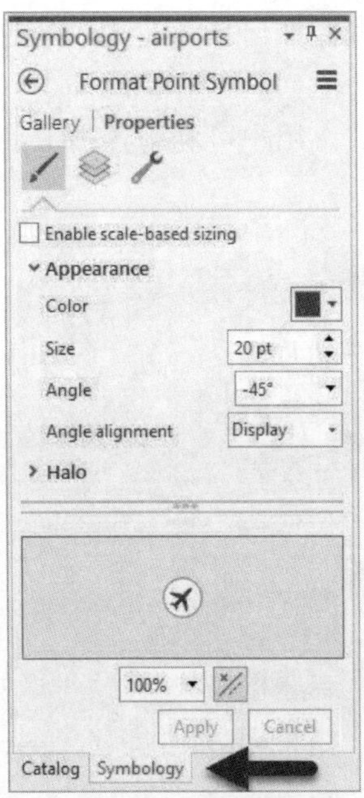

图 2.22　在同一窗口中停靠 Catalog 窗格和 Symbology 窗格

来源：Esri

样式

ArcGIS 为要素和栅格的符号化提供了一套广泛的工具。在 Symbology（符号）窗格中（图 2.22），用户可以从各种预定义符号中进行选择，并在可用符号不合适时修改这些符号的属性，如填充颜色、轮廓宽度和轮廓颜色。该软件具有完全的灵活性，可以修改单个符号层并创建几乎任何想要的符号。

为便于使用，符号被组织成不同的组。一个**样式**包含一组具有相关主题的符号，通常包括不同的符号类型，包括点标记、线型、多边形阴影和图案、颜色集、文本样式，甚至是指北针或比例尺符号。Pro 有两种默认样式，分别名为 ArcGIS 2D 和 ArcGIS 3D。ArcMap 程序包括为特定行业或用途定制的许多其他样式，如 1∶24 000 地质图、环境、公民、犯罪分析或危险品等主题。虽然这些样式不会出现在 Pro 中，但可以根据需要导入。

有特殊符号需求的用户可以创建自己的样式，并将从其他样式复制、修改或新创建的符号填入其中。符号窗格中的搜索功能允许用户通过关键字搜索任何已安装样式中的匹配符号。例如，搜索“tree”（树），就会出现不同样式的各种符号。

2.1.3 摘要

- 区分地图上的要素需要符号形状、大小、粗细、线型、颜色、图案或字体的变化。
- 属性数据的数据类型包括：标称、分类、序数、区间或比率。数据类型决定了地图的类型，甚至决定了可对该属性进行的分析类型。
- 标称数据用于命名事物或唯一标识事物，可以是文本或数字。每个要素通常都有自己的值，重复值是例外。
- 分类数据将对象分成由唯一值标识的较小集合。当数字用作代码时，也可能是分类数据。序数数据由以某种方式排序的类别组成。
- 区间数据是在常规刻度上测量的，而比率数据是在常规刻度上测量的并带有一个有意义的零点。
- 单一符号图和标签用于绘制标称数据。唯一值图用于绘制分类或序数数据。区间或比率数据使用渐变色、渐变符号、比例符号、点密度或其他地图显示。
- 栅格可包含专题栅格或图像栅格。离散的专题栅格可使用唯一值方法显示。连续的专题栅格可进行分类或拉伸。图像栅格使用拉伸或 RGB 合成显示。
- 连续数值数据在绘制地图之前要进行分类。分类方法包括詹克斯法、等间隔、定义间隔、分位数、几何间隔、标准差和手动分类。最佳分类方法取决于数据类型和数据分布。
- 数据集添加到地图后就变成了图层。图层引用原始数据，并存储如何显示这些数据的信息。
- 在 ArcGIS 中，符号被归类为类似的主题，这些主题称为样式。用户可利用各种工具创建地图所需的任何符号。

重要术语

汇总	定义间隔	区间数据	饱和度
alpha	离散	詹克斯法	切片
双变量等值区域图	离散色组	图层	源数据
分类数据	点密度图	图层文件	标准差
图表地图	动态标签	图层属性	拉伸
等值区域图	等间隔	可塑性面积单元问题（MAUP）	样式
分类	几何间隔	标称数据	专题栅格
分类的	渐变色图	归一化	托布勒定律
CMYK	渐变符号图	序数数据	唯一值图
颜色映射	直方图	比例符号图	明度
内涵	HSV	分位数	
连续	色调	比率数据	
转换	图像	RGB 合成	

2.1.4 复习题

1. 对于以下每种类型的数据，请说明是标称数据、分类数据、序数数据、区间数据还是比率数据。解释您的理由。

砷浓度/(mg/L)	气候站高程
植被类型	足球队排名
年降水量/英寸	大学学生人数
客户邮政编码	分数
社会保险号	专业

2. 对于以下每种属性，请说明是使用单一符号图、渐变色图还是使用唯一值图最合适。解释您的理由。

各投票区选择的政党	河流流量/立方英尺
各县肺癌发病率	餐厅位置
水井流量/(gal/min)	土壤类型，如壤土、黏土等

3. 如果要为县绘制以下属性，请说明哪些属性一般要规范化，并讨论应使用哪些属性字段。

年平均降雪量	房价中位数
房屋空置率	报告的犯罪数量
美国原住民人口	车祸数量

4. 说明下列每种栅格应使用唯一值、分类、拉伸还是 RGB 合成显示方法，并说明选择的理由。

土地覆被分类	黑白航空照片
7 波段卫星图像	树冠百分比
高程	坡度

5. 解释未分类地图与分类地图相比的优点。

6. 说明地理空间数据集与图层的区别。

7. 解释专题栅格与图像栅格的区别。

8. 针对以下每种地图类型，从互联网上找到一张使用这种符号类型的地图：渐变色、渐变符号（线）、渐变符号（点）、唯一值。上交每张地图的截图并注明出处。针对每张地图，解释如何实现要素之间的区分，并对所用符号的选择提出批评。

扩展知识

通过探索帮助文档中的这些部分来扩展您的 ArcGIS Pro 知识。

Help>Maps and scenes>Layers>Layer properties>Symbology

Help>Maps and scenes>Layers>Layers

Help>Projects>Project Items>Styles

Help>Data>Data types>Imagery and raster>Appearance and Symbology

2.2 掌握技能

2.2.1 教程

以下示例提供了在 ArcGIS 中执行任务和解决问题的分步说明。您需要执行的步骤用箭头

“→”标出，请仔细按照这些步骤操作。

设置基本符号

在本教程中，我们将首先创建一个新的空白项目。默认情况下，项目是在同名文件夹内创建的，其中还包括一个主地理数据库。创建新项目时，可以选择最初打开的是地图、目录还是场景。当然，一旦打开，您还可以添加其他对象，所以选择只是为了方便。这一次，我们将以目录打开。

1→ 启动 ArcGIS Pro。在窗口中央的 New（新建）和 Blank Templates（空白）模板标题下，选择 Catalog（目录）模板。

1→ 在 Name（名称）框中，键入 *OregonMaps*。

1→ 单击 Location（位置）的 Browse（浏览）按钮，然后单击 C:\驱动器打开它。导航进入 gisclass 文件夹。

1→ 单击 ClassProjects 文件夹，选择其为位置（不要进入其内部），单击 OK。

1→ 选中 Create a new folder for this project（为此项目创建新文件夹）复选框，然后单击 OK。

使用 Catalog Template（目录模板）创建的新项目打开后，显示区域中将显示 Catalog（目录）视图。目录视图是目录窗格的更大和更多功能版本。当然，主地理数据库最初是空的。我们将使用外部 mgisdata 文件夹中的一些数据，因此需要添加一个文件夹连接来访问这些数据。

2→ 单击 **Insert：Project：Add Folder**，然后单击左侧的 C:\链接。

2→ 导航至 gisclass\mgisdata 文件夹。单击 Oregon（俄勒冈州）文件夹使其突出显示（不要进入其中），然后选择 OK。

2→ 在 Catalog 窗格中，确保 Project（项目）选项卡处于活动状态，展开 Folders（文件夹）条目，查看 OregonMaps（项目文件夹）和 Oregon（刚刚添加的文件夹）。

2→ 展开 Oregon 文件夹，查看两个地理数据库和两个 Excel 文件。

3→ 单击 **Insert：Project：New Map**。

3→ 在 Contents 中，缓慢点击地图名称（Map）两次，并将其重命名为 *Geography*。

3→ 保存项目，记得定期保存。

> **提示：**在本教程中，保持打开 Catalog（目录）窗口和 Symbology（符号）窗格是很有帮助的。如图 2.22 底部所示，将它们停靠在同一窗口中，可以方便地来回切换。

首先从 Oregon 地理数据库中添加一些数据集。

4→ 单击 **Map：Layer：Add Data** 按钮。点击窗口左侧的 Folders（文件夹）条目，显示项目文件夹连接。

4→ 双击 Oregon 文件夹打开。双击 oregondata 地理数据库打开。

4→ 按住 Ctrl 键，首先从 Oregon\oregondata 地理数据库中选择 counties（县），然后再选择 volcanoes（火山）要素类，这样就都被选中了。单击确将它们添加到地图中。

请记住，Catalog 窗格也可用于向地图添加数据。

5→ 在 Catalog 窗格中，展开 oregondata 地理数据库，然后展开 Transportation（运输）容器。

5→ 按住 Ctrl 键同时选择 airports（机场）和 highways（公路）要素类。然后单击并将它们拖入地图。

5→ 添加 Water（水域）容器中的 rivers（河流）数据集。

提示：从这里开始，使用最容易将数据添加到地图中的方法。

我们将确保地图的全部范围都设置为俄勒冈州 counties（县）图层。

6→ 在 Contents 中，双击 Geography（地理）地图图标，打开地图属性。

6→ 检查 Extent（范围）设置。选择 Use a custom extent（使用自定义范围），并选择 counties 作为从中获取范围的图层。单击 OK。

7→ 在 Contents 中，单击 airports（机场）符号。此时将打开 Format Point Symbol（格式点符号）窗格。

7→ 单击 Gallery（图库）选项卡，查看可供选择的符号。

7→ 在搜索框中输入 *airplane*，然后单击 Enter。

7→ 将 Project Styles（项目样式）下拉框更改为 All Styles（所有样式），以查看更多符号。

7→ 从 ArcGIS 2D 样式中选择最大的机场符号。

7→ 单击 Properties（属性）标题并选择 Symbol（符号）面板的图标。

7→ 设置大小为 *20* pt，角度为 *–45*°。单击 Apply（应用）。

回想一下，颜色可通过色调、饱和度和明度三个属性进行定义。让我们来看看这些属性如何影响颜色的产生。

8→ 在 Format Point Symbol（格式点符号）面板中，将鼠标悬停在颜色色块上，查看灰色的 RGB 组合值（R:88 G:89 B:91）。

8→ 在 Contents 中，右键单击 counties 符号并选择 Color Properties（颜色属性）。

8→ 在 Color Editor（颜色编辑器）中，单击右侧的多色框选择颜色。检查红绿蓝 DN 值。再选择几种颜色，检查其值。

8→ 将红绿蓝各值设为 255。结果是什么颜色？

请注意，DN 值从方框底部到顶部依次增加，颜色比例也从左到右发生变化。现在我们来看看 HSV 颜色模型。

8→ 在 Color Editor 中，将颜色模型从 RGB 改为 HSV。

8→ 使用滑块改变当前颜色的色调、饱和度和明度，以了解这些矢量如何影响所生成的颜色。单击 Cancel（取消）。

9→ 在 Contents 中，右键单击 rivers（河流）的线条符号，将颜色更改为深蓝色。

9→ 右键单击 counties 符号，将颜色更改为浅黄色。

9→ 在 Symbology（符号）窗格中，单击 Symbol（符号）标识打开 Format Polygon Symbol（格式多边形符号）窗格。单击 Properties（属性）标题，将 Outline Color（轮廓颜色）更改为灰色 50%（将鼠标悬停在颜色上可查看其名称）。单击 Apply。

在这种比例尺下，河流似乎会使地图变得杂乱无章，因此它们会从比例尺范围中受益。

10→ 在 Contents 中，选择 rivers（河流）图层并打开 **Feature Layer：Appearance** 功能区。

10→ 在 **Visibility Range**（可见范围）组中，单击 **Out Beyond**（超出）下拉菜单，然后从列表中选择 1∶1 000 000（如果没有列表，请在框中输入 1 000 000，然后单击 Enter）。

10→ 放大直至出现河流。然后点击 **Map：Navigate：Full Extent** 按钮。

> **提示：** 单击 Out Beyond（超出）下拉菜单，选择 Customize（自定义）可加载一组默认比例尺供您选择，如 ArcGIS Online/Bing Maps/Google 等。

给要素加上标签

标称数据通常使用标签来描述。基于属性字段可为图层创建**动态标签**（dynamic labels），并可为整个图层打开或关闭动态标签。它们使用自动定位功能来避免重叠，而且并非所有标签都会显示。每次重新绘制地图时都会重新绘制动态标签，它们可能会随着比例尺的变化或打印地图时发生变化。

11→ 在 Contents 中，选择 airports（机场）图层并打开 **Feature Layer：Labeling** 功能区。

11→ 单击 **Layer**（图层）组中的 **Label**（标签）按钮，打开默认标签。

11→ 在 **Label Class**（标签类别）组中，确认 **Field**（字段）设置为 NAME。

11→ 在 **Text Symbol**（文本符号）组中，单击 **Label Placement Style**（文本符号样式）下拉菜单，查看预设样式集，但不要选择任何样式。

11→ 在 **Text Symbol**（文本符号）组中，将字体设置为 Arial 9 pt bold。

11→ 在 **Label Placement**（标签位置）组中，单击 **Label Placement Style**（标签位置样式）下拉菜单，将其设置为 **Basic Point**（基本点）选项。

基本标签很容易设置，但往往不尽如人意。我们还提供了控制动态标签的其他选项，例如添加光晕以帮助标签脱颖而出。请注意，功能区组右下角的小箭头会打开其他选项。

12→ 单击 **Feature Layer：Labeling：Text Symbol** 组的 **Options** 箭头。

12→ 在 Label Class 窗格的 Symbol（符号）选项卡上，展开 Halo（光环）条目。

12→ 单击 Halo 符号下拉菜单，选择 White fill 50%transparency（白色填充 50%透明度）（左起第三位）。将光晕大小增加到 2 pt，单击 Apply。

12→ 花点时间检查 Symbol 选项卡上的其他设置。

可以创建标签类别，为图层中的组别分配不同的符号。例如，我们可以用较大的符号显示较繁忙的机场。

13→ 单击 **Feature Layer：Labeling：Label Class：Class 1** 下拉菜单，选择 Create label class（创建标签类别）。

13→ 输入新的标签类别名称 *Busiest Airports*（最繁忙机场），然后单击 OK。

13→ 单击 Class（类别）框旁边的 SQL 按钮。

13→ 在 Label Class 窗格中，单击 Add Clause（添加子句）。输入表达式：TOT_ENP Greater than 300 000。单击 Apply。

14→ 单击 **Feature Layer：Labeling：Label Class：Class>Create label class**。将该类命名为 *Less Busy Airports*（较不繁忙机场）。

14→ 在 Label Class 窗格中，单击 Class（类别）下拉菜单，查看或指定当前正在修改的类别。应为 Less Busy Airports。

14→ 单击 New Expression（新建表达式）并输入表达式 TOT_ENP is Less Than or Equal to 300 000。单击 Apply。

14→ 保留 Label Class 窗格，我们很快还会用到它。

提示：Label Class（标签类别）窗格包含许多不同的设置，用于自定义标签的外观和位置。请尝试并查看有关标签的 Pro 帮助，了解更多信息。

我们可以使用 Contents 窗格来管理新标签类别，并轻松设置其属性。在 Contents 中选择标签类别后，功能区设置就会应用到该类。

15→ 在 Contents 中，单击 List By Labeling（按标签列表）面板图标。

15→ 在 airports 图层下，取消选中 Class 1 复选框以关闭默认标签。

15→ 单击 Busiest Airports（最繁忙机场）标签类别。

15→ 在 **Labeling**（标签）功能区中，将符号更改为 Tahoma 10 pt bold。

15→ 在 Contents 中，单击 Less Busy Airports（较不繁忙机场）类别将其选中。

15→ 在 **Labeling**（标签）功能区，将符号更改为 Tahoma 8 pt regular。

标签应如图 2.23 所示。

图 2.23　俄勒冈州地图标签和符号

来源：Esri

提示：如果在查找功能区、按钮或设置时遇到困难，请检查 Contents 窗格，确保选择了相应的项目。

16→ 在 Contents 中，仍然在 Labeling（标签）面板中，选择 rivers，就可以使用这些标签了。

16→ 选中 rivers 图层的复选框，打开标签。它们尚未显示，因为河流的显示比例已设定，标签最初也使用相同的比例。

16→ 放大至 1∶1 000 000 以显示河流和标签。

16→ 在 **Labeling**（标签）功能区，将符号更改为 Arial 8 pt dark blue italic。

传统的做法是将标签沿河流弯曲，而不是使用直线文本。Label Placement（标签位置）选项提供了一些常见情况下的快速位置样式。

17→ 在 **Labeling**（标签）功能区的 **Label Placement**（标签位置）组中，单击 Label Placement（标签位置）样式下拉菜单并选择 **Water（Line）**。

17→ 单击 **Feature Layer：Labeling：Map：View Unplaced** 按钮。打开此设置后，不合适的标签将显示为红色。

17→ 放大并平移地图，找到一些未放置的标签。动态标签可能会随着地图比例尺和范围的变化而变化。

17→ 再次单击 **View Unplaced**（查看未放置标签）按钮，关闭未放置标签。

标注时，符号和标签可合并使用。

18→ 使用 **Map：Navigate：Full Extent** 按钮可放大至俄勒冈州全境。

18→ 在 Contents 中，仍然在 Labeling（标签）面板中，右键单击 highways（公路）图层并选择 Symbology（符号）。在 Symbology（符号）窗格中，单击 symbol（符号）。

18→ 在 Format Line Symbol（格式线符号）窗格中，单击 Gallery（图库）选项卡。

18→ 在搜索框中输入 *point*，然后单击 Enter。选择 2.0 Point 符号。切换到 Properties（属

性）选项卡，将颜色更改为浅棕色。单击 Apply。

19→ 在 Contents 中，选择 highways 图层并打开 **Feature Layer：Labeling** 功能区。

19→ 在 **Label Class**（标签类别）组中，将 **Field**（字段）更改为 HWY_SYMBOL。

19→ 在 **Text Symbol**（文本符号）组中，单击 **Label Placement Style**（文本符号样式）下拉菜单，然后向下滚动，找到并选择 Shield 8（盾牌 8）符号。

19→ 在 **Label Placement**（标签位置）组中，单击 **Label Placement Style**（标签位置样式）下拉菜单，然后选择 Shield（盾牌）选项。

19→ 在 Contents 中，选中 highways 旁边的复选框以打开标签。

19→ 在 **Labeling：Visibility Range** 组中，将 **Out Beyond**（超出限制）设置为 1∶1 000 000。

19→ 放大到 1∶1 000 000 查看标签。然后返回地图的完整范围。

20→ 给各县使用 Arial 8 pt blod 标签，颜色为 50%灰色，带 2 pt 光晕。不要指定比例尺范围。地图应与图 2.23 相似。

20→ 在 Contents 中，返回 List By Drawing Order（按绘图顺序列出）面板。

根据点的属性创建地图

目前，每个数据集只显示一个符号。地图也可以通过包含分类、序数、区间或比率数据进行符号化。让我们检查一下表格字段。

21→ 在 Contents 中，右键单击 volcanoes 图层并选择 Attribute Table（属性表）。

> 1. volcanoes 数据集中这两个属性字段的数据类型是什么？
> ELEVATION（高程）__________________TYPE（类型）______________________

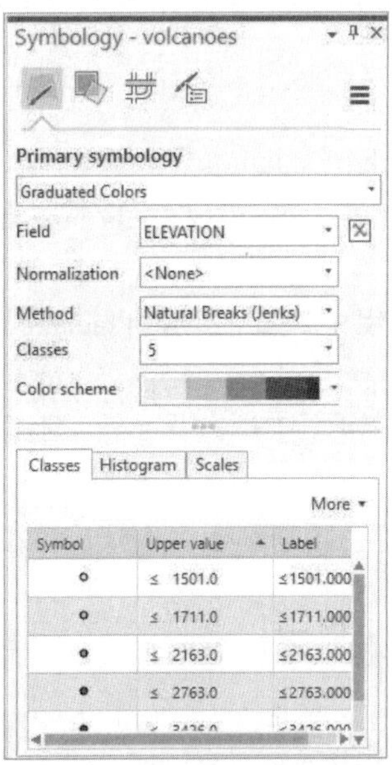

图 2.24　用渐变色图表示火山高程

来源：Esri

ELEVATION 字段包含数值数据，因此必须使用分位数图来描绘，并且必须对数值进行分类。

21→ 关闭表格，在 Contents 中选择 volcanoes 图层。

21→ 单击 **Feature Layer：Appearance：Drawing：Symbology** 按钮。

21→ 在 Symbology（符号）窗格中，将符号从 Single Symbol（单一符号）更改为 Graduated Colors（渐变色）（图 2.24）。

21→ 如果需要，将 Field（字段）设置为 ELEVATION。出现一组五个等级的默认詹克斯自然断点分类。

21→ 将 Color scheme（配色方案）设置为黄色-橙色-红色（5 级），如图 2.24 所示。

这些符号显示了哪些火山高程较小，哪些火山高程较大。不过，由于符号尺寸较小，颜色难以辨认，这也是点数据渐变色图的常见问题。我们可以编辑基本符号，使地图更容易解读。

22→ 在 Symbology（符号）窗格中，单击 More（更多）下拉菜单并选择 Format All Symbols（格式化所有符号）。

22→ 在 Format Point Symbols（格式点符号）窗格中，单击 Gallery（图库）选项卡并选

择 Triangle 1（三角形 1）符号。符号将全部变黑，但现在不用担心。

22→ 单击 Properties（属性）标题，将符号大小更改为 12 pt。单击 Apply（应用）。

22→ 单击 Format Point Symbols（格式点符号）窗格中的返回箭头，返回 Symbology（符号）主窗格。重置配色方案。

提示：选择一个模仿火山形状的三角形符号有助于读者更轻松地解读地图。

23→ 关闭 airports（机场）和 highways（公路）图层。

23→ 右键单击 counties 图层，选择 Label（标签）关闭标签。设置存储在图层，并可随时再次打开相同的标签。

请注意，东部的火山一般高程较小，而最高的火山位于北部。让我们试试渐变符号图。

24→ 在 Contents 中，选择 volcanoes 图层。

24→ 在 Symbology（符号）窗格中，将符号下拉菜单更改为 Graduated Symbols（渐变符号）。保持 Field（字段）设置为 ELEVATION（高程）。

24→ 单击 Template（模板）符号，单击 Gallery（图库）选项卡，然后选择 Triangle 3（三角形 3）符号。

24→ 单击 Properties（属性）标题，将颜色设置为红棕色。单击 Apply（应用）。

24→ 几乎看不到最小的类符号。单击画圈的箭头返回到符号主窗格。将 Classes（类别）数改为 4。将 Minimum size（最小尺寸）值设置为 6 pt，Maximum size（最大尺寸）设置为 20 pt。

同样的数据可以用不同的方式呈现，地图绘制者必须选择最能传达预期信息的方法。在您看来，渐变色图还是渐变符号图能更好地描述高程差异？

25→ 在 Contents 中，将 volcanoes 图层重命名为 *Volcano Elevation*（火山高程）。

Contents 窗格中的高程图例显示了许多小数点，这是不可取的，原因有两个。第一，这些数值都是零，毫无意义；第二，标签中使用的有效数字应与报告值的精度一致。

25→ 在 Symbology（符号）窗格中，打开 Advanced symbol options（高级符号选项）面板。

25→ 展开 Format labels（格式标签）标题。

25→ 在 Rounding（四舍五入）下，填充 Significant digits（有效数字）按钮，并将数字设置为 2。

25→ 在 Contents 中，缓慢点击两次 Volcano Elevation（火山高程）图例中的 ELEVATION（高程）标题，然后输入（*meters*）。图例应如图 2.25 所示。

25→ 保存项目。

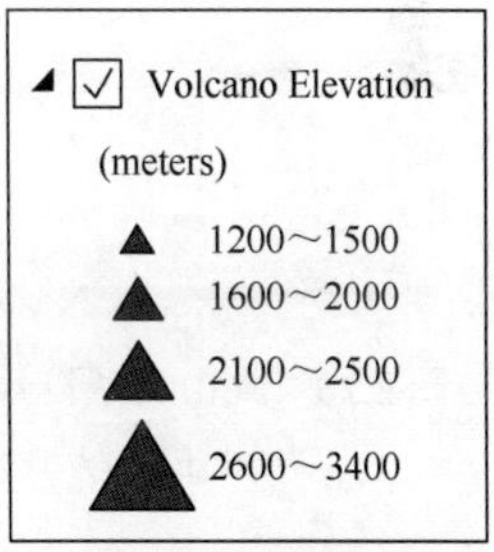

图 2.25　高程图例

来源：Esri

提示：四舍五入的类别标签会让地图看起来更专业。

接下来，我们将根据火山类型对其进行符号化。不过，我们不想丢失高程图，因此将创建一个图层副本。图层的一个优点是我们可以创建同一数据集的不同视图。

26→ 在 Contents 中，右键单击 Volcano Elevation（火山高程）图层并选择 Copy（复制）。

26→ 右键单击 Geography 地图图标并选择 Paste（粘贴）。

26→ 将新的 Volcano Elevation 图层（位于旧图层上方）重命名为 *VolcanoType*。将其拖动到 airports 图层下方。

26→ 关闭 Volcano Elevation（火山高程）图层。

考虑如何将火山 TYPE（类型）字段符号化。它包含重复的条目，如“Stratovolcano”和“Volcanic field”，这些条目代表分类数据。分类数据的正确地图类型是唯一值图。

27→ 在 Contents 中，选择 Volcano Type 图层。

27→ 在符号主窗格中，将符号下拉菜单更改为 Unique Values（唯一值）（图 2.26 中的①）。

27→ 将值字段更改为 TYPE（图 2.26 中的②）。

提示：如果需要，可拉大 Symbology 窗格以查看全部内容。如果已停靠，将光标放在与地图窗口共享的边缘上，直到光标变成双面箭头；然后单击并拖动边界，使其达到所需的宽度。如果未停靠，则像调整其他窗口一样调整其大小。

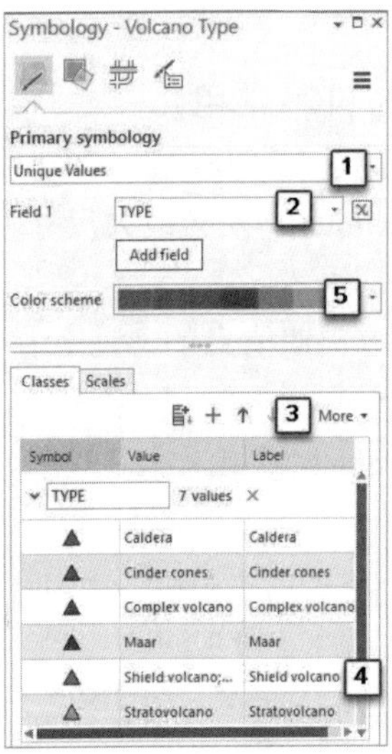

图 2.26 火山类型符号

来源：Esri

注意类别列表底部的<all other values>条目。这提供了将小类别分组的选项。目前，该类别中没有出现任何要素。

27→ 点击 More 下拉菜单（图 2.26 中的③）并选择 Show all other values（显示所有其他值）以取消选中并关闭此类别。

请注意 Shield volcano（es）的两个类别。一个数据录入错误将这两个同属一类的组分开了。我们可以编辑源数据来修复这个错误，但现在我们可以绕过它。

28→ 点击 Shield volcano 标签（图 2.26 中的④），然后按住 Ctrl 键并点击 Shield volcanoes 标签使两行都突出显示。

28→ 右键单击 Shield volcano 标签框（图 2.26 中的④），选择 Group Values（组值）。

28→ 单击包含双重输入的 Label（标签）框，编辑为简单的 *Shield volcano*，然后单击 Enter。

提示：在此处更改标签只是更改了图层的显示属性。数据输入错误仍然存在于该图层引用的存储数据集中。

29→ 单击 More（图 2.26 中的③），然后选择 Symbols>Format All Symbols。单击 Gallery（图库）选项卡，将符号设置为 Triangle 3（三角形 3）。

29→ 点击画圈的返回箭头，返回到符号主窗格。将 Color scheme（配色方案，图 2.26 中的⑤）更改为深色、鲜艳的颜色，以便更好地显示。

29→ 检查地图和最终的 Symbology（符号）窗格（图 2.26）。

2. 列出打开 Symbology（符号）窗格的两种方法。

编辑图例细节

有效描绘图层有时需要修改默认图例属性。接下来我们将对公路类型进行符号化，但首先要检查表格中可用的属性字段。

30→ 在 Contents 中打开 highways 图层，然后右键单击该图层并选择 Attribute Table（属性表）。检查 HWY_TYPE 字段。

3. 这个字段中有哪三个值？检查其他字段以寻找线索，并列出这三个值代表什么。

同样，我们使用的是分类数据，唯一值图类型是合适的选择。

30→ 关闭表格，并在 Contents 窗格中选择 highways。

30→ 在符号主窗格中，选择 Unique Values（唯一值）地图类型。

30→ 将值字段设置为 HWY_TYPE。

30→ 选择 More>Show Count，查看每个类别中的要素数量。请注意，只有一个“H”值和 58 条未标记的道路。

按理说，“I”代表州际公路，“S”代表州高速公路，“U”代表美国高速公路，但“H”代表什么呢？只有一个可能是数据录入错误。我们也不知道该如何标注空白的公路。不过，我们可以编辑图例类别，创建更清晰的图例。

31→ 右键单击包含“H”值的行并选择 Remove（删除）。这样就可以删除分类，并将该要素放到<all other values>条目中。

31→ 右键单击带有未标记要素的行，将其也删除。

31→ 在标签栏中的“U”框中单击两次，使其突出显示。编辑标签并将其更改为 *US Highways*。

31→ 将“S”标签改为 *State Highways*（州高速公路），将“I”标签改为 *Interstates*（州际公路），将<all other values>标签改为 *Unclassified*（未分类）（图 2.27）。

31→ 在类别上方，编辑 HWY_TYPE 框并将其更改为 *Road Class*（道路类别）。

31→ 单击 US Highways 行来选择它。单击向上箭头，将其移动到 Interstates 行下方。

现在，我们有了基于公路类型的符号，但彩色细线并不能很好地区分公路类型。通过符号、粗细和颜色的不同来区分不同的公路等级将使这个分类更佳。

32→ 单击 Interstates（州际公路）符号，打开 Symbol Gallery（符号库）。

32→ 选择第一个 Highway（公路）符号，然后单击返回箭头。

32→ 单击 US Highways（美国高速公路）的符号。选择 2.0 Point 符号。单击 Format Line Symbol（格式线符号）窗口中的 Properties（属性）标题，将颜色更改为深绿色。单击 Apply（应用）并单击返回箭头。

32→ 更改 State Highways（州高速公路）的符号，使其与 US Highways（美国高速公路）一致，但颜色改为浅棕色。

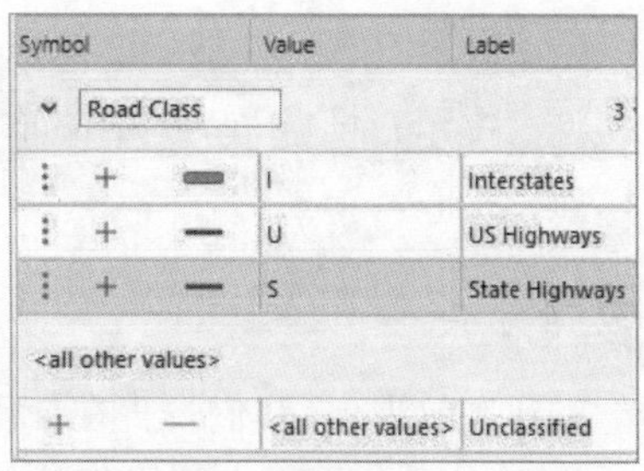

图 2.27　公路类型的最终图例
来源：Esri

32→ 完成后，图例应如图 2.27 所示。在 Contents 窗格中查看地图和图例。

为多边形的属性创建地图

让我们使用 counties（县）图层创建基于人口的地图。

4. 人口代表什么样的数据？应该用什么样的地图来显示？

33→ 在 Contents 中，单击 counties 图层符号。

33→ 在 Symbology（符号）主窗格中，将符号改为 Graduated Colors（渐变色）。

33→ 如有必要，将 Field（字段）设置为 POP2014。

请记住，人口数据通常以汇总单位的面积进行归一化处理。

33→ 选择 SQMI 作为 Normalization（规范化）字段（靠近列表底部）。

33→ 将色阶改为单色，例如浅橙色到深橙色。

33→ 打开 Advanced symbol options（高级符号选项）面板，展开 Format labels（格式标签）标题。

33→ 给标签两位有效数字，并选中 Show thousands separators（显示千位分隔符）复选框。返回 Symbology（符号）窗格中的 Primary symbology 面板。

我们将为每种符号创建一个新图层，以保留每种符号作为参考。

34→ 在 Contents 中，将 counties 图层更名为 *Population Density*（人口密度）。

34→ 右键单击 Population Density（人口密度）图层名称并选择 Copy（复制）。

34→ 右键单击 Geography 地图图标并选择 Paste（粘贴）。暂时把它放在最上面。

接下来，我们将绘制各县人口年龄中位数地图。与人口不同，年龄中位数不受测量区域大小的影响。这一属性不应规范化。

35→ 将新图层（在顶部）重新命名为 *Median Age*（年龄中位数）。

35→ 在 Symbology（符号）窗格中，将 Field（字段）更改为 MED_AGE。将 Normalization（规范化）字段更改为<None>。

35→ 使用 Advanced symbol options（高级符号选项）面板将标签格式化为两位有效数字［图 2.28（a)］。返回 Primary symbology（主符号）面板。

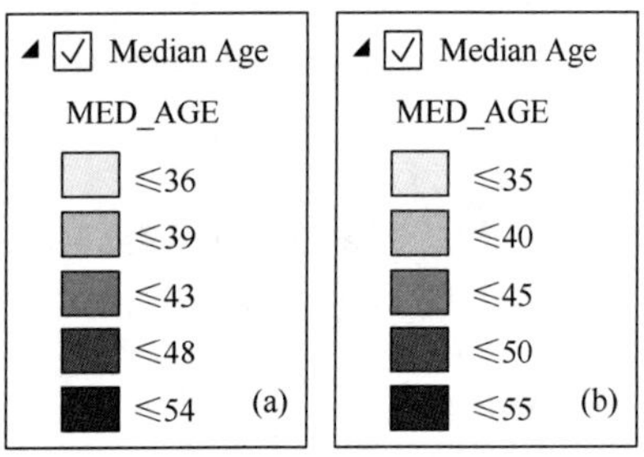

图 2.28　年龄中位数分类：(a) 詹克斯法；(b) 定义间隔

来源：Esri

提示：根据 Pro 版本的不同，类别标签可能显示为上限（图 2.28）或范围（图 2.25）。如果不喜欢显示的样式，可以编辑各个标签。

数据分类

到目前为止，我们一直在使用默认的詹克斯法，但它并不总是最好的方法。检查 Median Age（年龄中位数）图层。如果年龄范围每次增加 5 岁，图例可能更有意义。

36→ 在 Median Age 图层的 Symbology（符号）窗格中，将 Method（方法）更改为 Defined Interval（定义间隔）。忽略任何警告，将 Interval Size（间隔大小）设为 5，然后单击 Tab 键。

36→ 必要时将数值格式重置为两位有效数字，然后返回 Primary symbology（主符号）面板。检查 Contents 窗格中的图例［图 2.28（b)］。

大多数读者会发现，这种分类方法比詹克斯法产生的不均衡类型更容易理解。接下来，用符号表示城市的人口。

37→ 从 oregondata 地理数据库添加 majcities 数据集。

37→ 在 majcities 图层的 Symbology（符号）窗格中，将符号设置为 Graduated Symbols（渐变符号），将 Field（字段）设置为 POP2014。

37→ 注意 Symbology（符号）窗格下半部分的选项卡：Classes（类别）和 Histogram（直方图）。单击 Histogram 选项卡（图 2.29）。

37→ 检查类别的间距和显示每个类别中城市数量的横条。

37→ 将鼠标悬停在 $\bar{X}$ 符号上，查看平均值。单击 More>Show Statistics，查看更多信息。再次单击可将其关闭。

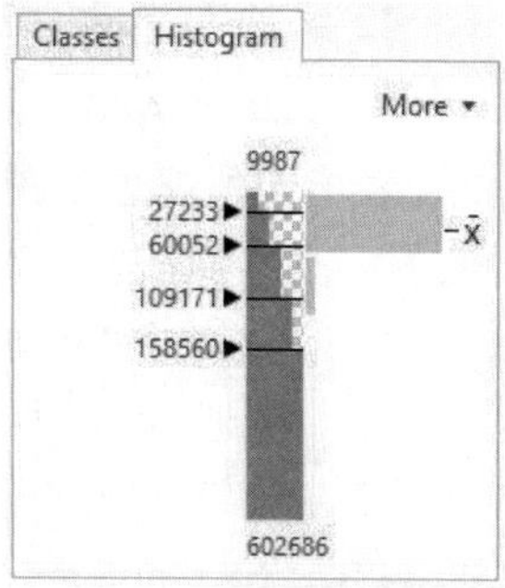

图 2.29　图例直方图视图

来源：Esri

提示： 向上或向下滑动类别分隔线创建手动分类，或单击数字并键入类别分隔值。

这个数据集是偏斜的，有许多小城市和一个非常大的城市。默认的詹克斯法可能是最好的分类选择。不过，根据规模来区分五个类别有点困难，所以我们还是把数量减少到三个。

38→ 设置 Classes（类别）数为 3。

38→ 单击 Template（模板）符号，将颜色设置为浅色，以便在符号重叠时清晰显示。单击 Apply（应用）。返回符号主窗格。

38→ 使用 Advanced symbol options（高级符号选项）面板将标签格式化为带有千位分隔符的三位有效数字，然后返回 Primary symbology（主符号）面板。

我们现在来看看火山的活动情况。

39→ 复制 Volcano Elevation 图层并将其粘贴到 Geography 地图中。将其命名为 *Known Eruptions*（已知喷发）并打开。

39→ 在 Known Eruptions 的 Symbology（符号）窗格中，保留 Graduated Symbols（渐变符号）地图类型，但将 Field（字段）更改为 KNOWN_ERUP。检查类别值。

–999 值是表示缺失值的标志，它们会扰乱分类统计。我们可以指定从分类中排除的值。

40→ 打开 Advanced symbol options（高级符号选项）面板，展开 Data Exclusion（数据排除）条目。

40→ 单击 Add Clause（添加子句）并输入以下表达式：KNOWN_ERUP is Less Than 0，单击 Apply（应用）。

要看到区别，请以某种方式重置符号。

41→ 返回 Primary symbology（主符号）面板。将分类方法设置为 Defined Interval（定义间隔），并将 Interval Size（间隔大小）设置为 3。

41→ 在 Label（标签栏）中，将<excluded>标签更改为 *No Info*。

41→ 在 Contents 中查看地图和图例。

排除法的另一种方法是创建一个新图层，只显示感兴趣的要素，例如只显示至少有一次已知喷发的活火山。

42→ 点击 **Analysis：Geoprocessing：Tools**，打开 Geoprocessing（地理处理）窗格。

42→ 搜索 Make Feature Layer（创建要素图层）工具并打开。

42→ 将 Input Features（输入要素）设置为 *Volcano Elevation* 图层。

42→ 将 Output Layer（输出图层）命名为 *Active Volcanoes*（活火山）。

42→ 单击 Add Clause（添加子句）并输入表达式：KNOWN_ERUP is Greater Than 0。

表格的外观也是图层属性的一部分。让我们关闭一些字段，以便更好地关注感兴趣的字段。请记住，这些更改只是图层属性的一部分，并不会修改源数据。

43→ 在 Field Info（字段信息）部分，取消选中 NAME、TYPE 和 KNOWN_ERUP 以外的所有字段。

43→ 单击 Run（运行）以运行工具。完成后关闭地理处理窗格。

43→ 在 Contents 中，关闭其他火山图层。右键单击 Active Volcanoes 图层，然后选择 Attribute Table（属性表）。

请注意，表格只包含指定的字段，而且只包含至少有一次喷发的火山。现在，在完成火山的绘制之前，让我们来试试无分类地图，它的优点是不需要分类，而且数据视图没有偏差。

44→ 关闭表格。

44→ 在 Contents 中，选择 Active Volcanoes 图层并打开 Symbology（符号）窗格。

44→ 将地图类型设置为 Proportional Symbols（比例符号）。将 Field（字段）设置为 KNOWN_ERUP。

44→ 如果地图符号没有以不同的尺寸显示（可能是软件错误），请将 Unit（单位）更改为 Miles，然后再更改为<Unknown>。

44→ 单击 Template（模板）符号，将其更改为浅色的 Triangle 3 符号。单击 Apply（应用），然后单击返回箭头。

44→ 设置 Maximum size（最大尺寸）为 *40*。

44→ 单击 Classes（类别）选项卡，将 Legend count（图例计数）设置为 3。检查地图。

显示专题栅格

专题栅格描绘了地图数据，如土壤类型、道路、高程或降水量。当前地图上已经有很多图层，因此我们将创建一个新地图进行试验。

45→ 保存项目。

45→ 单击 **Insert**：**Project**：**New Map**，等待新地图打开。

45→ 在 Contents 中，将地图重命名为 *Rasters*。

我们将从数字高程模型（digital elevation model，DEM）开始，这是一种描绘高程表面的栅格。该 DEM 的像素大小为 1 km。

46→ 将 oregondata 地理数据库中的 gtopo1 km 栅格添加到地图中。

46→ 在 Contents 中，双击 gtopo1 km 图层打开其属性。检查 Source（来源）设置。注意高程单位是 m。关闭属性窗口。

46→ 在 Contents 中，右键单击 gtopo1 km 图层并选择 Symbology。

> 5. 高程属于哪种数据类型？可以使用哪种栅格显示方法来显示？

Pro 会根据栅格类型选择初始显示方法。在本例中，它选择了带有灰度色阶的拉伸方法。请注意从 1 m 到 3124 m 的最小和最大高程值。拉伸方法将这些值切成 256 个分区，以便与 256 灰度色阶配合使用。

47→ 在 Rasters 地图视图中，点击栅格查看像素值。

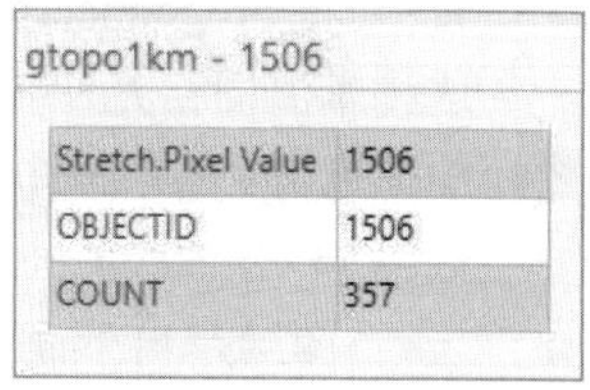
gtopo1km - 1506

Stretch.Pixel Value	1506
OBJECTID	1506
COUNT	357

图 2.30　检查 DEM 中的像素

来源：Esri

图 2.30 显示了点击灰色像素后的结果。像素值为高程，1506 m。OBJECTID 是栅格属性表中包含该值的行。COUNT 字段显示有多少个像素具有该值。

47→ 点击更多像素，选择黑色、白色和灰色像素。完成后关闭信息弹出窗口。

48→ 检查 Symbology（符号）窗格。标准差拉伸使用的是两个标准差。

48→ 将 Stretch type（拉伸类型）更改为 None，然后单击 Apply（应用）。检查地图。

48→ 尝试 Minimum-Maximum（最小–最大）拉伸；然后将 Stretch type（拉伸类型）改回 Standard Deviation（标准差）。

49→ 尝试选择不同的配色方案。

49→ 最后选择图 2.31（Elevation#1）所示的配色方案。

拉伸法使用 256 个等间隔类别。分类显示法可控制类别数量和分类方法。

49→ 将 gtopo1 km 图层重命名为 *Elev-Stretched*。

49→ 复制 Elev-Stretched 图层并粘贴到栅格地图中。重命名新图层为 *Elev- Classified*。

50→ 在 Symbology（符号）窗格的 ElevClassified（高程分类）中，将符号方法更改为 Classify（分类）。找到相同的 Elevation#1 配色方案并将其选中。

50→ 设置 Classes（类别）数为 10。连续数据通常具有潜在的空间模式，因此可以使用更多的类别和颜色。

50→ 在地图窗口中，点击地图查看像素值和类别值（从 0 到 9，而不是 1 到 10）。关闭信息弹出窗口。

这种显示方法允许修改分类参数。分类默认为詹克斯法。不过，高程最好以整数的均匀类别来显示。

51→ 在 ElevClassified（高程分类）图层的 Symbology（符号窗格）中，将 Method（方法）更改为 Defined Interval（定义间隔）。将 Interval size（间隔大小）设置为 200 m。

请注意，现在显示的白色像素已经很少了（图 2.32）。拉伸法和詹克斯法强调高海拔地区。

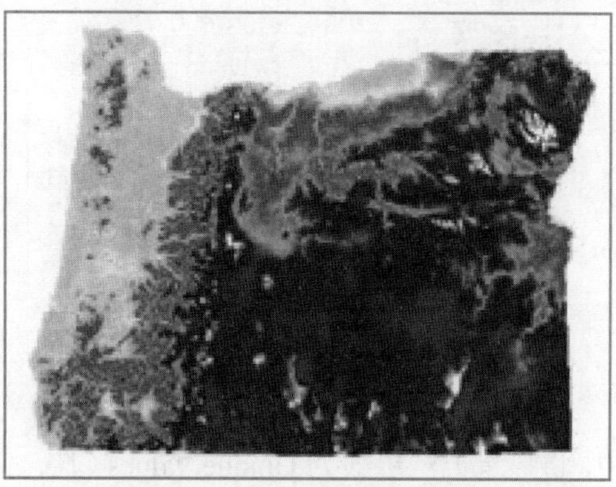

图 2.31　拉伸的高程地形色阶

来源：USGS

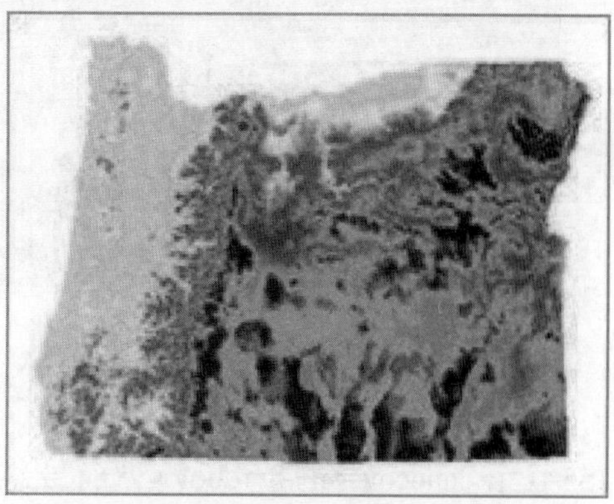

图 2.32　分类的高程地形色阶

来源：USGS

52→ 将 oregondata 地理数据库中的 gtoposhd 栅格添加到地图中。

这种晕渲栅格是从 DEM 中通过模拟照明表面可能出现的情况而得到的，它包含 0～255 之间的亮度值。晕渲栅格提供了直观而详细的地表视图，是透明叠加的有用基础。

52→ 单击 Elev-Classified 图层，将其拖动到 Contents 窗格中 gtoposhd 图层的上方。记住，图层是自下而上绘制的。

52→ 当 Elev-Classified 图层仍然突出显示时，打开 **Raster Layer**：**Appearance** 功能区。在 **Effects**（效果）组中，将 Transparency（透明度）设置为 50%（图 2.33）。

53→ 在 Contents 中，折叠所有图层的图例。

53→ 将 oregondata\slopeclass 栅格添加到地图。该地图显示了低坡、中坡和高坡区域，分别用数值 1、2 和 3 表示。

6. 该栅格包含什么类型的数据？应使用哪种类型的地图来显示？

53→ 在 Symbology（符号）窗格中，将 Color scheme（配色方案）更改为单色色阶。

54→ 将 oregondata\landcover 栅格添加到地图中。

54→ 检查 landcover 的 Symbology（符号）窗格。向下滚动并查看列表中的颜色符号和标签。共有 150 种不同的颜色。

54→ 在地图中，点击不同颜色的 landcover 栅格，查看栖息地代码和名称。完成后关闭弹出窗口。

符号系统默认使用颜色映射法，该方法使用 alpha-红-绿-蓝组合为每个栅格值分配预选颜色。如果栅格文件中包含已存储的颜色映射，那么最初将使用这种显示方法。

在弹出的信息窗口中，第一行显示像素值（图 2.34 中为 57）。第二行包含颜色混合值。栅格表中包含一个名为 HABNAME 的字段，该字段将土地覆被类别分成较少的几类。让我们使用该字段显示土地覆被。

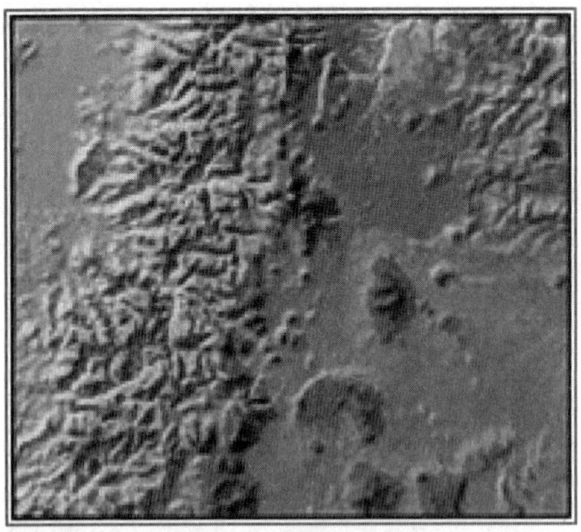

图 2.33　晕渲栅格上显示的透明高程

来源：USGS

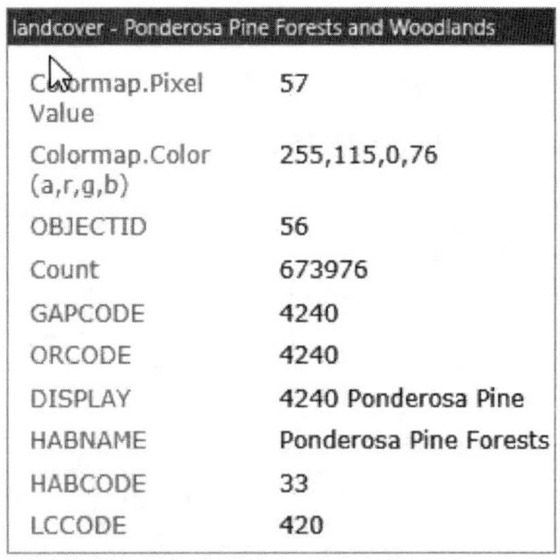

图 2.34　识别土地覆被像素

来源：Esri

55→ 在 landcover 的 Symbology（符号）窗格中，将显示方法更改为 Unique Values（唯一值）。

55→ 将值字段更改为 HABNAME 并选择配色方案。

图像通常使用 RGB 颜色模型，通过照相机或光谱仪测量陆地要素的亮度。

56→ 关闭 Rasters 地图中的所有图层。

56→ 在 Catalog 窗格中，单击 Portal（门户）选项卡并选择 ArcGIS Online 图标。

56→ 在搜索窗口中输入 *USA naip*。按相关性排序，找到标有 USA NAIP Imagery: Natural Color 的图像图层，将其添加到地图上。

56→ 检查 NAIP 图层的 Symbology（符号）窗格，注意其默认值为 RGB 符号方法。Contents（内容）中的图例也显示了 RGB 符号。

通常情况下，图像图层的细节会随着比例尺的增大而增加。根据地图比例尺的不同，可使用比例尺范围显示不同的图像集。

教程到此结束。

→ 保存项目并关闭 ArcGIS Pro。

2.2.2 练习

在本练习中，您将在 OregonMaps 项目中创建四幅新地图，每幅地图都使用不同的主题：火山灾害、农业、房屋和自然地理。使用 oregondata 地理数据库中的数据。使每张地图既美观又清晰。

在火山灾害地图中：

1. 显示各县的人口密度。同时还显示了以蓝色十字标记的医院。

2. 根据 KNOWN_ERUP 字段创建火山的比例符号图。

在农业地图中：

3. 绘制显示农场密度的县地图，标注县名。

4. 绘制地图，按类型（公路、铁路和航空）标示运输路线。

在房屋地图中：

5. 创建一张显示各县房屋空置率的地图。哪个字段最适合对该数据进行归一化处理？标注县名。

6. 显示以人口为符号的主要城市数据集（majcities）。

在自然地理地图中：

7. 添加州边界（statedtl）和县边界，然后添加 ArcGIS Online 的 World Imagery（世界图像）服务。使用空心符号和对比鲜明的轮廓色标注州县边界，使其在图像中清晰显示。

对于所有地图：

8. 检查 Contents（内容）窗格中的图例。确保它们使用了良好的分类方案、四舍五入的标签值以及适当的有效数字或小数位。确保每个图层都有一个信息丰富的大写名称。

9. 为每张地图截图。确保截图包括显示每张地图相应图例的 Contents（内容）窗格。

第3章　展示GIS数据

目标

学完本章后，您将能够

- 使用图形设计原则绘制有效的地图
- 在地图上创建文本和标签
- 创建地图布局和印刷地图

3.1　掌握概念

3.1.1　GIS概念

将空间数据符号化是一种强大的分析技术，但这些信息迟早需要以正式地图的形式与他人共享。每张地图都有制图师设定的目的，而判断一张地图成功与否的标准则是地图是否很好地实现了这一目的。本章介绍了一些基本的地图设计原则，但并不能涵盖制图艺术和科学中的全部概念。参加制图课程或阅读地图或平面设计书籍是提高此类技能的好方法。

地图设计包含六个环节（图3.1），各环节并非简单线性关系。首先要对地图的目标进行构思，而这一构思必须贯穿于每一个步骤：选择数据、排列地图元素、数据符号化、修订草图以及编辑完善地图。每个步骤都必须不断参照主要目标，以确保最终地图以各种可能的方式支持目标。

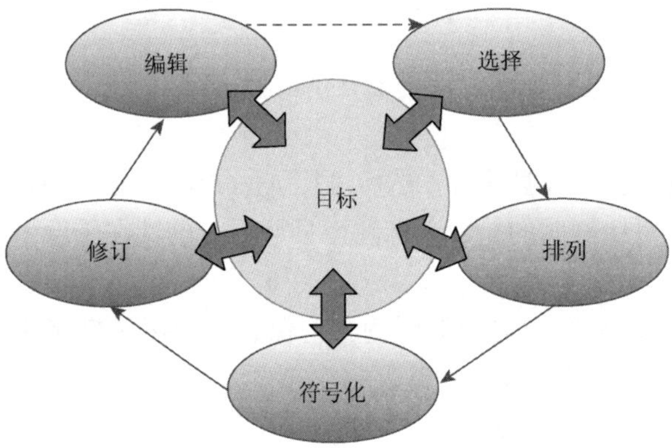

图3.1　地图设计过程——每一步都必须回归地图目标

提示：为了说明这一过程，教程中使用的地图将作为地图设计的示例。请参考这些提示方框，了解设计注意事项。

确定地图目标

为地图制定明确的目标是一个关键的设计步骤，但有时会被忽视。它决定了地图的形式和内容，并提供了修订地图和评估其是否有效的依据。应考虑四个问题：地图的目的、受众、介质和使用条件。

目的和受众

地图具有不同的功能，而功能对设计的所有步骤都有很大影响。因此要回答的第一个问题是：目的是什么？要完整列出每种地图的目的是不可能的，但常见的有以下几种。

- **定位**。有些地图显示的是某个地方或某些感兴趣的地方的位置，例如在街道地图上显示商店的位置或酒店的选择，或许还附有到达那里的路线指示。步行或骑自行车游览图也属于这一类。这类地图只需要感兴趣的地点和带标签的街道矩阵就可以了。
- **导航**。在导航地图中，感兴趣的地点并不是已知的，因此地图上的数据往往更加丰富，以便用户识别和前往不同类型的地点。例如，公路地图集会显示许多城市、连接道路以及公园、河流或山脉等其他景点。
- **汇编**。有些地图收集信息，有时是非常详细和复杂的信息，以满足专家的特定需求，例如地质图、公用设施网络图以及建筑或景观规划图。这些信息将针对手头的任务。
- **令人信服**。许多地图的绘制都是为了表明观点或说明研究结论，例如显示垃圾填埋场的潜在地点、讲述历史战役的故事、为新公园提出论据或确定犯罪热点。这些信息将主要支持所要传达的信息。
- **比较**。有些设计使用多幅地图来比较信息。一幅地图可以显示历史和现代街道地图、人口或气候的十年差异，或不同类型癌症的空间分布。

确定地图目的的一部分工作是确定其目标受众。受众的特征和预期知识水平在很大程度上影响着数据的选择和展示。传统的地质图对专家来说信息丰富，但对普通人来说意义不大。专业人士可能不会欣赏为吸引初级学者而设计的奇思妙想的地图。为退休社区居民制作的地图可能会比通常的地图有更多的文字和符号，以适应视力障碍人士的需要。最好的地图会考虑目标受众的喜好、厌恶、知识和能力，并为他们提供尽可能好的体验。

介质和使用条件

地图的设计要考虑特定的介质。对于纸质地图而言，页面大小和地图比例尺是一个重要问题。地图应按照制作时的尺寸进行设计，缩放通常会带来不必要的人工痕迹或影响艺术平衡。现有打印机的性能（可处理的纸张大小、使用的油墨类型和打印分辨率）也会影响最终产品。如果要制作许多副本，创作者在选择介质、纸张质量以及是否使用彩色时，必须考虑印刷成本。

如今，制图师有了令人兴奋的新介质可供设计：PDF 或演示幻灯片等电子文件、网站、智能手机和平板电脑。电子地图与印刷地图有着不同的要求，也带来了独特的设计挑战。网络地图的作者几乎无法控制产品的大小，它可以显示在宽达数英尺的会议屏幕上，也可以在移动设备上缩小到几英寸。地图在大量内容中争夺注意力，大多数用户如果在一分钟内找不到需要的内容，就会继续浏览。网络地图用户很少会花时间悠闲地浏览复杂的内容。地图必须具有适应性、明显性和吸引力。

网络地图可以是交互式的，这为制图增添了一个令人欢迎的新维度。用户可以缩放、打开或关闭图层、测量对象，甚至执行分析功能比如问路或查看高程剖面图。不过，简洁仍然很重要。把网络地图变成一个有几十个按钮的简易地理信息系统是很诱人的，但最好的办法是设计一个网络地图，让它能很好地显示或做一件事，而不是试图用数据和功能来包装它。

使用条件也可视为介质的一部分。从远处观看的海报比放在桌上的地图需要更大的字体和符号。在昏暗的照明条件下使用的地图应避免使用图像等复杂的背景，并使用比在正常室内光线下观看的地图更大的符号和更好的对比度。为在智能手机上收集室外数据而设计的地图必须使用大符号和强烈的色彩，以应对狭小的屏幕和明亮的阳光。意识到特殊的物理条件后，制图师就能设计出在环境中正常运行的地图。

提示：该教程地图的目的是描绘火山对西北太平洋地区居民的潜在危险。它的受众是普通成年公民，打算用彩色打印在信纸大小的页面上。

选择数据

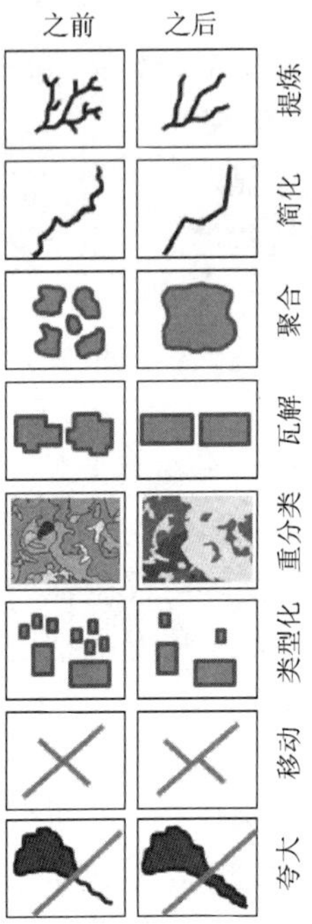

图 3.2 制图综合

一旦地图的目的明确，制图师就会选择地图所包含的数据。把地图想象成讲述一个故事。一个好的故事有推动情节发展的主要角色，也有不能超越主角的次要角色。制图师必须知道哪些数据是主角，哪些图层必须在不干扰的情况下提供支持。

这一过程中的关键术语是选择。地理数据库通常包含大量可以放在地图上的信息，更常见的诀窍是删除不需要的信息。简化是制图的指导原则之一。每项数据都应为地图目标提供支持。

在为地图选择数据时，还应注意潜在的隐私问题或展示某些类型信息可能带来的意外经济后果。例如，在城市地块图层上绘制断层图可能会影响断层附近地块的房产价值。公众可能不知道大多数断层是不活跃的，不会构成威胁。化石遗址或考古发掘的地图必须确保准确无误。化石或人工制品的位置不属于公共领域，以保护它们免遭偷猎。在公共地图上标注私人信息（如地块所有者的姓名）也应谨慎。

地图的比例尺是一个重要的考虑因素，所选的数据层也应适当。粗比例尺数据不应放在大比例尺地图上。有时小比例尺地图需要大比例尺数据，尽管通常必须对个别图层进行某种简化。这一过程称为**制图综合**。通常采用八种不同的方法（图 3.2）。除提炼（使用查询和选择图层来执行）外，大多数方法都需要创建一个新的简化要素类来代替原始要素类。

提示：这些制图综合方法可在 Cartography Tools（制图工具）的工具集中找到。

要在较小的比例尺上显示较大比例尺图层的信息，可以采用以下方法。

- 通过省略某些要素，特别是较小或较详细的要素，来**提炼**（refine）要素类，例如删除高阶溪流，保留主要干流。
- 通过删除顶点**简化**（simplify）直线或多边形，或平滑处理，使其形状不那么细致。
- 将许多小要素**聚合**（aggregate）成较大的要素，例如将许多紧密相连的小湿地多边形变成一个广义的沼泽区。
- 将要素**瓦解**（collapse）成更简单的形式，例如将详细的建筑足迹变成简单的矩形。
- 将一组详细的属性**重分类**（reclassify）为一组更简单的属性，例如将地质构造归类为火成岩、变质岩或沉积岩。

某些类型的更改涉及“伪造”基础空间数据，应尽量少用。地图上的注释应说明这些技术影响了某些图层的位置或形状。

- 使用具有代表性而非实际的要素对要素进行**类型化**（typify）。例如，用数量较少的代表零散房屋的“假”点来代替实际房屋的点标记。
- 稍微**移动**（displace）要素的位置，使它们不会相互重叠。例如，移动一条道路，避免出现与另一条道路交叉的情况。
- **夸大**（exaggerate）要素的重要性，使其更加突出，例如扩大水体的宽度，使其不像一条线。

经纬网和网格

经纬网（graticule grid）在地图上显示经纬度标记［图 3.3（a）］。地图上还经常使用另外两种网格。**测量网格**（measurement grid）显示距离单位，根据地图的 *x-y* 值，用米表示英尺［图 3.3（b）］。这两种网格都有助于定位已知的在印刷地图上的坐标。**参考网格**（reference grid）用字母和数字划出每个网格方格［图 3.3（c）］。参考网格通常与街道索引一起出现在电话簿中，可以在地图的方格内找到街道的位置。

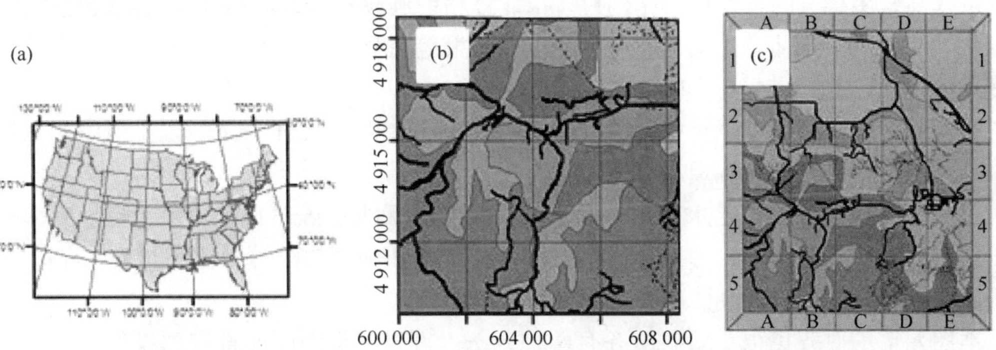

图 3.3　数据框架网格：（a）经纬网；（b）UTM 测量网格；（c）参考网格

（a）来源：Esri；（b）来源：黑山国家森林公园；（c）来源：南达科他州地质调查局

选择地图元素

除地图本身外，地图布局传统上还包含某些**地图元素**（有时称为地图外围）。位置图用于显示主地图的延伸位置，尤其是当主地图不容易被读者识别时；图例解释使用的符号；比例尺表示距离；指北针表示方向；经纬网显示经线或纬线；**图廓线**可用于包围整幅地图或其中的元素组；标题和文字说明地图的内容，并引用了绘制地图所使用的数据；可添加图片或图形来支持故事情节。

通常认为所有地图都必须有标题、图例、比例尺和指北针，但这一规则并不一定正确。有些地图非常简单且符号化程度高，因此不需要图例。正如我们将在第 4 章中看到的那样，比例尺和指北针可能并不适合某些地图，即使正确使用也可能是多余的。例如，描绘美国教师工资的地图就可以省略这两项内容，因为大多数读者已经知道北在哪里，而且距离对地图信息没有影响。最好把这一系列要素看作是工具，而不是规则，只有在它们支持地图目标时才使用它们。

提示：火山灾害地图将聚焦华盛顿州和俄勒冈州区域，采用等距投影方式，比例尺约为 1：4 000 000。火山是地图核心要素；县和首府将描绘人口（人口普查区在此比例下会显得过于详细）；公路需标注来显示逃生路线；河流需标注来显示潜在的火山泥石流风险。

排列地图元素

下一步是决定地图在页面上的排列方式。此时，最好离开电脑，用纸笔画出设计的模拟草图，并决定地图各部分的排列方式，而不是屈从于屏幕上的当前显示。

再把地图比喻成一个故事。一个故事有主要人物、配角以及事件发生的明确路径。在地图中，故事的方向和元素的相对重要性是通过建立**视觉层次**来实现的，视觉层次指的是读者在设计中感知不同对象的顺序。一张好的地图通过使用精心安排的元素和适当的符号，在地图对象中建立起清晰的路径。

平衡各种元素

要使地图具有良好的平衡性和清晰的视觉层次，就要注意几个重要的准则：元素的大小、页面的视觉中心、三分法则、元素的对齐以及负空间的处理。

应考虑地图元素的相对大小，较大的物体自然会引起更多注意。地图的比例尺应尽可能大，以提高地图要素的可读性。比例尺、指北针和图例应不显眼。标题和要点应使用大字体，信息细节应使用小字体。必须考虑观看距离；海报地图至少需要 18 pt 字体，才能在几英尺外舒适地阅读，一般还需要更大的符号。

页面的**视觉中心**比位于正中间的几何中心高出约 5%［图 3.4（a）］。以几何中心为地图中心会使地图显得不平衡和沉重。

三分法则是一种图形艺术原则，用于使设计生动活泼；虽然它主要用于指导摄影构图，但在地图设计中也有帮助。想象一下将页面切成水平和垂直的三等分［图 3.4（b）］。将重要元素放在这些交叉点上，会比放在地图中央更有影响力。

地图元素的对齐也很重要。对齐有两种方法。首先，将地图元素排列成列或行，而不是让它们在页面上到处游荡。其次，确保元素的边缘相互对齐。

粗略的草图有助于评估设计的平衡性和视觉层次。在图 3.4（c）中，灰色方框代表主要地图元素的占位符。请注意，我们设想了两列，一列是左侧的主地图（位于左侧三分线附近的中心位置），另一列是其他元素。所有三个元素的外部边缘在顶部、左侧和右侧完全对齐。

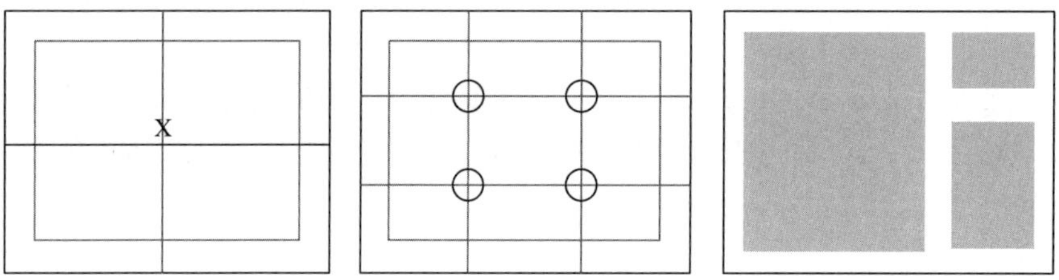

(a)　　(b)　　(c)

图 3.4　平衡元素的方法：（a）将地图放在视觉中心；（b）将重要元素放在这些交叉点上；（c）使用对齐的行和列

视觉中心和三分法则会影响视线路径，因为在其他条件相同的情况下，眼睛通常会首先被这些区域吸引。此外，由于习惯了从左到右的阅读方式，眼睛会倾向于从左到右移动（不过在使用从右到左语言顺序的国家，这种倾向会相反）。好的地图设计会利用这些影响因素，而不是与之背道而驰。在图 3.4（c）中，视线向哪边移动？您可能首先看到了左边的大方块，然后移动到右上方并向下看。将地图、标题和图例分别放在这三个区域，就可以在地图上形成一个合理的流程。

负空间（即页面上的空白区域）的处理比乍看起来更重要。大块不规则的空白区域会让地图看起来不平衡，而太小的空白区域又会使设计显得拥挤。负空间实际上可以作为另一种设计元素，比整齐的线条更巧妙地分隔或组合元素。如果设计者能抵制诱惑，不在每个元素周围都加上方框，那么地图往往会看起来更好。在图 3.4（c）中，负空间起到了分隔三个主要地图元素的作用。页边距是一种重要的负空间。

地图通常显示形状不规则的地理区域，这就需要创造性地实现平衡。想象一下将加利福尼亚州置于图 3.5 所示的布局中，地图区域相对较小，限制了要素的比例和可读性。此外，该州的形状在地图框架内形成了不规则的负空间。图 3.5 显示了基于纵向布局的三种备选处理方法，可最大限度地扩大比例尺。非地图元素被放置在地图框架内（这种空间解决方案对于初学地图设计的人来说可能不会想到，但却非常有效）。快速浏览一下每种设计，哪个看起来最平衡？

图 3.5（a）忽略了视觉中心，将加利福尼亚州放在靠近底部的位置，给人一种沉重的感觉，再加上两个图块来填补负空间，这种感觉就更加强烈了。在这种布局中，视觉中心是空白的。上部元素首先吸引视线，然后迫使视线左移到地图上、忽略从左到右的偏好。地图的某些部分显得拥挤，其他部分则空空如也。边缘没有对齐，整齐的线条挤满了地图。

在图 3.5（b）中，虽然负空间更加均衡，但该州的位置过高，边缘不规则，元素排列杂乱无章。元素在一些地方挤了该州，而在另一些地方则留下了空地。人们的视线首先被地图吸引，并从左到右穿过地图，这很好，但随后就不知道下一步该看什么了。

图 3.5（c）是目前最好的排列方式。在这种情况下，元素的占位符被重新塑造，以呼应该州的形状，这就在加利福尼亚州周围留下了不间断的负空间，吸引了人们的注意力。该州的南北两部分大致位于三分法则所倡导的目标区域内，鼓励人们从左到右扫视全州。所有元素的外部边缘都落在数据框的边界上，巧妙地将地图包围起来，使整齐的线条得以去除。

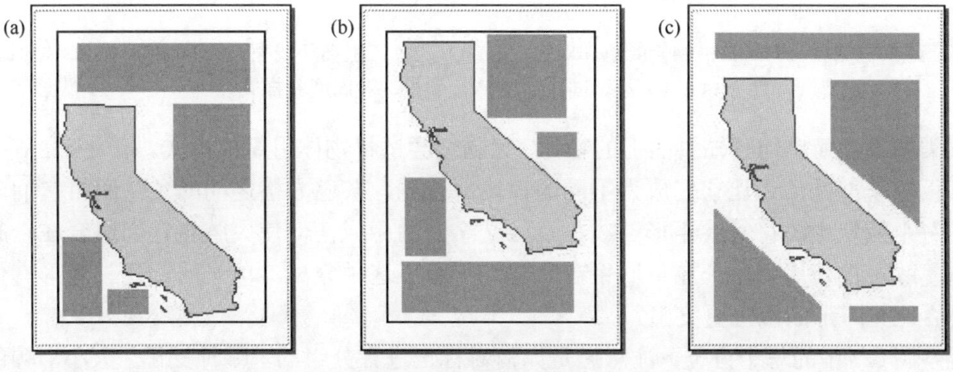

图 3.5　管理布局中的视觉平衡和负空间

> **提示：**在教程地图中，华盛顿州和俄勒冈州形成了一个几乎没有负空间的长方形，因此辅助元素可以放在数据框之外。地图可以放在左边，首先吸引眼球。辅助元素包括位置图、图例以及一些标题和辅助文字。如果读者希望估算从火山到脆弱人群的距离，将使用比例尺。

数据符号化

将布局中的要素符号化会对最终效果产生巨大影响。第 2 章介绍了通过改变形状、大小、粗细、线型、字体和颜色来处理符号的方法。同时还讨论了不同数据类型的最佳颜色选择、色盲等问题的处理，以及利用惯例和内涵来加强地图解释。所有这些原则依然重要，但在版面设计中，我们还必须考虑多图层之间符号的相互作用。符号化是一种强大的工具，可以通过颜色、对比度、前景/背景关系、大小、符号类型、图案和品牌来处理布局中的视觉层次。

颜色是地图中影响最大的因素之一。深色、饱和度高的颜色会吸引注意力，有助于标明地图的重点，应少用。柔和的颜色非常适合辅助图层。颜色还可用于对要素或地图元素进行分组——用相似颜色显示的对象会让人觉得它们彼此相属。

颜色的另一个重要方面是**对比度**，即色调、明度或饱和度截然不同的颜色并置。请看图 3.6（a）：您看到了几个正方形？您是否忽略了包围着四个明显方格的第五个方格？深色方格突出并占据**前景**，而灰色方格则逐渐消失在**背景**中。这种效果是通过颜色的饱和度和明度，甚至是颜色之间的对比来实现的。蓝色突出而轮廓线则加强了对比，尤其是橙色的轮廓线，与内部的橙色和外部的灰色形成鲜明对比。视觉层次促使视线从右下方开始顺时针方向移动。

图 3.6（b）重复了颜色和对比度的影响，深蓝色线条比灰色线条更突出。线条粗细和符号样式也会影响层次结构，较粗和较连续的线条会优先于较细或不连续的线条（粗的灰色线条和细的蓝色线条哪个更突出？）。在图 3.6（c）中，尺寸的附加属性也有变化；越大的东西越受关注。文本符号除了大小和颜色外，还有字体和样式，以便在层次结构中排列[图 3.6（d）]。

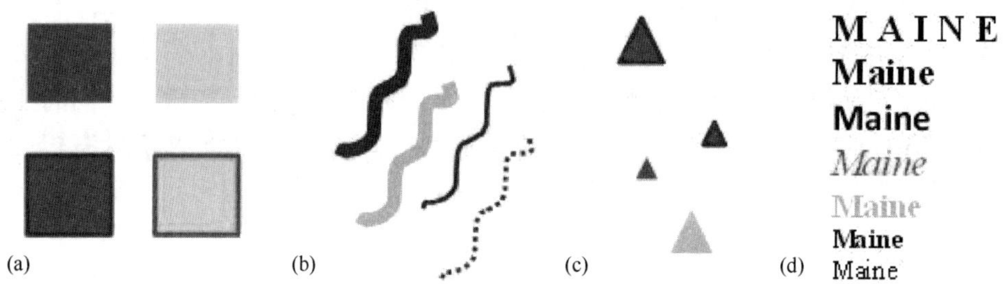

图 3.6　建立视觉层次的工具：（a）颜色和对比度；（b）颜色、粗细和线型；（c）颜色、大小和对比度；（d）大小、间距、字体、颜色、对比度和样式

人类并不是简单地感知页面上的物体，大脑会尝试将物体组织成模式。请看图 3.6 中的四个不同板块——是什么让它们成为不同的板块？首先，灰色方格之间的负空间将它们分开。其次，每个板块中的符号（矩形、线、点、文字）的相似性促使大脑将它们组合在一起。然而，重复颜色的使用将整个图形联系在一起，平衡了这种分离。单一的紫色三角形有什么效果？是否比正方形的橙色更突出？

观察图 3.7 中的每个方框，注意您是如何对标记进行分组的。哪种变化（大小、颜色或形状）使点最容易分组？哪一组更容易分开？哪些标记强调这些点属于一个地图图层？在评估图层符号时，注意您是如何尝试将对象分组或分离的，并利用这些效果来帮助支持视觉层次。

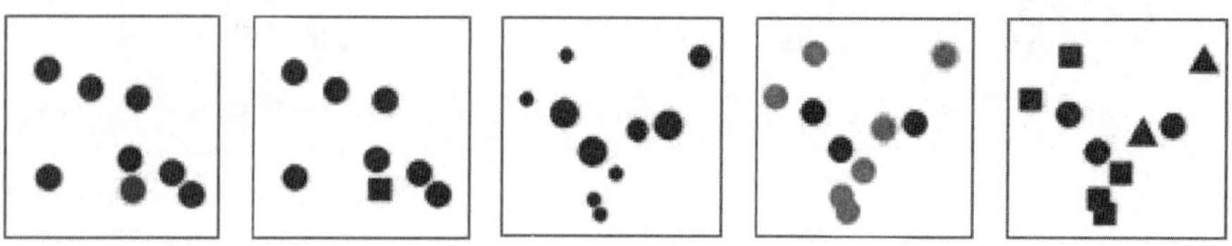

图 3.7　图案中的大小、颜色和形状

地图中的符号应将重要的元素放在前景，而将不太重要的要素放在背景。例如，某世界地图没有明确的层次结构，海洋和经纬网与国家人口一样引人注目。三处细微的调整使层次结构更加清晰：①海洋以浅蓝色显示，使其退居背景；②经纬网以浅灰色显示，降低对比度；③经纬网置于国家之后，使其进一步成为背景元素。

当然，当涉及许多图层（和文本）时，建立层次结构就比较困难了。当对如何处理图层有疑问时，应始终回到地图的目标，并询问该图层扮演什么角色——是否应强调、淡化甚至删除该图层，以更好地实现地图目标？检查不同的 ArcGIS Online 底图，研究它们是如何实现视觉层次的。Terrain With Labels（带标签的地形）底图是一个很好的例子，它既能区分多个背景图层，又不会淹没放置在前景的用户数据（图 3.8）。

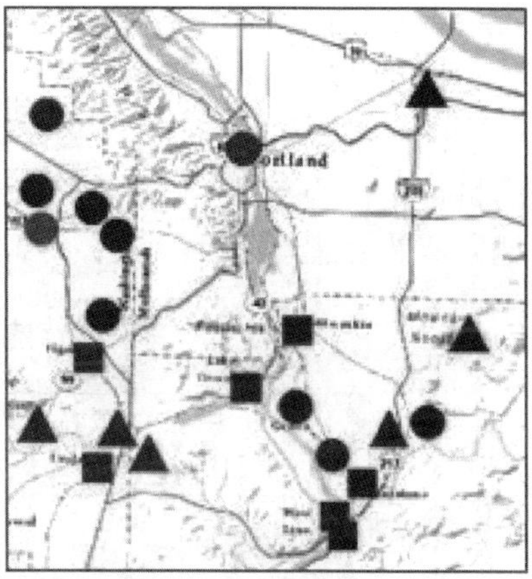

图 3.8　底图是背景设计的缩影

来源：Esri

选择地图符号的另一个因素是希望打造**品牌**。一个机构可能希望通过统一使用某些颜色、字体、标记符号、线型或图像，使其所有出版物的地图具有某种外观或感觉。要选择符合这些要求的符号并不难。有关品牌的示例，请查看 ArcGIS Online 中的 National Geographic（国家地理）底图。国家地理的读者会在这幅地图中找到经典的设计元素。

> **提示**：在教程地图中，火山和人口信息最为重要，其次是交通。各县的人口将占地图面积的最大部分，并将以深浅不同的橙色表示，其他颜色的选择将形成适当的对比。

修订草图

修订步骤不能省略，就像学生不能忽视研究论文的校对一样，然后再上交。然而，我们要找的不仅仅是排版或语法错误。我们必须再次回到地图的目标，评估地图在讲述故事方面的成功程度。

作者的首次修订

运用本章的原则，从自己的复习开始。是否容易确定地图的内容？地图是否平衡？前景和背景是否清晰？视线是首先投向更重要的元素，还是到处乱转，不知道该关注什么？符号是否清楚地表达了信息？颜色和排列是否令人愉悦？即使在整个设计过程中都遵循了良好的原则，我们仍然必须评估这些原则是否能够相互配合。

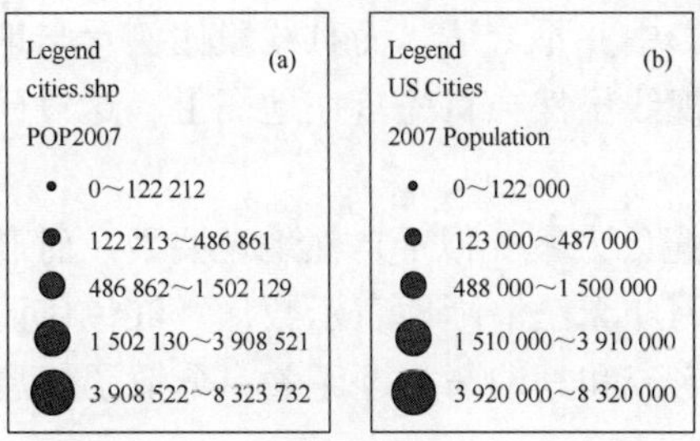

图 3.9　（a）较差的图例；（b）较好的图例

来源：Esri

不要忽视细节。确保页边距足以满足所用打印机的要求。检查拼写和语法错误。评估图例是否有常见错误，如使用文件名而非实词、使用不恰当的有效数字或让整齐的线条挤占了文字（图 3.9）。许多制图师认为标题“Legend”（图例）是多余的，不愿意在地图上看到它。

注意所有出版物中的有效数字。过多的数字不仅会使类型难以解读（图 3.9），而且宣称有人不理解数据。例如，人口始终是一个估算值，将其精确到最后一位（或者更糟糕的是，用小数表示）是荒谬的。分类法已经将数据归纳为一小部分，成百上千的变化没有什么区别。

不要认为每个图层都需要放在图例中。如果一组要素是所有地图查看者都熟悉的（如美国地图上的州界），或者从地图的标题或目的来看非常明显（城市步行游览地图上标注的路径），可以考虑不将其放在图例中。再考虑一下这些底图——它们一般都没有图例，但大多数查看者都不难认出所显示的内容（图 3.8）。

让我们看看作者是如何对地图进行初步修订的。图 3.10（a）显示的是基于软件默认设置的草图（希望草图能比这个更好，但遗憾的是，笔者曾见过类似的学生作业地图）。假设地图的目标是传达家庭人口多于一般家庭人口的地区，请盖上右边的地图，找出草图可以改进的地方，然后继续阅读。

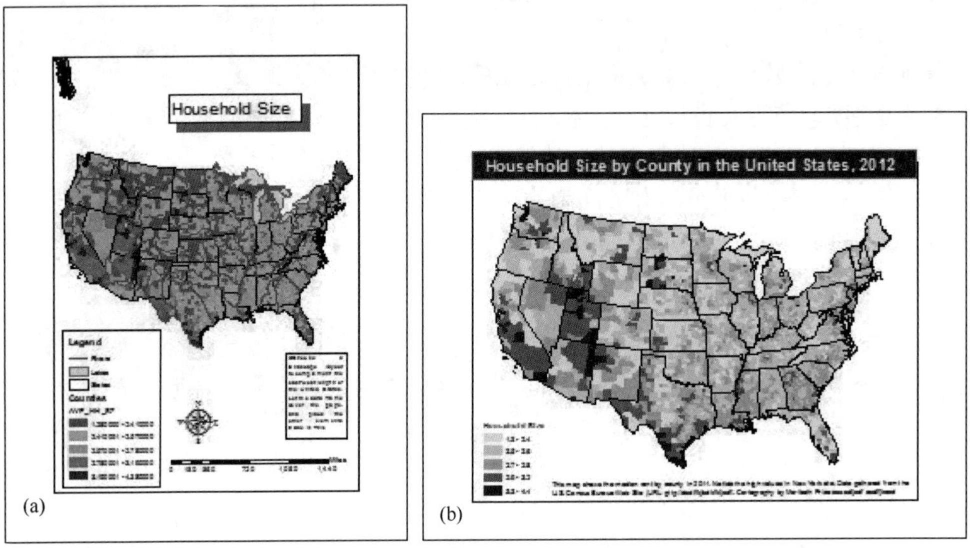

图 3.10　完善草图布局：（a）原始草图；（b）修订布局

来源：Esri

首先评估平衡。地图被放置在视觉中心附近，但其他一切都安排得不好。这些元素拥挤在底部，在上方留下了一个很大的负空间，阿拉斯加从那里垂下来，既不在地图内，也不在地图外。制图师试图用方框和标题周围的阴影来填补这个空间，但这种取巧方案反而显得花哨。与地图相比，图例很大，包含了太多的重要数字。图例和文本框周围的整齐线条分散了地图的注意力。比例尺和指北针过大，指北针在圆锥投影中并不合适，而且线段比例尺与地图目标无关。要素边缘没有对齐，视觉路径也不清晰。视线虽然会首先落在地图上（这没问题），但随后它往往会在其他元素之间跳来跳去。

图 3.10（a）中的符号化也没有效果。该地图使用的配色方案类似于自然地理要素，而非人文要素，而且由于它是基于色调而非饱和度或明度，因此无法清晰地表示数量。红色色调让人注意到视觉层次中的低价值——与地图目标相反。河流和湖泊与主题无关，分散了信息的注意力。

右侧的修订版似乎是另一幅地图［图 3.10（b）］。横向更符合美国的形状，支持更大的地图比例尺，提高了可读性。配色方案显示了数量，并使用饱和度高的颜色吸引人们注意高数值。删除了无关的湖泊和河流。图例已缩减为需要解释的单一图层，重要数字已更正，多余的“Legend”（图例）标题已删除。地图区域对大多数读者来说都很熟悉，因此比例尺和指北针是多余的，已被删除。图例和文字周围令人分心的整齐线不见了，文字被安排在下方图廓。新的颜色和扩大的宽度使标题看起来像是地图的一部分，而不是漫无目的地漂浮在地图上方，视觉层次简单明了。请注意，去掉地图中的元素后，地图的重点和可读性都得到了提高。

外部修订

同样重要的是，让其他人审阅地图，以确保读者清楚地了解作者想要传达的信息。这些审图者不一定是专家，事实上，如果地图是为普通读者设计的，那么这些人就是应该审图的人。

版面设计给人的第一印象极为重要。地图不仅仅是像电子表格那样理性、逻辑性强的文件，它还能产生情感上的影响，因此作者必须知道地图会引起目标受众什么样的情感共鸣。首先，给审图者 3～4 s 的时间看地图，然后把地图拿开并询问：您首先注意到的是什么？总体印象是积极的还是消极的？是什么让您有这种感觉？

让他们再看几分钟地图。然后问他们认为地图是关于什么的，告诉了他们什么。询问地图中是否有任何部分令人困惑或过于复杂。这些反馈意见将帮助您评估地图是否达到了目的。此时，如果审图者是知识渊博的用户，具有制图学或对应领域的背景，还可以获得对设计更详细的反馈。

请记住，在特定情况下，设计原则有时会相互冲突，必须根据哪条准则能最好地实现地图目标来做出选择。有时，地图作者为了达到某种特定的效果，可能会故意打破某个准则，就像有些小说家有时会使用句子片段一样。但一定要有充分的理由，而不是因为无知或懒惰。还应该记住，地图没有正确与否之分，就像小说或绘画一样。但是，有些地图比其他地图更好。在审阅地图和考虑实现地图目标的替代策略时，要不断地问：“这样做会使地图更好吗？”

观察别人的地图是成为一名更好的制图师的好方法。看几秒钟，对地图进行第一印象测试。注意哪些地方比较突出，第一印象是积极的还是消极的，并分析为什么会有这种感觉。练习分析地图的视觉路径，以及如何实现（或忽略）视觉路径。然后评估地图的平衡和符号。哪些效果好？哪些不好？如何改进？注意在自己的地图中加入有效的技巧。

提示：作为教程的一部分，我们将查看 Volcanic Hazards（火山灾害）地图。

编辑完善地图

修订步骤通常会突出一些需要修改的地方。有时只是一些小的修改，但有时可能需要回到选择、排列或符号化步骤，进行更大幅度的重新设计。无论如何，编辑时都要牢记一些原则。

聚焦。确保设计的每个部分都能以最清晰的方式实现地图目标。包含实现地图目的所需的最少图层和元素。您会惊讶地发现，去掉一个图层或重新划分一个复杂的符号方案，往往能改善地图的效果。

简化。许多地图过于复杂，文字、符号或字体种类过多。虽然软件提供了默认的图廓线、填充颜色和阴影，但这并不意味着它们总是好主意——它们应该有一定的作用，例如用中性背景将线段比例尺与后面的地图区分开来。请记住，负空间通常是分隔或组合地图元素的好方法。远离复杂的卡通符号——它们可能在网络地图上很流行，但会妨碍解释。地图上的杂乱信息越少，所要传达的信息就越清晰。

实验。如果设计看起来效果不佳，那就尝试调整。用新的名称保存一份地图副本，然后大胆尝试，比如改变页面方向，完全重新排列元素。重新思考，重新符号化。这就是电脑制图的魅力所在——尝试不同的东西很容易，而且没有风险。

测试。在宣布地图完成之前，请在实际使用条件下进行测试。对于纸质地图，请在用于制作的同一台打印机上打印测试副本。屏幕上的颜色可能与打印出来的颜色有很大差异，可能需要调整才能产生所需的效果。边距可能会偏移，导致地图在页面上不居中。如果是海报，请将其打印成全尺寸并挂在墙上，然后退后一步，确保在 2 m 的观看距离内排列和字体效果良好。如果是网络地图，请在多个电脑、平板电脑和智能手机展示，以确保它适用于所有可能观看的媒体。

3.1.2　关于 ArcGIS

ArcGIS 中的地图

ArcGIS 提供了一个制图环境，其范围从为报告创建简单地图到为商业印刷准备成套地图。本章介绍了创建可直接打印的地图的基本步骤，但读者应了解还有许多高级制图工具以及用于开发图形和数据库报告打印输出的工具，尽管此处未涉及这些工具，但帮助文件中提供了更多相关信息。

在 ArcGIS 中，用于打印或分发的一张或多张地图的排列方式称为**布局**（layout）。ArcGIS Pro 中的版面设计模式通过整合地图元素（如图例、指北针、比例尺、文本等）为地图设计提供了便利。图 3.11 显示了说明俄勒冈州火山口湖地质情况的基本布局。它包括主图、显示俄勒冈州火山口湖位置的位置图、图例、比例尺和指北针。像这样简单的版面设计可以在 15 min 内完成，也可以花费数小时或数周的时间绘制包含许多地图和元素的复杂而详细的版面设计。

提示：本章使用的术语非常具体。请务必理解地图（或项目地图）、地图框架、布局和布局文件定义的不同之处。

地图（或项目地图）是项目中数据集的容器，您已经广泛使用过它们。布局包含一个项目中的一个或多个地图。布局包含**地图框架**（map frames），这些框架来自项目地图，并包含相同的信息。图 3.11 所示的布局包含两个地图框架：显示火山口湖地质情况的主框架和显示火山口湖在俄勒冈州位置的位置图。每个地图框架都指向一个项目地图。关闭或打开项目地图中的数据会影响其在所有视图中的显示效果，包括布局中的地图框架。

一个项目可以包含多个布局，将项目中的不同地图组整合在一起。布局也可以作为**布局文件**（.pagx）保存在项目之外，该文件可用于重新创建设计，或为组织的地图提供统一的格式和品牌。还可以创建地图集，将地图设计样本应用到覆盖更大区域的多个图块上，并使用所谓地图系列要素为每个地图自动生成地图范围、图例、标题和其他方面的内容。

确定地图比例尺

GIS 空间数据一经在计算机屏幕上绘制、打印在纸上或保存在 PDF 文件中，就会获得一个比例尺。创建任何布局的第一步通常是定义布局页面的大小，这将受到可用打印机的纸张规格的影响。页面尺寸设置完成后，地图框架将被安排在布局页面上，用户必须决定在每个地图框架内显示多少地图数据。**地图范围**定义为显示的 *x-y* 值范围在地图框架中。放大可缩小地图范围，缩小可放大地图范围。打印比例尺由地图范围和纸张上地图框的大小决定。

图 3.11　火山口湖地图布局

来源：USGS/Esri

地图框架中显示的数据与项目地图相关联，但两者的地图范围是独立的。地图框架的地图范围由布局设置，即使用户打开项目地图并缩放至不同范围，该范围也会保持不变。该软件的这一功能允许用户缩放和操作项目地图，而不会影响任何布局的范围。与项目地图一样，地图框架的视图可以连接起来，以显示相同的范围和比例。

默认情况下，地图范围可以在地图框架内通过缩放或平移进行修改，但用户可以设置可选的限制条件，以防止在地图框架内对某些地图范围进行导航操作。例如，如果设计一个以 1∶24 000 等特定比例尺显示信息的布局，作者可以禁用缩放功能，使比例尺保持固定，防止任何人意外更改地图设计。可以为地图框架分配以下类型的限制（图 3.12）。

固定范围是指设置精确的范围（或三维场景中摄像机的位置）。地图框架可以调整大小，但必须符合相同的纵横比。所有导航功能都被禁用。范围可设置为图框的当前范围、图框中一个或多个图层的范围，或根据指定坐标导出的矩形范围。

固定中心是指固定视图的中心点，允许围绕地图范围的中心点进行缩放和旋转（3D）。平移功能被禁用。

固定中心和比例尺是指固定视图的中心点以及地图框架的比例尺。缩放和平移均被禁用，但

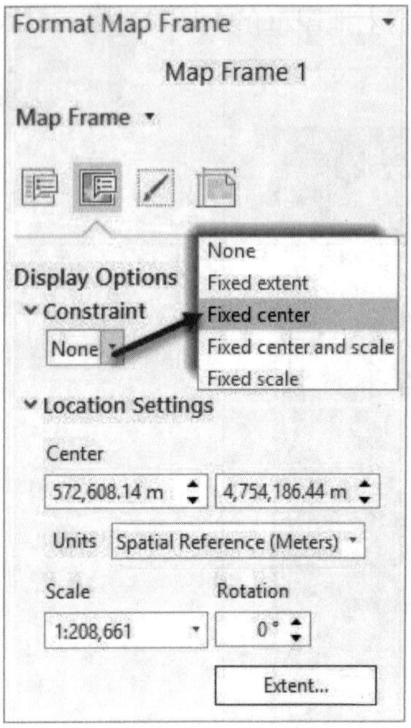

图 3.12 地图框架的缩放选项

来源：Esri

允许旋转。该选项与扩展类似，但它允许将地图框架本身调整为不同的纵横比。

固定比例尺是指将地图比例尺固定为特定值，如 1∶24 000。框架可以调整大小，这将增加地图显示的地理区域。缩放被禁用，但允许平移。

旋转可以改变地图的角度，单位为度。

设置比例尺

有些地图应包含比例尺或比例尺说明（如“地图比例尺为 1∶62 500”）。ArcGIS Pro 可自动构建合适的比例尺并在地图比例尺发生变化时调整其大小。用户必须设置几个选项，这需要一定的术语知识。

比例尺刻度将比例尺划分为若干部分。图 3.13 中的比例尺划分为 4 段。第 1 段可以再细分，产生所谓的**分刻度**。这个比例尺也有 4 个分刻度。**刻度单位**是用于划分比例尺的度量单位（本例中为英里）。**刻度值**是每个刻度的长度，用刻度单位表示。该比例尺的刻度值为 0.5 英里。刻度值应使用四舍五入、易于分割的数字表示，以便于估算距离。刻度单位、地图比例尺、刻度大小和比例尺的长度是相互关联的。缩放会改变地图比例尺，同时也要求比例尺发生变化。有三个选项可以控制比例尺如何响应地图比例尺的变化。

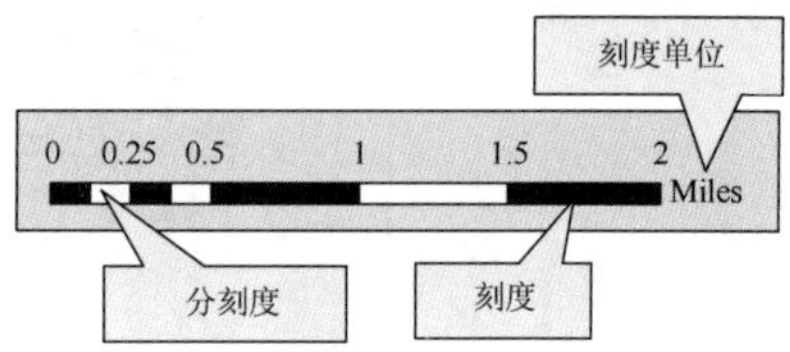

图 3.13 比例尺术语

调整宽度可保持刻度大小和刻度数量不变。如果地图比例尺发生变化，整个比例尺就会变大或变小。这种方法可以使刻度的数字保持四舍五入，但如果比例尺变化很大，可能会导致比例尺过小或过大，令人无法接受。

调整刻度值可使比例尺在页面上保持大致相同的长度和刻度数量，但会改变刻度的大小。如果地图比例尺发生变化，图 3.13 中的比例尺刻度大小可能会变为 0.4 英里或 0.6 英里等不太理想的间隔。该选项保留了比例尺的宽度，但可能会导致刻度大小和标签不合适。

调整刻度数使刻度值保持不变，并在比例尺发生变化时增加或减少整除。对于比例尺的微小变化，比例尺的大小将略有增减。如果变化很大，比例尺的大小将保持不变，但刻度值可能会增加或减少。例如，图 3.13 中的比例尺可能变为 1 英里长或 3 英里长，但刻度值仍为 0.5。

标签、文本和注释

ArcGIS 提供了多种在地图上放置文本的方法。您已经学习了如何创建动态标签，动态标签源于要素属性并一次性应用于整个图层。图形文本用于手动放置一些标签。注释用于精确控制标签。我们将简要总结每种类型的主要特点。

图形文本项由用户一次创建一个。我们提供了不同的工具来创建标准文本、折线文本、注释文本或多行文本，或使用要素属性表中的值来标注要素（图 3.14）。所有图形文本在地图上都是简单的图形元素。项目会保留在其放置的位置，但在需要许多标签时，创建起来会很烦琐。图形文本只能放置在布局中，而不能放置在项目地图中。

动态标签由属性创建，每次用户更改地图视图时都会重新绘制。可以根据需要打开或关闭。动态标签使用一种省略重叠标签的放置算法，即标签引擎。默认情况下，ArcGIS Pro 使用高级 Maplex 标签引擎，允许用户设置有关放置的规则。这些规则管理三个标签问题：①位置，即定义标签相对于其要素的允许或首选位置；②贴合策略，即允许对标签位置进行更改的类型，以便在拥挤的区域中贴合更多标签；③冲突解决，定义在发生标签冲突时哪个标签更重要。引擎会尽量在用户设定的范围内放置尽可能多的标签。根据缩放比例和标签大小的不同，显示的标签也会不同。

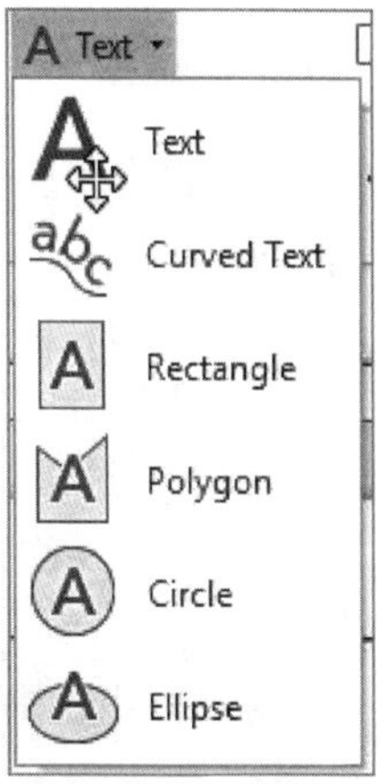

图 3.14　创建图形文本的工具

来源：Esri

由于标签每次都会重新绘制，因此打印带有动态标签的地图可能会带来惊喜。屏幕上显示的内容不一定会以相同的方式出现在打印的地图上。在很多情况下，多几个或少几个标签并不重要。但是，如果需要，将标签转换为注释就可以更好地控制标签的位置。

注释指的是单独存储为要素的标签，这样每个标签都可以独立放置和修改，从而实现最大程度的控制。注释通常由动态标签创建，然后保存在地理数据库中，这样就可以在许多地图中重复使用。

参考比例尺

创建标签和注释时，会以点为单位分配大小。对于给定的地图，文本相对于要素［如图 3.15（a）中所示的县］的大小由文本点大小和当前地图比例尺决定。但是如果比例尺发生变化会怎样呢？默认情况下，当用户放大或缩小地图时，标签（和符号）的大小保持不变［图 3.15（b）］；无论地图比例尺如何变化，12 pt 的文本仍然是 12 pt 的文本。

如果用户设置了**参考比例尺**（项目地图的一个属性），这种行为就会改变。参考比例尺是标签和符号以指定大小显示的比例尺。如果用户在比例尺为 1∶100 000 的地图上放置 12 pt 的标签，那么只要地图比例尺保持为 1∶100 000，标签就只能显示 12 pt 的大小。如果用户将地图放大，标签和符号的尺寸就会缩小。如果用户放大，它们的尺寸就会增大［图 3.15（c）］。

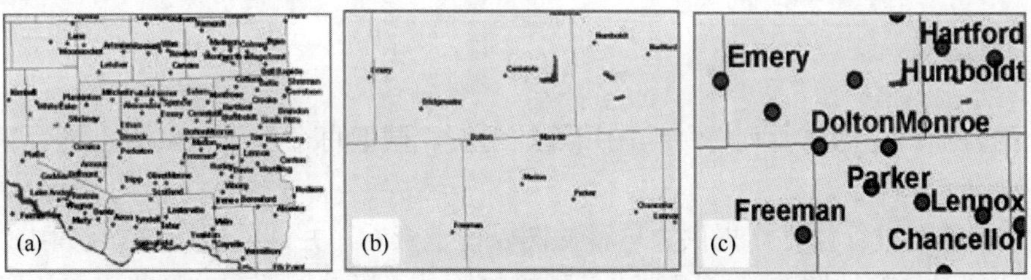

参考比例尺的标签　　未设参考比例尺的放大　　设定参考比例尺的放大

图 3.15　（a）文字和符号显示在参考比例尺上的指定大小；（b）如果未设置参考比例尺，符号将始终显示为相同大小；（c）如果设置了参考比例尺，则放大或缩小都会改变文本和符号的大小

来源：Esri

提示：请务必理解地图比例尺、参考比例尺和可见比例尺范围等术语之间的区别。地图比例尺决定了地图上的要素与地面上的要素的比例；参考比例尺是符号和文字以指定尺寸显示的比例尺；可见比例尺范围决定了图层显示的比例尺范围。

3.1.3　摘要

- 设计地图包括六个相互关联的步骤：确定地图目标、选择数据、排列地图元素、数据符号化、修订草图以及编辑完善地图。
- 地图有多种用途，每种用途都会影响地图的内容、介质、目标受众和使用条件。
- 所包含的每一组数据都应服务于地图的目的，并与地图比例尺相适应。可以通过制图综合来简化过于详细的图层。
- 视觉层次是指读者对设计中不同对象的感知顺序，它是通过地图元素的排列和符号化来实现的。
- 地图元素的均衡排列使用大小、视觉中心、三分法则、对齐和负空间来建立地图的视觉路径。
- 符号化通过大小、颜色、对比度、前景和背景关系、字体、符号样式和图案来影响视觉层次。
- 地图应由作者和其他人审阅，以确保其符合目标，没有任何错误。第一印象很重要。
- 在编辑完善地图时，要努力集中信息，简化表述。一定要在实际使用条件下测试地图。
- 有三种类型的标签可供选择。图形文本标签可单独放置在布局上。动态标签可一次为整个图层自动生成。注释的控制能力最强，它由动态标签创建并存储在地理数据库中。

重要术语

注释	刻度值	地图	参考网格
背景	动态标签	地图元素	参考比例尺
品牌	前景	地图范围	三分法则
制图综合	图形文本	地图框架	分刻度
对比度	经纬网	测量网格	视觉中心
刻度	布局	图廓线	视觉层次
刻度单位	布局文件	负空间	

3.1.4　复习题

1. 上网查找第一部分所列每种地图用途的示例。**截取**每个例子的截图，然后解释为什么选择它作为一个好例子。

再找一张地图进行修订，提供大屏幕截图以便于查看，并回答以下有关该地图的问题。

2. 描述您对这幅地图的第一印象，是积极的还是消极的？地图的哪些方面让您产生了这种反应？
3. 说明地图目标，并解释每个图层如何支持或不支持该目标。是否所有图层都有必要，还是可以省略某些图层？
4. 描述您在这幅地图中看到（或看不到）的视觉层次，并解释它是如何产生（或被忽视）的。
5. 评论这幅地图的平衡和对齐情况，并描述它如何很好地利用负空间。
6. 评论该地图所使用的符号，并描述这些符号是如何支持或削弱地图目标的。
7. 评论地图的图例（如果有的话）。

8. 简化这幅地图能否完善它？请列出方法，或解释为什么没有。

有关制图的其他阅读材料

MacEachren，Alan M. 1995. How Maps Work：Representation，Visualization，and Design. New York：The Guilford Press.

Monmonier，Mark. 1996. How to Lie with Maps. Chicago：The University of Chicago Press. Second edition. First published 1991.

Robinson，Arthur H.，Joel L. Morrison，Phillip C. Muehrcke，A. Jon Kimerling，and Stephen C. Guptill. 1995. Elements of Cartography. New York：John Wiley & Sons. Sixth edition. First published in 1953.

扩展知识

通过阅读帮助文档中的这些部分来扩展您的 ArcGIS Pro 知识。使用浏览路径记录导航到每个主题，或搜索章节标题中的关键术语来查找。

Help>Layouts（全部）

3.2 掌握技能

3.2.1 教程

以下示例提供了在 ArcGIS 中执行任务和解决问题的分步说明。您需要执行的步骤用箭头“→”标出；请仔细按照这些步骤操作。

→ 启动 ArcGIS Pro 并打开 gisclass\ClassProjects 文件夹中的 PacificNorthwestHazards 项目。

→ 记得经常保存项目。

设置地图页面

该项目地图显示了华盛顿州和俄勒冈州的火山灾害。在设计版面之前，我们应该确定页面大小和方向。这幅地图若放在研究论文中，则最好使用信纸大小的页面。

1→ 单击 **Insert：Project：New Layout** 下拉选择 ANSI Landscape Letter 8.5 × 11 模板（第二行第一个图标）。空白的布局视图就会打开。

1→ 在 Contents 中，将布局名称更改为 *Hazards Layout*。

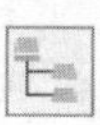

1→ 在布局视图中，Contents 窗格有不同的面板图标。将鼠标悬停在每个图标上可查看其标题，但应停留在第一个图标 List by Drawing Order（按绘图顺序列出）上。

1→ 检查 **Insert**（插入）功能区。在布局视图中，可使用其他按钮组，如 **Map Frames**（地图框架）、**Map Surrounds**（地图环绕）以及 **Graphics and Text**（图形和文本）。

提示：请务必按照用于打印的页面大小设计和编辑地图。

在创建版面时，必须提供适当的页边距，以免印刷时裁剪地图。标尺和导引线可以帮助地图设计者。标尺以英寸或厘米为单位测量页面上的距离。导引线是用来对齐地图元素的放置线。

2→ 单击 Layout（布局）功能区，查看其组和命令。

2→ 在 **Layout：Show** 组中，选中 Rulers（标尺）和 Guides（导引线）复选框。目前还看不到导引线，因为必须先创建导引线。

2→ 在顶部（水平）标尺上，将光标定位在约 0.75 英寸处。右键单击并选择 Add Guide（添加导引线）。

要准确定位导引线并不容易，而且需要多个页边距，因此一个菜单可以放置多个导引线。让我们将所有页边距精确设置为 0.75 英寸。

3→ 右键单击标尺上的蓝色导引线，然后选择 Remove Guide（删除导引线）。

3→ 再次右键单击标尺上方 0.75 英寸处，选择 Add Guides（添加导引线）。

3→ 方向选择 Both（双向）。

3→ 对于 Placement（位置），选择 Offset from edge（与边缘偏移）。

3→ 如有必要，编辑边距值，使读数正好为 0.75 英寸。单击 OK。接下来，我们需要创建一个包含 Hazards（灾害）地图的地图框架。

1. 说明地图和地图框架之间的区别。如果区分不清，您将很难跟上教程的指导。

4→ 在 **Insert: Map Frames** 组中，单击 **Map Frame**（地图框架）按钮的下拉菜单，选择第二张 Hazards 地图（默认选项打开时使用默认地图范围，第二个按钮使用当前地图范围）。

4→ 出现十字光标。单击并拖动，定义一个覆盖页面左侧三分之二的方框，其边缘位于页边距导引线上（注：在 Pro 的早期版本中，方框只是出现，您必须调整其大小才能覆盖所需的区域）。

4→ 在 Contents 中，将地图框架重命名为 *Hazards Map Frame*。

图 3.16　布局捕捉控件

来源：Esri

捕捉由地图区域左下角的图标控制（图 3.16）；鼠标悬停在图标上可弹出菜单。可根据需要打开或关闭捕捉，并有四种捕捉类型：导引线、其他元素、页面边界和页边距。

接下来，我们将进行布局设计。虽然可以通过单击、拖动和调整地图框的大小，但有时需要精确的尺寸和位置。请使用地图框架属性设置这些选项。

5→ 在 Contents 中，右键单击 Hazards Map Frame 并选择 Properties（属性）。Hazards Map Frame 的 Format Map Frame（格式地图框架）窗格就会出现。

5→ 下拉菜单目前标为 Map Frame（地图框架），用于控制正在修改的项目。使用下拉菜单点击并检查每个选项，然后将其设回 Map Frame（地图框架）。

5→ 检查面板图标并将其设置为 Placement（放置）面板。

5→ 确认 X 和 Y 位置设置为 0.75。

5→ 将边框尺寸设置为宽 6 英寸、高 7 英寸，每次更改后点击 Tab 键进行设置并查看结果。

提示： 请注意，打开 Format Map Frame（格式地图框架）窗格也会打开一个 **Map Frame: Format** 功能区。可在任一位置更改设置，但窗格提供了更多设置。

现在地图框架已设置，但华盛顿州和俄勒冈州没有填满地图框架的区域（图 3.17）。需要调整地图框的范围。

6→ 打开 **Layout**（布局）功能区，查看 **Navigate**（导航）组（图 3.18）。图标显示不同，

因为它们影响的是布局页面而不是地图。

6→ 单击 Navigate（导航）工具，尝试缩放和平移地图。

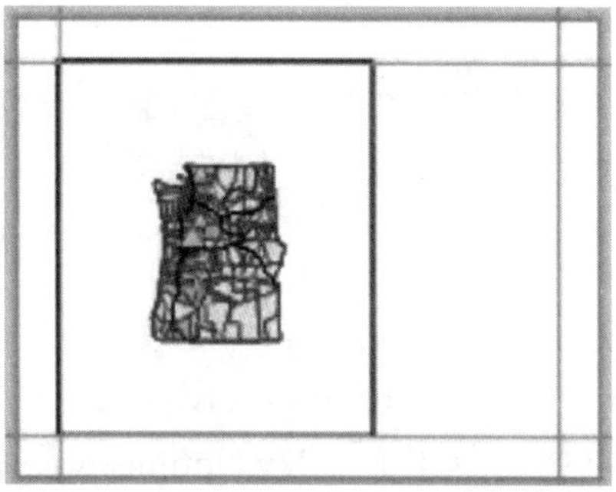

图 3.17　初始地图框架和地图范围

来源：Esri

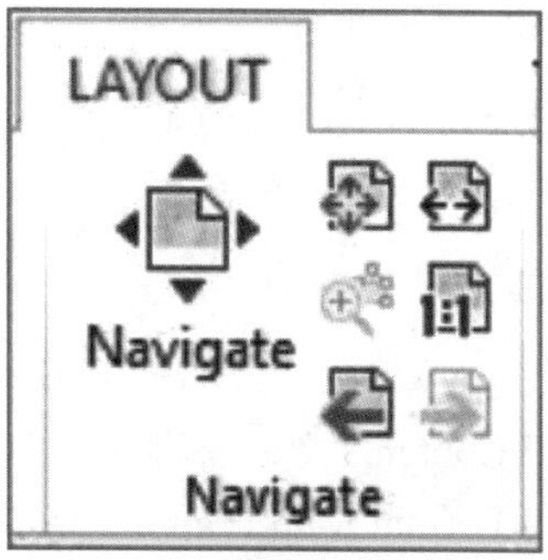

图 3.18　布局导航工具

来源：Esri

在布局视图中，导航工具会影响整个布局页面。要更改框架内地图的范围，必须先激活框架。

6→ 在 Contents 中，右键单击 Hazards Map Frame，然后选择 Activate（激活）。注意添加 **Activated Map Frame**（激活地图框架）功能区。

6→ 单击 **Map**（地图）功能区，使用 Explore（探索）工具或 **Navigation**（导航）工具放大 Hazards 地图，使华盛顿州和俄勒冈州位于框架中央并填满整个空间（右键拖动可提供连续缩放功能）。

6→ 满意后，选择 **Activated Map Frame：Layout：Map：Close Activation**。

这个地图激活过程看似烦琐，但却有一个重要的作用，那就是使布局中地图框架的范围独立于项目地图。

7→ 切换到 Hazards 地图视图。

7→ 放大地图。

7→ 单击 Hazards Layout 视图选项卡切换回布局视图。上一步中设置的地图范围没有改变。

然而，地图框架的内容并不独立于地图。

7→ 切换到 Hazards 地图视图，关闭 Volcanoes 图层。

7→ 切换回 Hazards Layout 视图。火山不再可见。

7→ 在 Contents 中，必要时展开 Hazards Layout 名称下方的 Hazards Map Frame 条目，Hazards 地图及其图层就会出现。

7→ 重新打开 Volcanoes。

请注意，Hazards Layout 包含 Hazards Map Frame，而 Hazards Map Frame 包含 Hazards Map，Hazards Map 包含其图层，这样就可以在布局中轻松修改地图中的符号或标签。

让我们花点时间来看看在布局中工作时功能区的变化。功能区包含我们处理布局中每个元素所需的工具。

8→ 在 Contents 窗格中，单击 Hazards Layout 条目。单击 **Layout**（布局）功能区查看其内容。

8→ 单击 Hazards Map Frame 条目，出现 **Map Frame：Format** 功能区和 Format Map Frame

窗格。单击功能区并查看其内容。

8→ 点击选中 Volcanoes 要素图层。当出现熟悉的 Feature Layer（要素图层）功能区时，检查该功能区。

提示： 在布局视图的 Contents 窗格中，地图和要素图层的更改会同时影响布局和地图。只有地图范围是独立的。对布局的更改主要通过在 Contents 中选择不同元素并修改其属性来实现。

现在我们已经确定了所需的地图范围，让我们防止对其进行任何意外更改。

9→ 在 Contents 中，右键单击 Hazards Map Frame 并选择 Properties（属性）。

9→ 在 Format Map Frame（格式地图框架）窗格中，单击 Display Options（显示选项）图标。

9→ 在 Constraint（约束）标题下，将下拉框选项更改为 Fixed Extent（固定范围）。

创建位置图

许多地图，尤其是显示一个不为人所知的地方时，都会包含一个位置图，以告知查看者地图的位置。要添加位置图，我们需要另一个地图框架。

10→ 在 Contents 中，单击 Hazards Layout 条目使其突出显示。

10→ 单击 **Insert：Map Frames：Map Frame** 下拉菜单，选择第二个（非默认）USA map。

10→ 使用十字准线在右下方为地图框架绘制一个方框，如图 3.19 所示。

10→ 在 Contents 中，将新地图框架重命名为 *USA Map Frame*。

11→ 在顶部标尺上，右键单击约 7 英寸处，选择 Add Guides（添加导引线）……

11→ 在 7.0 英寸处的单一位置选择垂直导引线。单击 OK。

11→ 使用调整大小的手柄，将 USA Map Frame 的左侧捕捉到新的导引线上。

和之前一样，我们需要在地图框架内调整并锁定地图范围。这有点棘手，因为框架的最佳尺寸部分取决于地图比例尺。

12→ 在 Contents 中，右键单击 USA Map Frame 条目并选择 Activate（激活）。

12→ 使用 **Map：Navigate** 组按钮，将地图框架中的 48 个州居中，使地图尽可能大。地图框架可能过高。

12→ 单击 **Activated Map Frame：Layout：Map：Close Activation** 按钮。

12→ 选择 **Map Frame：Format** 功能区。在 **Size & Position**（尺寸和位置）组中，将 **Height**（高度）设为 2.0，然后单击 Tab 键输入数值。

12→ 如果需要，再次激活该地图框架，并对地图在框架内的位置进行最后调整。完成后关闭激活。

13→ 在 Contents 中，右键单击 USA Map Frame 条目并选择 Properties（属性）。

13→ 在 Format Map Frame（格式地图框架）窗格中，单击 Display Options（显示选项）面板图标，将 Constraint（约束）设置为 Fixed Extent（固定范围）。

位置地图通常包括一个显示主地图范围的方框。我们可以将其添加为美国数据框架的属性。

14→ 在 Contents 中，展开 USA Map Frame 以显示美国地图（如有必要），然后单击以选择该地图（图 3.19）。

14→ 单击 **Insert：Map Frames：Extent Indicator** 下拉菜单，选择 Hazards Map Frame。Format Extent Indicator（格式范围指示器）窗格打开，并在 Contents 窗格中显示 Hazards Map Frame 项目，当前已选中该项目。

14→ 在 Format Extent Indicator（格式范围指示器）窗格中，单击 Symbol（符号）表示法，将 Outline color（轮廓颜色）更改为深橙色，Outline width（轮廓宽度）更改为 3 pt。单击 Apply（应用）。

14→ 在此阶段，布局应与图 3.19 相似。

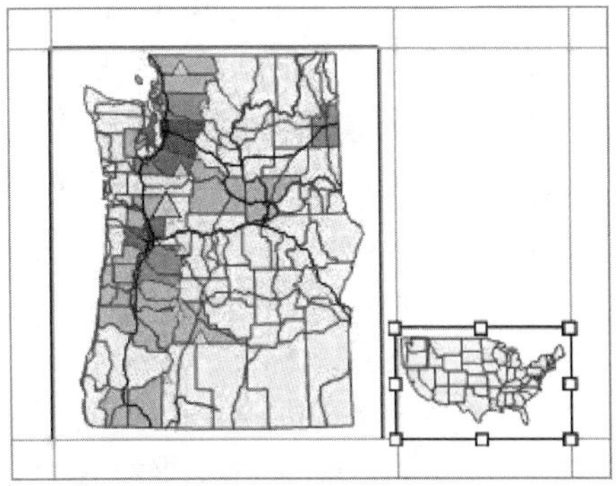

图 3.19　最终的地图框架

来源：Esri

提示：请注意，在 Contents 中右键单击布局元素并选择 Properties（属性）时，Format（格式）窗格就会出现，每次都是根据右键单击的对象定制的。保持 Format（格式）窗格停靠并打开非常方便，可以根据需要快速设置格式。

15→ 在 Contents 中，单击第二个图标，打开 List by Element Type（按要素类型列出）面板。如有必要，展开 Hazards Map Frame 及其内容。

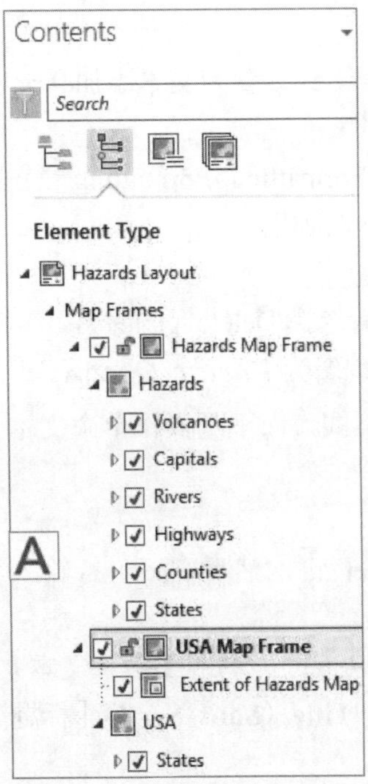

图 3.20　View By Element Type（按元素类型列出）模式下的 Contents 窗格

来源：Esri

15→ 如图 3.20 所示，折叠 Hazards 地图中各个图层的图例，以便更轻松地查看所有要素。

请花一点时间查看 View By Element Type（按元素类型列出）面板中的 Contents 窗格（图 3.20）。当我们将元素添加到布局中时，它们就会出现在 Contents 窗格中。选择一个元素可以访问其他功能区，还可以打开和修改任何元素的属性。我们将在继续制作布局时大量使用 Contents 窗格的这种模式。

在布局上使用图形文本

使用插入功能区的文本工具可以在布局上创建**图形文本**（graphic text）。

16→ 单击 **Insert：Graphics and Text：Text** 下拉菜单，查看可用工具。单击 **Straight Text**（纯文本）工具。

16→ 在布局中，单击 offshore of the states，创建一个小标签 Text。请注意，Contents 窗格中也出现了一个 Text 条目。

16→ 文本已突出显示，可以替换了。输入 *Pacific Ocean*。

文本标签创建后，可以通过多种方式进行编辑。

16→ 在地图中，将鼠标放在文本上，显示插入栏，用于编辑文本。

16→ 将鼠标放在文本附近，显示一个黑色箭头，用于选择文本框。

16→ 选择文本框。单击并拖动其中一个方形手柄来调整文字大小。

16→ 找到文字中下部的旋转符号。单击并拖动，将文字旋转到垂直方向。

16→ 单击并拖动文本框顶部以移动文本框。

17→ 在 Contents 或地图上，双击 Text 条目，在 Format Text（格式文本）窗格中打开其属性。探索窗格中每个选项卡、图标和标题下的设置。

17→ 在通用图标下的 Text Symbol（文本符号）选项卡，展开 Appearance（外观）标题，为文本添加 Arial 18 pt blue italic 符号。单击 Apply（应用）。

17→ 保持 Format Text（格式文本）窗格打开一段时间，在方便的地方停靠。

提示：要在这个复杂的窗格中查找项目，我们将使用 format Tab>Icon>标题，例如 Text Symbol>Formatting>Appearance。（将鼠标悬停在图标上可查看其名称）。

18→ 我们来试试不同的文本工具。暂时将 Pacific Ocean（太平洋）文本移到页边。

18→ 单击 **Insert：Graphics and Text：Text** 下拉菜单，选择 **Curved Text**（弧形文本）工具。

18→ 单击以输入一条沿俄勒冈州和华盛顿州海岸从南到北弯曲的直线的顶点。双击结束该直线。

18→ 输入 *Pacific Ocean*。文本会沿着输入行出现。第二个 Text 1 元素出现在 Contents 窗格中，并被选中。

18→ 点击地图，完成文本输入。

使用格式功能区或格式窗格设置文本选项。

19→ 打开 **Text：Format** 功能区，使用 **Text Symbol**（文本符号）组设置为文本添加 Arial 24 pt blue italic 符号。

19→ 在 Format Text（格式文本）窗格中，使用 Text Symbol>Formatting>Formatting 设置将 Letter spacing（字母间距）更改为 100%。单击 Apply（应用）。

保留第二个标签，删除第一个标签。

19→ 在 Contents 中，右键单击 Text 元素（第一个标签），然后选择 Delete（删除）。

19→ 为便于识别，请点击内容中的 Text 1 元素名称，并将其编辑为 *Pacific Ocean*。

让我们给地图加上标题和作者署名。我们可以指定一种文本样式，而不是操作单个文本符号属性。

20→ 单击 **Insert：Graphics and Text：Straight Text** 工具。

20→ 点击主地图框架右侧。输入 Pacific Northwest，按 Enter 键，然后在下一行输入 Volcanic Hazards。点击地图完成，标题仍然选中。

20→ 在 **Text Symbol**（文本符号）组中，打开 **Text：Format** 功能区，单击 **Text**（文本）下拉菜单，向下滚动到 **Layout**（布局）部分，然后选择 **Title（Sans Serif）**［标题（无衬线）］符号。

20→ 将标题置于版面空白处的顶部中央。

20→ 在 Contents 中，点击新的 Text（文本）条目，并将其重命名为 Title。

提示：当鼠标在版面上移动时，有时会出现一个黑色箭头工具，用于选择项目。如果从布局中选择项目有困难，可从 Contents 窗格中选择它们。

21→ 重复上一步，添加 Your Name（您的姓名）旁的文字，这次使用 **Subtitle（Sans Serif）**［副标题（无衬线）］符号。将其置于标题下方的中心位置。

21→ 在 Contents 中，将新文本元素重命名为 Author（作者）。保存项目。

使用动态标签

为了标注州首府，我们将使用第 2 章介绍的动态标签。

22→ 在 Contents 中，展开 Hazards Map Frame 和 Hazards 地图。单击 Capitals（首府）图层来突出显示。

22→ 单击 **Feature Layer：Labeling：Layer：Label** 按钮打开标签。

22→ 使用 **Labeling**（标签）功能区将标签属性设置为 10 pt Tahoma bold。

22→ 在功能区的 **Text Symbol**（文本符号）组中，单击 Options（选项）按钮（右下角的小箭头）打开 Label Class（标签类别）窗格。

22→ 在 Label Class（标签类别）窗格中，使用 Symbol>General>Halo 设置，标签设为 2 pt halo。关闭 Label Class（标签类别）窗格。

提示：您可能会问，为什么我们现在要使用不同的面板和设置来修改这些文本。这是因为大写字母名称是与地图图层相关联的动态标签，而作者和标题则是与布局相关联的图形文本。

接下来，我们将用火山喷发次数来标注火山，但为了避免杂乱无章，我们只想标注至少有五次喷发的火山。

23→ 在 Contents 中，选择 Volcanoes 图层并打开 **Feature Layer：Labeling** 功能区。

23→ 将标签字段设为 KNOWN_ERUP，字体设为 Arial 8 pt，并打开标签。

23→ 在 **Label Placement**（标签位置）组中，选择 **Centered Point**（居中）样式。

23→ 单击 **Text Symbol**（文本符号）组的 **Options**（选项）按钮，打开 Label Class（标签类别）窗格。

23→ 打开 Symbol>General>Position 设置，将 Offset Y 设置为–3 pt，使标签在符号中更好地居中。单击 Apply。

接下来，我们设置一个查询，只有最活跃的火山才有喷发标签。

24→ 单击 **Feature Layer：Labeling：Label Class：SQL** 按钮。

24→ 在 Label Class（标签类别）窗格中，单击 Add Clause（添加子句），输入表达式：KNOWN_ERUP is Greater Than 4，单击 Apply。

24→ 较小火山的标签消失了。关闭 Label Class（标签类别）窗格。

现在，我们还想为同样的火山标注名称，但要做到这一点，我们需要创建另一个图层。创建要素图层工具可以创建另一个图层的子集。

25→ 如有需要，点击 **Analysis：Geoprocessing：Tools**，打开 Geoprocessing（地理处理）窗格。

25→ 在 Geoprocessing（地理处理）窗格中，搜索并打开 Make Feature Layer（创建要素图层）工具。

25→ 将 Input Features（输入要素）设为 Volcanoes，将 Output Layer（输出图层）设为

Volcano Names。

25→ 单击 Add Clause（添加子句）并输入表达式：KNOWN_ERUP is Greater Than 4。运行工具。

接下来，我们将为 Volcano Names 图层创建动态标签。由于我们仅使用该图层进行标注，因此我们将使符号不可见。

26→ 在 Contents 中，选择 Volcano Names 图层，并使用 Symbology 窗格指定 Single Symbol（单一符号）地图，使用“Circle 1”符号，符号大小为 1 pt，无颜色。单击 Apply。

26→ 切换到 **Labeling**（标签）功能区，将 Label Field（标签字段）设置为 Name（名称）。将 **Text Symbol**（文本符号）更改为 Arial 10 pt bold 字体。使用 **Text Symbol**（文本符号）组选项创建光晕。

26→ 在 **Map**（地图）组中，单击 **View Unplaced**（查看未放置的）标签，以红色显示任何未放置的标签。

火山名称干扰了三角形中的数字。我们可以移动火山名称来消除干扰。

27→ 在 **Labeling：Label Placement** 组中，将样式设置为 **Upper Right Only**（仅右上角）。

27→ 单击 **Label Placement**（标签位置）组的 Options（选项）按钮，打开 Label Class（标签类别）窗格。使用 Symbol>General>Position 设置，将 Offset X 设置为 4 pt，并将 Offset Y 设为 0。

27→ 关闭 Label Class（标签类别）窗格。

在继续之前，请花点时间分析一下地图中符号的视觉层次。复杂的州际符号非常显眼，而且我们不需要在这张地图上使用四种不同的公路等级。我们可以创建一个更简单的分类。

28→ 在 Contents 中，选择 Highways 图层并选择 **Feature Layer：Appearance：Drawing：Symbology**。

28→ 按住 Ctrl 键，单击 Interstate 和 Highways 行，使其突出显示。

28→ 右键单击突出显示的行，选择 Group Values（组值）。

28→ 编辑新类别的标签列，并将其重命名为 *Interstates*。使用向上箭头将其移动到图例顶部。

29→ 重复上一步，将 Arterial（干线）和 Unclassified（未分类）的类别组合在一起。编辑标签，重新命名为 *Highways*。

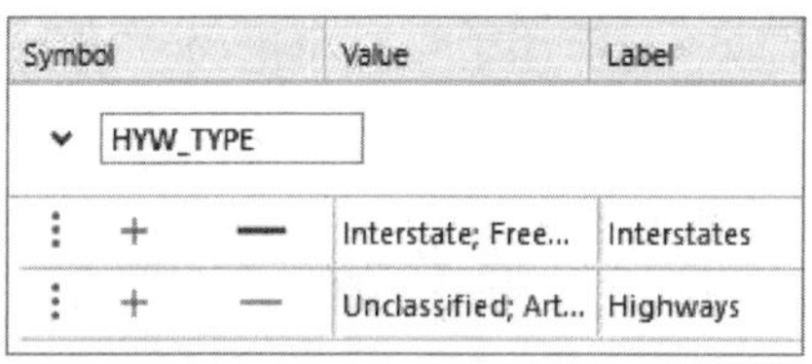

图 3.21　编辑公路等级

来源：Esri

29→ 单击 Interstates 符号，并将其设置为 2 pt 简单棕色线。将 Highways 符号设置为相同颜色的 1 pt 的线。图例类型现在应该如图 3.21 所示。

县道与高速公路过于相似，会造成混淆。我们可以降低对比度，使高速公路靠前，而将县道置于背景中。

30→ 在 Contents 中，单击 Counties 图层，在 Symbology（符号）窗格中显示其设置。

30→ 点击 More（更多）下拉菜单，选择 Format All Symbols（格式化所有符号）。将 Outline Color（轮廓颜色）改为 10%灰色。最终结果如图 3.22 所示。

30→ 保存项目。

为地图添加图例

现在地图已经绘制完成，是时候开始绘制地图周边了，比如图例。

31→ 在 Contents 中，单击以选中 Hazards Map Frame 元素（将为所选框架创建图例）。

31→ 单击 **Insert: Map Surrounds: Legend**。在标题下方和位置图空白处绘制一个方框，与垂直导引线接合。

31→ 图例出现了，Contents 窗格中出现 Legend（图例）元素。

31→ 在 Contents 中，展开 Legend（图例）元素以显示图层。您将使用这些条目来更改图例。

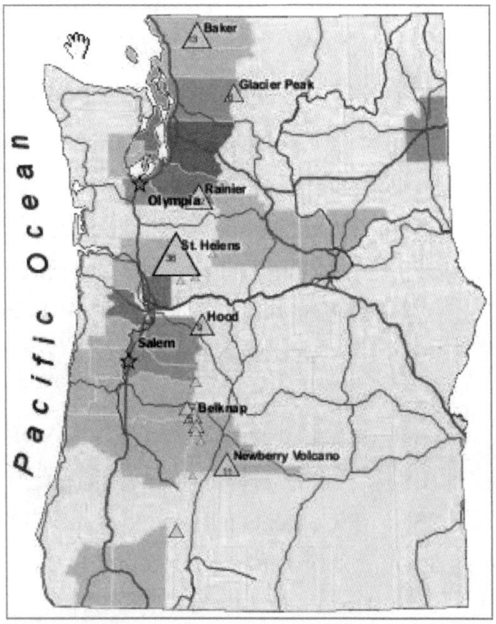

图 3.22　最终地图标签和符号

来源：Esri

首先，Volcano Names 图层只有标签。它不需要放在图例中。

31→ 在 Contents 中，在 Legend（图例）元素下，右键单击 Volcano Names 元素并选择 Remove（删除）。

让我们花点时间熟悉一下图例编辑程序，因为它们很复杂，可能会让人感到困惑。

32→ 在 Contents 中，单击 Legend（图例）元素并打开 **Legend: Format** 功能区。

32→ 检查 **Current Selection**（当前选择）组及其单个下拉框。该框控制我们正在处理的图例。

32→ 点击下拉菜单，尝试其他选项。功能区中的某些工具可能会关闭，这取决于所选的内容。例如，让我们为整个图例选择一种不同的字体。

32→ 确定 **Legend: Format: Current Selection** 下拉菜单设置为 **Legend**（图例）项目。

32→ 在 **Text Symbol**（文本符号）组中，将字体更改为 Arial（大小设置留空；图例包含多种文字大小，我们不想更改它们）。

提示： 根据在内容和下拉菜单中选择的内容，您可以单独更改每个项目或同时更改多个项目。在进行更改之前，请注意所选的内容以及属性带所指的内容。

让我们更改图例中图层的顺序。

33→ 在 Contents 窗格中，选择第一个图标，打开 List by Drawing Order 面板。

33→ 如果需要，再次展开 Legend（图例）元素以查看图层。

33→ 如果需要更改图层顺序，单击并拖动图层到新位置：首先是 Volcanoes，其次是 Capitals，然后是 Rivers、Highways、Counties 和 States。

33→ 将 Contents 窗格切换回 List by Element Type 面板。

图例有一些不专业的地方，包括使用了隐晦的缩写词。我们可以在地图图层中修改这些标题，使图例更加易懂。

34→ 在 Contents 中，展开 Hazards Map Frame 下的元素，查看 Volcanoes 图例。单击 KNOWN_ERUP 标题，将其编辑为 *Eruptions*。

34→ 展开 Counties 图层，将 POP10_SQMI 替换为 *Persons/sq mi*。

图层名称（Volcanoes，Counties）与标题（Eruptions，Population/sq mi）的字体大小几乎相同，这看起来很奇怪。让我们更改默认值。

35→ 在 Contents 中，单击 Legend（图例）元素使其突出显示。

35→ 在 **Legend：Format：Current Selection** 组中，将下拉菜单更改为 **Layer Names**（图层名称）。将字体大小改为 14 pt。

35→ 将 **Current Selection**（当前选择）下拉菜单更改为 **Headings**（标题）。将字体大小设置为 12 pt。

Highways 图层名称下的 HWY_TYPE 标题没有提供任何有用信息，可以删除。我们可以控制图例项（图层名称、标题、标签或描述）的显示部分。

35→ 在 Contents 的 Legend 下，右键单击 Highways 图层并选择 Properties（属性）。

35→ 在 Format Legend Item（格式图例项）窗格中，在 Show（显示）标题下，取消选中 Headings（标题）的复选框。暂时不要打开窗格。

> **提示：** Format Legend（格式图例）窗格提供功能区中没有的高级设置。您可以通过功能区不同组中的选项按钮打开它，也可以右键单击图例元素并选择 Properties（属性）来打开它。

我们可能希望在某些时候调整图例的大小，但不希望该操作改变字体大小。我们可以控制这种调整大小的行为。

36→ 在 Contents 中，单击 Legend（图例）元素切换到 Format Legend（格式图例）窗格。找到 Legend>Legend Arrangement Options>Fitting Strategy 设置。

36→ 将 Fitting Strategy（拟合策略）下拉菜单更改为 Adjust columns（调整列）。

36→ 勾选 Equal column widths（栏宽相等）框。

您可能会注意到，Highways 图例项是分栏显示的。我们可以明确设置分栏。

37→ 在 Contents 中的 Legend（图例）元素下，选择 Highways 图层。出现 Format Legend Item（格式图例项）窗格。

37→ 在 Arrangement（安排）标题下，选中 Keep in single column（保持单列）复选框。

37→ 在 layout（布局）中，调整图例宽度，使其适合实际内容。如果太小，部分图例会消失。只需将尺寸调大即可恢复。

37→ 调整图例位置，使其位于导引线之间的中心位置，正好位于标题的下方，并在下方留出空间。最终图例应如图 3.23 所示。

37→ 保存项目。

在地图上放置比例尺

危险会受到与火山距离的影响，因此在该地图上使用比例尺是合适的。比例尺放置在 Contents 中所选的框架内。

> 2. 复习比例尺术语时，请在图 3.24 的方框中写出正确的术语。

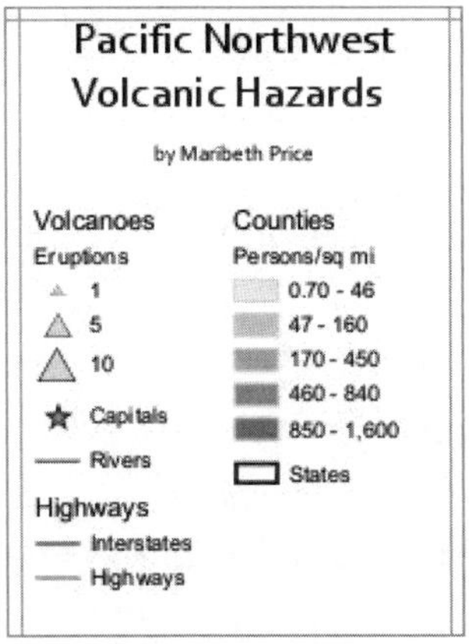

图 3.23　最终图例

来源：Esri

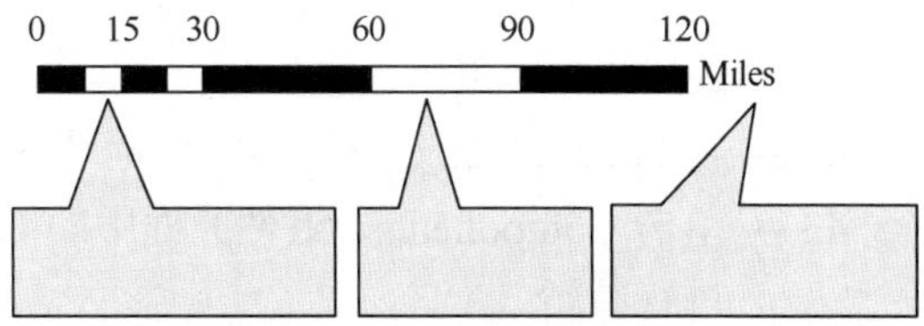

图 3.24　比例尺术语

38→ 在 Contents 中，选择 Hazards Map Frame 元素。

38→ 单击 **Insert**：**Map Surrounds**：**Scale Bar**，下拉选择 **Alternating Scale Bar 1**。在俄勒冈州的右下角绘制一个大小合适的方框。

38→ 使用 Layout：Navigate：Navigate 工具放大并检查比例尺。

比例尺可能太长或太短，也可能划分不均，如 110 英里。如果看起来不合适，请尝试调整比例尺的大小以改善它。

39→ 切换到 Layout：Elements：Select 工具。

39→ 选择 Scale Bar（比例尺）元素，然后向左拖动比例尺的右边界以减少比例尺的长度。

39→ 重复，直到比例尺长约 120 英里。

比例尺可能不再显示漂亮的整数。我们可以修改比例尺，以获得我们想要的属性。

40→ 在 **Scale Bar**：**Design**：**Divisions**（比例尺：设计：分段）组中，将 Adjust division value（调整刻度值）更改为 Adjust number of divisions（调整刻度数）。

40→ 将左上角框中的刻度值设置为 *50* 英里，并将分刻度数设置为 *2*。

40→ 检查新的比例尺。将其大小调整为 100 英里，并将其整齐地放置在俄勒冈州的右下角。

41→ 切换到 **Scale Bar**：**Format**（比例尺：格式）功能区。在 **Current Selection**（当前选择）组中，将下拉选项设置为 **Background**（背景）。

41→ 在 **Background**（背景）组中，将 **Fill**（填充）设置为 Sahara Sand（撒哈拉沙漠）。

41→ 放大到整个版面，然后保存项目。

添加其他地图元素

使用 Insert（插入）菜单还可以向地图中添加许多其他元素。请记住，这些元素将参考当前活动的数据框。让我们根据 Hazards 地图框架添加一个指北针。

42→ 在 Contents 中，选择 Hazards Map Frame 元素。

42→ 单击 **Insert**：**Map Surrounds**：**North Arrow**（插入：地图周边：指北针）下拉菜单，选择一个细长、不显眼的符号，如 ArcGIS North 5。

42→ 画一个方框，将指北针放置在所需位置，并设置所需的大小。保持小巧、不显眼。

42→ 打开 **North Arrow**：**Design** 功能区，查看设置。

可以创建一个经纬网，在地图周围放置经纬度标记。

43→ 在 Contents 中，选择 Hazards Map Frame 元素。

43→ 单击 **Insert**：**Map Frames**：**Grid** 下拉并选择 **Black Vertical Label Graticule**（黑色垂直标签经纬网，第二个选项）。

43→ 网格线既分散注意力，又没有必要。在 Contents 中，右键单击 Black Vertical Label Graticule（黑色垂直标签经纬网）元素并选择 Properties（属性）。

43→ 在 Format Map Grid（格式化地图网格）窗格中，单击 Components（组件）图标。

43→ 单击 Components（组件）框中的 Gridlines（网格线）条目。在其下方单击线条符号进行编辑。

43→ 将颜色更改为无颜色。单击 Apply。

专业地图会注明所使用的数据来源。我们将使用一个可换行的文本框，以便于调整其大小以适应可用空间。

44→ 放大到图例下方的布局部分。

44→ 单击 **Insert**：**Graphics and Text**：**Text** 下拉菜单，选择 **Rectangle**（矩形）文本工具。

44→ 单击并拖动，在图例下方的空白区域内创建一个方框。

44→ 在方框中输入以下引文，不要使用任何 Enter 键：*Data Source：Mastering ArsGIS Pro tutorial data，2nd edition [Download].（2022）MsGraw-Hill Higher Ed，Dubuque，IA [Ostober，2022].*

45→ 单击文本框外侧，完成数据输入。单击选择文本框。

45→ 打开 **Text**：**Format** 功能区，将字体设置为 Arial 10 pt。

45→ 调整文本框，使其整齐地嵌入可用空间。

45→ 放大到完整布局页面。版面应与图 3.25 相似。

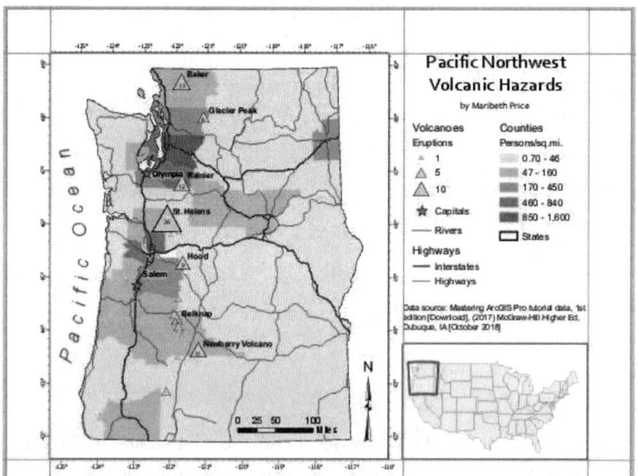

图 3.25　最终布局

来源：Esri

此时，可以进行试印，以确保颜色和符号在纸上的效果与在屏幕上一样好。

46→ 打印前保存项目（总是明智之举）。

46→ 单击 Share：Output：Print Layout（共享：输出：打印布局）。

46→ 根据需要选择打印机或调整打印设置。

46→ 准备就绪后，单击 Print（打印）。

> **提示：**检查打印页边距。有些打印机会将地图移到偏离中心的位置，因此必须针对该打印机调整地图页边距。

修订和编辑布局

现在进行最后的修订。先去休息一下，然后回来查看纸上和屏幕上的全比例地图。您可能会发现以下问题。

符号所建立的视觉层次可以更加清晰，尤其是线要素，它们吸引了人们对火山的注意。公路和河流难以区分。太平洋的标签会分散注意力。

在评估设计的同时，回到地图的目标：让人们注意到华盛顿州和俄勒冈州的人口中心靠近历史上的活火山。也许公路和河流并不像最初决定的那样重要。我们可以对地图进行编辑，使其更具吸引力，并明确其信息，这将是第一个练习的任务。

创建和编辑布局需要练习。让我们为这个布局创建一个练习副本，以便稍后进行试验。

47→ 在 Catalog 窗格中，展开 Layouts（布局）标题。

47→ 右键单击 Hazards Layout 并选择 Copy（复制）。

47→ 右键单击 Layouts（布局）标题并选择 Paste（粘贴）。

47→ 缓慢单击两次 Hazards Layout 1（新布局），并将其重命名为 *Layout Practice*。

导出布局

地图可以保存为图像文件，以便纳入报告或演示文稿。PDF 格式是向他人分发地图或将地图送到商业印刷中心的常用方法。

48→ 点击 Share：Output：Export Layout。

48→ 将 File Type（文件）类型设置为 PDF。

48→ 选择图像文件的位置和名称。项目文件夹（但不在项目地理数据库内）通常是个不错的选择。

48→ 检查分辨率和图像质量。打印的最低分辨率应为 300 dpi。网页或屏幕图像的分辨率可以更低。

48→ 单击 Export（导出）保存地图。

> **提示：**如果计划将地图放到另一个文档中，请选中 Clip Output to GraphicsExtent（裁剪输出到图形范围），并保存为 JPEG 或 GIF 格式。检查分辨率是否至少为 300 dpi。

教程到此结束。

→ 保存项目并退出 ArcGIS Pro。

3.2.2　练习

1. 在 Catalog 窗格中，创建另一个 Hazards Layout 副本，并将其命名为 *Hazards Final*。

编辑该副本以生成图 3.26 中的版本，包括删除公路和河流，以及增大符号和标签的大小。完成后，将 ArcGIS Online 中的 World Terrain 底图添加到主地图框架中，以提供背景信息（但要关闭其参考层的要素和名称）。使各县的透明度约为 30%，以便底图能稍微透出。将地图保存为 PDF 格式并上交。

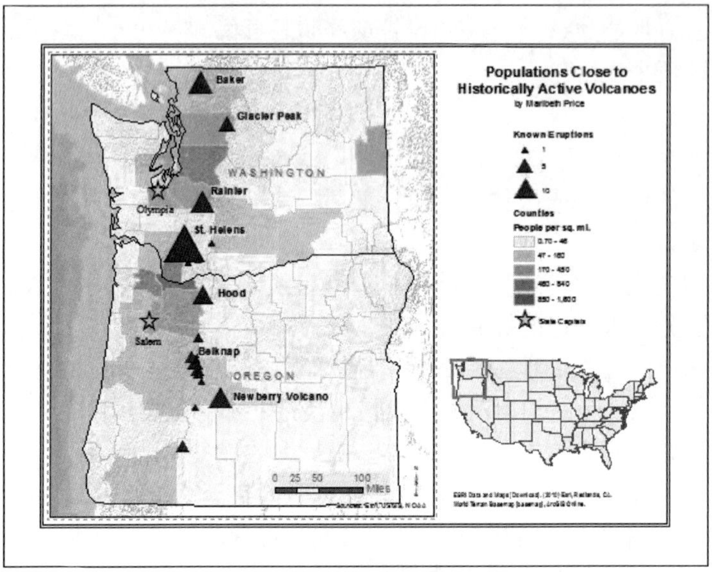

图 3.26　教程中的修订地图

来源：Esri

2. 使用 CraterLake 项目或您在第 1 章练习中创建的项目，设计并创建一个有吸引力的地图布局。选择任何您喜欢的地图目标，但要确保版面设计能清楚地表达出来。将地图导出为 PDF 文件并打印出来。与一些同学分享，互相帮助点评地图。将建议写在 PDF 背面并上交。

第4章 坐标系统

目标

学完本章后，您将能够

- 解释坐标系统的基本特性和用途
- 说明地理坐标系和投影坐标系的区别
- 认识不同的投影及其造成的变形
- 为地图或地理数据库选择适当的投影方式
- 管理要素类的坐标系统并排除故障

4.1 掌握概念

4.1.1 GIS 概念

关于坐标系统

GIS 系统的成功运行依赖于坐标系的正确管理，操作人员的技能水平直接影响数据质量的优劣。坐标系统也是一个庞大而复杂的课题。使用坐标系统的工作经验和对这些概念的定期复习将最终为有效使用坐标系统奠定坚实的基础。

为了在屏幕上显示和分析地图，GIS 系统使用**坐标对**来指定特定要素的位置和形状。一个点由空间中的一个 *x-y* 坐标对描述；一条线由一系列 *x-y* 坐标对组成。**坐标空间**定义了要素绘制的坐标范围。

想象一下，测量员卡洛斯正在使用测量角度、方向和距离的典型测量仪器绘制一个工业用地的地图。他可以从建筑群右下方的一个栅栏角开始，并将该点的坐标定为（0，0）。这就是坐标空间的**原点**（图 4.1）。然后，卡洛斯确定 A 建筑的西南角在原点以东 175 m、以北 200 m 处，并将该角的坐标定为（175，200）。他用米来记录距离和确定坐标，从而将米确定为**地图单位**。原点和地图单位的组合就是该地图的坐标空间。在这种情况下，坐标空间是任意选择的，只是为了方便。

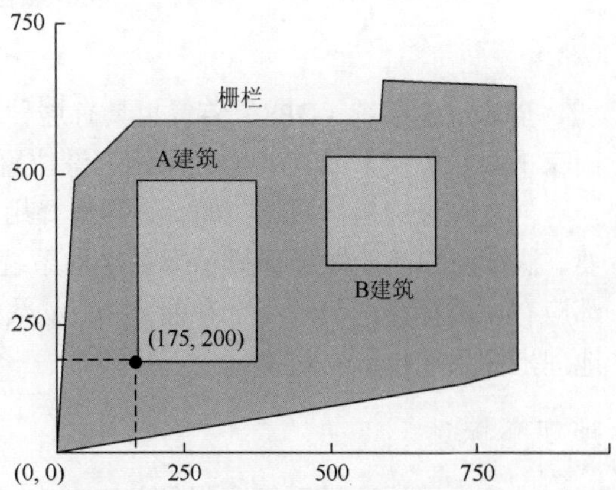

图 4.1　用于测量场地的任意坐标空间

现在想象一下，测量员的同事贾斯敏正在测量城市另一端的另一个地点。她也选择了自己地点的一角作为原点，但她测量的是英尺距离。卡洛斯和贾斯敏把数据带回办公室，决定绘制一张地图，显示他们各自将坐标输入 GIS 系统。当他们绘制出站点时，这两个不同的站点显示在完全相同的位置，尽管在现实生活中它们相距数英里。出现这个问题的原因是两个测量者都使用了一个与另一个地点无关的任意（0，0）原点。此外，贾斯敏的建筑物看起来是卡洛斯建筑物的三倍大，因为她测量的单位是英尺而不是米。若要将这些建筑绘制在一起，两位测量员需要定义一个共同的原点，并将两个地点转换为相同的地图单位。

为避免此类问题，地理学家和地图绘制者通常采用标准**坐标系统**（coordinate system，CS），即根据制图标准定义和建立的坐标空间，其特征与地球表面的特定位置相关联。测量人员本可以使用全球定位系统（global positioning system，GPS）仪器在通用坐标系［如通用横轴墨卡托（universal transverse Mercator projection，UTM）坐标系］中确定其原点的 *x-y* 坐标，然后在此基础上输入测量点。这样，他们的地图就能相互正确定位。

标准坐标系统

栅格数据和矢量数据都依靠 *x-y* 值将数据定位到地球表面的特定位置。不过，坐标对的 *x-y* 值可以不同。存储数据集所选择的值和单位称为**坐标系统**。看一张标准地形图，上面实际上标有三种不同的坐标系统。四角标有经纬度，这就是所谓的地理坐标系（geographic coordinate system，GCS）。另一组标记表示以米为单位的刻度代表 **UTM** 坐标系。第三组标记显示的是英尺刻度，与**国家平面**（State Plane）坐标系相对应。地图上的任何位置都可以用对应于三个坐标系统之一的三个不同 *x-y* 坐标对来表示（图 4.2）。

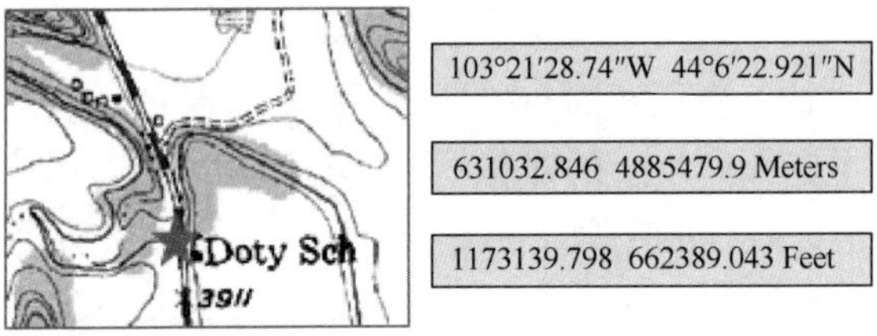

图 4.2　可以使用不同的坐标系统和单位来存储位置信息。这所学校的 *x-y* 坐标位置用 GCS（度）、UTM（米）和国家平面（英尺）表示

来源：Esri

全球定位系统（GPS）装置也具有这种灵活性。它可以设置为以 GCS（度）、UTM（米）、国家平面（英尺）或其他坐标系统记录位置。

创建矢量或栅格数据集时，必须选择用于存储 *x-y* 值的坐标系统和单位。标注数据也很重要，这样用户就能知道选择了哪种坐标系统，*x-y* 值选择了什么单位。因此，每个 GIS 数据集都应有一个标签，记录用于存储其中 *x-y* 数据的坐标系统类型和单位。坐标系统可分为两类：地理坐标系和投影坐标系。

地理坐标系

一种常用的坐标系统是以测量与地球中心的夹角为基础，单位为**度**（图 4.3）。**经度**测量的是**本初子午线**以东或以西的水平角度，**本初子午线**是通过英国格林尼治的 0°的经线。经度的范围为−180°～＋180°。**纬度**测量纬度等于 0°的赤道上方或下方的角度，其数值范围从南极的−90°到北极的＋90°。这种测量系统被称为**地理坐标系**（GCS）。

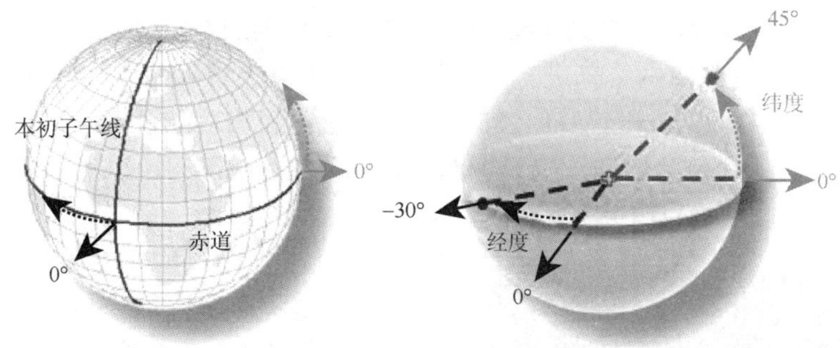

图 4.3 经度测量赤道平面内的东西角度；纬度测量赤道平面上下的南北角度

当经纬度坐标对定义的矢量与地球表面相交时，就确定了地理坐标系的位置。但具体是什么表面呢？由于地球的形状是不规则的，其表面只能被近似，而真实形状与近似形状之间的差异是位置误差的来源。因此，为了满足特定的制图需求，人们开发了不同的近似值，每种近似值代表的地球形状略有不同。这种近似值被称为**基准面**（datum）。

如何定义基准面？地球的自转会导致赤道处隆起，因此首要任务是使用一个称为**椭球体**的光滑几何模型来模拟地球表面——这是一个具有长轴和短轴的扁长球体（图 4.4 中的隆起被高度夸张化）。所选椭球体即构成基准面的一部分（部分学者使用“**椭圆体**”而非“椭球体”这一术语）。由于对地球长轴和短轴的估计值随时间而变化，过去曾使用过不同的椭球体。Clarke 1866 是北美洲常用的椭球体，但正在被更新颖、更精确的卫星测量椭球体所取代。

然而，椭球体也不能充分代表地球的形状，因此需要进行第二次修正。最接近地球形状的是**大地水准面**（geoid）（图 4.4），这是一个基于重力测量的不规则等势面。由于地幔的旋转、地形和成分差异，海平面因地而异，大地水准面通常被描述为只有海洋而没有大陆时的地球形状。大地水准面可以用数学方法建模，但计算量太大，不能很好地作为绘图的基础。取而代之的是将球面相对于大地水准面移动，直到获得最佳拟合解（图 4.4）。因此，基准面由选定的椭球体及其中心相对于大地水准面中心的位置组成。

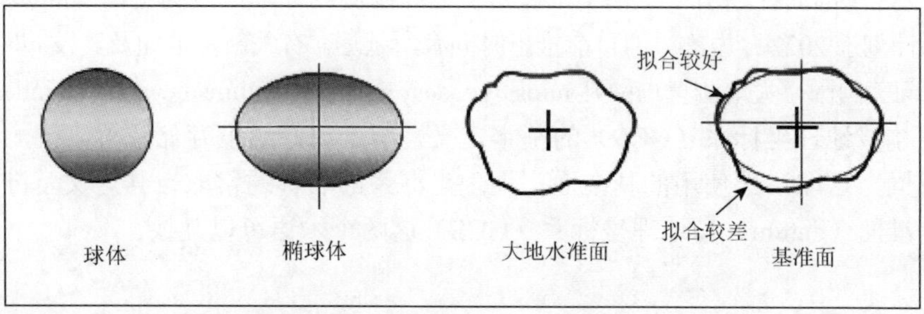

图 4.4 椭球体、大地水准面和基准面之间的关系

总体拟合最佳的基准面称为地心基准面（earth-centered datum）。1984 年世界大地测量是基于 WGS 1984 椭球体的地心基准面，通常用于国际数据集和网络地图。它是大多数 GPS 设备的默认基准面。

另一种方法是为北美洲等特定地区找到椭球体与大地水准面的最佳拟合，以产生本地基准面（local datum）。但是，一个地方的拟合度提高了，往往意味着其他地方的拟合度降低了，因此本地基准面只能在其所针对的地区使用。1927 年北美洲基准面（NAD 1927）基于 Clarke

1866 椭球体。1983 年北美洲基准面（NAD 1983）以更精确的 GRS 1980 椭球体为基础。这两种基准面都使用勘测基准点网络来进一步优化拟合并提供更精确的位置，本地基准面通常采用这种方法。使用 NAD 1927 和 NAD 1983 存储的坐标可能相差几百米，虽然这对全国地图来说并不重要，但对较大比例尺的地图来说可能会造成严重的配准问题。图 4.5 显示了使用 NAD 1927 保存的道路与使用 NAD 1983 保存的图像之间的偏移量。

图 4.5　NAD 1927 的道路线与 NAD 1983 的图像之间的偏移量

来源：Esri

有时需要将一种基准面转换为另一种基准面，这一过程称为基准面**转换**（transformation）。它并不总是使用精确的数学公式，可能需要局部估算和拟合。通常有多种方法可供选择。转换本身可能会在坐标位置上带来新的误差，误差大约为几米，因此来回重复转换 GIS 数据并不是一个好主意，这样会使这些误差成倍增加。通常情况下，人们会选择一个项目（或机构）要使用的基准面，并坚持使用它，在将数据带入地理数据库时，使用现有的最佳转换方法对数据进行一次转换。

在基准点测量改进的基础上，定期对 NAD 1983 进行调整，当厘米级差异非常重要时，可用于高精度测量应用。此类调整的名称包括 CORS96、HARN 和 NSRS2007（图 4.6）。不过，除非有人告诉您使用这些专门的 NAD 调整，否则最好还是选择标准基准面 NAD 1983。从其他来源下载的大多数数据都使用标准的 NAD 1983，选择不同的数据需要进行转换，可能会给数据带来新的位置误差。

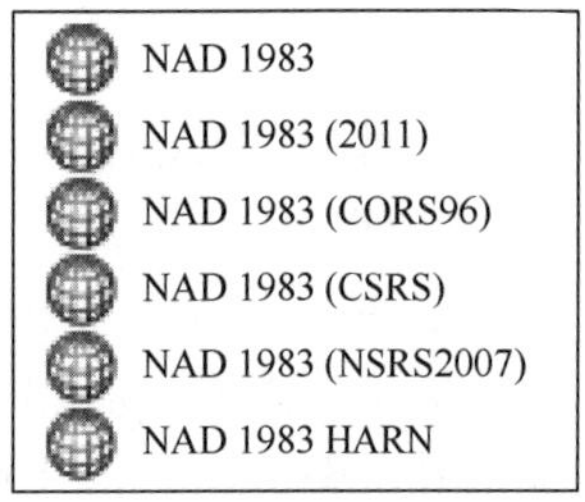

图 4.6　NAD 选项

来源：Esri

NAD 1983 基准面计划由一个基于卫星定位而非勘测物理基准点的更精确的新基准面取代。新基准面原计划于 2022 年发布，但目前推出时间有所延迟。有关新基准面及其发布时间表的更多信息，请访问美国国家大地测量局网站 https://geodesy.noaa.gov/datums/newdatums/index.shtml。

基准面构成地理坐标系（GCS）的基本定义，用于以经纬度存储位置。同一地点的经纬度值略有不同，这取决于使用的基准面。地理坐标系的名称通常取自其定义基准面，对许多人来说，基准面（datum）和地理坐标系（GCS）这两个术语可以互换。

地图投影

虽然地理坐标系是三维的，但地图呈现需要二维平面。因此，制图需要将地球仪上的位置转换成纸张上的位置。这个过程称为**投影**（projection）。首先要定义一个地理坐标系，然后应用一套数学公式，将经度和纬度转换成纸上的平面 *x-y* 坐标。在这一转换过程中，三维地理坐标系变成了二维表示，度被转换成英尺或米。所选的地球形状（地理坐标系）会影响位置在纸上的最终位置，因此地理坐标系会被投影继承并成为其定义的一部分。

我们可以将投影过程想象成一个透明的地球仪，上面印有黑色的经纬网。在地球中心放置一个灯泡，然后用一张纸将赤道包成圆筒状（图 4.7），这样就能在纸上投下光栅的阴影。

描画出的地图可以展开平铺。

将图 4.7 中的地球仪想象成一个有弹性的球体，就像一个沙滩球一样，然后想一想如果将它稍微压缩会发生什么。投影线与圆柱体相交的位置会发生移动，因此纸上的位置也会发生变化。这个直观图说明了使用不同地球形状（地理坐标系）的效果作为投影的基础，它有助于解释为什么基于不同基准面的地图即使在同一投影中也会出现偏移。

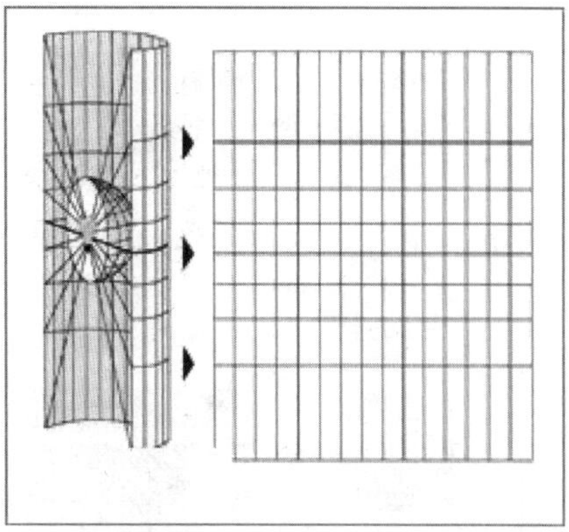

图 4.7 将地图从三维投影到平面坐标

来源：Esri

根据地理坐标系位置投影到的表面形状，投影可分为三大类。**圆柱投影**（cylindrical projection）使用一个圆柱面，该圆柱面在赤道处沿大圆与地球相切（接触）（图 4.8）。将圆柱面侧向旋转，使其沿经线与地球相切，即可得到**横轴投影**（transverse projection）。**斜轴投影**（oblique projection）是将切线置于一个角度。在每种情况下，沿切线的变形都不存在，而远离切线的变形则会增加。

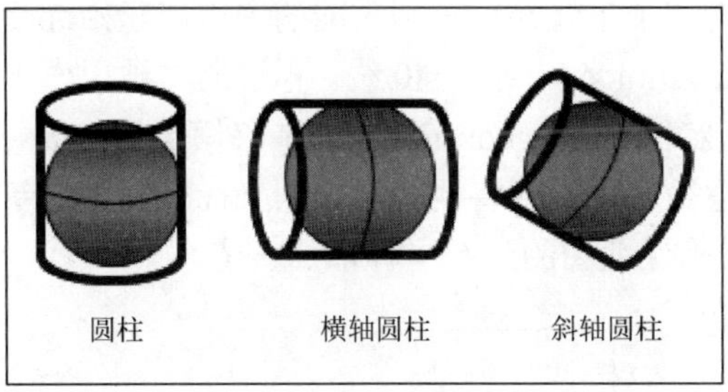

图 4.8 圆柱投影

圆锥投影（conic projection）是在球面上设置一个圆锥（图 4.9）。如果圆锥沿一条纬线与地球相切，那么投影就是**切圆锥投影**（tangent projection），切线称为**标准纬线**（standard parallel）。我们还可以将圆锥穿过球面，使其在两处相切——这就是**割圆锥投影**（secant projection），这种投影有两条标准纬线（圆柱投影也可以有切线或割线）。也可以将一个平面与球面相切或相割，产生一个**方位投影**（azimuthal projection）（图 4.10）。这种方法的其他名称是**立体投影**（stereographic projection）和**正射投影**（orthographic projection）。这种投影通常用于显示地球的两极，因此有时也称为极投影。

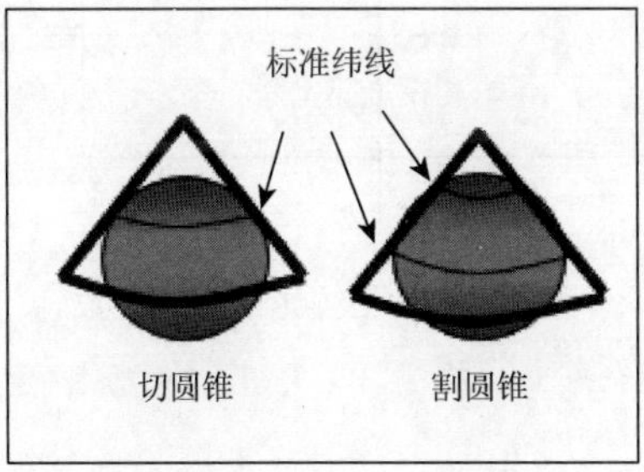

图 4.9 圆锥投影

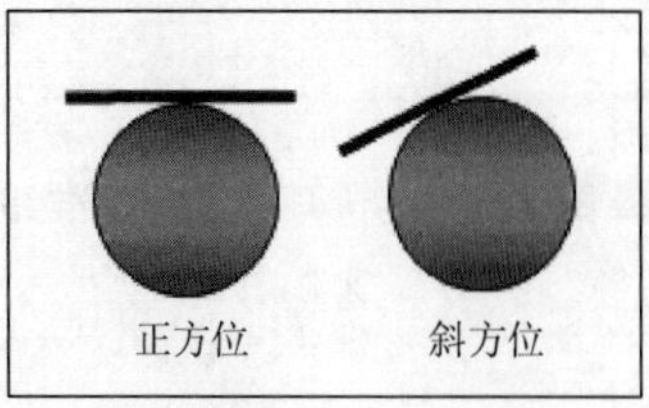

图 4.10 方位投影

将地球投影到平面上总会导致地图变形。地图要素的四种属性可能会发生变形：面积、距离、形状以及方向。通常，地图投影会减少或消除某些变形，而牺牲其他变形。基于圆柱投影的地图［图 4.11（a)］通常保留了方向和形状，但牺牲了距离和面积。请注意，经线指向南北，表示了正确的方向，但阿拉斯加和格陵兰岛被放大了。圆锥投影通常保留了面积或距离，但牺牲了方向和形状［图 4.11（b)］。经线不再指向南北，但区域得到了更好的保留。基于方位投

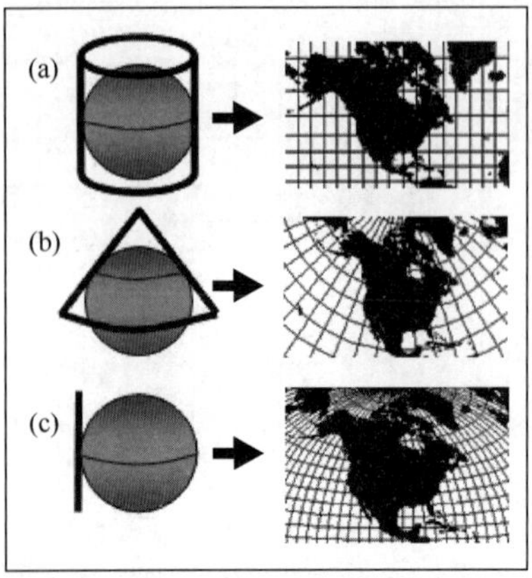

图 4.11　（a）圆柱投影；（b）圆锥投影；（c）方位投影的变形对比

来源：Esri

影的地图通常也会保留面积或距离［图 4.11（c）］。本书附录“常用坐标系统”部分总结了一些常见的地图投影以及每种投影的属性和用途，ArcGIS Pro 帮助文档中提供了更完整的说明。

在任何投影中，球体与圆柱、圆锥或平面接触的地方都不会发生变形。因此，标准纬线或方位投影的中心在所有四种属性下都不会变形。远离这些位置的变形会增加。投影的标准纬线通常位于相关区域的上六分之一和下六分之一的位置。例如，土耳其区域的范围约为 36°～42°，因此标准纬线可能设置为 37°和 41°（图 4.12）。

地图投影具有某些属性，用于为特定地理区域和目的定制投影，这些属性称为**参数**（图 4.13）。参数之一是构成地图上**中央子午线**（central meridian，中央经线）或 $x = 0$ 的经线。选择中央子午线的依据是其靠近制图区域中心的位置。英国地图的中央子午线应接近 0°。美国地图的中央子午线约为–100°，因为该子午线靠近美国大陆的中心。**起始纬度**（latitude of origin），有时也称为**参考纬度**（reference latitude），是 $y = 0$ 线。赤道通常被用作参考纬度。**标准纬线**也是参数。地图还可能有**北移假定值**（false northing）或**东移假定值**（false easting）（图 4.13）。这些是添加到 x-y 坐标中的任意数字，以便将地图转换到坐标空间中的新位置。通常情况下，东移假定值和北移假定值用于确保地图的所有坐标都是正值。

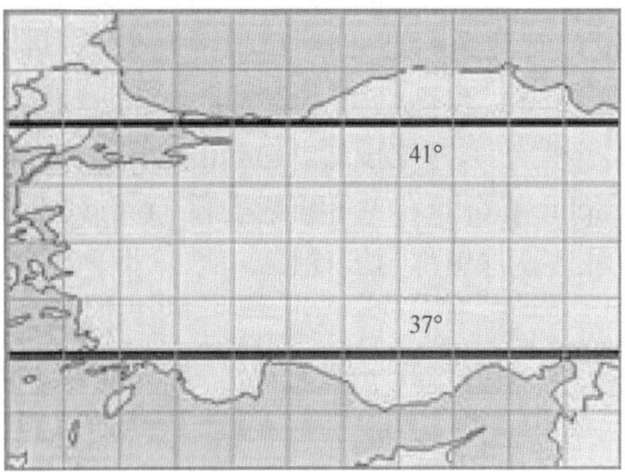

图 4.12　为土耳其选择标准纬线

来源：Esri

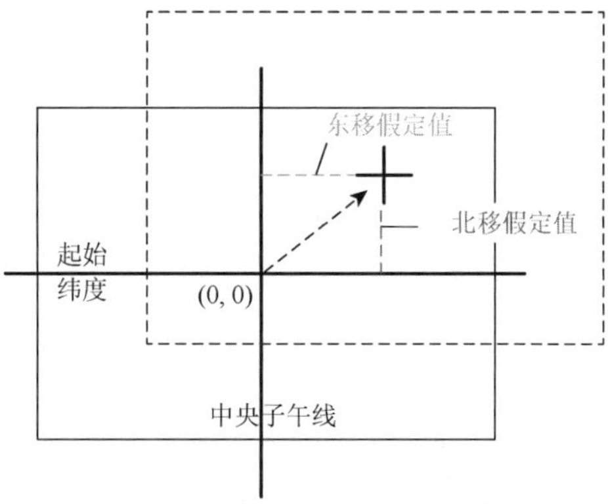

图 4.13　地图投影的一些参数

常见投影系统

有几种投影方法值得特别说明，因为它们非常常用。其中一个是地理坐标系，它实际上并不是一种投影，但经常被视为一种投影方法。UTM 是全球使用的坐标系统系列。国家平面坐标系是美国使用的另一个坐标系统，其他国家也有类似的用于大比例尺地图的国家或州坐标系统。

地理坐标系

作为一个三维坐标系统，严格来说，地理坐标系不能在平面地图或屏幕上显示。不过，在实际应用中，可以采用简单的等角投影法，将度视为平面距离而非角度。遗憾的是，这种做法会造成变形。在地球仪上，纬度线在纬度越高时越短，在两极时归零，但在平面显示中，这些纬度线的长度都是一样的。一个地区离赤道越北或越南，地图变形就越严重。分析函数也将 GCS 数据集视为平面数据集，如果函数使用面积或距离在计算中出现错误，则结果可能不正确。地理坐标系主要用于分发数据，一旦选择了该坐标系统，用户应先对其进行投影，然后再将其纳入数据库进行制图或分析。

提示：使用 GCS 绘制地图或进行空间分析是不合适的，这样做可能会导致不正确的结果。

通用横轴墨卡托系统

通用横轴墨卡托（UTM）系统是基于割线横轴圆柱投影。圆柱与球面的两条切线分别位于中央子午线两侧约 180 km［图 4.14（a）］。在 80°S 和 84°N 纬线之间的中央经线两侧各划出 3°的一个投影带。由于沿切线的投影是真实的，因此投影带内的变形最小。为了绘制不同地点的地图，圆柱体以 6°的间隔围绕地球旋转，在全球范围内形成 60 个投影带。单个投影带内的区域在形状、方向、距离和面积这四个属性上的变形都可以忽略不计。

每个 UTM 投影带都有自己的中央经线，并在赤道上分成南北两个部分。为了消除负值 *x-y* 坐标，南部投影带的北移假定值为 10 000 km，北部投影带和南部投影带的东移假定值均为 500 km。UTM 使用方便，因为用户只需知道投影带号码和半球。在美国和 ArcGIS 中，每个投影带都用一个数字表示，并用 N 表示北半球，例如 UTM Zone14N。在世界范围内，UTM 系统用字母 C 至 X 表示不同的纬度区域。图 4.14（b）显示了美国本土的 UTM 投影带。

UTM 系统广泛用于美国地质调查局 1∶100 000 和 1∶24 000 比例尺的出版物、县级地图、单一投影带内各州的地图以及覆盖小区域的地图。如果感兴趣的区域位于两个投影带的边界上，用户可以选择包含较大区域的投影带来表示地图。如果只有一小块区域延伸出该投影带，这种选择可能是可以接受的。否则，国家平面投影带可能是更好的选择。

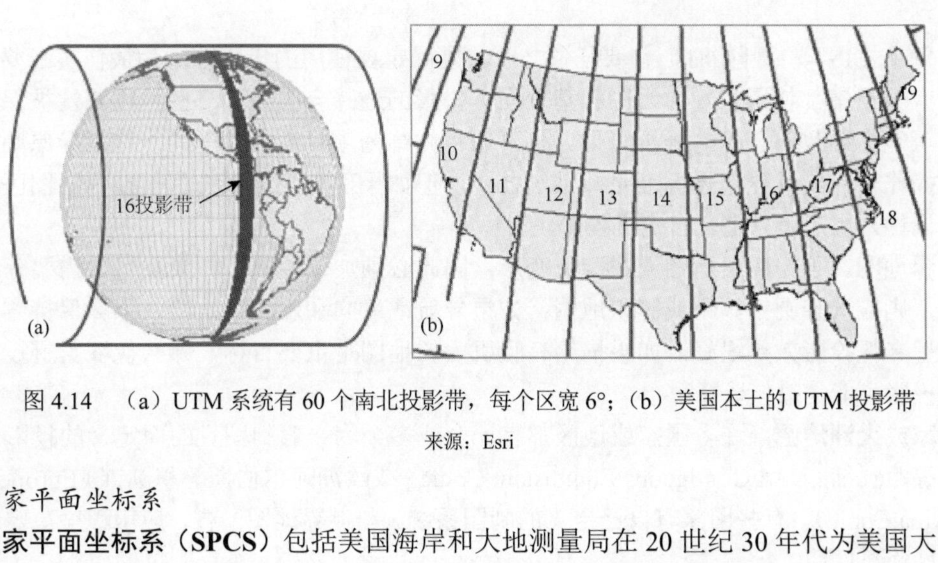

图 4.14 （a）UTM 系统有 60 个南北投影带，每个区宽 6°；（b）美国本土的 UTM 投影带

来源：Esri

国家平面坐标系

国家平面坐标系（SPCS）包括美国海岸和大地测量局在 20 世纪 30 年代为美国大比例尺

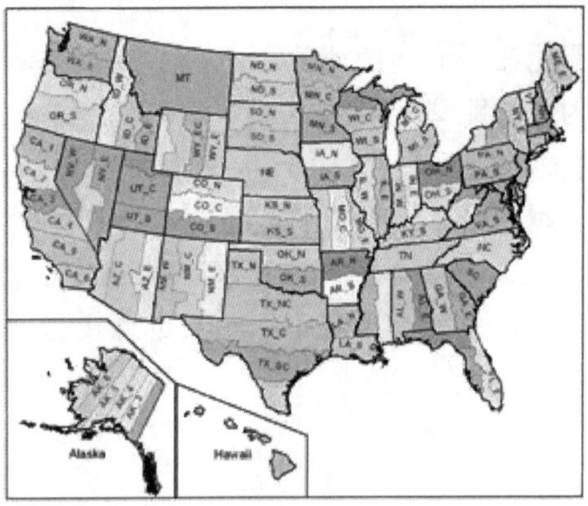

图 4.15　美国的国家平面投影带

来源：Esri

测绘而开发的各种投影。为了保持所需的精度，大多数州被划分为不同的投影带，每个投影带使用不同的参数来尽量减少变形（图 4.15）。与 UTM 系统一样，SPCS 也是通过名称和投影带来识别的，在单个投影带内的变形可以忽略不计。

SPCS 使用三种不同的投影：兰伯特等角圆锥投影、横轴墨卡托投影和斜轴墨卡托投影。南北向投影带使用横轴墨卡托投影，因为它的变形最小。东西向投影带使用兰伯特等角圆锥投影。一个州可能使用一种以上的投影，这取决于其区域的大小和形状。阿拉斯加州有 10 个投影带，使用所有三种投影方法。投影带的正式标识使用 FIPS 代码，该代码由两位数的州代码和两位数的区代码组成（例如，FIPS 0407 表示加利福尼亚第 7 投影带）。用户可以用州名和投影带来非正式地称呼它们，例如加利福尼亚国家平面第 7 投影带。

最初的 SPCS 以 NAD27 为基础，使用英尺为单位。由于测量技术的进步，1983 年对 SPCS 进行了修订。当时，它采用了 NAD83 基准和公制单位。某些投影带也进行了修订，某些投影带甚至被取消。尽管官方单位从英尺变为了米，但用户可以为两个版本的 SPCS 指定任一单位。有关国家平面和 UTM 系统的更多信息，请参见 ArcGIS Pro 帮助文档。

州和国家网格

一些较大的州为全州地图定义了一个特殊的坐标系统，因为单一的国家平面投影带无法准确表示全州。俄勒冈州兰伯特坐标系就是一个例子。许多国家为全国地图定义了自己的坐标系统，或为地方和区域地图定义了自己的投影系统（类似于国家平面）。例如新西兰国家网格和加拿大 CSRS98 系统。ArcGIS Pro 采用了多种投影、基准面和椭球体。ArcGIS Pro 维护着可用于州和国家数据的这些预定义坐标系统的集合。

选择投影

在每个 GIS 项目开始时，首要任务之一就是确定要使用的投影，因为最佳实践要求项目中的所有数据集都使用相同的投影和基准面。投影的选择会影响到哪些地图属性被保留，选择不当可能会导致不正确的分析结果。接下来将介绍为项目选择投影的一些指导原则。为了实现互操作性，应优先选择标准坐标系统之一，但如果现有坐标系统都不能为制图区域提供合适的属性，用户可以定义自定义投影。

世界地图。小比例尺地图无法避免变形，因此必须加以控制。如果项目中需要分析距离或面积，则应选择圆锥等距或等积地图；如果导航或风向和水流很重要，那么保持方向至关重要，墨卡托投影效果很好。如果描绘有吸引力的地图是主要目标，那么像罗宾逊投影这样的折衷投影可能是最佳选择。

国家或大洲地图。许多国家或地区都有一个或多个为一般制图目的而定义的投影，如美国毗邻等距圆锥（USA Contiguous Equidistant Conic）或欧洲阿尔伯斯等积圆锥（Europe Albers Equal Area Conic）。有些国家有自己定义的制图系统。与世界地图一样，应用程序决定地图的哪些属性需要保留。

州地图。在单一UTM或国家平面投影带内的较小州可以使用它们。较大的州需要选择其中一个投影带，如果需要，可以修改该区域的中央子午线或纬线，以便更好地适用于整个州。有些州定义了全州投影，如俄勒冈州兰伯特投影。

地方和区域地图。任何地区只要在一个单一的UTM或国家平面投影带内，都可以使用这两种投影。许多国家，如加拿大和澳大利亚，都定义了自己的制图系统，类似于美国的国家平面坐标系。首选的系统是将需要制图的区域置于靠近区域中心的位置，因为那里的变形最小。不过，其他因素可能会优先考虑，如数据源的现有坐标系统，或监督项目的机构的决定。

有时，需要制图的区域靠近UTM或国家平面投影带边界，或跨越两个投影带。在这种情况下，需要定制坐标系统。通常情况下，可以从UTM或国家平面投影带开始，调整中央子午线或标准纬线，以尽量减少变形。一个好的经验法则是，中央子午线应将地图范围一分为二，而割圆锥地图的纬线应将南北范围一分为三。

坐标系统的影响

坐标系统的选择会对地图的描绘或空间数据分析产生重大影响，因此必须慎重考虑。

描绘地图和布局

地图，尤其是版面设计所用投影的选择取决于地图的目标。需要测量距离的地图必须使用能保持距离的投影。比较各州或各县信息的地图会受到尺寸的影响。因此，为了尽量减少MAUP，通常首选等积投影地图。地理坐标系几乎永远不适合用于地图，因为它会导致距离和面积的严重变形，因此应予以避免。

有时投影会对地图故事产生意想不到的影响。圆柱墨卡托投影一直是世界地图的流行投影，也经常用于网络地图，但批评者指责这种投影放大了欧亚大陆和北美洲的国家，发出了北半球比赤道附近发展中国家更重要的潜意识信息。人们试图推广不夸大北半球的等积世界投影。

投影也会影响地图中的元素。圆锥投影不保留方向，一个箭头不一定能代表地图上所有地方的北方。存在距离变形的地图不应该只有一个简单的比例尺。

空间分析

如果输入数据集没有存储在适当的坐标系统中，许多类型的空间分析都会受到不利影响。图4.16显示了一个距离分析，其中旅游景点与最近的酒店（用星星的颜色表示）相连。在图4.16（a）中，数据集存储在GCS中。东北角的三个景点被分配给酒店。在图4.16（b）中，要素类被投影到UTM系统中，景点被分配到酒店B。由于投影保留了区域内的距离，我们知道第二个例子给出了正确的距离，是有效的结果。

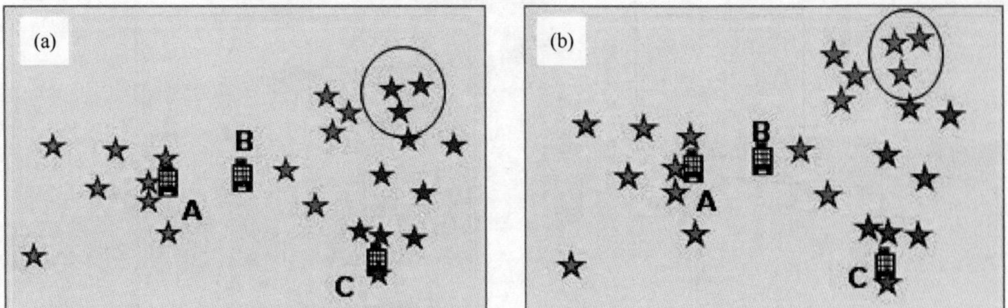

图4.16 距离分析中坐标系统的影响。（a）当输入的要素类具有GCS时，三个景点被错误地分配到了酒店C（紫色星星）；（b）将要素类投影到UTM时，景点被正确分配到酒店B（绿色星星）

叠置和空间连接工具可接受任何坐标系统或坐标系统组合作为输入，但优先规则决定了输出的坐标系统。输出将根据以下规则进行投影。

- 如果将输出置于要素数据集中，坐标系统将始终与要素数据集的坐标系统相匹配。
- 如果坐标系统是在环境设置中设置的，且输出结果不会成为要素数据集的一部分，则会使用环境设置中的坐标系统。
- 如果未设置环境设置，则采用默认规则，即输出将与工具的第一个输入坐标系统相匹配。

提示：即使有这些规则，在分析过程中混合坐标系统时也可能会出现意想不到的问题。明智的做法是尽可能将项目的数据集保持在一个共同的投影中，或使用专门纠正潜在变形的工具。

4.1.2　关于 ArcGIS

ArcGIS Pro 具有许多管理数据集坐标系统的功能。它可以显示以不同坐标系统存储的数据集，并将数据集从一种坐标系统转换为另一种坐标系统。它支持多种不同的投影，为用户提供了一整套定义、转换和管理坐标系统的工具。

动态投影

在较早的 GIS 系统中，不同数据集的坐标系统必须匹配，才能在同一张地图中绘制在一起。UTM 数据只能与其他 UTM 数据一起显示，而国家平面数据只能与其他国家平面数据一起显示，以此类推。如果数据采用不同的坐标系统，则需要在显示前将其转换为相同的坐标系统。

虽然数据要显示在一起，坐标系统必须匹配，但现在许多 GIS 系统都能进行即时转换。这一功能可使存储在不同坐标系统中的数据叠加显示。在 ArcGIS Pro 中，每张地图都有指定的坐标系统。指定的初始坐标系统与添加到地图中的第一个数据集相匹配，但用户可以更改坐标系统。存储在与地图坐标系统不同的坐标系统中的任何数据集都将被投影以动态投影（图 4.17）。

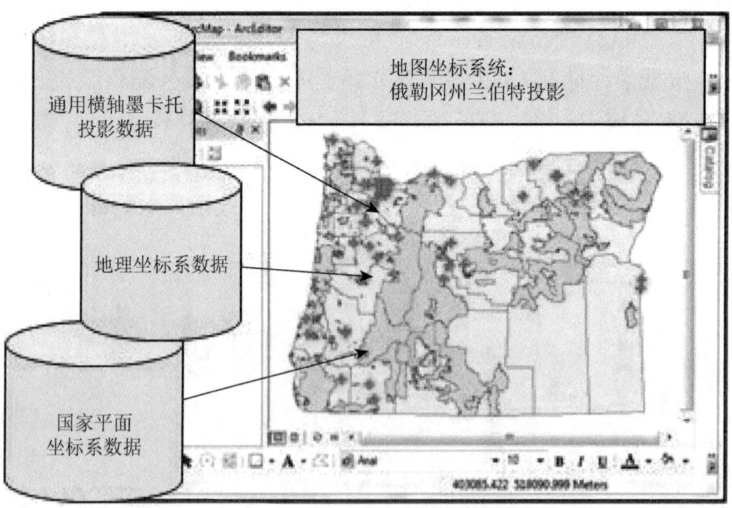

图 4.17　通过设置地图坐标系统，可以同时显示任何坐标系统的数据

来源：Esri

为地图坐标系统定义的单位，无论是米、英尺还是度，都会成为**地图单位**，并且可以不同于文件中存储的单位。在图 4.17 中，通用横轴墨卡托投影数据使用米来存储 *x-y* 坐标，地理坐标系数据使用度，而国家平面坐标系数据使用英尺。俄勒冈州兰伯特投影使用米，因此米成为地图单位。用户可以指定一组不同的单位，称为**显示单位**，用于地图视图中的 *x-y* 位置读数。

为了实现动态投影，Pro 必须知道每个数据集的坐标系统，即其标签或空间参照所定义的坐标系统。如果空间参照是未知的，那么 Pro 将以其所拥有的坐标显示数据。有时，它会幸运地与框架中的其他数据相匹配，但有时又会显得完全不协调。如果匹配，则说明未知图层的坐标系统与地图视图相同或至少非常相似，因此可以为其创建一个空间参照标签。

如果数据集使用的基准面与地图不同，Pro 还会自动进行基准转换。不过，基准面转换并不总是精确的，几米的位置误差很常见。对于国家或州级地图来说，这种差异可以忽略不计，可以放心接受。1∶24 000 以下的大比例尺地图可能会受到明显影响。有时，知道何时应用转换是很有用的，用户可以设置 Pro，当地图包含一个以上基准面的数据时发出警告。

标注坐标系统

即使数据的投影不同，Pro 也能一起显示。这种功能依赖于每个数据集都有一个坐标系统标签，它记录了坐标系统的特征，包括基准面和投影（图 4.18）。该标签有两个作用：记录坐标系统的相关信息，帮助 GIS 显示和管理数据。确保所有数据集具有正确的坐标系统定义是建立 GIS 数据库的关键步骤。坐标系统标签作为数据集的一部分进行存储和复制。坐标系统也可以单独存储为一个文件，文件中带有.prj 扩展名。这些文件可以创建、保存、复制，并用于定义新数据集的空间参考。

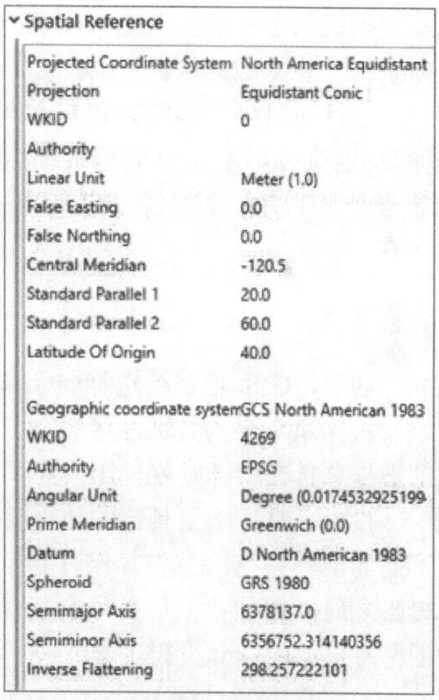

图 4.18 空间参照

来源：Esri

数据集可包含未投影数据或已投影数据。如果是未投影数据，则坐标以十进制经纬度存储。要素类坐标系统标签只包括 GCS（基准面），如 GCS North American 1983。磁盘上数据集存储的 *x-y* 坐标的范围是：*x* 为 –180°～ + 180°，*y* 为–90°～ + 90°。

投影数据采用了地图投影法，将地理坐标系的经纬度值转换为平面坐标系中的英尺或米。地图单位变为米或英尺。通常情况下，投影坐标系中的 *x-y* 值包括数百万或数十亿米。如图 4.13 所示，要素类坐标系统定义包括地理坐标系/基准面，以及投影及其参数的描述，如中央子午线、参考纬度、标准纬线、东移假定值及北移假定值。

坐标系统是称为**空间参照**的更大描述的一部分，**空间参照**包括坐标系统、X/Y 域和分辨率。**X/Y 域**是指可存储在要素类中的允许 *x-y* 值范围。以度存储世界地图需要一个较小的域，因为度的数值最多在–180°和 + 180°之间。存储以英尺为单位的世界地图需要很大的域，因为地球周长超过 1.15 亿英尺。**分辨率**代表数值的基本精度，分辨率为 0.001 m 意味着坐标值为 0.001 m。

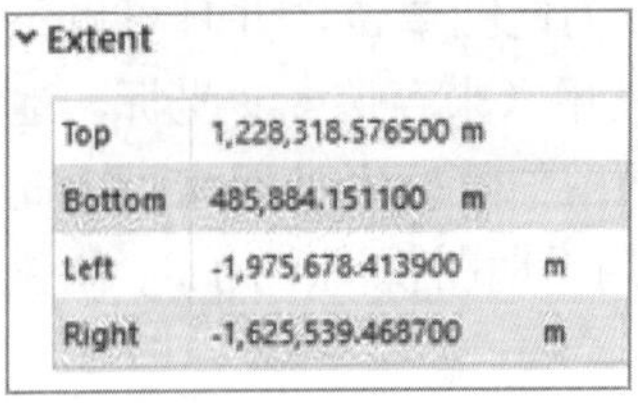

图 4.19　数据集的范围
来源：Esri

数据图层的**范围**是要素类中实际要素的 *x-y* 坐标范围。数据图层的范围显示在其属性中（图 4.19）。该信息可显示数据图层是投影的还是未投影的。介于 + 180°和–180°之间的数值表示未投影的 GCS 坐标系，地图单位为度，而较大的数值表示投影坐标系，单位为英尺或米。

术语说明

许多人将坐标系统和投影术语与数据集的空间参照（完整标签）通用。严格来说，这样使用这些术语并不正确，因为坐标系统只是空间参照的一部分，而投影只是从三维坐标系到二维坐标系的数学转换。不过，这是一种常见的做法，通常在上下文中就能清楚地表达其本意。

坐标系统标签缺失

有时，用户会遇到没有坐标系统标签的 GIS 要素类或栅格，坐标系统显示为“未知”。要使用这些数据，用户必须确定数据的实际坐标系统，并为其创建一个标签。查找坐标系统可能是一个挑战，因为通常无法通过查看数据集来确定。用户必须找到数据提供者提供的文件，如下载数据的网站上的网页或文件，或与数据一起提供的单独说明或文件。用户可能需要联系数据提供者才能获得这些信息。在万不得已的情况下，用户可能需要选择一个更常用的坐标系统，并测试其是否正确。

一旦知道坐标系统，用户就可以使用**定义投影（Define Projection）工具**创建坐标系统标签。定义投影工具用坐标系统标注数据集，允许用户指定坐标系统的所有属性，包括 GCS、基准面、中央子午线等。定义完成后，数据集即可使用。同样的工具也可用于定义栅格的标签。

投影数据

通常，GIS 项目会选择一个单一的坐标系统，并将所有数据转换成与之相匹配的坐标系统。机构通常会为其关注区域建立官方投影和基准面，并统一使用。来自不同坐标系统的外部数据总是在一开始就使用**投影（Project）工具**转换为官方坐标系统。

投影工具位于工具箱的数据管理部分（图 4.20）。它可以将要素类中的 *x-y* 坐标值转换为不同的坐标系统，并将其保存到带有新空间参照标签的新要素类中，原始数据保持不变。在投影之前，原始数据集必须有正确标注的坐标系统。如果标注不明，投影工具将无法工作。栅格有自己的一套投影工具。

解决坐标系统问题

当两个图层本应相互对齐但却没有相互对齐时，就会出现坐标系统问题。它们可能相差几百米，也可能相差数千英里。这些问题大多是由于用错误的坐标系统错误标注数据集造成的。通常的补救方法是确定正确的坐标系统并修复标签。

ArcGIS Pro 可用于解决此类问题。在图 4.21 中，用户正在检查图层的范围和空间参照。该范围显示的 *x-y* 值范围：*x* 为–103.375～–103.500，*y* 为 44.875～44.000，这些数值显然是度。然而，下面的标签将 NAD 1983 UTM Zone 13N 列为坐标系统，并列出了 *x-y* 值以米为地图单位。标签与 *x-y* 范围值不匹配。那么，哪个是正确的？

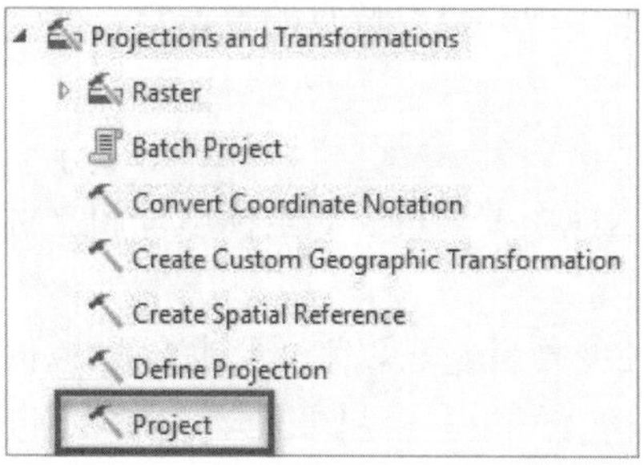

图 4.20　投影和变换工具集

来源：Esri

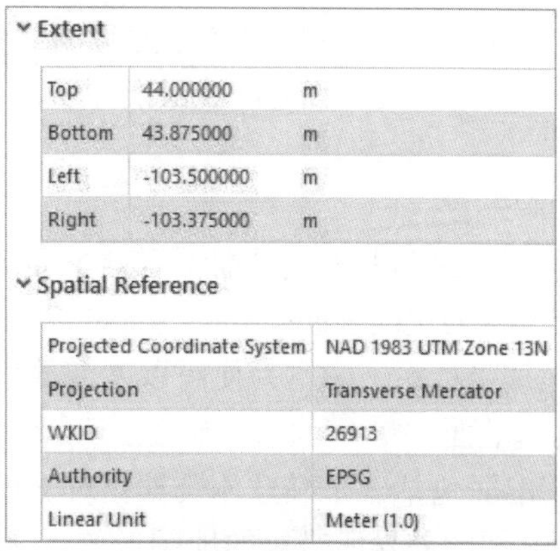

图 4.21　标注错误的坐标系统

来源：Esri

***x-y* 值总是正确的**，因为它们是从文件中存储的值中获取的。这个数据集确实是以度为单位存储的，而标签是不正确的。试想一下，将此要素类添加到设置为 UTM 坐标系的地图中。Pro 读取了标签，错误地认为 *x-y* 值已经是 UTM 米制，不需要再进行投影。*x-y* 值在 UTM 坐标空间中绘制为度，因此与其他数据不匹配，显示在完全不同的位置。

要解决这个问题，必须知道正确的坐标系统，并使用定义投影来修改标签。需要同一区域内已知正确的另一个数据集来比较结果，验证是否分配了正确的标签。如果数据集与已知数据集对齐，则说明标签设置正确。如果仍然不对齐，则需要更换标签。

地理坐标系中的数据相对容易校正，因为可供选择的基准面有限。而投影数据则几乎不可能被猜中，除非这些数据采用的是其中一种常见的投影方式，或者有一些外部信息可以缩小可能性的范围。

定义投影与投影

为什么数据集会被错误地标记为错误的坐标系统？罪魁祸首通常是用户不了解用于管理坐标系统的工具，在需要使用投影工具时错误地使用了“定义投影”。

假设弗兰克有一个采用地理坐标系的 Shapefile，他想将其转换为 UTM 投影，以便与其他数据相匹配。他漫不经心地选择了“定义投影”工具，并将坐标系统设置为 UTM。然而，该工具只是在数据集上添加了一个 UTM 标签，并没有改变数据集内部的坐标。因此，现在数据集的 UTM 标签是错误的，而内部坐标仍然是地理坐标系（这种情况就好比在一罐猫粮上贴了一个长鳍金枪鱼的标签，会给您的午餐带来灾难性的结果）。将数据添加到 Pro 时，它会选择错误的方程将数据转换到坐标系统数据框，要素类将不再出现在应该出现的位置。

警告：很多人对定义投影（Define Projection）工具和投影（Project）工具的功能混淆不清。这种混淆可能会破坏数据集，因此请注意接下来的两段内容，然后根据手头的任务谨慎选择正确的工具。

投影工具作用于图层的 *x-y* 坐标，将其转换为不同的坐标系统，生成一个新的要素类，而原始要素类保持不变。新文件具有新的坐标系统和标签。使用投影工具将一个坐标系统中的图层转换为另一个坐标系统。投影工具只能用于已经正常工作并显示在正确位置的图层。

定义投影工具只能更改要素类的坐标系统标签，而不会影响内部坐标。该工具只能用于未知坐标系统的数据集，或之前被错误标注、不在正确位置出现并需要修复的数据集。

4.1.3 摘要

- 所有 GIS 数据都有坐标系统，它定义了用于表示地图要素的 *x-y* 坐标单位和坐标轴。完整的定义称为空间参照。
- 地理坐标系（GCS）使用以度为单位的纬度和经度角量。它以地球形状的近似值为基础，称为基准面。
- 基准面包括一个椭球体及其相对于地球大地水准面的位置。它用于减少椭球体与地球实际表面之间的差异所带来的地图误差。北美洲的常用基准面包括 NAD 1927、NAD 1983 和 WGS 1984。目前正在计划为北美洲建立新的基准面。
- 一个项目的数据应存储在一个通用的地理坐标系中。应尽量减少从一种基准面转换到另一种基准面的过程，因为这一过程可能会带来新的位置误差。
- 地图投影是将地理坐标系中的度转换为米和英尺的 *x-y* 平面坐标的数学公式，以便在平面纸张上描绘地图。所有地图投影都会造成面积、距离、方向和形状的变形。
- UTM 和国家平面是美国常见的投影系统。每种投影系统都是一个投影系列，旨在最大限度地减少覆盖区域（一个投影带）的变形。
- ArcGIS 中使用的每个数据集都应定义正确的坐标系统并与地图要素一起存储。ArcGIS 使用这些定义来正确显示数据。
- 大多数坐标系统问题都是由于数据集上的标签缺失或不正确造成的。定义投影工具可用于更新标签未定义或不正确的数据集。
- 可使用 ArcToolbox 中的 Project 工具或 Project Raster 工具将数据从一个坐标系统永久投影到另一个坐标系统。

> **提示：**ArcGIS 帮助部分也有一些关于投影的很好的资料。

重要术语

中央子午线	北移假定值	方位投影	空间参照
坐标对	地理坐标系（GCS）	圆锥投影	椭球体
坐标空间	大地水准面	圆柱投影	标准纬线
坐标系统	纬度	斜轴投影	国家平面
基准面	起始纬度	正射投影	转换
定义投影工具	经度	割圆锥投影	通用横轴墨卡托（UTM）
度	地图单位	立体投影	X/Y 域
显示单位	原点	切圆锥投影	
椭圆体	参数	横轴投影	
范围	本初子午线	参考纬度	
东移假定值	投影工具	分辨率	

4.1.4 复习题

1. 如果数据集的要素 x 坐标在–180 和 + 180 之间，坐标系统可能是什么？坐标单位是什么？

2. 解释为什么 UTM 不是绘制美国毗连区地图的好选择。

3. 解释本地基准面和地心基准面的区别。

4. 查看图 4.8～图 4.10，并解释为什么圆锥投影通常保持面积和距离，而圆柱投影通常保持方向。

5. 中央子午线和本初子午线有什么区别？

6. 一个 Shapefile 的坐标系统未知，但网站上的文件显示坐标系统为 UTM Zone 13 NAD 1983。下一步该怎么做？

7. 一个 Shapefile 具有 UTM Zone 10 NAD 1983 坐标系统，必须将其导入使用俄勒冈州兰伯特坐标系统的州数据库。下一步该怎么做？

8. 您需要为整个爱达荷州绘制地图。有哪些坐标系统可供选择？哪种坐标系统绘制的地统图最精确？

9. 检查加利福尼亚州的 UTM 和国家平面投影带。解释为什么为全州创建精确的地图投影是一项挑战。讨论各种选项，然后选择一种投影并确定一组合理的参数。

10. 使用网络浏览器，查找至少三幅明显使用不同投影方式的世界地图。**截取**每个地图的屏幕截图。在下面讨论每幅地图可能采用的投影类型（圆柱投影、圆锥投影或方位投影）。

扩展知识

通过阅读帮助文档中的这些部分来扩展您的 ArcGIS Pro 知识。使用浏览记录导航到每个主题，或搜索章节标题中的术语查找。

Help>Maps and scenes>Map and scene properties>Coordinate Systems（全部）

以下这些文章很容易找到，包含关于投影的精彩讨论和示例。

Synder，John P. and Philip M. Voxland，1989，An Album of Map Projections，US Geological Survey Professional Paper 1453，249 p.，URL：https://pubs.usgs.gov/pp/1453/ report.pdf

Wikipedia article on Map Projection，URL：https://en.wikipedia.org/wiki/Map_projection

4.2 掌握技能

4.2.1 教程

以下示例提供了在 ArcGIS 中执行任务和解决问题的分步说明。您需要执行的步骤用箭头“→”标出；请仔细按照这些步骤操作。

地图坐标系统

在本节中，我们将创建一个新项目，重点关注南达科他州黑山的水质问题。为了保持条理清晰，我们将在 gisclass 的 ClassProjects 文件夹中创建并保存项目。

1→ 启动 ArcGIS Pro。在 New>Blank Templates 下，选择 Map（地图）模板。

1→ 将项目命名为 *BHWaterStudy*，然后单击 Browse（浏览）按钮确定位置。将其保存在 gisclass\ClassProjects 文件夹中。

1→ 选中 Create a new folder for this project（为本项目创建新文件夹）复选框，然后单击 OK。

模板的选择决定了项目中最初打开的视图类型。选择模板只是为了方便。

要完成这个项目（以及许多其他项目），我们需要访问 mgisdata 文件夹中的数据。由于这是一个新项目，我们必须添加文件夹连接才能访问它。在第 1 章教程中，您已将 mgisdata 文件夹添加到 Favorites（收藏夹）选项卡中。

2→ 在 Catalog 窗格中，切换到 Favorites（收藏夹）选项卡。右键单击 mgisdata 文件夹，选择 Add To Project（添加到项目）（如果不在 Favorites 选项卡中，请选择 **Insert：Project：Add Folder**，导航到 gisclass 文件夹，选择 mgisdata 文件夹，然后单击 OK）。

2→ 在 Catalog 窗格中，切换回 Project（项目）选项卡。展开 Folders（文件夹）条目，确认 mgisdata 文件夹已被列为项目的数据源。

在开始编制数据之前，我们先来了解一下坐标系统。每个数据集都存储在一个特定的坐标系统中，并标有该坐标系统的属性（空间参照）。不过，地图可以使用动态投影法在任何坐标系统中绘制。

3→ 在 Contents 中，将地图重命名为 *World*。

3→ 在 Contents 中，右键单击 World 地图图标并选择 Properties（属性）（或双击该图标）。此操作将打开 World 的地图属性。

3→ 在左侧点击 Coordinate Systems（坐标系统）条目，查看蓝色高亮框中的 Current XY（当前 XY）坐标系统。

最初，地图坐标系统设置为 WGS 1984 Web Mercator(auxiliary sphere)，这是 ArcGIS Online 中数据的首选坐标系统。ArcGIS Online 中并非所有数据都采用 Web Mercator 坐标系统，但许多数据（包括所有底图）都采用 Web Mercator 坐标系统。

4→ 单击 Cancel 以关闭 Map Properties（地图属性）窗口。

4→ 单击 **Map：Layer：Add Data** 按钮或使用 Catalog 窗格添加 mgisdata\World 文件夹中的 country 数据集。

4→ 在 Contents 中，双击 World 地图图标，再次打开 Map Properties（地图属性）。

4→ 单击 Coordinate Systems（坐标系统）条目并再次检查地图坐标系统。

1. 现在的地图坐标系统（CS）是什么？ ________________

当第一个数据集添加到地图时，地图坐标系统默认为新数据的存储坐标系统。除非设置为不同的坐标系统，否则坐标系统将保持不变（添加每个数据集时都不会更新坐标系统，只会更新第一个数据集）。WGS 1984 是使用经度和纬度的地理坐标系（GCS）的一个例子。

4→ 检查下方标有 XY Coordinate Systems Available（可用 XY 坐标系统）的方框。

4→ 上下滚动方框，查看所有条目。

该框设置了地图的坐标系统。请注意 Layers 标题，该标题当前已展开，显示了地图中所有图层的坐标系统：GCS WGS 1984 来自刚刚添加的 country shapefile，Web Mercator 来自 Topographic（地形）底图。Favorites（收藏夹）中保存了常用的坐标系统。其他两个文件夹存储的是预先配置好的地理坐标系和投影坐标系。稍后我们将选择不同的坐标系统。

5→ 单击 Cancel 以关闭 Map Properties（地图属性）窗口。

5→ 在 Contents 中，右键单击 country 图层名称，选择 Properties（属性）打开图层属性（或双击图层名称）。

5→ 单击 Source（来源）条目，查看右侧的信息。

5→ 展开 Extent（范围）标题并查看信息。

5→ 展开 Spatial Reference（空间参照）标题，查看坐标系统信息。

该数据集的空间参照或坐标系统为 GCS WGS 1984。范围是文件中的坐标范围，以十进制度存储。

6→ 单击 Cancel 以关闭地图属性窗口。

6→ 将鼠标光标移动到地图上，观察地图视图下栏中的坐标值，以度为单位更新 *x-y* 位置。

回想一下，本初子午线（0°经线）穿过英国的格林尼治。这条线以西的地点经度为负，以东的地点经度为正。赤道以北的位置为正纬度，赤道以南的位置为负纬度。不过，X、Y 坐标方框通常会显示 E/W 和 N/S 标记，W 和 S 表示负值。

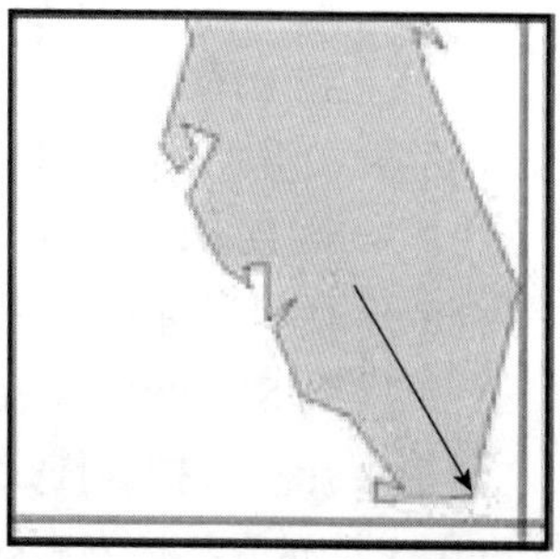

图 4.22 在此处悬停

来源：Esri

6→ 放大美国佛罗里达州的一角。

6→ 使用光标悬停在佛罗里达州东南端，观察 *x-y* 坐标(图4.22)。

2. 佛罗里达州东南端的坐标是多少？______________

6→ 打开 World 地图属性并单击 General（常规）设置。

3. 该数据框的地图单位是什么？______________显示单位是什么？______________

地图单位无法明确设置，因为它们是由地图坐标系统决定的。不过，用户可以在 X、Y 坐标框中选择显示的单位。

6→ 将 Display units（显示单位）更改为 Degrees Minutes Seconds（度-分-秒)，然后单击 OK。

7→ 单击 **Map**：**Navigate**：**Full Extent** 按钮，再次查看整个世界。

7→ 打开 World 地图属性，单击 Coordinate Systems（坐标系统）条目。

7→ 在右侧的文件夹树中，折叠 Layers 文件夹。

7→ 展开 Projected coordinate system（投影坐标系）文件夹并查看其内容。

7→ 展开 World 文件夹。点击 Mercator（world）投影。

7→ 在右上角单击 Details（详细信息）链接，了解有关该 Mercator（world）投影的更多信息。检查参数。

请注意，投影坐标系有两个部分（图 4.23)：①投影及其参数；②基本地理坐标系（GCS)，用于在投影到二维之前近似地球的三维形状。该世界墨卡托投影的 GCS 使用的是 GCS WGS 1984，也称为基准面。

Coordinate System Details

Projected Coordinate System	World Mercator
Projection 1	Mercator
WKID	54004
Authority	Esri
Linear Unit	Meter (1.0)
False Easting	0.0
False Northing	0.0
Central Meridian	0.0
Standard Parallel 1	0.0
Geographic coordinate system 2	GCS WGS 1984
WKID	4326
Authority	EPSG
Angular Unit	Degree (0.0174
Prime Meridian	Greenwich (0.0)
Datum	D WGS 1984
Spheroid	WGS 1984
Semimajor Axis	6378137.0
Semiminor Axis	6356752.31424

图 4.23 世界墨卡托投影的细节

来源：Esri

4. 该世界墨卡托投影的地图单位（线性单位）是什么？______________

7→ 关闭 Coordinate System Details（坐标系统详细信息）窗口。

7→ 单击 OK 以接受 Mercator（world）投影作为地图的坐标系统。

> **提示**：更改地图的坐标系统只会改变地图的显示方式。它不会影响用于存储要素类的坐标系统。

8→ 使用 Add Data（添加数据）按钮或 Catalog 窗格将 mgisdata\World\latlong 数据集添加到地图上。

8→ 打开 World 地图属性，查看 General（常规）设置。

8→ 将 Display units（显示单位）更改为 Meters（米），然后单击 OK。

8→ 使用光标和坐标框找到 x 和 y 都等于零的近似坐标原点（寻找坐标从 W 到 E 和从 N 到 S 的变化位置）。

墨卡托是一种圆柱投影。$x = 0$ 的中央子午线与贯穿英国格林尼治的本初子午线相对应。$y = 0$ 线是赤道，称为起始纬度。中央子午线以西和起始纬度以南的坐标为负值。佛罗里达州位于中央子午线以西，其 x 坐标为负值。

> 5. 在该投影中，哪个大洲的 x 坐标和 y 坐标主要为负值？__________哪一个的 x 坐标和 y 坐标主要为正值？__________

9→ 从 mgisdata\Usa\usdata 地理数据库中添加 states 要素类。

9→ 再次打开 World 地图属性，查看 Coordinate Systems（坐标系统）设置。

9→ 再次找到并展开 Layers（图层）文件夹。

9→ 分别展开 Layers 文件夹中的三个坐标系统条目。

该 Layers 文件夹可方便地查看地图中所有图层的坐标系统。目前，国家和经纬度图层使用的是地理坐标系，各州使用的是圆锥投影，而底图使用的是 Web Mercator 坐标系统。然而，所有这些图层都是为地图设置 Mercator（world）投影。我们可以设置地图坐标系统以匹配任何图层。

9→ 在 Layers 文件夹中，点击 North American Equidistant Conic（北美洲等距圆锥）坐标系统使其突出显示。

9→ 点击右上角的 Details（详细信息）链接，查看地图参数。请注意，该坐标系统的基本 GCS（NAD 1983）与其他图层（WGS 1984）不同。

> **提示**：请记住，Pro 中的地图坐标系统可能与存储数据集的坐标系统不同。

> 6. 中央子午线的经度是多少？__________起始纬度是多少？__________标准纬线是多少？__________和__________。

9→ 关闭 Details（详细信息）窗口，点击 OK 以接受坐标系统。

世界地图看起来很奇怪，因为这个坐标系统是为北美洲设计的。从这个视图中很容易看出这是一个圆锥投影。请注意，北美洲位于中心，因为地图的中央子午线位于北美洲。

10→ 放大到北美洲（包括中美洲）。

10→ 在 Contents 中，选择 latlong 图层并打开 **Feature Layer：Labeling** 功能区。

10→ 在 **Label Class**（标签类别）组中，将 **Field**（字段）设置为 Value。单击 **Label**（标签）按钮打开标签。

10→ 在地图上找到中央子午线、标准纬线和起始纬度。

我们注意到，states 数据集使用的是 NAD 1983 基准面，而地图和其他数据集使用的是

WGS 1984 基准面。地图是根据 WGS 1984 基准面对 states 进行即时转换的。在这种地图比例尺上，转换误差可以忽略不计，但在大比例尺上，差异可能会变得很大。当具有不同基准的数据集放在同一张地图上时，Pro 会发出警告。

11→ 选择 **Project：Options** 并查看 Map and Scene（地图和场景）设置。

11→ 展开 Spatial Reference（空间参照）标题。

11→ 向下滚动并选中 Warn if transformation between geographic coordinate systems is required to align data sources correctly（如果需要在地理坐标系之间进行转换以正确对齐数据源时提醒）复选框。

11→ 单击 OK，然后单击返回箭头返回项目。

这一设置将适用于新地图，我们稍后会发现。

了解地图变形

赤道的周长约为 25 000 英里。两极的周长为零。两者之间的纬度具有中间长度。让我们再来看看 WGS 1984 GCS。

12→ 打开 World 地图属性并查看 Coordinate Systems（坐标系统）设置。

12→ 查找并展开 Layers（图层）文件夹。

12→ 单击 GCS WGS 1984 条目，将数据框设置为该 CS，然后单击 OK。

12→ 单击 **Map：Navigate：Full Extent** 按钮，再次显示整个世界。

12→ 在 Contents 中，右键单击 latlong 图层，选择 Label 以关闭标签。

显示 GCS 时，角度单位以等角投影方式绘制，就好像是 $x = -180 \sim +180$ 和 $y = -90 \sim +90$ 的平面 x-y 坐标系。离赤道越远，东西方向的距离变形越大。

13→ 添加 mgisdata\World 文件夹中的 circles shapefile。

13→ 在 Contents 窗口中，拖动 Latlong 图层上方的圆。

每个圆的半径为 5°，它们在地球仪上看起来是一样的，但在这里，GCS 地图的距离变形却清晰可见。如果以这些圆确定面积和距离，那么全球大部分地区的面积和距离都是不正确的。

> **提示：**当数据存储在 GCS 中时，任何基于距离或面积测量的 GIS 分析都是错误的。最好选择合适的投影坐标系统来存储数据。

14→ 打开 World 地图的地图属性，选择 Coordinate Systems（坐标系统）设置。

14→ 在 Search（搜索）框中输入 *Web Mercator* 并单击 Enter。

14→ 展开 Projected coordinate system（投影坐标系）和 World 文件夹。

14→ 选择 WGS 1984 Web Mercator（auxiliary sphere）投影，然后单击 OK。

ArcGIS Online 中的数据首选此坐标系。在这种投影中，面积和距离都会变形，尤其是在高纬度地区。不过，墨卡托坐标系统保留了方向和形状。圆仍然是圆，经线指向北方。由于墨卡托投影保留了方向和形状，因此是查看世界各地数据的不错选择。但是，它不适合进行涉及区域或距离的空间分析。

> **提示：**动态投影栅格数据比投影矢量数据要慢。如果使用 ArcGIS Online 中的底图，可通过将地图坐标系统设置为 WGS 1984 Web Mercator（auxiliary sphere）来提高绘图性能。

15→ 使用地图属性和搜索框将地图坐标系更改为 Robinson（world）。

Robinson（罗宾逊）投影被称为折衷投影，因为它在所有四种特性上都能最大限度地减少变形，但却不保留任何一种特性。在使用小比例尺世界地图和国家地图时，变形是不可避免的。

16→ 将地图坐标系改为 Sinusoidal（world）。

Sinusoidal（正弦）投影是一种等积投影，这意味着它保留了面积，并在一定程度上保留了距离。然而，它是以牺牲形状和方向为代价的。经线向两极汇聚，圆的面积相等，但大多数不再是圆。在远离赤道和本初子午线的地方，变形更加严重。

17→ 将地图坐标系改为 Africa Sinusoidal。

17→ 放大到非洲。

虽然从整体上看，正弦投影显示出很大的变形，但在为非洲地区定制时，它能很好地保持面积和距离，尽管方向变形很明显。对于更小的区域，UTM 也是一个不错的选择。

18→ 将地图坐标系统改为 WGS 1984 UTM Zone 35S（提示：这个坐标系比较难找。搜索 UTM，然后展开 UTM、WGS84 和 Southern Hemisphere 文件夹，即可找到正确的坐标系）。

18→ 从 mgisdata\World 文件夹中添加 utmzone35 要素类。

UTM Zone 35 的狭长地带沿着横轴圆柱投影的切线延伸。在这一区域内，圆仍然是圆，面积、距离、形状和方向这四个属性都得到了很好的保留。赤道以上地区使用 Zone 35N。

编制数据时转换坐标系统

在为一个项目编制数据时，必须确保所有数据都转换到相同的合适坐标系统。试想一下，为南达科他州黑山的两个四分区的地下水质量研究编制数据。一位同事已经下载了相关信息，您的任务是将其编制到地理数据库中。让我们回顾一下这些存储在 mgisdata\BlackHills\Downloads 文件夹中的数据。

19→ 选择 **View：Windows：Catalog view** 切换到 Catalog（目录）视图，这是 Catalog 窗格的多功能版本。

19→ 在 Catalog 视图中，单击 Folders（文件夹）条目。导航到 mgisdata\BlackHills\Downloads 文件夹。

19→ 点击第一个条目 benchn27_hc.shp。元数据将出现在右侧。

19→ 花几分钟时间阅读文件夹中每个数据集的元数据。

本项目的主地理数据库 BHWaterStudy 将提供数据存储库，项目负责人选择使用 NAD 1983 UTM Zone 13N 作为投影。所有数据都必须以这种投影方式存储（不只是在地图中显示，而是实际转换）。

20→ 保存项目并关闭 World 地图。

20→ 使用 **Insert：Project：New Map**，打开新地图。

20→ 在 Contents 中，重新命名地图为 *Study Quads*。

20→ 点击 **Map：Layer：Add Data**。导航到 mgisdata\BlackHills\Downloads 文件夹，按住 Shift 键并单击将所有要素类添加到地图上。

记得设置投影选项，以便在同一地图里出现不同基准点时向用户发出警告。该设置会出现一个 Transformation Warning（转换警告）窗口（图 4.24），警告用户将应用默认转换。有经验的用户可能会选择其他变换方法，但对于初学者来说，默认值是最好的选择。

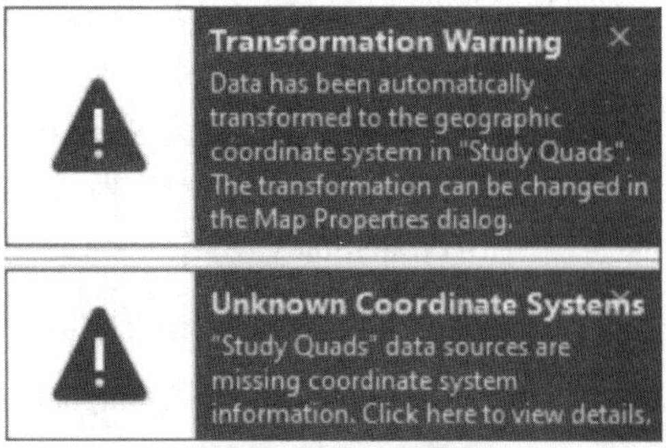

图 4.24　转换警告

来源：Esri

20→ 放大到 StudyBoundary 数据集。

看起来所有数据集都在同一坐标系统中，因为它们在地图上画在一起，但事实并非如此。请记住，即使存储的坐标系统不同，动态投影也会以地图坐标系统绘制所有内容。

21→ 打开 Study Quads 的地图属性，查看 Coordinate Systems（坐标系统）设置。

21→ 查找并展开 Layers（图层）文件夹。

其中列出了七种坐标系统，包括三种不同的基准面（图 4.25）。任务是将每个要素类保存到 NAD 1983 UTM Zone 13 的主地理数据库中。最好一次解决一个问题。

21→ 单击 Cancel 以关闭 Map Properties（地图属性）窗口。

22→ 在 Contents 中，关闭除 Topographic（地形）和 StudyBoundary（研究边界）以外的所有图层。

22→ 给 StudyBoundary 图层添加一个黑色粗轮廓的空心符号。

22→ 在 Contents 中，双击 StudyBoundary 图层打开图层属性，并单击 Source（来源）设置。展开并仔细检查 Spatial Reference（空间参照）。

StudyBoundary 要素类存储在以 NAD 1983 为基准面的 GCS 坐标系中。需要将该要素类投影到 UTM 坐标系并保存在原地理数据库中。投影工具通过在新坐标系统中创建副本，实现要素类从一个坐标系统到另一个坐标系统的转换（图 4.26）。

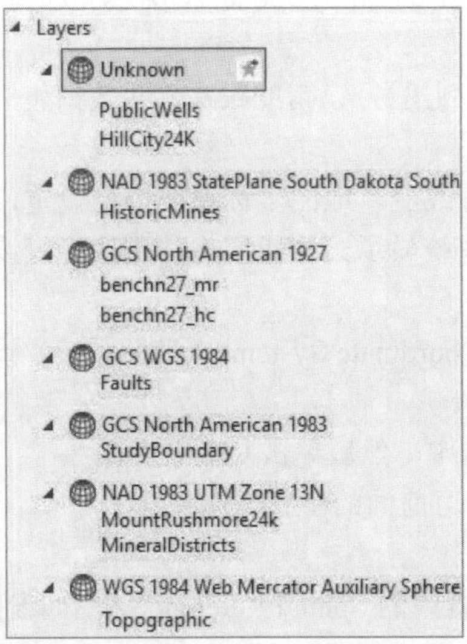

图 4.25　数据存储在七个不同的坐标系统中

来源：Esri

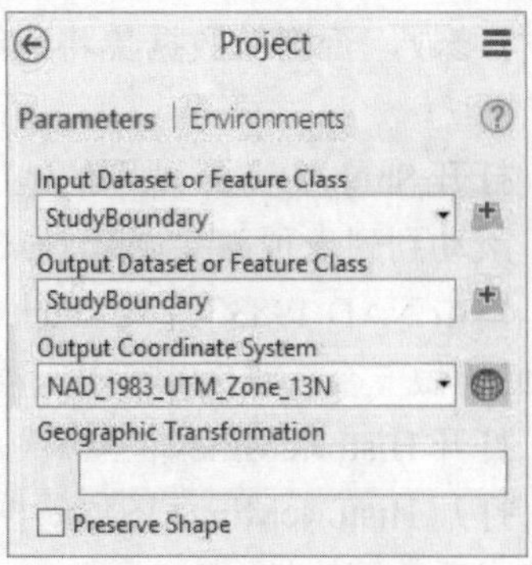

图 4.26　将要素类投影到新的坐标系统

来源：Esri

23→ 关闭图层属性窗口。

23→ 在 Geoprocessing（地理处理）窗格中，搜索 *project*。

23→ 单击 Project（投影）工具（不是 Define Projection 工具）打开它。

23→ 将输入数据集设置为 StudyBoundary。

23→ 将输出数据集命名为 StudyBoundary，并确保将其保存在主地理数据库 BHWaterStudy 中。

7. 新的 StudyBoundary 数据集会覆盖旧的数据集吗？为什么？

24→ 单击地球仪图标选择 Output Coordinate System（输出坐标系）。在搜索框中键入 *UTM* 并单击 Enter。展开 Projected Coordinate System—UTM—NAD 1983 条目。

24→ 查找 NAD 1983 UTM Zone 13N，并单击使其突出显示。

24→ 点击名称旁边的小星星图标，将该坐标系添加到 Favorites（收藏夹）列表，以便再次查找。

24→ 单击 OK 以接受该坐标系，并仔细检查工具中的 Output Coordinate System（输出坐标系）是否为 NAD_1983_UTM_Zone_13N。

24→ 单击 Run 执行工具。

第二个 StudyBoundary 要素类被添加到 Contents（内容）窗口中，很可能在第一个要素类的上方。有两个同名的要素类可能会引起混淆，因此让我们更改 Contents 面板，以显示每个数据集的来源。我们可以删除原始数据集，保留新的投影数据集。

25→ 在 Contents 中，单击第二个视图图标，打开 List By Data Source（按数据源列出）面板。

25→ 在 Contents 中，找到存储在主地理数据库中的 StudyBoundary 图层（因为它是我们保存的第一个数据集）。

25→ 查找保存在 Downloads（下载）文件夹中的原始 StudyBoundary 图层（将鼠标悬停在数据库条目上可查看其全名和位置）。

25→ 在 Contents 中，右键单击 Downloads 文件夹中的 StudyBoundary 图层并选择 Remove（删除）。

25→ 在此面板中保留 Contents 窗格（按数据源列出），以帮助跟踪哪些数据集来自哪个文件夹。

请注意，当我们投影时，研究边界的形状并没有改变。地图坐标系统仍已设定，除非我们对其进行修改，否则新数据集将继续以地图坐标系统显示。让我们将其更改为最终所需的坐标系统。

26→ 打开 Study Quads 地图的地图属性，查看 Coordinate Systems（坐标系统）设置。

26→ 滚动到列表顶部并展开 Favorites（收藏夹）。

26→ 单击 NAD 1983 UTM Zone 13N 条目将其选中，然后单击 OK。

让我们再做一个。说明很简短，如有需要，请复习前面的步骤。

27→ 打开 HistoricMines 图层。

27→ 打开 HistoricMines 图层属性，检查来源设置中的 Spatial Reference（空间参照）。完成后关闭属性。

8. HistoricMines 是以什么坐标系统存储的？ ____________________

28→ 在 Geoprocessing（地理处理）窗格中，将 Input Dataset（输入数据集）设置或更改为 HistoricMines（如果该工具已打开，则下一步将简化）。

28→ 设置或更改 Output Dataset（输出数据集）为 HistoricMines，并确保将其保存在主地理数据库中（单击 Tab 键接受条目并消除警告）。

28→ 设置或保留 Output Coordinate System（输出坐标系）为 NAD_1983_UTM_Zone_13N。

28→ 单击 Run.。

28→ 工具完成后，删除 Downloads（下载）文件夹中的原始 HistoricMines，并在主地理数据库中保留新的 HistoricMines。

提示：默认情况下，所有输出要素类和表格都保存在主地理数据库中，其重要功能是将分析结果和项目中创建的数据保存在一个方便的位置。除非说明中另有规定，否则请始终将输出保存到主地理数据库中。

29→ 打开 MineralDistricts，打开图层属性，查看 Spatial Reference（空间参照）。完成后关闭图层属性。

该数据集已经在所需的坐标系统中，因此我们只需将其复制到主地理数据库中即可。

30→ 在 Geoprocessing（地理处理）窗格中，单击画圈的返回箭头，返回 Geoprocessing（地理处理）主窗格。

30→ 搜索并打开 Copy Features（复制要素）工具。

30→ 将 Input Features（输入要素）设置为 MineralDistricts。

30→ 将 Output Feature Class（输出要素类）命名为 MineralDistricts。运行工具。

30→ 从地图中删除原始 MineralDistricts 图层。

30→ 继续之前保存项目。

了解转换

我们的工作进展顺利，但接下来的几个数据集所使用的基准面（GCS）与所需的坐标系统不同。

31→ 打开 Study Quads 地图的地图属性，查看 Coordinate Systems（坐标系统）设置。

31→ 展开 Layers（图层）文件夹，查看地图中的坐标系。

请注意，这里有三种不同的基准面：NAD 1983、NAD 1927 和 WGS 1984。当投影到一个具有不同基准面的新坐标系时，用户还必须指定**转换**或转换到新基准面。

32→ 关闭地图属性，打开 Faults 图层，在图层属性中查看其空间参照。

32→ 在 Geoprocessing（地理处理）窗格中打开 Project（投影）工具。

32→ 将 Input Dataset（输入数据集）设置为 Faults，并将输出保存为 Faults。

32→ 和之前一样，选择 Output Coordinate System（输出坐标系）为 NAD_1983_UTM_Zone_13N。

请注意，当指定的输出坐标系与输入坐标系的 GCS 不同时，变换会自动出现。选择最佳变换方法不在本书讨论范围之内，但软件推荐的首选项通常是最好的。

32→ 仔细点击所列变换旁边的下拉箭头，查看其他选项，但不要更改。

32→ 运行该工具，并从 Contents 窗口中删除原有的 Faults 图层。

由于我们现在正在更改坐标系，所以最好每次都关闭（单击返回箭头）Project 工具以清除它。要轻松选择输出坐标系，请单击下拉菜单并选择 Current Map [Study Quads]，因为我们知道已经将其设置为所需的 CS。

33→ 运行 Project 工具，对 benchn27_hc 要素类进行投影，包括从 NAD 1927 到 NAD 1983 的基准面转换。将输出命名为 *bench_hc*。

33→ 从地图上删除原有的 benchn27_hc 要素类。

34→ 运行 Project 工具对 benchn27_mr 要素类进行投影，包括将基准面从 NAD 1927 转换为 NAD 1983。将输出结果命名为 *bench_mr*。

34→ 从地图上删除原有的 benchn27_mr 要素类。

提示：如果需要，现在可以在 Project>Options>Map and Scene 设置中关闭 Transformation Warning（转换警告）。不过，打开它是培养对基准面变换及其潜在问题的认识的好方法。

排除投影问题

有时，数据集的空间参照标签丢失或因操作不当而受损。在某些情况下，如果能确定数据的正确坐标系并更正标签，就能挽救数据集。本节将介绍如何进行修复。

35→ 保存项目。

35→ 打开 PublicWells 图层并检查其空间参照。

35→ 在 Geoprocessing（地理处理）窗格中，清除并重新打开 Project 工具。

35→ 将 Input Dataset（输入数据集）设置为 PublicWells，然后单击 Tab 键。出现一个红色的“×”。

根据 Spatial Reference（空间参照），该数据集的坐标系未知。因此，还不能对其进行投影。工具在将数据集投影到新的坐标系之前，必须知道从哪个坐标系开始。您需要确定坐标系，并设置与之匹配的标签。

35→ 关闭除 StudyBoundary 和 PublicWells 以外的所有图层。

35→ 检查地图。公共水井都位于研究区域内。

水井出现在地图上的正确位置是一条重要线索。当缺少标签时，Pro 无法动态投影数据集，因此只能简单地绘制存储在数据集中的任何 *x-y* 值。由于它们显示正确，水井的实际坐标系与地图坐标系 NAD 1983 UTM Zone 13N 相同。让我们来演示一下。

36→ 打开 Study Quads 的地图属性，查看 Coordinate Systems（坐标系）设置。

36→ 将地图坐标系更改为 WGS 1984 Web Mercator（auxiliary sphere）（展开 Layers 文件夹并在其中选择它比搜索更方便）。

地图上已看不到公共水井。它们去哪儿了？

36→ 在 Contents 中，右键单击 PublicWells 图层并选择放大到图层。

36→ 打开 Topographic 底图并缩小，直到可以确定世界位置。

我们必须赋予 PublicWells 一个空间参照，使其成为一个完整的数据集，并在所有地图中正常运行。使用 Define Projection（定义投影）工具为数据集指定空间参照标签，而无须修改存储的坐标。

37→ 在 Geoprocessing（地理处理）窗格中，打开 Define Projection（定义投影）工具。

37→ 将 Input Dataset（输入数据集）设置为 PublicWells。

37→ 将 Coordinate System（坐标系统）设置为 NAD 1983 UTM Zone 13N（从收藏夹中选

择），然后单击 Run。

37→ 再次缩放至 PublicWells 图层，它们现在位于正确的位置。

当设置了正确的坐标系后，无论地图坐标系如何，水井都会绘制在正确的位置上。水井已经在所需的坐标系中，因此只需将其复制到主地理数据库中即可。

38→ 将地图坐标系设回 NAD 1983 UTM Zone 13N（使用收藏夹中的条目）。

38→ 在 Geoprocessing（地理处理）窗格中，打开 Copy Features（复制要素）工具，使用相同的名称将 PublicWells 复制到主地理数据库。

38→ 从地图上删除原有的 PublicWells。

39→ 打开 HillCity24K 图层。它不会出现在地图上的任何地方。

39→ 缩放到 HillCity24K 图层，然后大幅缩放（非常大!），直到其世界位置清晰可见。然后缩回到 StudyBoundary 图层。

39→ 打开 HillCity24K 的图层属性，检查空间参照。

该要素类的坐标系也是未知的，但在这种情况下，它并没有绘制在正确的位置上，这表明它的坐标系与地图的坐标系不匹配。需要确定实际的坐标系，数据中存储的 *x-y* 值范围有时会提供线索。

39→ 展开图层属性中的 Extent（范围）标题。

Extent 以小于 180 的数字显示 *x-y* 坐标的范围，这就可靠地表明坐标系是以度为单位的。因此必须指定一个 GCS 标签，但指定哪个基准面呢？目前还无法确定，但 NAD83 是美国数据最常用的基准面，因此可以先试试。

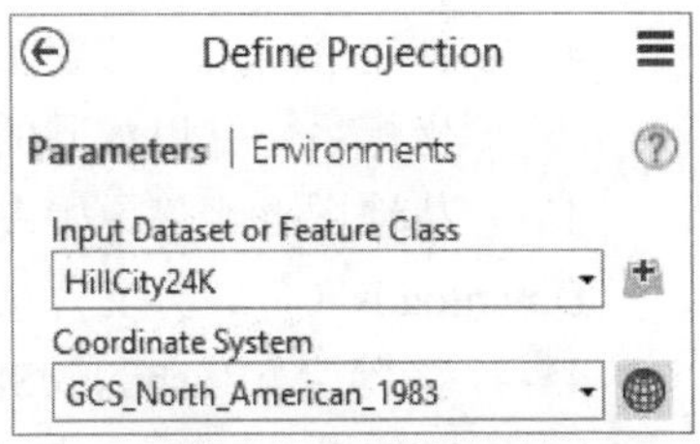

图 4.27　用坐标系标注数据集

来源：Esri

40→ 在 Geoprocessing（地理处理）窗格中，打开 Define Projection（定义投影）工具。

40→ 将 Input Dataset（输入数据集）设置为 HillCity24K（图 4.27）。

40→ 将 Output Coordinate（输出坐标系）设置为 NAD 1983（搜索 NAD，然后展开 Geographic Coordinate System—North America—USA and territories）。选择 NAD1983，点击小星星图标将其添加到收藏夹。

40→ 运行工具。

提示：除非特别说明，否则请始终使用基本基准面 NAD 1983，而不要使用（2011）或（CORS96）或（HARN）等专用基准面。如果您误选了其中一种，请再次单击按钮，选择正确的数据，然后重新运行该工具。

41→ 基准面通常相差几百米或更少，因此请放大到研究区域的一角，确认 HillCity24K 边缘与 StudyBoundary 边缘紧密吻合。

41→ 放大到 StudyBoundary 图层。

现在，HillCity24K 要素类有了正确的空间参照标签，但仍需将其投影并保存到原地理数据库中。

42→ 在 Geoprocessing（地理处理）窗格中，打开 Project（投影）工具。

42→ 将 HillCity24K 要素类投影到 NAD 1983 UTM Zone 13N 坐标系，并使用相同的名称将其保存在主地理数据库中。

42→ 删除原有的 HillCity24K 要素类。

43→ 打开 MountRushmore24k 图层。它不会出现在地图上。

43→ 检查其绘制位置，然后返回研究区域。

43→ 打开 MountRushmore24k 图层的图层属性，检查初始空间参照和范围。

空间参照显示坐标系为 NAD 1983 UTM Zone 13N，但仍然没有绘制到正确的位置，这很奇怪。不过，仔细检查范围后发展，*x-y* 值再次显示为小数，表明数据实际是在地理坐标系中。空间参照说的是一回事，但范围说的是另一回事。范围始终是正确的，因此，该数据集确实存储在地理坐标系中，而空间参照标签是错误的。

提示：Extent（范围）*x-y* 值显示文件中的实际值，是真实坐标系的最佳指南。

此示例显示了当用户在应该使用“投影”时却使用“定义投影”会发生什么。该数据集的坐标系标注错误，因此无法在地图上正确绘制。要解决这个问题，请将标签设置为 GCS NAD 1983。

44→ 使用 Define Projection（定义投影）工具将 MountRushmore24k 的标签更改为 GCS North American 1983 坐标系。然后，它就会出现在正确的位置上。

45→ 使用 Project（投影）工具将 MountRushmore24k 投影到 NAD 1983 UTM Zone 13N 坐标系，并以相同的名称保存在主地理数据库中。

45→ 从地图上删除原始图层。

Downloads（下载）文件夹中剩余的四个图层将在下一章中使用。

45→ 移除 MtRushmoreStructure、HillCityStructure、MtRushmoreGeology 和地图上的 HillCityGeology。

现在是总结和检查工作的时候了。此时，地图应只包含地形底图和来自主地理数据库的图层。此外，除底图外，所有图层都应使用 NAD 1983 UTM Zone 13N 坐标系。

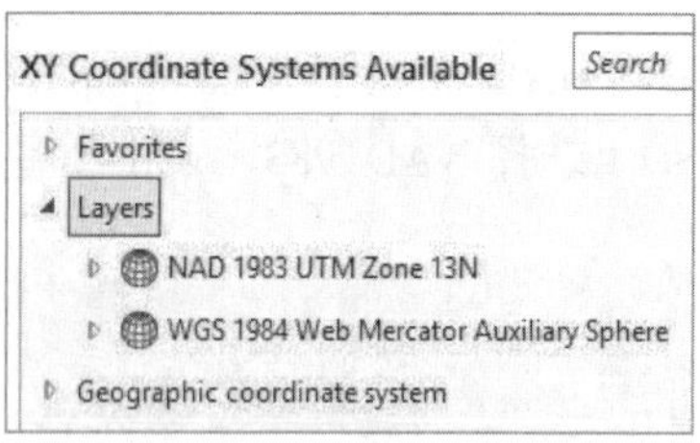

图 4.28　地图属性应在图层列表中只显示两个坐标系

来源：Esri

46→ 确认 Contents 窗格已设置为 List by Data Source（按数据源列出）面板。

46→ 确认除底图以外的所有图层都来自 gisclass\ClassProjects\BHWaterStudy\ BHWaterStudy home geodatabase.

46→ 打开 Study Quads 地图的地图属性，查看 Coordinate Systems（坐标系）设置。找到并展开 Layers（图层）条目。

46→ 确认只列出了两个坐标系：NAD 1983 UTM Zone 13N 和 WGS 1984 Web Mercator Auxiliary Sphere（来自底图），如图 4.28 所示。

提示：如果列出的坐标系不只这两个，说明您出错了。请返回相关步骤，找出出错的原因，这样就能避免今后再犯同样的错误。不过，完成本教程并不需要解决问题。

47→ Catalog 视图选项卡在显示区域中应该仍然可见（如果没有该选项卡，请选择 **View：Windows：Catalog view**）。

47→ 导航至 gisclass\Class Projects\BHWaterStudy 中的主地理数据库。

47→ 点击每个新的投影数据集进行检查。注意元数据已复制到新文件中。

47→ 保存项目。

创建自定义坐标系统

有时，一个地区没有预定义的坐标系统，或者预定义的坐标系统不具备所需的精度，这就需要定义一个自定义坐标系统。假设 Black Hills 的一位客户对 UTM Zone 13N 不满意，因为该地区位于该区的边缘，地图显示略有变形。可根据 UTM Zone 13N 定义自定义投影，但要修改中央子午线，将黑山置于投影中心。

48→ 打开新地图并重新命名为 *New CS*。

48→ 打开地图属性，查看 Coordinate Systems（坐标系统）条目。

48→ 找到 NAD 1983 UTM Zone 13N 坐标系。右键单击该坐标系，选择 Copy and Modify（复制并修改）。

48→ 重新命名坐标系 NAD 1983 Black Hills Transverse Mercator（图 4.29）。

48→ 将中央子午线从–105 更改为–103.7，然后单击 Save（保存）。

现在地图已设置为自定义坐标系统但如果能将其保存为文件，将有助于在其他地图或数据集中使用。默认情况下，它将保存在用户的收藏夹中，如果其他人需要使用它，则应将其保存在共享位置。

49→ 右键单击新坐标系统，选择 Save As Projection File（另存为投影文件）。

49→ 在文件名中输入 *NAD 1983 Black Hills Transverse Mercator*。注意保存到哪个文件夹，然后点击 Save（保存）。

49→ 单击 OK 接受地图的新坐标系统。

在绘制土耳其地图时，我们会发现没有预定义的坐标系统。在这种情况下，可以创建一个新的自定义坐标系统。由于土耳其是一个东西向的大区域，因此采用正割圆锥投影最为合适。中央子午线应位于土耳其的中心，标准纬线应位于区域的上下六分之一位置处。

50→ 创建一张新地图，并将其重命名为 *Turkey*。

50→ 放大到地图中的土耳其。

50→ 使用光标并从光标 XY 显示框中读取土耳其的中央子午线和纬度范围。

中央子午线____________南纬___________北纬___________

有了这些信息，我们就可以根据 Lambert Conformal Conic 投影定义一个自定义坐标系统。

51→ 打开 Turkey 地图属性并查看 Coordinate Systems（坐标系统）设置。

51→ 单击 Add Coordinate System（添加坐标系统）下拉菜单并选择 New Projected Coordinate System（新建投影坐标系统）。

51→ 输入 *Turkey Lambert Conformal Conic WGS84* 作为名称（图 4.30）。

51→ 对于 Projection（投影），从下拉列表中选择 Lambert Conformal Conic。

51→ 小心地将 Central Meridian（中央子午线）改为 *35*°。

51→ 将 Standard Parallel 1（标准纬线 1）设置为 *37*°。将 Standard Parallel 2（标准纬线 2）设置为 *41*°。

51→ 将地理坐标系保留为 WGS 1984，这是个不错的选择。点击 Save（保存）。

52→ 右键单击新坐标系并选择 Save As Projection File（另存为投影文件）。重新键入名称并保存到收藏夹中。

52→ 单击地图属性中的 OK，然后查看地图。

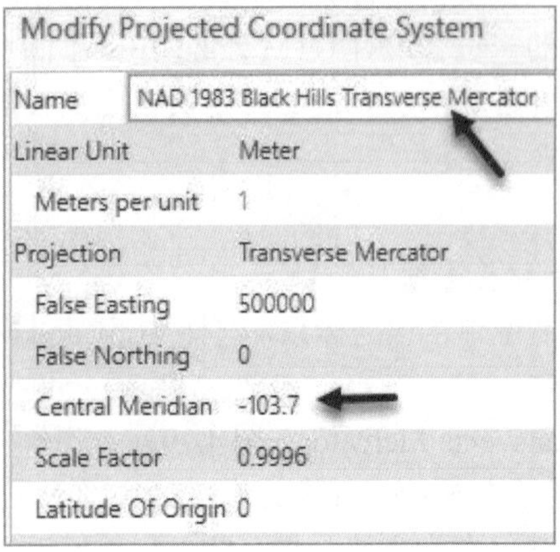

图 4.29　修改坐标系统以创建自定义坐标系统

来源：Esri

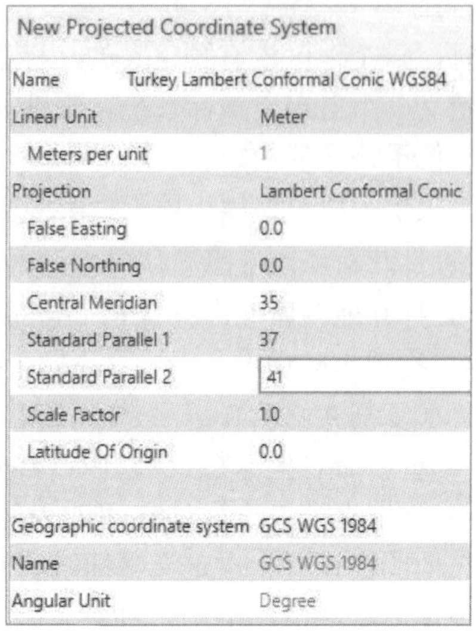

图 4.30　为土耳其创建自定义投影

来源：Esri

提示： 要使用保存的投影文件，请单击 Add Coordinate System（添加坐标系统）下拉菜单并选择 Import（导入）。如果想看看文件的外观，可以用记事本打开——这是一个文本文件。

教程到此结束。

→ 保存项目并关闭 ArcGIS Pro。

4.2.2　练习

1. 查看文件 Austin 地理数据库中 streets 要素类的坐标系统，回答下列问题：坐标系统名称是什么？已投影还是未投影？地图单位是什么？

2. Oregon 地理数据库中的要素类所使用的投影（非坐标系统）名称是什么？中央子午线与标准纬线是什么？它是使用赤道作为起始纬度吗？

3. 确定华盛顿州雷尼尔山山顶的坐标，分别以以下三种形式表示：①度-分-秒格式；②UTM Zone 10（单位为米）；③华盛顿州平面坐标系南区（单位为英尺）。所有情况均采用 NAD 1983 大地基准面。

4. 比较北美洲等距圆锥投影与美国本土等距圆锥预定义坐标系统的投影参数。解释两者差异的原因。

5. 检查非洲兰伯特等角圆锥预定义坐标系统的标准纬线和起始纬度，并予以说明。预测在该投影中非洲是否有区域会出现 y 坐标负值。为什么会有或为什么不会有这种情况？

6. 非洲兰伯特等角圆锥投影是切圆锥投影还是割圆锥投影？如何判断？

7. 非洲兰伯特等角圆锥坐标系采用何种基准面？为何该基准面与北美洲等距圆锥坐标系所用基准面不同？

8. 创建新地图并添加来自 mgisdata\World 文件夹的 utmzone.shp 数据集，以及来自 mgisdata\Usa\usdata 地理数据库的 spcszn83 要素类。对照 UTM 与 SPCS 的投影带边界，分析这些地理位置。选择哪个区域更适合（变形较小）该地区，并说明原因。

Amarillo，Texas（阿马里洛，得克萨斯州）

Pensacola，Florida（彭萨科拉，佛罗里达州）

State of Tennessee（田纳西州）

9. 您正在参与密西西比州全州范围的项目，并决定定义一个自定义坐标系统。从某个 SPCS 投影带出发，稍作修改使其更适用于整个州。请说明具体方法，并截取显示已创建自定义坐标系统描述的窗口。

10. Austin 文件夹包含两个 Shapefile，以点和多边形形式展示遛狗区域。这两个文件都存在坐标问题。请分别描述每个文件的问题，然后解决这些问题，并创建一张地图来同时展示点要素和多边形要素，背景为奥斯汀市主要交通干道（提示：首先在 Pro 中加载 arteries 数据，与其他数据集进行比较）。截取该地图。

第 5 章　矢量数据管理

目标

学完本章后，您将能够

- 解释 GIS 数据与典型计算机文件的不同之处
- 组织 GIS 数据集和文件夹
- 通过导入、导出或修改现有数据构建地理数据库
- 描述地图文件如何与 GIS 数据协同工作
- 使用元数据记录数据源

5.1　掌 握 概 念

5.1.1　GIS 概念

第 1 章介绍了处理离散数据（如河流或州等空间对象）和连续数据（如高程）的不同数据模型的概念。在本章中，我们将讨论矢量模型的细节，了解 GIS 数据与以前处理过的其他类型数据有何不同。我们还将学习为项目创建和管理数据集的策略和最佳实践。

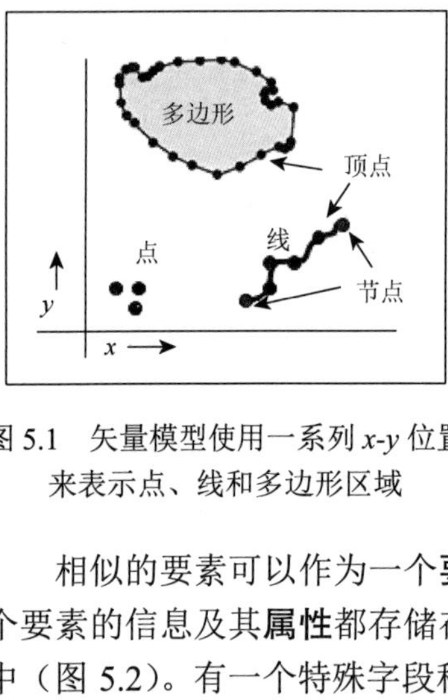

图 5.1　矢量模型使用一系列 *x-y* 位置来表示点、线和多边形区域

矢量模型

矢量模型专门用于存储地球表面的离散对象，如采样点、道路或地块。矢量数据使用一系列 *x-y* 位置来存储点、线或多边形信息（图 5.1）。选择用于存储位置的 *x-y* 值就是第 4 章讨论的坐标系统。一个点由一对 *x-y* 坐标组成。线包括两个或多个坐标对。线的端点称为**节点**，每个中间坐标对称为**顶点**。多边形是由一组**顶点**组成的封闭区域。

相似的要素可以作为一个**要素类**存储在一起。每个要素的信息及其**属性**都存储在与要素类相关的表格中（图 5.2）。有一个特殊字段称为**要素 ID**（**FID**）或**对象 ID**（**OID**），将空间数据与属性联系起来。每个要素的属性都存储在表格的一行中。当地图上突出显示一个状态时，表格中也会突出显示与其匹配的属性，反之亦然。空间信息和属性信息之间的这种实时链接有很多好处，例如我们可以根据属性创建地图，就像我们在第 2 章中所做的那样。

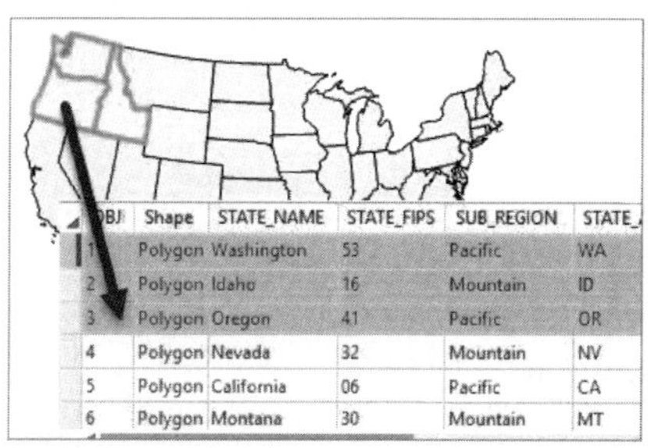

图 5.2　每个状态由一个空间要素（多边形）表示，该要素与表格中的属性相关联

来源：Esri

有些 GIS 系统还可以处理**多部分要素**，即一个要素包含多个空间对象。例如，夏威夷需要多个多边形来表

示不同的岛屿，但在一个州的要素类中，它在表格中只能获得一行信息，而不是七行。多部分要素就能完成这一任务。如果需要，任何类型的要素，包括点、线或多边形，都可以存储为多部分要素。

“要素类”是一个通用术语，包括多年来与不同的 GIS 程序相关联的许多不同的文件格式。不同格式的数据存储细节各不相同，但几乎所有人都使用这种空间要素链接结构到表格中的信息。本章后面我们将讨论几个 ArcGIS 软件使用的格式。某些数据格式允许（或要求）要素类组成相关的功能组，即所谓**要素数据集**，这有助于整理类似数据或具有特殊功能。

矢量模型有很多优点。首先，它可以高精度地存储道路和地块等单个要素的位置和形状。其次，链接属性表在存储每个要素的属性数量和类型方面提供了极大的灵活性。再次，矢量模型非常适合地图绘制，因为可以获得高精度和详细的要素信息。矢量模型也是一种紧凑的数据存储方式，所需的空间通常只有具有类似信息的栅格模型的十分之一。最后，矢量模型非常适合某些类型的分析问题，如确定周界和区域、检测要素是否重叠以及建立网络流模型。

不过，矢量模型也有一些缺点。首先，它不太适合存储连续表面，如高程或降水量。其次，等高线（如地形图上的等高线）可用来表示曲面，但计算等高线的衍生信息（如坡度、流向和坡向）却很困难。最后，某些类型的分析使用矢量比使用栅格更耗时。

用拓扑结构模拟要素行为

矢量模型有两种：**面条模型**（spaghetti model）和**拓扑模型**。面条模型将要素存储为独立的对象，彼此无关。两个相邻的状态可能共享相同的边界，但面条模型将它们存储为独立的多边形，两次保存共享边界，而不识别两个状态之间的关系。这种模型简单明了，在许多存储空间数据的应用程序中都能找到。它也常用于将矢量要素从一个 GIS 系统传输到另一个系统。

拓扑模型不仅存储要素，还记录要素间的空间关系：两个地块是否有共同的边界（**邻接**），两条水管是否相互连接（**连通性**），一家公司是否在两个不同的时间对同一区域喷洒农药（**重叠**），或者一条高速公路是否连接到一个十字路口或有一个立交桥（**相交**）。尽管计算机算法可以确定在面条模型中的要素之间是否存在这些空间关系。如果必须重复使用这些关系，存储拓扑结构可以节省时间。拓扑结构还可以定义要素之间的关联规则，确定规则是否被破坏，并帮助用户查找和修复这些错误。

例如，地块应具有相同的共享边界，一旦知道哪些地块彼此相邻，拓扑结构就能测试这一条件。从一个地方到另一个地方的导航应用程序必须知道哪些街道与其他街道相连，哪些是单行道，哪些是双行道。这类信息可以用网络拓扑结构进行编码。网络的其他应用包括模拟溪流中的水流、道路上的交通、进出航空枢纽的航班以及通过管道或电力系统的公用事业。

GIS 数据的特点

为在 GIS 中使用而存储的数据文件在许多方面都不同于其他应用程序中使用的数据，如文字处理、电子表格、视频或音乐。必须了解 GIS 数据的一些重要特征，才能有效地使用和管理这些数据。

GIS 数据文件可能非常大。有些数据集（如大城市的地块要素类）可能有数十万条要素和记录。图像和栅格可以达到数百兆字节或数千兆字节。激光雷达系统的点云可存储数十亿 x-y-z 位置。

GIS 数据通常由多个用户共享。许多数据集是跨组织收集和使用的，而不是属于某个人的。地块数据库由许多办事员和多个市政部门负责。给每个人一份数据副本会带来问题。首先，浪费空间。其次，此类数据库经常更新，确保每个人都有最新版本的数据是一项艰巨的任务。因此，许多 GIS 数据集都打算共享，将一个副本保存在中央驱动器或服务器上，每个人都使用它。

GIS 数据有多种来源，但它们必须协同工作。GIS 数据可能来自卫星、GPS 设备、扫描仪、纸质地图、表格和其他来源。它们可以使用不同的坐标系统、投影和文件类型。GIS 需要有方法来标记和跟踪文件的存储方式及使用的坐标系统。有些 GIS 系统依靠用户来跟踪所有内容，但目前更常见的是，GIS 应用程序使用标头或其他标签文件来跟踪数据集特征并正确处理文件。用户需要确保这些有关数据的附加信息存在且正确无误。

GIS 数据包括本地文件和互联网服务。大多数人在工作中使用的数据集都存在于所使用的计算机中。如果在互联网上找到一个 PDF 文件，用户很可能会在计算机上复制一份以供日后使用。许多 GIS 数据集也是这样工作的，但 GIS 数据服务正变得越来越普遍。GIS 服务（如 ArcGIS Online 提供的服务）允许通过互联网使用数据，但通常不允许将数据复制到本地计算机。

GIS 数据格式并不总是遵循最新的约定。随着时间的推移，计算机操作系统在命名文件夹和文件时变得更加随意。最初，计算机文件名仅限于八位字符（字母或数字），计算机使用空格表示一个文件名的结束和另一个文件名的开始。大写字母不能与小写字母互换。非字母数字字符如$或%或#有特殊含义。很长的名称可能会超过程序文件名的限制。如今，操作系统更加灵活，但并非所有软件应用程序都以相同的速度发展，或遵循相同的约定。即使是当前版本的应用程序也可能包含旧版本的编程代码，当遇到按照新规则命名的文件或文件夹时，可能会失败。GIS 用户必须遵循限制性更强的规则来确定数据的放置位置和命名方式。

整理数据文件

如今的电脑试图为我们做文件管理，它们会找出我们保存的文本、音乐或视频，并将它们放入预先组织好的文件夹中。它们会自动打开最近访问过的文件夹。它们能识别正在打开的文件类型，并选择正确的应用程序。它们甚至会建议如何命名文件。这些功能对普通用户来说非常方便、但在复杂的应用中却会造成问题。GIS 专业人员必须负责学习一些合理管理文件的原则。这些原则在许多计算机领域都很常见，是任何时候都可以遵循的有用准则，而不仅仅适用于 GIS。

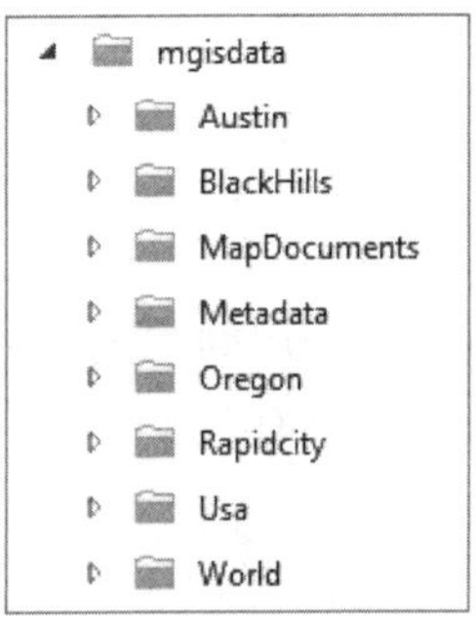

图 5.3　文件夹的组织对 GIS 数据非常重要

来源：Esri

保存文件时要小心。不要让电脑用默认名称保存文件。默认名称可能无法反映文件中的内容，或者可能太长，或者可能不符合正确的命名约定。注意电脑试图保存文件的位置，在某些情况下，可能是默认位置或最后使用的文件夹，而不是适当的位置。应始终将文件放置在其所归属的地方。Windows 桌面是放置 GIS 数据的糟糕地方。

使用文件夹整理文件。当数据以文件夹的逻辑结构组织起来时，查找文件会容易得多。试想一下，如果这门课的所有数据都放在一个巨大的文件夹中，而不是按照地理区域来组织，那么查找起来会有多困难（图 5.3）。花点时间建立一个周到的文件夹系统来存放 GIS 数据。数据文件夹树的组织没有唯一正确的方法，但文件夹名称和结构应合理，使用户能够轻松查找。

在 GIS 中，将静态数据文件夹（包含已完成的永久数据）与工作文件夹分开是有帮助的。因数据正在下载，文件正在添加和删除，中间结果会使工作文件夹变得杂乱无章。将活动工作文件夹分开可减少意外删除数据集，或无法追踪哪些数据集是永久性的，哪些是进行中的。项目完成后，清理文件夹并将数据移至静态位置。

命名文件和文件夹时要保守。为使文件系统与任何类型的软件兼容，文件夹名称要简短，只能使用字母、数字和下划线字符。避免空格，切勿使用非字母数字字符。如果程序接受空格，文件名可以使用空格，但所有文件名最好不要使用非字母数字字符。

非常重要的提示：GIS 文件夹和数据集名称不应包含空格或特殊字符，如#、@、&、*。如有需要，可使用下划线字符“_”在名称中创建空格。

将 GIS 数据存储在驱动器顶层文件夹中。Windows 将个人“资料库”和“文档”文件夹作为用户数据的默认位置，但这些位置在用于 GIS 数据时往往会出现问题。在网络环境中，路径名可能包含有问题的字符或空格，从而导致 GIS 在任何情况下都无法正常工作。找到这些位置也可能很困难，而且通往这些文件夹的路径可能很烦琐。最佳做法是在最顶层创建 GIS 数据文件夹，直接放在驱动器代号下，如 C:\gisdata 或 C:\mydata。从这个初始位置开始，用户可以根据需要创建任意多的子文件夹。

注意文件扩展名。计算机上的大多数文件都有扩展名，这是一个表示文件类型的三个或四个字母的代码。Word 文档的扩展名为.doc 或.docx，图片的扩展名可能是.jpg 或.png。当用户双击文件打开时，计算机会使用扩展名来帮助确定应使用哪个应用程序。默认情况下，计算机会向用户隐藏文件扩展名，但查看它们通常很有帮助，尤其是在下载文件和处理计算机可能无法识别的数据时。明智的做法是更改 Windows 10 控制面板中文件资源管理器选项的默认设置（图 5.4），Windows 7 也有类似的文件夹选项设置。

图 5.4　设置 Windows 10 显示文件扩展名

来源：Microsoft

了解文件锁

访问文件时，计算机会区分**读取访问权限**和**写入访问权限**。读取访问允许程序从文件中获取信息，而不对其进行更改。写入访问允许对存储的文件进行更改。文件系统使用访问限制来保护数据。在网络文件系统中，一个文件夹可能会被指定为大多数用户都有读取访问权限，以防止被意外（或故意）损坏。一般情况下，您可以同时拥有读取和写入访问权限（读写访问权限）。

当许多人使用同一个文件时，访问权限就显得尤为重要。您可能遇到过这样的情况：打开一个已在使用的 Word 文档时，系统会弹出提示窗口，建议您使用只读副本进行操作。在这种情况下，已经打开的文件具有读写访问权限，但第二个副本只有读取访问权限。如果更改第二个副本，则必须使用新名称保存。

当文档在应用程序中打开时，程序会在文档的同一文件夹中创建一个小的**锁定文件**，从而跟踪哪些文档正在被使用。当程序释放该文件时，锁就会被删除，另一个程序就可以自由访问该文件。打开文档时，应用程序会检查文件锁。如果存在，用户就会收到“正在使用”的信息。

由于 ArcGIS Pro 设置为允许编辑用户对具有写入权限的任何图层进行编辑，因此在 Pro 中打开的数据集将带有锁。为避免冲突，应避免在同一台计算机上同时运行两个 Pro 实例。不过，也有可能是其他应用程序正在使用该文件（例如，用户正在 ArcMap 中编辑或在 Excel 中打开文件并试图将其添加到 Pro 中）。如果 Pro 识别出数据集上有文件锁，则允许用户以任何方式对其进行操作，但更改文件的操作（编辑、添加字段等）除外。如果尝试这样做，则会生成一条错误信息，说明该文件已被其他应用程序使用。

提示：ArcGIS 容易出现无法识别锁定已被移除的故障，即使没有其他应用程序正在使用该文件，它也可能会生成“正在使用”错误。清除虚假锁定的最佳方法是保存项目并重新启动 ArcGIS Pro。

为项目查找数据

为项目查找数据是一项开放而复杂的工作，尤其是因为 GIS 数据环境在不断变化。新的数据集不断涌现，旧的数据集变得不可用或被转移到新的位置。发现和格式化信息的新方法与古老的、几乎被遗忘的文件类型混杂在一起。可用数据的数量、多样性和复杂性令人困惑，但我们将开始掌握找到所需信息的技能。熟练掌握这些技能需要灵活性、毅力和勇于尝试的精神，而且需要时间和实践。在寻找数据的过程中，对挫折的高度耐受力和经验丰富的导师都是宝贵的财富。

一般来说，大比例尺地图或非常专业的项目更难找到已有数据。道路、城市和政治边界的一般基础数据，即使是大比例尺的数据，也可以广泛获得。而公用设施、地块或建筑物占地面积等大比例尺数据通常只能在小范围内找到，而且出于隐私或安全考虑，公众可能无法下载这些数据。专业数据集，如土地利用类别或地质图，通常可在州或国家范围内获得，或作为个别地区的详细地图提供。在决定使用数据集之前，源比例尺是一个需要审查的重要特征。

如果什么都找不到，就必须修改项目，或者在内部创建数据。原始数据的创建既耗时又昂贵，这也是难以找到大规模专业数据的原因。对于课堂项目，明智的做法是选择容易找到数据的主题和规模。有时，先找到有趣的数据，然后再开发课题会更容易！

搜索数据可以从机构网站或通用信息交换中心开始。本章末尾列出了一份可从哪些地方开始搜索的清单，但互联网变化太快，到本书付梓时，其中一些链接很可能已经过时。有时，在一般的互联网搜索引擎上输入“Shapefile”“GIS”“e00”等词，再加上一个主题或地名，例如“怀俄明州 GIS”或“地质学 Shapefile”，就会有不错的结果。

ArcGIS Online 是一个宝贵的数据源。不过，有两点必须牢记。首先，ArcGIS Online 上的许多数据集都是为在线使用而设计的，不允许用户制作本地副本。允许下载的最常见数据类型是要素图层和图层包（我们将在第 12 章中进一步了解 AGOL 数据类型）。其次，几乎任何人都可以共享 ArcGIS Online 上的数据。其中有些数据是由机构和公司提供的，非常出色，但有些数据价值不大。和互联网上的任何东西一样，搜索者要小心。

数据表也可以是很好的数据源，如文本文件、Excel 电子表格，甚至是复制/粘贴网页上的表格数据并保存在文本文件或电子表格中。如果表格中有包含 x-y 值的字段，通常可以将这些行转换为带有属性的点数据。如果表格具有县名、州名或 FIPS 代码（美国政区的联邦标识符）等属性，则这些表格通常可以与现有的要素类连接。第 7 章提供了更多有关使用表格的信息。

下载一些数据后，第一步是确定数据格式，因为在 GIS 处理甚至识别数据之前，通常需要进行一些额外的处理。首先一定要在 Windows 资源管理器中检查下载的文件，尤其要注意文件扩展名。

从互联网下载的数据通常都是**压缩文件**，这是一种将许多单个文件合并为一个文件并压缩信息以节省空间的过程。单个压缩文件被称为**归档文件**，比多个文件更容易下载，但归档文件必须解压缩 GIS 才能识别数据。压缩文件的文件扩展名通常为.gz、.zip 或.tar、.tgz 或.tar.gz。有许多不同的压缩工具可用于“解压缩”文件，其中一些是免费的，每种工具的工作原理都不同。请向您的老师咨询校园中通常使用的压缩工具，或向同事咨询您所在单位使用的压缩工具，并学习如何安装和使用。

解压缩后，必须确定新文件的数据格式。有时数据已经是地理数据库格式，可以直接复制到地理数据库中。更常见的情况是，数据需要转换。计算机术语“**导入**”和“**导出**”通常是指将数据文件复制到新位置，同时将其从一种数据存储格式转换为另一种格式的过程。大多数 GIS 程序都包含转换工具，允许将数据集从一种数据格式转换为另一种数据格式，但允许转换的数量和类型会有所不同。

编制数据

大多数项目的第一步都是收集所需数据。有时这些数据可以从网络驱动器或 GIS 服务中获取，不需要本地副本。有时，数据是专门为项目编制的，原因有以下几点：①使用较小的数据子集更方便；②需要编辑，但源数据是只读的；③数据来自非 GIS 文件类型，如 Excel 表格；④必须创建数据，可能是通过编辑或使用 GPS 收集数据；⑤在无法使用无线或网络连接时（如在野外），数据必须可用。在本节中，我们将介绍从现有资源中为项目编制数据的常见方法。我们将在第 8 章讨论从零开始创建数据这一更为复杂的过程。

导入和导出数据

导入功能将数据集从一个位置复制到地理数据库中，必要时还会转换格式。**导出**功能则相反，将数据集从地理数据库到另一个位置。Pro 使用多种工具来完成这项工作。浏览工具箱中的转换工具工具集是熟悉可转换为 ArcGIS 文件的不同数据格式的好方法。

从表格中映射 *x-y* 坐标

有一些工具可以从表格中获取 *x-y* 坐标，并将其转换为地图上的位置（图 5.5）。*x-y* 值必须以现实世界的坐标系给出，例如经纬度或 UTM 米制坐标。坐标系细节也必须已知，包括地理坐标系/基准面和投影，而且必须明确设置。此外，坐标系设置必须与文件中的 *x-y* 数值相匹配，而非地图本身的坐标系。例如，如果地图的坐标系为 UTM，而表格 *x-y* 坐标为经纬度值，则必须在工具中将坐标系设置为 GCS。

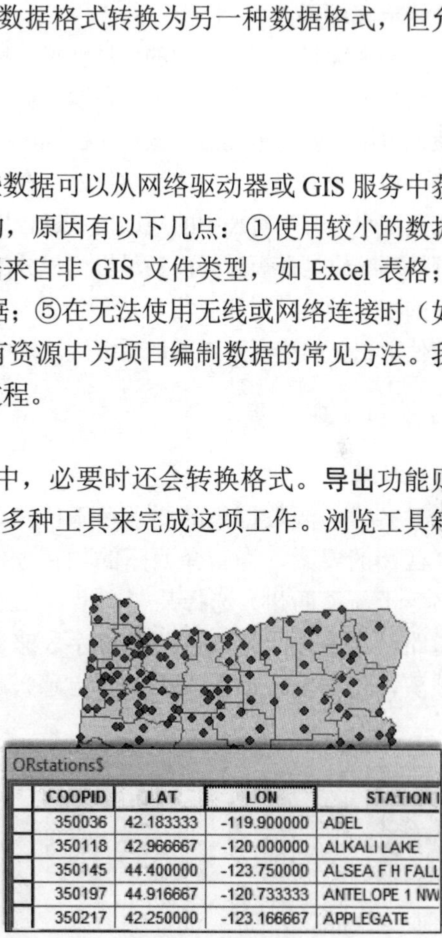

图 5.5　电子表格中的气候站在地图上显示为点

来源：Esri

全球定位系统（GPS）通常提供 *x-y* 数据表。全球定位系统接收器可通过对轨道上的全球定位系统卫星群的距离和方向进行三角测量来计算其位置，并可生成 *x-y* 位置表作为输出。*x-y* 数据源的其他例子包括基准点、勘测点和在地图上测量的位置。无论是哪种数据源，从表格中绘制 *x-y* 位置图的程序都是一样的。

有些工具可以直接创建点要素类；有些工具可以创建一个临时空间图层，称为**事件图层**。这一术语来自将表格中的每个条目都视为一个事件，如地震或交通事故。事件图层看起来与点要素类类似，但它们仍然是一个由空间点表示的对象表。有些工具不接受事件图层作为输入。通常情况下，事件图层会被导出到 Shapefile 或地理数据库要素类中，使其永久化。

GIS 系统外的纬度和经度通常以度-分-秒为单位，必须转换为十进制度数后才能用于创建事件图层：

$$以十进制度数表示的 X = 度 + 分/60 + 秒/3600$$

例如，103°30′15″转换为 103 + 30/60 + 15/3600 = 103.504167。请记住，度是大单位，应保留小数点后六位或七位，以确保精度和准确度。在赤道上，1 m 约等于 0.000 01°。此要素外，英国本初子午线以西的经度是负数，但为了方便起见，负号通常被省略。例如，如果该经度由内布拉斯加州的 GPS 设备报告，则 GIS 所需的真实值为–103.504 167。

地理编码

地理编码是将表格中的地址转换为地图上 *x-y* 位置的过程。地理编码依赖于将地址与包含街道信息（包括街道名称、地址范围、城市、邮政编码等属性数据）的参考要素类进行比较。此类数据可用于创建**定位器**。ArcGIS Online 有一个名为 ArcGIS World Geocoding Service（或类似名称，名称似乎经常变化）的内置定位器，在要求它在搜索框中查找单个地址。使用 ArcGIS Online 的订阅账户，可以对表中的地址批量进行地理编码，但这一操作会消耗服务积分（对数千个地址进行地理编码是在短时间内耗尽机构积分的一种方法，AGOL 管理员可能会限制地理编码功能或用户的积分额度，以防止出现这种情况）。有了正确的数据，用户就可以创建自定义定位器，并在不使用积分的情况下进行地理编码。

修改和管理数据

提取

有时，源数据集的要素多于所需的要素。试想一下，从整个美国的数据集中只提取新泽西州的要素，为新泽西州的项目编制数据。可以使用查询来根据属性字段的值（例如州名等于新泽西州）选择某些要素。如果表格中没有合适的字段，则需要另一种方法。例如，道路经常跨越州界，因此没有字段来表示它们位于哪个州境内。在这种情况下，可以进行**裁剪**，使用多边形要素类来划定感兴趣的区域，只保留边界内的要素或部分要素。除了包含的要素区域外，生成的数据集在所有方面都与输入数据集相同。

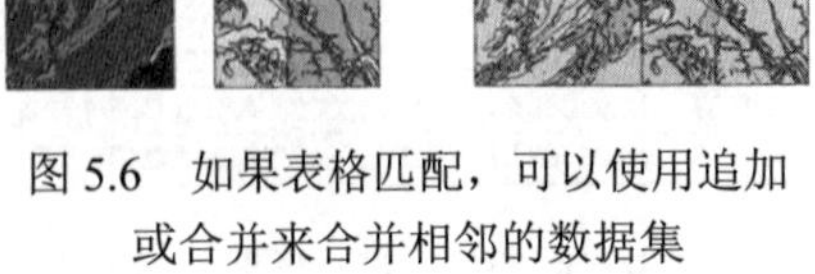

图 5.6　如果表格匹配，可以使用追加或合并来合并相邻的数据集

来源：南达科他州地质调查局

合并和追加

合并（merge）功能用于合并两个或多个要素类，并将其放入一个新的要素类中（图 5.6）。合并后的图层必须具有相同的要素类型（点、线或多边形），且必须共享同一坐标系。虽然通常情况下合并后的数据集彼此相邻，但也允许图层重叠。

输出数据集只有一个表。如果输入数据集具有名称相同的字段，那么字段信息很容易复制到新表中。但是，输入数据集的配置表不同的情况很常见，在这种情况下，用户必须具体定义新表的结构，这一过程称为字段地图。输入表的差异越大，字段地图过程就越耗时，也越具有挑战性。

考虑两个包含油井的输入数据集。在第一个要素类 WellsEast 中，油井 ID 编号字段名为 WellID。在第二个数据集 WellsWest 中，相应的字段名为 WellNumber。用户需要在输出中建立一个油井 ID 字段，从每个输入表的相应字段中提取信息。对于名称和数据类型不匹配的字段，需要重复上述说明。

追加（append）与合并类似，只是它将一个或多个输入数据集的要素复制到一个已经存在的目标数据集。虽然字段地图仍可指定输出字段从输入表中提取数据的位置，但输出字段已经定义，无法修改。追加更常用于向正在进行的数据集中添加新的要素和记录。例如，国家森林管理局可以在包含其管辖范围内所有火灾的历史要素类中添加代表每年火灾的多边形。或者，各州立森林办公室可以将其管辖范围内的火灾添加到包含美国所有火灾的国家数据集中。

简化数据

有时，数据集可能过于详细，无法有效使用。源比例较大的数据集可能需要花费很长时间来绘制，因为顶点太多，无法满足使用比例的要求。当用户只对一两个属性感兴趣时，数据集可能包含数十个属性。在这种情况下，简化数据可能会为预期任务带来更好的性能。第 3 章讨论了简化数据集以制作更清晰地图的一些制图原因。

概化工具用于通过删除比指定公差值更接近的顶点来简化线条或多边形要素的空间复杂性，例如概化这条海岸线[图 5.7（a）]。绿色多边形表示原始海岸线，黑色线条表示概化后的多边形边界。输出要素的顶点更少，形状更简单，但精度会低于输入要素。

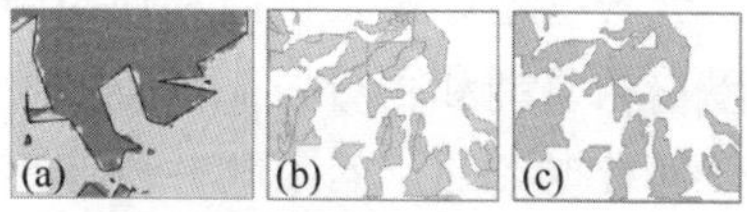

图 5.7　（a）概化海岸线；（b）融合前的多边形；（c）融合后的多边形

来源：Esri

融合工具用于合并具有相同属性值的要素。例如，图 5.7（b）中的地图显示了具有相同覆盖类型（松柏）但树龄不同的树丛。在植被类型字段上进行融合会移除树龄边界，并生成仅基于植被类型的多边形[图 5.7（c）]。尽管用户可以要求提供融合要素的统计摘要，如组合成每个新要素的树丛的平均树冠覆盖率，但输出中仍会删除融合字段以外的所有其他属性字段。

融合操作的输出可以是简单要素，也可以是多部分要素。在图 5.7（c）中，默认情况下橙色多边形将构成一个大的多部分要素，在输出表中只有一条记录。如果希望得到具有单独记录的独立要素，则必须拒绝使用多要素选项。

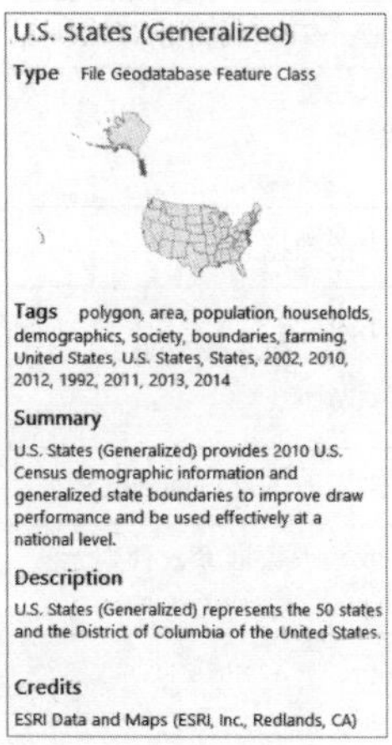
U.S. States (Generalized)

Type　File Geodatabase Feature Class

Tags　polygon, area, population, households, demographics, society, boundaries, farming, United States, U.S. States, States, 2002, 2010, 2012, 1992, 2011, 2013, 2014

Summary

U.S. States (Generalized) provides 2010 U.S. Census demographic information and generalized state boundaries to improve draw performance and be used effectively at a national level.

Description

U.S. States (Generalized) represents the 50 states and the District of Columbia of the United States.

Credits

ESRI Data and Maps (ESRI, Inc., Redlands, CA)

图 5.8　项目描述

来源：Esri

记录数据

高质量的地理空间数据集一般都附有**元数据**，即有关数据集的数据。元数据提供了在搜索时发现 GIS 数据的途径，同时也存储了关于数据集的宝贵信息。元数据可帮助用户确定数据集的出处和质量，从而确定数据集是否适合特定用途（图 5.8）。元数据一旦创建，通常就会随数据集一起传播。从 ArcGIS Online 或互联网下载的数据通常会将元数据作为文件的一部分（或单独文件）。下载时注意元数据链接，并确保与数据集一起下载。一个好的做法是浏览元数据，了解它们的一些基本信息，如创建者和源比例尺。如果用户对原始文件进行了任何更改，则可能需要更新元数据。

为项目编制数据通常需要对元数据进行一些处理。默认情况下，

ArcGIS Pro 和 ArcGIS Online 使用一种称为“**项目描述**”的简单样式（图 5.8），该样式专为用户快速查看或输入数据集最重要的元数据字段而设计，其中包括以下信息。

标签记录了一些可用于搜索数据的术语。**摘要**简要描述数据集的目的。**描述**通常包含对内容的扩展解释，如数据集包含哪些内容、如何开发、属性的含义以及有关数据质量的信息。描述可能包括几句话或几个段落。**出处**记录数据的来源，如出版物的正式引文或下载数据集的 URL。**使用限制**描述了对数据的限制，例如是否可以复制或共享。**适用比例尺范围**建议数据有效且应使用的比例尺。**边界框**由软件根据要素的 *x-y* 范围自动输入。它总是以度为单位，被基于地理位置的搜索引擎所使用。

开发或更新元数据总是必要的，但所需的努力程度可能不同。有时，GIS 数据仅供创建者使用。在这种情况下，元数据的作用可能微乎其微，尽管它们对于在“项目描述”中记录一些信息以备将来参考仍然很有价值，例如记录数据来源的引文，以及在网站上找到的任何信息，如源比例尺或数据发布年份。在本章中，我们将学习如何快速记录数据集。第 12 章将讨论更多类型的元数据。

提示：快速记录打算保留的任何数据集。

元数据还记录了访问和使用限制。有些 GIS 数据，包括大多数来自联邦机构的数据集，可以自由复制和再分发。其他数据则授权给购买这些数据的特定用户。每个用户都有责任了解任何数据集的访问限制并遵守这些规定。否则，个人或机构可能会受到民事和刑事处罚。

5.1.2 关于 ArcGIS

离散数据格式

ArcGIS 可读取多种 GIS 文件格式（表 5.1）；有些是 ArcGIS 原生格式，有些则来自其他来源。此外，有些可能是本地数据，有些可能是 ArcGIS Portal 提供的在线数据。

表 5.1 ArcGIS 使用的矢量模型数据源

文件类型	说明
Shapefile	Shapefile 是为 ArcView 早期版本开发的矢量要素类，可继续应用于 ArcGIS
Coverage	Coverage 是 Arc/Info 开发的矢量数据格式，也是最古老的数据格式，ArcGIS Pro 无法读取
地理数据库	地理数据库是 ArcGIS 空间信息的推荐存储模式
数据库连接	数据库连接允许用户登录和使用任何支持的关系数据库中的数据
图层文件	图层文件引用一个要素类并存储其属性信息，例如显示方式
表格	表格可以作为独立的数据对象存在，与空间数据集无关
不规则三角网（TIN）	不规则三角网是三角形不规则网络，使用一组节点和三角形来存储三维表面信息，例如高程
CAD 绘图	ArcGIS 可以读取 CAD 程序创建的数据集，但除非将其转换为 Shapefile 或地理数据库，否则无法对其进行编辑或分析

地理数据库

地理数据库是 ArcGIS Desktop 和 ArcGIS Pro 的本地存储格式。地理数据库可包含多种不同的数据对象，包括要素类、网络、表格、栅格和拓扑。图 5.9 显示了一个名为 oregondata 的地理数据库。要素类可以作为地理数据库中的单个对象存在（如城市或县城），也可以组合成**要素数据集**，即具有相同坐标系的相关要素类（但不是栅格）的集合，如图 5.9 中的交通要素数据集。目前，可以将要素数据集看作是组织要素类的文件夹（尽管它们还具有存储拓扑结构等其他功能）。复制或导入到要素数据集的要素类将自动转换为要素数据集的坐标系。

图 5.9　地理数据库的内容

来源：Esri

ArcGIS 使用三种类型的地理数据库。**个人地理数据库**存储在单个 Microsoft Access 文件中。该文件的大小限制为 2 GB，只能在 Windows 操作系统中使用。ArcGIS Pro 不识别这种格式，必须在 ArcCatalog 中升级为文件地理数据库后才能在 Pro 中使用。**文件地理数据库**存储在系统文件夹中，每个文件的大小可达 1 TB。文件地理数据库可由多个操作系统访问，包括 Linux 和 Unix。**企业地理数据库**将 GIS 数据存储在商业关系数据库管理系统（RDBMS）中，如 Oracle 或 SQL Server。企业地理数据库旨在满足由许多用户同时编辑的大型数据集的安全和管理需求。在本书中，我们使用的是文件地理数据库。

提示：文件地理数据库是包含 GIS 数据集的文件夹，因此可以在其中存储电子表格等文件。但是，如果用户不够谨慎，这种做法可能会损坏地理数据库。切勿使用 Windows 或其他应用程序来保存或管理文件地理数据库中的文件。相反，应将它们保存在项目文件夹中（在地理数据库文件夹上方）。

Shapefile

Shapefile 是一种面条数据格式，包含由点、线或多边形组成的要素类。表格属性存储在 **dBase** 文件中。Shapefile 有一种通用格式，可被许多 GIS 和 GPS 系统识别，通常用于在不同的 GIS 和遥感程序之间共享信息。

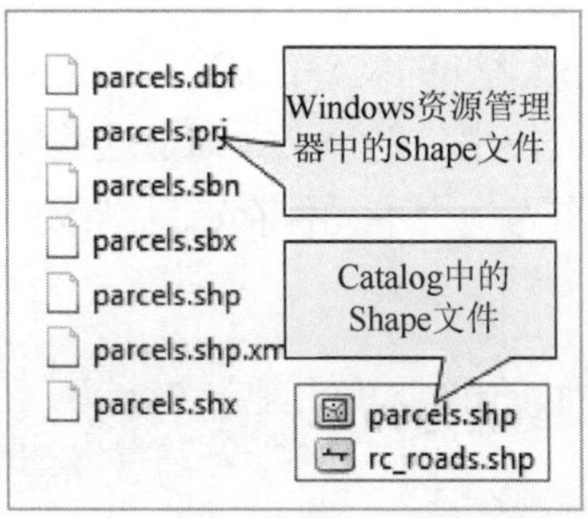

图 5.10　Shapefile 是一组文件，但在 Catalog 中显示为单个条目

来源：Esri

虽然 Shapefile 在 ArcGIS 中显示为一个图标，但实际上它是由多个数据文件组成的，如图 5.10 所示。Parcels（地块）的 Shapefile 由七个不同的文件组成。.shp 文件存储坐标数据，.dbf 文件存储属性数据，.shx 文件存储用于加快绘图和分析的空间索引。每个 Shapefile 都需要前三个文件才能运行。此外还可能存在其他文件：.prj 文件存储投影信息，.xml 文件包含元数据。要复制 Shapefile，必须包含所有这些文件。Windows 资源管理器不会自动执行此操作，因此最好只使用 GIS 程序来管理 GIS 数据。

在 Shapefile 属性表中，前两列数据保留用于存储要素 ID（FID）和坐标几何（Shape）字段。这些字段由 ArcGIS 创建和维护，用户无法修改。所有其他字段均由用户添加。

Coverages

Coverages 为 Arc/Info 开发的最古老的矢量格式。ArcGIS Desktop 用于管理 Coverages 的功能有限，ArcGIS Pro 也完全无法识别 Coverages，因此大多数用户在遇到 Coverages 时，只能将其视为一种旧数据格式，必须使用 ArcMap 或 ArcCatalog 将其转换为 Shapefile 或地理数据库。在此过程中，有几件事需要了解。

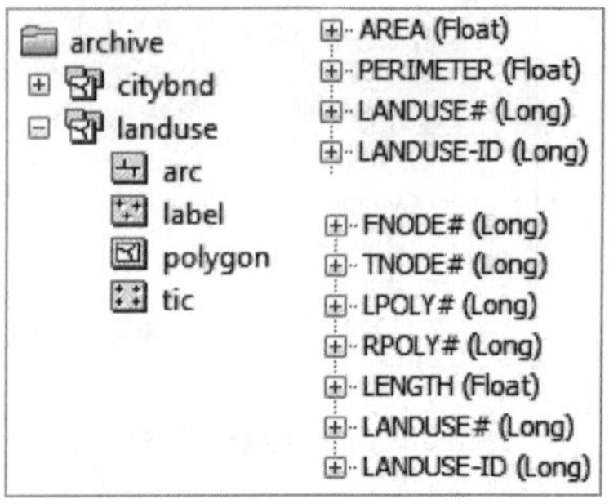

图 5.11　Coverages 包含的字段在转换后价值不大

来源：Esri

Coverages 的结构是包含多个要素类的要素数据集，可存储点、线、多边形和多边形标签。Coverages 还可以存储拓扑结构，表格中也为此预留了几个属性字段。图 5.11 显示了名为“LANDUSE”的 Coverages 的这些字段（某些字段将 Coverages 名称作为字段名称的一部分）。在转换过程中或转换后删除这些字段是合理的，因为它们在转换后没有任何用处。

旧的 Arc/Info 程序使用一种专有的压缩/转换格式，将 Coverages 转换成单一的文本文件，称为**交换文件**，文件扩展名为.e00。必须使用 ArcToolbox 中转换工具工具组中的 Import from E00 工具将扩展名为.e00 的文件转换回 Coverages。之后，可以转换为地理数据库或 Shapefile。此过程必须使用 ArcMap 或 ArcCatalog。

CAD 文件

ArcGIS 可以读取 CAD 程序中的数据集，但除非将其转换为 Coverages 或地理数据库要素类，否则无法对其进行编辑或分析。CAD 文件可能包含多个与 Coverages 相对应的要素类，可以分别打开。

数据库连接

用户可通过数据库连接与网络上的数据库管理系统（DBMS）相连。该连接可能是开放的，也可能需要登录和密码。进入数据库后，用户可以访问数据库中的表格。数据库连接可以通过安装的驱动器在本地网络上使用，但有些数据库连接可以作为数据库服务在线访问。

由于 GIS 数据格式可能很复杂，因此最好只使用 Pro、ArcMap 或 ArcCatalog 来管理它们，例如，复制、重命名、删除和移动计算机上的 GIS 文件。ArcCatalog 和 Catalog 窗格了解 GIS 数据的独特特性，在管理 GIS 文件方面比 Windows 资源管理器更胜一筹。例如，一个 Coverages 要素类由多个具有相同前缀和不同扩展名（roads.dbf、roads.shp、roads.prj 等）的文件组成。Windows 资源管理器允许用户删除其中一个文件，从而破坏要素类并使其无法使用。但是 Pro 知道这些文件是一个整体。它将这些文件显示为一个图标，并要求用户将它们作为一个单元保存、复制或重命名。明智的做法是始终使用 Catalog 窗格来管理 GIS 数据。

非常重要的提示：请勿使用 Windows 复制或删除 Coverages、Shapefile、地理数据库或项目.aprx 文件。使用 Windows 移动项目文件夹时要小心。

项目和共享数据

项目文件（扩展名为.aprix）组织项目的所有部分，并跟踪项目运行所需的数据、设置和资源。项目文件本身不存储任何空间数据文件。相反，它存储的是空间数据的名称和存储位置——**源数据**。例如，当 Pro 需要这些数据来绘制某些要素时，它会使用这些信息从**原始位置**查找和访问数据。在第 2 章中，我们学习了图层如何指向数据集，并通过图层属性设置来控制它们在地图中的显示方式。这种方法对于共享数据集的能力至关重要：每个用户访问相同的源数据，但可以自定义数据在不同地图（甚至同一地图）中的显示方式。

主地理数据库存储项目独有的 GIS 数据集，但项目也可以使用存储在项目文件夹之外的数据，并通过文件夹连接进行访问。将信息与项目分开存储有几个好处。第一，它便于多个用户共享数据。每个用户访问相同的数据，但可以在多个项目中使用这些数据，并自定义它们的显示和行为方式。第二，节省空间。每个用户无须存储数据副本。第三，它允许将中央数据库的更新内容轻松分发给每个用户。

数据共享有许多便利之处，但也会带来一些问题。如果有人不小心损坏或删除了数据集，很多人都会受到影响。由于项目文件只存储源数据的位置，因此如果数据被删除、移动或重命名，项目文件可能会丢失该位置。如果有人通过电子邮件发送项目文件，数据也不会随之发送。除非接收者可以访问原始位置（例如网络驱动器上）的相同数据，否则项目将显示为空。第 12 章讨论了与他人共享图层、地图甚至整个项目的有效方法。

数据共享要求数据管理人员采取预防措施，确保一个编辑错误不会影响几十个人。有时，文件会被设置为只读，只有少数用户有权进行更改。在更复杂的环境中，GIS 数据必须有多个编辑器，组织可能会使用企业地理数据库，该数据库旨在支持多个编辑器。

通用命名标准（UNC）路径旨在定位局域网中的计算机信息。它的形式是\\computer_name\shared_directory\，如\\mybigserver\mypublicdata\.UNC 路径很方便，因为它们不受网络资源映射到哪个字母的影响。但是，对于无法访问本地网络的人来说，这些路径将不起作用。

统一资源定位器（URL）路径指定了互联网上任何文档的地址。大多数人都熟悉这种路径，如 http://www.esri.com。

共享数据也会给从事联合项目的小型团队带来挑战。如果每个人都有自己的数据，那么更新就不容易共享。如果所有团队成员都在一个地方访问相同的数据，那么两个人就有可能同时或相互冲突地编辑一个要素类，这就有可能破坏数据库。除非团队拥有企业地理数据库，否则就必须制定数据共享策略，消除两人同时编辑同一要素类的可能性。

项目和路径名

项目通过将每个文件的位置存储为**路径**或**路径名**来跟踪源文件，路径或路径名列出了数据集遍历的连续文件夹，并用反斜线分隔。以图 5.12 所示的文件系统为例，蓝色方框表示硬盘 C:\，绿色方框表示文件夹，灰色圆柱表示地理数据库。CraterLake 文件夹中的项目文件 CraterLake.aprx 包含一个使用 oregondat 地理数据库中的县域要素类的地图。它可以使用一个**绝对路径名**来引用县，该路径名从驱动器盘符（蓝线）开始，遍历文件夹找到要素类，即 C:\gisclass\mgisdata\Oregon\oregondat\counties.或者，也可以使用**相对路径名**，即从 CraterLake.aprx 文件开始，向上移动两级到 gisclass 文件夹（绿线），然后再向下移动。通过 mgisdata 文件夹。在相对路径名中，“...” 表示上一级，因此路径名为...\...\mgisdata\Oregon\ oregondat\counties.

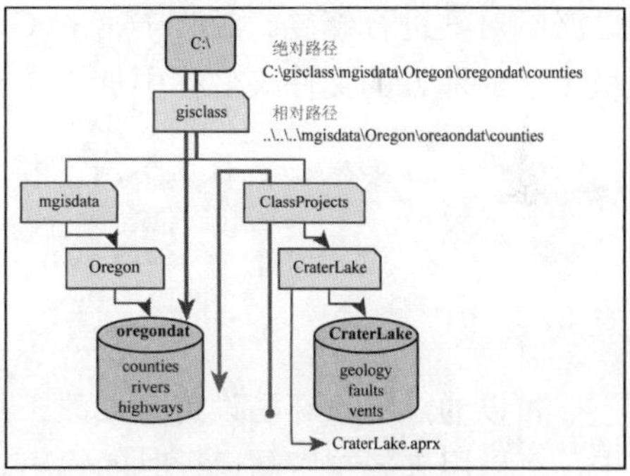

图 5.12　绝对路径名和相对路径名

项目可根据情况使用绝对路径、相对路径或 UNC 路径的组合。与项目位于同一硬盘驱动器或网络位置的数据将使用相对路径名访问。存储在不同硬盘或网络位置的项目将使用绝对路径名进行引用。这种结构在大多数情况下都能可靠地跟踪项目资源。例如，只要将 gisclass 文件夹从一个地方完整地复制到另一个地方，本书附带的数据就可以正常工作。因为数据一开始都在同一个位置，所以使用的是相对路径名，无论文件夹放在哪里都能继续工作。

但是，如果 ClassProjects 文件夹中的项目引用了大学文件服务器上的信息，这些文件服务器路径将是绝对路径。如果学生将 gisclass 文件夹复制到校园网的新计算机上，所有路径都将继续工作，只要新计算机的网络位置与安装的驱动器盘符相同。但是，如果学生把它放在 U 盘里，然后交给不同校区的朋友，文件服务器链接就会中断，因为朋友无法访问相同的资源。

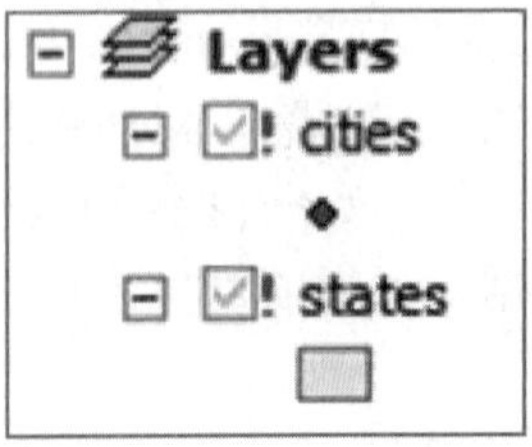

图 5.13　感叹号表示路径名链接已断开

来源：Esri

如果项目无法根据存储的路径找到数据，在打开地图时，丢失的数据集旁边会出现红色感叹号（图 5.13）。任何时候更改文件夹或文件名或如果移动位置，就有可能破坏路径名链接，导致项目无法跟踪数据。可以通过打开图层属性并将路径重置到正确位置（前提是数据仍然存在），手动重新建立链接。

避免创建引用可移动 USB 驱动器上数据的项目。数据将给出绝对路径，但每次插入 U 盘时，U 盘的盘符并不总是相同的。如果盘符发生变化，将无法访问数据。如果必须在 U 盘上存储信息，请在 U 盘上创建整个项目。

请注意，在专业版中使用“另存为”功能将项目保存到新位置时，只会复制一个.aprx 文件本身。路径将更新为引用原始项目文件夹中的数据。如果项目保存在网络驱动器等共享位置，那么对于可以访问本地计算机上原始数据的创建者来说，它仍然可以工作，但其他人将无法使用它。更糟糕的是，使用 Windows 将项目.aprx 文件复制到一个新位置时，会破坏每个人的相对路径链接，因为 Windows 不会更新这些链接。

路径名绝对不能包含空格。ArcGIS 不允许用户在 GIS 数据文件名中输入空格，但对文件夹名中的空格却特别敏感。它们虽然大部分可用，但偶尔有一种工具或功能在使用路径名中含有空格的数据时会崩溃。唯一的办法是重命名文件夹，这可能会导致项目丢失数据，然后还必须对其进行修复。经验丰富的 GIS 用户一看到文件夹名中有空格就会退缩。切勿在计算机上任何地方的文件夹名称中加入空格，这样您会更高兴。

> **提示：** 如果在项目已引用文件夹内数据的情况下删除文件夹名称中的空格，会发生什么情况？

环境设置

可以通过更改**环境设置**来修改工具的运行。每个工具都有一个 Environment（环境）选项卡，可以用来影响工具运行时的输出。图 5.14 显示 Copy Features（复制要素）工具的一些环境设置，该工具在导出数据集时使用。第一个设置“坐标系”可用于修改输出坐标系，而无须作为单独步骤运行项目工具。如果输入数据以 GCS 保存，但希望输出数据集以 UTM 保存，只需在运行工具前修改该设置即可。

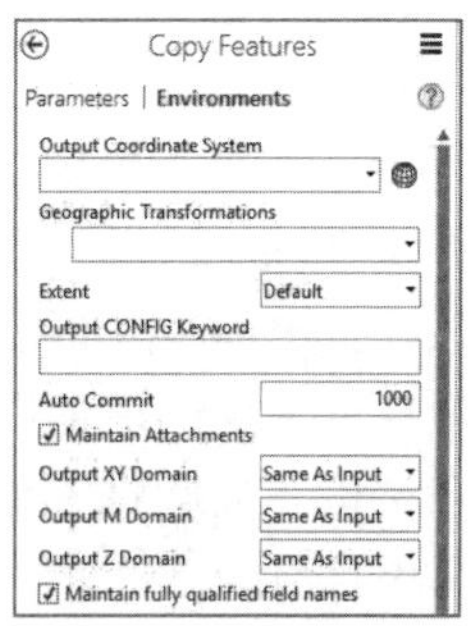

图 5.14　复制要素工具的环境窗格

来源：Esri

ArcGIS Pro 有许多不同的环境设置，每个工具可能只使用其中的一些设置。每个工具的“环境”窗格中只会显示适用的设置。工具关闭后，设置将返回默认值，除非再次设置，否则将不再适用。

环境设置也可以针对项目进行设置，在这种情况下，每次运行工具时都会受到影响（前提是设置适用于工具）。这些全局设置可以通过**分析**功能区访问和设置，并与项目一起保存。

5.1.3 摘要

▪ GIS 数据与文字处理或电子表格文档等更常见的数据类型不同，需要特别考虑。

▪ GIS 数据的命名规则与许多其他类型的数据不同。文件夹名和文件名应简短，只能使用数字、字母和下划线字符。

▪ GIS 用户必须负责建立有条理的文件夹树来存储 GIS 数据，并确保文件以描述性的名称保存在适当的位置。

▪ 为项目编制的数据必须取自源比例尺适合地理区域和地理数据库预期用途的数据。

▪ 为 GIS 项目查找数据需要许多通用的计算机技能，如互联网搜索、下载、解压缩和文件格式之间的转换。通过练习、实验和培训掌握这些技能非常重要。

▪ 元数据提供有关数据集的信息，用户需要元数据来评估数据集是否适合特定目的。内部数据可使用“项目描述”进行快速记录。

▪ 地图文档存储的是对要素类和栅格的引用，而不是存储数据。可根据情况使用绝对路径名或相对路径名。

▪ 移动、重命名和删除 GIS 数据可能会破坏从地图文档到数据的链接。在进行这些操作时应小心谨慎，避免需要修复断开的链接。

▪ 软件使用文件锁来防止多个用户编辑同一个文件。共享的 GIS 数据需要提前规划，以确保多个用户都能获得所需的访问权限和许可，而不会给数据带来风险。

▪ 为项目编制数据可能涉及格式转换、地理编码、提取子集、简化要素或合并数据集。

▪ 环境设置可以改变工具的运行方式，对于简化操作或实现预期结果非常有用。设置可以针对单个工具或整个项目进行调整。

重要术语

绝对路径名	事件图层	交换文件（.e00）	路径、路径名
邻接	导出	相交	项目文件
追加	要素类	项目描述	读取访问权限
归档文件	要素数据集	定位器	相对路径名
属性	要素 ID（FID）	锁定文件	Shapefile
裁剪	概化	合并	源数据
连通性	地理编码	元数据	面条模型
Coverage	企业地理数据库	多部分要素	拓扑模型
dBase	文件地理数据库	节点	顶点
融合	个人地理数据库	对象 ID（OID）	写入访问权限
环境设置	导入	重叠	压缩文件

5.1.4 复习题

1. 在命名 GIS 文件、文件夹和地图文档时应避免使用哪些字符？解释为什么需要这些限制。

2. 什么是文件扩展名，计算机用它来做什么？

3. 尽管 ArcGIS Online 是多种类型数据的良好来源，但使用它为项目编制本地数据可能会受到哪些因素的干扰？

4. 列出 GIS 和其他大型软件系统的用户在处理数据时需要更加谨慎的方法。
5. 解释要素类和图层之间的区别。这种区别如何支持用户共享相同的数据集？
6. 地图图层旁边的红色感叹号是什么意思？如何修复？
7. 提取数据集的子集很容易，而将不同的数据集合并成一个要素类却很难。请解释原因。
8. “项目描述”中的“摘要”和“描述”字段有什么区别？
9. 解释术语“要素”、“要素类”、“要素数据集”和“地理数据库”之间的区别。其中哪个与 Shapefile 相对应？
10. 解释当一个要素类被概化或融合时会发生什么。为什么要这样做？

扩展知识

通过阅读 ArcGIS Pro 帮助文档中的以下部分拓展您的知识。

Help＞Data＞Geodatabases＞What is a geodatabase

Help＞Data＞Geodatabases＞Add datasets to a geodatabase

Help＞Data＞Data types＞Shapefiles

Help＞Metadata＞View and edit metadata

Help＞Analysis and geoprocessing＞Geoprocessing＞Geoprocessing environment settings

5.2 掌握技能

5.2.1 教程

以下示例提供了在 ArcGIS 中执行任务和解决问题的分步说明。您需要执行的步骤用箭头“→”标出；请仔细按照这些步骤操作。

> **提示：**确保计算机设置为显示文件扩展名。在 Windows 中，该设置通常位于控制面板的文件夹选项下（图 5.4）。

了解 GIS 数据类型

本章介绍了 GIS 数据可能采取的各种形式，以及在存储位置和使用方式方面的一些复杂情况。在第一节中，我们将探讨这些概念。稍后，我们将为新泽西州建立一个地理数据库，因此我们将首先创建一个新泽西州项目。

1→ 启动 ArcGIS Pro 并选择创建一个新的空白地图项目。建议使用默认名称和位置，但明智的用户会为数据选择适当的名称和位置。

1→ 将项目命名为 *NewJersey*，并指定 gisclass\ClassProjects 文件夹作为存储位置。

1→ 重新命名地图为 *NJ Data*。

1→ 使用 Catalog Favorites（目录收藏夹）选项卡将 mgisdata 文件夹添加到项目中。

> 1. 为什么在地图名称中可以使用空格，而在文件夹或要素类名称中却不行？

回顾第 1 章，新项目通常是在同名文件夹内创建的，该文件夹包含同名的主地理数据库。非 GIS 文件（如报告或电子表格）可保存在文件夹内或为保持信息有序而创建的子文件夹内。GIS 输出默认保存在主地理数据库中。

2→ 使用 View（视图）功能区打开显示区域中的 Catalog view（目录视图）[而不是 Catalog

pane（目录窗格）]。切记在目录视图中使用 Contents 窗格而不是 Catalog 窗格进行导航。

2→ 单击 Databases（数据库）条目，查看主地理数据库 NewJersey。

2→ 单击 Folders（文件夹）条目，查看主文件夹 NewJersey 并连接到刚刚添加的 mgisdata 文件夹。

2→ 双击 mgisdata 文件夹，查看其内容。下面的数据是按地理位置分类的。

2→ 打开 Oregon 文件夹和 oregondata 地理数据库。

2→ 单击 Catalog 视图右下角的 Tiles 图标，查看每个数据集名称下方的数据类型（图 5.15）。

2→ 浏览 mgisdata 文件夹中的数据。尝试找到表 5.1 中列出的每种数据类型的示例。

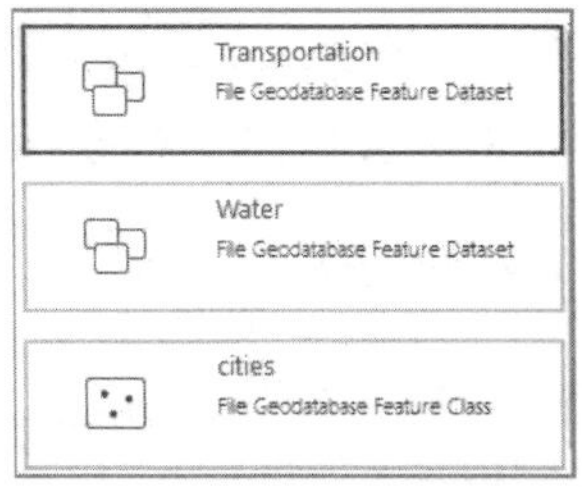

图 5.15　目录视图中的要素数据集和要素类

来源：Esri

2. 表 5.1 中哪些数据类型不在 mgisdata 中？

3→ 在 Contents 窗格中，单击 Portal＞All Portal 条目。在搜索门户框中键入 *New Jersey*，然后按 Enter 键。

3→ 检查不同的图标以及每个图标所代表的数据类型。尝试找到一个要素图层和一个图层包的示例。

3→ 点击一个项目，查看其元数据。检查几个数据集的元数据，注意哪些看起来是专业撰写的，哪些看起来是草率的。元数据的质量是数据集质量的重要线索。

现在，我们将开始编制新泽西州的数据，并将其保存到 NewJersey 主地理数据库中。与第 4 章一样，我们将把所有数据集投影到一个通用坐标系统，但我们还将学习其他技术，例如将数据子集化到感兴趣的区域、使用环境设置、从互联网资源获取数据以及从 ArcGIS Online 获取数据。

导入和导出数据

最佳实践要求为主地理数据库中的数据选择一个通用、合适的坐标系。我们选择了 NAD 1983 New Jersey State Plane 作为项目的坐标系，并将地图设置为该坐标系。

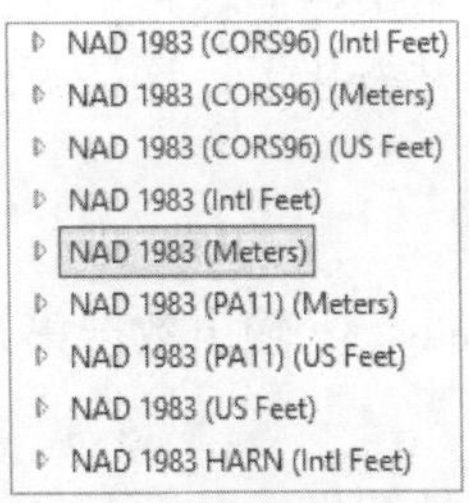

图 5.16　标准 NAD 1983 基准面通常是正确的选择

来源：Esri

4→ 切换到 NJ Data 地图视图，打开 NJ Data 地图的地图属性。查看 Coordinate Systems（坐标系）设置。

4→ 在搜索框中输入 *state plane*，然后单击 Enter，展开 Projected coordinate system（投影坐标系）文件夹中的 State Plane 条目。

4→ 重要：向下滚动并展开 NAD 1983（Meters）条目（图 5.16）。请勿选择标有 CORS96、PA11、HARN 或其他任何信息的条目！

4→ 找到 NAD 1983 StatePlane New Jersey FIPS 2900（meters）坐标系并点击选择。同时单击小星星图标将其添加到 Favorites（收藏夹）。单击 OK。

提示：在本教程的其余部分，我们将把所选坐标系称为 NJ State Plane，而不是使用更长的正式名称。

我们将首先导入 mgisdata\Usa 文件夹中的一些数据。这些数据涵盖美国，但我们只需要新泽西州的要素，我们可以只导出子集。我们将在一段时间内同时使用 Catelog（目录）窗格和 Geoprocessing（地理处理）窗格，因此同时打开这两个窗格会很方便。

提示：请记住，除非另有指示，否则一定要将输出保存到主地理数据库。

5→ 并排排列 Geoprocessing 和 Catalog 窗格。（如果两个是在同一窗口，单击一个的选项卡将其分开，然后再将其停靠到其他地方）。

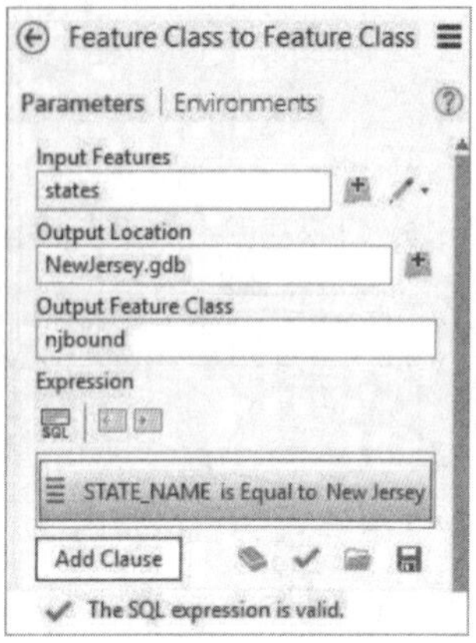

图 5.17　导入州边界

来源：Esri

5→ 确保 Catalog 窗格显示包含本地数据的 Project（项目）选项卡。展开 Folders（文件夹）条目，查看 mgisdata\Usa\usdata 地理数据库的内容。

6→ 在 Geoprocessing 窗格中，打开 Feature Class to Feature Class（要素类到要素类）工具（图 5.17）。

6→ 在 Catalog 窗格中，找到 usdata geodatabase 中的 states（州）要素类。单击并拖动到工具的 Input Features（输入要素）框中。

6→ 在该工具中，将 Output Location（输出地点）设置为主地理数据库 NewJersey。

6→ 键入输出名称 *njbound*。

6→ 单击 Add Clause（添加子句）。输入表达式：STATE_NAME is Equal to New Jersey。

6→ 点击绿钩标记，验证表达式。

该工具的 Field Map 选项通常用于在复制数据集时更改表中的字段。我们希望保留所有字段，因此不要在此部分设置任何内容。

6→ 单击 Run 以运行工具，新泽西州出现在地图上。

6→ 在 Content 中，打开 njbound 图层的图层属性，查看 Source（来源）设置中的 Spatial Reference（空间参照）条目。

源数据存储在北美洲等距圆锥坐标系中，该坐标系已被复制到新数据集，但这并不是我们想要的。我们接下来应该运行 Project 工具。我们还注意到，州的边界被概化了，这是源比例尺较小的结果。

7→ 在 Geoprocessing 窗格中，打开 Project 工具。

7→ 将 Input Dataset（输入数据集）设置为 njbound，并将 Output Dataset（输出数据集）命名为 *njbound_gen*。

7→ 设置 Output Coordinate System（输出坐标系）。由于我们设置了地图坐标系，因此只需从下拉菜单中选择 Current Map[NJ Data]即可将其设置为 NJ State Plane。

7→ 运行工具。

我们不再需要错误投影中的 njbound 要素类，因此我们需要一点时间将其从主地理数据库中删除。没有撤销功能，所以要小心删除正确的投影。

8→ 在 Catalog 窗格中，展开文件夹 NewJersey，然后展开 NewJersey 主地理数据库。

8→ 右键单击 njbound 要素类并选择删除。单击 Yes 确认。

使用环境设置

虽然这个过程可行，但每次导出、投影和删除中间要素类的过程都很烦琐。通过在工具中设置所需的输出坐标系，环境设置可以简化这一过程。让我们在下一次导出新泽西州城市时试试看。

9→ 打开 Feature Class to Feature Class（要素类到要素类）工具。

9→ 从 Catalog 窗格中，单击并拖动 usdata geodatabase 中的 cities（城市）要素类到工具上的 Input Features（输入要素）框。

9→ 将 Output Location（输出位置）保留为 NewJersey home geodatabase。

9→ 输入输出名称 *njcities*。

9→ 单击 Add Clause（添加子句）并输入表达式：ST Is Equal to NJ。

请注意，这次的表达式有所不同。每个表包含不同的字段和值，因此表达式通常每次都会改变。现在我们来设置环境。

9→ 在工具顶部附近，单击 Environments（环境）选项卡。

9→ 将 Output Coordinate System（输出坐标系）下拉菜单设置为 Current Map[NJ Data]。其他设置保持不变。

9→ 单击 Parameters（参数）标题，返回该工具参数。运行该工具。

9→ 在 Contents 窗格中，打开新建 njcities 图层的图层属性，检查 Source（来源）设置中的 Spatial Reference（空间参照）。

njcities 采用的是国家平面坐标系，这个过程的效率要高得多。让我们用同样的方法来处理下一个要素类，以资练习。

10→ Feature Class to Feature Class 工具可能仍处于打开状态。单击返回箭头并重新打开工具，清除当前参数。

10→ 从 Catalog 窗格中拖动 Input Features（输入要素），将其设置为 counties（县）。

10→ 键入输出名称为 *njcounties*。

10→ 输入表达式：STATE_NAME Is Equal to New Jersey。

10→ 单击 Environments（环境）选项卡，将 Output Coordinate System（输出坐标系）设置为 Current Map [NJ data]。

10→ 返回 Parameters（参数）选项卡并单击 Run（运行）。

> **提示：**有时使用后退箭头清除工具参数会更好，有时只需编辑当前设置即可。请随意尝试。

环境设置比投影工具更简单，但每次都很容易忘记设置。我们可以在应用程序设置环境，使其在每次运行工具时都适用。

11→ 点击 Analysis：Geoprocessing：Environments 按钮。

11→ 在 Output Coordinates（输出坐标）下，将 Output Coordinate System（输出坐标系）设置为 Current Map[NJ Data]。其他设置保持不变，点击 OK。

让我们在国会选区要素类（cd114）上进行测试。现在无须在工具中设置环境。

12→ 清除 Feature Class to Feature Class 工具并重新打开。导出 cd114 要素类，只选择新泽西州的地区，并将其保存为 *njdistricts*。

12→ 检查输出结果，确保只包括新泽西州的地区，并存储在国家平面坐标系中。

在更改环境设置之前，每个新的要素类都将保存在国家平面坐标系中。

了解图层

随着数据库的建立，新的数据集被保存在原地理数据库中并添加到地图上。回顾一下图层和数据集之间的区别。数据集存储在硬盘上或通过门户网站获得，并显示在 Catalog 窗格中。当数据集被添加到地图上时，Content 窗格中就会出现一个图层。图层存储了源数据集的位置，并具有可操作的属性，以改变其在地图中的外观。

13→ 在 Catalog 窗格中，展开 NewJersey 地理数据库，查看要素类。

13→ 在 Contents 窗格中，查看属于 NJ Data 地图的图层。

13→ 从 Catalog 窗格中，将 njcounties 要素类拖入地图，形成两个 njcounties 图层。

13→ 为便于跟踪，将新图层重命名为 njcounties2。

13→ 关闭除 njcounties、njcounties2 和底图以外的所有图层。

每一图层都各不相同，可以有自己的属性。

14→ 更改 njcounties2 的颜色。注意 njcounties 符号保持不变。

14→ 打开 njcounties 的图层属性，查看源数据库和要素类名称。记下并关闭窗口。

14→ 打开 njcounties2 的图层属性并比较数据源。

14→ 在 Contents 窗格中，右键单击 njcounties2，选择 Label 打开标签。

14→ 关闭并打开 njcounties2，验证 njcounties 是否没有标签。

这两个图层指的是主地理数据库中的同一位置和同一要素类。每个图层呈现的是相同数据的不同视图。但是，对源数据的更改（如删除字段）会影响地图中的两个图层。

14→ 在 Contents 窗格中，右键单击 njcounties2 图层并选择 Remove。

> **提示：**请记住：Catalog 窗格显示存储在磁盘和服务器上的要素类和其他数据集。地图的 Contents 窗格显示图层并控制显示属性。对图层的大多数更改只影响图层属性，但有些更改（如删除字段）会影响数据集。

更新元数据

导入或导出数据集时，元数据会自动复制。但是，在本例中，原始数据集被修改（将其子集化为新泽西州）并保存到新的位置。这两项更改都应记录在元数据中。

15→ 必要时自动隐藏 Geoprocessing 和 Catalog 窗格，以获得更多空间。

15→ 在显示区域打开 Catalog 视图。

15→ 导航至 NewJersey 地理数据库并显示其内容。

15→ 单击 njcities 要素类查看其元数据。

16→ 点击 **Catalog：Metadata：Edit** 按钮。打开 njcities 的编辑视图。

16→ 将标题改为 *New Jersey Cities*。

16→ 在 Description 框中，在末尾添加以下语句：*Subset to New Jersey from a national data set by<your name>on<current date>*。

16→ 在 Credits 框中，编写引文以记录数据来源：*Mastering ArcGIS Pro，Tutorial*

Data, 1st edition by Maribeth Price（2019）[download]. McGraw-Hill Higher Ed：Dubuque，Iowa.

16→ 单击 **Metadata**：**Manage Metadata**：**Save** 并关闭 njcities 编辑视图。

17→ 要更新缩略图，请单击地理选项卡（在元数据上方）。

17→ 单击 **Preview** 功能区。

17→ 放大或平移调整视图，然后单击 Create Thumbnail（创建缩略图）。

17→ 返回 Metadata（元数据）选项卡。如果新的缩略图没有立即出现，请单击不同的数据集，然后返回 njcities。

提示：创建或修改数据集时应更新项目描述。虽然不需要在 Credits 框中注明正式出处，但在需要为地图注明出处时可以节省时间。

让我们快速更新数据库中剩余项目的元数据。

18→ 在 Catalog 视图中，选中 njcities，高亮显示引用文本并单击 Ctrl-C 将其复制（以节省输入）。

18→ 在 Catalog 视图窗口中，单击下一个项目 njcounties。

18→ 点击 Catalog：Metadata：Edit 按钮打开元数据进行编辑。

18→ 将引文粘贴到 Credits 框中，并像之前一样编辑 Title（标题）和 Description（描述）。

18→ 保存编辑并关闭 njcounties 元数据编辑视图。

18→ 切换到 Geography 并更新缩略图（与步骤 17 相同），然后切换回 Metadata。

19→ 编辑地理数据库中其余项目的元数据（可以使用 Word 或记事本复制并粘贴重复文本，而不必每次都输入）。

19→ 完成后，打开 Catalog 视图，但切换回 NJ 数据地图。

19→ 保存项目。

可以编辑两种类型的元数据。前面的步骤修改了作为数据集一部分存储的元数据，当数据集被移动、复制、导出或重命名时，这些元数据仍与数据集保持一致。另一种元数据是在项目中创建的，即图层元数据。

20→ 在 Contents 窗格中，打开 njcities 图层的图层属性，查看 Metadata 设置。

20→ 点击顶部的下拉框，查看两个选项。

图层元数据可以显示数据集元数据（默认值），也可以包含用户为该图层输入的单独元数据，这些元数据可能更简单、更方便用户使用，或者与该图层在该特定地图中的功能更相关。

20→ 将下拉菜单设置为 Layer has its own metadata（图层有自己的元数据）。所有方框均为空白。

20→ 输入一些有关该数据集目的的新泽西州和教育方面的简要元数据项。单击 OK。

图层元数据只出现在此项目和此图层中（不过，如果图层被复制到同一项目中的不同地图上，图层元数据也会随之复制）。编辑图层元数据与编辑目录视图中的数据集元数据不同。

提示：单击 Copy data source's metadata to this layer（复制数据源的元数据到该图层）可开始使用并修改数据集元数据，而不是从头开始。任何现有图层元数据都将被替换。

3. 请注意，如果说明中使用了“layer”（图层）一词，则指示您使用 Contents 窗格。如果使用了“feature class”（要素类）一词，则指示您使用 Catalog 窗格。请解释原因。

裁剪数据

到目前为止，我们只使用了属性表中的信息来选择新泽西州的要素。如果表中有合适的字段，这种策略就会很有效，但情况并非总是如此。

21→ 如果需要，取消隐藏 Catalog 和 Geoprocessing 窗格，使其保持打开状态。

21→ 在 Catalog 窗格中，展开 usdata 地理数据库中的 Transportation（交通）要素数据集，以查看其中的要素类。

21→ 将 majroads 要素类拖入 NJ Data 地图。

21→ 在 Contents 窗格中，右键单击 majroads 图层并选择 Attribute Table（属性表）。

21→ 检查表中的字段，完成后将其关闭。

majroads 要素类中没有 STATE 字段，因此我们无法使用表达式选择新泽西州的道路。不过，裁剪工具可以在一个数据集边界内提取另一个数据集的要素。

22→ 在 Geoprocessing 窗格中，搜索“Clip”。此时会出现多个裁剪工具，包括 Clip（裁剪）、Clip Layer（裁剪图层）和 Clip Raster（裁剪栅格）。

22→ 将鼠标悬停在每个工具上，阅读弹出的说明。

22→ 打开 Clip（裁剪）工具，点击圈出的问号而不是悬停。工具帮助就会打开。浏览并检查图表。

提示：首次使用任何工具之前，最好先查阅该工具的 Help（帮助）。

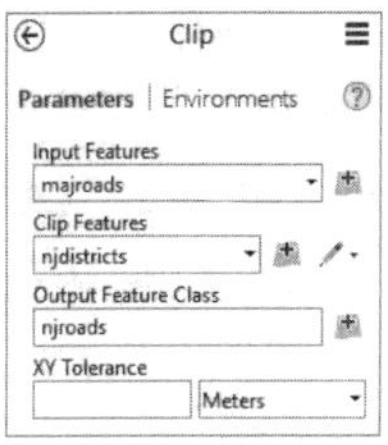

图 5.18　裁剪道路

来源：Esri

23→ 在 Clip（裁剪）工具中，将 Input Features（输入要素）设置为 majroads，Clip Features（裁剪要素）设置为 njdistricts（图 5.18）。

23→ 将输出命名为 njroads。运行工具。

23→ 将原始 majroads 图层从地图移除。

23→ 放大到新泽西州东南部的矮小半岛，打开或关闭 njdistricts 图层和 njbound_gen 图层，将它们与底图进行比较。

4. 为什么选区和州边界图层的边界不同？为什么州边界与新泽西州的底图边界有如此大的差异？

5. 如果用 njbound_gen 图层裁剪 njdistricts 图层，而不是使用 Feature Class to Feature Class（要素类到要素类）工具，会发生什么情况？为什么结果会有问题？

提示：裁剪可能会修改多边形数据集的原始边界，因此最好尽可能使用带有选择表达式的 Feature Class to Feature Class（要素类到要素类）工具。当表格中没有合适的字段时，请保留裁剪功能。

从 Contents 窗格导出

将数据导出到主地理数据库的另一种方法是从 Contents 窗格导出，而不是打开要素类到要素类工具。这种方法可以先对数据进行审查。假设我们希望在新泽西州地理数据库中添加地震，但不确定该州是否真的有地震，我们可以先检查一下。

24→ 放大到新泽西州。在 Catalog 窗格中，点击并拖动 usdata\quakehis 要素类到地图上。该州确实出现了一些地震。

24→ 搜索并打开 Select Layer By Attribute（按属性选择图层）工具。

24→ 将输入行设置为 quakehis。

24→ 单击 Add Clause（添加子句），输入表达式：STATE Is Equal to NJ.

24→ 运行工具。所选地震在地图上突出显示。

25→ 在 Contents 窗格中，右键单击 quakehis 图层，选择 Data＞Export Features。

25→ 将 Input Features（输入要素）设置为 quakehis，将 NewJersey 保留为 Output Location（输出位置），然后将输出命名为 *njquakes*。

25→ 无须表达，因为地震已被选中。点击 OK。

25→ 从地图上删除地震图层。

选择某些要素时，Export Features（导出要素）功能只对所选要素起作用。大多数工具都有相同的行为，这就是所谓的“尊重选择集”。在继续本节时，请使用任一种导出方法创建新数据集。

26→ 保存项目。

26→ 打开 Catalog 视图，更新每个新数据集的元数据。

26→ 仍在 Catalog 视图中时，检查 njbound_gen 的元数据。

该州边界来自一个国家数据集，该数据集为快速查看而优化，而非几何准确度。njbound_gen 的源比例尺并不适合本项目。

提示：编译数据时请注意数据源比例尺，尽量不要使用超出预期比例尺范围的数据集。

使用 ArcGIS Online 中的数据

让我们上网查找更详细的州边界。

27→ 在 Catalog 窗格（显示目录视图）中，单击 All Portal 条目。

27→ 在搜索框中键入 *detailed states*（详细状态）。

27→ 查找由 Esri 托管的图层包条目 USA States（如果需要，使用搜索框中筛选器图标旁边的排序图标按相关性排序）。

27→ 阅读元数据并写下图层包的引文（见第 1 章示例）。

27→ 右键单击 USA States 列表，选择 Add to NJ Data。

27→ 返回 NJ Data 地图。

图层包可将数据下载到计算机中，通常还允许导出要素。

28→ 在 Contents 窗格中，展开 USA States 组图层（该图层包括来自多个源比例尺的图层）。

28→ 点击 **Map：Selection：Select By Attribute**（地图：选择：按属性选择）。将输入行设置为 USA States（below 1∶3m），然后输入表达式选择 New Jersey。

28→ 导出 USA States（below 1∶3m）图层，并以 *njbound_dtl* 名称保存。

29→ 在 Catalog 视图的 Contents 中，查看 NewJersey 地理数据库的内容。

29→ 更新 njbound_dtl 要素类的项目描述以记录子集，并在 Credits 框中输入此引文：*USA States（2013）[Layer package] Esri on ArcGIS Online，URL：http://ArcGIS.com[<today's date>].*

提示：许多 ArcGIS Online 数据集不允许用户导出。如果右键单击图层时未显示“Data＞Export Data”选项，则表示该图层不可导出。

现在我们有了一个具有合适比例尺和坐标系的州边界，可以删除不那么详细的版本 njbound_gen。

30→ 在 Catalog 视图中，右键单击 njbound_gen 要素类并选择 Delete（删除）。单击 OK。

30→ 返回 NJ Data 地图，删除 USA States 图层。右键单击 njbound_dtl 并关闭标签（如果可见）。

提示：始终使用目录窗格或目录视图来删除、移动或重命名 GIS 数据集。

从互联网获取数据

从互联网上查找和下载数据可能具有挑战性，让我们来试一试。首先，为下载创建一个单独的文件夹，因为下载可能比较混乱，最好与永久项目数据分开。

31→ 切换回 Catalog 视图，然后单击 Contents 中的 Folders（文件夹）条目。

31→ 右键单击 NewJersey 文件夹连接，然后选择 New＞Folder（新建＞文件夹）。

31→ 一个新文件夹出现在 Catalog 视图中，准备命名。键入名称 *Downloads*（图 5.19），然后单击 Enter。

图 5.19　创建文件夹

来源：Esrii

搜索数据的好方法是键入搜索词，再加上 GIS 或 Shapefile 字样。

32→ 打开网络浏览器，输入搜索词 *New Jersey Shapefile*。

32→ 检查结果。查找看似由州政府赞助而非商业性的 URL，例如 Bureau of GIS – State of New Jersey 的标题（URL：http://www.state.nj.us/dep/gis/stateshp. html）。打开它。

32→ 检查该网站，它似乎是新泽西州的一个极好的数据来源。

33→ 在 NJDEP-GIS 网站的网络浏览器中，找到 Golf Courses（高尔夫球场）数据并点击下载。将.zip 文件保存在 gisclass\ Class Projects\ NewJersey\Downloads 文件夹中（如果下载此数据集时遇到困难，请尝试其他数据集）。

33→ 将网络浏览器最小化一会儿（不要关闭！）。

提示：数据文件必须先解压缩，ArcGIS 才能识别它。本说明假定您拥有并可以使用压缩工具。如果需要，请免费下载并安装 7zip。

33→ 打开文件资源管理器并导航到 NewJersey\Downloads 文件夹。

33→ 使用压缩工具将文件解压缩到 NewJersey\Downloads 文件夹。

请注意，提取的不同文件具有相同的根名称 njgolf 和不同的扩展名。现在 Pro 可以读取该 Shapefile 了。

34→ 关闭文件资源管理器。在专业版中，打开 NJ Data 地图。

34→ 从 Catalog 窗格中将 njgolf 添加到地图上。

34→ 在 Contents 窗格中，右键单击 njgolf 图层并将要素导出到 NewJersey 主地理数据库。将输出命名为 njgolf。

> **提示**：创建新数据集时，目录窗格并不总是自动刷新。右键单击地理数据库或文件夹并选择刷新。

文件没有更改，因此不需要更改项目描述。不过，好的做法是在 Credits 条目中创建一个引文，以记录其来源。

> **提示**：搜索网站或打开数据集的元数据链接，即可找到引用所需的所有信息。这就是我们打开网站页面的原因。

35→ 查看网站上的数据集描述。

35→ 单击网站上高尔夫球场数据集的元数据按钮。正式元数据的视图就会打开，格式为 FGDC。

> 6. 数据集的 1995 年日期从何而来？

35→ 为该数据集准备正式引文：*Golf Courses（1995）*[*downloaded ffle*] *New Jersey Department of Environmental Protection*，*URL*：*http://www.state. nj.us/dep/gis/stateshp.html*[<*today's date*>].

35→ 在 Catalog 视图中，点击 NewJersey 地理数据库中的 njgolf 要素类。出现有关 FGDC 元数据的信息。

35→ 选择 **Catalog**：**Metadata**：**Upgrade**＞**FGDC CSDGM Content**。

35→ 编辑元数据，并在 Credits 部分添加引文。

让我们清理一下。

36→ 返回 NJ Data 地图。

36→ 在 Contents 窗格中，切换到 List By Data Sources（按数据源面板排列）。

36→ 删除任何残留的原始数据源，并确保地图中的所有数据（除底图外）都来源于 New Jersey 主地理数据库。

36→ 打开 NJ Data 的地图属性并检查 Coordinate Systems（坐标系）设置。展开 Layers（图层）文件夹，检查除底图以外的所有图层是否都是 NJ State Plane（图 5.20）。

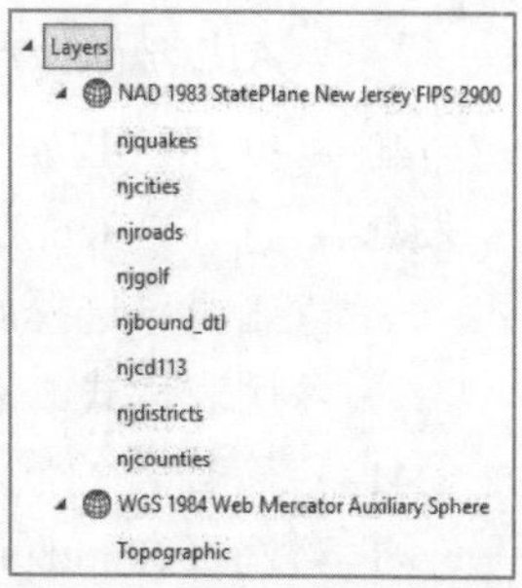

图 5.20　检查最终图层的坐标系

来源：Esri

> **提示**：ArcGIS Desktop 附带名为 ESRI Data and Maps（ESRI 数据和地图）的扩展 GIS 数据集，可由 GIS 软件管理员下载。请向您的教师咨询获取权限的问题。有些数据可在 ArcGIS Online 上获取，如前面使用的 USA States 图层包。

从表格中添加数据

在某些情况下，可以将文本文件或 Excel 电子表格等表格中的信息转换为地图上的位置。第一种方法是使用表格中明确的 *x-y* 位置来创建点。

图 5.21　以点的形式显示 *x-y* 表值

来源：Esri

37→ 添加来自 mgisdata/Usa 文件夹的 climatestations2005 表。它包含美国本土气候站的经度（*x*）和纬度（*y*）位置。

37→ 打开表格并检查字段。

38→ 使用 Table：View：Select By Attributes button，使用表达式：state is Equal to NJ（州等于新泽西州）选择新泽西州气候站。

38→ 检查是否在表中选择了 12 个新泽西州气候站。

39→ 在 Contents 窗格中，右键单击表格并选择 DisplayXY Data（显示 XY 数据），打开 XY Table to Point（XY 表格到点）工具（图 5.21）或 Pro 后续版本中类似的 Display XY Data（显示 XY 数据）窗口。

39→ Output Feature Class（输出要素类）命名为 njclimatestations。

39→ 保持 X Field（X 字段）设置为 long_，Y Field（Y 字段）设置为 lat。

39→ 单击 Select coordinate system（选择坐标系）按钮，选择 GCS_North_ American_1983 坐标系（应该在收藏夹中）。单击 Run 或 OK。

39→ 删除 climatestations2005 表格。

第二种方法是使用地理编码技术将地址转换为地图上的位置。这种方法需要订阅 ArcGIS Online 并消耗积分，因此我们要注意只对新泽西州沃尔玛商店的位置进行地理编码。

40→ 添加 mgisdata\Usa 文件夹中的 store_ openings.csv 文件。

40→ 打开表格并检查，尤其是地址字段。

Pro 无法直接查询包含逗号分隔文本的.csv 文件，因此我们必须首先将该文件作为表格导出到主地理数据库。

40→ 点击 Standalone Table：Data：Export：Export Table。在项目地理数据库中保存为 AllWalmarts。

40→ 打开 AllWalmarts 表。

41→ 打开 Select Layer By Attribute（按属性选择图层）工具，选择新泽西州商店。在 AllWalmarts 表中使用表达式：STRSTATE is Equal to NJ。

41→ 检查表的底部，查看有多少行被选中，应该是 3176 行中的 41 行被选中。

41→ 选择 Standalone Table：Data：Export：Export table 并将输出保存为 NJWalmarts。

42→ 打开 NJWalmarts 表，确认其中包含 41 行，且所有行的 STRSTATE 字段都包含 NJ。

42→ 移除 AllWalmarts 和 storeopenings.csv 表。

43→ 打开 Geocode Addresses（地理编码地址）工具。将 Input Table（输入表）设置为 NJWalmarts（图 5.22）。

43→ 选择 ArcGIS World Geocoding Service 为 Input AddressLocator（输入地址定位器）。

43→ 将 Address or Place（地址或地点）框设置为 STREETADDR，City（城市）字段设置为 STRCITY，ZIP（邮编）字段设置为 ZIPCODE。

43→ 命名 Output Feature Class（输出要素类）为 *NJWalmartPts*。

43→ 勾选 United States 为 Country（国家）。

43→ 单击 Run（运行）。可能需要几分钟才能完成。等待它将新点显示在地图上。

43→ 保存项目。

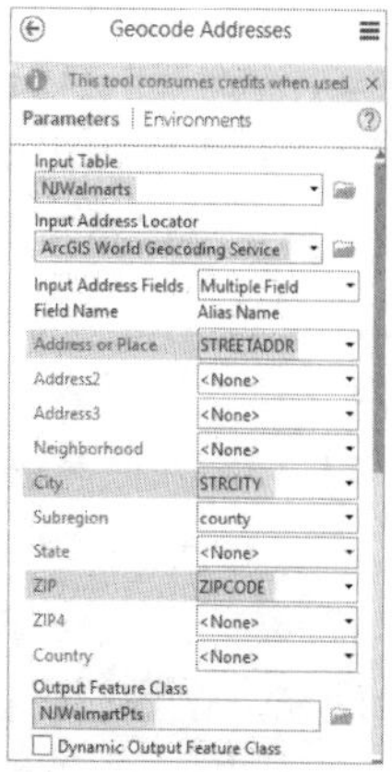

图 5.22　对商店进行地理编码

来源：Esri

提示：如果工具无法识别定位器，请尝试保存项目、关闭 Pro 并重新启动。如果工具运行失败，请继续。

附加功能类

数据集通常被分割成规则的正方形或长方形。对于研究而言，将图块合并为一个数据集通常更为方便。我们将使用第 4 章中的黑山的水资源研究数据来说明这一过程。

44→ 选择 Project>Open，然后单击最近的项目 BHWaterStudy 将其打开。

44→ 打开 Study Quads 地图（如果尚未打开）。

44→ 点击 Analysis：Geoprocessing：Environments，并设置 Output Coordinate System（输出坐标系）以匹配当前地图（NAD 1983 UTM Zone 13）。

一位同事已经从南达科他州地质调查局的网站上下载了这些文件。

45→ 关闭除 Topographic（地形）底图以外的所有图层。

45→ 在 Catalog 窗格中，显示 mgisdata\BlackHills\Downloads 中的文件。将 HillCityStructure. shp 和 MtRushmoreStructure. shp 添加到地图中。

45→ 打开两个 Shapefiles 的表格并比较字段。Hill City（山城）文件有一个用户定义字段，即 Category（类别）。Mount Rushmore（拉什莫尔山）文件有一个名称字段和一个类别字段。我们将保留这两个字段。不过，由于 Hill City 要素表中没有相应的值，因此名称字段的值将为空。

46→ 在 Geoprocessing 窗格中，搜索并打开 Merge（合并）工具（图 5.23）。

46→ 点击 Input Datasets（输入数据集）下拉框，选择 MtRushmore Structure。

46→ 点击第二个 Input Datasets（输入数据集）下拉框，选择 HillCity Structure。

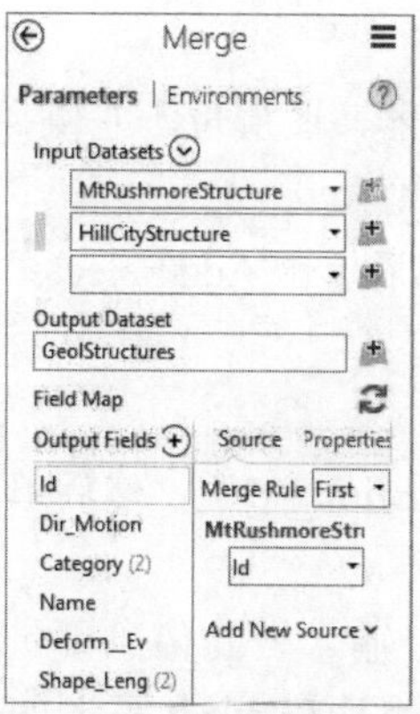

图 5.23　合并地质单元

来源：Esri

46→ 将 Output Dataset（输出数据集）命名为 GeolStructures。

46→ 检查 Field Map（字段地图）。

合并将尝试保留所有字段。同时出现在两个输入文件中的字段，其字段名称旁都有一个(2)。其他字段只出现在拉什莫尔山数据集中。这些字段将包含拉什莫尔山要素的数据和山城要素的空值。

47→ 运行工具。

47→ 移除原有的 HillCityStructure 和 MtRushmoreStructure 图层。

47→ 检查合并的 GeolStructures 要素类的表格。

47→ 关闭表格并保存项目。

现在，让我们尝试合并地质单元。

48→ 从 mgisdata\BlackHills\Downloads 文件夹添加 HillCityGeology.shp 和 MtRushmore Geology. shp 文件。

48→ 打开两个表格并比较字段。

在这种情况下，字段名称都不匹配，因此我们必须使用字段地图将正确的数据从旧字段转移到新字段。我们希望输出数据集包含一个地质单元名称字段（如冲积层）和一个缩写地质单元代码字段（Qal）。

48→ 在一张纸上写出 HillCityGeology 中包含这两类信息的字段名称。对 MtRushmore Geology 重复上述步骤。

49→ 在 Geoprocessing 窗格中，清除并重新打开 Merge（合并）工具。

49→ 将 Input Datasets（输入数据集）设置为 HillCityGeology 和 MtRushmoreGeology。

49→ 将 Output Dataset（输出数据集）命名为 *Geology*。

下一步是绘制一个字段地图，将两个数据集的信息提取到我们想要保留的字段中。我们将保留名称较好的 MtRushmoreGeology 字段 Fm_Name 和 Unit，并将它们与 HillCityGeology 中的相应字段 Formation1 和 Formation_匹配。

50→ 在 Field Map（字段地图）下，单击 Fm_Name 字段[图 5.24（a）]。

50→ 将 Merge Rule（合并规则）设为第一。下面的方框表示该字段的值来自 MtRushmore Geology。

50→ 单击 Add New Source（添加新来源）下拉菜单，弹出字段选择器，图层位于左侧，字段位于右侧。

50→ 在弹出窗口中，选择 HillCityGeology，选中 Formation1 字段，然后单击 Add Selected（添加所选）。字段地图应显示如图 5.24（a）所示。

50→ 在左侧单击 Unit（单元）字段名[图 5.24（b）]。

50→ 在右侧单击 Add New Source，选择 HillCityGeology，选中 Formation_字段，然后单击 Add Selected。

查看图 5.24（b）中的输出字段列表。(2）后面的字段包含来自两个输入表的信息，包括 Fm_Name 和 Unit 的关键信息。为了使输出表更整洁，我们应该删除只有一个数据源的字段。

51→ 在 Output Fields（输出字段）下，单击 Formation_，然后使用红色“×”将其从列表中删除。

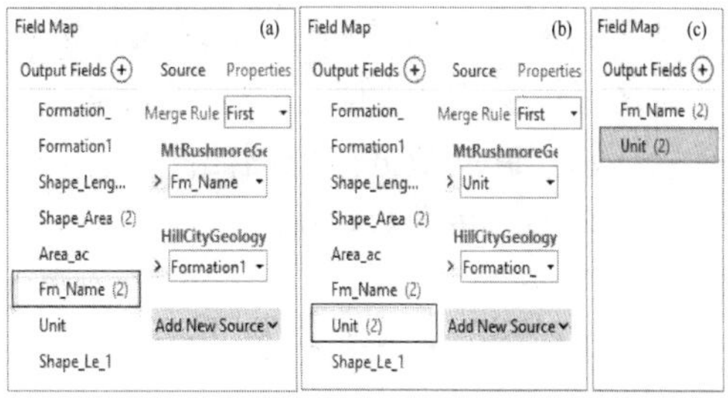

图 5.24　合并字段

来源：Esri

51→ 删除除 Fm_Name 和 Unit 以外的所有输出字段（输出数据集将自动创建 New Shape_Leng 和 Shape_ Area 字段）。

51→ 最终的字段地图将如图 5.24（c）所示。运行工具。

52→ 打开 Geology 表格并检查字段。向下滚动，确保每个要素都有名称和符号。关闭表格。

52→ 删除原有的 HillCityGeology 和 MtRushmoreGeology 图层。

53→ 根据 Unit（单元）字段，用唯一值图标示 Geology 图层。

注意沿合并边缘多边形之间的垂直分隔线，融合工具可以去除这些线。

54→ 在 Geoprocessing 窗格中，打开 Dissolve（融合）工具。

54→ 将 Input Feature Class（输入要素类）设为 Geology。

54→ 将 Output Features（输出要素）命名为 *Geology_Dissolve*。

54→ 将 Dissolve_Fields（融合字段）设置为 Fm_Name 和 Unit。

54→ 取消选中 Create multipart features（创建多部分要素）的复选框。我们希望每个多边形在输出数据集中保持独立。运行工具。

55→ 如果符号没有转移到新图层，请根据 Unit（单元）字段为 Geology_Dissolve 图层创建唯一值图，并检查边界。

除了靠近顶部的几条边界线外，大部分边界线都消失了，在这几条边界线上，两个数据源的单元名称略有不同，尽管单元符号是相同的。要删除这些最后的界线，需要进行编辑。

教程到此结束。

→ 保存项目并关闭 ArcGIS Pro。

5.2.2　练习

选择除新泽西州以外的任何一个州。

1. 为所选州创建一个新项目，保存在 gisclass\ClassProjects 文件夹中。

2. 打开新地图，将坐标系设置为 State Plane＞NAD 1983（meters）文件夹中最合适的 State Plane 投影带。如果该州有多个投影带，只需选择一个，最好是中心投影带。

3. 设置分析环境，使其与所选的地图坐标系相匹配。

4. 将 usdata 地理数据库中的每个矢量要素类导出到新的州地理数据库，注意只导出州内的要素。

5. 更新导出的每个数据集的项目描述。

6. 从 ArcGIS Online 或网站上为州地理数据库查找至少两个额外的要素类，选择您感兴趣的要素类，将它们也导入地理数据库。

7. 绘制州地图图层，并适当标注符号（如果地图过于杂乱，可省略某些图层）。

8. 将这些项目汇编成一份文件，提交给指导老师：

①地图截图，包括显示图层的 Contents 窗格；
②地图属性中图层文件夹的截图（图 5.20），显示所有图层都在同一坐标系中；
③仅显示互联网数据的地图截图；
④引文清单，每个数据集一份。

第 6 章　栅格数据管理

目标

学完本章后，您将能够

- ➢ 解释栅格模型
- ➢ 认识栅格的属性及其对数据质量的影响
- ➢ 管理栅格数据集及其坐标系统
- ➢ 识别和使用三维数据集模型

6.1　掌 握 概 念

6.1.1　GIS 概念

离散数据模型处理的是点、线或多边形等空间对象，但还需要其他方法来存储和建模连续的表面，这些表面是基于测量的数量（如高程），而这些数量在地球上的不同地方是不同的。其中一个数量可能是卫星或航空摄像系统测量的反射率。虽然栅格是最常见的地表数据存储方法，但在需要时也可以表示离散对象。存储曲面的其他方法包括等高线、TIN、点云等。此外，高程曲面还提供了将 GIS 扩展到三维空间的方法。本章重点介绍栅格、图像和三维地理空间数据的存储和管理。

栅格模型

栅格模型的优点是简单。一个地理区域被划分成一个个小方格，称为**像元或像素**（图 6.1）。每个像素包含一个数字，表示一个测量值或属性，栅格以固定行列数的数值数组形式存储。每个像素的“地址”由其在数组中的位置表示，例如行 = 3，列 = 6。栅格可用于存储多种数据，包括照片或扫描文件。

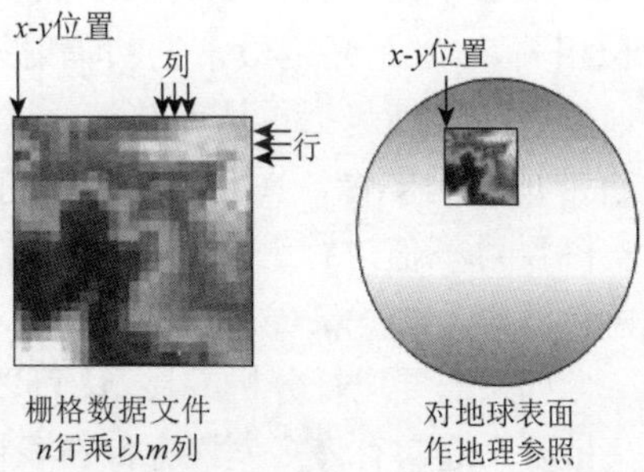

图 6.1　栅格存储的是以单个 *x-y* 位置固定在地球上的数字阵列

来源：USGS

当使用栅格来存储地理空间信息时，通过声明一个角的 *x-y* 位置、以现实世界单位（如度或米）表示的像素尺寸以及真实世界坐标系（GCS 或投影）来实现对地球表面的地理参照。通常选择左上角作为已知位置，像素的 *x* 和 *y* 尺寸相同，这样像素就是正方形的。有了位置和像素尺寸，就可以根据像素的行列位置计算出每个像素的坐标。从这个意义上说，像素的地理参照在栅格数据集中，*x-y* 位置是隐含的，不需要存储每个像素的 *x-y* 位置。*x-y* 位置可能是指第一个像素的左上角或中心，具体取决于栅格格式。

栅格擅长存储连续数据，即随地球表面变化的量或变量。**数字高程模型**（DEM）如图 6.1

和图 6.2（a）所示，存储的是高程值。这些单元格不可能与相邻单元格具有相同的高程，而且这些数值的范围彼此平滑，形成一个连续的表面（或连续场）。因此，它们通常被称为**连续栅格**。降水量、人口密度、温度和云量等变量也可以在空间中测量，并以栅格格式作为连续数据存储。

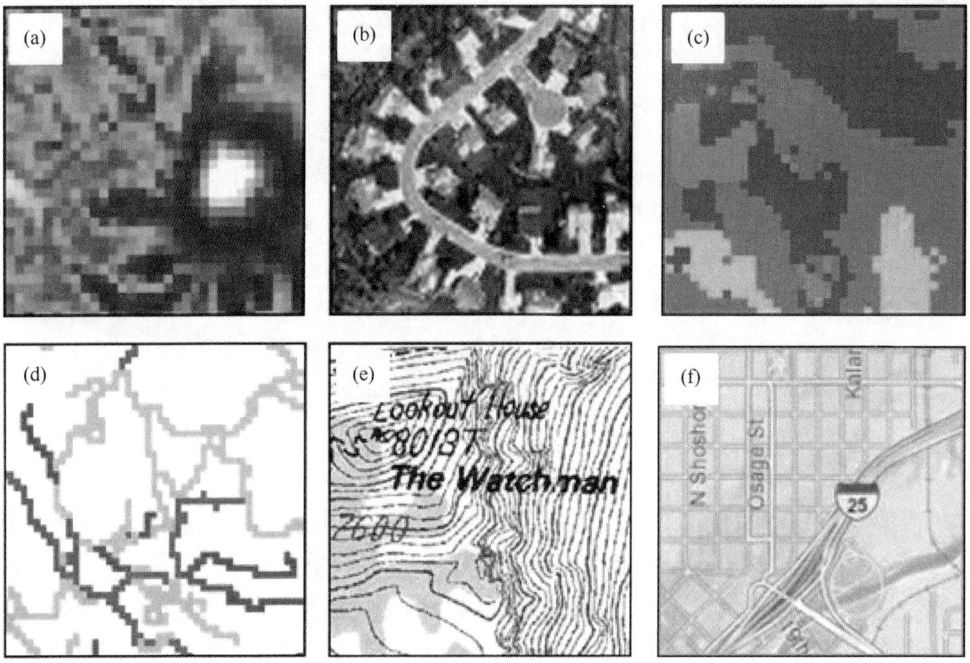

图 6.2　栅格类型：（a）数字高程模型（DEM）；（b）航拍照片；（c）土地利用；（d）道路；（e）扫描地图；（f）ArcGIS Online 底图图块

（a）、（e）来源：USGS；（b）、（f）来源：Esri；（c）、（d）来源：黑山国家森林公园

反射率是一种特殊的连续变量，用于测量从地球表面反弹或发射的电磁辐射强度（与波长相关）。太阳光是最常见的辐射源，也是航空摄影[图 6.2（b）]和多种卫星图像的基础。其他辐射源可能包括雷达或热能。这些数据集构成了一类特殊的栅格，具有独特的属性和用途，通常被称为**图像**。图像中的像素值通常以数字编号（DN）的形式存储，并通过一个常数与实际反射率值进行缩放。彩色图像通常为每个像素包含一个红色波段、一个绿色波段和一个蓝色波段，如第 2 章所述，每个波段的混合值定义了像素的颜色。

如果需要进行分析或显示，可以将离散要素（如道路线或土地利用多边形）转换为栅格格式。离散要素通常有许多属性存储在表格中，但栅格可通过选择存储在单元格中的单一属性来创建。栅格只能存储数字，不能存储文本。如果选择的是数字属性，例如林分中的树冠覆盖率，那么百分比就可以直接存储在栅格像元中。如果选择的是文本属性，如土地利用类型，则必须为每个唯一的文本值分配一个整数代码来表示。在图 6.2（c）中，像元存储了代表土地覆被类型的数值，如 46 表示针叶林，23 表示阔叶林。每个数值都用不同的颜色显示。图 6.2（d）中显示的道路最初是矢量线要素，带有表示一级、二级或原始道路类型的文本属性。在转换为栅格时，使用数字（1、2 或 3）来表示穿过像元的每条道路。不包含道路的像元的值为空。以栅格格式存储矢量类型要素的栅格有时被称为**离散**栅格。

栅格格式通常用于传输或显示基于矢量要素的复杂地图。图 6.2（e）显示了通过扫描纸质地图获得的描绘美国地质调查局地形图的栅格。其结果称为**数字栅格图**（DRG）。每个像元都存储了代表不同颜色的索引代码，如 5 表示棕色等高线，1 表示白色背景。扫描是将纸质地图转换为数字形式的常用方法，但也有其局限性。虽然地图看起来包含矢量要素（等值线），但实际上是以像元形式存储的，因此无法选择单条线或对其进行分析。其主要用途仅限于作为背景地图显示。

ArcGIS Online 中的底图是使用栅格格式描绘矢量数据的另一个例子。图 6.2（f）显示了 ArcGIS Online 中国家地理底图的一部分，该底图一开始是使用矢量技术符号化、标注和显示的矢量要素（通常具有不同比例尺的不同图层和属性）。然后将矢量地图划分为相等的方格（**图块**），并为每个方格记录地图的栅格快照，就像使用智能手机给地图拍照一样。对于互联网地图服务来说，发送栅格表示法的复杂矢量地图往往比发送要素并在客户端设备上渲染要快。

栅格分辨率

每个像素的 x 和 y 坐标定义了栅格数据的**分辨率**。分辨率越高，数据表示越精确。请看图 6.3 中分辨率为 90 m 的道路栅格。由于栅格像元的尺寸为 90 m，因此表示的道路要比实际宽得多，而且看起来很臃肿。10 m 分辨率的栅格可以更准确地表示道路，但文件大小将增加 9×9，即 81 倍。

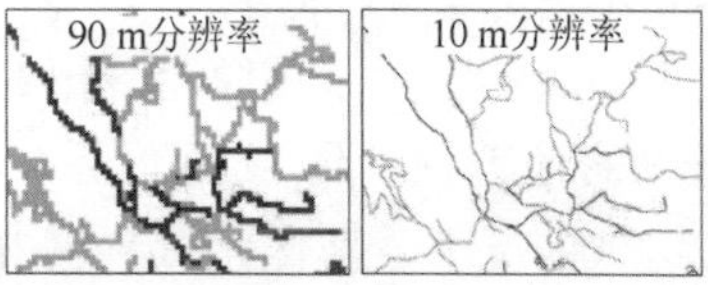

图 6.3　栅格分辨率的影响：10 m 分辨率的栅格能更精确地存储道路信息，但需要 81 倍的存储空间

来源：黑山国家森林公园

栅格数据精度与存储需求之间的权衡关系是制约其应用的关键因素之一。用分辨率为 1 m 的航空摄影来表示一个州，需要海量的数据，对于大多数计算机来说，这将使任何分析工作都不堪重负。要使栅格可用，需要采取两种策略之一：限制范围或限制分辨率。一个易于管理的美国大陆栅格需要具备以下条件：分辨率较低，像素大小约为 500～1000 m。然而，用分辨率为 1 m 甚至 1 英尺的栅格就可以轻松表示一个小镇。

在 ArcGIS Online 或 Google Maps 等互联网服务器上查看卫星和航空摄影似乎违背了这一原则，但这是因为权衡的机制对普通用户是隐蔽的。电脑屏幕只有几千个像素，不可能显示数百万像素宽的栅格的每个像素。相反，通常采用不同分辨率的图像堆叠。美国大陆的图像显示为低分辨率的简化栅格。当用户放大并缩小地图范围时，图像可能会被分辨率更高的栅格取代。在互联网服务中，栅格通常以单独的图块形式存储，这样每个文件的大小都可以控制。一旦缩小范围，显示只需来提取显示在当前视图范围内的栅格平铺。比例尺越大，范围就越小，每个图块的分辨率也就越高。这些服务基本上维持不同分辨率的、可管理图块的多个数据拷贝，根据视图范围使用空间索引选择合适的图块，这样 GIS 或浏览器就不会被过多的信息淹没。

栅格金字塔

单个栅格，即使是合理大小的栅格，其单元密度仍可能高于特定比例尺下屏幕显示的密度。在这种情况下，计算机必须浏览栅格数据，从更大的像元群中挑选一个像元来显示，这就需要时间。一种常见的替代方法是为栅格构建**金字塔**。构建金字塔的方法是，将相邻的像元块（通常是四个）合并成一个新的像元，然后选择一个值来代表原来的像元块（图 6.4）。新的、较大的像元是用来创建一个栅格数据，其存储空间和分辨率只有原始栅格的四分之一。

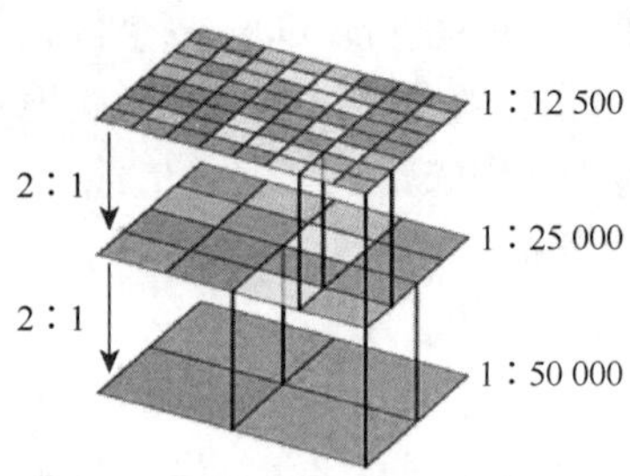

图 6.4　栅格金字塔
来源：Esri

重复这一过程，创建另一个分辨率更低的栅格，直到创建出适合不同显示比例的整套栅格数据。如果需要，也可以采用更大的像元块进行重采样，例如使用 3×3 的 9 像元块、4×4 的 16 像元块或 5×5 的 25 像元块。

金字塔能加快绘图速度，因为计算机只需选择合适比例的栅格来显示，而无须对栅格进行分类以选择像元。缺点是由于存储额外的副本会使栅格的大小增加约 50%。创建金字塔是可选的，这取决于用户是对快速显示更感兴趣，还是对更小的文件大小更感兴趣。

重采样

当必须改变现有栅格的像元尺寸时，无论是降低分辨率还是提高分辨率，构建金字塔只是其中一种情况。这一过程称为**重采样**。在金字塔的示例中，重采样是通过对现有像元进行分块，确保新像元始终包含完整的原始像元。这一过程被称为**分块重采样**。另一种重采样方式是简单指定新的像元大小，而不参考原始像元。图 6.5 举例说明了从 10 m（彩色方框）到 12 m 像元（黑线）的重采样。在这种情况下，新像元可能包含原始像元的一部分。

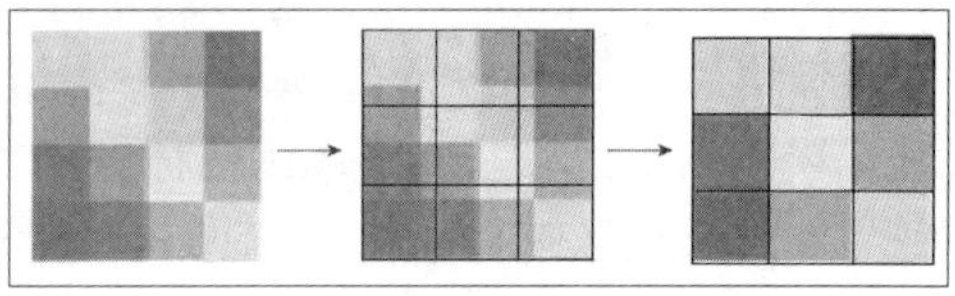

图 6.5　使用最近邻法对栅格像元重采样

任何类型的重采样都需要指定一个规则来确定新像元的值。请看图 6.4 左上角的四个像元。在最高分辨率下，这四个像元包括三个红色像元和一个灰色像元。第一个金字塔中的新像元是红色像元。在下一级金字塔中，由三个蓝色像元和一个红色像元组成的组转换为一个蓝色像元。这一过程代表了重采样的多数规则：新像元包含了在原始像元中出现频率最高的值（在实践中，如果没有出现多数规则，例如四个像元的颜色各不相同，则需要备用规则）。

如果像元代表的是土地利用等类别，则必须从像元块中的数值中选择一个。但是，如果数据是数值型的，如高程或降水量，则还可以选择其他选项，如取四个像元数值的平均值。

如图 6.5 所示，当按照明确的像元大小重采样时，有四种常见的方法可供选择。在**最近邻重采样**中，新像元的值是旧像元中位于或最靠近新像元中心的值。在表示土地利用或土壤类型等数值类别时，需要使用这种方法。这也是最快的方法，因为不需要计算。如果像元包含高程等数值数据，则需要使用其他方法。**面积加权平均重采样**将计算原始像元的平均值，并根据其在新像元内的面积分数进行加权。在**双线性重采样**中，距离加权平均值取自四个最近的像元中心。**立方卷积重采样**通过对最近的 16 个像元中心进行曲线拟合来确定新值。

降低分辨率的重采样操作不可避免地会导致数据精度和准确度的损失。在图 6.4 中，请注意某些颜色的消失以及后续金字塔中信息的逐渐综合。在这种情况下，原始图像被保留下来，而这只是为了加快显示速度，所以并不重要。不过，从图 6.4 中可以很容易地发现，即使像元大小相对较小，也会造成信息量的损失。

反之，重采样到更精细的分辨率实际上并不能提高数据的精度或准确度。在图 6.5 中，考虑重采样到 2.5 m 的像元大小，这样每个原始像元就转换成了四个新像元。精度看似提高了，但四个新像元中的每个像元都只包含与较大的父像元相同的信息。文件的分辨率（和大小）增加了，但信息的分辨率并没有增加。

存储栅格

栅格可用于许多不同的程序，并有多种格式，如 JPEG、TIFF、GEOTIFF、BMP、MrSID 和原始文件（BIP、BIL 和 BSQ）。栅格也可以作为文件地理数据库栅格（file geodatabase raster，FGDBR）存储在地理数据库中。大多数栅格格式由数字数组和标头组成，标题提供文件的相关信息，如行列数，以及地理空间数据的坐标系统和地理配准信息。栅格格式标头信息可以存储在单独的文件中，也可以作为数组的第一部分。在任何栅格中，像元属性的定义都是至关重要的。

字节是计算机存储的基本单位。它由八位数字（比特）字符串组成，这些数字可能是 0，也可能是 1。这些“0”和“1”表示以 2 为基数的数字，这种数字称为**二进制数**。一百万字节等于一兆字节（MB），十亿字节等于一千兆字节（GB）。

一个字节可以存储从 0（00000000）到 255（11111111）的二进制数值。一组给定的 k 位可存储的最大数字是 2^k-1；对于一个字节，$2^8-1=255$。分配给数值的字节越多，可存储的数值就越大。两个字节最多可存储 $2^{16}-1$ 或 65 535 个数值。但是，如果需要处理有符号的数字，则必须使用最高位来指定数字是正数还是负数，在这种情况下，单字节的容量将减少到 $2^7-1=\pm127$，而两个字节的数字则限制为 $2^{15}-1=\pm32\ 767$。

在栅格中，分配给每个像元的存储字节数可由用户改变，以满足数据的要求。这一特性被称为**像素深度**。例如，在黑白照片或文件扫描中，通常使用一个字节作为 DN 值来存储数值，数值范围为 0～255。然而，在 DEM 中，地球上的高程值可能超过 7000 m，因此需要两个字节来存储最大值。像素深度可以以位或字节为单位指定，例如，8 位像素与 1 字节像素相同。一般情况下，使用整字节的增量，但有些遥感仪器可能有一些不太常见的值，如 11 位像素。像素深度直接影响栅格的存储要求，2 字节像素的栅格所需的存储空间是 1 字节像素栅格的两倍。

字节是用来存储整数的。如果栅格需要存储十进制值，最有效的方法是将数字存储为整数，但在标头中指定一个**比例**，将其转换为所需的值。例如，如果需要小数点后一位来存储所需精度的降水量值，那么可以将每个值乘以 10，将 3.7 英寸转换为 37，这样就可以存储为整数。不过，用户有责任确保在解释或分析数据时应用比例。

另一种方法是将数值存储为指数或浮点数据。这种符号存储的数值由**尾数**（数字的小数部分）和指数组成。例如，以指数形式存储的数字 123456789 的尾数为 1.23456789，指数为 8，结果为 1.23456789×10^8（通常写为 1.23456780e08）。浮点数据类型比二进制数据类型更灵活，因为它们可以使用同一字段存储非常大或非常小的数值。不过，要存储具有 8 位有效数字的浮点数值，至少需要 4 个字节（精度更高时需要更多字节）。

波段

可以将具有相同范围和像元大小的栅格合并为一个文件单元。每个栅格称为一个**波段**，这种组合可称为**多波段栅格**或**波段堆栈**。多波段图像在处理图像和卫星数据时最常遇到。

彩色图像（包括地理空间数据和照片）通常使用红-绿-蓝（RGB）颜色模型来指定颜色，这在第 2 章中已有讨论。彩色数码相机分别测量三种波长光（红、绿、蓝）的亮度，并将每个像素的三种亮度值存储在三个独立的波段中。每个色值的组合产生一种独特的颜色。RGB 图像有时也被称为真彩色图像，因为它可以表示超过 256^3 种颜色（超过 1600 万种）。

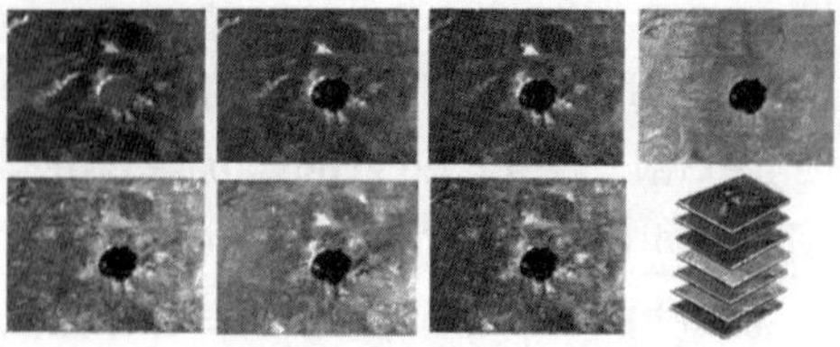

图 6.6　火山口湖 Landsat 5 波段图像，从左上方开始编号为 1 至 7

来源：USGS

卫星通常收集不同波长范围的电磁反射率：包括常见的红、绿、蓝可见光谱以及近红外或热能等非可见波长。Landsat 系列卫星是历史最悠久、使用最多的卫星图像来源之一。Landsat 5 包括 7 个不同的波段，Landsat 7 有 8 个波段，Landsat 8 和 9 有 11 个波段。图 6.6 显示了 Landsat 5 拍摄的火山口湖 7 个波段图像，由于记录的光波长不同，每个波段看起来都略有不同。请注意，波段-1 图像（左上角）是蓝色波段，由于湖水的蓝色反射率，它比其他任何波段的图像都更明亮。有关波段名称的更多信息，请参阅 http://gisgeography.com/landsat-program- satellite-imagery-bands/。

压缩

栅格可能成为非常大的文件，因此许多栅格格式都采用了某种**压缩**方式来降低存储要求。例如，假设一个 1 字节栅格的首行存储了值（0 1 1 1 1 1 1 3 3 3 3 3 3 5 5 5 5 7 8），这相当于 20 个字节的信息（每个值一个字节）。当数值往往以这种方式重复时，可以改用成对的字节来存储，这样，示例行就变成了（01 15 36 56 71 81），只需 12 个字节（空格只是为了视觉清晰）。这种称为“游程编码”的方案只适用于有许多相邻像元具有相同值的栅格（注意，存储数值为 7 和 8 的非重复像元所需的空间会增加一倍）。其他类型的栅格需要不同的方法。

栅格种类繁多，主要是因为压缩技术多种多样，许多格式采用了不同甚至专有的方案。对不同压缩技术的讨论超出了本节的讨论范围，但了解压缩的一个方面很重要，那就是压缩是否可逆。请看前面的例子：如果知道压缩规则，解压缩后就能还原原始的数字字符串。相反，设想一个压缩规则，将十进制像元值截断为整数：（1.2 3.6 4.2 9.8）到（1 3 4 9）。这种规则是不可逆的，仅从新数据集无法确定原始值。不可逆的压缩方案通常被称为**有损压缩**，因为压缩会导致信息丢失。

有损压缩在减小文件大小方面更为有效，其结果足以满足许多用途。人的感知通常无法区分用无损压缩技术和有损压缩技术压缩的照片之间的差别（尽管专业摄影师并不这么认为，他们更喜欢没有压缩的原始图像格式，而且有损压缩技术也确实能让照片更清晰。如果放大照片，差异可能会很明显）。不过，在保留原始数据可能很重要的情况下，查看照片比分析栅格值的要求要低。

在选择栅格格式或将栅格从一种格式转换为另一种格式时，必须小心谨慎，因为转换可能是不可逆的。TIFF 格式使用的是可逆（或无损）压缩，而 JPEG 格式使用的是不可逆（有损）压缩。将 TIFF 文件转换为 JPEG 文件会丢失信息，如果将生成的文件转换回 TIFF 文件，它将不包含与原始文件相同的数据。

数据栅格与图片栅格

到目前为止，我们已经看到栅格数据格式发挥了多种作用，但在使用栅格时有一个重要的区别，即栅格是包含可分析的数据，还是仅仅是一幅数据图片。DEM 表示**数据栅格**；它包含可用于分析工具的高程值，例如用于计算坡度的工具（见第 11 章）。DEM 栅格也可以用不同的方式表示。不过，想象一下使用电脑截图程序截取 DEM 的图片并以 JPEG 格式保存。现在它不再是高程数据，而是高程数据的图片或**图片栅格**。JPEG 不包含高程值，它存储的是屏幕上显示的 RGB 颜色组合。它看起来可能与符号化的 DEM 图层一模一样，但实际上却截然不同，我们无法更改其符号、计算坡度或检查像元中的高程值。

对于卫星图像来说，这种区别似乎更加令人费解。Landsat 8 卫星图像有 11 个不同波段的亮度值，这些波段在图像处理应用中至关重要，例如绘制土地覆被类型。但是，如果主要目的是显示地表，那么所有信息都会增加文件大小并减慢显示速度，尤其是对于互联网服务而言。因此，常见的做法是将文件转换为压缩格式，如 JPEG，这种格式可以存储颜色组合，因此文件要小得多。这种格式存储了颜色组合，因此体积要小得多。它看起来可能仍然是相同的卫星图像，在服务中也能更快地显示，但人们无法再进行图像分析，原来的反射波段已不复存在。

栅格坐标系

栅格与矢量要素类一样，都有坐标系和投影。图 6.7 显示了南达科他州高程栅格数据在地理坐标系（GCS）和圆锥投影中的不同表现。两者的形状不同，列与行的比例也不同。与矢量一样，栅格也可以从一个坐标系投影到另一个坐标系，不过算法更为复杂。GCS 版本的像素列数显然多于国家平面版本，因此投影算法必须修改像素的范围、间距和长宽比。简单地说，投影栅格需要重采样。用户在投影栅格时必须指定输出像元大小和重采样方法。

因此，栅格投影比矢量投影需要更多的内存和处理能力。这一事实有一些实际影响。首先，重采样有可能带来假象和误差，因此应尽量减少栅格投影的次数。其次，如果在同一幅地图中显示不同坐标系的矢量数据和栅格数据时，若依赖动态投影功能，将地图设置为匹配栅格坐标系会更快更高效。

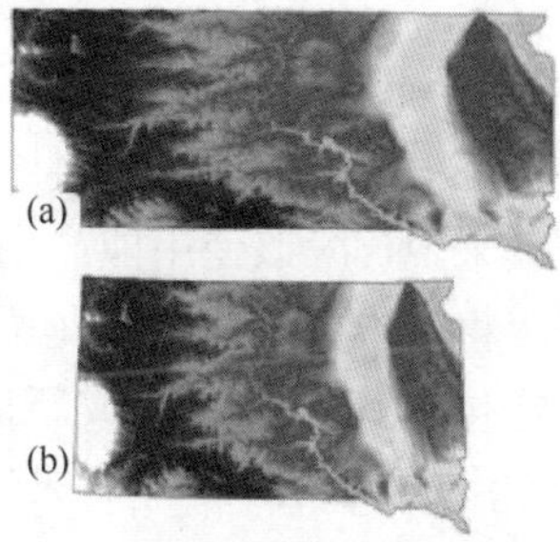

图 6.7　高程栅格分别采用（a）地理坐标系和（b）国家平面坐标系

来源：USGS

该功能在运用底图和其他 GIS 栅格服务时尤为实用，将地图设置为底图坐标系（通常为 WGS 1984 Web Mercator Auxiliary Sphere），显示性能通常会得到改善。

空间分析依赖于正确的区域和距离，因此大多数栅格数据都采用投影坐标系。不过，美国地质调查局分发的 DEM 数据通常以 GCS 格式提供，允许用户选择投影。下载文件的像元大小单位为度：标准分辨率包括 1 角秒（约 30 m）、1/3 角秒（10 m）和 1/9 角秒（3 m）。投影时，用户必须指定所需的输出像元尺寸（以投影单位米为单位）以及重采样方法。双线性插值通常是 DEM 的最佳方法，可确保输出不包含伪影或不连续性。

为栅格分配坐标系

许多栅格从一开始就提供了坐标系（它们是地理配准的）。但有时用户必须指定坐标系。常见的情况有两种。

情况 I 涉及已知坐标系的栅格但该信息尚未以可访问的形式存储。有些图像格式将地理配准信息存储在头文件或图像本身。其他格式使用**世界文件**（world file），这是一个六行文本文件，包含栅格地理配准所需的参数。如果缺少地理配准信息，用户可以创建一个包含适当参数的世界文件。有关世界文件内容的说明可在 ArcGIS 帮助中找到。

> **提示：** 世界文件具有图像文件扩展名的第一个和第三个字符，末尾加上一个“w”。一个.tif 文件会有一个.tfw 世界文件。一个.bil 文件会有一个.blw 世界文件。其他格式可能使用辅助（.aux 或.aux.xml）文件。

情况Ⅱ涉及没有指定坐标系的栅格例如从互联网上保存的图片或扫描的地图。坐标系以屏幕或扫描仪上的像素为单位，而不是以英尺或米为单位的实际坐标。要对该栅格进行地理配准，用户必须将图像上的位置与另一张图像或具有真实世界坐标系的要素类上的相同位置进行匹配，从而创建**地面控制点**。通常使用的是道路交叉口或其他显著要素。至少需要三个点，但增加更多控制点通常能得到更精确的结果。根据匹配点计算出数学变换，然后就可以将栅格从任意坐标系转换为真实世界坐标系。

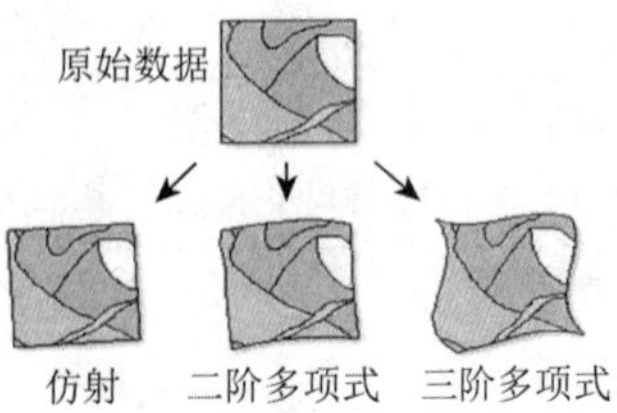

图 6.8　栅格的变换方法

来源：Esri

可计算和应用不同类型的变换（图 6.8）。一阶多项式（**仿射**）变换可以对图像进行平移、旋转和倾斜，以匹配各点。对于已知投影的扫描地图，仿射变换通常就足够了，因为地图的形状已被忠实再现，只需将其坐标转换为一组新的 *x-y* 值即可。

航空照片或卫星图像可能会因地形、焦点效应或镜头变形而产生几何变形。投影未知的地图可能与地理参考坐标系的形状不完全匹配。在这种情况下，二阶或三阶变换可以使图像局部拉伸或收缩，以达到更好的拟合效果，这被称为**橡皮页变换**（rubbersheeting），需要额外的控制点来完成变换方程的计算。一般来说，应该使用能产生可接受结果的最低阶变换。使用高阶变换实际上会带来新的变形。

将转换方程应用于地面控制点时，通常会发现指定位置与实际位置之间存在偏移，这是由定位点的轻微误差或新旧坐标系之间的形状差异造成的。这种偏移通过计算**均方根误差**（RMSE 或 RMS 误差）来评估，它是衡量转换精度的一个指标。均方根误差以新坐标系的地图单位报告，并应在图像元数据中报告。

要完成地理配准，用户可以使用两种方法之一。①将地面控制点和变换参数保存到一个世界文件或辅助文件中；这种方法保留原始图像不变，只需使用文件中的参数进行即时投影。②参数用于**校正**原始图像并将其保存为新的输出文件。校正需要重采样，因此用户必须指定输出像元大小和重采样方法。对于 RGB 图像，校正可能会破坏色彩；通常可以通过将原始图像的色彩映射复制到新图像来逆转这种变化。

三维数据

栅格是存储高程等表面的一种方法。传统地图将地球还原为一个平面，但有时以三维方式查看地理要素会更有优势（也更有趣）。三维数据基于三维坐标轴（水平面坐标轴 *x* 和 *y* 以及表示高度的 *z* 坐标轴），有多种方法用于存储和可视化三维数据。三维数据既有栅格数据格式，也有矢量数据格式。

如前所述，栅格数据集是提供三维信息的一种方式。在数字高程模型（DEM）中，像素排列定义了 *x* 和 *y* 坐标，栅格中的高程值提供了高度（*z*）。这种数据结构被称为面、场或格网。另一种三维数据存储的栅格方法是在 *x* 和 *y* 像素尺寸之外，为每个像素分配一个固定的高度。这样创建的立方体或矩形体称为**体素**（voxel），其存储值代表该体积的某些定义量，如含水层的透射率或污染物溢出的羽流浓度。

栅格可以直接在三维空间中进行可视化，也可用于为矢量要素分配高程值。考虑一个包含道路的线要素类，用 *x-y* 对来定义顶点。每个顶点都可以与 DEM 上相应的 *x-y* 位置相匹配，并从栅格中分配一个 *z* 值，因此每个顶点现在都由三维（*x*，*y*，*z*）三元组表示。以这种方式生成的 *z* 值称为**基准高度**。点和多边形也可以这样处理。二维要素类已转换为三维要素类，可以置于栅格之上可视化，这一过程称为“**披盖**”(draping)。其他栅格也可以披盖在 DEM 上，例如使用航拍照片来描绘逼真的景观。图 6.9 显示了披盖在火山口湖 DEM 上的航空摄影底图和道路要素类。

高程值也可能来自要素类中的属性字段。建筑物的多边形要素类可能包含一个记录建筑物高度或楼层数的字段。一旦确定了基准高度，建筑物的形状就可以从基准上方投射到适当的高度，这一过程称为**拉伸**（extrusion）。类似的过程也可应用于点。用负高来表示水井，将其投影到地表以下。这些技术为建筑物或水井的三维可视化提供了一种方法。

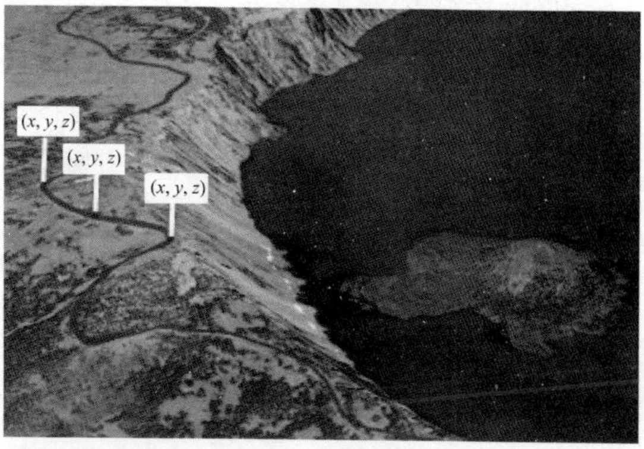

图 6.9　绘制在 DEM 上的道路和航拍照片

来源：Esri

具有（x，y，z）值的点数据集称为**点云**，它是多种类型三维建模的基础，包括常用于收集详细高程数据的 LiDAR 技术。LiDAR 是一种主动式遥感仪器，它以已知频率发射光线，并测量光线到达地面的时间。激光雷达需要从远程目标反射并返回传感器，从而有效测量传感器与目标之间的距离。激光雷达仪器通常安装在飞机或直升机上，用于收集地面高程。由于光线也可能从树木、建筑物和其他物体上反射回来，因此如果需要的是地表高程，就必须将这些要素减去，但建筑物高度或树冠高度的信息往往是人们感兴趣的，也可以保留下来。图 6.10 显示了曼哈顿和 Ed Koch- Queensboro 大桥点云的三维视图，其中的点按高度着色（蓝色低，红色高）。地基激光雷达装置将仪器放置在三脚架上，向侧面发射光线，以成像事物的形状，例如建筑物的外墙、雕像的细节或尾矿堆的体积。

图 6.10　三维场景中的曼哈顿点云与多拼接建筑物

来源：Esri

最后，三维曲面可以用一种矢量数据格式来表示，这种格式被称为**不规则三角网**（triangulated irregular network，TIN）。任何平坦的三维表面（平面）都可以由三个（x，y，z）坐标点唯一定义，如果用线连接，这些点就组成了一个在空间中具有特定方向的三角形。每个三角形都可以与代表另一个三角形的相邻三角形相连。平面共享三角形的边界称为边，三角形角连接的位置称为节点。这些三角形网络构成表面或物体在三维空间中的切面表示。图 6.11 显示了 TIN 表示的火山口湖 Wizard 岛的三维透视图，图中的色调代表等高线等级。TIN 可以非常高效，因为与栅格不同，节点的分辨率可以根据地形而变化。平坦地区可以用较少的节点来表示，而山地地形则可以有很高的节点密度，即使在同一个 TIN 中也是如此。此外，节点和边可以精确地放置在地表的拐点上，如山顶或溪谷的中轴线上，这样就能更好地捕捉地表真正的高点和低点，因而优于栅格。

与 TIN 相关的一种数据类型称为**多面要素**（multipatch feature）。多面要素是由三角形或矩形斑块与三维圆环组合而成的封闭体，用于表示建筑物或树木等物体。图 6.10 中显示的灰色建筑物就是多面要素的例子。

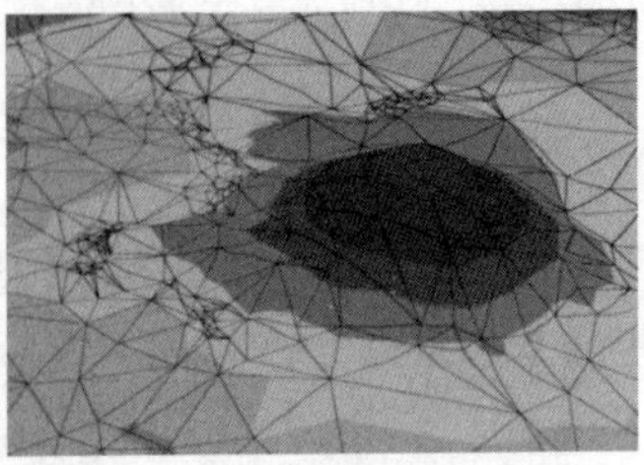

图 6.11　TIN 表示的火山口湖 Wizard 岛

来源：USGS

最后一种三维数据的设计目的是将高程以外的数量可视化，例如用 z 轴代替高程来表示时间。这种结构被称为时空立方体。想象一下，将某月的犯罪密度地图放置在一个规则的格网上，每个格网单元的犯罪数量都被计算在内。然后想象一系列这样的地图，描绘一整年的犯罪情况。将它们堆叠在一起，给每张地图指定厚度（如体素），一个**时空立方体**就形成了。通过三维查看器，我们可以检查空间和时间的模式。图 6.12 显示了 2010 年 2 月 27 日智利附近发生的 8.8 级地震以及随后 72 h 内的余震的时空立方体。每个地图正方形代表 30 km^2 的区域，垂直堆叠的每个立方体代表 6 h 的时间段。紫色表示地震震级的总和。时空立方体不仅用于 GIS，还可用于多种类型的分析，其存储采用了一种名为网络通用数据格式（**netCDF**）的标准格式。

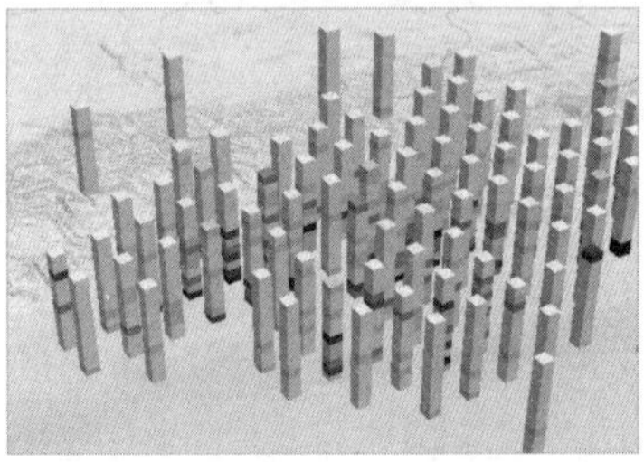

图 6.12　2010 年智利地震余震的时空立方体直观图

来源：USGS（地震）；Esri（底图）

三维数据可通过特殊的查看器进行缩放、移动和旋转。这对计算机的计算能力要求很高，因此通常需要在分辨率或面积上做出权衡，以获得合理的性能。

6.1.2　关于 ArcGIS

存储栅格

ArcGIS Pro 可以读取和显示大多数常见的栅格数据格式（完整列表请参阅帮助）。但对于空间分析，仅支持四种不同的格式。在 ArcGIS 第 10 版之前，软件使用 ArcGIS 独有的格式，称为**格网**（grid）。在第 10 版中，又增加了三种格式：TIFF、ERDAS 和 FGDBR（文件地理数据库栅格）。在本书中，我们几乎只使用文件地理数据库栅格。本节将介绍 ArcGIS 支持的栅格的一些特定特征，这些特征在其他格式中可能找不到。

> **提示：**切勿使用文件资源管理器复制、移动、重命名或删除格网。格网具有复杂的存储格式，Windows 无法对其进行正确管理。一定要使用专业工具来管理格网，使用资源管理器管理其他栅格格式时也要小心。

ArcGIS 支持单波段和多波段栅格；像素类型可包括无符号整数（仅正值）、有符号整数（值可正可负）和浮点值。许多栅格格式使用特殊值（通常为零）来表示缺失或空数据。由于零值有时是一个合法的测量值（上周降水量为 0.0 英寸），可能会使图像统计数据出现偏差，因此 ArcGIS 格式使用了一个特殊的 **NoData** 值，在处理过程中会被忽略。NoData 值通常以黑色或透明色显示。

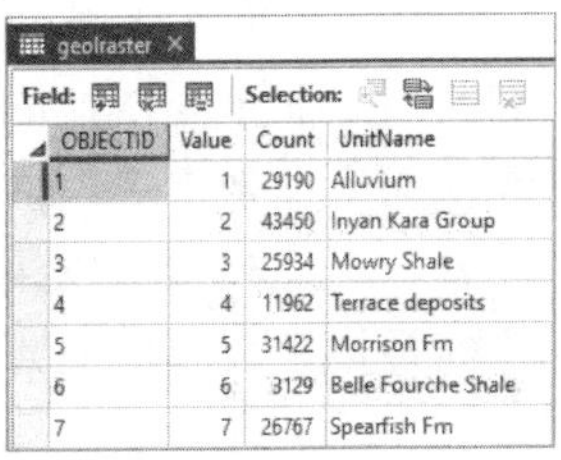

geolraster

Field: Selection:

OBJECTID	Value	Count	UnitName
1	1	29190	Alluvium
2	2	43450	Inyan Kara Group
3	3	25934	Mowry Shale
4	4	11962	Terrace deposits
5	5	31422	Morrison Fm
6	6	3129	Belle Fourche Shale
7	7	26767	Spearfish Fm

图 6.13　地质栅格的属性表

来源：Esri

栅格可能有属性表，但与要素属性表略有不同。每条记录都列出了栅格单元中的一个唯一值。表格有三个标准字段：ObjectID 字段，显示表格行的唯一编号；Value 字段，显示每个像元的唯一值；以及 Count 字段，显示有多少像元包含该值（图 6.13）。在这个栅格地质表中，Inyan Kara Group 岩石类型覆盖的面积最大，因为具有该值的像元（43450 个）比其他像元都多。

图 6.13 中的属性表来自一个栅格，该栅格是由使用 UnitName 字段的多边形要素类转换来的，因此 UnitName 包含在表格中。Value 字段包含数字代码，代表每个岩石单元的代码是在转换要素类时任意分配的。Alluvium 的代码值为 1，Inyan Kara Group 的代码值为 2，等等。

只有整数栅格才有属性表。分类栅格的表格是最有用的，因为它们记录了相当小的离散值集。不过，对于少于 500 个唯一值的任何栅格，都会自动创建属性表。

提示：栅格不应存储在路径名包含空格的文件夹中，因为某些功能将无法使用。建议 GIS 用户避免在所有文件夹名称中使用空格。

提示：栅格名称必须只包含字母、数字或下划线。格网的命名规则更为严格，只能包含 13 个字符。有关支持格式和命名规则的详细信息，请查阅 ArcGIS 帮助。

6.1.3　摘要

- 栅格数据格式经过优化，可用于存储连续表面，如高程和来自航空摄影或卫星传感器的图像。栅格包含一个数值数组，代表像元或像素的地图数值。
- 栅格的像元或像素尺寸称为分辨率。分辨率是影响栅格制图精度的主要因素。栅格通常以较低分辨率存储大面积区域，或以较高分辨率存储小面积区域。
- 对栅格进行重采样意味着从一种像素分辨率转换到另一种分辨率。重采样到更粗的分辨率几乎总是会导致数据精度和准确度的下降。为了加快显示速度，重采样可用于生成一叠逐渐粗糙的栅格图像。
- 栅格像素使用二进制数值存储。分配用于存储像素的字节数称为像素深度，字节数越多，存储的数字越大。
- 压缩方案通常用于减少存储栅格所需的磁盘空间。压缩的特点是可逆或不可逆，这取决于能否从压缩版本完美地重建未压缩版本。
- 具有相同单元网格的栅格可组合成多波段栅格或波段堆栈，用于存储同一区域的不同测量值。彩色图像和卫星图像通常使用这种技术来存储不同波长光的反射率。
- 栅格与矢量要素类一样，都有指定的坐标系。投影栅格比投影矢量更复杂，需要重采样，而且不完全可逆。
- 离散栅格通常包括一个栅格属性表，列出栅格中的每个唯一值以及包含该值的像元数。文本信息可与每个唯一值绑定，以记录其含义。
- 栅格通常用于表示三维表面，也可用于为矢量要素分配基准高度，使其三维可视化。
- 其他表示三维数据的方法包括 TIN、点云、体素和多面要素。时空立方体可用于为二维数据集赋予时间。

重要术语

仿射变换	数字栅格图（DRG）	netCDF	立方卷积重采样
波段	离散	NoData	最近邻重采样
波段堆栈	披盖	图片栅格	分辨率
基准高度	拉伸	像素深度	均方根误差（RMSE）

二进制	格网	像素	橡皮页变换
字节	地面控制点	点云	比例
像元	图像	金字塔	时空立方体
压缩	有损压缩	校正	图块
连续	尾数	面积加权平均重采样	不规则三角网（TIN）
数据栅格	多波段栅格	双线性重采样	体素
数字高程模型（DEM）	多面要素	分块重采样	世界文件

6.1.4　复习题

1. 比较和对比矢量模型和栅格模型的相对优缺点。

2. 考虑为这些数据集创建栅格，每个数据集都将使用整数存储。对于每种类型的数据，最有效的像素深度（以字节为单位）是多少？

①以米为单位的高程；②树冠覆盖率；③消防员使用的热像仪的温度（以度为单位）；④以美元为单位的县收入中位数？请解释您的选择。

3. 说明专题栅格、图像栅格和图片栅格之间的区别。

4. 在投影栅格时，有哪些额外步骤是投影矢量数据时不需要的？这一步会发生什么？

5. 选择最近邻重采样还是双线性重采样是这些数据集的最佳选择，是否需要带符号的整数，并解释原因：①土地利用代码；②降水；③Landsat 卫星图像；④底图图块。

6. 什么是地面控制点，其作用是什么？哪类地点是最佳地点？

7. 专业摄影师主张使用原始格式或 TIFF 格式而不是 JPEG 格式拍摄和存储照片。请解释原因。如何权衡？

8. 对比栅格和 TIN 在存储高程表面方式上的不同。

9. 讨论“ArcGIS Pro 支持 10 多种不同的栅格格式”这一说法。在什么意义上是正确的？在什么意义上不正确？

10. 讨论为什么在栅格格式中使用明显的 NoData 值比使用零值（许多图像格式都使用零值）更有优势。

扩展知识

阅读帮助文档的以下部分，了解有关栅格和三维数据的更多信息。

Help＞Data＞Data types＞Imagery and raster

Help＞Data＞Data types＞TIN

Help＞Data＞Data types＞LiDAR and LAS datasets

Help＞Data＞Data types＞NetCDF

6.2　掌握技能

6.2.1　教程

以下示例提供了在 ArcGIS 中执行任务和解决问题的分步说明。您需要执行的步骤用箭头“→”标出；请仔细按照这些步骤操作。

→ 启动 ArcGIS Pro 并打开 ClassProjects\CraterLake 项目。记住要经常保存。

探索栅格格式和功能

首先，让我们探索一些不同的栅格类型，并了解它们的属性。

1→ 关闭所有打开的地图。

1→ 选择 **Insert**：**Project**：**New Map**（**插入**：**项目**：**新建地图**）。将地图命名为 *Rasters*。

1→ 在 Catalog 窗格中，展开 Databases 条目和 CraterLake。

1→ 单击并拖动 dem30m 栅格到地图中（可能会出现转换警告）。

我们应该为该地图设置一个自定义范围，以便轻松返回感兴趣的区域。

2→ 在 Contents 窗格中，双击 Rasters 图标，打开地图属性。

2→ 单击 Extent 并选择 Use a Custom Extent（使用自定义范围）。将其设置为 Get extent from: Current visible extent（从当前可见范围获取范围），然后单击 OK。

该数字高程模型（DEM）以米为单位存储高程值。它是一种专题栅格，存储了地球表面的测量属性。色调代表不同的高程。

3→ 单击 **Map**：**Navigate**：**Explore** 按钮并单击其中一个像元。

3→ 检查高程值。是整数吗？

3→ 点击最低（黑色）像元之一，查看其数值。

3→ 点击其中一个最高（白色）像元并查看其数值。

3→ 在 Contents 窗格中，检查 dem30m 图例中的高程范围。

高程值从 1532m 到 2720m 不等，相差 1200 多 m。然而，色阶（在本例中为灰度）渐变只有 256 个值，从 0 到 255。为了显示栅格数据，最小的高程被分配到渐变中最低的颜色（0-黑色），最大的高程被分配到最高的颜色（255-白色），中间的高程被拉伸到其余的颜色中。因此，这种显示被称为拉伸栅格显示。

4→ 关闭弹出窗口。在 Contents 窗格中，单击选择 dem30m 图层并打开 **Raster Layer**：**Appearance** 功能区。

4→ 在 **Rendering**（渲染）组中，单击 **Symbology**（符号）下拉菜单并查看选项，注意 **Stretch**（拉伸）是第一个选项。这是连续栅格的合适选项，在添加栅格时已自动选择。

4→ 再次单击 **Symbology** 下拉菜单并选择 **Stretch**，打开 Symbology 窗格。对于栅格图，该窗格看起来有所不同。

4→ 选择几种不同的配色方案并逐一检查。然后将其设置为 Elevation#1 ramp（图 6.14）（将光标停留在坡道上可查看其名称）。

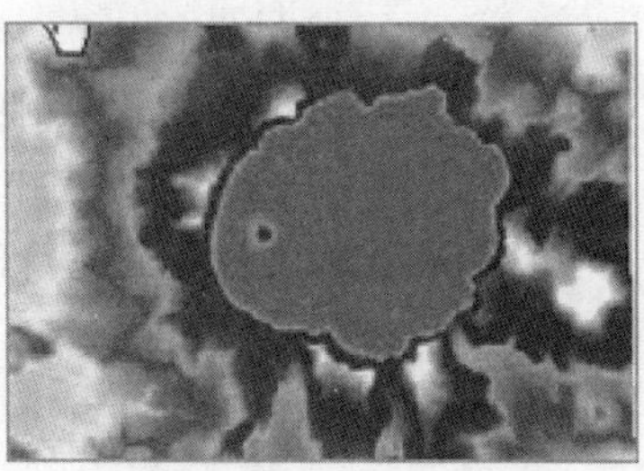

图 6.14　火山口湖 DEM

来源：USGS

5→ 在 Contents 窗格中，打开 dem30m 的图层属性。检查 General（常规）部分，然后浏览 Metadata（元数据）部分的信息。

5→ 单击 Source（来源）部分，检查 Data Source（数据源）下的信息。

5→ 展开 Raster Information（栅格信息）标题，仔细查看信息。

本节包含大量信息。该栅格以文件地理数据库栅格格式（FGDBR）存储，有 685 行和 470 列，一个波段，像元大小为 30。它以浮点数值存储，像素深度为 32 位（或 4 字节）。它有三个金字塔，用最近邻重采样，未使用颜色映射。要确定像元大小的单位，请检查空间参照信息。

5→ 展开 Spatial Reference（空间参照）标题，找到 Linear Unit（线性单位）条目。

1. 该栅格的坐标系统和 *x-y* 单位是什么？

5→ 展开 Statistics（统计）和 Extent（范围）标题并进行检查。

5→ 关闭 dem30m 的图层属性。

6→ 从 Catalog 窗格中，单击并拖动 hillshade10m 栅格，将其添加到地图上。

根据高程数据和指定的光照源计算中性面的光照度，从 DEM 得出晕渲栅格。它是地形可视化的有效方法。亮度以 0～255 的数字（DN）存储。

6→ 设置 **Raster Layer**：**Appearance**：**Rendering**＞**Stretch Type** 为 None。

6→ 点击栅格的明暗值，检查像素值。

关闭拉伸后，DN 像素值与 0～255 灰度色阶渐变完全匹配。Identify 窗口中的 Count（计数）条目表示该栅格有一个表格。

6→ 在 Contents 窗格中，右键单击 hillshade10m 图层并选择 ttribute Table（属性表）。

6→ Value 字段显示栅格中存储的每个唯一值。滚动表格可查看最低值（0）和最高值（254）。

6→ Count 字段显示栅格中有多少像素具有这些值。

2. 按降序对计数字段排序。哪个值出现的频率最高（10 倍）？为什么这个值如此多？

7→ 关闭表格。

7→ 在火山口壁上选择一个位置，然后放大，直至火山口壁上的各个像素点都被放大。hillshade10m 图层可以区分开来。

7→ 关闭和打开若干次 hillshade10m，比较 hillshade10m 和 dem30m 栅格的像素大小。

7→ 打开 hillshade10m 栅格的图层属性，了解其像素大小（如果您现在还没有猜到的话）。检查其他属性并关闭窗口。

请注意像素类型（无符号字符型）和像素深度（8 位）。0～255 的 DN 存储空间允许为每个像素分配一个字节。因此，尽管该晕渲图的像素数是 DEM 的 9 倍，但它使用的存储空间却只有 DEM 的两倍（它是由 10 m 分辨率的 DEM 生成的，而不是由 dem30m 生成的）。

一些 Landsat 卫星图像存储在 CraterLake 项目文件夹中。

8→ 返回地图全图。

8→ 在 Catalog 窗格中，展开 Folders 条目和 CraterLake 文件夹。找到 LT05_sep11_2011_P45R30clip.tif 图像并展开。

8→ 将图像（LT05...条目，而不是波段）拖入地图。将其重命名为 *Landsat*。

这是一个多波段图像，有七个不同的波段，分别对应不同波长的光。为便于显示，计算机显示器上的红色、绿色和蓝色通道各分配一个波段。在这幅图像中，湖水是红色的，因为 Band_1（蓝光）被默认分配给了红色通道。让我们来了解一下显示设置。

9→ 在 Contents 窗格中，选择 Landsat 图像。

9→ 在 **Raster Layer**：**Appearance**：**Rendering** 组中，单击 **Band Combination**（波段组合）下拉菜单并选择 Custom（自定义）。

9→ 将自定义设置命名为 *Landsat Natural Color*，并确保波段设置为红色 Band_3、绿色 Band_2 和蓝色 Band_1。单击 Add（添加）并检查图像[图 6.15（a）]。

波段_4 记录的是近红外（NIR）光，人类看不见，但植被反射强烈。在使用卫星之前，航空相机使用特殊的近红外感光胶片来制作“假彩色”图像。Landsat 卫星的 4-3-1 波段组合呈现类似效果[图 6.15（b）]。

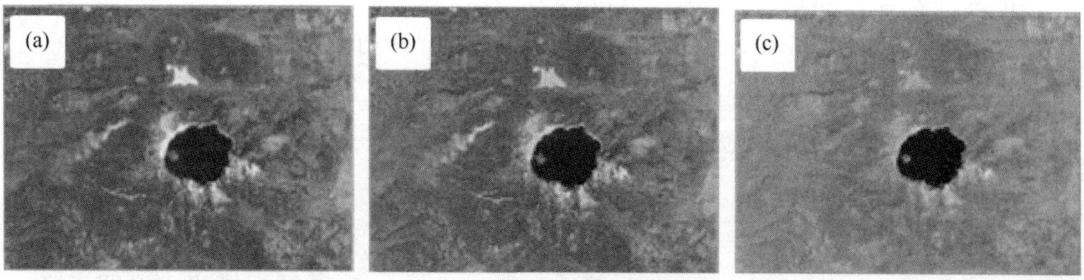

图 6.15　不同波段组合的火山口湖 Landsat 卫星图像

来源：USGS

10→ 在 **Raster Layer**：**Appearance**：**Rendering** 组中，单击 **Band Combination**（波段组合）下拉菜单，并选择 Custom（自定义）。

10→ 将自定义设置命名为 *Landsat False Color*，并确保波段设置为红色 Band_4、绿色 Band_3 和蓝色 Band_1。单击 Add（添加）。

提示：要删除自定义设置，请右键单击波段组合菜单中的自定义设置并选择删除。

波段组合可以修改，无须创建特殊设置。另一种常见的 Landsat 卫星波段组合是 7-4-1，显示植被为绿色，裸露地面为粉色或棕色，城市地区为紫色。

10→ 在 Contents 窗格中，选择 Landsat 图层并点击 **Raster Layer: Appearance: Rendering: Symbology** 按钮。

10→ 在 Symbology（符号）窗格中，将红色设为 Band_7，绿色设为 Band_4，蓝色设为 Band_1。检查结果[图 6.15（c）]。

多波段图像的用途很多，我们无法在此一一探讨，但有一种技术可以对波段进行计算，以突出地形的不同方面。归一化植被指数（NDVI）是显示绿色植被密度的常用计算方法。Pro 可以即时计算指数，根据指定公式创建显示图层。

11→ 单击 **Imagery**：**Tools**：**Indices** 下拉菜单并选择 **NDVI**。

11→ 设置 Near Infrared Band Index（近红外波段指数）为 Band_4，Red Band Index（红外波段指数）为 Band_3。单击 OK。

NDVI 的范围约为 0～1，主要对叶绿素敏感。在该图中，黑色区域（如湖泊）没有绿色植被，明亮区域则有茂密、健康的植被。请注意，在该指数中，西北部一些火灾产生的烟雾是黑色的。

11→ 删除 NDVI 图层并保存项目。

提示：请记住，除非另有指示，否则一定要将输出保存到主地理数据库。

到目前为止，我们已经探索了连续数据栅格和图像。下面我们来研究离散栅格数据。事实上，我们可以通过将地质多边形转换为栅格数据形式来创建一个栅格。多边形有多个属性，但栅格只能存储一个属性，我们将转换岩石类型字段。

12→ 在 Geoprocessing（地理处理）窗格中，打开 Polygon to Raster（多边形到栅格）工具。

12→ 对于 Input Features（输入要素），单击 Browse（浏览）按钮，导航到 CraterLake 主地理数据库，然后选择 geologyunits。单击 OK。

12→ 将 Value field（值字段）设为 RockType（岩石类型）。

12→ 将输出栅格命名为 *rocktype*。

12→ 将鼠标悬停在 Cell assignment type（像元分配类型）的信息图标上，然后阅读选项。选择 Maximum combined area（最大组合区域）选项。

12→ 将 Priority field（优先级字段）设为 none。将像元大小设置为 30，以与 DEM 匹配。

12→ 切换到 Environments（环境）选项卡，将 Snap Raster（捕捉栅格）设置为 dem30m，以确保两个栅格的像元对齐。运行工具。

12→ 在 Contents 窗格中，查看 rocktype 图层的图例。

离散栅格通常具有一组受限的唯一值，使用的显示类型与连续栅格不同。正确的显示类型 Unique Values（唯一值）已自动选择。

13→ 在 Contents 窗格中，选择 rocktype 图层，点击 **Raster Layer: Appearance: Rendering: Symbology** 打开 Symbology（符号）窗格。

13→ 将 Value field 更改为 Value，然后再次查看图例。

请记住，栅格只能存储数字。在根据文本字段转换矢量要素时，会为每个值分配一个任意整数，并将其存储在像元中，文本字段包含在栅格表中，以识别每个文本值对应的数值。

13→ 在 Contents 窗格中，右键单击 rocktype 图层并选择 Attribute Table（属性表）。

> 3. 火山口湖最多的岩石单元是哪个（给出编号和名称）？

14→ 在 Contents 窗格中，双击 rocktype 图层，打开其属性。

14→ 查看 Source 部分，展开 Raster Information（栅格信息）标题。

该栅格具有与 dem30 m 相同的像元大小和相似的范围，但文件大小却小得多。由于只有 14 个不同的值，甚至不需要一个完整的字节来存储它们，转换时使用了无符号字符型像素类型和 4 位像素深度（相比之下，DEM 的像素深度为 32 位）。

14→ 关闭图层属性和表格。在 Symbology 窗格中，将 Value field（值字段）改回 RockType。

14→ 保存项目。

探索三维数据

现在让我们来看看如何使用 DEM 数据生成三维场景。

15→ 单击 **Insert: Project: New Map**，从下拉菜单中选择 New Global Scene。在 **Contens** 中，将 Scene（场景）标题重命名为 *My3D*。

15→ 从 Catalog 窗格中，将 CraterLake 主地理数据库中的 rocktype 栅格拖到地图上。

15→ 在 **Contens** 中，选择 rocktype 并使用 **Raster Layer: Appearance: Effects: Transparency** 选项，将透明度设置为 50%左右。

15→ 将鼠标悬停在 **Map**：**Navigate**：**Explore** 按钮查看弹出窗口，并在需要时重新熟悉三维导航。探索三维场景。

rocktype 栅格不包含任何三维信息。在场景中，可使用 GIS 高程服务为二维数据集指定高程，或指定其他高程来源。

16→ 滚动到 **Contents** 窗格底部，查看 Elevation Surfaces（高程面）条目，显示当前 Ground（地面）的高程面 WorldElevation3D/Terrain3D。

16→ 右键单击 Ground 条目，选择 Add Elevation Source（添加高程源）。导航至 CraterLake 的主地理数据库并选择 dem30m。单击 OK。

16→ 注意 dem30m 出现在 Terrain3D 服务之上。它优先于现有的 Terrain3D 服务，但 Terrain3D 服务将继续在其他地方使用。

16→ 探索该场景。

苍白的地形底图并不是可视化地形的理想背景。我们有一个更好的背景，那就是晕渲栅格。

17→ 从 CraterLake 地理数据库中将 hillshade10m 栅格添加到地图中。

17→ 在 Contents 窗格中，将 rocktype 图层移至 hillshade10m 图层之上。

17→ 在 Contents 窗格中，右键单击并删除 Topographic 底图图层。

17→ 从 CraterLake 主文件夹（而不是地理数据库）中添加 CraterLakeGeologyGroup. lyrx 组图层文件。

17→ 如果需要更快的三维渲染，请关闭复杂的 Classes 和 Labels 层。

请注意，地质图层是披盖在湖面上的，而不是披盖在属于它们的火山口地面上。这个场景中的两个高程源都假定湖面是地面。我们可以尝试使用等高线（一种用于存储曲面的矢量方法）将火山口可视化。

18→ 从 CraterLake 地理数据库中添加 bathymetry（水深测量）矢量要素类。

18→ 在 **Contents** 窗格中，右键单击 bathymetry（水深测量）图层并选择 Attribute Table（属性表格）。检查字段并找到等高线值字段（以英尺和米为单位）。

等高线有所帮助，但地质依然平坦。我们需要一个火山口的高程源，幸运的是，我们有一个。我们将陆地表面的等高线和水深测量数据结合起来，创建了一个 TIN，一个由不同方向的三角形面组成的集合。TIN 由点高程和连接它们的线或边组成。

19→ 关闭表格和所有图层。

19→ 在 CraterLake 主文件夹中找到 craterlaketin2 TIN 数据集，并将其添加到场景中。

19→ 确保在 Contents 窗格中选择了 cratertin2。单击 **Tin Layer**：**Appearance**：**Drawing**：**Symbology** 下拉菜单。选择 Symbolize your layer using lines：Edges（使用线条来符号化图层：边）。

TIN 具有很高的效率。栅格必须以相同的分辨率存储各处的高程，但 TIN 在火山口壁等崎岖区域使用的点较多，而在平坦区域使用的点较少。不过，为了使火山口底部的地质可视化，我们必须将 TIN 添加为高程源。

19→ 删除 TIN，重新打开 Crater Lake Geology 组图层。

19→ 在 Contents 窗格中，右键单击 Ground 条目，将 TIN 添加为高程源。

19→ 探索该场景。

拉伸是通过添加厚度来修改二维要素的显示效果，可以是此处指定的恒定厚度，也可以是字段中的厚度。在本例中，基准高度是要素沿地面的高程。

20→ 从 Catalog 窗格中，添加 faults（断层）和 vents（喷口）要素类。

20→ 在 Contents 窗格中，选择 faults 图层并打开 Feature Layer：Appearance 功能区。

20→ 在 **Extrusion**（拉伸）组中，将 Type（类型）设为 Base Height（基准高度）。将 **Unit**（单位）设置为米。

20→ 单击 Extrusion Expression（拉伸表达式）按钮。在打开的表达式生成器中，在 Expression（表达式）框中输入 *500*，然后单击 OK。

21→ 将 vents 拉伸到 250 m 的恒定基准高度，以便更好地观察它们。

21→ 完成探索后，关闭 My3D 场景。栅格地图仍应是打开着的。如没打开，请即打开。保存项目。

探索图像和地图服务

ArcGIS Online 是栅格数据的绝佳来源。让我们来看看底图，它可在世界任何地方以几乎任何比例尺使用。底图是基于矢量要素或栅格的地图图片。

22→ 按住 Ctrl 键关闭所有图层并折叠它们。

22→ 单击 **Map**：**Layer**：**Basemap** 下拉菜单，选择 Imagery（图像）。

22→ 单击 Full Extent（完整范围）按钮，返回默认地图范围。

22→ 使用鼠标滚轮快速放大到一个小区域。在传输高分辨率数据时，可能会以组为单位出现单个图块。

22→ 在 Contents 窗格中，选择 World Imagery（世界图像）图层并进入 **Layer**：**Appearance**（图层：外观）功能区。符号按钮未激活。切片图层符号无法修改。

尽管 ArcGIS Online 是一个很棒的数据源，但在它之外还有许多 GIS 服务器。有些服务器由公司运营，只对特定用户开放，需要登录；另一些则是公开的。要调用这些服务，您需要知道服务的 URL。

23→ 在 Contents 窗格中，切换到 Portal 选项卡并选择 ArcGIS Online 图标。

23→ 在搜索框中键入 *tile*，然后单击 Enter。显示 Tile 图层集合。将鼠标悬停在 Portal 项目上，即可看到弹出式说明，并可在弹出式说明的底部查看 URL。

图像底图的一个缺点是不知道图像是何时收集的。国家农业图像计划（NAIP）提供年度图像作为 GIS 服务。

> **提示**：互联网服务器可能会出现故障，因此如果此链接无法正常工作，请稍后再试，或者跳过此练习，转到步骤 30。

24→ 单击 **Insert**：**Project**：**Connections**（插入：项目：连接）下拉菜单，选择 New ArcGIS Server。

24→ 在 Server URL 框中键入 *https：//gis.apfo.usda.gov/arcgis/services*。

24→ 这是一个公共服务器，因此无须登录或密码。点击 OK 即可。稍等片刻，等待连接初始化。

24→ 在 Catalog 窗格中，切换回 Project（项目）选项卡。找到 Servers（服务器）条目并展开。新服务器链接将显示出来。

24→ 展开 apfo.usda.gov 服务器链接和 NAIP 文件夹。将 USDA_CONUS_PRIME 图像拖入地图。

24→ 保存项目。

服务器连接与项目一起保存，因此在未来的会话中也可使用这些 NAIP 图像。NAIP 服务是一个提供实际像素值的图像层。让我们来探讨一下图像服务与底图的一些不同之处。

25→ 在 Contents 窗格中，打开 NAIP 图层的图层属性，查看 Source（来源）部分。展开 Spatial Reference（空间参照）部分，查看坐标系。

25→ 展开 Raster Information（栅格信息）部分并仔细检查。

这是一个巨大的 225 TB 栅格。它也是四波段栅格，像元大小为 1 m，像素深度为 8 位（每个波段）。使用图像服务时，通常可以通过设置地图坐标系以匹配服务来获得更好的性能，因此无须进行即时投影。

25→ 使用 Rasters（栅格）地图属性，将地图坐标系设置为 WGS 1984 Web Mercator Auxiliary Sphere，以匹配 NAIP 图层。

25→ 放大到 Wizard 岛。关闭和打开 NAIP 图像几次，与 World Imagery（世界图像）底图进行比较。然后关闭 World Imagery。

图像服务具有本地多波段图像的大部分显示功能。在图例中，请注意该栅格的 Band_1 显示为红色，Band_2 显示为绿色，Band_3 显示为蓝色，这是航空图像的典型特征（但 Landsat 并非如此，它将可见光波段的顺序颠倒过来）。

26→ 在 Contents 窗格中，选择 NAIP 图层并打开 Symbology（符号）窗格。

26→ 将 Primary symbology（主符号类型）更改为 Stretch（伸展）。

26→ 先将波段更改为 Band_1（红色）。然后将其更改为 Band_2（绿色），并检查其差异。同时检查 Band_3（蓝色）。

26→ 点击其中一个像元，查看服务信息。这张图片是哪一年的？

如果服务提供商允许，可以导出部分图像并保存在本地。导出栅格比导出要素更复杂。为了获得最佳效果并避免重采样，我们应该尽可能地保持与原始图像的接近。

27→ 在 Contents 窗格中，右键单击 NAIP 图层，选择 Data＞Export Raster。

27→ 输出栅格默认为 CraterLake 主文件夹，这没有问题。将名称改为 *WizardNAIP*，保留.tif 扩展名（图 6.16）。

图 6.16　导出 Wizard 岛的 NAIP 图像

来源：Esri

27→ 确认 Output Format（输出格式）（靠近工具底部）设置为 TIFF。

27→ 保持相同的坐标系，不要指定变换。

27→ 如果需要，将 Export Raster（导出栅格）窗格设置为浮动窗口，这样就不会缩小显示范围。将 Clipping Geometry（裁剪几何图形）设置为 Current Display Extent（当前显示范围）。

27→ 检查其他设置，但保留默认值。单击 Export（导出）。

27→ 关闭 Export Raster（导出栅格）窗口，并删除原始 NAIP 图像服务。

新图像看起来有点不同，因为显示统计数据是根据本地图像计算的，而不是在服务器端优化的。

即使是这一小块图像也超过了 26 MB！接下来，我们应该投影该图像栅格，使其与其他数据相匹配。同样，投影栅格比投影要素更加复杂，因为这就需要重采样。对于多波段

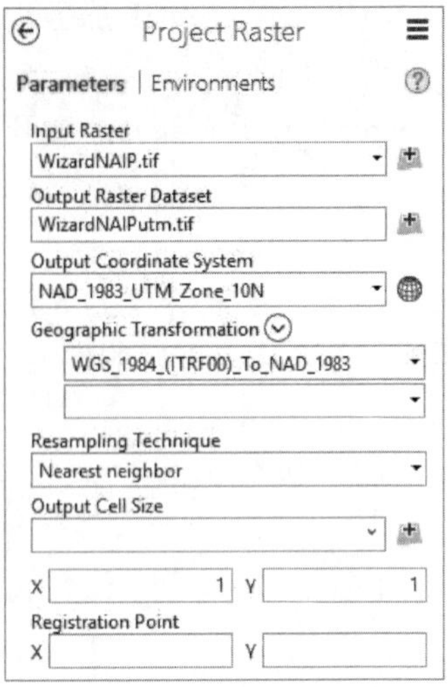

图 6.17　投影 Wizard 岛图像

来源：Esri

光谱图像，最近邻采样技术最能保留原始光谱测量结果，并避免出现奇怪的色彩伪影。

28→ 在 Geoprocessing（地理处理）窗格中，搜索并打开 Project Raster（项目栅格）工具。

28→ 将 Input Raster（输入光栅）设置为 WizardNAIP. tif（图 6.17）。

28→ 对于 Output Raster Dataset（输出栅格数据集），单击 Browse（浏览）按钮。导航至 CraterLake 主文件夹，并将输出文件命名为 *WizardNAIPutm.tif*（在指定输出文件格式时需要使用.tif 扩展名，因此请务必包含该扩展名）。单击 Save（保存）。

28→ 点击 Output Coordinate System（输出坐标系）下拉菜单，选择 dem30m 以匹配现有数据集。使用建议的从 WGS_1984 到 NAD 1983 的地理转换。

28→ 使用 Nearest neighbor（最近邻）重采样技术，并将 X 和 Y 的 Output Cell Size（输出像元大小）设置为 1。将 Registration Point（注册点）留空。运行工具。

29→ 放大到岛的西侧，关闭和打开新图像几次。

仔细观察会发现，虽然投影图像的质量相似，但与原始数据并不完全一致。这个例子说明了为什么要避免重采样，除非有必要。如果需要将该图像再次投影到不同的坐标系，则应使用原始的 WizardNAIP.tif，以避免重采样的复合效果。

29→ 使用地图属性设置地图坐标系，使其与 dem30m 匹配。

29→ 删除 WizardNAIP.tif 图像并保存项目。

从 ArcGIS Online 导出栅格图

全球标准高程产品是 30m 分辨率的 DEM，随处可得。ArcGIS Online 图像服务是获取该数据的最简单方法。假设需要整个公园的高程数据，而不仅仅是数据库中的一小块。我们可以使用公园边界多边形来裁剪这个数据集。

30→ 在 Catalog 窗格中，在 CraterLake 地理数据库中找到 ParkBoundary（公园边界）要素类，并将其添加到地图中。放大到图层。

30→ 在 Catalog 窗格中，单击 Portal 选项卡并选择 ArcGIS Online 图标。

30→ 确保排序设置为相关性，并搜索 *elevation 30m*。查找 Ground Surface Elevation-30m 图像图层，并将其添加到地图中。

30→ 检查图像源属性，了解其坐标系、像素类型和深度。

这次我们将在地理数据库中保存栅格，而不是在文件夹中保存 TIFF。

31→ 在 Contents 窗格中，右键单击 Ground Surface Elevation 图层并选择 Data＞Export Raster。

31→ 对于 Output Raster（输出栅格），单击 Browse（浏览）按钮并导航至 CraterLake 主地理数据库。将输出栅格命名为 *parkdem30m*。

31→ 设置坐标系以匹配 ParkBoundary 图层。

31→ 将 Clipping Geometry（裁剪几何图形）设置为 ParkBoundary，并选中 Use Input Features for Clipping Geometry（对裁剪几何图形使用输入要素）复选框。将 Clipping Type（裁剪类型）设置为 Outside（外部）。

31→ 将 X 和 Y 像元大小取整为 30。对于 NoData Value，键入 *NoData*。

31→ 切换到 Settings（设置）选项卡，确保重采样方法为 Bilinear（双线性）（最上面那个，不是金字塔那个）。点击 Export（导出）。

31→ Export Raster（导出栅格）窗口完成后关闭，并关闭 ParkBoundary。

31→ 删除 Ground Surface Elevation 图像层并保存项目。

土地覆被数据显示自然土地类型和人工要素，可用于许多不同的应用中。ArcGIS Online Living Atlas 可让用户轻松访问名为国家土地覆被数据（National Land Cover Data，NLCD）的栅格数据集，该数据集是通过对大地遥感卫星图像进行处理和分类而创建的。

提示： 如果您无法访问 Living Atlas，可以从多分辨率土地特征（Multi-Resolution Land Characteristics，MRLC）联盟下载 NLCD 数据：https://www.mrlc.gov/。

32→ 在 Catalog 窗格的 Portal 选项卡中，单击 Living Atlas 图标。

32→ 在搜索框中输入 *landcover*（土地覆被），找到 USA NLCD 土地覆被服务。将其拖入地图。

32→ 该图像服务包含多个年份。请注意地图视图顶部的时间滑块。

32→ 检查图例，查看不同类型的土地覆被等级。

作为一项图像服务，这些数据可直接从 Living Atlas 中提取用于分析。不过，假设您希望在地理数据库中拥有自己的副本，仅用于火山口湖地区，这项图像服务允许导出。我们将以文件地理数据库栅格（FGDBR）格式将其保存在地理数据库中。

33→ 右键单击 NLCD 图层，选择 Data＞Export Raster。

33→ 单击 Output Raster Dataset（输出栅格数据集）的浏览按钮并导航到 CraterLake 主地理数据库。为该栅格命名为 *landcover*。

33→ 更改坐标系以匹配 parkdem30m（例如 UTM Zone 10N）。

33→ 将 Clipping Geometry（裁剪几何图形）设置为与 ParkBoundary（公园边界）匹配，并选中 Use input features for clipping geometry（使用输入要素进行裁剪几何图形复选框。将 Clipping Type（裁剪类型）设置为 Outside（外部），并选中 Maintain Clipping Extent（保持裁剪范围）复选框。

33→ 单击 Export（导出），完成后关闭 Export 窗口。

33→ 删除原来的 NLCD 服务。

树冠覆盖率（树冠百分比）是 Living Atlas 中另一个有用的 NLCD 数据集。

34→ 将 USA NLCD Tree Canopy Cover 拖到地图上。

34→ 重复步骤 33，创建名为 *treecanopy* 的栅格副本，同样剪切为 CraterLake 地理数据库中的 ParkBoundary（公园边界）。

34→ 从地图上删除原先的 NLCD 服务。

提示： 使用目录视图为每个新数据集创建项目描述和引用。

从国家地图获取数据

在有限的区域内可以获得分辨率高于 30 m 的 DEM 数据，但我们需要求助于其他来源。美国地质调查局有一个名为“国家地图”（TNM）的门户网站，您可以在其中找到分辨率为 1/9 角秒（10 m）的高程数据。

四边形图块必须分别下载并拼接在一起，因此过程更为复杂。

> **提示：** 高程数据是一种重要资源。请抽出时间阅读美国地质调查局关于三维高程计划（3DEP）的信息，了解不同的高程产品及其开发过程。http://nationalmap.gov/3DEP/3dep_prodserv.html.

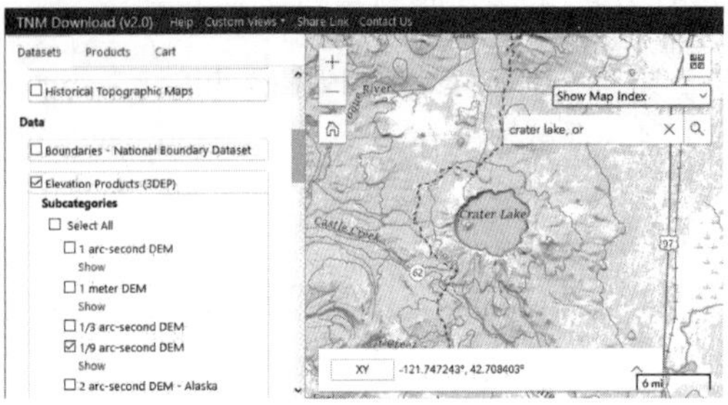

图 6.18　从“国家地图”下载高程数据

来源：USGS

35→ 在浏览器中打开国家地图网站 https://nationalmap. gov，然后打开 The National Map Viewer（国家地图浏览器）。

35→ 点击 Data Download（数据下载）链接。

35→ 同时显示数据列表和地图，如有必要，可扩大计算机窗口，以便同时看到这两部分。

35→ 点击 Find address or place 框，输入 *crater lake, or* 放大到湖边。

稍稍缩小以显示公园（图 6.18）。

互联网信息很不稳定，很快就会过时。如果查看器平台不再符合本教程中的说明，请在页面上搜索说明或帮助。

> **提示：** 要使 GIS 工作更有条理，可将网络浏览器设置为将文件保存到每次选定的位置，而不是自动保存到默认的下载文件夹。

36→ 在左侧的 Datasets 选项卡上，选中 Elevation Products（3DEP）框。

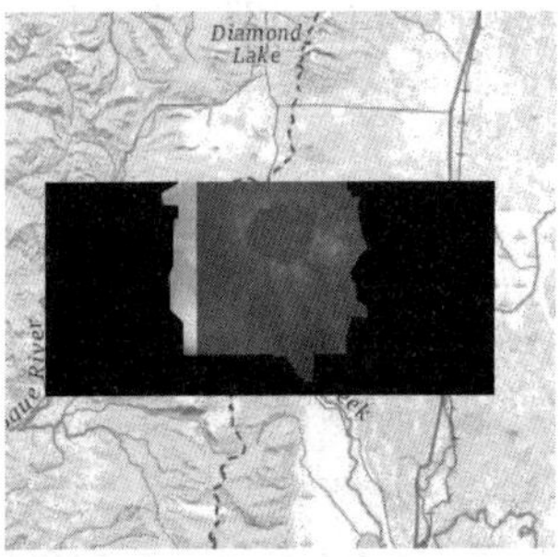

图 6.19　Crater 湖的 1/9 角秒产品

来源：Esri

36→ 将条目展开，显示多个产品。取消选中 1/3 arc- second DEM 的复选框，并选中 1/9 arc- second DEM 的复选框（图 6.18）。

36→ 点击 Search Products（搜索产品）。出现的数量将取决于您的地图范围。

至于 Crater 湖，只有公园范围内只有 1/9 角秒的数据。大片图块是黑色的，没有数据。我们将只下载三个图块来说明该方法：湖区每侧各加上一个图块（图 6.19）。

37→ 将鼠标移至产品上，弹出的四边形轮廓将显示其位置。

37→ 找到带有湖泊的产品图块，点击图标将其添加到购物车。

37→ 找到湖东和湖西的图块，将它们也放入购物车。

38→ 点击购物车标签并向右滚动，查看下载链接。

38→ 点击第一个要下载的产品。导航到 CraterLake 项目文件夹，点击新建文件夹，创建一个名为 *MyDownloads* 的文件夹。

38→ 注意保存的压缩文件的名称。

38→ 注意保存的 zip 压缩文件名。

38→ 重复此操作，直到所有三个文件都保存到 MyDownloads 中。

39→ 最小化浏览器。使用文件资源管理器（File Explorer）解压所有三个下载文件。当被要求替换 NED_DataDictionary.url 文件时，点击 Yes to All（全是），每个文件都会下载一些类似的元数据文件。

提示：请注意解压后会生成许多文件。使用 MyDownloads 文件夹来存储这些文件，可以保持项目永久数据文件夹的整洁，而且一旦编译工作完成，MyDownloads 文件夹也很容易删除。

40→ 在 Pro 中，在 Catalog 窗格的 Project（项目）选项卡中，展开 Folders（文件夹）条目。

40→ 右键单击 CraterLake 文件夹，选择 Refresh（刷新），确保出现新文件夹和数据文件。

40→ 关闭地图中的所有图层。

在本例中，由于有三个文件且文件名较长，使用 Add Data（添加数据）按钮而不是 Catalog 窗格来添加文件更为方便。

41→ 点击 **Map**：**Layer**：**Add Data** 并导航到 MyDownloads 文件夹。

41→ 按住 Ctrl 键，分别单击三个 DEM 栅格数据以选中它们（它们都以 ned 开头，扩展名为.img，不要误添加.jpg 缩略图）。

41→ 确定哪个是哪个，将图层 nedwest、nedlake 和 nedeast 重新命名。

41→ 打开 nedlake 的图层属性，检查 Spatial Reference（空间参照）和 Raster Information（栅格数据）信息部分。

文件之间出现接缝是因为每个文件的显示统计数据都是单独计算的，因此颜色渐变不匹配。文件合并后，接缝就会消失。

nedlake 栅格数据以 IMAGINE 图像格式保存。它包含 250 MB，像元大小为 0.000 03°，像素类型为 32 位浮点型。坐标系为 GCS North American NAD 1983。我们需要将这些文件裁剪到感兴趣的区域，合并碎片并进行投影。理论上这可以一步完成，但大文件需要较长的处理时间，并可能因内存不足而导致程序失败。可靠的合并大型栅格数据的方法是先裁剪，然后投影，最后镶嵌。相关区域的边界多边形已经准备就绪。其坐标系与 NED 文件相匹配，以确保在裁剪过程中不会尝试自动投影。

42→ 保存项目（以防遇到错误）。

42→ 添加 CraterLake 的 topocliparea 多边形要素类。它与栅格数据坐标系统相同，均为 GCS NAD 1983。

42→ 在 Geoprocessing（地理处理）窗格中，打开 Clip Raster（裁剪栅格数据）工具。

42→ 将 Input Raster（输入栅格）设为 nedwest，将 Output Extent（输出范围）设为 topocliparea。

42→ 选中 Use Input Features for Clipping Geometry（使用输入要素进行几何裁剪）复选框。

42→ 将输出数据集命名为 *nedwestclip*。

42→ 将 NoData Value 更改为 NoData。

42→ 阅读弹出的 Maintain Clipping Extent（保持裁剪范围）选项信息。我们现在要避免重采样，因此不要选中它。

42→ 运行工具。

提示：当裁剪多边形与栅格数据的坐标系统相同时，裁剪效果最佳。

43→ 在仍然打开的 Clip Raster（裁剪栅格）工具中，将输入改为 nedlake，输出改为 *nedlakeclip*，保留其他设置并再次运行该工具。

43→ 在 Clip Raster（裁剪栅格）工具中，将输入改为 nedeast，输出改为 *nedeastclip* 并运行。

现在，文件大小已经通过裁剪得到了缩小，是时候对每一块进行投影了。虽然数据分辨率支持重采样到 3 m，但我们为节省空间，重采样到 10 m。

44→ 关闭 topocliparea 并打开 Project Raster 工具。

44→ 设置 Input Raster（输入栅格）为 nedwestclip，Output Raster（输出栅格）为 *nedwestprj*。

44→ 设置 Output Coordinate System（输出坐标系）以匹配 dem30m。无须转换。

44→ 设置 Bilinear interpolation（双线性插值）为 Resampling Technique（重采样技术），X 和 Y 的 Output Cell Size（输出像元）大小为 10，运行工具。

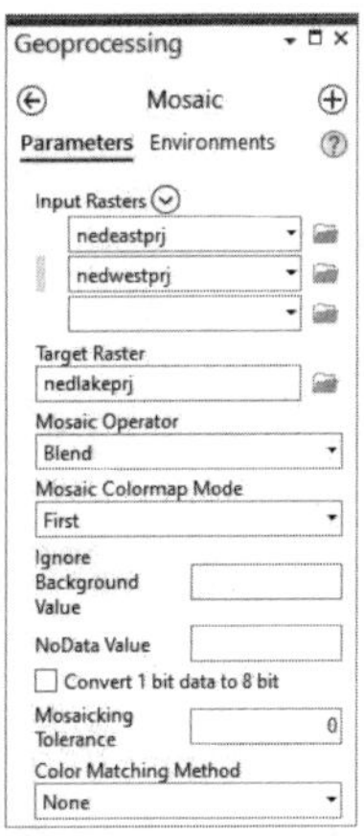

图 6.20 镶嵌高程栅格数据

来源：Esri

45→ 为 nedlakeclip 和 nedeastclip 重新运行 Project Raster 工具，将输出命名为 *nedlakeprj* 和 *nedeastprj*，并使用与之前相同的设置。

最后，我们将把栅格数据镶嵌到一个文件中。投影可能会旋转和移动像素，栅格数据边缘可能不再对齐。重叠区域应尽量减少，但如果出现重叠应进行混合。因此，我们将强制重采样，并选择双线性方法来确保顺利完成。

46→ 打开 Mosaic（镶嵌）工具。阅读 Help（帮助）和弹出的信息。

46→ 将 Input Rasters（输入栅格）设置为 nedeastprj 和 nedwestprj（图 6.20）。

46→ 单击 Target Raster（目标栅格数据）的 Browse（浏览）按钮，将其设置为 nedlakeprj。

46→ 对于 Mosaic Operator（镶嵌操作器），使用 Blend（混合）选项来混合任何重叠区域。

46→ 没有颜色映射，因此 Mosaic Colormap Mode（镶嵌颜色映射模式）保持默认。

46→ 保持 Mosaicking Tolerance（镶嵌容差）设置为 0，以强制重采样而不是移位。

46→ 运行工具。

46→ 关闭除最终产品 nedlakeprj 以外的所有图层。

> **提示：**Mosaic to New Raster（镶嵌到新栅格）工具可在一个步骤中完成镶嵌和投影，但该高程数据集太大，不适合使用。

在这个漫长的过程中，产生了几个体积较大的中间栅格数据。我们应该清除数据库中的这些中间文件。一定要使用专业工具删除栅格数据文件。

47→ 打开 Catalog 视图并展开 CraterLake 地理数据库的内容。

47→ 右键单击 nedeastclip 栅格数据并选择删除。单击 Yes。

47→ 删除除最终产品 nedlakeprj 以外的所有其他 ned 栅格数据。

48→ 请花一分钟填写 nedlakeprj 的项目描述。请附上引文，并简要说明创建该项目所采取的处理步骤。

48→ 保存项目。

栅格数据的地理配准

地理配准为缺乏真实世界坐标系统的图像创建真实世界坐标系统，通常是因为图像是地图图片或扫描件。地理配准会话开始时，首先将数据添加到真实世界坐标系统中，即参考图层。然后添加图像。

49→ 关闭栅格数据地图。使用 Insert：Project：New Map 创建新地图，将地图命名为 *Georef*。

49→ 从 CraterLake 中添加 ParkBoundary 要素类。用一个空心符号和一条 2 pt 的线来表示，这样很容易看清。

49→ 从 CraterLake 主文件夹中添加 crlamap1.jpg 图像。

图像出现在图例中，但不在地图上。它缺乏真实世界的坐标系统，因此显示在其他地方是由其任意坐标系决定的。第一步是拉近它的距离，这有助于找到控制点。

50→ 点击 Imagery：Alignment：Georeference，打开 Georeference（地理配准）功能区。

50→ 点击 **Georeference：Prepare：Fit to Display**（地理配准：准备：适合显示）按钮，将图像引入当前视图。

此时，公园边界在多边形和图像上都应可见，但不对齐。我们将添加控制点，使一个边界的位置与另一个边界的位置相匹配。始终先添加图像控制点，然后再添加参考图层点。放大后更容易输入精确的点。在输入点的同时，使用鼠标滚轮缩放和滚轮点击/拖动来平移。

50→ 单击 **Georeference：Adjust：Add Control Points**（地理配准：调整：添加控制点）功能区。

50→ 在脑海中匹配公园西北边界的两个对应角。放大，但保持两个角都可见。

50→ 先小心点击图像上的角，然后点击 ParkBoundary（公园边界）多边形上的相应角。Pro 会帮助您捕捉到多边形的顶点。

50→ 注意地图在添加第一个控制点后更新。

51→ 放大到公园的东南角，使用鼠标滚轮避免加到另一个控制点。

51→ 先单击图像上的位置，然后单击 ParkBoundary（公园边界）多边形上的相应位置。

这样的匹配效果会更好，但至少需要三个点，通常最好是更多点。添加图像点时要注意不要捕捉到公园边界顶点。

52→ 放大或平移到公园的西南角。在输入图像点的同时，单击显示屏左下角的 Snapping（捕捉）按钮以关闭捕捉功能。

52→ 重新打开捕捉并输入多边形边界点。

53→ 在东北角添加第四对点。

53→ 如果东西边界之间仍有偏移，则在东西边界上增加两个点。

有些地图需要在不对齐的区域增加控制点，直到增加新点也没有改善为止。这幅地图即使放大到很近的距离也很美观。

54→ 点击 **Georeference：Review：Control Point Table**（地理配准：审查：控制点表）按钮查看控制点。

54→ 查看 Georeferencing：crlamap1.jpg 信息框（图 6.21）。

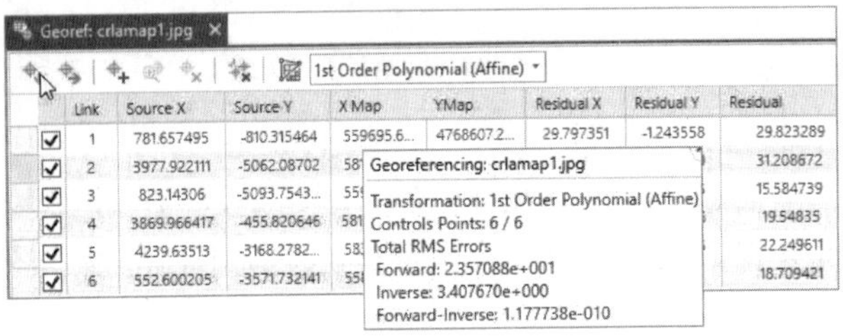

图 6.21 控制点表显示了添加的点

来源：Esri

控制点按添加的顺序排列，您的控制点可能与图中不同。X 和 Y 来源栏显示每个控制点以原始图像单位（像素）表示的坐标。X 地图列和 Y 地图列显示的是以地图单位（m）表示的点坐标。使用的是一阶多项式（仿射）变换方法。

注意地理配准信息框中每个点的残差和总有效值误差，以地图单位报告。在图 6.21 中，残差范围在 15～31 m，均方根误差约为 24 m。您的值应该类似。

提示： 如果均方根误差较大，且增加更多点后仍未改善，请尝试二阶多项式变换。二阶变换需要更多的控制点。有关转换方法的完整讨论，请参阅 ArcGIS Pro 帮助。

54→ 关闭控制点表。如果均方根误差小于 20 m，说明您做得很好。

在此写入，以便稍后将其添加到元数据中：________________________

54→ 要将转换参数与图像一起保存，单击 Save（保存）。

54→ 单击 Close Georeference（关闭地理配准）以关闭该功能区。

55→ 切换到 Catalog 视图，并用 RMSE（均方根误差）更新 crlamap1.jpg（在 CraterLake 文件夹中）的 Item Description（项目描述），包括单位。将其放入 Description（描述）框中。

此时，图像已完成地理配准，控制点信息也已一并保存。下次将其添加到地图时，它将出现在正确的位置。

56→ 将 crlamap1.jpg 添加到 My3D 场景中，探索三维地图。

56→ 完成后关闭场景并保存项目。

提示： Save as New（另存为）将创建一个图像副本。这可能需要重采样，并可能影响图像的颜色映射，但地理配准将成为图像的永久部分，而不是存储在辅助文件中的信息。

时空数据可视化

为了探索将时间作为第三维度的能力，我们将探索 2010 年智利沿海 8.8 级地震余震的时空分布。

57→ 打开 gisclass\ClassProjects\ChileQuake 项目。

57→ 打开 Quakes_36hrs 图层的属性表，检查字段。

我们要使用的时间字段 TimeReformat 位于表的末尾。必须对原始时间字段进行重新格式化，以便 ArcGIS 能正确解释日期和时间。第一步是创建一个以 netCDF 格式存储的时空立方体。为生成该立方体，我们将对 6 h 内 30 km×30 km 像元中发生的地震震级进行求和。

58→ 在 Geoprocessing（地理处理）窗格中，打开 Create Space Time Cube By Aggregating Points（通过聚合点创建时空立方体）工具（图 6.22）。

58→ 设置 Input Features（输入要素）为 Quakes_36hrs。

58→ 单击 Output Space Time Cube（输出空间时间立方体）浏览按钮，并导航至 ChileQuake 文件夹。将输出结果命名为 quakes30 km.nc。.nc 扩展名是必需的。

58→ 将 Time Field（时间字段）设置为 TimeReformat。Template Cube（模板立方体）留空。

58→ 将 Time Step Interval（时间步进间隔）设置为 6 Hours，将 Time Step Alignment（时间步进对齐）设置为 Start time。

58→ 保留 Fishnet grid（渔网格网），并将 Distance Interval（距离间隔）设置为 30 Kilometers。

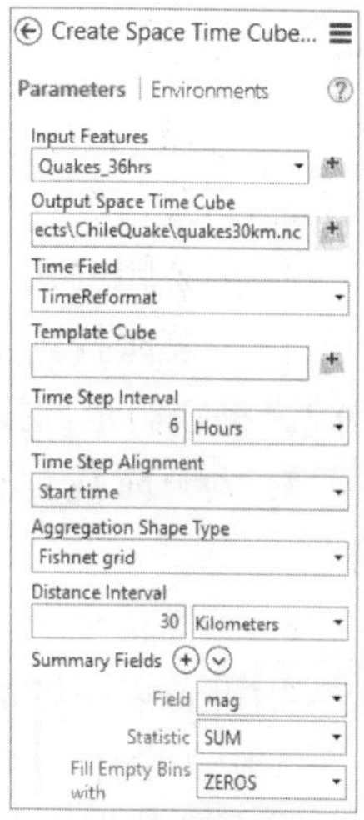

图 6.22　创建时空立方体

来源：Esri

58→ 在 Summary Fields（摘要字段）下，Field（字段）选择 mag，Statistic（统计量）选择 SUM。Fill Empty Bins（填充空仓）选择 ZEROS。单击 Tab 键以确保字段说明完整。

58→ 运行工具。

现在时空立方体已经创建。另一个工具是为三维可视化准备时空立方体。

59→ 使用 **Insert：Project：New Map**（插入：项目：新地图）下拉菜单可打开 New Global Scene（新全局场景）。

59→ 在 Geoprocessing（地理处理）窗格中，打开 Visualize Space Time Cube in 3D（时空立方体三维可视化）脚本。

59→ 点击 Browse（浏览）按钮，选择 quakes30km.nc 作为 Input Space Time Cube（输入时空立方体）。

59→ 将 Cube Variable（立方体变量）设为 MAG_SUM_ZEROS，Display Theme（显示主题）设为 Value（值）。

59→ 运行工具。

如果一开始没有任何显示，那是因为刻度范围设置不当。

60→ 单击 **Feature Layer：Appearance**（要素图层：外观）功能区，将可见范围设置为超出 10 000 000 英尺。

60→ 将 Main Shock 图层从地图上复制到场景中，并将其放大符号至 36 pt，使其在堆叠下方可见。

60→ 探索立方体。它应该与图 6.12 类似。

每个堆叠代表一个 30 km^2 的区域，堆叠中的每个立方体代表一个 6 h 的时间段。紫色立方体表示余震发生的地点和时间，以及余震的震级总和。

教程到此结束。

→ 保存项目并关闭 Pro。

6.2.2 练习

1. 选择 Crater 湖以外的国家公园。
2. 为公园选择合适的坐标系。
3. 为公园创建一个项目，并将其保存在 gisclass\ClassProjects 文件夹中。
4. 为公园找到至少三个比例尺合适的矢量数据集。使用除 gisclass 文件夹之外的任何数据源。将它们全部投影并裁剪到公园边界。
5. 为公园找到至少三个比例尺合适的栅格数据集。使用 gisclass 文件夹以外的任何数据源。
6. 查找至少一张公园的地图图像并进行地理配准。记录均方根误差。
7. 准备以下物品：

①版面设计，包括两幅展示数据的地图或场景，并包括每组数据的完整、正式的引文清单；

②项目数据库截图，展开后可显示数据集；

③地图属性 Layers 文件夹的截图，显示数据集都在匹配的适当坐标系中。

第 7 章 属 性 数 据

目标

学完本章后，您将能够

- 解释如何存储和查询表格数据
- 识别表的基数并创建表之间的连接
- 使用统计和汇总统计探索表格中的数据
- 为属性定义适当的字段类型和属性
- 编辑和计算表格中的字段
- 在 ArcGIS Pro 中使用电子表格数据

7.1 掌 握 概 念

7.1.1 GIS 概念

表格是与矢量和栅格数据相关的基本数据结构，在许多方面与商业数据库软件中的表格相似。本章将介绍管理表格和分析其中信息的方法。

表格概览

表格是一种数据结构，用于存储位置或对象的多个属性。它由称为**记录**的行和称为**字段**或**属性字段**的列组成。图 7.1 显示了一个包含各县属性的表格。

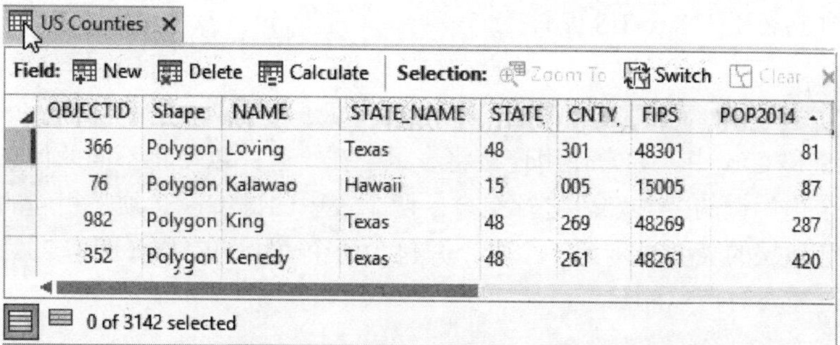

图 7.1　包含美国各县信息的表格

来源：Esri

在 GIS 中，表格数据文件主要分为两类：**属性表**和**独立表**。属性表（图 7.1）包含地理数据集中的要素信息。在属性表中，每个空间要素总是有且只有一行信息。在 Shapefile 中，该行通过一个称为**要素 ID**（**FID**）的唯一整数 ID 号与独立文件中的空间要素关联起来。在地理数据库中，文件存储属性和 *x-y* 坐标都在同一个数据文件中，尽管坐标在表格中并不可见，且它使用**对象 ID**（**OID**），而不是 FID（图 7.1）。相比之下，独立表仅以表格的形式包含一个或多个对象的信息，而不包含地图要素信息。独立表可能来自文本文件、Excel 电子表格、全球定位系统数据文件或商业数据库。独立表独立于地理数据集而存在，可能只是与地图要素偶然相关。它们也有一个 OID 而不是 FID。FID 和 OID 本质上都是按照存储的顺序来计算表中的记录。在图 7.1 中，该表是根据不同的字段排序的，因此 OBJECTID 字段的顺序出现了偏差。

数据库管理系统

GIS 表格与商业、政府和学术环境中常用的数据库程序有着相同的历史和许多共性特征。大多数基于矢量的 GIS 程序都使用底层数据库来存储数据，如用于覆盖范围的古老 INFO 数据库、用于 Shapefile 的 dBase 表结构、用于个人地理数据库的 Microsoft Access 引擎，或用于企业地理数据库的大型关系数据库管理系统（RDBMS），如 SQLServer。这些程序旨在存储、处理、分析和保护各种表格数据。政府用它们来存储公民、地块、税收等信息，公司用它们来存储客户信息，大学用来管理有关学生、班级和教师的信息。传统上使用三种类型的数据库。

平面文件数据库在文本或二进制文件中存储信息行。查找信息需要解析表格并选择感兴趣的记录。它们简单但效率不高。

分层数据库有多个文件，每个文件包含不同的记录和字段。父表可以通过称为键的指定字段链接到子表。例如，大学班级表可以通过课程 ID 编号与每个班级的学生表相连。表与表之间的关系是固定的，这使得查询信息传递迅速。然而，这些关系并不灵活，其设计只允许进行一组预定义的操作。

关系数据库也有多个以文件形式存储的表。不过，这些关系并不是提前定义的。相反，如果两个表共享一个共同字段，用户就可以将它们临时关联起来。这种关联称为**连接**，共同字段成为键。这种数据库模型非常灵活，是 GIS 系统的首选。

由于 GIS 数据与底层数据库结构密切相关，因此将数据库程序中的表格纳入 GIS 分析并不困难。ArcGIS Pro 可以直接连接并处理 RDBMS 数据文件，扩大了可用数据的类型。例如，如果一个县将其地块税记录保存在 Oracle 或 SQL Server 等 RDBMS 中，GIS 分析师就可以将数据库表作为独立表引入 ArcGIS Pro。

连接和关联表格

在 RDBMS 和 GIS 中，通常使用连接将表组合在一起，以便将不同的信息集合在一起。这些表通过一个称为**键**的公共字段进行组合。两个表中的键字段必须是相同的数据类型。执行连接后，两个独立的表会显示为一个表，并包含两个表中的信息（图 7.2）。连接是一种临时关系，当不再需要时可以删除。

> **提示：**连接人口普查数据通常使用 FIPS 代码，即联邦信息处理标准。每个州、县、市、街区等都有一个识别号码，将这些代码组合起来，就能为每个普查单元生成一个唯一的标识。例如，亚利桑那州的州 FIPS 代码为“04”。圣克鲁斯县的 FIPS 代码为“019”。县名并不唯一（加利福尼亚州也有一个圣克鲁斯县），但州和县 FIPS 代码的组合是唯一的。代码“04019”指的是亚利桑那州的圣克鲁斯县，而“06087”指的是加利福尼亚州的圣克鲁斯县。使用县名进行连接是行不通的，因为它们不是唯一的，但使用 FIPS 代码进行连接则行得通。本讨论中使用引号是为了说明 FIPS 代码是以文本值存储的；如果以数字存储，某些代码的前导 0 将被去掉。

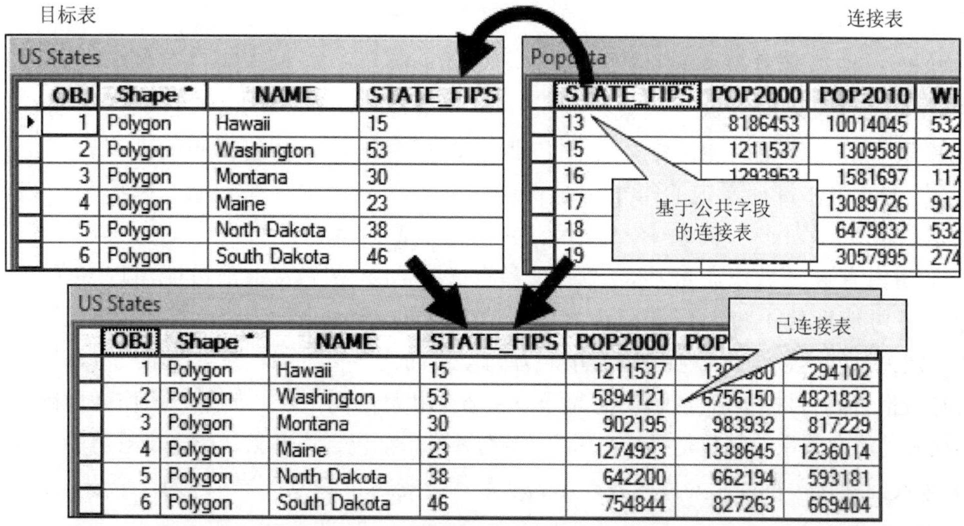

图 7.2　在共同字段上进行连接。使用公共字段 STATE_FIPS 将这两个表连接成一个表。连接表中的数据被放入目标表中

来源：Esri

连接有一个方向。包含要添加的信息的表称为**连接表**。接收附加信息的表称为**目标表**。(某些 GIS 程序，包括以前版本的 ArcGIS，将连接表称为**源表**，将目标表称为**目的表**)。在图 7.2 中，目标表 US States 是一个要素属性表。包含人口统计数据的连接表是一个独立表。连接这两个表时，人口统计数据会附加到美国州属性表中。连接通常用于将独立表中的数据引入属性表，以进行映射或分析。

连接方向很重要。将人口统计数据连接到州 Shapefile 的表后，就可以利用这些信息制作人口数据地图。但是，如果以相反的方向进行连接，即以人口统计数据为目标表，以州为连接表，那么得到的表将是一个独立表。在这种情况下，无法制作显示人口数据地图，因为人口数据表不是一个要素类。

多重连接可以将三个或更多表结合在一起。在 ArcGIS 中，目标表可以与多个连接表连接，每个连接都使用相同的目标表，但源表不同。第一次连接中的源字段可用作下一次连接的键字段。但是，一个表不能同时作为一个连接的源表和另一个连接的目标表。

设想莎莉正在比较美国所有县的教师平均工资和州的平均工资（图 7.3)。她有一个带州名字段的县工资表和一个带州名缩写字段的州工资表。由于这两个字段的值不匹配，因此无法进行连接。但是，第三个州表同时拥有这两个字段，因此可以进行多重连接。县工资表两次都是目标表。首先，莎莉使用 StateName（州名）字段作为键将州连接到县工资表；然后，她使用 StateAbbr（州名缩写）字段将教师工资表连接到县。

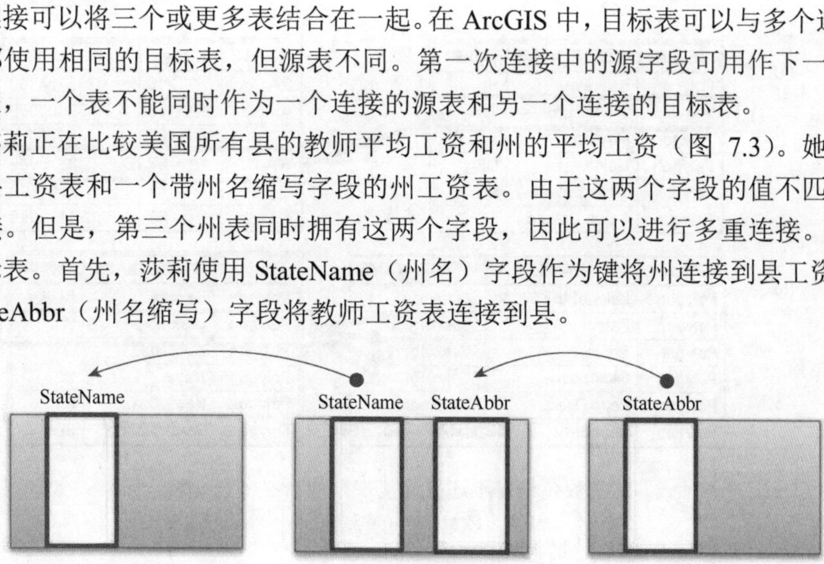

图 7.3　用于比较县级教师工资与州平均工资的多重连接

基数

连接时，必须考虑表之间关系的**基数**（cardinality）。基数是指一个表中的对象与另一个表中的匹配对象之间的数字关系。最简单的关系是“一对一”，即目标表中的每条记录都与连接表中的一条记录相匹配。在图 7.2 中，每个州都有一条相应的人口数据记录。在“一对多”关系中，目标表中的每条记录可以匹配连接表中的多条记录，例如一个州通常有许多学区。在“多对一”关系中，目标表中的许多记录会与连接表中的一条记录相匹配，例如一个州内有许多城市。最后，“多对多”关系表示两个表中都可能出现多条记录，例如一个学生可能选修不止一门课，而大多数课程都有不止一个学生。

在确定关系的基数时，必须考虑连接的方向。目标表是参照点，并排在第一位，也就是说，关系的基数报告为{目标}到{连接}。想象一下包含州和县的两个表。如果以州作为目标表，以县作为连接表，那么关系的基数是“一对多”，因为每个州都包含许多县（而一个县可能只属于一个州）。如果反向连接，将县作为目标表，那么基数就会变成“多对一”，因为一个州有很多县。

> **提示：**在说明基数时将目标表放在前面并不是通用的惯例，在其他数据管理应用程序中可能会被颠倒。在此使用它是为了与 Esri 在其出版物和帮助文档中采用的惯例保持一致。始终将目标表放在左侧可能会有所帮助，如图 7.4 所示。

关系的基数决定了能否连接表。**连接规则规定，目标表中的每条记录在连接表中必须有且只能有一条记录**。请看图 7.4 所示的四个表。

“一对一”的基数。在图 7.4（a）中，包含各州地震次数和总损失的表（连接表）正在使用州名缩写提供的公共字段与州属性表（目标表）连接。每个州在每个表中都会出现一次，因此连接记录与目标记录的匹配不会出现歧义。

“多对一”的基数。在图 7.4（b）中，一个包含州信息的表（连接表）正在使用州名提供的公共字段与一个县表（目标表）连接。虽然每个州都有很多县，但在连接表中每个州只有一条记录，而且连接记录与目标记录之间的链接也不会有歧义。州记录确实被使用了多次，但它仍然没有违反连接规则。

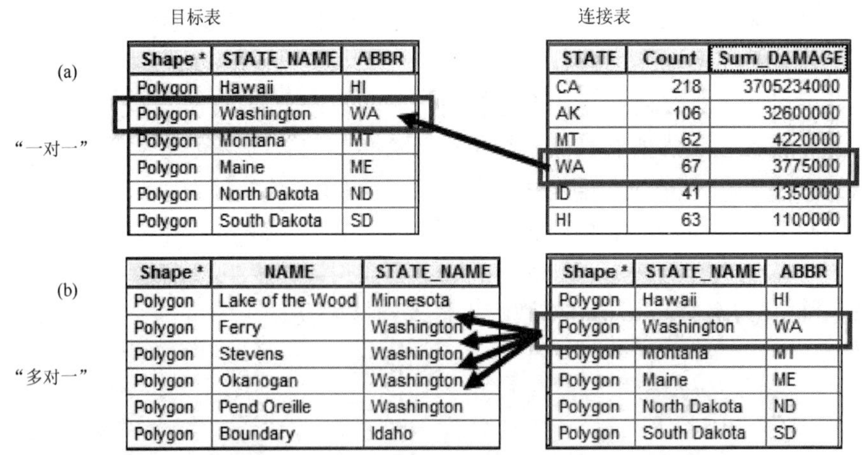

(a) 目标表

Shape *	STATE_NAME	ABBR
Polygon	Hawaii	HI
Polygon	Washington	WA
Polygon	Montana	MT
Polygon	Maine	ME
Polygon	North Dakota	ND
Polygon	South Dakota	SD

(a) 连接表

STATE	Count	Sum_DAMAGE
CA	218	3705234000
AK	106	32600000
MT	62	4220000
WA	67	3775000
ID	41	1350000
HI	63	1100000

(b) 目标表

Shape *	NAME	STATE_NAME
Polygon	Lake of the Wood	Minnesota
Polygon	Ferry	Washington
Polygon	Stevens	Washington
Polygon	Okanogan	Washington
Polygon	Pend Oreille	Washington
Polygon	Boundary	Idaho

(b) 连接表

Shape *	STATE_NAME	ABBR
Polygon	Hawaii	HI
Polygon	Washington	WA
Polygon	Montana	MT
Polygon	Maine	ME
Polygon	North Dakota	ND
Polygon	South Dakota	SD

图 7.4　“一对一”或“多对一”的基数允许在不违反连接规则的情况下合并表：(a)“一对一”的基数；(b)“多对一”的基数

来源：Esri

“一对多”的基数。图 7.5 显示了图 7.4（b）中连接的反向。现在州是目标表，县是连接表。连接表中的许多县记录都与目标表中的每条州记录相匹配。这就违反了连接规则，哪个县的记录应该与州的记录匹配变得模棱两可。如果存在“一对多”的关系，就不能执行连接。取而代之的是另一种操作，称为**关联**。

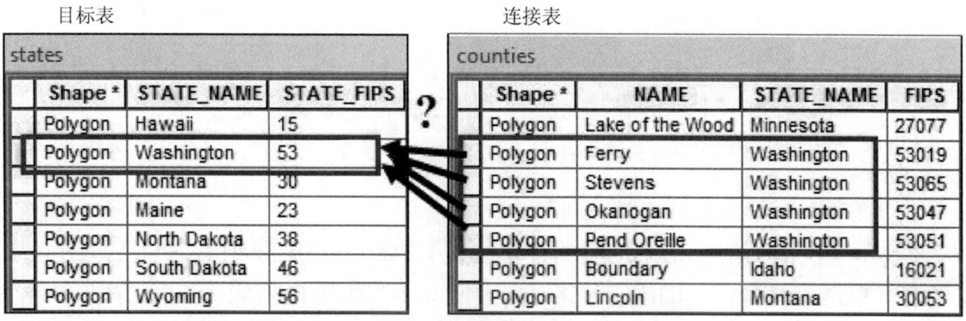

图 7.5 “一对多”的基数违反了连接规则，因为连接表中有不止一条记录与目标表中的一条记录相匹配

来源：Esri

在关联中，两个表仍由一个公共字段关联，但记录并没有连接在一起。两个表仍然是独立的。但是，如果在一个表中选择了一条或多条记录，则可以在另一个表中选择相关记录。例如，在州表中选择华盛顿州，就可以在相关表中选择华盛顿州的所有县，如图 7.5 中的红框所示。世界上很多关系都有“一对多”的基数，比如学校对班级、一口井对其年度水质测试。在处理这些要素及其属性时，这些关系提供了宝贵的支持。

“多对多”的基数。“多对多”关系是存在的，但在关系数据库中很难处理。以大学为例，每个班级都有很多学生，然而，大多数学生都选修了不止一门课（图 7.6）。实际上，我们必须使用多个关系来表示这些关系，并逐一处理。“一对多”的关系可以将班级表中的班级与学生联系起来，就可以找到每个班级的所有学生。另一种“一对多”的关系可以生成每个学生的班级列表。

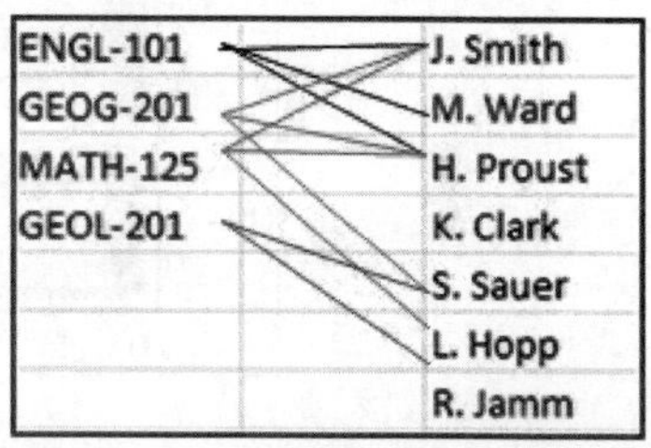

图 7.6 “多对多”的基数

有时，在执行连接时，大多数记录都匹配，但有些记录不匹配。有时，用户在创建连接时会犯基本错误，导致没有记录匹配。在这种情况下，连接仍将执行，但没有匹配的记录的属性字段中的值将被赋值为 0 或<Null>。在图 7.7 中，地震表（高亮显示）与州表（白色）是根据州名缩写和“多对一”的基数连接的。Puerto Rico（波多黎各）的地震没有在州表中匹配，并且连接的字段被赋予<Null>值。最好在连接后查看表，并确认它是否按预期运行。如果遇到缺失值，可以制定计划来处理它们。在这种情况下，可以选择不考虑在 50 个州之外的地震，或找一个包括领土在内的不同的州要素类。

表格统计

通过统计来探索数据是数据分析的第一步，因为在应用更高级的技术之前，了解数据的结构和属性非常重要。标准方法首先是计算统计量，如最小值、最大值、平均值、中位数和标准差，并查看直方图以评估其是否可能是正态分布。仔细解读这些信息可以获得一些重要的启示，尤其是在结合专业知识进行分析时。

地震表字段		州表字段		
STA	LOCATION	STATE_	STATE	POP201
PR	Puerto Rico Region	<Null>	<Null>	<Null>
PR	Puerto Rico Region	<Null>	<Null>	<Null>
PR	Northwest of Puerto Ri	<Null>	<Null>	<Null>
AL	Irondale, Alabama	Alabama	AL	473559
AL	Near Birmingham, Alab	Alabama	AL	473559
AL	Near Birmingham, Alab	Alabama	AL	473559

图 7.7　源表（白色）中目标记录（高亮显示）不匹配的结果

来源：Esri

图 7.8 显示了美国历史上某类地震的基本统计数据和地震震级频率图（直方图）。地质学家会发现这些数据有两个奇怪的地方。第一，有 300 多次地震的震级为 0，这对该数据集来说意义不大，可能意味着数据缺失。缺失值会影响当前的统计数据，必须在没有缺失值的情况下重新计算。第二个奇怪之处更为微妙。如果没有零值，直方图就像一条略微倾斜的钟形曲线。然而，地质学家知道，地震遵循逆幂律，小地震比大地震多得多。在这组数据中，小地震被特意排除在外。这种选择对于数据集的展示目标（描述历史地震）来说是合理的，但它确实使最小震级和平均震级等统计数据的意义大打折扣。

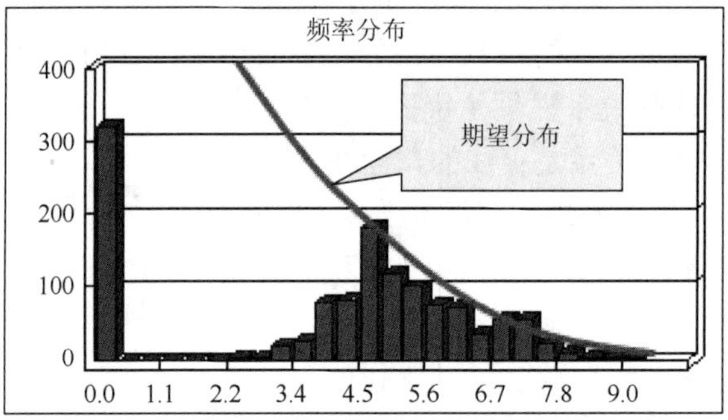

计数：1264
最小值：0
最大值：9.23
总和：5006.1
平均值：3.95
标准差：2.5

图 7.8　地震统计和频率图（直方图）

来源：Esri

这个例子说明，在盲目计算和接受结果之前，探索数据并进行批判性思考是非常重要的一步。这种做法不仅有助于防止在推断数据集时出现严重错误，还能提出有趣的问题。为什么会有这么多缺失的数据值？既然 2 级或 3 级地震通常造成的破坏很小，甚至很少有震感，为什么数据集中还包含 2 级或 3 级地震？

通过初步探索的数据集，通常提供给一些 GIS 项目成为更复杂统计测试的对象；还可以导出表格，以便在标准统计软件包中进行分析。GIS 专业人员只有更多地了解各种形式的统计，才能提高专业知识水平。

虽然计算整个表或一组选定记录的统计数据很有价值，但有时将表中的记录分组并分别计算每组的统计数据也很有益处。我们可以指定一个字段或多个字段的组合，称为**案例字段**（case field），来划分组别。通常情况下，案例字段包含分类数据。例如，可以根据地震发生在哪个州对地震表进行分组，并分别生成每个州的地震统计数据。

图 7.9（a）中的表格显示了美国历史上发生的主要地震。每个地震的属性包括发生地震的州、造成的死亡人数、造成的总损失以及里氏烈度（MAG）。山姆想知道历史上哪些州遭受的地震灾害最严重，特别是，他想知道每个州的总死亡人数、总损失和最大震级。他计算了表格中的统计数据，但选择了 STATE 作为案例字段，以便为每个州分别计算统计数据。

图 7.9（b）所示的 quakesum 输出表中，每个州都有一条记录。表中还有一个 Count（计数）字段表示每个州的地震次数，每个字段表示所需的统计数据。为了更好地解释数据，按照 damage（损失）字段从大到小的顺序对表格进行了排序，以找出受灾最严重的州。

下一步可能是将 quakesum 表连接到 US State 图层，并创建一张显示各州总损失或总死亡人数的地图（图 7.10）。山姆使用 Summarize（汇总）功能，将各州与地震之间的关系整理为“一对多”的关系，将各州与地震统计数据之间的关系整理为“一对一”的关系，以便绘制数据地图。

quakehis

STATE	DEATHS	DAMAG	MAG	LOCATION
MO	7	0	7.88	New Madrid, Missouri
SN	51	0	7.36	Northern Sonora, Mexico
AK	0	0	8.15	Yakutat Bay, Alaska
AK	0	0	8.26	Southeast Alaska
AR	7	0	7.68	Northeast Arkansas
(a)	3000	52400000	7.8	Near San Francisco, Calif
	12	6000000	7.48	South of Bakersfield, Calif

quakesum

STATE	Count	Sum_DEATH	Sum_DAMAG
CA	218	3777	3705234000
AK	106	125	32600000
MT	62	32	4220000
WA	67	15	3775000
ID	41	2	1350000
(b)	63	79	1100000

图 7.9 汇总：（a）地震表和（b）各州地震汇总表

来源：Esri

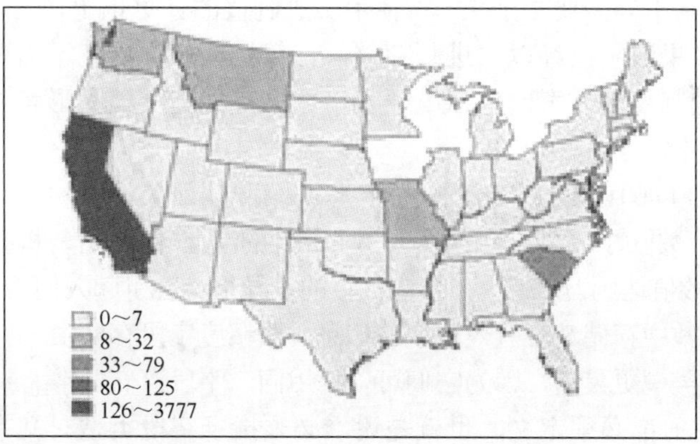

图 7.10 各州地震死亡人数

来源：Esri

字段类型

创建数据库表格时，首先要分析表格所包含的字段。电子表格中的任何单元格都可以包含任何类型的数据，而数据库字段（列）则不同，它必须只包含一种类型的数据，可能是文本，也可能是整数，但绝对不能同时包含两种类型的数据。在输入任何数据之前，必须定义每个字段，并指定其内容类型。此外，**字段定义**一旦设置，就不能更改。最常见的字段类型是数字、字符串和日期。每个字段还可以有参数来进一步指定它可能包含的内容，例如文本字段中允许的最大字符数。

STREETNAME 字段是一个文本字段，因为街道名称包含字母。**字段长度**定义了名称中可存储的字符数。如果 STREETNAME 字段的长度为 10，那么任何长度超过 10 个字符的名称都将被截断。因此，"Elm Street"完全可以容纳（包括空格），但"Maple Street"将被截成"Maple Stre"以容纳在字段中。确保字段有足够的空间容纳最长的字符是很重要的。在设计数据库时，尽量使用最小的字段宽度来存储所有可能的值，因为额外的空格会增加数据库的大小。

数值字段有不同的参数。定义数值字段时，用户可以指定存储宽度（**精度**）和小数位数（**标度**）。例如，精度为 5、标度为 0 的字段可以存储-9999～99 999 的数值（负号占一个字符位置）。精度为 5、标度为 2 的字段可以存储-9.99～99.99 的数值（小数点也占一个字符位置）。

数字的存储方式多种多样。大多数数据库都提供多种格式来存储数值，而这些格式又因数据库而异。下一节将概括介绍常用的选项。

ASCII 与二进制

如第 6 章所述，字节是计算机存储的基本单位。数字通常以二进制或二进制格式存储。数字 16 在二进制中存储为一个字节的信息 00010000。一个字节可以存储 0～255 的整数，存储较大的数字需要更多字节。

文本也以字节形式存储，但以代码形式存储。每个数字、每个字母和每个符号（如$）都有一个由 **ASCII** 标准定义的单字节代码。因此，存储 cat 需要 3 个字节。存储 horse 则需要五个字节。数字也可以使用 ASCII 码，每个数字用一个字节的代码来存储。这种方法存储 147 需要三个字节的数据，存储 147.6 则需要五个字节。文本文件和 HTML 文件等都是用 ASCII 码存储的。

尽管数字可用二进制或 ASCII 码存储，但二进制更有效。数字 14456 在 ASCII 码中需要 5 个字节，但在二进制中只需要 2 个字节。使用二进制值的计算也更快，因为计算机以 2 为基数进行所有计算。如果数字已经以二进制存储，计算机在计算前就不需要进行转换。许多类型的文件都使用二进制编码方案，包括电子表格、文字处理文档和形状文件。栅格和图像数据也以二进制数据存储。

非常大的数字，如 1 000 000 000 000 需要很多字节来存储，非常小的数字，如 0.000 000 000 000 1 也是如此。在需要此类数值时，通常使用带有尾数和指数的浮点格式。计算机会在一定的精度水平上截断尾数。当存储的数值达到万亿时，几十或几百的差异很少会引起人们的兴趣。在 ArcGIS 中，**单精度**浮点字段在尾数中存储 8 个有效数字的信息。**双精度**字段存储 16 位有效数字。浮点数据类型比数值或二进制类型更灵活，因为它们可以使用同一字段存储非常大或非常小的值。

每个属性在使用前都必须定义，也就是说，必须指定字段类型（文本或数字）并设置字段属性。字段一旦定义，就不能更改。如果在定义字段时出错，就必须删除字段并重新定义。不同的 GIS 系统可能允许使用不同的数据类型，但大多数系统都使用文本、整数和浮点数值等基本类型。表 7.1 列出了 ArcGIS 中使用的特定数据类型。地理数据库还为高级用户提供了栅格和 GUID 类型。

表 7.1　要素类可用的字段数据类型（*仅限地理数据库）

字段类型	说明	实例
Short（短整型）	以 2 字节二进制数字存储的整数 数值范围为-32 000～＋32 000	255 12001
Long（长整型）	以 4 字节二进制数字存储的整数 数值范围为-21.4 亿～＋21.4 亿	156000 457890
Float（浮点型）	尾数为 8 位有效数字的浮点数值	1.289385e12 1.5647894e-02

续表

字段类型	说明	实例
Double（双精度型）	尾数为16位有效数字的双精度浮点数值	1.12114118119141e13
Text（文本型）	字母数字字符串	‘146 Maple St’ ‘John H. Smith’
Date（日期型）	日期/时间格式，用于日历日期和时间	07/12/2008 10/17/1963 13:24:06
BLOB*（大数据量型）	二进制大型对象；任何复杂的二进制数据，包括图像和文件等	

域

许多数据库允许用户为字段指定允许值列表，而不是让用户输入任何值。试想一下，树木要素类中的一个字段设计为包含“Deciduous”（落叶）或“Coniferous”（针叶）。让用户每次键入值都很烦琐，而且可能导致拼写错误或大小写字母用法不一致，如“Deceduous”或“deciduous”或“dec”。这些替代词在查询中都会出现问题，因为对于大多数数据库来说，“Conifer”与“conifer”并不相同。

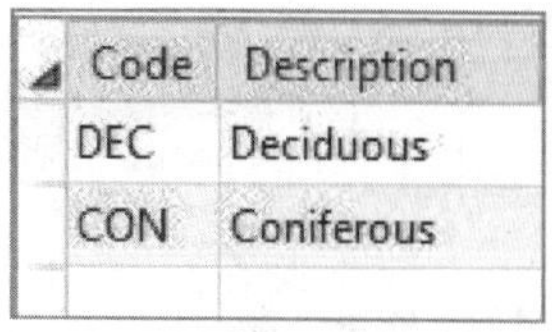

图 7.11 树型编码域

来源：Esri

创建**域**（domains）可以避免这些问题。域是关于字段允许内容的规则。**编码域**（coded domain）提供了用户在字段中输入数据时必须选择的值列表（编码域有时也称为选择列表）。图 7.11 显示了一个有两个值的**编码域**，用于指定树型。较短的代码“DEC”存储在数据库中以节省空间，但用户看到的是更容易理解的术语“Deciduous”（落叶）。**范围域**（range domain）指定字段的最小值和最大值。例如，百分比字段的范围可能是 0～100。编码域可为文本或整数字段进行定义，范围域可分配给任何数值字段。

大多数数据库都允许使用域，尽管它们在为特定字段创建域还是为整个数据库创建域方面各不相同，这使得它们可以重复使用。编码域有几个功能：①它可以加快数据输入速度，因为值可以从下拉菜单中选择，而不是键入；②它允许存储一个简单的代码，以提高效率，同时向用户展示一个更容易理解的术语；③它有助于保护数据库，避免出现不一致的数据项。范围域可用于测试数值字段中的错误或不合理值。

为表格定义的字段及其数据类型、属性、域和其他特征称为表的**模式**（schema）。模式可用于复制一个表，该表除了不包含信息记录外，其他方面都完全相同。

7.1.2 关于 ArcGIS

ArcGIS 中的表格

表格可以来自 ArcGIS 支持的任何底层数据库程序。表格可能采用不同的存储格式，但表格本身的外观和功能总是相同的，因此用户无须为处理不同的文件类型而学习不同的命令。不过，并非所有命令和功能都适用于每种文件类型。在 ArcGIS Pro 中，可在**表格视图**（图 7.12）中检查和操作表格。视图顶部包含一个选项菜单和几个工具。右键单击字段时会出现一个上下文菜单，可通过该菜单访问更多命令。

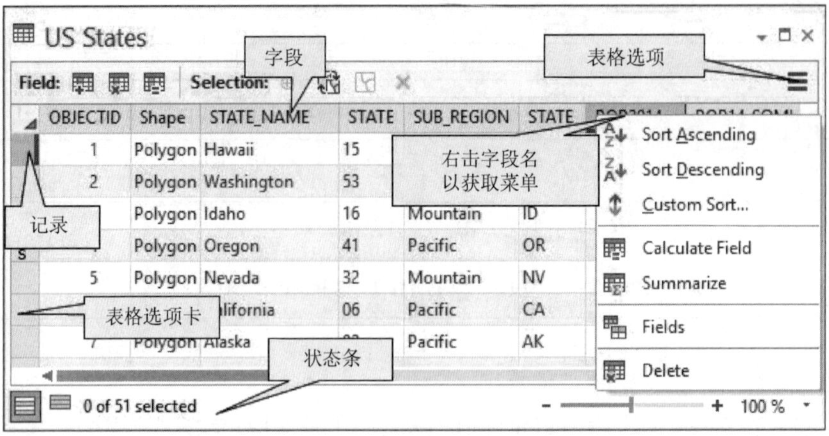

图 7.12　表格的部件和术语

来源：Esri

当一个要素类被添加到地图中时，其属性表就会被视为图层的一部分，可以对该表进行某些修改，如排序或选择要显示的字段，而不会影响源数据。这些表格的属性类似于应用于图层的符号属性。表格视图与其源独立表的关系与图层与其要素类的关系相同。不过，在表视图中进行的某些更改（如排序或更改显示字段宽度）仅适用于该视图，不会影响存储的表。其他更改，如添加字段或计算值，则构成对源表的永久更改。了解特定操作会产生哪种类型的更改非常重要。

在 Shapefile 中，表格存储在 dBase 文件中，包括一个唯一的要素 ID（FID），用于连接空间数据和属性数据。在地理数据库和任何独立的表中，每条记录都包含一个对象 ID（OID），类似于电子表格中的行号。Shapefile 和地理数据库要素类都包含一个 Shape 字段，表示要素的 *x-y* 坐标值。线和多边形要素类的地理数据库表格还包含 Shape_Area 或 Shape_Length 字段，用于记录要素的面积和长度。

图 7.12 显示了与表格相关的一些术语。表格由行和列组成。一行称为一条记录，包含一个对象或要素的信息。列称为字段，存储一种类型的信息。每个字段的名称显示在最上面一行。字段名称必须包含 13 个或更少的字符，并且只能包含字母、数字和下划线。可以设置一个替代名称（称为**别名**），为字段提供一个更具描述性的名称，而不必遵循命名规则。例如，MEDREN 这个令人费解的字段可以有一个更容易理解的别名，如 MedianRent。

字段视图

字段视图用于查看和修改表格属性。在某些情况下，只修改图层属性，这意味着更改只适用于地图图层（或独立图层的表格视图）中显示的表格视图。更改字段宽度、打开或关闭字段、修改别名或更改数字格式都是仅适用于图层的设置示例。不过，字段视图也可以对存储的数据文件进行永久修改，如添加、删除或重命名字段名称。换句话说，就是修改表的模式。

图 7.13　管理字段视图中的编辑类型

来源：Esri

打开字段视图时，下拉菜单会指定是对图层/表格视图（图 7.13 中的 US States）进行编辑，还是对底层数据集（数据源）进行编辑。当字段视图设置为编辑数据源时，不会显示只影响图层的按钮和命令。但是，在图层模式下的某些编辑（如添加字段）仍会修改实际数据集。它在字段视图中工作时，重要的是要了解更改何时只影响图层，何时会更改数据（表7.2）。

表7.2 字段视图中的编辑范围

仅影响表格视图的编辑	影响源数据的编辑
显示字段	添加/删除字段
设置只读状态	更改字段名称
更改字段宽度	更改字段宽度
格式化数字选项	创建域名
突出显示字段	创建子类型
更改别名	更改别名

可以在图层/表格视图或源数据中修改别名。如果字段视图设置为图层，则只能在该表格视图中修改别名。如果字段视图设置为“数据源”，那么别名更改将永久保存在数据集中，并在表的任何视图中可见。

提示： 养成在当前视图中保存模式编辑的习惯，然后再移动到另一个功能区。在一个功能区中未保存的表格编辑或模式更改将阻止在另一个功能区中保存更改。

在属性表中，有些字段是必需的，它们由创建地理数据集的程序创建和更新。例如，Shapefile有一个要素ID字段和一个Shape字段。地理数据库要素类有一个要素ID和一个Shape字段。**用户绝对不能更改这些字段**。同样，Shapefile 的用户必须确保他们永远不会删除属性表中的记录，除非空间数据集中的相应要素也被删除。仅在 Pro 编辑会话中编辑要素符合这一标准，删除地理数据库要素类中的行也符合这一标准。

正如我们在第 5 章中所学到的，不同的GIS数据格式使用不同的底层数据库。Coverage 使用名为INFO的数据库。Shapefile 使用 dBase 文件。个人地理数据库使用MicrosoftAccess底层数据库。文件地理数据库使用自己的格式。企业地理数据库使用大型商业RDBMS，如Oracle或SQLServer。ArcGIS可以读取逗号分隔文本文件（字段用逗号分隔）和制表符分隔的文本文件（字段用制表符分隔）以及格式正确的 Excel 电子表格。

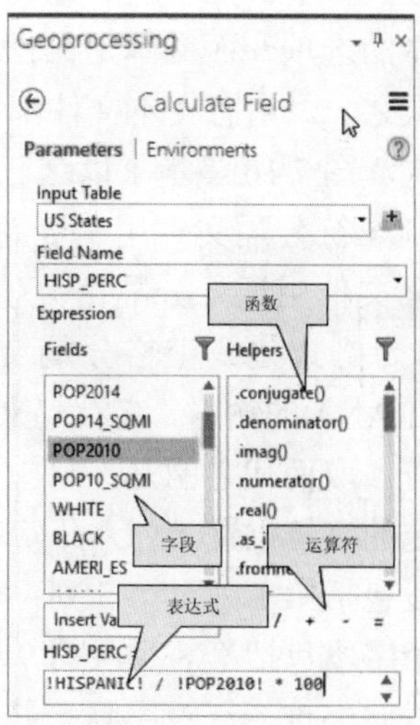

图7.14 计算字段工具

来源：Esri

编辑和计算字段

ArcGIS 提供两种更改表格值的方法：直接在字段中键入信息或计算字段的值。计算字段工具用于使用字段作为变量生成算术表达式。例如，可以根据包含各州总人口和西班牙裔人数的两个字段计算出各州西班牙裔人口的百分比（图7.14）。表达式可以使用运算符（×、/、&、+、–、=）、函数[如 sin（）或 cos（）]以及在表达式框中键入的值。

> **提示：**计算会破坏字段中的原始数据，因此通常在表格中添加的空字段中执行计算。在已包含数据的字段上执行计算时要特别小心。

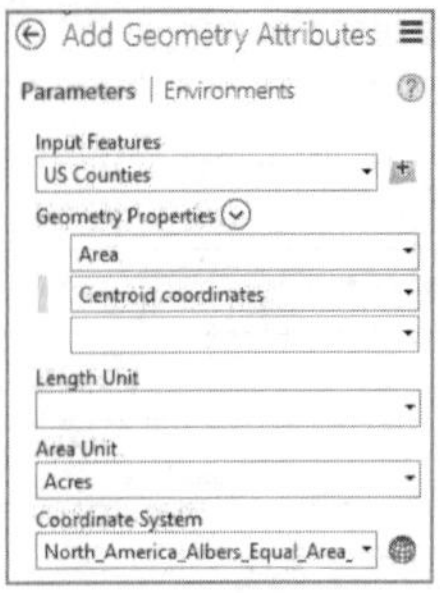

图 7.15　添加几何属性工具

来源：Esri

添加几何属性工具（图 7.15）提供了另一种类型的字段计算。该工具可以计算要素类的一个或多个几何属性，如多边形的面积或周长、线的长度、多边形的中心点位置等。虽然该工具将长度和面积存储在地理数据库的 Shape_ Length 和 Shape_Area 字段中，但单位始终为坐标系单位。该工具不仅可以计算长度或面积，还可用于 Shapefiles 和要素类，并允许选择由用户输入的单位。该工具会在数据集中添加带有预定名称的特定字段。如果在已经包含这些字段的数据集上运行，这些字段将被更新。为这些字段创建一个包含几何计算单位的别名是一个明智的步骤。

导入表格

许多 GIS 项目都会遇到必须将外部表格数据导入 ArcGIS 的情况。可以使用几种不同的格式，但记录和字段的布局必须满足某些要求。字段名必须出现在第一行，并且必须遵循 ArcGIS 命名约定。应包含数字的列必须只包含数字，避免使用 NoData 或 XX 或 Null 或 N/A 表示缺失值。不允许使用空白行、合并单元格和公式。大多数导入格式在 ArcGIS 中都是只读的，可以查看但不能编辑或更改，某些工具和功能可能无法使用。通常情况下，如果需要更改导入文件，可将其导出为 dbf 文件或地理数据库表。

dbf 文件或 dBase 文件通常由数据库程序生成。这些文件可直接导入 ArcGIS 并在 ArcGIS 中进行编辑。

文本文件（图 7.16）的来源多种多样。它们可能来自从网站上复制的文本、从文字处理文档中复制的数据或从统计程序中生成的数值。几乎所有处理表格数据的程序都有将数据保存为文本的选项，而文本是在程序间传输数据的最基本、最标准的格式之一。所有文本文件都使用 ASCII 字符存储。主要有三种格式。图 7.16 显示了以这三种格式存储的相同表格信息。

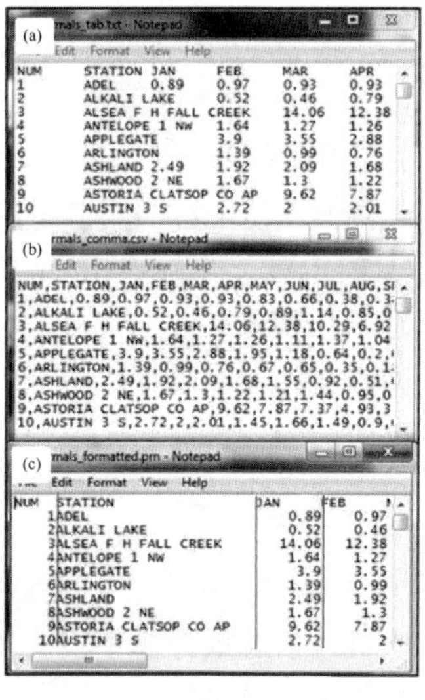

图 7.16　文本文件格式：（a）制表符分隔；（b）逗号分隔；（c）固定列宽

来源：Microsoft、国家气候数据中心

制表符分隔文件用制表符分隔字段值[图 7.16（a）]。逗号分隔文件用逗号分隔字段值[图 7.16（b）]。固定列宽格式（也称为格式化或空格分隔文件）最常见于计算机程序（如 FORTRAN）的输出。它看起来类似于制表符分隔文件，但没有制表符。取而代之的是，每一行都由一串字符组成，每个字段在指定的字符位置（列）开始和结束。在图 7.16（c）中，第一个字段包括第 1 列至第 5 列；第二个字段包括第 6 列至第 7 列；第三个字段包括第 8 列至第 9 列；station 字段从第 6 列到第 30 列，以此类推（红线实际上并不存在于文件中，添加到图中，只是为了直观地显示每个字段的起止位置）。

提示：ArcGIS 可读取制表符分隔或逗号分隔的文本文件，但不能读取固定列宽的文本文件（不过，Excel 可以读取固定列宽的文件，并将其保存为按逗号分隔的 CSV 文件）。

Pro 尝试通过检查第一行数据来解释字段类型，但并不总是能选择所需的类型。简短的文本字段，如两个字符的州名缩写，通常会使用字段长度为 255。邮政编码通常被解释为一个数字，这将导致前导 0 被删除：08577 变成 8557。在邮政编码值周围加上引号通常可以解决这个问题。有时，创建第一行虚拟值会有助于迫使 Pro 选择正确的数据类型。在下面的 CSV 文件示例中，“ddd”条目会强制对邮政编码进行文本解释，而 999 条目则会鼓励为 NUM 创建一个整数字段，而 99.99 的值需要一个 PERCENT 的浮点字段。导入完成后可删除第一条虚拟记录。

NAME，NUM，STREET，CITY，STATE，ZIP，PERCENT

ddd，999，ddd，ddd，ddd，ddd，99.99

Smith，527，W. Main St.，Peoria，IL，45908，38.3

Jones，6904，Jackson Blvd.，Nashua，NH，07958，46

文本文件还可能包含格式问题，如带有空格的非法字段名，或数字列中的“XX”表示缺少数据。在导入成功之前，可能需要修复这些问题。有些问题在 Pro 读取时不会造成问题，但会妨碍文件导出为地理数据库格式。

使用记事本程序等系统工具可以对文本文件进行简单编辑。不过，使用 Microsoft Excel 程序可以进行更高级、功能更强大的编辑。它可以打开和保存各种文本格式，并可用于将一种格式转换为另一种格式，例如将固定栏文本文件转换为制表符分隔文件（图 7.16 中显示的文件都是从 Excel 工作表中保存的）。

准备 Excel 数据

ArcGIS Pro 可直接读取 Excel 格式，但并非所有电子表格都适用。电子表格必须格式简单，并应遵循数据库表的常用规则，如具有合法的字段名称和在一列中只存储一种类型的数据。使用 Excel 数据需要精心准备。为获得最佳效果，请确保电子表格符合以下要求。

- 工作表的第一行包含字段标题。
- 字段标题必须以字母开头，字符数不得超过 13 个，且不得包含空格或%、$、#等换行符。
- 数据行内无空行。
- 电子表格不包含公式，也不包含合并或拆分的单元格。
- 电子表格底部没有无关数据，如列总数。
- 每一列都包含一致的数据类型。数字列必须只有数字。
- 数字列中的缺失值必须用不可能出现的数值标记，如人口字段中的−99，而不是 XX 或 N/A 等文本字符。
- 文本字段不包含逗号，除非所有文本都用引号括起来。

Excel 工作簿中可能包含多个工作表（图 7.17），每个工作表都必须在 Pro 中单独打开。如果工作表没有命名，则默认名称为 Sheet1$、Sheet2$和 Sheet3$；通常 Sheet1$包含数据。

图 7.17 包含多个工作表的 Excel 工作簿

来源：Esri

提示： Excel 中的电子表格或 CSV 文件必须先关闭，然后才能在 Pro 中打开。

提示： Pro 无法读取较旧的.xls 格式；请先转换为.xlsx。如果电子表格无法在 Pro 中正确打开，请尝试将其保存为 CSV 文件。一般来说，Pro 对 CSV 文件的兼容性优于 Excel 文件。

7.1.3 摘要

- 表格由信息行和列组成。一行与一个要素相关联，包括称为字段的信息列。
- 与空间数据集相关联的表称为属性表，包含数据集中每个要素的记录。独立表不与地图要素相关联。
- 关系数据库管理系统构建临时数据表之间的链接，是 GIS 软件的首选模式。
- 表可以在公共字段上进行连接或关联，以便从一个表访问另一个表中的信息。连接可在“一对一”或“多对一”的基数表上执行。关联必须用于“一对多”或“多对多”的表。
- 统计功能可计算表格中所有选定记录的基本统计值。汇总命令生成由分类字段定义的要素组的统计值。
- 字段必须定义为包含特定类型的数据，如文本、整数、日期或浮点数值。字段类型一旦定义，就不能更改。
- 域为属性字段中的值提供了规则，有助于避免错误和促进数据输入的一致性。编码域包括可供选择的值列表。范围域规定了数值字段允许的最大值和最小值。
- 可通过定义名称和字段类型为表格添加新字段。新表格可通过输入数值或使用计算功能输入数据。计算几何功能可将面积和长度输入相应要素的属性表中。
- ArcGIS 表格可以显示和处理各种来源的表格数据，包括 dBase 文件、INFO 文件、地理数据库、SQL 查询或逗号分隔文本文件。

提示： 字段名必须包含 13 个或更少的字符；可包含字母、数字和下划线字符“_”；不得包含空格或特殊字符，如@、#、!、$或%。字段名也必须以字母而不是数字开头。

重要术语

别名	双精度	连接表	标度
ASCII	要素 ID（FID）	键	模式
属性字段	字段	对象 ID（OID）	单精度
属性表	字段定义	精度	源表
基数	字段长度	范围域	独立表
案例字段	字段视图	记录	表格
编码域	平面文件数据库	关联	表格视图
目标表	分层数据库	关系数据库	目的表
域	连接	连接规则	

7.1.4 复习题

1. 说明属性表和独立表的区别。

2. 在互联网上查找ASCII码表，破译这条以十进制数字书写的信息：54 104 101 32 83 116 46 32 66 101 114 110 61 114 100 32 115 113 97 116 116 101 100 32 111 110 32 97 110 100 32 83 78 69 101 90 69 68 33。

3. 为地理数据库中的以下每种数据类型选择最佳字段类型，并解释您的选择。

学生GPA　　邮政编码
国家人口　　班级人数
州名　　生日

4. 域的主要用途是什么？解释编码域和范围域的区别。

5. 下面每种关系的基数分别是多少？假设左边为目标。

从市到县　　从地块到分区代码
从首都到州　　从流域到水井

6. 您有一个城市表和一个县表，这两个表都有一个州名缩写字段。如果城市表是目标表，能否连接它们？如果县是目标表呢？请解释您的答案。

7. 描述连接和关联的区别。什么情况下关联是唯一的选择？

8. 案例字段的功能是什么？请制作一个有七条记录的示例表，并用它来说明您的解释。

9. 对于字段视图中的以下每项更改，请说明是仅修改表格视图，还是修改模式，或者根据“Source”（来源）的设置执行二者之一。

删除字段　　关闭字段可见性
更改字段名　　将字段设为只读
更改字段别名

10. 列出电子表格不适合导入Pro的至少四种情况。

扩展知识

阅读帮助文档中的这些章节，了解有关表格的更多信息。

Help＞Data＞Data types＞Tables
Help＞Data＞Geodatabases＞The geodatabase＞Table basics
Help＞Data＞Geodatabases＞The geodatabase＞Data design

7.2 掌握技能

7.2.1 教程

以下示例提供了在ArcGIS中执行任务和解决问题的分步说明。您需要执行的步骤用箭头“→”标出；请仔细按照这些步骤操作。

→ 启动Pro并打开mgisdata\ClassProjects文件夹中的TablesPractice项目。

→ 记得经常保存项目。

查看表格

让我们从探索一些表格开始，学习一些使用表格的基本技巧。许多表格设置只影响表格的显示方式，而不会改变基本数据。

1→ 在 Contents 窗格中，右键单击 US States 图层，选择 Attribute Table（属性表）打开表格视图。

1→ 打开 **Table：View** 功能区并检查其按钮。

表格视图有几种显示设置，可以改变其显示方式。

1→ 在表格视图中，单击并拖动 STATE_NAME 字段的右边界，将其缩小到更合适的宽度。

1→ 右键单击 POP2014 标题，然后从菜单中选择 Sort Ascending（升序排序）。

1→ 在右下角滑动条或使用下拉菜单更改缩放级别。

1→ 检查底部的文本，上面写着“0 out of 51 Selected”（51 个中选择了 0 个），表示本表中共有 51 条记录（50 个州加哥伦比亚特区）。

提示：右键单击字段名称并选择 Custom Sort（自定义排序），可对多个字段进行排序。排序只会改变数据视图，而不会改变数据源。

2→ 在 Contents 窗格中，右键单击 US Counties 图层并选择 Attribute Table（属性表）。它将打开一个新的表格视图，很可能与 US States 表格在同一个窗口中。

2→ 尝试以不同的方式摆放表格。把地图放在上面，两张表格并排放在下面。

2→ 单击每个表格的标题选项卡。当前活动的表格将有一个蓝色标签，从功能区选择的命令将只影响该表格。

在表格上使用查询和统计

表格通常用于创建和处理图层的子集，使用基于表达式的查询来创建。

提示：在早期版本中，功能区上的 Select By Attributes（按属性选择）按钮会在 Geoprocessing（地理处理）窗格中打开一个工具，现在则是打开一个窗口。无论哪种方式，要设置的参数都差不多。视频中显示的是工具，但您可以根据自己的偏好打开窗口或工具。

3→ 单击 US States 标题选项卡，使其成为活动表格。

3→ 单击 **Table：View：Selection：Select By Attributes**。

3→ 确保 Input Rows（输入行）设置为 US States，然后输入表达式：POP2014 is Greater Than 5 000 000。

3→ 单击绿色复选标记，确认表达式格式正确。运行工具或单击窗口中的 Apply（应用）。

被选中的州会在地图和表格窗口中突出显示。此外，底部的文字现在为“22 out of 51 Selected”（51 个选定 22 个），表示有 22 个州的人口超过 500 万。

4→ 关闭 US Counties 表，以便更好地查看 US States 表。

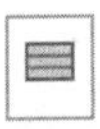

4→ 单击 US States 表格底部的 Show selected records（显示所选记录）按钮，只查看所选记录。

4→ 单击 Show all records（显示所有记录）按钮，再次显示所有记录。

切换选择按钮可切换已选和未选记录。

4→ 单击表格窗口中的切换按钮。

4→ 单击表格窗口中的 Clear Selection（清除选择）按钮，清除所选数据集。

在表格中汇总大量数据往往是关键分析的第一步。假设我们想知道美国白人和少数民族的总人数。

提示：除非另有指示，否则请将所有新表保存到主地理数据库中。给它们起一个描述性的名字，以便日后区分。

5→ 在 Geoprocessing（地理处理）窗格中，打开 Summary Statistics（汇总统计）工具（图 7.18）。

5→ 将 Input Table（输入表）设置为 US States，并将 Output Table（输出表）命名为 *USGMinorityTotals*。

可以使用下拉 Field（字段）框单独选择字段，但如果需要对许多字段进行统计，可以使用更快捷的方法。

5→ 单击 Field（字段）旁边的 Add Many（添加多个）按钮，显示字段名称列表。选中以下内容：AMERI_ES、ASIAN、BLACK、HAWN_PI、HISPANIC、MULT_RACE 和 WHITE。

5→ 选中方框后单击 Add（添加）。接受 SUM（和）作为每个字段的统计量。

5→ 将 Case field（案例字段）留空。单击 Run（运行）。工具运行完成后保持打开状态。

5→ 打开 USMinorityTotals 表，查看统计数据。

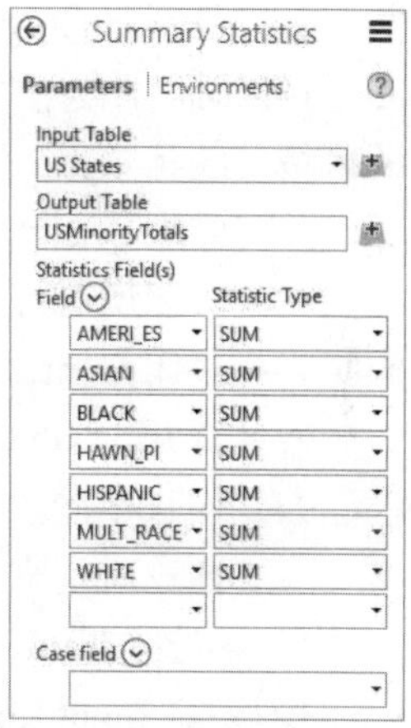

图 7.18　汇总统计工具

来源：Esri

请注意，新表出现在 Contents 窗格中的 Standalone Tables（独立表格）标题下。此条目称为 **table view**（表格视图），其属性可以独立于项目地理数据库中存储的统计表进行设置。表格视图与其源数据的关系类似于图层与其要素类的关系。

6→ 在 Contents 窗格中，右键单击 USMinorityTotals 表并选择 Properties（属性）。

6→ 检查表格视图的不同设置，然后关闭 Properties（属性）窗口。

1. 2014 年有多少西班牙裔和黑人居住在美国？（请务必使用适当的有效数字报告答案）

汇总统计工具使用所有记录，除非选择了记录子集，在这种情况下，它只使用所选子集来计算统计数据。让我们来确定太平洋各州的相同统计数据。

7→ 单击 **Map：Selection：Select**。在地图中，按住 Shift 键，点击 Washington，Oregon，California（华盛顿州、俄勒冈州和加利福尼亚州），使这三个州都突出显示（选中）。

7→ 返回 Geoprocessing（地理处理）窗格。Summary Statistics（汇总统计）工具仍应打开，并显示之前要求的相同字段。

7→ 将 Output Table（输出表）的名称改为 *PacificMinorityTotals*（如果字段为空白，请重新指定）。运行工具并保持打开状态。

7→ 打开 PacificMinorityTotals 表，将统计数据与美国的总数进行比较。

案例字段用于将表中的记录分为若干组，并分别计算每组的统计数据。US States 表中有一个 SUB_REGION 字段，用于将各州归入一个区组（太平洋、新英格兰等）。我们可以用 Case field（案例字段）来对每个子区域进行统计。

8→ 单击 US States 表查看。单击 Clear（清除）所选记录。

8→ 返回 Geoprocessing（地理处理）窗格中的 Summary Statistics（汇总统计）工具。

8→ 将 Output Table（输出表）的名称改为 *SubregionTotals*。

8→ 将 Case field 设置为 SUB_REGION。运行工具。

2. 哪个子区域的黑人最多？哪个子区域的西班牙裔人数最多？

8→ 打开 SubregionTotals 表，查看结果。

花点时间体会一下案例字段的威力。在步骤 7 中，我们选择了太平洋各州，并计算了一个子区域的统计数据。使用 SUB_REGION 作为案例字段，可以同时对九个子区域进行同样的计算，并将结果放在一个表中，以便于比较。

9→ 关闭所有打开的表格。

9→ 关闭 Contents 窗格中的 US States，打开 114th Congress（第 114 届国会）。

9→ 打开 114th Congress 图层的表格。

9→ 检查字段，特别注意名为 PARTY（党派）的字段。有多少个民主党选区？我们可以通过查询来了解。

10→ 选择 **Table：View：Selection：Select By Attributes**（表格：查看：选择：按属性选择）。

10→ 将 Input Rows（输入行）设置为 114th Congress，然后单击 Add Clause（添加子句）。

10→ 输入表达式：PARTY is Equal to Democrat。单击 OK。

10→ 查看表格底部所选记录的数量。

提示：在 Select By Attributes（按属性选择）窗口中单击 Apply（应用）可进行选择并保持窗口打开。单击 OK 则完成选择并关闭窗口。

3. 有多少个民主党选区？ ____________________

使用一次查询就能找到民主党选区的数量。但假设我们想知道所有三个类别的选区数量：共和党、民主党和空缺？Frequency（频率）工具有助于统计由案例字段定义的类别中的对象。

11→ 单击 114th Congress 表格中的 Clear（清除）按钮，清除选中的记录。

11→ 在 Geoprocessing（地理处理）窗格中，打开 Frequency（频率）工具。

11→ 设置 Input Table（输入表）为 114th Congress，Output Table（输出表）为 CountDistricts114。

11→ 将 Frequency Field（频率字段）（即 Case field）设为 PARTY。

11→ Summary Field（摘要字段）为可选项；它将对每个类别的任何字段求和。将其设置为 SQMI 字段，以确定各方控制的总面积。运行工具。

11→ 打开 CountDistricts114 表进行检查。

查看是否列出了所有三个类别，FREQUENCY 字段显示每个类别中的选区数量，SQMI 字段显示面积总和。有些州只有一个选区，有些州则有更多的选区。假设我们想知道每个州有多少个选区。

12→ 清除并重新打开 Geoprocessing（地理处理）窗格中的 Frequency（频率）工具。

12→ 将 Input Table（输入表）设置为 114thCongress。将 Output Table（输出表）命名为 *DistsPerState*。

4. 新表是属性表还是独立表？________________

12→ 将 Frequency Field（频率字段）设置为 STATE_ABBR，然后运行工具。

12→ 打开新的 DistsPerState 表。

12→ 右键单击 FREQUENCY 字段并选择 Sort Descending（降序排序）。

12→ 关闭所有表格并保存项目。

使用字段视图

表格有一种查看和修改其属性的方法，称为 **Fields view**（字段视图）。

13→ 打开 SubregionTotals 表。

13→ 点击 **Table**：**View**：**Field**：**Fields** 来打开字段视图。

13→ 检查字段的行和字段属性的列。检查 Data Type（数据类型）字段中的不同数据类型，并与表 7.1 进行比较。

13→ 检查 Fields 视图中的 Current Layer（当前图层）下拉菜单 SubregionTotals。

当字段视图设置为图层或表格视图（图 7.19 中的 SubregionTotals）时，大部分更改只适用于该视图，而不适用于底层数据集。假设只想比较西班牙裔和白人。只显示感兴趣的字段并使用千位分隔符对值进行格式化，就可以方便地查看数据。

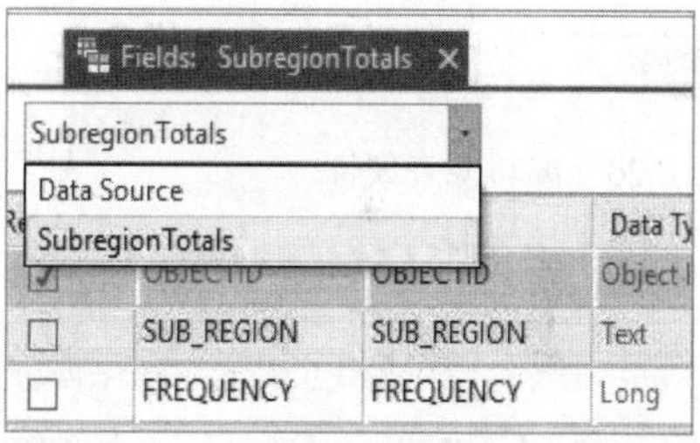

图 7.19 字段视图可设置为对表格视图（SubregionTotals）进行外观更改，或对数据源进行永久更改

来源：Esri

14→ 在 Fields：SubregionTotals 视图中，取消选中顶部的 Visible（可见）框，关闭所有字段。选中 SUB_REGION、SUM_HISPANIC 和 SUM_WHITE 的复选框，打开它们。

14→ 为了使表格更容易理解，将三个字段的别名（而不是字段名！）分别替换为 Subregion、Hispanics 和 Whites。

14→ 点击 **Fields**：**Changes**：**Save**。

14→ 单击 SubregionTotals 表格视图选项卡查看更改。

对表格所做的更改只是表面上的。其他字段仍然存在，只是看不见而已。我们还可以格式化表格中的数值，使其更易于比较。

15→ 切换回 Fields：SubregionTotals 视图。

15→ 在 Hispanics（西班牙裔）行中，单击数字框两次以显示数字格式按钮（...）。单击该按钮打开 Number Format（数字格式）窗口。

15→ 将 Rounding（四舍五入）改为 Significant digits（有效数字），并设置为 3。

15→ 选中 Show thousands separators 复选框，然后单击 OK。

15→ 对 Whites（白人）行重复更改格式。

15→ 点击 **Fields**：**Changes**：**Save**。

15→ 切换回 SubregionTotals 表并检查。

我们为布局或报告创建了格式化良好的表格视图。这些更改只会影响 SubregionTotals 的表格视图，而不会影响源数据。不过，字段视图也可以对表格进行永久更改。

16→ 切换回 Fields：SubregionTotals 视图。

16→ 将 Current Layer（当前图层）下拉菜单更改为 DataSource（数据源）。

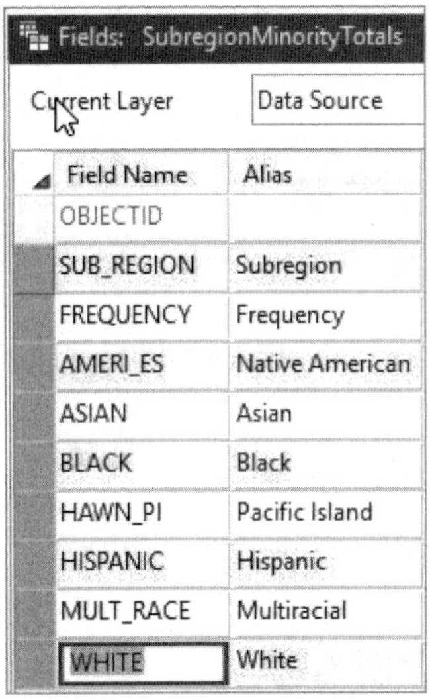

图 7.20　编辑源表属性

来源：Esri

请注意，视图会发生变化，只有永久修改数据集的设置才会显示，如图 7.20 所示。可以修改文本字段的名称、别名和长度（仅适用于地理数据库，不适用于 Shapefile）。可以在该视图中添加或删除字段，在某些 Pro 版本中，还可以通过单击并拖动行到新位置来更改顺序。

16→ 在 Field Name（字段名称）栏中，删除每个名称的 SUM_前缀（图 7.20）。

16→ 在 Alias（别名）栏中，为每个字段输入适当的名称：*Subregion*、*Frequency*、*Native American*、*Asian*、*Black*、*Pacific Island*、*Hispanic*、*Multiracial* 和 *White*。

16→ 点击 **Fields**：**Changes**：**Save**。保存对数据源的更改需要较长的时间。

16→ 返回 SubregionTotals 表。

SubregionTotals 表没有变化（包括西班牙裔和白人别名的复数形式），因为这些属性是为表格视图设置的，但最近的更改应用到了数据源。我们可以通过在地图上添加另一个表格视图来查看差异。

17→ 在 Contents 窗格中，将 SubregionTotals 重命名为 *SubregionTotals-First*（请注意，表格视图名称改变了，但字段视图没有改变）。

17→ 从 Catalog 窗格中，添加主地理数据库中的 SubregionTotals 表。

17→ 打开新添加的表格视图。显示所有字段，且更改别名的所有源表字段都是可见的。

17→ 在 SubregionTotals-First 表和 SubregionTotals 表之间来回切换并进行比较。

之前的外观更改（显示更少字段和格式化数字）仅适用于第一个表格视图。新添加的表有自己的默认属性，这些属性独立于第一个视图，并反映了对源表所做的更改，包括重新命名的字段别名。我们还可以看到实际字段名称的更改。

18→ 点击 **Table**：**View**：**Field**：**Aliases**，在别名和实际名称之间切换。完成后将其设置为别名。

18→ 关闭 Fields：SubregionTotals 视图并关闭所有表格。保存项目。

提示：理解表格视图与其数据源之间的区别很有难度，但这是一个至关重要的区别。请务必复习这些概念，如果仍不清楚，请寻求帮助。

请注意，我们练习使用的是新表中的字段视图，而不是 mgisdata 文件夹中的教程数据，以免错误影响后续课程。修改数据源必须小心谨慎，最好有备份，或者有方便重新创建表格的方法。培养对字段视图中的更改是临时性还是永久性的意识（表 7.2）。

提示： 别名更改的效果取决于字段视图中的当前图层设置。如果选择了图层或表格视图（如 SubregionTotals），别名更改只会影响当前图层或视图。如果选择了数据源，新的别名将成为数据集的永久组成部分。

连接表格

让我们来看看自第 113 届国会以来，哪些选区的党派关系可能发生了变化。比较两个不同表格中的党派可以使用连接，这需要一个键字段。

19→ 打开 113 th 和 114 th Congress 的表格，并排排列。

19→ 检查字段并确定适当的键字段来连接表格。键字段必须对每条记录都是唯一的，并且在两个表中的值相同。

我们希望 114 th Congress 成为目标表。

5. 该表中的最佳潜在键字段是什么？____________________

20→ 在 Contents 窗格中，单击 114 th Congress 图层将其选中。

20→ 在 **Table：View：Relationship** 组中，单击 **Joins**（连接）下拉菜单并选择 Add Join（添加连接）。添加连接窗口就会出现[也可以在 Geoprocessing（地理处理）窗格中打开 Add Join（添加连接）工具]。

20→ 确定 Layer Name（图层名称）为 114 th Congress（目标表）（图 7.21）。

20→ 在 Input Join Field（输入连接字段）中选择 DISTRICTID。

20→ 选择 113 th Congress 作为 Join Table（连接表）。

20→ 选择 DISTRICTID 作为 Output Join Field（输出连接字段）。

20→ 单击 OK 或运行工具。

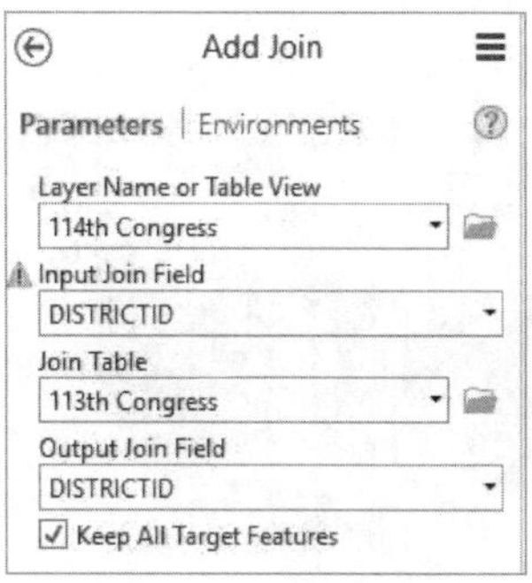

图 7.21　连接表格

来源：Esri

提示： Input Join Field（输入连接字段）旁边的警告说明表格未编入索引。索引可提高访问大型连接表时的性能。

20→ 关闭 113th Congress 表格，查看 114th Congress 表格。向右滚动，注意表中现在增加的字段。

要记住哪个字段来自哪个表，可能会很混乱。Pro 会在字段名前加上表名（数据源名称，而不是目录中的标题）前缀。因此，114th Congress 表格字段的前缀是 cd114，而 cd113 字段的前缀是 cd113（例如 cd114.DISTRICTID 和 cd113.DISTRICTID）。前缀仅在显示字段名而非别名时出现。

20→ 如果字段名不显示前缀，请单击 **Table：View：Field：Aliases**。

提示： 有时工具无法在连接表上正常工作。如果出现这种情况，请导出连接的图层或表格，连接的字段将保存在输出中。

现在我们将创建一个图层，显示党派发生变化的选区。Make Feature Layer（创建要素图层）工具与 Select Layer By Attributes（按属性选择图层）类似，但它会根据所选要素创建一个新图层。

21→ 在 Geoprocessing 窗格中，打开 Make Feature Layer（创建要素图层）工具（图 7.22）。

21→ 将 Input Features（输入要素）设置为 114 th Congress，并将 Output Layer（输出图层）命名为 *Changed Party*。

21→ 单击 New Expression（新建表达式），输入表达式的第一部分：PARTY is Not Equal to。

21→ 单击最终框下拉菜单，选择 Fields（字段）而不是 Values（值）。

21→ 再次单击下拉菜单，从列表底部选择其他 PARTY 字段。

下拉列表中显示的字段可能缺少前缀，但我们推测第二个 PARTY 字段来自 cd113 表。我们可以通过查看 SQL（执行表达式的实际语言）中的表达式来确认这一点。

21→ 在 Make Feature Layer（创建要素图层）工具中，单击表达式上方的 SQL 按钮并检查表达式（图 7.22）。

21→ 运行工具。打开并检查 Changed Party 表。

22→ 使用 PARTY 字段创建显示 Changed Party 选区的唯一值图。用红色勾勒出新的共和党选区，用蓝色勾勒出新的民主党选区，用黑色勾勒出空缺的选区。

22→ 在 113th Congress 图层上显示 Changed Party（已更改党派）地图（图 7.23）。

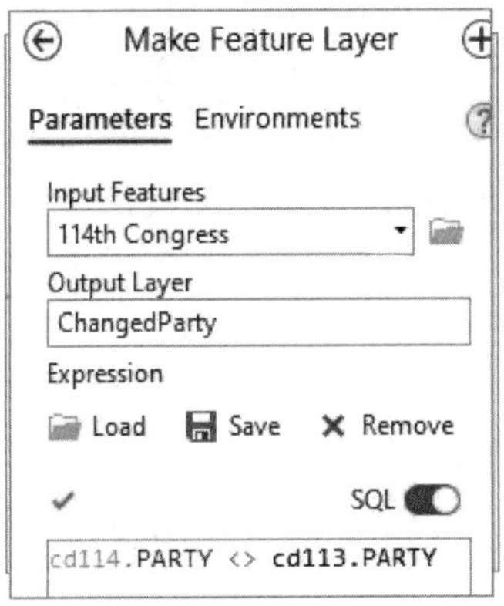

图 7.22　选择政党轮替的选区

来源：Esri

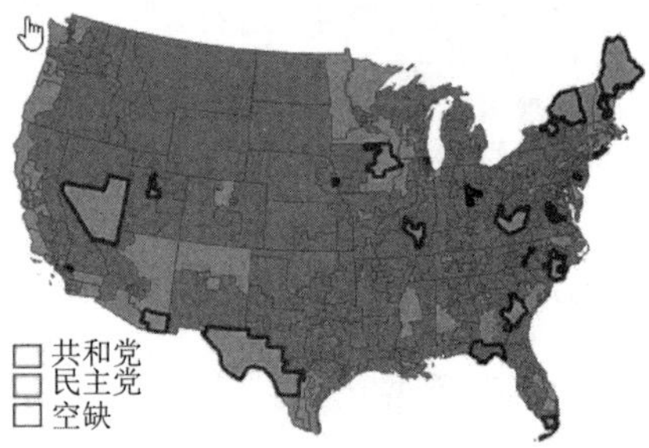

234

图 7.23　政党轮替选区地图

来源：Esri

现在我们有了 Changed Party 图层，就不再需要 114th Congress 的连接了。Changed Party 图层是一个独立的图层，有自己的属性，它将保留其连接。

22→ 在 Contents 窗格中，右键单击 114th Congress 图层，选择 Joins and Relates＞Remove All Joins。

关联表格

根据子区域对代表进行分组是很有趣的，但 SUB_REGION 字段只存在于 US States 表中。设置关联我们可以在 US States 表和 114th Congress 表之间选择一个子区域，然后获取该子区域的代表名单。表格之间的公共字段是州名缩写。

6. 子区域和选区之间的基数是多少？哪个是连接表，哪个是目标表？

23→ 在 Contents 窗格中，选中 US States 图层。单击 **Feature Layer：Data：Relationship：Relates** 下拉菜单并选择 Add Relate（图 7.24）。

23→ 设置 Layer Name（图层名称）为 US States，Input Relate Field（输入相关性字段）为 STATE_ABBR。

23→ 设置 Relate Table（关联表）为 114 th Congress，Output Relate Field（输出关联字段）为 STATE_ABBR。

23→ 在 Relate Name（关联名称）中输入 *Congress*，在 Cardinality（基数）中输入 One to many（“一对多”）。

23→ 单击 OK 或运行工具。

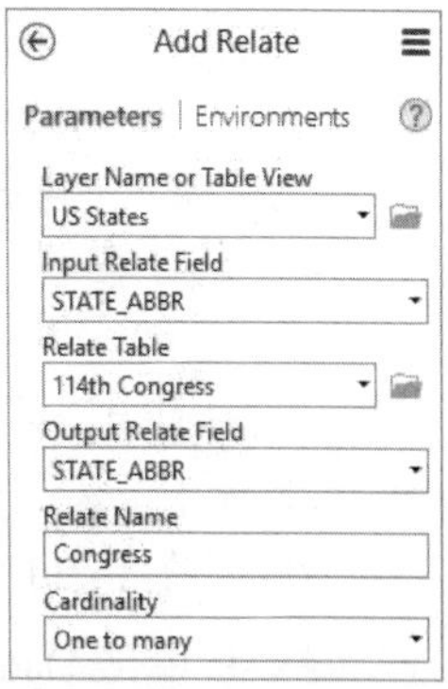

图 7.24 添加关联

来源：Esri

现在，让我们利用相关信息找出哪些代表来自新英格兰各州。

24→ 打开 US States 表和 114 th Congress 表，并排排列。

24→ 关闭 US States 以外的所有图层，并确保其在 Contents 窗格中突出显示。

25→ 选择 **Table：View：Selection：Select By Attributes**。

25→ 将 Input Rows（输入行）设置为 US States，然后输入表达式：SUB_REGION is Equal to New England。单击 OK。

25→ 在 US States 表中，单击 Show Selected（显示所选）按钮。

现在，新英格兰各州已被选中并突出显示，相关人员可以访问这些州的代表。

25→ 在 **Table：View：Relationship** 组中，单击 **Related Data**（相关数据）下拉菜单并选择 114th Congress。

25→ 114th Congress 表格选择并突出显示相关记录。

7. 有多少名代表来自新英格兰各州？ ____________________

从代表表格中选取的记录将提供一个新文件，该文件可永久保存并提供给感兴趣的选民。

26→ 单击 114th Congress 表格的栏，确保其处于活动状态。

26→ 点击 **Table：View：Export Table**。它将自动只导出所选记录。

26→ 确保 Input Rows（输入行）显示 114 th Congress，Output Table（输出表）命名为 NewEugReps。单击 OK。

26→ 打开新的 NewEngReps 表，验证其中是否包含正确的代表。

目前，两个表都有选择项。您可以选择每个表格，然后使用 **Table：View** 功能区来清除它们，但 **Map**（地图）功能区有一个清除按钮，可以清除所有选择。

27→ 点击 **Map：Selection：Clear** 可清除所有表格中的选择。

27→ 单击 US States 表格选项卡使其处于活动状态。单击 Show All Records（显示所有记录）按钮[没有选择时，Show Selected Records（显示所选记录）视图为空白]。

27→ 在 Contents 窗格中，右键单击 US States 图层并选择 Joins and Relates>Remove All Relates（该命令也可以在表格选项菜单中找到）。

27→ 关闭所有表格并保存项目。

编辑表格中的数值

有时必须通过编辑表格手动创建或更新表中的字段。我们将把 SubregionTotals 表中的每个分区描述为东部或西部。

> **提示：**创建新字段会对存储表作出永久性更改，但在保存字段视图中的编辑之前，更改不会生效。

28→ 打开 SubregionTotals 表。

28→ 在表格中，单击 Add Field（添加字段）按钮打开 Fields：SubregionTotals 视图。

28→ 在 Field（字段）视图最下面一行的框中和 Alias（别名）框中输入字段名 *Section*。

28→ 单击 Data Type（数据类型）框，选择 Text（文本）数据类型。

28→ 向右滚动，将 Length（长度）设置为 4。

28→ 要在输入数据时获得更好的视图，请关闭 SUB_REGION 和 Section 以外的所有字段。单击 **Fields：Changes：Save**。

28→ 切换到 SubregionTotals 表格视图。

> **提示：**创建字段前，请决定需要多少字符或小数位数。

表格总是可以编辑的，尽管在保存之前更改不会永久生效。在使用表格时，请注意不要随意更改任何内容。在开始编辑之前，最好切换到编辑功能区。

29→ 单击 **Edit**（编辑）打开功能区。

29→ 在表格中，单击 East North Central 行中的 Section（区段）字段并键入 *East*。

29→ 单击下一行，根据情况输入 *East* 或 *West*。继续，直到所有子区域被指定为东部或西部。

29→ 单击 **Edit：Manage Edits：Save** 并回答 Yes。

30→ 切换到 Fields：SubregionTotals 视图，重新打开所有字段。选择 **Fields：Changes：Save** 并关闭字段视图。

30→ 关闭并重新打开 SubregionTotals 表（如果需要），以重新打开字段。检查完毕后，将表格关闭。

> **提示：**如果有未保存的编辑，则无法向表中添加新字段。

> **提示：**要防止在项目中意外编辑，请在 Contents 窗格中切换到 List by Editing（按编辑列表）面板，然后取消选中所有图层和表格的复选框。

创建域

域可以加快数据输入速度，防止输入错误。假设我们希望将每个州的要素主要归类为民主党、共和党或混合党，并将该标签输入表格。我们可以创建一个可供选择的值列表，称为编码域。首先，我们创建新字段。

31→ 打开 DistsPerState 表，单击 Add Field（添加字段）按钮。

31→ 在 Fields（字段）视图中，添加名为 PRIMARILY 的新字段。将其数据类型设置为

Text（文本），长度为 3。

31→ 点击 **Fields：Changes：Save**。

接下来，我们创建域并输入代码。域的字段类型必须与我们要分配给它的字段类型（文本）相同。域实际上是为地理数据库创建的，而不是为单独的表或字段创建的，这样它们就可以在多个表中重复使用。域将作为主地理数据库 TablesPractice 的一部分保存。

32→ 点击 **Standalone Table：Data：Design：Domains**。打开 The Domains：TablesPractice 视图（图 7.25）。

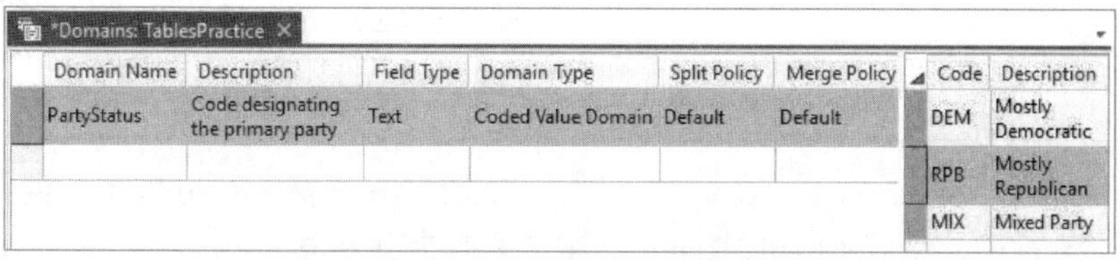

图 7.25　为 TablesPractice 地理数据库创建编码域

来源：Esri

32→ 在 Domain Name（域名）框中输入 PartyStatus。

32→ 在 Description（描述）框中，输入 *Code designating the primary party*（描述主要党派的代码）。

32→ 在 Field Type（字段类型）中，选择 Text（文本）。Domain Type（域类型）将默认为 Coded Value Domain（编码值域），右侧将出现 Codes（编码）部分。

33→ 在 Codes（代码）框的第一行，键入代码 *DEM* 和描述 *Mostly Democratic*（使用 Tab 键移动到下一个方框）。

33→ 在下一行中，输入代码 *RPB* 和描述 *Mostly Republican*。

33→ 在下一行输入代码 *MIX* 和描述 *Mixed Party*。之后不要按 Tab 键。输入最后一个描述——它会创建一个空白行，从而无法保存域。相反，请单击现有代码旁边的空白矩形。

> **提示**：如果不小心启动了新的第四个代码，请通过单击代码列左侧的空白矩形选中空代码行，然后单击删除键。

33→ 完成后，选择 **Domains：Changes：Save**。关闭域视图。

> **提示**：图 7.25 中的绿色方框表示可以保存行。如果一个或多个方框变为红色，则表示存在错误，在修复之前不能保存更改。

创建域后，就可以将其分配给使用它的一个或多个字段。

34→ 在 Fields：DistsPerState 视图的 PRIMARILY 行中，单击 Domain（域）框（如有必要可多次单击）并选择 PartyStatus 域。

34→ 点击 **Fields：Changes：Save**。关闭字段视图。现在设置地图，以便我们轻松输入指定名称。

35→ 打开/关闭图层，以便可以看到 114th Congress 图层。

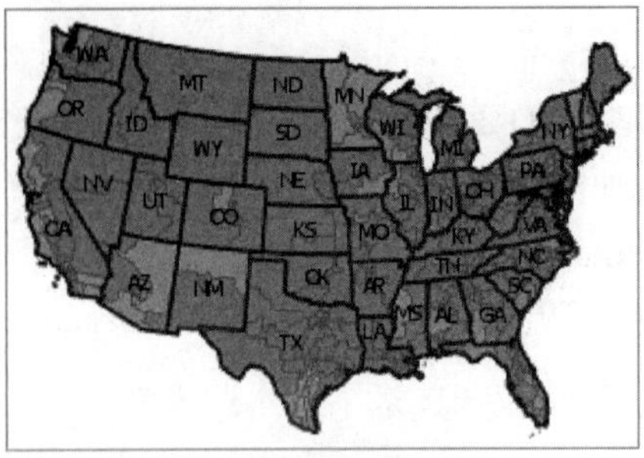

图 7.26　第 114 届国会

来源：Esri

35→ 将 US States 图层符号化为单个符号地图，2 pt 空心阴影，黑色外框。将其置于各区上方（图 7.26）。

35→ 单击 **Feature Layer：Labeling：Layer：Label** 按钮打开标签，并将字段设置为 STATE_ABBR。

35→ 在 DistsPerState 表中，右键单击 FREQUENCY 字段并选择 Sort Descending（降序排序）。现在，我们可以用域来描述状态了。

36→ 在 DistsPerState 表中，单击 CA 的 PRIMARILY 字段框并选择 Mixed Party（混合党派）值。

36→ 在 TX 行中，选择 Mostly Republican（多数为共和党）。

> **提示：**如果在为下一行选择值时出现“In Use”（使用中）错误，则说明出错。保存项目，关闭 Pro，然后重新启动以清除虚假的文件锁。继续编辑。

36→ 根据地图所示，在表格中再指定几个值。不需要完成表格。

36→ 完成后，选择 **Edit：Manage Edits：Save**。关闭表格。

计算表格中的字段

想象一下，我们正在撰写一份报告，需要一个表格来显示西班牙裔美国人在各州所占的比例。美国各州表中只有西班牙裔人数。创建一个新字段并计算西班牙裔的百分比就可以解决问题。

37→ 打开 US States 属性表，单击 Add Field（添加字段）按钮。

37→ 将字段命名为 HISP_PERC，并选择 Float（浮点）类型。单击 **Fields：Changes：Save**。关闭字段视图。

> **提示：**如果新建字段按钮变暗，则表格可能有未保存的编辑。选择 Edit：Changes：Save 来检查编辑并保存或放弃它们。

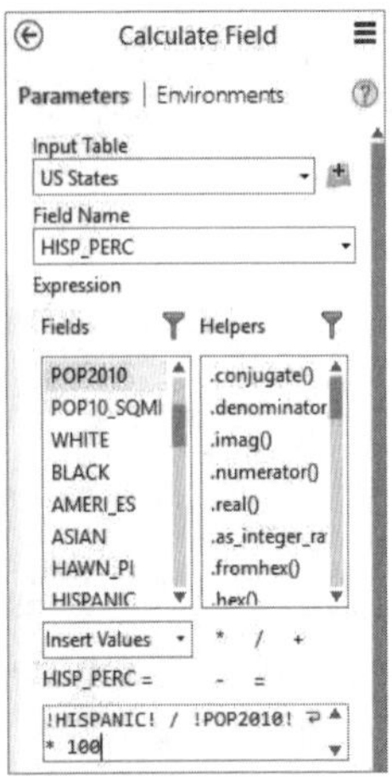

图 7.27　计算字段

来源：Esri

现在计算西班牙裔的百分比。该表中的少数民族人口字段代表的是 2010 年的人口普查数据，而不是 2014 年的数据，因此我们将使用 POP2010 字段来计算百分比。

> **提示：**计算时要格外小心，您可能会覆盖现有数据，而且无法撤销。除非打算更新数值，否则不要计算包含现有数据的字段。

38→ 右键单击新的空白 HISP_PERC 字段标题（位于表格最右侧），然后选择 Calculate Field（计算字段）或打开 Calculate Field（计算字段）工具。

38→ 双击字段名称（窗口会自动在名称两侧添加“！”符号）和操作符按钮，输入表达式：HISPANIC/POP2010×100（单击表达式框输入数值 100）。

38→ 检查设置（图 7.27），然后单击 OK 或运行工具。

提示：许多记录为空吗？您可能通过单击表格意外选中了一条记录。检查表格状态栏，查看是否有记录被选中。如果有，请清除选择并再次尝试计算。

最后，我们需要确定报告中各县每平方英里的西语裔人口密度。实现这一目标需要创建和计算另一个新字段，即西班牙裔密度。

39→ 关闭 US States 表。

39→ 打开 US Counties 表，单击 Add Field（添加字段）按钮。

39→ 将字段命名为 HISP_SQGI，并使其成为 Float（浮点）类型。

39→ 点击 **Fields**：**Changes**：**Save** 并关闭字段视图。

现在，我们将计算新字段。

40→ 右键单击空白的 HISP_SQMI 字段，选择 Calculate Field（计算字段）。输入表达式 HISPANIC/ SQMI 并运行工具。

40→ 关闭 US Counties 表格，并关闭地图中的所有其他图层。

41→ 使用 HISP_SQMI 字段用渐变色图标示美国各县。使用 Geometric Interval（几何间隔）分类法（图 7.28）。

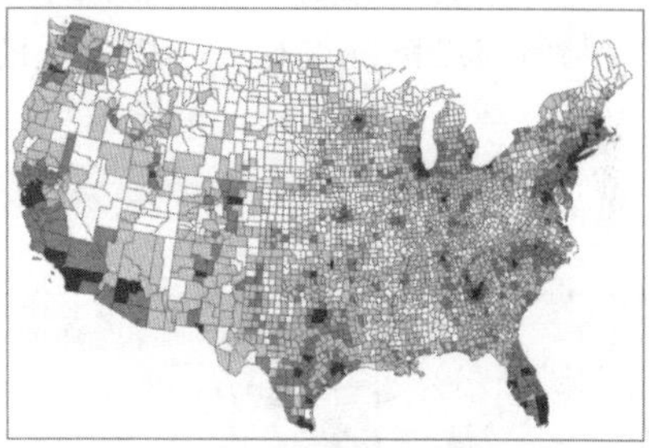

图 7.28 西班牙裔人口密度

来源：Esri

由于洛杉矶等人口稠密地区的存在，西班牙裔的人口密度分布呈现出强烈的倾斜。詹克斯法不能很好地显示西班牙裔的分布情况，但几何间隔分类法可以。试试这两种方法，看看有什么不同。

用图表探索数据

制图是数据探索的一部分，但绘制数据图表也是研究模式的好方法。ArcGIS Pro 有一些与地图集成的图表工具。

42→ 添加 mgisdata\Usa 文件夹中的 climatestations2005。

42→ 在 Contents 窗格中，右键单击 climatestations2005 表，选择 Display XY Data。运行该工具，在地图上显示气候站。

关于变量的一个常见问题是数值的分布类型（正态分布、偏态分布等），直方图有助于回答这个问题。

43→ 右键单击 climatestations2005_XYTableToPoint 图层并选择 Create Chart＞Histogram（创建图表＞直方图）。此时将打开 Chart（图表）视图，并在表格下的 Contents 窗格中添加一个图表条目。

43→ 在 Chart（图表）视图中，如果需要，单击 Properties（属性）按钮打开 Chart Properties（图表属性）窗格。

43→ 在 Chart Properties（图表属性）窗格中，将 Variable（变量）设置为 Ave_annual。将 Bins（分段）数设置为 20。

44→ 尝试图表属性中的其他设置，查看其效果。

44→ 在 Chart Properties（图表属性）窗格中，单击 General（常规）选项卡。给图表加上标题“*Average Temperature*”（平均气温）并将 *X* 轴命名为 *Degrees F*（华氏度）。每次都单击 Tab 键使其改变。

图表与地图相连，便于分析地块数值的空间分布。

45→ 把地图和直方图同时显示。

45→ 点击直方图中的一个条形。地图上会突出显示相应的站点。

8. 注意数值在 40 以上的站点的空间分布。请解释为什么西部的数值与纬度带相差如此之远。

提示：要为表格中的字段快速创建直方图，请右键单击字段标题并选择统计。

另一种常见的数据探索技术是寻找变量之间的相关性。例如，人们可能会认为年平均气温与气候站的纬度相关。用散点图来检验这一假设。

46→ 在 Contents 窗格中，右键单击 climatestations2005_XYTableToPoint 图层（而不是表格），然后选择 Create Chart＞Scatter Plot（创建图表＞散点图）。

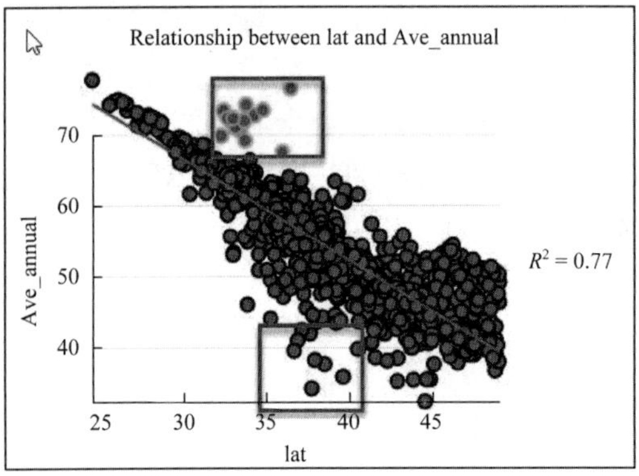

图 7.29　使用散点图分析数据

来源：Esri、国家气候数据中心

46→ 在 Chart Properties（图表属性）窗格中，*X* 轴选为 lat（纬度），*Y* 轴选为 Ave_ annual（年平均气温）。

46→ 在散点图（图 7.29）中，找到直线上方的一组异常值，红色方框中显示的是异常值（这些位置的气温高于其纬度所预期的水平）。

46→ 单击并拖动该组周围的矩形以选择它们。匹配的站点会在地图上突出显示。

46→ 检查地图上异常冷值出现的位置（图 7.29 中的蓝框）。

还可以选择地图要素，查看它们在图表上的位置。

47→ 单击 **Map：Selection：Select**（地图：选择：选择）工具。

47→ 在地图上，单击并拖动 Washington（州）站点周围的矩形选中这些站点。相应的站点会在图表中突出显示。

48→ 关闭所有图表。

48→ 清除选择并保存项目。

提示：这些图表用于探索数据。如果需要更多控制设置来为报告创建图表，可将数据导出到专用图表软件。

使用 Excel 数据

电子表格可以成为项目的重要数据来源。本示例使用俄勒冈州气候站的降水数据，包括打开 Excel 文件、将表格数据显示为地图上的点、连接表格以及导出以创建最终要素类。

49→ 在 Catalog 窗格中，打开 Oregon Precip（俄勒冈州降水量）地图。

提示： Excel.xls 或.xlsx 文件是可包含多个工作表的工作簿。在 ArcGIS Pro 中只能打开单个工作表。

49→ 在 Catalog 窗格中，打开 mgisdata\Oregon 文件夹并展开 ORstations。将 ORstations$工作表拖动到地图上。

49→ 打开 ORstations$表，验证字段是否包含有效数据。

49→ 在 Contents 窗格中，选中 ORstations$表并单击 **Standalone Table**：**Data**：**Design**：**Fields**（数据：设计：字段），在 Fields（字段）视图中查看该表。

49→ 验证字段是否以数字或文本数据的形式正确列出。

49→ 关闭 Fields（字段）视图和表格。

提示： 添加 Excel 表格后一定要检查，以确保解释正确。

9. 为什么我们不使用名称中包含 LAT 或 LON 的其他字段?

50→ 在 Contents 窗格中，右键单击 ORstations$表名并选择 Display XY Data（显示 XY 数据）。

50→ 在 XY Table To Point 窗口中，将 X Field（X 字段）设为 LON，Y Field（Y 字段）设为 LAT。

50→ 确认 Spatial Reference（空间参照）默认为 GCS，这是经纬度坐标。点击确定。

降水量值存储在另一张工作表中。我们将把它添加到点要素类中，以便绘制降水量图。

51→ 添加 migsdata\Oregon\precipnormals.xls\Sheet1$工作表。

51→ 打开 Sheet1$表，查看各站的降水量值。

51→ 打开 ORstations_XYTableToPoint 表，并与 Sheet1$表进行比较。

10. 这两张表中的共同字段是什么？________________

52→ 在 Contents 窗格中，右键单击 ORstations_XYTableToPoint 图层（不是表格！），然后选择 Joins and Relates＞Add Join。

52→ 在 Add Join（添加连接）窗口中，选择输入连接字段为 STATION NAME。

52→ 选择 Sheet1$作为连接表，STATION 作为输出连接字段。点击 OK。

52→ 检查 ORstations_XYTableToPoint 表，确保它包含降水量值。关闭所有表格。

ORstations_XYTableToPoint 要素类存储在 GCS 中。我们将把它导出到 oregondata 地理数据库，并使用环境设置确保坐标系与地理数据库中的其他数据相匹配。另外，加入的字段将自动复制到新数据集。

53→ 在 Contents 窗格中，右键单击 ORstations_XYTableToPoint 图层并选择 Data＞Export Features（数据＞导出要素）。

53→ 在 Export Features（导出要素）窗口中，输入 *precip* 作为输出要素类的名称。

53→ 单击 Environments（环境）选项卡。单击 Output Coordinate System（输出坐标系）下拉菜单，并将其设置为 gtoposhd。点击 OK。

54→ 在 Contents 窗格中，删除 ORstations_ XYTableToPoint 图层。

54→ 基于 ANN 字段用渐变符号表示新的降水量图层（图 7.30）。

图 7.30　俄勒冈州降水量

来源：美国国家气候数据中心/USGS

教程到此结束。

→ 保存项目并关闭 Pro。

7.2.2　练习

使用 mgisdata\Usa 文件夹中的 store_openings.csv 文件执行以下任务并回答问题。

1. 将 store_openings 表从 .csv 文件导出至 TablesPractice 地理数据库中的表格。

2. 有多少家分店？第一家在哪里开业？最近一家在哪里开业？

3. 检查表格和表格的元数据。上一个问题中报告的最晚日期实际上是美国最年轻的商店吗？为什么？

4. 创建一个表格，列出每个州及其包含的商店数量。表中哪个州的商店最多？有多少家？

5. 使用 POP2014 字段，确定各州每 10 万人拥有的商店数量。哪个州的人均商店数最多？哪个州最少？（**提示**：在连接表中，只能计算目标表字段）

6. 绘制地图，显示各州的商店数量；在地图中加入图例。同时**截取**一张显示各州人均商店数量的地图。比较这两张地图，并讨论它们可能意味着什么。

7. 使用图表研究 POP2010 与州内商店数量之间的相关性。**截取**图表，并在讨论中提及这些要点：相关性有多强？哪个州的商店数量远高于预期？哪两个州的商店数量要少得多？

8. 创建一个包含各州商店最短和平均开业日期的表格。哪个州的平均开业日期最晚？平均日期是多少？

9. 阅读 Help＞Maps＞Time 的内容，了解如何设置和操作时间属性和滑块。根据各州的最早开业日期，使用它来检查商店随时间的分布情况。讨论所学内容。**截取**一张地图，显示 1975 年初和 1985 年初拥有商店的州。

10. 在互联网上查找包含 *x-y* 坐标或字段的表格，以便将其连接到空间数据集（如县）。格式化表格，使其可以在 ArcGIS 中读取，并创建一张显示表格数据的地图。绘制地图时简要说明数据集和从中得出的结论。包括表格的引文。

第8章 编　　辑

目标

学完本章后，您将能够

- 描述地理空间数据中可能出现的拓扑错误
- 使用捕捉功能确保要素拓扑结构的完整性
- 使用基本编辑功能为地图图层添加要素
- 使用草图工具和上下文菜单精确定位要素
- 在属性表中输入和编辑数据

8.1 掌握概念

8.1.1 GIS 概念

编辑可以更新现有的要素类或创建新的类。如果建造了住宅小区，就需要将新的道路、地块、下水管道和其他基础设施添加到城市数据库中。例如，如果城市规划部门决定在以前没有垃圾收集区的地方创建垃圾收集区地图，就可以创建全新的要素类。地块出售时，必须更新地块所有权属性。所有这些任务都可以通过编辑要素类和表格来完成。

编辑包括几项基本任务：①创建新的要素；②修改现有要素的形状或位置；③在表格中输入或修改属性。在整个过程中，必须注意创建和保护相邻或相连要素之间的适当关系。

编辑和拓扑

拓扑指的是要素之间的空间关系，包括邻接、连通性、相交或重叠。编辑时，必须注意创建和维护要素之间的拓扑完整性，使数据库中的关系与现实世界中的关系相匹配。如果两个地块有共同的边界，则边界应完全匹配。街道或水道等线要素应在要素类中相互连接。相互交叉的线应相交在一个节点上。线和多边形的边界不应相互交叉。多边形通常不应相互重叠，以免一个区域属于多个多边形的一部分。必须遵守这些基本规则，以确保要素的**逻辑一致性**，从而正确地表示其在现实世界中的对应关系。

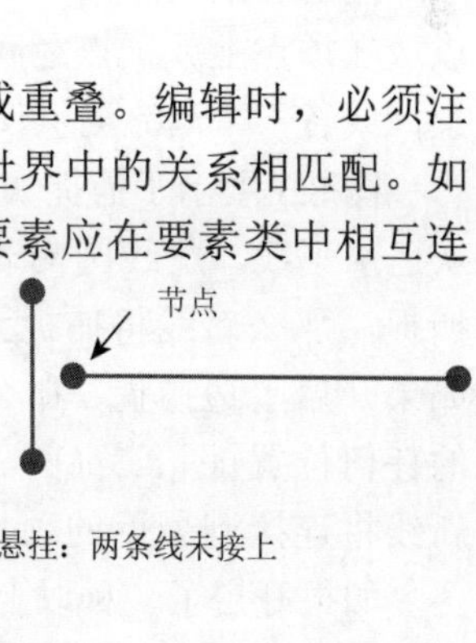

悬挂：两条线未接上

正确拓扑：水平线与垂直线相交，生成三条线

图 8.1　线之间的拓扑关系

拓扑数据模型允许用户测试、定位和修复拓扑错误。然而，在编辑面条模型时，拓扑更为重要，因为用户必须在没有帮助的情况下管理空间关系。本章将介绍两种有助于创建和维护拓扑完整性的功能：捕捉（snapping）和重合（coincident）边界创建。

捕捉要素

在创建道路等相互连接的线要素时，必须注意要素之间的正确连接（图 8.1）。无法连接的线称为**悬挂**。虽然人们可能无法看到地图中线条之间的间隙，但除非每条线条的端点（节点）

具有完全相同的坐标值，否则间隙就会存在。即使地图看起来是正确的，但某些功能，如追踪网络或定位交叉点，将无法正常工作。仅通过简单的数字化不可能实现线条的正确相交。

捕捉可确保线的节点和多边形的顶点相匹配。它还可用于将添加的要素对齐至现有线或多边形的边或顶点处。打开捕捉功能后，它将影响正在添加或修改的要素。当光标放在现有要素附近时（图 8.2 中的线“a”），光标就会像磁铁一样吸附在节点或顶点上，新要素就会捕捉到现有要素，也就是说，坐标会在该位置上匹配。**捕捉容差**（snap tolerance）规定了光标必须接近现有要素的程度。

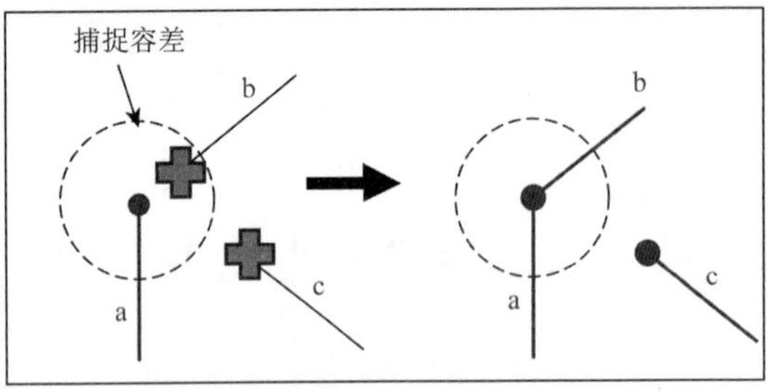

图 8.2　捕捉。由于光标位于捕捉容差内，因此线 b 捕捉到了线 a，而线 c 没有

指定捕捉容差时必须小心。如果容差太小，在编辑时就不容易捕捉要素。如果容差过大，则可能会在不适当的时候捕捉要素。捕捉容差以屏幕像素单位或地图单位设置。10 像素的捕捉容差表示如果光标移动到现有要素的 10 个屏幕像素内，要素将被捕捉。以像素为单位设置时，捕捉容差在用户放大或缩小时保持不变，非常方便。如果用户想保持特定的几何准确度，而不受缩放比例尺的影响，那么以地图单位设置捕捉容差则非常有用。可以使用四种类型的捕捉。

点捕捉将新顶点与点要素类中的现有点相匹配。

端点捕捉将新顶点与现有线的端点相匹配。端点捕捉可以确保新的溪流连接到现有溪流的端点，并且只连接到端点。端点捕捉只适用于线要素。

顶点捕捉可将新顶点与现有线或多边形中的任意顶点相匹配。它可以确保相邻的地块仅在现有角上连接。

边捕捉限制添加的要素与现有线或多边形要素的边相接。在这种情况下，添加的顶点可以放在顶点上或顶点之间的任何位置。边捕捉可以确保一条街道的尽头正好位于另一条街道上，或者一个溪流测量仪正好位于它所测量的溪流上。

图 8.3 展示了捕捉如何根据捕捉类型发生变化。黑色垂直线已经在图层中存在，正在添加灰色水平线。虚线圆圈表示捕捉容差。如果开启了端点捕捉，那么新线将捕捉到现有线的端点[图 8.3（a）]。如果开启了边捕捉，那么线可以捕捉到端点和顶点之间的任何位置[图 8.3（b）]。如果设置了顶点捕捉，那么新线将连接到最近的顶点或端点[图 8.3（c）]。

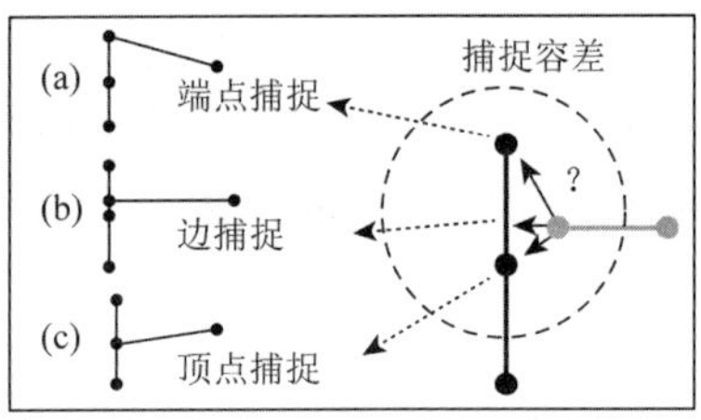

图 8.3　捕捉在哪里？捕捉类型决定了新水平线的结束位置

如果开启了一种以上的捕捉，则涵盖范围最广的捕捉类型优先。例如，边捕捉优先于顶点或端点捕捉。因此，为了确保只对端点进行捕捉，必须同时关闭边捕捉和顶点捕捉。

重合边界

另一种需要考虑的拓扑结构是两个相邻多边形之间的关系。多边形存储为一系列 *x-y* 顶点，完全包围一个空间。如果两个多边形共享一条边界，那么该边界会被存储两次。如果共享边界包含两个多边形完全相同的 *x-y* 对，则称为**重合边界**。如果这两个多边形的 *x-y* 边对不完全匹配，则会出现多边形不相交的间隙、多边形相互交叉的重叠或两者都有（图8.4）。

现实世界中可能存在这两种关系。如果两个多边形代表了在两个不同年份燃烧的火灾，那么第二次火灾有可能与第一次火灾重叠，或者它们之间存在一些空间，在这种情况下，间隙和重叠的存在是真实的，也是必要的。然而，许多多边形的边界应该是重合的——土壤单元、土地利用区、学区、县和州都代表了这些要素，而间隙和重叠是错误的，通常是由于粗心地输入数据造成的。试想一下，如果两个多边形代表的是地块，那么在法律上会有多大的麻烦，无论是重叠还是间隙，都很可能在谁拥有谁的问题上产生争议。在编辑多边形时，必须确保将正确的关系纳入数据库，并确保相邻多边形的边界重合，除非出现合理的间隙或重叠。

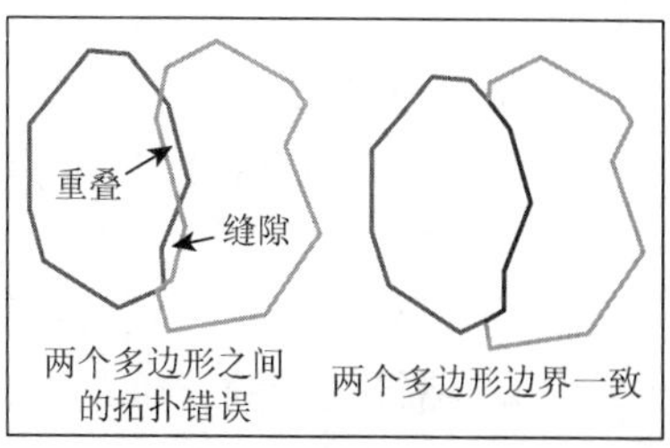

图8.4　多边形之间的拓扑关系

8.1.2　关于ArcGIS

ArcGIS Pro编辑环境支持多种不同的编辑环境和工具。本章介绍了创建和修改要素和属性的最基本要素。Pro帮助包含有关更高级编辑技术的信息。

哪些内容可以编辑?

一般来说，用户可以编辑任何具有读写访问权限的矢量数据集，包括Shapefile和地理数据库要素类。某些类型的图层源（如AutoCAD文件）不能编辑，因为它们不是ArcGIS的本地数据格式。栅格不能编辑。

可以对数据集进行两种类型的更改。**模式更改**（schema changes）是指修改数据集本身结构的更改，如添加或删除字段、更改字段名称或别名或修改域。模式更改有时也称为设计更改。仅影响要素类中要素的更改（如添加新道路或更改地块所有者）称为要素编辑。在ArcGIS Pro中，编辑功能始终可用。编辑功能区提供访问编辑命令、工具和菜单。由于默认情况下可以进行编辑，因此用户必须小心谨慎，不要在不经意间编辑了要素或表格。程序会跟踪一个或多个数据集的编辑时间，并坚持要求在关闭项目前保存或放弃编辑。

一旦开始对图层进行编辑（因此存在未保存的编辑），就会对源数据集设置文件锁，以防止其他用户或程序修改数据。在ArcGIS Pro中，只要存在未保存的编辑，某些更改数据集模式的操作（如在表中添加新字段）也将无法访问。例如，如果露西为一个数据集创建了几个新地块，然后她决定添加一个新字段来存储所有者的中间名，那么在保存或清除待处理的编辑之前，她将无法添加该字段。如果在执行修改要素类或表的底层结构的功能时遇到问题，请检查编辑功能区是否有未保存的编辑。

不过，当更改已保存但程序仍认为文件被锁定时，偶尔也会出现虚假的文件锁。如果用户已清除所有编辑，但仍收到“locked by user”（被用户锁定）的错误信息，则锁定可能是虚假的。保存项目（以及任何待处理的编辑）并重新启动程序通常会清除这些麻烦的锁定状态。

编辑与坐标系统

回想一下，地图可能包含以多个不同坐标系存储的数据集，每个坐标系都是即时投影的，以便与地图相匹配。ArcGIS Pro可以编辑坐标系不同的图层。例如，您可能正在编辑以国家平面（英尺）投影存储的Shapefile，而该地图的设置与街道底图的坐标系WGS 1984 Web Mercator Auxiliary Sphere（米）相匹配。虽然编辑是在Web Mercator坐标系中进行的，并使用默认单位为米，则在将编辑内容保存到 Shapefile 时，将转换为以英尺为单位的国家平面坐标系。

性能和可靠性

尽管 ArcGIS Pro 具有许多有用的功能，如跨坐标系编辑和同时编辑多个文件，但在使用这些技术时必须谨慎。如果一个编辑会话打开了许多文件或进行了许多投影变换，对系统资源提出了很高的要求，系统性能和可靠性可能会受到影响。此外，由于空间数据文件是复杂的结构，编辑故障的代价可能是数据完整性的丧失。不合时宜的系统故障不仅会丢失最近的更改，也会损坏整个数据集。请遵循以下建议，以帮助确保可靠和快速的编辑：

- **始终为正在编辑的文件准备一份备份**，存储在磁盘的其他地方或不同的介质上。在处理数据集时，这种预防措施尤为重要，因为一旦出现问题，更换数据集的成本会很高，甚至不可能。
- 要进行大量编辑工作时，可创建只使用编辑所需图层的简单地图视图，并关闭项目中的所有其他地图和布局。
- 经常保存编辑内容以防系统故障。默认情况下，ArcGIS Pro 不会自动保存编辑，但可以设置为在一定分钟或一定操作次数后保存。但请记住，保存会清除编辑的撤销记忆。编辑保存后，将无法再撤销。

ArcGIS Pro 默认允许对所有数据集进行编辑，这很方便，但也可能导致意外更改。可以关闭地图中一个或多个图层的编辑功能。容易出错的用户可能希望关闭编辑功能以防止意外更改。

编辑工具

编辑是通过各种面板、菜单和工具集成到 ArcGIS Pro 框架中的一个流程。与其他流程一样，它对上下文敏感，因此当用户选择某些图层、要素、功能区和面板时，界面会动态更新。本节将简要介绍编辑会话中使用的主要编辑工具和访问点。

编辑功能区

编辑功能区提供了对编辑功能的访问（图 8.5）。它包括一个控制捕捉的菜单、用于创建和修改要素的工具集，以及用于管理编辑所选要素的工具。

通过 Manage Edits（管理编辑）组中的 Status（状态）按钮，用户可以查看地图中图层的编辑状态。

Create（创建）按钮会打开 Create Features（创建要素）窗格，用于向数据集中添加新要素。Modify（修改）按钮会打开 Modify Features（修改要素）窗格，该窗格提供了许多修改现有要素形状的工具，例如移动部分顶点或重新输入线或多边形的一部分。一些更常用的修改工具也在 Edit（编辑）功能区的工具组中。这些窗格和许多其他编辑功能将在接下来的章节中讨论。

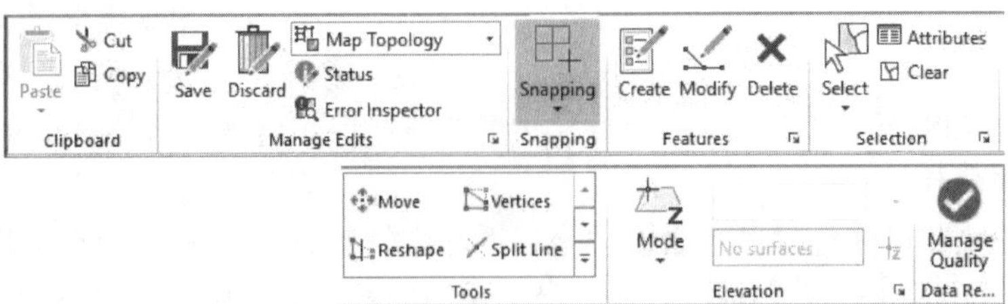

图 8.5　编辑功能区包含许多编辑工具、菜单和命令

来源：Esri

内容窗格

Contents（内容）窗格有几个图标，可以将内容显示为面板，在编辑时特别有用（图 8.6）。

第 9 章将详细讨论 View by Selection（按选择查看）面板，它可以控制使用地图选择工具选择哪些图层。编辑工作通常一次只针对一个图层，因此可以使该图层成为唯一可选图层，以防止意外更改其他图层。面板还会报告每个图层中当前有多少要素被选中。

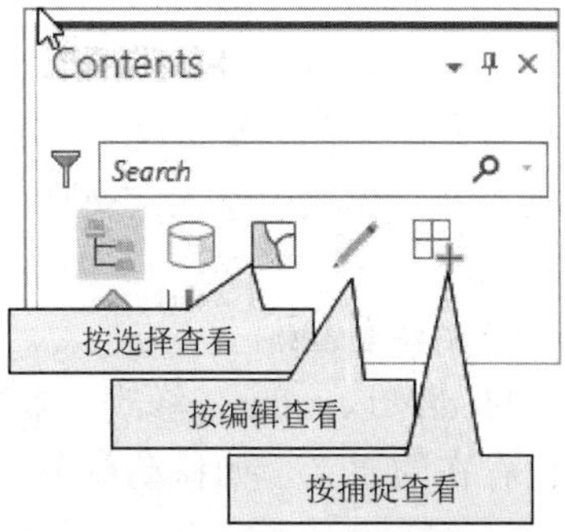

图 8.6　Contents 窗格中用于编辑的图标

来源：Esri

通过 View By Editing（按编辑查看）面板可控制单个图层的编辑权限。可以关闭一个或多个图层的编辑功能，以防止意外更改。

通过 View By Snapping（按捕捉查看）面板，用户可以打开或关闭每个图层的捕捉功能。如果关闭捕捉，光标将不会捕捉到该图层中的要素。然而，当前使用的捕捉类型（点、线、面）是由编辑功能区上的 Snapping（捕捉）组（或显示窗口下方相应的易访问弹出菜单）动态控制的。

创建要素窗格

Create Features（创建要素）窗格用于向数据集添加新要素。打开后[图 8.7（a）]，会显示至少一个**要素模板**，用于地图中的每个可编辑图层。要素模板包含用于创建新要素及其属性的构建工具。图 8.7 中选择的模板名为 Commercial（商业），并将要素保存到名为 buildings（建筑物）的多边形图层中。通过选择模板、选择其中一种构建工具并在地图中输入要素，即可添加新要素。每个几何图形类（点、线、多边形）都有自己的一套构造工具。模板是自动创建的，但用户可以根据需要修改现有模板或创建新模板。

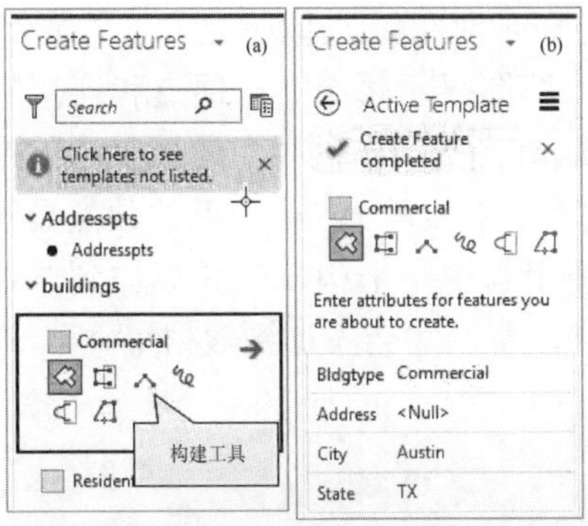

图 8.7　（a）创建要素主窗格，显示可用的编辑模板；（b）活动模板窗格

来源：Esri

选中模板后，蓝色箭头会显示 Active Template（活动模板）窗格[图 8.7（b）]，其中包括要素类的属性字段。如果用户在这些框中输入信息，其值将被复制到下一个创建的要素中，从而使数据输入更有效率。例如，如果要输入城市中的建筑物，可以将城市和州名放入模板中，这样就可以为创建的每个要素输入这些名称[图 8.7（b）]。

每个要素类可以构建多个模板。如图 8.7（a）所示，buildings 图层有另一个名为 Residential（住宅）的模板。除了 Bldgtype（建筑类型）字段包含“Residential”外，它与 Commercial（商业）模板完全相同。如果用户要数字化一栋新的商业建筑，可以点击 Commercial 模板。添加建筑物时，默认属性“Commercial、Austin 和 TX”会自动置入属性字段。如果想添加一栋住宅楼，点击 Residential 模板，将建筑物数字化，然后输入属性。使用模板输入属性可以节省大量的键入工作，从而加快数据输入速度并将键入错误的几率降到最低。只有地址字段必须手动输入，该字段对每个要素都是唯一的。

提示：如果图层的模板不可见，请检查 Contents 窗格中的 List By Editing（按编辑列表）视图，确保图层的编辑功能已打开。

创建要素窗格只显示用于当前可编辑图层的模板。与模板关联的符号基于图层符号，如果符号发生变化，模板也会更新。如果图层使用唯一值符号化，则将为每个唯一值创建一个模板，并在模板中输入定义唯一值的字段。该软件程序提供了为一个图层生成多个模板的快速方法。

修改要素窗格

Modify Features（修改要素）窗格[图 8.8（a）]整理了许多功能。这些功能用于更改图层中已存在的要素，如移动单个顶点、分割线或多边形、替换线的一部分以及将要素合并在一起。最常用的工具也可以从 Edit（编辑）菜单的 Tools（工具）组中获取。

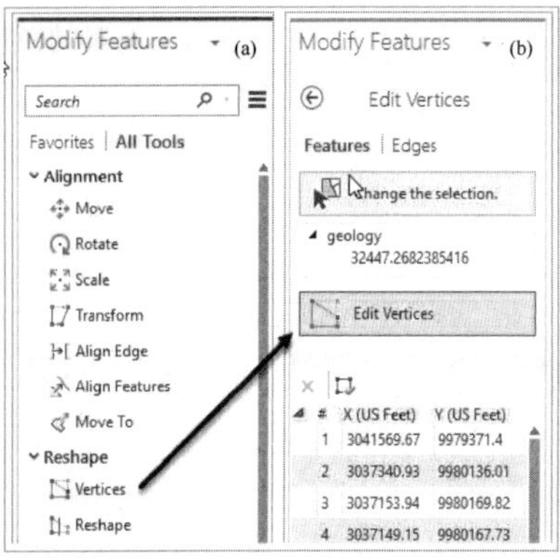

图 8.8 （a）修改要素主窗格，显示可用的编辑工具；（b）编辑顶点窗格

来源：Esri

如图 8.8（b）中的 Vertices（顶点）工具所示，单击其中一个工具会打开一个新窗格，其中包含使用该工具所需的设置、选项或条目。大多数工具都要求在使用前选择一个或多个要素，因此窗格中包含一个菜单，用于创建或更改当前选择。

草图

在创建或修改线或多边形要素时，会显示一个称为**草图**（sketch）的临时对象，类似于艺术家在最终绘制前的铅笔草图。草图显示每个 *x-y* 顶点和连接它们的**线段**（segments）。图 8.9 中的绿色轮廓显示的是多边形草图，绿色顶点由直线段分隔。最近的顶点显示为红色。新顶点可使用其中一个构建工具添加到草图中。双击最后一个顶点或从编辑菜单中选择 finished（完成），草图才会添加到数据集中。

连接相邻顶点可以使用不同类型的线段。默认线段是一条直线，但也有几种曲线线段类型可供选择。用户在绘制草图时，屏幕下方会出现一个名为 Construction（构建）的小工具栏（图 8.9）。通过该工具栏可以快速访问线段类型，其中的跟踪工具可以跟踪现有要素的线段。该工具栏还包含一些按钮，可以完成或取消当前草图。

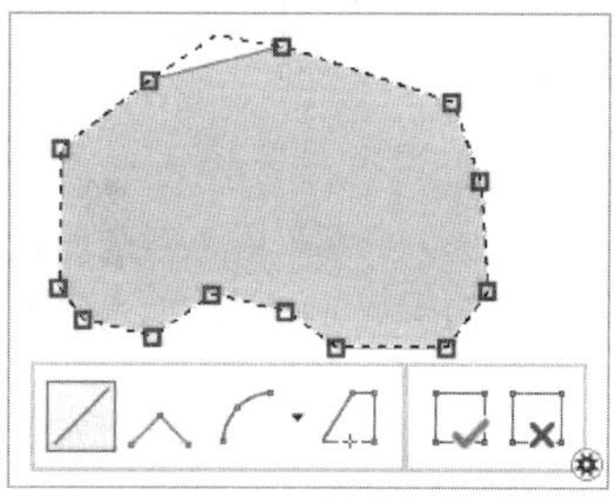

图 8.9 使用 Construction（构建）工具栏绘制多边形草图

来源：Esri

上下文菜单和工具栏

在编辑过程中，三个上下文菜单有助于完成某些任务或更改编辑设置（图 8.10）。当 Edit（编辑）功能区上的 Select（选择）按钮处于活动状态，且用户右键单击地图时，无论是否选择了任何要素，都会出现常规编辑菜单[图 8.10（a）]。通过该菜单可以使用所选要素的选择、重新定位和修改工具。

当用户正在绘制草图并右键单击地图时，**草图菜单**就会出现[图 8.10（b）]。该菜单提供了为当前草图线段指定的精确角度、长度或距离的功能。例如，用户可能希望让草图线段与现有要素平行，或者给草图线段一个特定的方位和长度（在输入勘测数据时很常见）。这些菜单项被称为**线段约束**，因为它们限制当前线段遵循指定的规则。如果经常使用线段约束，可使用**动态约束**编辑模式，该模式可连续显示以当前线段为指引的角度和距离[图 8.10（c）]。约束的操作方式与草图菜单中的约束相同，但不需要打开菜单。

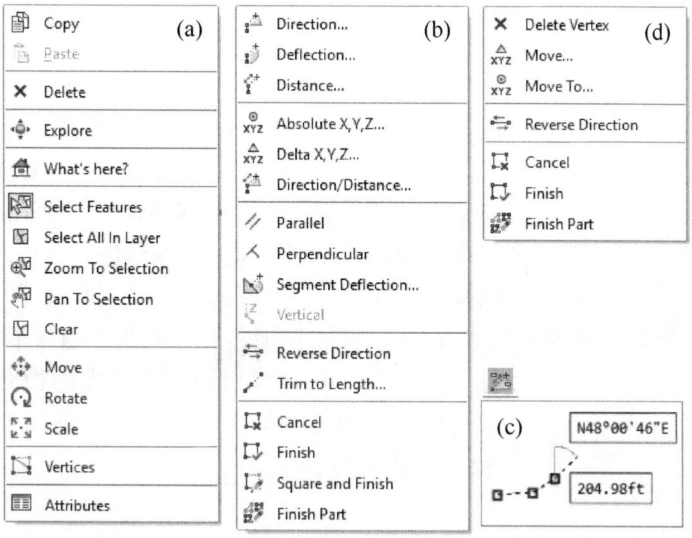

图 8.10　编辑上下文菜单：（a）常规编辑菜单；（b）带线段约束的草图菜单；（c）动态约束；（d）顶点菜单

来源：Esri

当用户右键单击草图的顶点或线段时，**顶点菜单**就会出现[图 8.10（d）]。该菜单提供添加、删除或移动顶点的功能。

这些上下文菜单与选择某些菜单项时可能出现的上下文工具栏相关联，类似于图 8.9 中的 Construction（构建）工具栏。例如，选择或从 General Editing（常规编辑）菜单中选择 Move、Rotate 或 Resize（移动、旋转或调整大小），会出现 Reposition（重新定位）工具栏[图 8.11（a）]。选择顶点可打开顶点工具栏[（图 8.11（b）]。这些工具栏让相关工具触手可及，从而提高编辑效率。

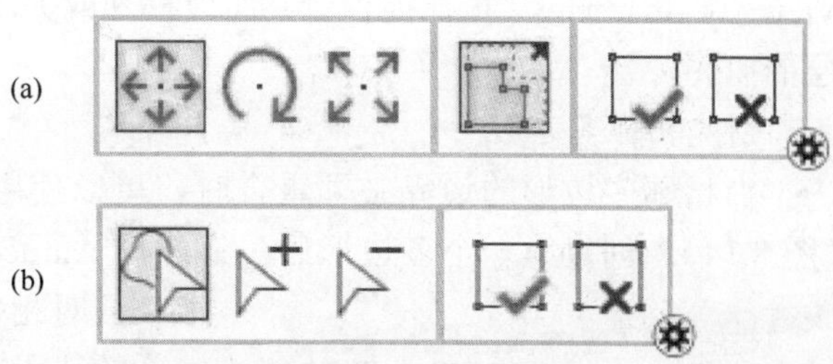

图 8.11　更多上下文工具栏：（a）重新定位工具栏和（b）顶点工具栏

来源：Esri

属性窗格

编辑要素通常包括编辑其属性。用户可以通过两种方式修改属性。第一种方法是直接在属性表中输入编辑内容，这在第 7 章中已经讨论过。第二种方法是使用 Attributes（属性）窗格编辑单个或多个要素的值。

Attributes（属性）窗格（图 8.12）可通过 Edit（编辑）功能区上的按钮进入。上部面板显示当前选择的记录，如果没有选择任何要素或记录，则两个区域都将是空白。下部面板显

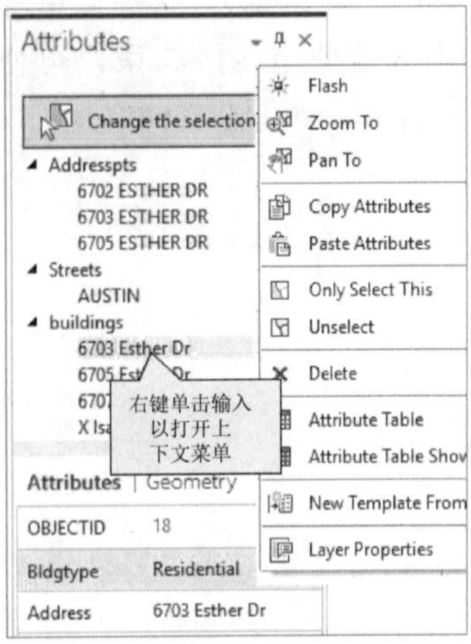

图 8.12　属性窗格可以同时显示和编辑多条记录

来源：Esri

示上部面板中突出显示的要素的属性。点击该要素后，它将在屏幕上闪烁，并可对下部面板中的属性进行编辑。

该窗格还允许编辑多个要素的属性。如果点击包含要素类（建筑物）的顶行，则属性更新将应用于所有选定的要素。

创建和维护拓扑的工具

在拓扑编辑中，要素不被视为单独、独立的对象；相反，它们之间具有空间关系。当相邻多边形共享一个边界时，必须进行编辑以避免产生间隙或重叠。相互连接的线应保持连接。注意拓扑编辑的两个方面要求：①创建具有正确拓扑结构的新要素；②编辑现有要素时保持正确的拓扑结构。

首先，有几种工具可以帮助创建正确的拓扑结构。捕捉可确保本应相交或相触的要素实际相交或相触。使用自动完成多边形工具创建具有相邻边界的多边形，以确保共享边界相同。

捕捉工具栏

在绘制草图时，可以通过一个小工具栏方便地使用 Snapping（捕捉）工具。点击按钮即可控制四种基本的捕捉（点、端点、顶点和边，如图 8.13 从左到右所示）。其他图标包括交点捕捉（两条直线在共同节点处相交）、直线中点捕捉和曲线切线捕捉。该工具栏可从 Edit（编辑）功能区打开，但由于使用频率很高，因此在地图视图底部也有一个弹出按钮。

图 8.13　捕捉选项

来源：Esri

可以在此菜单中使用 Snapping Settings（捕捉设置）来控制捕捉容差。此外，还可以使用 Contents 窗格中的 View By Snapping（按捕捉查看）面板打开或关闭单个图层的捕捉。

创建相邻多边形

当相邻多边形的边界必须重合时，可以使用一种特殊的构建工具来添加相邻的多边形（图 8.14）。创建第一个多边形后，将选择 Autocomplete Polygon（自动完成多边形）工具，只对相邻多边形新的部分进行数字化，确保多边形的边界重合，没有间隙和重叠。Split（分割）工具提供了另一种添加相邻多边形的方法。使用这种方法，可以在包含两个或多个多边形的区域周围构建一个外部多边形，然后沿着预定的重合边界切割多边形，添加内部边界。

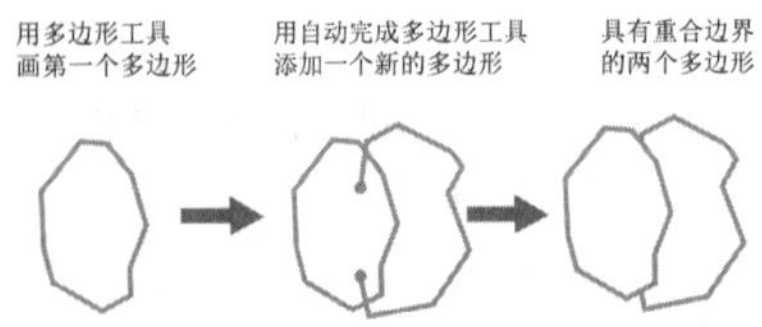

图 8.14　使用自动完成多边形工具在两个相邻多边形之间创建重合边界

地图拓扑

ArcGIS Pro 使用一种称为**地图拓扑**的结构自动跟踪相邻或相互连接的要素。多边形之间的共享边界称为**边**（edges），线的共享端点称为**节点**（nodes）。可以同时修改两个多边形的边，以防止出现间隙和重叠。被移动的节点将保留其与共享该节点的所有线的连接。

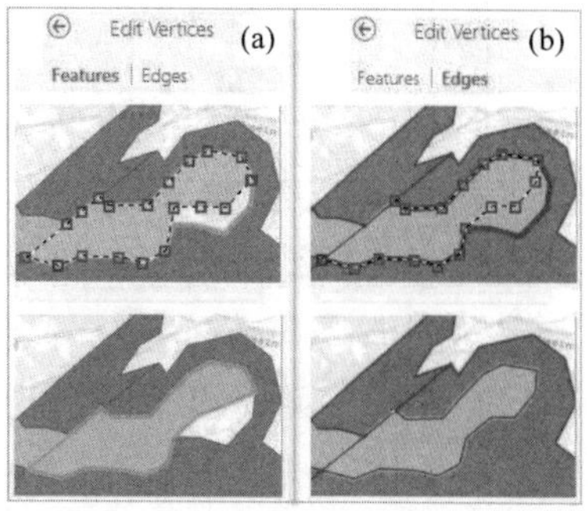

图 8.15 （a）修改要素；（b）修改边

许多 Modify Features（修改要素）工具都有两个不同的选项卡，一个是 Features（要素）选项卡，另一个是 Edges（边）选项卡，如图 8.15 中的 Edit Vertices（编辑顶点）工具所示。在要素窗格中[图 8.15（a）]，要素是单独选择和编辑的，共享多边形将被忽略。因此，更改顶点在多边形与其相邻多边形之间打开一个缺口。在边窗格[图 8.15（b）]中，选择并编辑多边形之间的边。修改完成后，两个多边形都会被修改，使边缘保持重合，不会产生间隙或重叠。边窗格使用紫色而不是青色，以帮助区分使用的是哪种模式。

地图拓扑结构允许同时修改连接线。在图 8.16 中，四条街道在一个节点（粉红色圆点）中交汇，该节点已被移动工具选中。移动节点时，街道会一起移动以保持连接。默认情况下，连接要素的形状会按比例调整，以创建平滑的编辑效果[图 8.16（a）]。可以关闭 stretch geometry（**拉伸几何**）选项，这样只修改从公共节点到上一个顶点的部分[图 8.16（b）]。

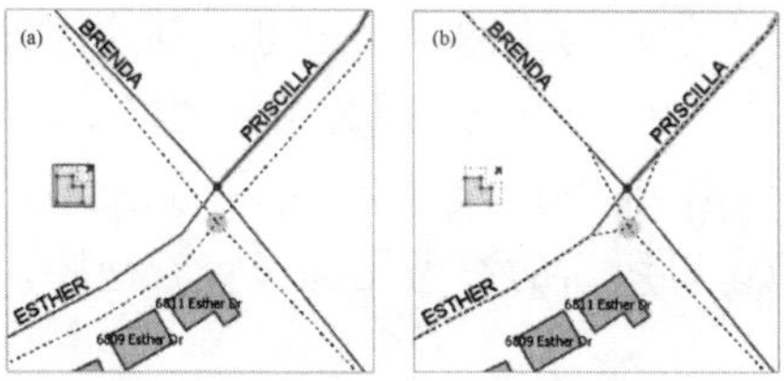

图 8.16 在以下情况下移动节点及其连接的街道：（a）打开拉伸几何选项；（b）关闭拉伸几何选项

来源：奥斯汀市

拉伸几何图标（图 8.16）出现在重新定位工具栏上[图 8.11（a）]，可以根据需要切换行为。

拓扑编辑使用 cluster tolerance（**聚合容差**）来帮助执行捕捉和重合边界。当正在编辑的要素的两个顶点之间的距离大于聚合容差时，顶点就会重合。ArcGIS Pro 会自动计算一个默认容差，以保持要素的精度。虽然用户可以设置自定义值，但选择合适的值需要一定的知识和经验。聚合容差选择不当会导致要素变形并降低数据集的空间精度。

> **提示：**如果您拥有 ArcGIS 标准或高级许可证，则可以使用平面拓扑（planar topology）实现更复杂的拓扑编辑功能，包括指定拓扑规则和自动定位错误。请参阅帮助。

编辑注释

注释是另一种类型的要素类，就像线或点要素类一样，只不过它存储的是标签。与其他要素类一样，它也有一个属性表，表中存储注释的属性，如文本字符串、字体、大小和格式（图 8.17）。

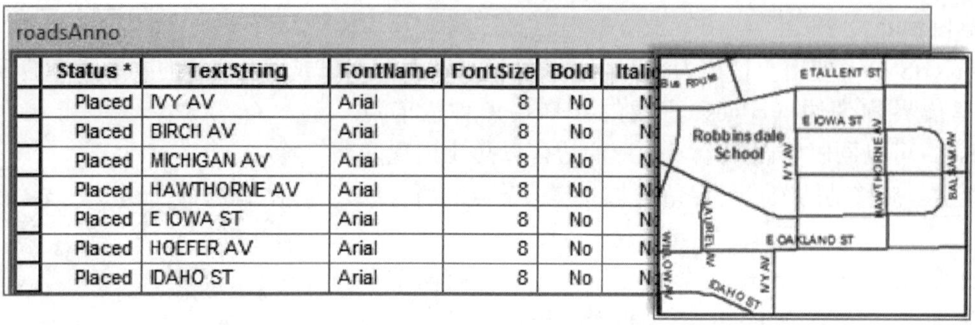

图 8.17　地理数据库中的注释要素类

来源：Esri

注释可以以标准注释的形式创建，即每个文本字符串都是一个独立的要素；也可以以要素链接注释的形式创建，即文本字符串与其所属的要素链接。使用要素链接注释时，删除要素会删除注释，反之亦然。与要素链接的注释需要 ArcGIS 标准或高级许可证，但标准注释可使用 ArcGIS 基础版编辑。

每个注释都可以单独创建，也可以通过转换动态标签来批量创建。动态标签的初始属性（字体、大小、颜色等）将作为默认样式使用，因此在转换标签前设置这些属性非常重要。创建标签后，编辑人员可以修改每个标签的位置、样式和字体属性。

注释总是有一个**参考比例尺**，即标签以指定尺寸显示时的比例。用户可在创建注释时指定参考比例尺。例如，如果参考比例尺为 1∶24 000，注释大小为 10 pt，那么当地图以 1∶24 000 显示时，注释只会显示为 10 点文字。如果用户放大地图，标签的尺寸会增大；如果用户缩小地图，标签的尺寸会减小。在创建注释之前，用户应该以所需的参考比例尺查看地图，以确保标签选择的字体和大小可以接受。

提示：单个注释要素类可能包含不同类别的注释，例如大城市的大标签和城镇的小标签，每种标签都可以有自己的默认属性和参考比例尺。更多信息请参阅帮助文档。

8.1.3　摘要

- 编辑可创建和维护要素类中的要素。编辑时必须注意确保拓扑的完整性。
- 捕捉通过自动匹配一定距离（捕捉容差）内的要素坐标，确保要素之间正确连接。可将要素捕捉到点、端点、顶点或边。
- 添加相邻多边形时，请使用捕捉、自动完成多边形工具或剪切多边形工具确保它们的边界重合。
- 编辑会话通过编辑器工具栏启动和控制。您可以编辑多个数据层，但一次只能编辑一个地理数据库或文件夹。
- 无论数据框的坐标系如何，编辑内容都存储在与图层相同的坐标系中。不过，如果图层和数据框的坐标系相匹配，就无须重新投影，从而简化了编辑工作。
- 基本编辑使用编辑工具、要素模板和构建工具。编辑工具选择要编辑的要素。
- 要素模板定义了创建新要素所需的所有属性，包括要将其放入的要素类、要使用的默认构建工具以及带有任何默认值的属性。

- 可为一个要素类创建多个模板，从而为不同类别的要素赋予不同的属性值。
- 构造工具创建的初步图形称为草图。完成草图后，就可以在要素类中创建新要素。
- 不同的草图绘制工具提供了多种放置顶点的功能。上下文菜单可为专门功能提供其他工具。

重要术语

聚合容差	逻辑一致性	线段约束	顶点捕捉
重合边界	地图拓扑	线段	边捕捉
悬挂	节点	草图	捕捉容差
动态约束	平面拓扑	草图菜单	拉伸几何
边	参考比例尺	点捕捉	拓扑
要素模板	模式更改	端点捕捉	顶点菜单

8.1.4 复习题

1. 列出拓扑错误的主要类型。
2. 解释要素编辑和模式更改之间的区别。
3. 在以下情况中，哪种类型的捕捉（点、端点、顶点或边）效果最好？

①溪流数字化；②地块数字化；③街道数字化；④十字路口交通信号灯数字化；⑤溪流上的溪流测量仪数字化。

4. 描述内容窗格中对编辑有帮助的三个面板。
5. 如果数据层采用北美洲等距圆锥坐标系，而数据框设置为 UTM 坐标系，那么编辑内容将存储在哪个坐标系中？
6. 在对新线条进行数字化时，如何防止出现悬挂？
7. 在数字化新多边形时，如何防止间隙或重叠？
8. 解释地图拓扑的目的。
9. 解释地图比例尺、显示比例尺和参考比例尺之间的区别。
10. 创建注释要素有哪两种方法？

扩展知识

通过阅读 ArcGIS Pro 帮助文档中的这些部分来扩展您的知识。

Help＞Data＞Edit geographic data

8.2 掌握技能

8.2.1 教程

以下示例提供了在 ArcGIS 中执行任务和解决问题的分步说明。步骤用箭头“→”着重标出，请仔细遵循。

→ 启动 ArcGIS Pro 并打开 ClassProjects\EdwardsAquifer 项目。

→ 记得经常保存编辑内容和项目。

创建新的要素类

得克萨斯州奥斯汀市的一个项目正在研究一个重要的含水层——爱德华兹石灰岩。美国地质调查局的地图已经过扫描和地理配准，为地质要素的数字化提供了来源。第一步包括创建包含新数据的空要素类。

1→ 在 Geoprocessing（地理处理）窗格中，打开 Create Feature Class（创建要素类）工具（图 8.18）。

1→ 确认 Feature Class Location（要素类位置）设置为主地理数据库 EdwardsAquifer。

1→ 对于 Feature Class Name（要素类名称），输入 *karstfeatures*。

图 8.18　创建要素类

来源：Esri

1→ 将 Geometry Type（几何类型）设置为 Point（点）。

1→ 单击 Coordinate System（坐标系）下拉菜单，将其设置为与扫描的地图相匹配，即 EdwardsCrop.png.

1→ 运行工具。保持工具打开。

1. 本项目使用什么坐标系？＿＿＿＿＿＿＿＿

新的要素类将自动添加到地图中。接下来，我们为断层和地质创建另外两个要素类。打开工具后，我们只需更改输出要素类名称和几何类型。

2→ 在 Geoprocessing（地理处理）窗格中，将 Feature Class Name（要素类名称）更改为 *faults*（断层），并将要素几何类型设置为 Polyline（折线）。运行工具。

2→ 在 Geoprocessing（地理处理）窗格中，将 Feature Class Name（要素类名称）更改为 *geology*（地质），并将要素几何类型设置为 Polygon（多边形）。运行工具。

这些要素类需要字段来存储属性，包括断层类型和岩溶要素的编码域。域是为地理数据库创建的，因此不需要存在域就可以添加域。我们将首先创建域，然后将域与字段关联起来。

3→ 打开 Catalog（目录）视图，显示 EdwardsAquifer 地理数据库。右键单击并选择 Domains（域）。

3→ 点击第一个 Domain Name（域名）框，输入 *KarstType*。

3→ 输入描述，如 *Type of karst feature*（岩溶要素类）。

3→ 将 Field Type（字段类型）设置为 Text（文本），并将 Domain Type（域类型）默认为 Coded Value Domain（编码值域）。

3→ 单击第一个代码框，为代码和描述输入 *spring*。

3→ 在下一行输入 *cave/sink*。不要按 Tab 键！而是选择上一行代码，以确保最后一个值被接受。

提示： 按 Tab 键会启动一个新的代码行，在输入值之前不能保存域。如果误按 Tab 键，请输入假值，然后选择该行并将其删除。

4→ 点击下一个空白框，输入新域名 *SymbolType*。

4→ 输入描述 *Type of line used to display feature*。

4→ 将 Field Type（字段类型）设置为 Text（文本）。Domain Type（域类型）默认为 Coded Value Domain（编码值域）。

4→ 点击第一个 Code（代码）框，为代码和描述输入 *solid*（实线），第二行均为 *dashed*（虚线），不要按 Tab 键。

4→ 显示的域应如图 8.19 所示。单击 **Domains**：**Changes**：**Save** 并关闭 Domains：EdwardsAquifer 视图。

然后将字段添加到 faults（断层）和 geology（地质）要素类中，并注意指定域。

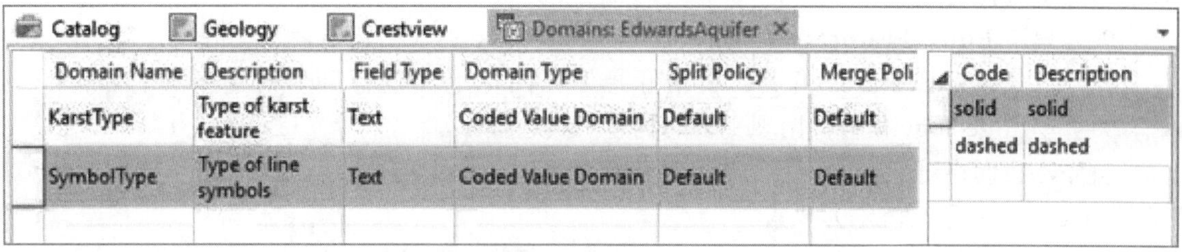

图 8.19 为 EdwardsAquifer 地理数据库创建域

来源：Esri

5→ 打开 Geology（地质）地图。在 Contents 窗格中，点击 faults（断层）将其选中，然后选择 **Feature Layer**：**Data**：**Design**：**Fields** 打开 Fields（字段）视图。

5→ 单击以添加新字段，并在 Field Name（字段名）中输入 *Linetype*。

5→ 单击 Data Type（数据类型）框，选择 Text（文本）。将 Length（长度）设置为 *10*。

5→ 单击 Domain（域）框，选择 SymbolType 域。

5→ 单击 **Fields**：**Changes**：**Save** 并关闭 Fields：faults 视图。

6→ 在 Contents 窗格中点击 karstfeatures 图层，打开其 Fields（字段）视图。

6→ 添加一个名为 *Type*（类型）的新字段，使其成为长度为 *15* 的文本字段。

6→ 单击 Domain（域）框，选择 KarstType（岩溶类型）域。

6→ 单击 **Fields**：**Changes**：**Save** 并关闭 Fields：karstfeature 视图。

7→ 打开 geology（地质）图层的 Fields（字段）视图，添加一个长度为 *6* 的名为 *Unit*（单元）的文本字段。此字段无须域。

7→ 单击 **Fields**：**Changes**：**Save** 并关闭 Fields：geology 视图。

2. 创建字段和域属于哪种类型的更改？

将点和线数字化

我们将通过对 EdwardCrop.png 图像进行追踪来数字化要素——有时称为“抬头”数字化。不过，首先要快速浏览一下编辑工具和设置。

8→ 单击 **Edit**（编辑）功能区，查看组和工具。

8→ 单击 **Manage Edits**（管理编辑）组中的 **Options**（选项）按钮，检查 Editing（编辑）设置，但不做任何更改就取消。

8→ **Features**（要素）组中的 **Options**（选项）按钮会打开 Manage Templates（管理模板）窗格。查看后关闭。

8→ 在 Contents 窗格中，单击图标打开 List By Editing（按编辑列表）面板，该面板可控制图层是否可以编辑。除了栅格图像和底图外，所有选中的图层都应可编辑。

8→ 在 Contents 窗格中，单击图标打开 List By Snapping（按捕捉列表）面板，该面板可控制每个图层的捕捉。

Create Features（创建要素）窗格包含每个可编辑要素类的 **feature template**（要素模板）。这些模板用于构建新的要素，并包含管理其发生方式的设置。在整个编辑会话期间保持打开该窗格是很方便的。

9→ 单击 **Edit**：**Features**：**Create** 打开 Create Features（创建要素）窗格。

9→ 点击 karstfeatures 模板。将鼠标悬停在图标上，查看每个构建工具的名称。

9→ 单击 geology 模板，出现更多的构建工具选择。

首先，我们将对一些岩溶要素进行数字化处理，地图上的蓝点代表 spring（泉眼），黑点代表 cave/sink（洞穴/沉陷）要素。

10→ 单击 **Map**：**Navigate**：**Bookmarks** 下拉菜单，选择 First Karst。

10→ 点击 karstfeatures 模板。

10→ 点击其中一个蓝点，添加一个点。

10→ 再添加两个点。

注意，最后点击的点被高亮显示，表明该点已被选中。

10→ 单击 **Edit**：**Features**：**Delete**（或按 Delete 键）。它将删除高亮显示的点，即最后输入的点。

10→ 再次点击泉眼，重新进入点。

接下来，输入泉眼的属性。

11→ 在 Contents 窗格中，右键单击 karstfeatures 图层并选择 Attribute Table（属性表）。

11→ 点击 Type 字段高亮框内的 *spring*。

11→ 将另外两个点也选为 *spring*。

> **提示**：要从表格中选择要素，请单击行左侧的灰色区域。

每次分配属性都很烦琐。模板提供了一个更简单的选择。

12→ 在 Create Features（创建要素）窗格中，单击 karstfeatures 模板，然后单击蓝色箭头打开 Active Template（活动模板）窗格。

12→ 单击类型框并选择 spring。保持该窗格打开。

12→ 点击地图上的另一个泉眼，创建一个点。新要素出现在表格中时，泉眼类型会自动赋予。

12→ 再创建几个泉眼点。

> **提示**：要在数字化过程中平移，请单击鼠标滚轮并拖动。

如果我们想为洞穴/沉陷创建点，该怎么办？我们可以在活动模板窗格中更新属性。

13→ 在 Active Template（活动模板）窗格中，将类型属性更改为 *cave/sink*。

13→ 点击地图上的几个黑点，创建洞穴/沉陷点。

13→ 继续输入当前地图区域内可见的泉眼和洞穴/沉陷要素点，必要时更改属性字段。

13→ 关闭 karstfeatures 表。

13→ 单击 Edit：Selection：Clear 清除所有选择。

13→ 单击 Edit：Manage Edits：Save 保存到目前为止的编辑。点击 Yes。

提示：在编辑过程中，数据集上会有文件锁。未保存的编辑可能会导致某些操作不可用，例如添加字段或保存域。如果在对数据集进行更改时遇到问题，请检查 Edit 功能区是否有未保存的编辑，并在继续编辑前保存或放弃这些编辑。

某些工作流程即便在所有编辑内容保存之后，仍可能导致虚假文件锁持续存在。若出现访问错误，请保存项目，关闭 Pro 以清除锁定状态，然后重新启动程序。

14→ 在 Contents 窗格中，右键单击 EdwardsCrop.png 栅格并打开其属性。检查 Metadata（元数据）部分。

3. EdwardsCrop 栅格的源比例尺是多少？____________使用测量工具找出以地面单元表示的洞穴或泉眼点标记的直径。____________________

要在圆的精确中心获得点并不容易，而且一个圆在地面上占据的面积很大。该地图的源比例尺对泉眼的几何准确度有何影响？使用 GPS 寻找泉眼是容易还是困难？

有了模板，数字化时就很容易在图层之间切换。

15→ 选择 **Map：Navigate：Bookmarks＞First Faults**，找到斜穿地图的断层，这是一条两端为虚线的实线。

15→ 在 Active Template（活动模板）窗格中，单击返回箭头返回 Create Features（创建要素）主窗格。

15→ 单击 faults（断层）模板，然后单击蓝色箭头。

15→ 从线型框中选择 *dashed*（虚线），并打开窗格。

15→ 点击虚线下端的顶点。

15→ 点击直线上的另一两个点，保持在虚线部分。

15→ 双击虚线部分的顶部，添加最后一个顶点，完成草图。此时会出现高亮显示的线要素。

提示：如果对断层不满意（断层仍高亮显示），可选择 Edit：Features Delete（或单击 Delete 键）将其删除，然后再试一次。如果断层不再突出显示，请使用 Edit：Selection：Select 工具将其选中。

16→ 在仍然打开的 Active Template（活动模板）窗格中，将 Linetype（线型）设置为 *solid*（实线）。

16→ 开始为实线部分输入顶点并在末端双击完成绘制。

16→ 在 Active Template（活动模板）窗格中，将 Linetype（线型）设回 *dashed*（虚线），然后创建上端的虚线部分。

数字化的断层很难看清，因为细符号显示不清。让我们使用线型字段来更有效地标记断层。

17→ 使用基于 Linetype（线型）字段的唯一值图来表示 faults（断层）。使用 3 pt 厚的绿色实线和虚线表示两种类型。

17→ 在 Active Template（活动模板）窗格中，必要时单击返回箭头，返回主窗格。

提示： Create Features（创建要素）窗格中的 faults（断层）模板应更新为显示新线条符号的独立模板。

18→ 返回 First Karst 书签。

18→ 再数字化几条不同类型的断层。实线断层使用 solid（实线）模板，虚线断层使用 dashed（虚线）模板。

18→ 单击 **Edit：Manage Edits：Save**，同时保存项目。

提示： 保存项目不会保存编辑，反之亦然。

使用捕捉

捕捉可确保要素相互连接，并有助于防止拓扑错误。在图 8.20 中，假设实线断层先于虚线断层数字化，在绿色箭头处，新断层的端点应与现有断层的端点相接。在紫色箭头处，虚线断层应与实线断层的边相接。

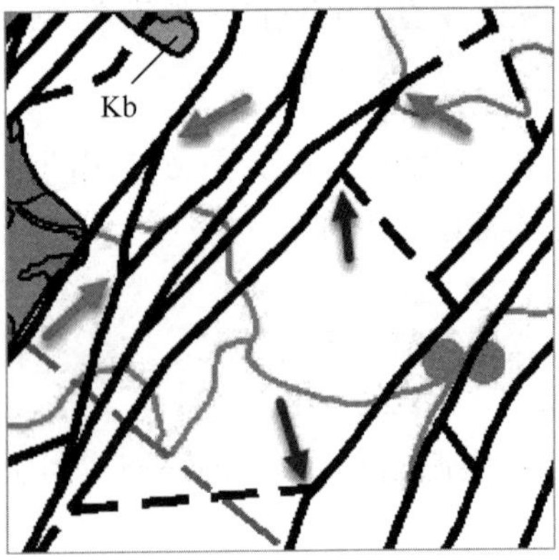

图 8.20　断层捕捉

来源：USGS

19→ 点击 **Edit：Snapping** 下拉菜单，打开 Snapping（捕捉）菜单。

19→ 确定已打开 Snapping（捕捉）。将鼠标悬停在每个图标上，查看捕捉类型，并确保只打开了端点捕捉（图 8.21）。

19→ 将光标移至已数字化断层的端点附近，观察是否出现 Snap Tip（捕捉提示）。

19→ 数字化该视图中的几条实线断层，确保将它们从头到尾连接起来。包括穿过图 8.20 中紫色箭头标示的交叉点的实线断层。

Snap Tip（捕捉提示）显示下一个顶点将捕捉到什么。“Faults：Endpoint”（断层：端点）出现在现有断层的两端。

20→ 选择 **Edit：Snapping** 并打开边捕捉。

20→ 数字化几条短的虚线交叉断层，确保它们与现有实线断层的边相吻合。

提示： 将鼠标悬停在地图视图左下角的捕捉图标上，也可以访问捕捉菜单。即使在绘制草图时，也可以打开或关闭捕捉功能。

20→ 继续对该视图中的断层进行数字化处理。

每当断层接近现有断层的端点或边时，都要将它们捕捉，以确保不会产生悬挂。

20→ 当您确信自己了解捕捉的工作原理时，请停止对断层进行数字化处理。

可在草图中间进行缩放和平移。

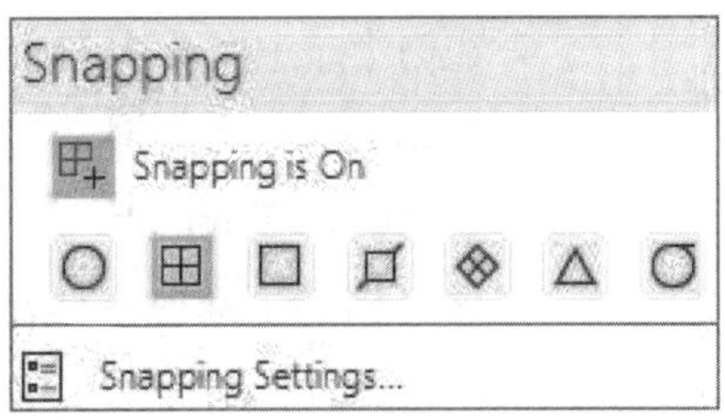

图 8.21　仅使用端点捕捉

来源：Esri

21→ 放大至 Long Fault 书签。

21→ 查看蓝色多边形中“Kprd”文字的上方，找到上端为虚线、下端变为实线的断层（图 8.22 中的 A）。

21→ 单击虚线模板并数字化虚线上端，从东北向西南移动。在虚线结束处停止，然后双击完成草图。

22→ 单击实线模板，开始下一段实线断层。

22→ 当您碰到地图视图的边缘时，先不要完成草图。

22→ 单击鼠标滚轮并拖动，平移到断层的其余部分，同时不影响草图。

22→ 滚动鼠标滚轮放大或缩小，不中断草图绘制。

22→ 继续数字化至地图边缘的断层尽头。完成草图绘制。

23→ 点击图像边缘，从第一个断层下方开始下一个断层。

23→ 采用草图和平移交替操作的方式，将该断层的整个实线部分数字化，最后在洞穴处将其分成两段。

23→ 在端点开始另一条断层，从上部分支开始数字化，直到断层再次分裂的地方（“Buda”文字附近）。

23→ 选择 **Edit：Manage Edits：Save**。清除任何选定的要素。

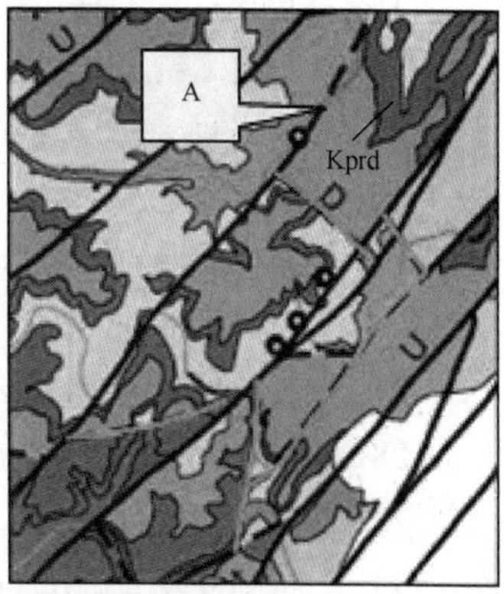

图 8.22　断层数字化

来源：USGS

使用草图上下文菜单

让我们来看看 Sketch（草图）菜单如何增强编辑功能，例如纠正错误。

24→ 放大到 Practice（练习）书签。

24→ 点击断层 solid（实线）模板，沿随机线输入一些顶点。

注意最后一个顶点是红色的，其他顶点是绿色的。

24→ 右键单击最后一个红色顶点的顶部，打开 Vertex（顶点）菜单。

24→ 选择 Finish（完成）。

选择 Finish 与双击草图末尾的操作相同。

25→ 开始另一行，添加一些顶点。

25→ 右键单击最后一个红色顶点打开 Vertex（顶点）菜单，选择 Delete Vertex（删除顶点）。

最后一个顶点已删除，倒数第二个顶点现在是红色的。该菜单可以删除之前的任何顶点。

25→ 右键单击任何一个绿色顶点，然后选择 Delete Vertex（删除顶点）。

25→ 右键单击另一个顶点，再次查看菜单。

25→ 要关闭菜单而不做任何选择，请单击地图以外的任何地方，例如功能区名称上方的灰色空白区域。

请注意，此时此刻，我们仍在创作这幅草图。

26→ 右键单击两个顶点之间的草图。

26→ 从 Vertex（顶点）菜单中选择 Add Vertex（添加顶点）。

顶点之间默认为直线段，但也可以使用 Construction（构建）工具栏创建曲线。

26→ 在地图窗口底部附近找到 Construction（构建）工具栏，单击 Curves（曲线）工具上的下拉箭头，打开一个可选择各种线段的菜单。

26→ 选择其中一条曲线，输入更多顶点以生成曲线段。

26→ 选择不同的曲线工具并进行试验。全部试试。

26→ 完成实验后，完成草图。

Trace（跟踪）工具可用于精确或使用偏移量跟踪现有要素。

27→ 单击 Construction（构建）工具栏上的 Trace（跟踪）工具。

27→ 单击现有线条要素的端点开始跟踪，然后沿着线条移动鼠标。虚线表示正在创建的新要素。

27→ 如果光标偏离太远，轨迹线可能会跳到不同的要素上。使用 Construction（构建）工具栏按钮取消草图，然后再试一次。

27→ 在所跟踪要素的末端双击完成草图。

28→ 点击另一条直线的端点，开始描边。

28→ 在键盘上键入 *O*，打开 Options（选项）菜单。

28→ 选中 Trace with offset（带偏移跟踪）复选框，将偏移设置为 *500 ft*，然后单击 OK。跟踪线。

28→ 要将轨迹置于线的另一侧，再次键入 *O* 并输入负偏移值 *-500*。

请记住，单击“ON”草图会显示 Vertex（顶点）菜单。单击“OFF”草图会出现另一个菜单。在这两个菜单中都可以找到一些条目，如 Finish（完成）和 Cancel（取消）。如有需要，可随时取消并重新启动草图。

29→ 在 Construction（构建）工具栏上，切换回 Line（线）工具。

29→ 用几个顶点新建一个草图。

29→ 右键单击草图，打开 Sketch（草图）菜单。

29→ 选择第一个条目 Direction（方向）。

29→ 在方向框中键入 *N45E*，然后按 Enter。

当鼠标移动时，光标会沿着对角线移动，迫使下一个线段按照指定的角度移动。这种编辑选项称为**线段约束**（segment constraint）。

29→ 沿直线点击，输入顶点。新线段将沿指定角度移动。

29→ 双击完成草图。

> **提示：** 在帮助中搜索 direction formats（方向格式）并阅读“Direction formats for editing”（用于编辑的方向格式），了解更多有关指定方向的不同样式、选项和单位的信息。

接下来，让我们创建一个特定长度的线段。

30→ 开始绘制草图并添加几个顶点。

30→ 右键单击草图，从 Sketch（草图）菜单中选择 Distance（距离）。

30→ 在框中输入 *5000*，接受默认单位（ft），然后按 Enter 键。

30→ 移动光标，注意最后一段的长度如何保持不变。

30→ 单击某处输入顶点。

草图菜单可以结合长度和方向约束，输入具有特定方位和方向的直线。我们将利用这一功能输入同一草图的下一段。

31→ 右键单击草图，选择 Direction/Distance。

31→ 方向输入 *N45E*，长度输入 *5000*。两个方框都填满后点击 Enter。

31→ 注意顶点是自动添加的。再添加几个顶点，然后双击完成草图。

多边形数字化

现在我们将学习如何创建多边形，但首先要删除这些练习线。

32→ 选择 **Edit**：**Selection**：**Select** 并绘制一个触及所有练习线的方框。

32→ 选择 **Edit**：**Features**：**Delete**。

33→ 在 Create Features（创建要素）主窗格中，点击 geology（地质）模板。默认使用 Polygon（多边形）构建工具。

33→ 添加几个顶点，开始绘制多边形。注意这个形状是如何保持封闭的，最后一个顶点总是与第一个顶点相连。

33→ 双击最后一个顶点，完成草图。

33→ 尝试添加几个互不相碰的多边形进行练习。

我们将创建一些相邻的多边形。使用 Autocomplete Polygon（自动完成多边形）工具使相邻多边形的边界重合非常重要。

34→ 使用 Edit 功能区或地图比例尺读数附近的弹出式 Snapping（捕捉）按钮打开顶点捕捉。

34→ 在 Create Features（创建要素）窗格中，将构建工具更改为 Autocomplete Polygon（自动完成多边形）。

34→ 单击“INSIDE”现有多边形，开始绘制草图[图 8.23（a）]。

34→ 捕捉现有多边形的一个顶点，使多边形更加整齐。

34→ 添加更多顶点来定义新的多边形。

34→ 在现有多边形的内部添加最后一个顶点，然后双击完成。

> **提示**：除非现有多边形和草图所定义的空间完全封闭，否则自动完成工具不会构建多边形[图 8.23（b）与图 8.23（c）]。

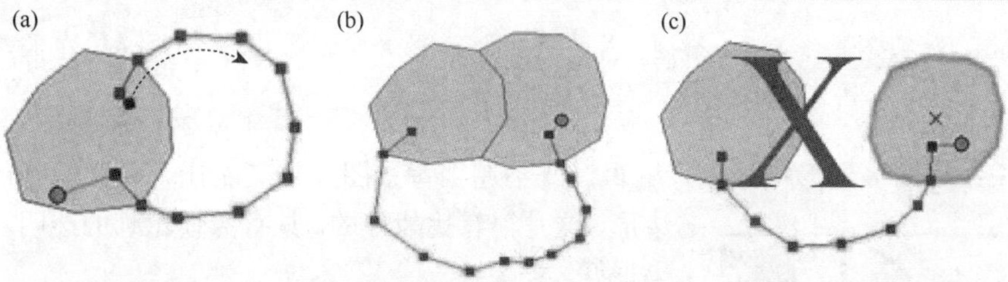

图 8.23 添加相邻多边形：（a）只对新部分进行数字化处理；（b）新多边形可以跨越多个现有多边形；（c）除非该区域无法封闭

35→ 在其中一个多边形内开始绘制新草图，数字化新多边形的边界，并在另一个多边形内结束[图 8.23（b）]。完成草图。

分割是创建边界重合的相邻多边形的另一种方法。

36→ 单击 **Edit**：**Selection**：**Select** 并根据需要选择其中一个多边形[图 8.24（a）]。

36→ 在 **Edit**：**Tools** 组中，滚动或单击 Editor（编辑器）工具库下拉菜单，然后选择 **Split**（分割）工具。

36→ 在所选多边形的外侧开始绘制草图，并添加一条穿过多边形的直线。

36→ 在多边形外侧添加最后一个顶点，然后双击完成草图。

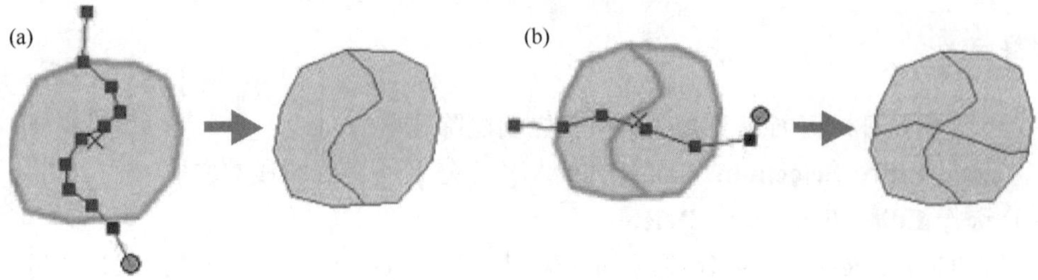

图 8.24　分割（a）一个多边形或（b）多个多边形

请注意，选择分割工具会打开一个 Modify Features（修改要素）窗格，其中包含其他工具和选项。稍后我们将进一步了解该窗格。分割也适用于多个多边形。

36→ 检查是否仍选中这两个多边形。如果没有，则选中它们[图 8.24（b）]。

36→ 画出另一条穿过这两个多边形的直线并完成草图。

36→ 关闭 Modify Features（修改要素）窗格。

是时候进行真正的多边形编辑了。首先，让我们清理一下。

37→ 使用 Edit 功能区选择并删除练习多边形。

37→ 放大到 Polygons AB 书签。

现在，我们将对出露区西南端的一些地质多边形进行数字化。将断层视为定义多边形边界的地质接触点。

38→ 在 Create Features（创建要素）窗格中，单击 geology 模板并单击蓝色箭头。将构建工具设置为 Polygon（多边形），并在 Unit（单元）框中输入 *Kkd*。

38→ 开始数字化多边形 A，如图 8.25 所示。

38→ 使用捕捉弹出按钮暂时关闭捕捉——在这里捕捉会干扰相邻顶点。

38→ 合理谨慎地进行数字化处理，但本练习的形状不一定要完美。双击完成。

提示：为获得最佳效果，请将顶点置于尖角处。在直线上少用顶点，在曲线上多用顶点。

选择一个好的多边形符号进行编辑，既不遮挡背景图片，又能让人轻松看到已完成的多边形，这是很有挑战性的。具有清晰轮廓的透明灰色符号效果很好。

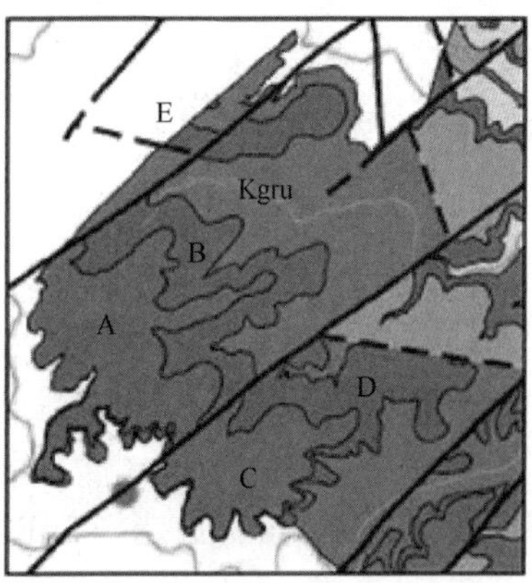

图 8.25　第一个多边形

来源：USGS

39→ 清除选中的多边形。

39→ 打开 Symbology（符号）窗格，选择 geology，然后设置一个灰色填充 50%颜色的符号，轮廓为 2 pt 的鲜绿色。单击灰色填充颜色的下拉菜单，选择 Color properties（颜色属性），并将透明度滑动到 50%。单击 OK。

39→ 应用符号并检查(图 8.26)。必要时修改轮廓颜色，然后关闭 Symbology（符号）窗格。

39→ 打开 geology（地质）图层的 **Labeling**（标签）功能区。将 **Label Field**（标签字段）更改为 Unit，字体更 改为 Arial 12 pt Bold，打开标签（图 8.26）。

紫色多边形 B 与多边形 A 相邻。为确保它们有共同的边界，请使用 Autocomplete Polygon（自动完成多边形）工具创建多边形 B。

40→ 打开捕捉，并确保顶点捕捉和边捕捉已打开。

40→ 在 geology 的 Active Template（活动模板）窗格中，单击 Autocomplete Polygon（自动完成多边形）工具，并在 Unit（单元）字段中输入 *Kkbn*。

40→ 从多边形 A 的右上角顶点开始数字化。

40→ 沿着断层点击，直到紫色区域结束；然后沿着紫色多边形和棕色多边形之间的地质接触点找到下断层。

40→ 沿着下断层点击。以多边形 A 顶点的捕捉结束。双击完成多边形。

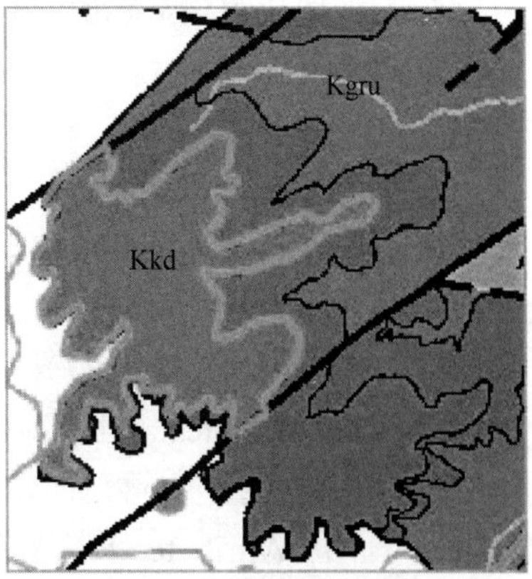

图 8.26 带有新符号和标签的第一个多边形

来源：USGS

请注意，Autocomplete Polygon（自动完成多边形）工具使用的是多边形 A 的边界，因此这两个多边形共享一个相同的边界，无须进行第二次数字化。选择自动完成多边形后，该工具将一直处于活动状态，因此在没有其他指示之前，请继续使用该工具。接下来，我们对多边形 A 下方的粉色多边形 C 进行数字化。

41→ 在 Active Template（活动模板）窗格中，输入单元为 *Kkd*。

41→ 从 Kkd 多边形 A 的左下角开始，捕捉顶点。

41→ 围绕粉色多边形 C 逆时针数字化。

41→ 最后，捕捉到多边形 B 的边或顶点。

42→ 在 Active Template（活动模板）窗格中，输入单元为 *Kkbn*。

42→ 在多边形 C 的中下部开始绘制多边形 D，捕捉其顶点。

42→ 开始尝试数字化多边形 D 的这个狭窄切面。

多边形 D 在某些地方与多边形 C 很接近，可能会出现不适当的捕捉。有两种方法可以解决这个问题：放大和减小捕捉容差。

43→ 使用 Construction（构建）工具栏取消草图。

43→ 单击鼠标右键并拖动，平滑放大多边形 D，直到多边形 D 的狭窄部分填满屏幕。

43→ 选择 **Edit：Snapping：Snapping Settings**。将 XY 容差从 10 像素改为 5 像素，然后单击 OK。

44→ 再次开始数字化多边形 D，像之前一样捕捉到多边形 C 的顶点。

44→ 不要让草图与多边形 C 相交——沿着现有多边形保持窄而薄的单位设置。

44→ 单击鼠标滚轮并拖动，根据需要平移到新的区域，或在经过棘手的部分后放大。

44→ 结束时，确保捕捉到多边形 B 的边或顶点。

切割多边形有时比使用自动完成功能更容易。

45→ 选择 Polygon Slice 书签，查看断层上方的细长切片（图 8.25 中 E 下方）。

45→ 在 Unit（单元）字段中输入 *Kgru*。

45→ 捕捉多边形 B 的右上角，沿断层输入顶点，然后向上并环绕整个切面。最后捕捉到多边形 A 的边或顶点。

45→ 当切片突出显示时，选择 **Edit**：**Tools**：**Editor tool gallery Split**。

45→ 沿断层在切片上数字化，起点和终点均在切片外，切成两片。

45→ 沿着紫色和棕色单元之间的地质接触点，再次数字化仍然选中的切片。

我们需要将中间紫色片段的 Unit（单元）属性从 Kgru 更改为 Kkbn。我们将使用 Attributes（属性）窗格，而不是打开表格。

46→ 选择 **Edit**：**Selection**：**Attributes** 打开 Attributes（属性）窗格（图 8.27）。

46→ 在 Attributes（属性）窗格中，单击 Change the selection（更改选择），然后单击中间的紫色切片。

46→ 单击 Attributes（属性）窗格中的 Unit（单元）字段，将 Kgru 更改为 *Kkbn*。单击 Enter。[如果没有选中 Auto Apply（自动应用）框，则需要单击 Apply 而不是 Enter]。

提示：将 Create Features、Attributes 和 Modify Features 窗格安排在一个窗口中，并根据需要在它们之间切换，非常方便。

47→ 切换到 Create Features：Active Template 窗格中输入单元 *Kkbn*。

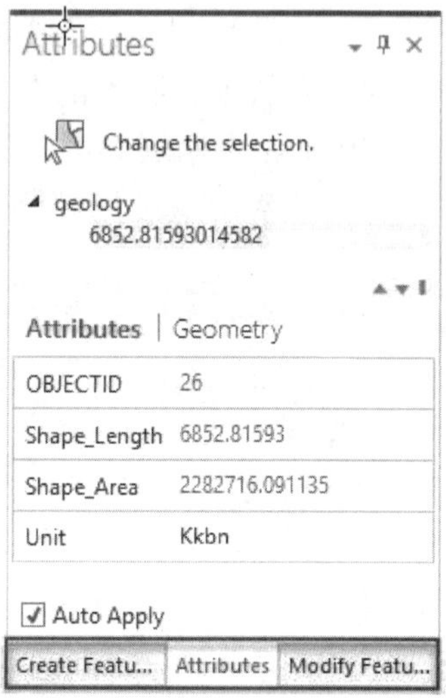

图 8.27　编辑窗格的排列

来源：Esri

47→ 继续使用自动完成工具数字化切片下方的紫色多边形，以切片边缘为起点和终点。

48→ 根据需要平移或缩放，查看整个大型 Kgru 棕色多边形。

48→ 在 Unit（单元）字段中输入 *Kgru*，然后将多边形数字化。

新的多边形完全包围了紫色的 Kkbn 多边形，现在它们相互重叠，这是一个拓扑错误，需要修复。

49→ 单击 **Edit**：**Selection**：**Select** 并点击紫色 Kkbn 多边形。

49→ 单击 **Edit**：**Features**：**Modify**，这是另一种打开 Modify Features（修改要素）窗格的方法。

49→ 选择 Clip（裁剪）工具。选择 Discard（丢弃）选项，并确保 Clip all editable features（裁剪所有可编辑的要素）选项框已选中并单击 Clip（裁剪）按钮。

50→ 返回 Create Features（创建要素）窗格，将地质单元设置为 *Kkbn*。

50→ 将剩余的紫色小多边形数字化，并将其与上方的多边形捕捉。

50→ 将单元设置为 *Kgru*，然后沿虚线断层将棕色多边形的最后部分闭合。

50→ 放大到新多边形（图 8.28）。

50→ 保存编辑并保存项目。

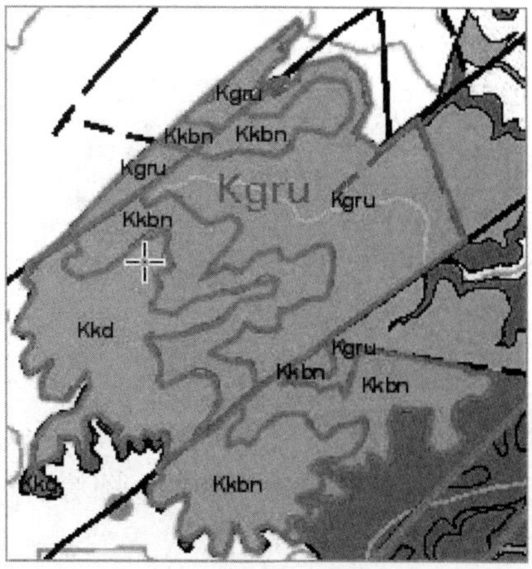

图 8.28　最终多边形

来源：USGS

对相邻多边形进行数字化时，顺序很重要。新多边形必须用一条线将一个空间完全包围起来。本练习将它们按适当的顺序排列，但用户在进行数字化之前必须学会预见和规划。

增加建筑物

现在，我们将使用奥斯汀市北部一个名为克雷斯特维尤（Crestview）的社区来研究城市编辑的其他工具。我们将创建一个建筑物要素类，并将其与其他社区数据一起存储在一个名为 Crestview 的地理数据库，而不是将其存储在 EdwardsAquifer 项目地理数据库中。

51→ 在项目中切换到 Crestview 地图视图。

51→ 在 Geoprocessing 窗格中，打开 Create Feature Class（创建要素类）工具。

51→ 将 Feature Class Location（要素类位置）设置为 Folders\Austin\Crestview 地理数据库。

51→ 输入 *buildings* 作为要素类名称。

51→ 将 GeometryType（几何类型）设置为 Polygon（多边形）。

51→ 单击坐标系下拉菜单，将其设置为与 Streets（街道）图层相匹配，运行。

52→ 在 Contents 窗格中，单击 buildings 图层使其突出显示，然后选择 **Feature Layer：Data：Fields** 打开 Fields（字段）视图。

52→ 单击以添加新字段。将其命名为 *Bldgtype*。将其设置为文本字段，长度为 5 个字符。

52→ 单击 Domain（域）框并选择＜Add New Domain＞。

52→ 将域命名为 *ParcelType*，并输入合适的描述。创建两个代码：一个 COM 代码，描述为 Commercial（商业）；一个 RES 代码，描述为 Residential（住宅）。

52→ 保存域并关闭 Domains（域）视图。

52→ 如果需要，在 Bldtype Domain（建筑类型域）框中单击几次，直到它变成下拉菜单并显示新的 ParcelType 域。选择它。

52→ 在 Fields（字段）视图中，单击 **Fields：Changes：Save**，再添加更多字段。

接下来，我们为地址、城市和州添加三个字段。我们还将定义城市和州的默认值，因为所有地块都位于得克萨斯州奥斯汀市。

53→ 添加另一个名为 *Address* 的文本字段，长度为 *50* 个字符。

53→ 添加另一个名为 *City* 的文本字段，字段包含 *25* 个字符。单击默认框并输入 *Austin*（奥斯汀）。

53→ 添加另一个名为 *State* 的文本字段，长度为 *2* 个字符。将默认值设为 *TX*。

53→ 添加到表模式的字段应如图 8.29 所示。保存更改并关闭 Fields（字段）视图。

Field Name	Alias	Data Type	☑	Number Format	Domain	Default	Length
OBJECTID	OBJECTIC	Object ID		Numeric			
Bldgtype	Bldgtype	Text			ParcelType		5
Address	Address	Text					50
City	City	Text				Austin	25
State	State	Text				TX	2

图 8.29　添加到 buildings 表模式中的字段（其他字段未示出）

来源：Esri

54→ 放大到 First Commercial 书签。

54→ 打开 Addresspts 图层。

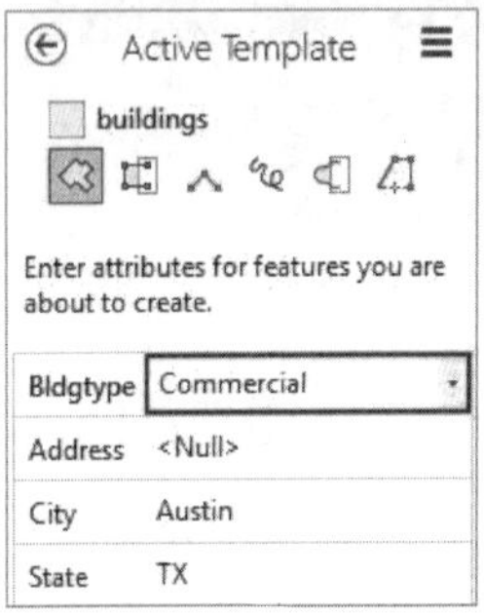

图 8.30　建筑物模板

来源：Esri

54→ 在 Create Features（创建要素）窗格中，单击 buildings 模板并单击蓝色箭头。

54→ 在 Bldgtype 属性中选择 Commercial。

54→ 在地址框中输入 *200 W HUNTLAND DR*。

城市和州字段已经有了值，即 Austin 和 TX，因为这些字段输入的是默认值（图 8.30）。

54→ 点击多边形工具，数字化左侧第一座大型建筑物。
右边的下一座建筑物只有直角拐角，可以使用一种特殊的构建工具。这座建筑物的地址与第一座建筑物相同。

55→ 在 Active Template（活动模板）窗格中，单击 Right Angle Line（直角线）工具。

55→ 仔细数字化建筑物的一条长边。

55→ 继续输入其他角。该工具会限制线段以创建直角。

55→ 在最后一个顶点上单击右键，选择 Square 和 Finish。

提示： 为获得最佳效果，请使用建筑物最长、最清晰的一面作为第一条边。

55→ 输入下一栋建筑物的地址并将其数字化。

55→ 更改地址并数字化下一栋建筑物。

56→ 放大到 First Residential（第一住宅区）书签。

56→ 在 Active Template（活动模板）窗格中，将 Bldgtype（建筑类型）更改为 Residential（住宅）。

56→ 输入右边第一栋住宅的地址，并将其数字化。

56→ 在街道的这一侧再数字化四五栋住宅，进行练习。

提示： 如果在数字化住宅之前忘记输入地址，可以切换到属性窗格，选择房屋并更正地址。

最好能有两个模板，一个用于住宅建筑物，一个用于商业建筑物。创建多个模板的最简单方法是先创建唯一值图。

57→ 在 Active Template（活动模板）窗格中，单击返回箭头。

57→ 打开 buildings（建筑物）的 Symbology（符号）窗格，并根据 Bldgtype 字段创建唯一值图。

57→ 在 Create Features（创建要素）窗格中，buildings（建筑物）模板更新为显示两种类型。

提示： 如果模板创建或更新失败，可以使用创建要素窗格中的管理模板按钮手动完成。

使用属性窗格

让我们尝试一下不同的工作流程，先将建筑物数字化，然后再使用属性窗口添加地址信息，以避免在数字化和打字之间不断切换。

58→ 在 Create Features（创建要素）窗格中，单击 Residential 模板，然后单击蓝色箭头。

58→ 选择 Right-Angle（直角）工具，在该区块中再数字化几栋住宅。

现在对建筑物赋予地址。Attributes（属性）窗格在这里很有用（图 8.31）。

59→ 如果 Attributes（属性）窗格已经打开，则切换到该窗格。如果没有，请选择 **Edit**：**Selection**：**Attributes** 来打开它。

59→ 点击 Change the selection 按钮。

59→ 在刚添加的房屋周围绘制一个矩形，以便全部选中。

检查 Attributes（属性）窗格的顶部面板。它包括所有图层中的选定要素，而不仅仅是建筑物。此外，建筑物是以毫无意义的数字列出的。幸运的是，属性窗格有上下文菜单，可以帮助设置图层，使其更好地工作。

59→ 在 Attributes（属性）窗格中，右键单击 buildings 条目并查看右键菜单，然后选择 Layer Properties（图层属性）。

59→ 在 Layer Properties（图层属性）窗口中，检查 Display（显示）设置。将 Display field（显示字段）设置为 Address（地址），然后单击 OK。

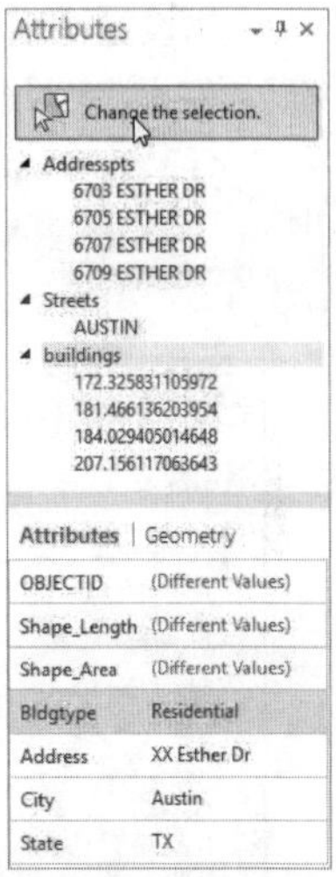

图 8.31 在属性窗格中赋予地址

来源：Esri

Display field（显示字段）设置管理用于标注的默认字段（尽管空值将使用要素 ID）。属性窗格中的图层名称条目可用于一次性修改所有选定记录。我们将预设街道名称，以节省输入的时间。

提示： 高亮属性窗格顶部的要素类名称可使字段编辑应用于该图层中的所有选定记录。

60→ 单击 Attributes（属性）窗格中的 buildings 图层名称使其突出显示。

60→ 在地址框中输入 *XX ESTHER DR*，然后单击 Tab 输入。[如果没有选中 Auto Apply（自动应用）框，则需要单击 Apply（应用）]。

现在街道名称已经设置完毕，我们只需逐一编辑门牌号码。

60→ 在 Attributes（属性）窗格中，点击列表中的第一个 buildings（建筑物）要素。它所代表的建筑物将在屏幕上闪烁。

60→ 如有必要，点击几次，看看需要哪个门牌号。

60→ 编辑地址栏中的 XX，并替换为门牌号。

60→ 点击下一个条目并输入门牌号。重复操作，直到正确输入所有地址。

60→ 保存编辑并保存项目。

创建和编辑注释（可选）

与动态标签不同，注释要素类提供的标签可以单独编辑并在许多地图上重复使用。我们将为 Crestview 街道图层创建注释。

61→ 在 Contents 窗格中，按住 Ctrl 键单击复选框，关闭除 Streets（街道）以外的所有图层。

61→ 确认街道名称标签已打开。

61→ 将地图比例尺精确设置为 1∶10 000。

此设置将作为**参考比例尺**，即注释以指定尺寸显示时的比例尺。在创建注释前，请确保标签在此比例尺下的显示符合预期效果。

61→ 在 **Feature Layer**：**Labeling**：**Text Symbol** 组中，将字体大小改为 8 pt，确认标签在此比例下看起来可以接受。

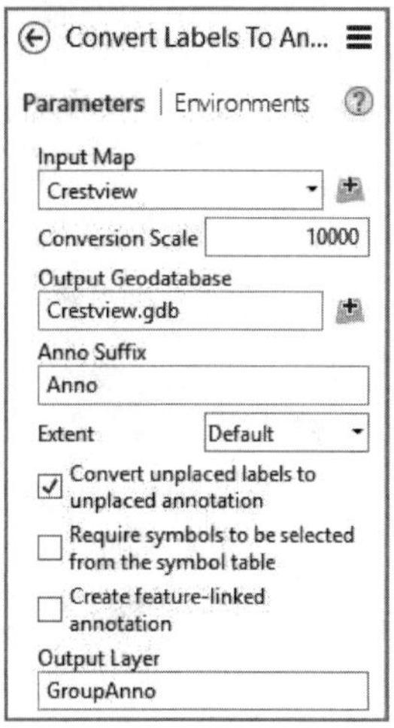

图 8.32　将街道标签转换为注释

来源：Esri

62→ 在 Geoprocessing 窗格中，打开 Convert Labels to Annotation 工具（图 8.32）。

62→ 将 Input Map（输入地图）设为 Crestview。

62→ 设置 Conversion Scale（转换比例尺）为 1∶10 000。

62→ 将 Convert（转换）框下拉菜单设置为 Single layer（单个图层），并将 Feature Layer（要素图层）设置为 Streets（街道）。

62→ 对于 Output Geodatabase（输出地理数据库），单击 Browse（浏览）按钮并选择 Folders\Austin\Crestview 地理数据库。

62→ 将 Convert unplaced labels to unplaced annotation 复选框打钩。

62→ 单击 Run。注释将被创建，动态标签将被关闭。首先，我们来看看参考比例尺的效果。

63→ 放大，看注释变长。缩小，看它变小。

63→ 返回 1∶10 000。再放大一点，以便舒适地操作注释。

接下来，我们将研究如何修改标签要素的大小、角度和位置。

63→ 选择 **Edit**：**Features**：**Modify** 打开 Modify Features（修改要素）窗格。

63→ 单击 Annotation（注释）工具。

63→ 选择其中一个注释功能。

选择注释时，光标的形状会随着鼠标在注释上的移动而改变，显示将要进行的操作。

64→ 将光标靠近边或角上的一个方形手柄，直到它变成一个两端箭头。单击并拖动可放大或缩小文本。

64→ 单击 Construction（构建）工具栏上的 Finish（完成）按钮，保持更改后的尺寸。

当然，更改大小可能是最没用的，因为注释匹配时看起来更好。您可以快速撤销任何不经意的更改。

64→ 单击窗口顶部快速访问工具栏上的 Undo（撤销）按钮。

64→ 如有必要，再次选择注释。

64→ 移动光标，直到它变成一个四端交叉的箭头。单击并拖动，将注释移动到新位置。

64→ 将光标移至注释的一角，直到它变为一个弯曲的箭头。

64→ 单击并拖动，将注释旋转到新的角度。

64→ 双击注释，显示“I”插入符号。单击并编辑文本为不同的街道名称。

64→ 要放弃编辑，请单击 Construction（构建）工具栏上的取消按钮。

65→ 找到位置更好的注释。将其移动或旋转到更好的位置，并接受编辑。

65→ 多找几个，然后进行编辑，直到您能自如地使用这一过程。

未放置的标签在表格中的状态字段被注明为“Unplaced”。这些标签可以手动放置，但首先必须将它们启用。

66→ 在 Contents 窗格中，展开 GroupAnno 图层，查看 StreetsAnno 要素类。

66→ 右键单击 StreetsAnno 图层并选择符号。

66→ 选中 Draw unplaced annotation 复选框，选中 Using this color 复选框，并选择一种独特的颜色。

67→ 单击 **Edit**：**Selection**：**Attributes** 打开 Attributes（属性）窗格。

67→ 将 Attributes（属性）窗格停靠在 Modify Features（修改要素）窗格下方，使两者都能看到。单击窗格中的 Attributes（属性）选项卡。

67→ 查找未放置的注释要素。单击 Modify Features：Annotation 窗格的 Make/Change a selection 选项（而不是 Attributes 窗格）并选中它。

67→ 根据需要编辑位置。单击构建工具栏上的 Finish（完成）。

67→ 在 Attributes（属性）窗格中，单击 Status（状态）字段，将下拉列表从 Unplaced（未放置）更改为 Placed（已放置）。单击 Tab 输入更改。

提示：如果在状态字段中看到 0 或 1，请保存所有编辑和项目，关闭 Pro 并重新启动。

如果未放置的标签不合适，可以将其删除。

68→ 找到东面的 ANDERSON 未放置标签群，并选择其中一个。

68→ 单击 **Edit**：**Features**：**Delete** 来删除。如果需要，也可以一次创建一个注释。

69→ 使用 **Edit**：**Features**：**Create** 打开 Create Features（创建要素）窗格。

69→ 单击默认 StreetsAnno 模板，然后单击 Horizontal Annotation construction（水平标注构建）工具。

69→ 在文本框中输入街道名称 *TEST ANNO*（图 8.33）。

69→ 将光标移至所需位置，然后单击以添加注释。

69→ 如果位置偏离，请单击 **Edit**：**Features**：**Delete** 注释，然后再试一次。

69→ 点击文本输入框，输入第二个名称 *MORE ANNO*。

69→ 点击地图，放置 MORE ANNO 注释。

70→ 单击 Straight Annotation（直线注释）构建工具。

70→ 沿街道点击两点，定义线段和角度。第二点输入后，就会添加注释。

70→ 单击 Curved Annotation（弧形注释）构建工具。

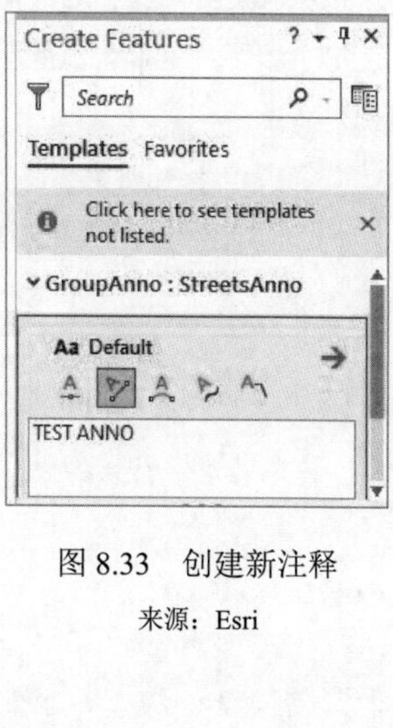

图 8.33　创建新注释

来源：Esri

70→ 沿弯曲的道路单击几个点。双击以结束曲线并放置注释。

切换工具，停止添加新注释。

71→ 切换到 Modify Features（修改要素）窗格并选择 Change the selection（更改选择）。

71→ 选择部分新注释并更改其位置或角度。

本教程到此结束。请阅读帮助了解其他注释构建工具的使用方法。

→ 保存编辑并保存项目。关闭 Pro。

8.2.2 练习

1. 将爱德华兹露头区地图中剩余的所有洞穴/沉陷和泉眼数字化，并将其放入岩溶要素类中。记住要指定属性。

2. Travis-Hays 县界线自西北向东南穿过爱德华兹露头区地图，将其大致一分为二。数字化县界线西南侧的所有断层，将其归入断层要素类。记住要指定属性。

3. 绘制一张仅显示爱德华兹（州地图）图层轮廓、岩溶要素和断层的地图。为洞穴/沉陷和泉眼要素以及虚线和实线断层指定不同的符号。**截取**该地图。

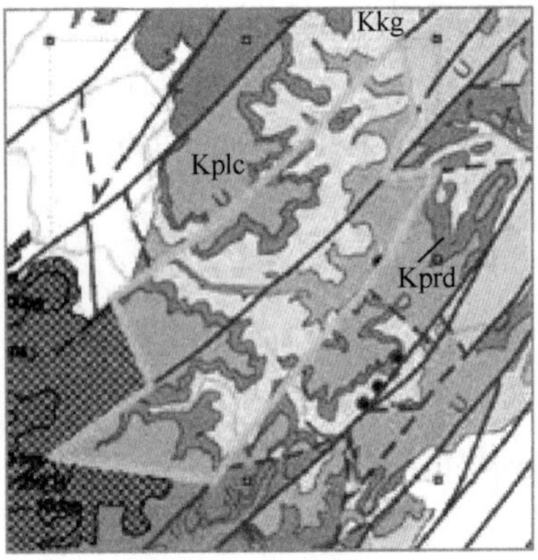

图 8.34　将该区域数字化

来源：USGS

4. 数字化图 8.34 中黄线内的地质单元，将其与教程中输入的多边形置于同一要素类中。

该区域位于教程中数字化的多边形。为每个多边形分配适当的属性。请务必使用 Autocomplete Polygon（自动完成多边形）工具或 Cut Polygons（剪切多边形）工具，并提前做好计划。

5. 根据单元字段创建地质多边形的唯一值图。**截取**仅显示这些多边形的地图。

6. 将 Esther Dr.以北整个街区的建筑物数字化，还包括 Isabelle Dr.那段路上的住宅以及住宅后面的大型建筑。完成所有建筑物地址的输入。

7. 创建一张显示所有数字化建筑物的地图，标注地址并按类型进行符号化。**截取**该地图。

第9章 查　询

目标

学完本章后，您将能够

- 解释什么是查询以及使用查询的原因
- 使用 SQL 和布尔运算符根据属性选择要素
- 根据要素相对于其他要素的空间位置选择要素
- 应用选择选项，包括可选图层和选择类型

9.1 掌握概念

9.1.1 GIS 概念

查询是 GIS（以及其他类型的数据库）中的基本工具，几乎在所有分析中都会用到。查询在数据探索或在数据集中寻找模式的过程中起着至关重要的作用。查询还可用于在执行其他操作前提取某些要素。本章将介绍三种类型的查询：从屏幕中选择要素或从表格中选择记录的查询、基于表中值的查询以及基于图层间空间关系的查询。

有哪些查询？

GIS 查询功能能够根据用户设定的条件，从地图中筛选特定要素或从表格中提取符合条件的记录。选定的要素或记录可以成为后续操作的关注焦点。图 9.1 显示了一些常见的查询类型，如下所述，在每种情况下，选定的要素都显示为深粉红色。

- **选择感兴趣的要素**。查询可用于搜索表格，找出符合特定条件的要素。哪些水井的铁含量超过 0.5 mg/L［图 9.1（a）］？有多少待售房屋属于我的价格范围？结合统计功能，这个工具就变得非常强大。该镇三居室住宅的平均价格是多少？
- **探索空间模式**。根据选定的绘制地图并研究其空间分布可以起到启发作用。含金矿山的分布情况如何［图 9.1（b）］？它们是广泛分布还是集中在一起？它们是否与某些断层或断层走向有关？
- **分离要素进行更多分析**。选择人口密度高的县（大于 2000 人/平方英里），将种族多样性指数与人口密度较低的县进行比较，看两组之间是否存在差异［图 9.1（c）］。
- **探索空间关系**。哪些道路穿过石灰岩地带，会因车祸造成的汽油或机油泄漏而给含水层带来风险［图 9.1（d）］？哪些地块位于洪泛区？哪些城市靠近火山？
- **创建栅格查询**。还可以查询栅格的像元。树冠覆盖率大于 80%的栅格像元有哪些［图 9.1（e）］？根据 1998 年和 1999 年拍摄的卫星图像，哪些像元的植被绿度有所提高？1970～2000 年，哪些地方的土地利用发生了变化？

查询从要素类中提取要素，或从表格中提取记录，并将其分离出来以便进一步使用，如打印、计算统计、编辑、制图、创建新文件或进行更多查询。在**交互式查询**（interactive query）中，用户查看地图或表格并使用鼠标来选择所需的对象。**属性查询**（attribute query）使用属

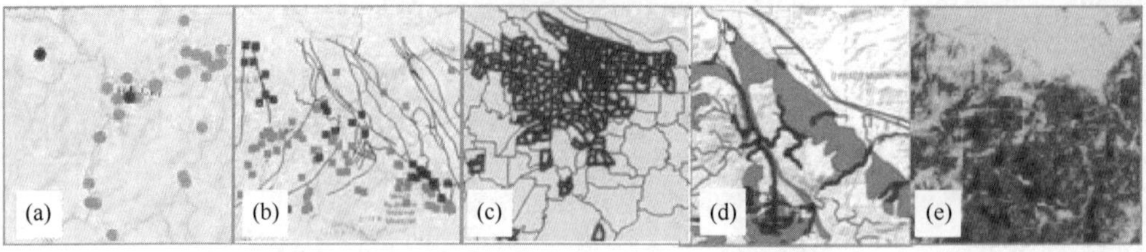

图 9.1　查询示例（所选要素为粉红色）：（a）铁含量高的水井；（b）金矿；（c）高人口密度区域；（d）石灰岩地带的道路；（e）树冠覆盖率大于 80%

（a）～（d）来源：Esri；（a）、（b）、（d）来源：南达科他州地质调查局；（d）来源：黑山国家森林公园；（e）来源：USGS

性表中的值来测试一个条件，例如查找人口大于 100 万的城市。属性查询有时也被称为空间查询，因为它们不需要任何位置信息。**空间查询**（spatial query）使用的是两个不同图层中的要素如何相互定位的信息。空间查询可能会选择某个县内的城市、某个州内的河流或某个机场 20 英里范围内的医院。属性查询可以在属性表或独立表上执行。空间查询需要两个空间数据集。空间查询和属性查询可以结合使用，例如选择距离机场 50 英里以内、人口超过 5 万的城市。空间查询和属性查询必须分别进行，但顺序不限。

属性查询

在这种方法中，用户根据属性表中的字段指定某个条件，然后选择符合条件的记录，例如选择人口超过 500 万的所有州。在本书中，我们已经多次使用属性查询作为探索表或导出数据子集的实用工具。本章将介绍有关查询的一些一般概念，并介绍更高级的选择选项。

属性查询使用**逻辑运算符**（包括我们熟悉的＜、＞和 = 运算符）测试两个或多个属性之间的条件。条件以一种称为**结构化查询语言（SQL）**的格式写成**表达式**，大多数主要数据库都使用这种格式来执行选择。SQL 表达式可以很复杂，也可以很简单。

SELECT×FROM cities WHERE ［POP1990]＞ = 500 000

SELECT×FROM counties WHERE ［BEEFCOW_92]＜［BEEFCOW_87]

根据 SQL 的语法规则，SELECT×FROM 和 WHERE 关键字必须出现。小写单词（如 cities）表示要从中选择的表的名称，括号中的术语表示字段名称。这种语法适用于任何符合 SQL 标准的数据库，因此 SQL 是一种可移植的语言。不过，不同数据库的 SQL 会有细微差别，例如字段名是否用括号或引号括起来，还是什么都不用。SQL 有特定的语法规则，必须掌握这些规则才能输入表达式。例如，操作符前后必须有空格，文本值必须用单引号括起来，数字不得包含千位分隔符（逗号），等等。

在对数值进行查询时必须小心谨慎，这取决于用于存储数据的字段类型。= 操作符只能用于整数，因为浮点数值永远不会与整数或特定的十进制数值完全相等。表达式 NUM = 3 在浮点字段上不起作用，而表达式 NUM = 3.6 则根本不起作用。对浮点字段的查询只能使用＜或＞操作符。

布尔运算符

布尔一词指的是数学的一个分支，其中的变量是真/假语句，而不是数字，表达式和运算符根据条件的真假进行评估。在包含两个条件的逻辑表达式中，每个条件都可能是真或假。在某些情况下，用户感兴趣的是同时满足两个条件的记录。而在其他情况下，所需的记录只需满足其中一个条件即可。**布尔运算符**用于评估一对真/假条件，根据用户的意图返回结果。

布尔运算符包括 AND、OR、XOR 和 NOT。AND 要求两个输入条件都为真。OR 要求一个或两个条件都为真。XOR 指定一个或另一个必须为真，但不能同时为真。NOT 要求第一个指定条件为真，第二个条件不为真。请考虑以下包含两个条件的查询：

SELECT×FROM accounts WHERE Cust = ‘COM’ AND Balance＞500

SELECT×FROM accounts WHERE Cust = ‘COM’ OR Cust = ‘GOV’

SELECT×FROM accounts WHERE Balance＞500 AND Balance＜1500

第一个表达式从客户账户表中选择商业客户持有的余额超过 500 美元的记录。第二个表达式查找商业客户和政府客户持有的账户。第三个表达式查找余额在 500～1500 美元的账户。

提示： SQL 要求表达式的每个条件中都必须出现字段名称，即使是同一个字段。SQL 不会正确评估表达式 Cust = ‘COM’ AND ‘GOV’。

图 9.2 用**维恩图**（Venn diagrams）表示布尔运算符。标有 T 的大椭圆代表表中的所有记录。圆圈 A 代表满足条件 A 的记录子集，圆圈 B 代表满足条件 B 的记录子集，蓝色区域表示不同布尔运算符选择的记录。

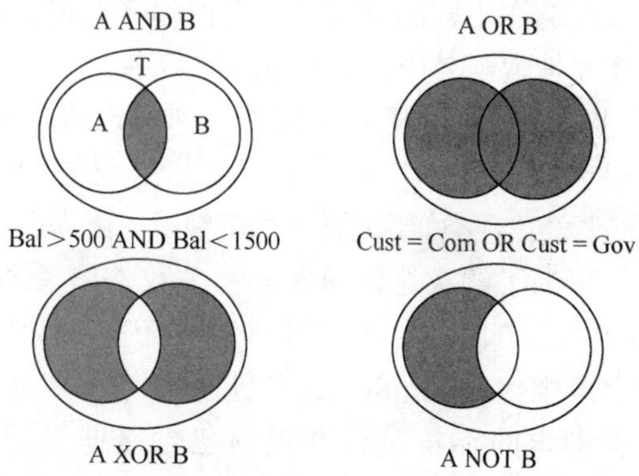

图 9.2 显示为维恩图的布尔运算符

查看前面布尔运算符示例中的第一个表达式。第一个条件 Cust = ‘COM’，构成条件 A，条件 B 是余额＞500。A AND B 可以找到两个输入条件都为真的账户（商业客户和余额超过 500 美元）。如果任一条件为假，则不选择该记录。

表达式 A OR B 会选择任一条件为真的记录，从而找到所有商业客户和所有余额超过 500 美元的账户（无论是否是商业账户）。A NOT B 查找所有商业账户，但不包括余额超过 500 美元的账户，而是查找余额低于 500 美元的商业客户。XOR 运算符不可用于 ArcGIS 中的属性查询，但可用于栅格数据分析。XOR 可查找一个条件为真或另一个条件为真的实例，但不能同时查找两个条件。

AND 和 OR 运算符有时会被混淆。在英语中，我们会说：“select the commercial and the governmental accounts”（选择商业和政府账户），如果我们同时想要这两个账户，使用 Cust = ‘COM’ AND Cust = ‘GOV’表达式似乎很自然。但是，这种表达式不会产生任何记录，因为一个客户账户不可能同时是商业账户和政府账户。应该使用 OR 运算符。

AND 运算符可用于查找数值范围内的记录。请看第三个表达式：Balance＞500 AND Balance＜1500。如果正在考虑余额 = 1000 的记录，则该记录将在两个条件都为真时被选中。使用 OR 不正确，它将返回所有值，而不是范围内的值。余额 = 300 的记录在第二个条件中测试为真，因此会被包括在内。余额 = 3000 的记录将在第一个条件下测试为真，并被包括在内。

AND、OR 和 XOR 运算符是交换运算。它们类似于算术运算符 + 和×，其中 2 + 3 = 3 + 2。在选择账户金额大于 500 美元的商业客户时，先应用哪个条件并不重要。NOT 运算符不是交换运算，它与算术运算符–和÷类似，例如 6÷2≠2÷6。举例来说，选择非女生的英语专业学生和选择非英语专业的女生得到的结果完全不同。

SQL 可以接受三个或多个布尔条件。算术运算符有优先顺序：乘法先于加法执行，例如 2 + 3×4 = 14 而不是 20。布尔运算符没有先后顺序，只是从左到右执行。如果需要不同的顺序，必须使用括号来表示先评估哪个条件。

比较这两种选择地块的表达方式：

（LUCODE = 42 AND VALUE＞50 000）OR SIZE＞50

LUCODE = 42 AND（VALUE＞50 000 OR SIZE＞50）

在第一种表达式中，所有面积大于 50 hm^2 的地块都会被选中，无论其分区代码或价值如何，如果分区代码 = 42 且价值高，则会增加地块。在第二个表达式中，所有地块的分区代码必须为 42，并且可以是价值高或面积大的地块。

搜索文本中的部分匹配项

有时，基于文本字段的查询需要查找与条件部分匹配的内容，而不是完全匹配的内容。以一个包含客户姓名的表为例，用户可能希望查找所有姓 Smith 的客户。如果名字和姓氏分别存储在不同的字段中，查找起来会很容易，但如果名字和姓氏一起存储在一个字段中，就需要搜索全名中包含 Smith 的名字。

此外，在选择字符串时，必须考虑到输入数据时出现的多余空格或不一致的情况。例如，Maple St 字符串在“St”后面有一个空格，这与 Maple St、Maple St. 或 Maple Rd.字符串不一致。数据库经常会出现类似这种不一致的情况，因为在数据输入过程中很难完全执行标准格式。

为了解决这些问题，大多数 GIS 系统（和数据库）都提供了一个操作符，如 LIKE 或 CONTAINS，允许在另一个字符串中搜索特定的字符序列。该操作符有助于在包含姓名的字段中搜索 Smith，或在包含街道地址的字段中查找 Maple。SQL 操作符 LIKE 在字段中搜索指定的字符集，并返回包含这些字符的任何记录。当使用 LIKE 时，会使用通配符（Shapefile 为*；地理数据库为%）来代表可能出现的其他字符。考虑根据城市的名称字段选择城市。两个查询

NAME LIKE ‘New *’（Shapefile）

NAME LIKE ‘New%’（地理数据库）

将选择所有以 New 开头的城市，如 New London 和 New Haven，但不包括 Newcastle，因为后者没有空格。表达方式

NAME LIKE ‘%Smith%’

将返回姓名为 Smith 的客户。注意表达式中使用的第二个%号，人们可能会认为它是多余的，通常也是多余的，但它确实能确保名称末尾多余的空格字符不会妨碍选择该名称。

Pro 中的选择工具为用户提供了一种使用 contains（包含）操作符简单语言表达式指定搜索的简便方法［图 9.3（a）］。不过，从表中选择记录的实际表达式是在 SQL 中使用 LIKE 执行的［图 9.3（b）］。可以使用简单语言方法或 SQL 方法输入表达式，不过许多用户会发现简单的语言方法更直观。

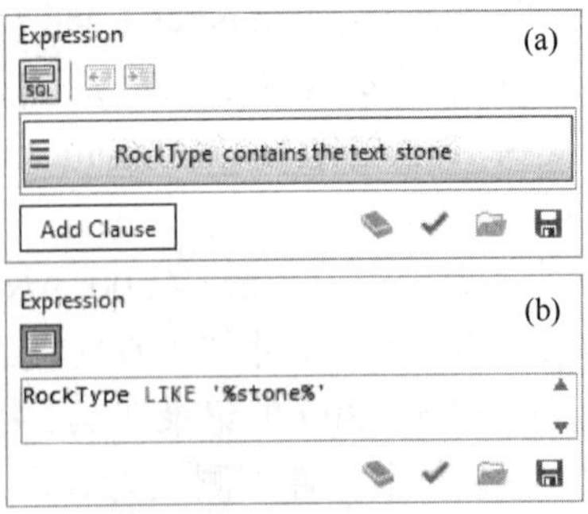

图 9.3　用 SQL 表示的 contains（包含）表达式

来源：Esri

空间查询

空间查询是 GIS 独有的强大工具，因为它根据空间关系进行选择，例如查找距离河流五英里内的水井或查找洪泛区内的地块。空间选择使用两个图层和一个空间条件。图层要素选择层的要素与第二层的要素进行空间比较，看哪些要素符合标准，然后选择符合标准的要素。

读者已经熟悉的平移和缩放技术实际上是一种空间查询。平移和缩放根据 *x-y* 坐标定义一个感兴趣的矩形区域，并要求软件返回该区域内的所有要素。

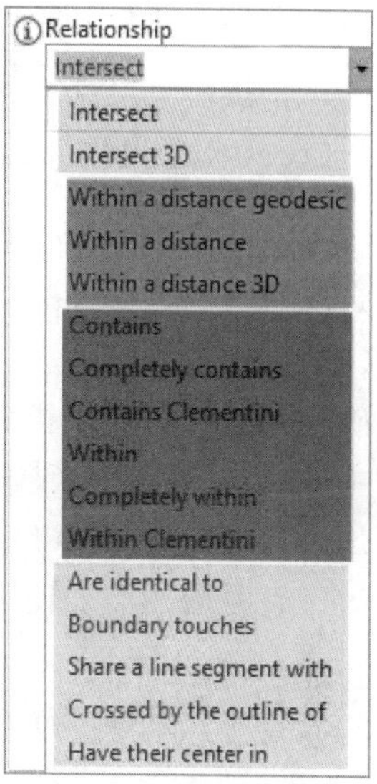

图 9.4　空间运算符

来源：Esri

空间运算符

属性查询使用逻辑运算符（如<、>或 =）测试属性之间的关系。空间查询使用**空间运算符，**包括 containment（包含）、intersection（相交）和 proximity（邻近）测试关系。考虑两个要素类 A 和 B。图 9.4 所示的空间运算符测试 A 中的每个要素与 B 中的每个要素之间的关系，并返回 A 中符合 B 标准的要素。

图 9.4 中显示的运算符远不止这三种基本运算符，但每种运算符都属于包含、相交或邻近这三种运算符中的一种。包含运算符用粉红色标出，相交运算符用黄色标出，邻近运算符用茶色标出。附加运算符是这三类基本运算符的特例。

包含（containment）运算符用于测试一个要素是否包含另一个要素。“A 完全包含 B”测试会返回 A 中完全包含 B 要素的所有要素。当 B 位于 A 内部且两者共享边界时，则称“A 包含 B”。例如图 9.5 中的黄色和蓝色县都被俄勒冈州包含，但只有蓝色县完全被俄勒冈州包含。within（以内）和 completely within（完全在…以内）运算符是 contain（包含）和 completely contain（完全包含）运算符的逆运算。have their center 运算符测试 A 中要素的中心是否位于 B 中要素的内部。

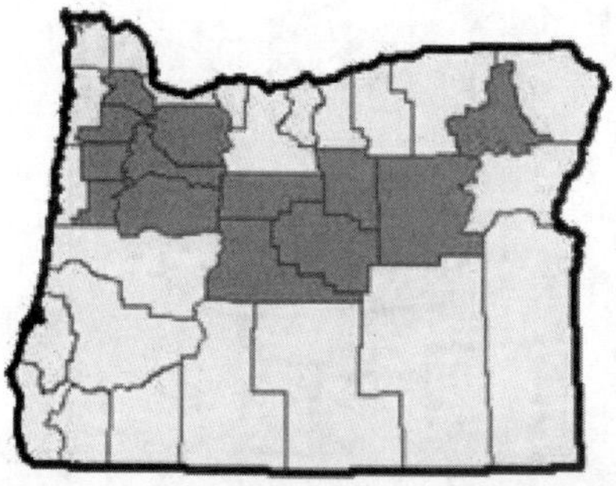

图 9.5　蓝色的县完全位于俄勒冈州内

来源：Esri

交集（intersection）是最通用的运算符，它返回 A 中任何与 B 中要素的任何部分发生触及、交叉或叠置的任何要素。

crossed by the outline（被……的轮廓线穿过）运算符是相交运算符的一种特殊情况，它返回 A 中仅由 B 中要素边界交叉的要素，例如由城市边界交叉的地块。最严格的条件是 A 中的要素与 B 中的要素完全相等（即它们的几何形状完全相同）。这与运算符 are identical to（与……相同）相对应。

邻近（proximity）是测试 A 中的要素与 B 中要素的接近度。最通用的测试方法是 within a distance（在一定距离内），即选择 A 中与 B 相距一定距离的要素，例如返回距离学校两英里以内的所有地块。within a distance（在一定距离内）运算符使用基于地图投影的平面直角坐标来评估接近程度。大地测量距离选项考虑了地球的曲率，建议在评估国家或世界等大面积区域的距离时使用，当数据集投影不保留距离以保留其他属性（如面积）时，也可以使用该选项。

邻接是邻近的一种特殊情况，在这种情况下，距离为零，且要素的边界实际相互接触。

share a line segment with（与…共享一条线段）运算符和 boundary touches（边界接触）运算符可以满足这些条件（也可视为相交运算符，因为要素相碰）。

intersect 3D（3D 相交）和 within a distance 3D（在 3D 距离内）运算符用于三维场景和应用，例如查找相交体或确定高层建筑中哪些房间与消防通道的距离在指定范围内。

提示：有关不同空间运算符的完整说明，请在 Pro 帮助文档中搜索“Select Layer By Location：graphic examples”。

空间查询的操作可通过示例得到最好的说明（图 9.6）。可以确定包含火山的县，以便制定应急计划［图 9.6（a)］。船只制造商可能会针对与主要河流相交的县开展营销活动［图 9.6（b)］。火山 50 英里范围内的城市可被列为高风险区域［图 9.6（c)］。州环境保护局可能需要确定与得克萨斯州相交的河流［图 9.6（d)］。一项关于交通便利性的研究可能需要确定距离主要机场 50 英里范围内的县［图 9.6（e)］。内布拉斯加州一所大学的营销计划可能以周边各州为目标［图 9.6（f)］。

有时问题需要使用要素子集而不是整个图层来测试空间关系。例如，用户可能希望选择 80 号州际公路 50 英里范围内的城市，而不是任何州际公路 50 英里范围内的城市。该步骤首先进行属性查询，分离出所需的州际公路 I-80，然后进行空间查询，选择城市。

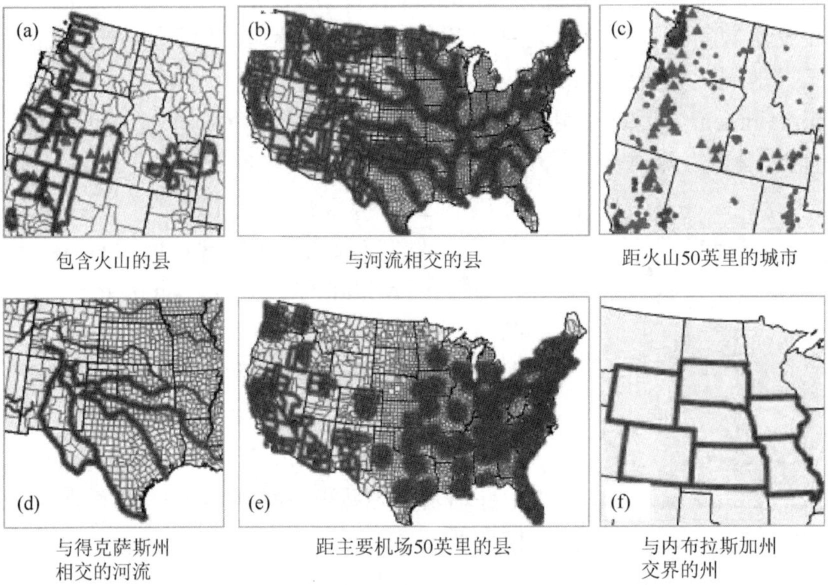

图 9.6 根据图层与另一图层的空间关系选择图层的示例

来源：Esri

必须记住，空间查询只能选择或不选择整个要素。图 9.6（d）显示了与得克萨斯州相交的河流。大多数河流都延伸到得克萨斯州边界之外。如果使用 within 运算符，则只能选择州内的河流（在本例中，一条都没有选择）。需要使用不同类型的函数才能只提取出得克萨斯州境内的部分河流。

逻辑一致性和准确度

逻辑一致性是指要素的数据表示是否与其在现实世界中的对应物具有相同的几何关系。如果一个县的边界与它与一个州的共同边界不完全相同，那么该县的要素就会出现与州要素的间隙或重叠［图 9.7（a)］，数据在逻辑上不一致。这些问题可能会在空间查询时造成问题，因为数据库中没有反映出预期的关系（县在州内）。此外，由于要素类在精度和几何准确度方面存在差异，因此在比较 GIS 坐标时，经常会出现现实世界中重合的两个对象不匹配的情况。

考虑选择河流交汇城市的问题。在全国范围内，一个城市用一个点来表示，一条河流用一条概括的线来表示。即使现实生活中的城市与河流相交，如明尼阿波利斯-圣保罗被密西西比河分割开来，如果该点出现在代表河流的线段上，那也只是运气好而已［图 9.7（b)］。

在查询过程中使用搜索半径可能有助于缓解逻辑一致性和准确度问题。如果州和县的边界在 2 km 范围内匹配，那么在选择州内的县时，将搜索半径设置为该距离，将有助于消除逻辑不一致对空间查询的影响。在城市与河流交汇处，如果假设一个典型的大城市可能由边长 10 km 的正方形表示，那么将搜索半径设为 1.5 km，将有助于消除逻辑不一致对空间查询的影响。将搜索半径缩小到 5 km，可能会找到大部分与现实世界有关联的城市，但仍可能遇到一些假阳性或假阴性结果。

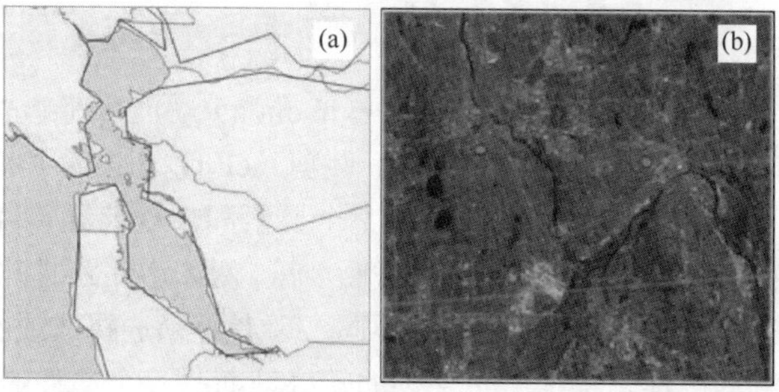

图 9.7 逻辑不一致：（a）县和州边界之间的间隙和重叠；（b）明尼阿波利斯-圣保罗的一般河流和城市要素

来源：Esri

用户必须始终牢记现实世界中的实体与 GIS 所表示的实体之间的区别，并准备好缓解因逻辑一致性或准确度问题而产生的问题。如果查询似乎没有产生预期的结果，则需要详细检查图层之间的空间关系。

缓冲区

缓冲区（buffers）分析是空间查询的重要类型，它能够围绕指定要素生成特定距离范围的区域，广泛应用于保护区划定、影响范围分析等场景。缓冲区可为点、线或多边形创建（图 9.8）。它们可用于寻找学校周围 300 码的无毒品区或溪流 100 m 内的敏感保护区。负缓冲区可用于确定从一块土地边缘开始的后退限制。缓冲区可以创建为简单的环形或多个环形。一个属性甚至可以为不同的要素提供不同大小的缓冲区——例如，主干道设置 200 m 缓冲区，次干道设置 100 m 缓冲区。

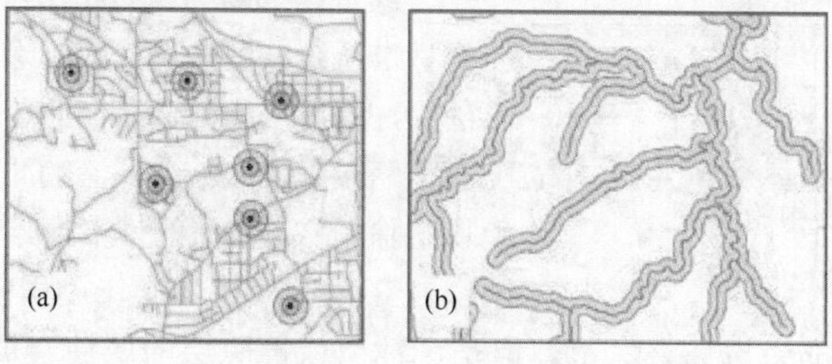

图 9.8 （a）水井；（b）道路周围的缓冲区示例

（a）来源：拉皮德市；（b）来源：USGS

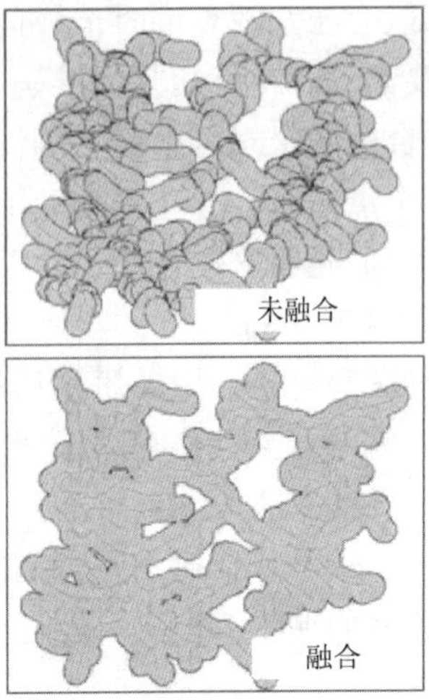

图 9.9　使用融合选项防止缓冲区重叠

来源：黑山国家森林公园

为每个要素创建缓冲区，缓冲区可能会重叠。在分析水井周围缓冲区的土壤分布时，该选项可能比较合适。不过，在许多情况下，最好是将缓冲区做融合，这样可以擦除缓冲区之间的边界，并移除重叠区域，从而创建单一区域。图 9.9 显示道路周围缓冲区未融合缓冲区与融合缓冲区时的结果差异。如果对缓冲区的面积感兴趣，那么融合始终是正确的操作。如果根据未融合的缓冲区计算面积，则会严重高估面积，因为重叠区域会被计算多次。

最后，缓冲是一个密集的过程，所需的时间会随着要素数量的增加而迅速增加。任何减少一次创建的缓冲区数量的措施都将有助于分析，例如，在缓冲前而不是缓冲后执行查询。

提取功能

提取（extraction）功能可将感兴趣的要素从更大的群体中分离出来。有些人认为查询就是一种提取。裁剪（clip）和擦除（erase）功能可以根据另一个要素类提供的空间边界，同时裁剪和擦除整个要素和部分要素，并将其保存在一个新的要素类中。裁剪和擦除可以在要素跨越边界时截断要素，例如道路跨越州界。这种功能与 Select Layer By Location（按位置选择图层）的功能不同，后者必须选择（或不选择）整个要素。

裁剪就像饼干切割器一样，根据一个文件的轮廓截断另一个文件的要素。在图 9.10 中，县级道路图层（灰色线条）经过土地利用图层（米色）的裁剪，生成了城市规划边界内道路（红色）的 Shapefile。提取的要素来自输入层。提供边界的要素类称为裁剪层。裁剪层必须始终是多边形要素类，但输入层可以是点、线或多边形。裁剪时只使用裁剪层的外部边界，内部边界（如果存在）对输出没有影响。

提示：地图属性菜单中包含一个选项，可将地图内容临时裁剪到指定的要素类，该选项仅用于显示，不影响源数据。

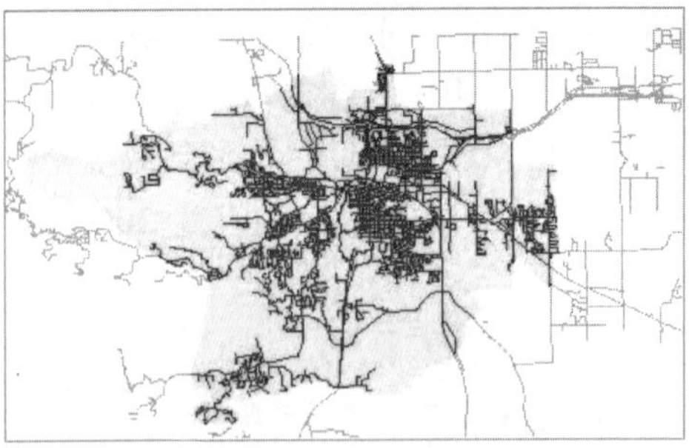

图 9.10　裁剪以多边形要素类的边界截断一个要素类中的要素

来源：拉皮德市

擦除的作用与裁剪相反，它保留擦除图层外的要素，而擦除图层内的要素。给定图 9.10 中相同的输入图层和裁剪图层，擦除将保留城市外的道路（灰色），擦除城市内的道路（红色）。擦除仅适用于持有 ArcGIS 高级许可证的用户。

缓冲区通常与裁剪和擦除功能结合使用，根据距离标准从缓冲区中选择或删除区域。例如，道路周围的缓冲区可用于筛选潜在的垃圾填埋场，剔除距离现有道路较远的区域。溪流缓冲区可与擦除一起使用，以消除太靠近溪流的伐木场。

在裁剪或擦除操作过程中，输入层中被截断和未被截断的要素属性都会被完整保留。但是，裁剪或擦除层的属性会被忽略。裁剪或擦除的结果是输入层的一个副本，它占据了一个较小的感兴趣区域。

在裁剪和擦除过程中，任何跨越边界的要素都将被截断，从而可能改变要素的面积、周长或长度。地理数据库中的 Shape_Area 和 Shape_Length 字段会自动更新，但用户定义的面积或长度字段不会更新。例如，在裁剪后，名为 MILES（英里）或 ACRES（英亩）的字段中包含的公路英里数或小块土地英亩数，对于任何被截断的要素来说，都会包含一个不正确的值。用户定义字段的长度和面积必须使用计算几何属性工具手动更新。

栅格数据也可以裁剪到由要素类或其他栅格数据定义的较小的感兴趣区域。用于栅格数据提取的工具不同于为要素数据设计的工具，但工作方式类似。

9.1.2 关于 ArcGIS

ArcGIS Pro 提供三种选择要素的方法。**交互式选择**（interactive selection）使用指针在屏幕上选择要素。属性查询使用 Select Layer By Attributes（按属性选择图层）工具或 Make Feature Layer（创建要素图层）工具执行。空间查询使用 Select Layer By Location（按位置选择图层）工具执行。查询后，所选的要素会在地图和表格中突出显示。

使用选区处理图层

ArcGIS 在使用其任何功能或工具处理要素或记录时都遵循一条重要规则：**在执行查询并选择要素或记录的子集后，对该图层或表格的任何后续操作都将尊重所选集。**之前的教程已经说明了这一规则，例如选择并导出新泽西州的县，为新泽西州项目创建新的数据集。如果有人选择了新英格兰各州并计算统计数据，则只包括新英格兰各州。如果用户选择了洪泛区内的地块，然后将要素导出到新的要素类，则只有洪泛区内的地块会被导出。一旦在图层上执行了查询，该图层就会像未选择的要素不存在一样。

默认情况下，图层没有应用查询。在这种状态下，所有要素都可以通过命令进行处理。如果在此状态下请求 Statistics（统计）命令，所有的要素都将包含在计算中。对图层执行查询会将其推入新的状态。该图层有一个选区，在 Pro 中应用的任何函数都将把函数的操作限制在所选的要素或记录上。

有时，用户执行的查询语法正确，但却没有匹配的记录。例如，可以查询高程 10 000 英尺以上的城市，但实际上没有城市符合条件，因此不会返回任何要素。出现这种情况时，ArcGIS 会删除查询，并将图层设置为默认状态，同时提供所有可用的要素。从本质上讲，它不允许用户执行不返回记录或要素的查询。

交互式选择

在交互式选择中，用户可以用鼠标点击地图或表格中的一个或多个对象，直到选中所需的记录为止。例如，要获取所有以 A 开头的州，用户可以按州名对表格进行排序，然后查找并点击包含以 A 开头的州的每条记录；或者，要选择拥有太平洋海岸线的州，用户可以查看地图，按住 Shift 键，然后选择加利福尼亚、俄勒冈、华盛顿、夏威夷和阿拉斯加。

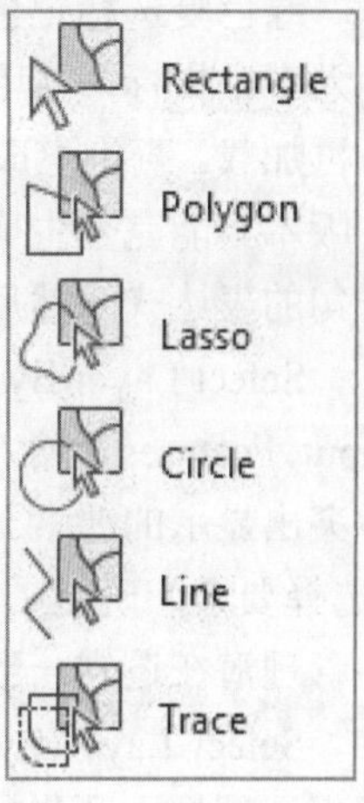

图 9.11 交互式选择工具
来源：Esri

图形也可用于选择要素，如矩形、多边形、圆或直线。Pro 包含多种工具，可通过即时构建形状来选择要素（图 9.11）。使用形状进行选择时，要素只需接触形状，而不是位于形状内。请注意，图 9.12

中选择了三个状态，尽管绿色显示的选择矩形并没有完全包围任何一个状态。可以在 Selection（选择）选项菜单中更改默认设置。

用户还可以通过交互式查询来控制选择哪些图层。默认情况下，所有图层都是可选的，但内容窗格包含一个面板，用于查看和设置可选择的图层［图 9.12（a）］。如果选中所有要素图层，则会出现一个选择矩形（绿色），选择通过该矩形的所有要素［图 9.12（b）］，包括州、县、河流、州际公路等。如果只选中了州图层，那么同样的矩形选区将只选中三个州［图 9.12（c）］。Selection（选择）窗格还列出了当前选择的每个图层的数量。

提示： Selectable Layers（可选择图层）选项仅适用于使用鼠标进行交互式选择。它不会影响 Select Layer By Attribute（按属性选择图层）或 Select Layer By Location（按位置选择图层）工具。

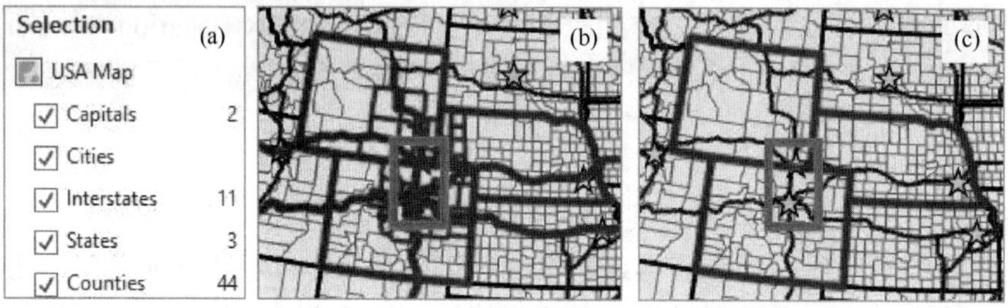

图 9.12　Selection（选择）窗格：（a）控制可选择的图层；（b）选择所有可选图层；（c）选择仅有可选择的州

（a）来源：Esri

进行选择

Select Layer By Attribute（按属性选择图层）工具［图 9.13（a）］可生成图层或独立表的选择，并在表格视图和地图视图中突出显示所选记录。用于进行选择的逻辑表达式在表达式部分输入，用户可在该部分指定字段、选择运算符，然后输入一个值或另一个字段进行比较［图 9.13（b）］。选择 Values 按钮（默认）时，用户可以从字段中的值中选择，也可以明确输入一个值，如表达式：ST is Equal to AZ。填写字段按钮时，用户可以选择另一个字段与第一个字段进行比较，如表达式：POP2014 is Greater than POP2010。

绿色复选标记会验证表达式，确保语法正确。单击 Add Clause（添加子句）按钮，可以输入多个指标，并用 AND 或 OR 布尔运算符分隔。复杂或常用的表达式可以保存起来，以后可再加载。查询生成器窗口包含一个 SQL 查看器，可用于直接查看 SQL 表达式。如果简单语言版本不能完全生成所需的结果，也可以对 SQL 表达式进行编辑。例如，可以输入包含三个子句的表达式，然后使用括号更改布尔运算顺序。

Select Layer By Location（按位置选择图层）工具提供了设置空间查询的方法［图 9.13（c）］。Input Features（输入要素）指定了要选择的图层，在本例中为 Counties（县）。它们将是查询后突出显示的要素。Relationship（关系）选项用于比较图层的空间运算符。Selecting Features（选择要素）确定了输入要素要与之比较的图层。Search Distance（搜索距离）选项提供了一种管理潜在逻辑一致性问题的方法。

Select Layer By Location（按位置选择图层）工具将尊重之前在 Selecting Features（选择要素）图层上所做的任何选择。例如，如果用户之前选择了密西西比河，那么将只选择与密西西比河相邻的县。

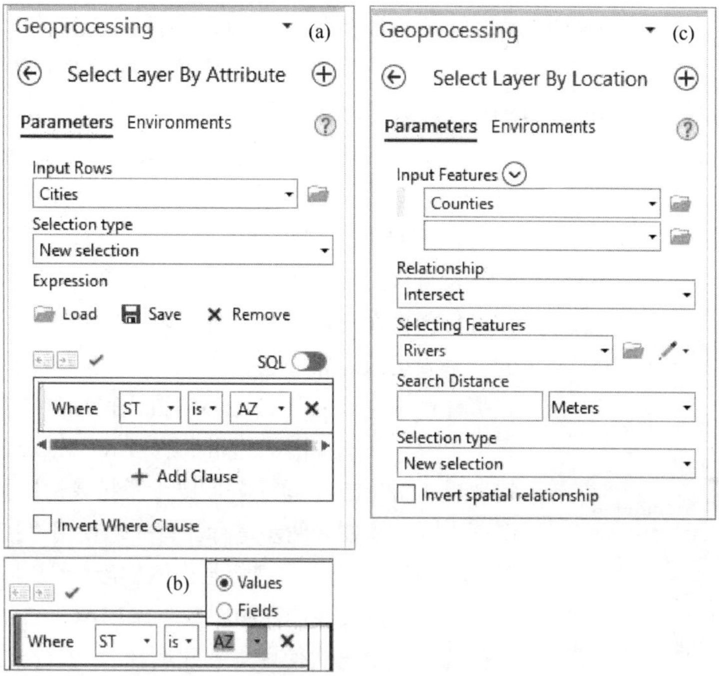

图 9.13　选择的工具

来源：Esri

选择选择类型

ArcGIS Pro 有一个 Selection type（**选择类型**）参数，当在图层上执行新查询时，该参数可控制对现有选择的处理（图 9.14）。选择类型可以在两个地方指定。在 **Map：Selection** 选择选项菜单中进行设置时，它会影响交互式选择（只有图 9.14 中的前四个类型可在选项菜单中找到）。此外，Select Layer By Attribute（按属性选择图层）或 Select Layer By Location（按位置选择图层）工具都包含一种选择类型参数会影响工具运行时的选择方式。

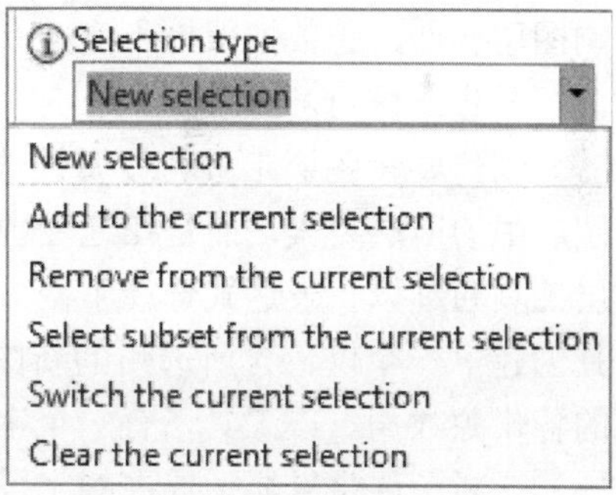

图 9.14　选择类型

来源：Esri

新建选择（New selection）会选择指定的记录，而不管其他记录是否已被选中，并且会用新选中的记录替换之前的选中记录。例如，如果玛丽亚选择了绿色软糖豆，再以“新建选择”方式选择红色软糖豆，则最终仅红色软糖豆被选中。这种方法是默认的。

添加到当前选择（Add to the current selection）除了当前选中的记录外，还包括符合查询条件的记录。因此，如果布兰登已经选中了绿色软糖豆，然后又选中了红色软糖豆，那么他将同时选中红色和绿色软糖豆。使用这种方法等同于使用 OR 运算符组合多个条件，例如“颜色等于红色”或“颜色等于绿色”。

从当前选择中删除（Remove from the current selection）会删除符合选择条件的记录。如果塔玛拉已经选择了红色、绿色和黄色的软糖豆，她又选择了绿色的软糖豆，那么她就只剩下红色和黄色的软糖豆了。在此选项中，与表达式匹配的记录将从所选集中删除。它等同于 NOT 运算符。

从当前选择中选择子集（Select subset from the current selection）是从已选集合中选择符合

条件的记录。如果扎克选择了红色、绿色和黄色的软糖豆，并选择了绿色的，那么他就选择了绿色的。如果他选择了橙色的，那么他将一无所获，因为橙色的软糖豆不在最初的选择范围内。用这种方法连续执行多个选择，类似于执行一系列 AND 表达式。

切换当前选择（Switch the current selection），用未选择的记录替换已选择的记录集。换句话说，如果胡安有红色、黄色和绿色的软糖豆，并且红色的被选中，如果他进行了切换选择，那么他就会选中绿色和黄色的软糖豆。

设置选择类型的功能为定义选择集提供了更大的灵活性，并可使用多个步骤进行选择。如果按顺序执行，涉及多个条件的复杂表达式通常不会像输入一个充满 AND 和 OR 的长表达式那样令人困惑，而且还不知道该把括号放在哪里。

想象一下选择内华达州米纳勒尔（Mineral）县震级大于 5.0 的地震（图 9.15）。这个问题既涉及按属性选择，也涉及按位置选择，因此需要分两步进行。首先，使用“按位置选择图层”，以“新建选择”为方法选择县内的地震（图 9.15 中的绿色地震）。然后使用“按属性选择图层”选择 MAG>5 的地震。但是，如果在第二步中再次使用“新建选择”，就会得到所有 MAG>5 的地震，而不仅仅是米纳勒尔县的地震。必须“从当前选择中选择子集”，才能获得正确的地震（圈出的地震）。

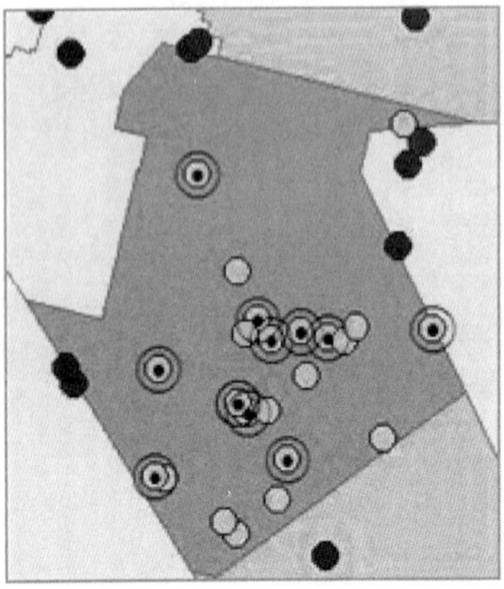

图 9.15　使用选择类型于地震主题

来源：Esri

管理查询结果

查询后，保留所选要素以便将来使用通常很有用。有几种方法可供选择。有些选项只影响图层属性，源数据保持不变；有些选项则根据选择创建新的数据集。

创建选择图层

创建要素图层工具与按属性选择图层工具类似，不同之处在于它不是简单地突出显示原图层中的所选要素，而是在地图中创建一个新图层。在图 9.16（a）中，用户使用创建要素图层工具通过以下表达式选择了南大西洋子区域：SUB_REGION is Equal to South Atlantic。该工具创建了一个仅包含所选州的新图层，在原始州图层上方以橙色显示。该图层仍然引用原始的各州源数据。该工具还有一个字段部分，允许用户关闭或打开输出字段的可见性［图 9.16（b）］。新图层将只显示选中的字段，但这些字段将保留在源数据中，需要时可以再次打开。

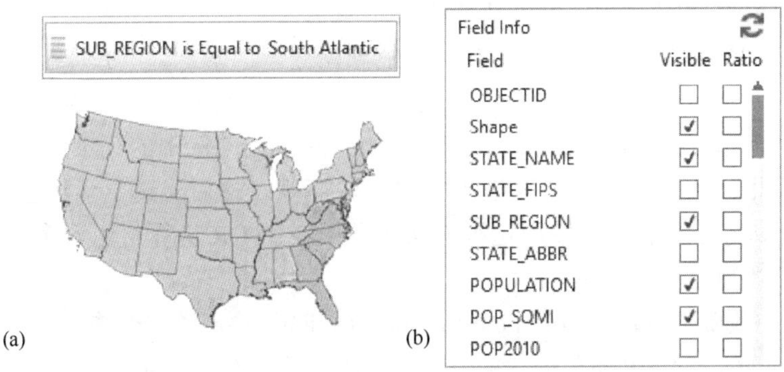

图 9.16　创建要素图层工具会创建一个新图层，显示所选的要素和所需的字段

来源：Esri

创建选择图层有几个优点。如图 9.16（a）所示，图层可以有自己的符号，并且可以与原始图层分开显示。图层保留了所选的要素供将来参考，并消除了意外清除选区而不得不重做的风险。选择图层可用于向多个工具输入同一组要素。它们有助于查看和记录一系列复杂查询的中间结果。图层还可以保存为图层文件，以便在其他地图中使用。

当所选数据集用于单张地图时，创建选择图层是最佳解决方案。它不会创建多个数据副本，对源数据的编辑将自动更新。它是为某些要素创建临时副本的最佳解决方案。

提示：使用上下文菜单项“从选定要素创建图层”，可将任何选区保存为新图层。

定义查询

定义查询是图层的一种属性。它与选择图层类似，只是查询不是从选择集创建的，而是在图层属性窗口中执行的。定义查询不会以不同于其他要素的颜色显示所选要素，而是使图层显示为只包含所选要素（尽管这些要素在存储数据集中仍然可用）。与选择图层一样，定义查询也会引用原始源数据，它们具有相同的优点和缺点。

导出数据

导出功能会创建一个只包含所选要素的新要素类，在需要永久复制所选要素时使用。因为它会创建一个物理数据副本时，与原始要素类的链接就会中断。这可能是一个弊端，例如当数据源是一个频繁更新的组织数据库时。对数据库所做的更改不会反映在导出文件中，而导出文件最终可能会过时。另一方面，如果用户需要进行更改，但又没有写入原始数据的权限，那么导出文件也是一种优势。导出还可用于在现有数据子集的基础上开发一个新的地理数据库，例如使用美国地理数据库中的要素类开发一个新泽西州地理数据库，如同在第 5 章中所做的那样。

9.1.3　摘要

- 查询根据一组一个或多个条件，从数据集中提取记录或要素的子集。
- 属性查询根据属性表中字段的条件提取要素。属性查询以 SQL 编写，使用 =、>、<、AND 和 OR 等运算符。文本字符串的部分匹配使用 LIKE 运算符进行评估。
- 布尔运算符用于评估表达式中涉及多个条件的条件对。维恩图可以帮助我们直观地看到布尔运算符的结果。
- 空间查询使用空间运算符测试包含、相交或邻近程度，根据两个图层的空间关系标准提取要素。
- 提取功能（如裁剪和擦除）可根据多边形图层提供的“饼干切割器”分离感兴趣的要素，并可在切割器边界截断要素。属性保持不变。
- 缓冲区可被视为一种空间查询，因为它能找到一组要素指定距离内的区域。融合缓冲区通常用于防止多边形重叠。
- 数据精度和比例尺可能会影响空间查询，在评估方法和结果时必须考虑到这些问题。
- 当对图层应用函数、命令或工具时，ArcGIS 只使用图层中的选定要素。如果未应用查询，则使用所有要素。如果应用了查询，则只使用选定的要素。
- 交互式查询可让用户通过在屏幕上找到并点击某些要素来进行选择。属性查询使用“按属性选择图层”工具，空间查询使用“按位置选择图层”工具。
- 通过选择内容列表面板，用户可以指定哪些图层可以交互式选择。默认情况下，所有图层都可以选择。

- 四种选择类型为查询增加了更大的灵活性。这些类型包括新建选择、添加到当前选择、从当前选择中删除和从当前选择中选择子集。
- 从一组选定的要素创建一个新图层，可以存储、显示和传递给工具或命令。导出则会创建一个永久副本。

重要术语

属性查询	定义查询	交互式选择	空间运算符
布尔	擦除	交集	空间查询
布尔运算符	导出	逻辑运算符	结构化查询语言（SQL）
缓冲区	表达式	邻近	维恩图
裁剪	提取	查询	
包含	交互式查询	选择类型	

9.1.4 复习题

1. 列出本章讨论的六种不同类型的查询，并用自己的话简要描述每种查询。

2. 设 T 是一个表格，其中包含在纽约某社区大学就读的所有学生，让 A 成为居住在新泽西州的学生子集，让 B 成为平均学分绩点大于 3.0。查询 A AND B 得到 200 条记录，查询 A OR B 产生 1100 条记录，查询 A NOT B 得到 400 条记录。为这些集合绘制维恩图，用学生人数标出每个部分。有多少学生住在新泽西州？有多少学生的 GPA 超过 3.0？

3. 根据问题 2 中的信息，能否确定社区学院的学生人数？如果能，请说明人数。如果不能，请说明原因。

4. “裁剪”工具与“按位置选择图层”工具有哪些不同？

5. 想象一些由花生、葡萄干、杏仁、腰果、蔓越莓干和红、绿、黄、橙四色巧克力糖组成的混合食品。假设您对这些混合食品提出了以下一组“查询”：

新建选择：所有糖果

添加到当前选择：腰果

从当前选择中删除：红色和绿色糖果

从当前选择中选择子集：所有坚果和糖果

现在选择了什么？____

6. 对于下列每个查询，请说明 AND 或 OR 是否是正确的布尔运算符，并解释原因。

①ZONE = ‘Commercial’___ZONE = ‘Residential’，用于选择两种类型的地块

②COVTYPE = ‘SPRUCE’___CROWNCOV＞50，用于选择密集云杉林

③POP2000＞10 000___POP2000＜50 000，用于选择中型城镇

④TEMP＜30___TEMP＞80，用于选择平均气温极高的城镇

7. 什么是运算符？描述并举例说明以下运算符：算术运算符、逻辑运算符、空间运算符和布尔运算符。

8. 为什么逻辑一致性是空间查询中的潜在问题？

9. 南希和莎拉对相同地貌等级的溪流进行了缓冲区分析，并确定了总面积。南希得到了 102 km^2，莎拉得到了 59 km^2。谁的答案正确？您是怎么知道的？

10. 下列哪些工具或功能可在地理数据库中创建新数据集？

按位置选择图层	创建要素图层
缓冲区	裁剪
定义查询	导出

扩展知识

通过阅读 ArcGIS Pro 帮助文档中的这些部分来扩展您的知识。

Help＞Maps and scenes＞Interact with maps and scenes（“选择”和“查询表达式”部分）

9.2 掌握技能

9.2.1 教程

以下示例提供了在 ArcGIS 中执行任务和解决问题的分步说明。您需要执行的步骤用箭头“→”标出；请仔细按照这些步骤操作。

→ 启动 ArcGIS Pro 并打开 ClassProjects\UnitedStates 项目。记住经常保存项目。

使用交互式选择

首先，让我们尝试用鼠标选择要素。您选择的要素可能会以青色高亮显示，但图中以粉色显示，以便更好地观察。

1→ 选择 **Map**：**Navigate**：**Bookmarks**＞**Texas**。

1→ 单击 **Map**：**Selection**：**Select** 从下拉菜单中选择 Rectangle（矩形）工具。

1→ 点击代表得克萨斯州奥斯汀市（Austin，Texas）的星星（图 9.17）。如果第一次没有得到星星，请再试一次。

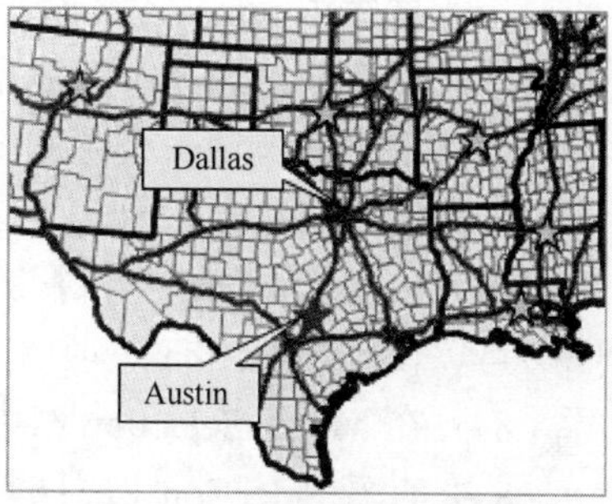

图 9.17 得克萨斯州的奥斯汀市和达拉斯市

来源：Esri

单击一次只能选择一个要素点。如果多个要素在点击处重叠，通常会选择最上面的一个。

1→ 稍微远离奥斯汀市，选择穿过奥斯汀市的州际公路。

1→ 尝试选择不同的州际公路，然后选择河流。

1→ 尝试选择一个县。

选择的不是县，而是州要素。单击重叠的要素时，选择首选项由 View By Selection（按选择查看）面板中图层的顺序控制。

2→ 在 Contents 中，单击图标打开 List By Selection（按选择列出）面板。

2→ 单击并拖动 States 图层上方的 Counties 图层。

2→ 单击一个县将其选中。

2→ 单击并拖动达拉斯区域周围的一个框（图 9.17），注意框中的任何内容或穿过框的任何内容都被选中。

2→ 在 Contents 中，List By Selection（按选择列出）面板会显示每个图层中当前有多少个要素点被选中。

使用相同的 View By Selection（按选择查看）面板来控制可选择的图层。

3→ 在 Contents 中，按住 Ctrl 键，取消选中其中一个方框。所有方框都将被取消选中。

3→ 选中 Counties 图层的复选框。

3→ 再次在达拉斯周围画一个方框。这次只选择县。

当不再需要时，可一次性或单独清除一个图层的选择。

4→ 选中复选框，使所有图层重新成为可选图层，并在周围画一个框。

4→ 在 Counties 中，右键单击 Counties 图层，选择 Selection＞Clear Selection。

只清除 Counties 图层上的选择。

4→ 单击 **Map**：**Selection**：**Clear**。使用此按钮时，所有选择将被清除。

请注意，创建新选区时，之前的选区会消失。Shift 和 Ctrl 键可以修改这种行为。

5→ 打开 Michigan 书签。

5→ 在 Contents 中，取消选中除 Counties 以外的所有图层，使其成为唯一可选的图层。

5→ 在 Contents 中，切换到 List By Drawing Order（按绘图顺序列出）面板。

5→ 取消选中 Interstates 图层，使其在地图中不可见。

5→ 再次拖动 States 下面的 Counties，查看州的边界。

6→ 使用 Rectangle（矩形）工具选择密歇根州的一个县。

6→ 按住 Shift 键，点击另一个县。它将被添加到选定的集合中。

6→ 使用 Shift 键单击方法再添加三个县。

6→ 现在按住 Ctrl 键，点击 already selected（已选中的）其中一个县。它将从所选数据集中 removed（删除）。

让我们有效地选择密歇根州北部位于苏必利尔湖和密歇根湖之间的所有县。

7→ 点击并拖动一个方框，尽可能多地穿过密歇根州北部的各个县（图 9.18）。很难将它们全部包含在内。

7→ 使用 Shift 或 Ctrl 键修改选区，直到选中所需的县。

可以使用 Selection 选项修改默认选择类型。

8→ 在 **Map**：**Selection** 组中，单击右下角的 **Options** 小按钮，打开 Selection（选择）选项。

8→ 查看 Selection（选择）选项，然后关注 Selection combination mode（选择组合模式）。Create a new selection（创建一个新选择）为默认值。

8→ 将选择组合模式更改为 Add to the current selection（添加到当前选择）。单击 OK。

8→ 单击密歇根州南部的一个县。它将被添加到所选集合中。添加更多。

8→ 在几个未选定的县中画一个矩形，将它们也添加进来。

8→ 继续，直到选中密歇根州北部和南部的所有县。

9→ 再次打开 Selection（选择）选项，并将选择组合模式更改为 Remove from the current selection（从当前选择中移除）。

9→ 点击州边缘的选定县（否则无法显示差异）。该县将从所选集中删除。

9→ 在选定的几个县周围画一个方框，将它们从集合中删除。继续，直到北部的县被选中，但南部的县未被选中（图 9.18）。

10→ 将选择组合模式设置为 Select from the current selection（从当前选择中选择）。

10→ 如图 9.19 所示，画一个包围北部和南部部分县的方框。

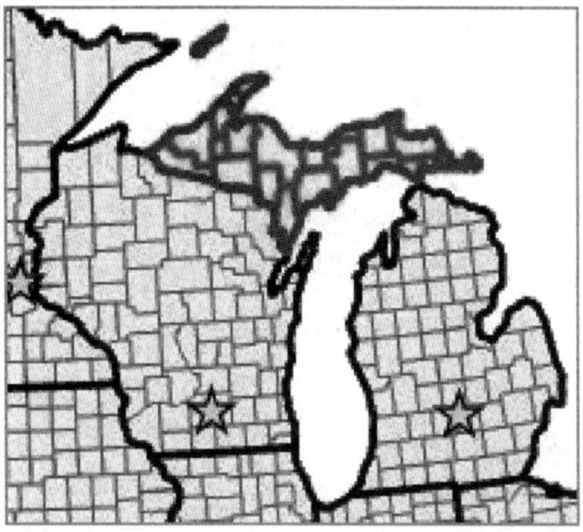

图 9.18　密歇根州北部各县

来源：Esri

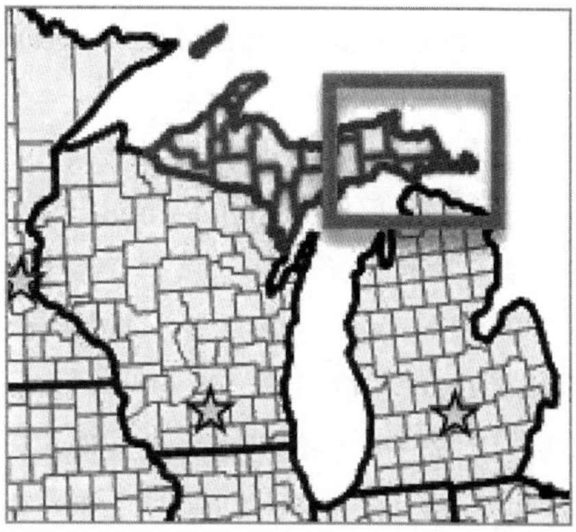

图 9.19　方框

来源：Esri

请注意，方框中的北部县被选中，但南部县没有被选中，因为它们还不属于所选集合的一部分。让我们使用其他一些选择工具。

10→ 将选区组合模式设回默认，创建新选区。

10→ 单击 **Map**：**Selection**：**Clear** 按钮清除当前选择。

11→ 点击 **Map**：**Selection**：**Select** 按钮，查看其他选择工具（图 9.20）。

11→ 选择 Circle（圆）工具。

11→ 单击州首府兰辛（Lansing），拖动画圆（图 9.20）。对圆形满意后松开鼠标键。

> **提示**：如果光标正在捕捉兰辛和县的角落或边缘，请使用地图底部的捕捉按钮，根据需要关闭或打开捕捉。

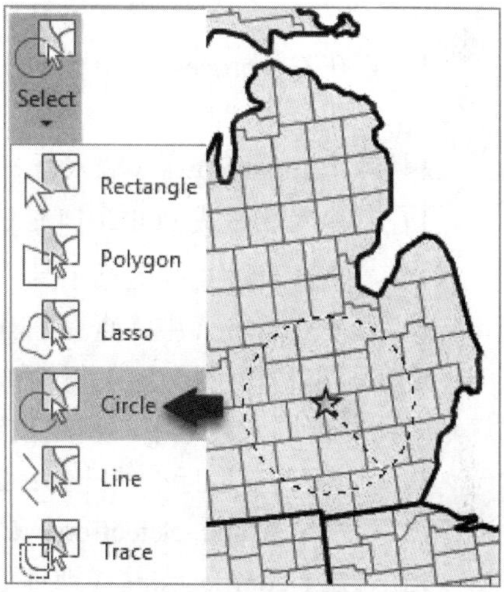

图 9.20　使用圆选择

来源：Esri

该工具可以精确指定半径。

11→ 再次点击兰辛并拖动，开始画圆。

11→ 鼠标按键仍然向下，按键盘上的字母 r（半径）。出现方框后，松开鼠标键。

11→ 在方框中输入 *100*，单位选择英里，然后按 Enter。

12→ 选择 **Map**：**Selection**：**Select＞Polygon** 工具。

12→ 单击下半岛周围，添加一个多边形的顶点，该多边形涉及密歇根州南部的所有县，但不包括其他州或北部半岛的县。双击以完成多边形的绘制并进行选择。

12→ 尝试使用其他选择工具。完成后，清除所有选中的要素，继续教程。

按属性选择

回顾一下，Select Layer By Attribute（按属性选择图层）工具用于根据表格值创建选择。使用 **Map** 功能区可打开一个对话窗口，也可使用地理处理窗格打开该工具。ArcGIS Pro 的后期版本增加了对话框。视频显示了该工具，但设置几乎完全相同。

13→ 打开 USA 书签。

13→ 在 Contents 的 List By Drawing Order（按绘图顺序列出）面板中，打开 Cities（城市）的可见性。

13→ 选择 **Map：Selection：Select By Attributes**。

13→ 在对话窗口中将 Input Rows（输入行）设置为 Cities（城市）。

13→ 确认 Selection type（选择类型）设置为 New selection（新建选择）。

13→ 单击 New Expression（新建表达式）并输入表达式：POP2014 Is Greater Than *1 000 000*。

13→ 使用 Verify（验证）按钮确保表达式有效，然后单击 OK。

13→ 在 Contents 中，切换回 List By Selection（按选择列出）面板。

提示：Map 功能区中的选择对话窗口对于单个或两个查询非常有用，但如果计划进行多个查询，Geoprocessing（地理处理）窗格中的 Select Layer by Attribute（按属性选择图层）工具则更为方便。

1. 2014 年，美国有多少城市的人口超过 100 万？ ______________

14→ 在 Geoprocessing（地理处理）窗格中，打开 Select Layer By Attribute（按属性选择图层）工具。

14→ 将 Input Rows（输入行）设置为 States，并保持 New selection（新建选择）类型。

14→ 输入表达式 POP2014 is Greater Than *5 000 000*。

14→ 验证表达式并运行工具。

14→ 在 Contents 中，查看 List By Selection（按选择列出）面板。

现在城市和州都已选中。州和城市是不同的图层，它们的选择是分开管理的。另外请注意，即使复选框未被选中，州也被选中了。可选图层复选框只适用于交互式选择。

让我们试试双重标准的选择：2014 年至 2010 年人口减少且男性多于女性的所有县。

15→ 使用 **Map：Selection：Clear** 可清除当前所有选择。

15→ 在 Geoprocessing（地理处理）窗格中，使用后退箭头清除 Select Layer By Attribute（按属性选择图层）工具，然后重新打开。

15→ 将图层设置为 Counties，并继续使用 New selection（新建选择）类型。

15→ 输入部分表达式：POP2014 is Less Than。

15→ 点击下一个方框的下拉箭头，然后填写列表底部的 Fields（字段）按钮。

15→ 再次点击下拉菜单，选择 POP2010，完成表达式。

15→ 单击 Add Clause（添加子句），输入另一个表达式：And MALES is Greater Than FEMALES。

15→ 验证表达式并运行工具。

2. 2010～2014 年，男性人口多于女性的县有多少？

现在，我们将从中选出人口也少于 10 000 的县。注意确保新的县只从当前选定的县中提取。

16→ 在 Select Layer By Attribute（按属性选择图层）工具中，将选择类型更改为 Select subset from the current selection（从当前选区中选择子集）。

16→ 单击 Remove（删除）按钮，删除旧的表达式。

16→ 输入表达式：POP2014 is Less Than 10 000。验证表达式并运行工具。

3. 仍有多少个县被选中？________________________________

提示： 如果要更改所选图层，最好先清除并重新打开选择工具，以便重新设置字段菜单。如果在同一图层上进行另一次选择，只需更改参数即可。

Springfield 似乎是一个很受欢迎的城市名称。让我们看看有多少个。

17→ 使用 **Map：Selection：Clear** 清除当前所有选择。

17→ 清除并重新打开 Select Layer By Attribute（按属性选择图层）工具。

17→ 将 Layer Name（图层名称）设置为 Cities，并使用 New selection（新建选择）类型。

17→ 输入表达式：NAME is Equal To Springfield。[在 Values（值）框中开始键入 *Springfield*，以帮助在列表中找到该名称]。

17→ 验证表达式并运行工具。确定有多少城市被选中。

许多数据库都使用一种名为 SQL 的语言进行查询。它有特定的语法，例如要求文本值用单引号。该工具允许您用简单的语言输入表达式，然后自动以正确的 SQL 语法构建输入。有时，查看实际的 SQL 表达式或直接修改它也很有用。

18→ 在工具中，单击 SQL 按钮并查看表达式。

18→ 在 SQL 表达式中，用 *Las Vegas* 替换单引号之间的文本并再次运行该工具。

我们可能会好奇，有多少城市是以 City 结尾的，比如 Oklahoma City。

19→ 再次单击 SQL 按钮，切换回简单语言模式。删除表达式。

19→ 输入新表达式：NAME contains the text *City*。验证并运行。

19→ 在 Contents 中，右键单击 Cities 图层并选择 Attributes（属性）。在属性窗格中滚动浏览所选城市的名称。查询是否按预期进行？

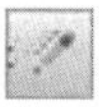

19→ 在 Geoprocessing（地理处理）窗格中，编辑表达式，将 *City* 搜索词替换为 *city*。运行工具。

没有记录符合条件（地图上或属性窗格中没有选定的城市）。数据库通常对大小写敏感，因此在构建查询时必须使用适当的大小写。在表格中输入值时，使用大小写保持一致也很重要。混用大小写，如有时输入 *Smith*，有时输入 *SMITH*，会增加选择的难度。

4. 有多少城市名称以 New 开头？包括 New Brunswick 等城市，但不包括 Newcastle 等城市。查看属性窗格中的名称。________________________

5. 问题 4 的答案包括 West New York，而实际上 West New York 并不是以 New 开头的。查看 SQL 表达式并对其进行编辑，以便从选择中排除类似的城市。有多少城市符合这一更严格的标准？

Make Feature Layer（创建要素图层）工具采用属性查询来创建新图层，并可选择只显示表中的某些字段。试想一下，开发一份关于少数民族美国山区于区域的人口。

20→ 清除所有选择并关闭 Attributes（属性）窗格。

20→ 在 Geoprocessing（地理处理）窗格中，打开 Make Feature Layer（创建要素图层）工具（图 9.21）。

图 9.21 制作新英格兰各州图层

来源：Esri

20→ 将 Input Features（输入要素）设为 States。将 Output Layer（输出图层）命名为 *New England States*。

20→ 输入表达式：SUB_REGION is Equal to New England。

20→ 在 Field Info（字段信息）部分，取消选中除 STATE_NAME、POPULATION 以外的所有字段，以及 WHITE、BLACK 等种族字段（使用 Shift-Click 键选择字段块，只需单击复选框即可打开或关闭所有字段）。

20→ 运行工具。

20→ 打开并查看新英格兰各州图层的表格。完成后将其关闭。

按位置选择

接下来，我们将尝试按位置进行选择。首先，我们将选择所有与河流相邻的县。要选择的要素（县）就是目标图层。

21→ 在 Contents 中，切换到 List By Drawing Order（按绘图顺序列出）面板，关闭 Cities 图层的可见性。完成后返回“按选择列出”面板。

21→ 在地理处理窗格中，打开 Select Layer By Location（按位置选择图层）工具。

21→ 将 Input Features Layer（输入要素图层）设为 Counties（图 9.22）。

21→ 将 Relationship（关系）设置为 Intersect（交集）。

21→ 将 Selecting Features（选择要素）（源图层）设置为 Rivers。

21→ 将 Search Distance（搜索距离）留空。

21→ 将 New selection（新建选择）保留为 Selection type（选择类型）。运行工具。

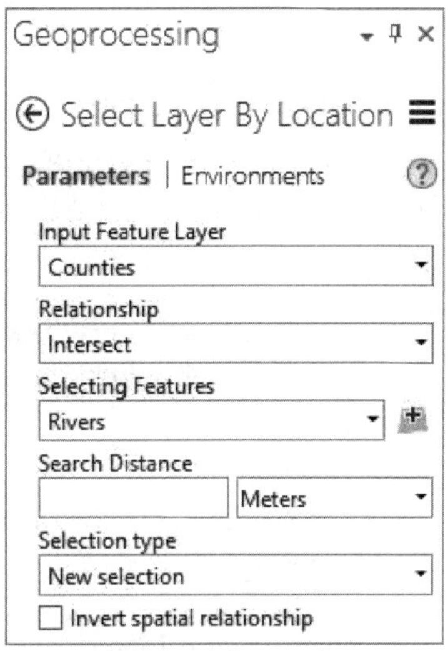

图 9.22 按位置选择图层工具

来源：Esri

接下来，让我们选择包含州首府的县，并将选择保存为新图层。

22→ 在 Select Layer By Location（按位置选择图层）工具中，将 Relationship（关系）改为 Contains（包含），并将 Selecting Features（选择要素）改为 Capitals。

22→ 运行工具并查看地图上的结果。

22→ 在 Contents 中，右键单击 Counties 图层，然后选择 Selection>Make Layer From Selected Features。将新图层重命名为 *Counties with Capitals*。

现在让我们用点和线做一个例子，选择靠近州际公路的城市。

> **提示：** 如果没有出现 Counties selection（县选择）图层，请保存项目并重新启动 Pro。重复选择和创建图层。

23→ 在 Contents List By Drawing Order（按绘图顺序列出）面板中，打开 Cities（城市）和 Interstates（州际公路）的可见性。返回 List By Selection（按选择列出）面板。

23→ 在 Select Layer By Location（按位置选择图层）工具中，将 Input Features Fayer（输入要素图层）更改为 Cities，并将 Selecting Features（选择要素）设为 Interstates。

23→ 将 Relationship（关系）更改为 Within a distance（在一定距离内），并将 Search Distance（搜索距离）设置为 20 英里。运行工具并查看结果。

一个图层上的选择不会受到另一个图层上选择的影响（Counties 的选择仍然存在）。请注意地图右下角的所选要素信息选项卡。总计显示了所有图层的选定要素。使用内容一次清除一个图层的选择。

23→ 在 Contents 中，右键单击 Counties 图层，然后选择 Selection＞Clear Selection。

6. 州际公路 20 英里范围内有多少座美国城市？______

23→ 右键单击 Cities 图层，打开属性表。

23→ 注意表格下方写着（3641，选自 3905）。

7. 使用手持计算器或计算机上的计算器，计算州际公路 20 英里范围内城市的百分比。______

提示：仔细观察人口较少的州，如怀俄明州和内华达州。按人口升序对城市进行排序，并查看 CLASS 字段。该数据集是否包含美国所有城市？该数据集的完整性会对分析产生什么影响？

在上一个示例中，我们将一个图层中的所有要素与另一个图层中的所有要素进行了比较。选择功能将选定的集合保存在比较图层中，允许进行一些操作，例如选择跨越特定州的河流。

24→ 清除所有选中的要素并关闭表格。

24→ 在 Contents 中的 List By Drawing Order（按绘图顺序列出）面板中，关闭 Cities（城市）、Capitals（首府）和 Interstates（州际公路）的可见性。返回 List By Selection（按选择列出）面板。

24→ 使 States 成为唯一可选图层（它应该是唯一选中的方框）。

24→ 点击 **Map：Selection：Select＞Rectangle** 工具，然后选择得克萨斯州。

25→ 在 Select Layer By Location（按位置选择图层）工具中，将 Input Features（输入要素）设为 Rivers，将 Selecting Features（选择要素）设为 States。

25→ 将 Relationship（关系）设置为 Intersect（交集），并删除 Search Distance（搜索距离）。运行工具。

8. 哪些河流与得克萨斯州相交？______

空间查询也可以使用单个图层，将其作为目标图层和选择图层。必须首先选择构成选择标准的要素。例如，让我们选择堪萨斯城 400 英里范围内的所有城市。

26→ 清除所有选定功能。

26→ 在 Contents 的 List By Drawing Order（按绘图顺序列出）面板中，关闭 Rivers 的可见性，打开 Cities。

26→ 打开 Select Layer By Attribute（按属性选择图层）工具，设置为从 Cities 图层中选择

堪萨斯城。运行该工具并查看结果。

27→ 打开 Select Layer By Location（按位置选择图层）工具。

27→ 将 Input Features（输入要素）和 Selecting Features（选择要素）都设置为 Cities。

27→ 将 Relationship（关系）更改为 Within a distance（在一定距离内），并将 Search Distance（搜索距离）设置为 400 英里。运行工具。

属性查询和位置查询按顺序结合起来会更有效。让我们选择所有与山区子区域中的州相交的河流。为此，我们首先使用属性查询选择山区州，然后选择与这些州相交的河流（图 9.23）。不过，从一个选择创建一个临时图层往往很有用，这样可以更好地将其可视化或在另一个查询中重复使用。创建要素图层工具可以轻松实现这一功能。

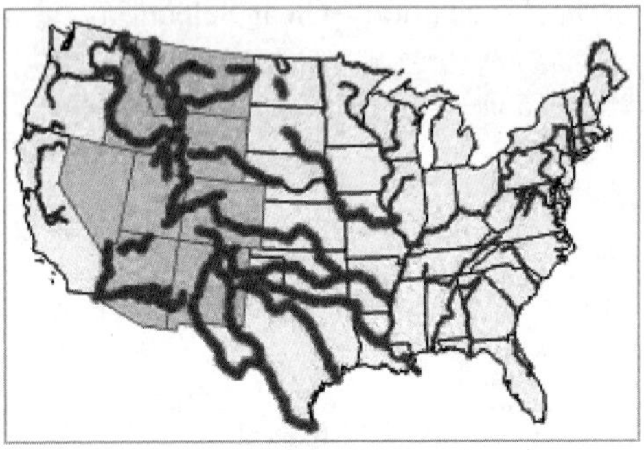

图 9.23　选择穿越山区子区域的河流

来源：Esri

28→ 清除所有选定要素。关闭 Cities 可见性并打开 Rivers。

28→ 打开 Make Feature Layer（创建要素图层）工具。

28→ 将 Input Features（输入要素）设置为 States。

28→ 将 Output Layer（输出图层）命名为 *Mountain States*。

28→ 输入表达式：SUB_REGION is Equal to Mountain。

28→ 保持字段地图不变。运行工具。如果需要，更改 Mountain States 图层符号以查看它们。

29→ 打开 Select Layer By Location（按位置选择图层）工具。

29→ 设置 Input Features（输入要素）为 Rivers，Selecting Features（选择要素）为 Mountain States。

29→ 将 Relationship（关系）设置为 Intersect（相交），然后运行工具。

请注意，许多河流都向东延伸，汇入密西西比河（图 9.23）。因为这些河流穿过了山区州，所以也包括在内。试着只选择山区州境内的河流。

29→ 在 Select Layer By Location（按位置选择图层）工具中，将 Relationship（关系）改为 Within（以内），然后再次运行该工具。

现在几乎没有河流被选中。理想情况下，我们可能希望选择山区内的部分河流。但是，Select Layer By Location（按位置选择图层）只能对整个要素有效。要获取部分要素，我们必须使用 Clip（裁剪）工具，并将要素保存到新的要素类中。

30→ 清除所选要素。

30→ 在 Geoprocessing（地理处理）窗格中，打开 Clip（Analysis Tools）工具。

30→ 将 Input Features（输入要素）设置为 Rivers。

30→ 将 Clip Features（裁剪要素）设置为 Mountain States。

30→ 将输出命名为 MountainRivers 并运行工具。

30→ 关闭 Rivers，以便更好地查看裁剪图层。

30→ 保存项目。

组合查询

将属性查询与空间查询相结合，可以提供强大的分析功能。地震和火山给居民带来了巨大的危害。美国有多少人面临风险，他们住在哪里？

31→ 选择 **Insert**：**Project**：**New Map**，并将新建地图重命名为 *Hazards*。

31→ 切换到 USA Map。选择并复制 States、Counties 和 Cities 图层。

31→ 切换到 Hazards 地图并粘贴图层。

31→ 从 Folders\Usa\usdata 中添加 quakehis（地震历史）和 volcanoes（火山）要素类。

并非所有地震和火山都是危险的。首先，我们将为破坏性较大的地震和活火山创建图层。

32→ 在 Geoprocessing（地理处理）窗格中，打开 Make Feature Layer（创建要素图层）工具。

32→ 设置输入要素为 volcanoes（火山），输出图层为 Active Volcanoes（活火山）。

32→ 输入表达式：KNOWN_ERUP is Greater than 0。运行工具。

33→ 清除并重新打开创建要素图层工具。

33→ 设置 Input Features（输入要素）为 quakehis，Output Layer（输出图层）为 *Damaging Quakes*（破坏性地震）。

33→ 输入表达式：MAG is Greater Than 7 Or MMI is Greater Than or Equal to 8。运行工具。

33→ 删除原来的 volcanoes 和 quakehis 图层，留下选择图层。

首先，让我们确定有多少大城市位于危险地震或火山 50 英里范围内。

34→ 打开 Cities 图层的可见性。

34→ 在 Geoprocessing（地理处理）窗格中，打开 Select Layer By Location（按位置选择图层）工具。

34→ 选择距离活火山 50 英里以内的城市。[该地图表示的区域很大，因此请使用 Relationship（关系）中的 Within a distance geodesic（在测量距离内）]。

34→ 运行工具并保持打开状态。

要选择靠近火山或地震的城市，必须设置选择类型，将靠近地震的城市添加到当前选择中。

34→ 在 Geoprocessing（地理处理）窗格中，在 Select Layer By Location（按位置选择图层）工具中，将 Selecting Features（选择要素）更改为 Damaging Quakes（破坏性地震）。

34→ 将 Selection type（选择类型）更改为 Add to the current selection（添加到当前选区），然后运行工具。

35→ 在 Contents 中，右键单击 Cities，然后选择 Selection>Make Layer From Selected Features（从所选要素创建图层）。

35→ 将新图层重命名为 Risky Cities（风险城市）。

35→ 关闭 Cities 图层的可见性。

9. 使用汇总统计工具确定风险城市的总人数。

然而，并不是每个人都住在城市里。让我们在县方面试试不同的方法。

36→ 关闭 Risky Cities 图层。

36→ 重复前面的步骤，选择距离地震或火山 50 英里以内的县（图 9.24）。

37→ 从所选要素中新建一个图层，命名为 *Risky Counties*。

37→ 给 Risky Counties 一个与 Counties 相反的颜色。清除选择。

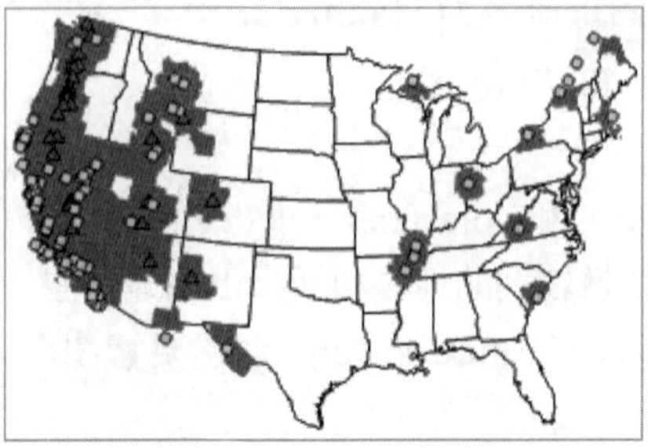

图 9.24　危险地震（黄色）和火山（紫色）附近的危险县（绿色）

来源：Esri

在西部，许多县的面积都很大，因此选定的风险区域比距离地震或火山 50 英里（图 9.24）的更大。对县级区域进行缓冲和剪切可以更好地体现分析结果。要同时缓冲这两个区域，必须合并火山和地震。我们无法合并表格信息，因为字段不匹配，但我们可以合并要素。

38→ 在 Geoprocessing（地理处理）窗格中，打开 Merge（合并）工具。

38→ 将两个 Input Datasets（输入数据集）设置为 Damaging Quakes（破坏性地震）和 Active Volcanoes（活火山）。

38→ 将 Output Dataset（输出数据集）命名为 *Dangers*（危险）。

38→ 忽略 Field Map（字段地图）。运行工具。

39→ 在 Geoprocessing（地理处理）窗格中，打开 Buffer（缓冲区）工具（图 9.25）。

39→ 将 Input Features（输入要素）设置为 Dangers。

39→ 将 Output Feature Class（输出要素类）命名为 DangersBuf。

39→ 将 Distance（距离）设置为 50 英里。

39→ 平面法很好，因为数据是等距投影。

39→ 将 Dissolve Type（融合类型）设置为 Dissolve all output features into a single feature（将所有输出要素融合为一个要素）。

39→ 运行工具。

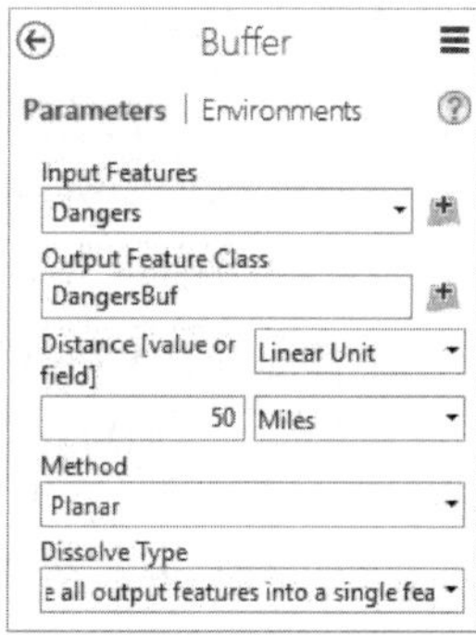

图 9.25　危险缓冲区

来源：Esri

40→ 在 Geoprocessing（地理处理）窗格中，打开 Clip（Analysis Tools）工具。

40→ 将 Input Features（输入要素）设置为 Risky Counties，将 Clip Features（裁剪要素）设置为 DangersBuf。

40→ 命名 Output Feature Class（输出要素类）为 RiskyClip。运行工具。

最后，根据人口密度绘制的地图描绘了特别脆弱的地区。

41→ 关闭所有图层的可见性（States 和 RiskyClip 除外）。

41→ 使用基于 POP2014_SQMI 字段的渐变色符号对 RiskyClip 进行几何间隔分类（图 9.26）。

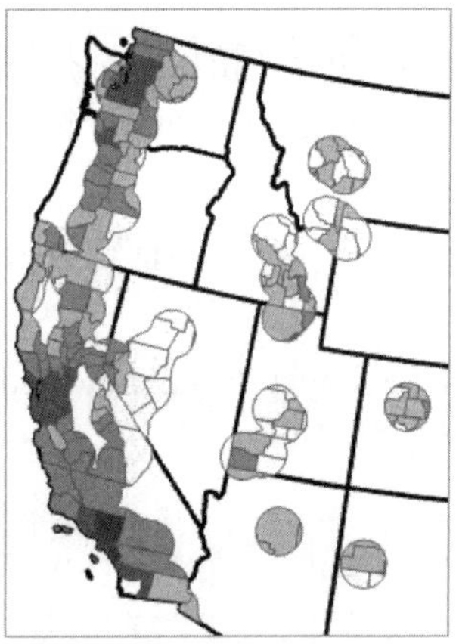

图 9.26　显示地震和火山附近地区人口密度的局部地图

来源：Esri

10. 为什么对 RiskyClip 图层中的人口数量求和会高估缓冲区中的人口数量?

定义查询

定义查询为图层设置一个属性，暂时将图层限制为满足条件的要素。它对于创建作为要素类子集的图层非常有用。

42→ 保存项目并切换回美国地图。

42→ 在 Contents 中，打开 Capitals 的可见性。

42→ 打开 Capitals 图层的属性，查看 Source（来源）设置。源要素类名为 cities。

42→ 切换到属性中的 Definition Query（定义查询）设置。注意其中包含一个表达式：CAPITAL is Equal to State。

42→ 单击取消以关闭 Layer Properties（图层属性）窗口，不做任何更改。

Capitals 图层使用与 Cities 图层相同的要素类。我们创建了一个定义查询，以排除 CAPITAL 字段中不包含 State 的城市。这样可以节省数据库，因为它避免了为首府存储单独的要素类，它还能对信息源的更新做出响应。如果计算出西班牙裔人口在城市中所占的比例，同样的信息也会自动出现在首府图层中。

创建图层文件是一种方便的方法，可以在不同的地图中多次使用 Capitals，而不必每次都重新设置定义查询或符号。

43→ 在 Contents 中，右键单击 Capitals 图层，选择 Sharing＞Save As Layer File。

43→ 单击 Folders（文件夹）条目并导航到 Usa 文件夹。

43→ 将文件命名为 *USCapitals* 并保存。

43→ 切换回 Hazards 地图。

43→ 点击 **Map：Layer：Add Data**。导航到 Folders\Usa 并选择 USCapitals. lyrx 文件。点击 OK。

首府出现了，并带有黄色星形符号，但仍在重复使用城市要素类。定义查询作为原始图层的属性，存储在图层文件中，并继续抑制非首府的城市。图层、图层文件和定义查询是在不影响原始要素类的情况下创建半永久性数据子集的手段。

提示： 在进行定义查询时，请务必进行验证。错误可能会导致图层完全消失，从而造成混乱。

导出数据

有时，创建新的要素类比操作属性来显示子集更有用。试想一下，如果只分析“美国本土 48 个州”，表中没有字段指定该属性，因此定义查询无法实现。表中没有字段指定该属性，因此定义查询无法实现。此外，某些工具（例如裁剪）会忽略定义查询，而使用整个数据集。最后一个例子是，分析中可能需要进行一些编辑，而这些编辑对于原始数据集来说是不合适的。在这种情况下，导出创建新的要素类是更好的选择。

44→ 保存项目。单击 **Insert：Project：New Map**。

44→ 将新地图重命名为 *Lower 48*，并关闭 USA Map 和 Hazards 地图。

44→ 将 USCapitals 图层文件添加到地图中。

45→ 在 Contents 中，切换到 List By Selection（按选择列出）面板，并确保 Capitals 可通过选中该复选框来选择图层。

45→ 点击 **Map**：**Selection**：**Select** 并画出 48 个州首府周围的方框。

45→ 在 Contents 中，右键单击 Capitals 图层，选择 Data＞Export Features。

45→ 将 Output Feature Class（输出要素类）命名为 *L48Capitals* 并运行该工具。

45→ 从地图上删除原有的 Capitals 图层。

让我们再创建几个美国本土 48 个州的数据集。

46→ 从 Usa\usdata 地理数据库中添加 states 要素类。

46→ 选择美国本土 48 个州并导出为 *L48States*。删除原来的州。

47→ 重复上述步骤，创建 *L48Counties* 要素类。

47→ 清除所有选择并关闭任何存在的标签。

使用查询进行空间分析

设想一家全国性公司正在寻求开发五个新的度假村。营销团队确定了四项标准来帮助缩小选择范围：①人口密度低；②气候温暖；③靠近高速公路；④不太靠近城市。由于这些工具现在应该很熟悉了，因此只给出一般说明。

48→ 使用 Make Feature Layer（创建要素图层）工具创建 2014 年人口密度低于 5 人每平方英里的县的图层。将图层命名为 Low Pop。

49→ 添加 Usa 文件夹中的 climatestations2005.dbf 表。

49→ 在 Contents 中，右键单击 climatestations2005 表，选择 Display XY Data。保留默认值，然后点击 OK。

我们将选择所需的站点，并将它们导出到一个新的要素类中。

49→ 在 climatestations2005_XYTableToPoint 图层上使用 Select Layer By Attribute（按属性选择图层），选择年平均气温（Ave_annual 字段）大于 60℉的站点。

49→ 在 Contents 中，右键单击 climatestations2005_XYTableToPoint 图层，选择 Data＞Export Features。将输出命名为 *warmstations*。

49→ 删除 climatestations2005 表格和图层。

> **提示**：我们无法在气候站上使用“创建要素图层”，因为它们是从表格中显示的位置，而不是实际的要素类。

并不是每个县都有气候站，因此选择包含暖站点的县是行不通的，而使用距离选择则会向北延伸太远。相反，我们将使用多边形的交互式选择来指定所需的县。

50→ 在 List By Selection（按选择列出）面板中，右键单击 L48Counties 并选择 Make this the only selectable layer（使其成为唯一可选图层）（查看菜单顶部）。

50→ 点击 **Map**：**Selection**：**Select** 下拉列表中选择 Polygon（多边形）。

50→ 点击输入一个多边形，该多边形绕过北部的暖站点，并包括直至美国南部边界的所有县。双击以完成多边形的绘制并进行选择。

50→ 选定的集合应与图 9.27 相似，不必完全相同。

50→ 将所选要素创建一个图层，并将其重命名为 *Warm Counties*。

51→ 切换到 List By Drawing Order（按绘图顺序列出）面板，并关闭所有图层，除了 Low Pop（低人口）和 Warm Counties（温暖县）。

51→ 清除所有选择。

51→ 使用 Select Layer By Location（按位置选择图层），选择与 Low Pop（低人口）中的要素相同的 Warm Counties（温暖县）。

51→ 从选定的 Warm Counties（温暖县）要素中创建一个图层，并将其重命名为 *Target Counties*。清除选择。

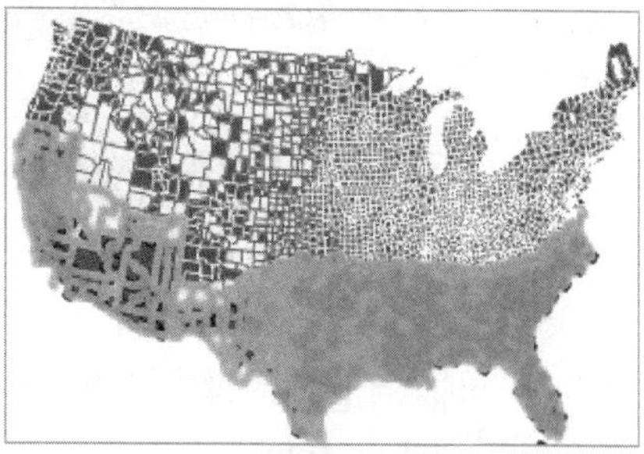

图 9.27 温暖县的选择（青色）

来源：Esri

接下来，我们使用缓冲区和裁剪来查找靠近主要高速公路的区域。缓冲区是一个密集处理过程，因此为了节省时间，我们将只选择靠近目标县的道路。然后，缓冲区工具将只处理选定的道路。

52→ 从 usdata\Transportation 要素数据集中添加 majroads 要素类。

52→ 使用 Select Layer By Location（按位置选择图层）功能选择距离 TargetCounties（目标县）35 英里范围内的 majroads。

52→ 对 majroads 图层建立 30 英里的缓冲区。确保融合所有要素。将输出保存为 *roadbuf30*。

53→ 清除所有选择。

53→ 使用 roadbuf30 图层裁剪 TargetCounties。将输出命名为 *TargetClip*。

最后，我们将使用缓冲区和擦除工具排除与城市过于接近的区域。同样，我们将首先减少处理的城市数量。

54→ 从 usdata 地理数据库中添加 cities 要素类。

54→ 使用 Select Layer By Location（按位置选择图层），选择在 TargetCounties 25 英里范围内的 cities。

54→ 对 cities 图层建立 20 英里缓冲区。确保融合所有要素。保存输出为 citybuf20。

55→ 使用 Erase（擦除）工具，使用 citybuf20 擦除 TargetClip 的区域。为输出命名 *FinalTargets*。

55→ 关闭除 L48States 和 FinalTargets 以外的所有图层。

提示： 擦除工具需要 ArcGIS 高级许可证。如果不具备该功能，请跳过该步骤。或者，使用 Union 工具合并 TargetClip 和 citybuf20，选择字段 FID_citybuf20 等于–1 的输出要素，并将其导出为 FinalTargets（有关 Union 工具的更多信息，请参阅第 10 章）。

FinalTarget 区域应与图 9.28 中的绿色和紫色区域相似，它们可能不完全一致。

在目标区域中，最好是靠近主要机场的区域。

56→ 在 Catalog 窗格中，切换到 Portal 选项卡并选择 ArcGIS Online 图标。

56→ 键入搜索词 *airports*（机场）并找到 USA Airports 要素图层，将其添加到地图上。它包含几个按机场规模排列的不同图层。展开该组图层，找到标有 1 000 000 或以上的图层。

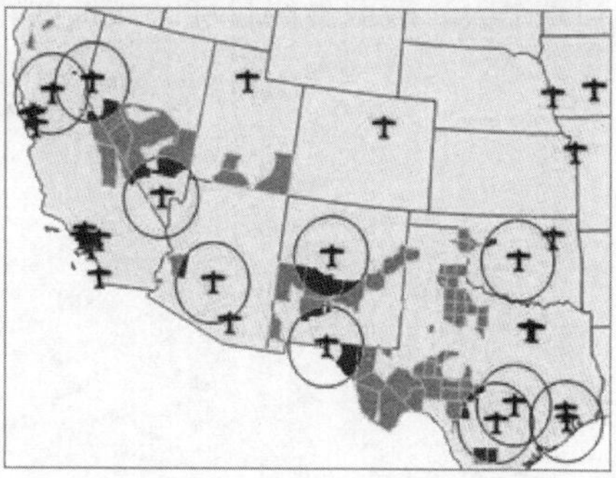

图 9.28 最终目标区域（绿色/紫色）、最佳区域（紫色）和机场缓冲区

来源：Esri

提示：如果您的机场图层与教程中的图层不一致，请尽量按照步骤操作。最终结果可能会有所不同。

57→ 在 1 000 000 或以上图层中选择距离 TargetCounties 图层 105 英里以内的机场。

57→ 机场的缓冲距离为 100 英里，将输出命名为 *airportbuf100*。

58→ 以 airportbuf100 图层裁剪 FinalTargets 图层。将输出命名为 *BestTargets*。

59→ 清理地图，显示最佳目标。它们应该与图 9.28 中的紫色区域相似。

教程到此结束。

→ 保存项目并关闭 Pro。

9.2.2 练习

使用 mgisdata\Usa 文件夹中的数据回答这些问题。

1. 美国有多少个县以 Abraham Lincoln 命名？

2. 美国有多少城市包含 City 一词？有多少个城市以 City 结尾？

3. 距离河流 25 英里以内的州首府占多大比例？

4. 有多少个州至少有一座火山？

5. 美国国会已向联邦紧急事务管理局拨款 1 亿美元，用于帮助大城市做好防震准备。有资格获得资助的城市必须拥有 50 万以上人口，并且距离一次或多次震级超过 6.0 级的地震不到 50 英里。有多少城市符合条件？哪些符合条件的城市不在加利福尼亚州？

一个保护组织正在寻找建立私人野牛保护区的地方。该组织制定了一套标准来缩小可能性。请帮助他们进行分析。

6. 第一步是锁定大平原各州（从北达科他州到得克萨斯州的一些州）或大平原各州 100 英里范围内的县。这些县的人口密度也必须小于 10 人每平方英里。**截取**显示这些目标县的地图。

7. 下一步是排除目标县中距离州内高速公路不足 30 英里或距离城市不足 30 英里的地区。**截取**显示剩余的考虑区域的地图。

8. 其次，最好是距离主要河流 50 英里以内的地区。确定哪些地区也符合这一要求，并**截取**出这些地区的地图。

9. 保护区必须位于私人土地上。查找 ArcGIS Online 图层 Federal_and_Tribal_Land（联邦和部落土地），用它来排除此类区域。**截取**剩余土地的地图。

10. 由于还剩下这么多区域，小组决定将人口密度更低的地区作为目标，即每平方英里不到两个人。**截取**最终目标区域地图。

第 10 章　连接和叠置

目标

学完本章后，您将能够

- 描述空间连接的目的和功能
- 根据基数和要素类型设置空间连接
- 使用地图叠置分析多种空间标准
- 解释空间连接和叠置的区别

10.1　掌握概念

10.1.1　GIS 概念

从最一般的意义上讲，地图叠置分析是指通过处理两个或多个输入图层，基于空间要素的组合关系生成新的输出结果。然而，GIS 从业人员在这一概念下包括哪些类型的操作方面存在很大差异。第 9 章讨论的提取功能（裁剪和擦除）在某种意义上可视为查询，但有些人将其归类为叠置，因为它们可以分割相互交叉的要素，创建新的输出数据集。然而，叠置的其他定义要求在输出中合并输入要素类的属性表。裁剪和擦除不符合这一定义，因为它们只是将被保留的要素属性原封不动地复制到新的要素类中。

空间连接符合叠置的一般定义，尽管它们通常不包括在叠置函数列表中，这可能是因为它们虽然合并了表格，但并不分割要素。对许多人来说，经典的交集和联合函数仍然是叠置的主要例子，它们也是空间分析中最常引用和使用的函数。在本章中，我们将探讨这些不同的空间组合技术，而不必担心如何对它们进行分类。

什么是空间连接?

第 7 章介绍了对表格进行的属性连接——例如，将按州分列的地震汇总表中的信息与州地图进行连接（图 7.9），连接结果可用于绘制用渐变色表示的损失地图。这种连接基于一个公共字段——州名，并且具有“一对一”的**基数**（cardinality）。连接将两个表合并为一个表。目标表（或目的表）从连接表（或源表）接收信息。**空间连接**（spatial join）与属性连接类似，不同之处在于，空间连接不是使用公共字段来决定表中哪些行匹配，而是使用要素之间的空间关系。

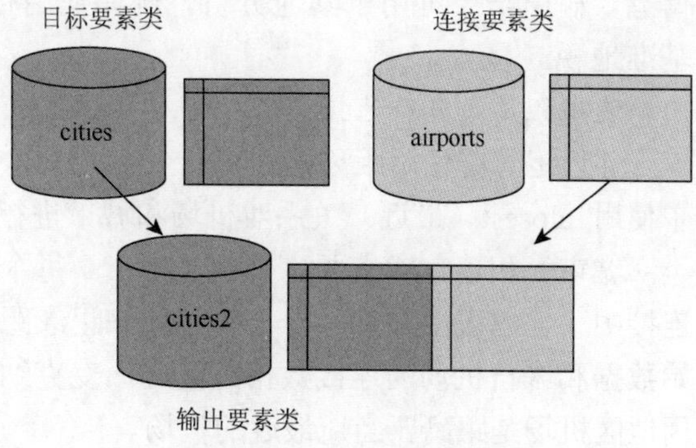

图 10.1　空间连接从目标要素类中复制要素，并从连接要素类中添加属性

与属性连接一样，空间连接指定了一个连接要素类和一个目标要素类。属性连接会将连接属性附加到现有的目标表中，而空间连接则不同，它会创建一个新的要素类。它从目标要素类中复制要素并附加连接图层的属性信息（图 10.1）。两个原始要素类不受影

响。目标要素类决定了输出要素类中的要素类型。如果将机场要素类与以城市为目标的城市要素类连接，那么输出要素类中就会包含城市。

连接的空间关系

空间连接所依赖的空间关系（操作符）与 Select By Location（按位置选择）工具中使用的空间关系（操作符）类似，大致分为相交、邻近或包含等类别（图 10.2）。这里将详细讨论几个最常用的关系。有关这些关系的完整讨论和图形示例，请在 ArcGIS Pro 帮助文档中搜索主题“Select By Location：graphic examples”（按位置选择：图形示例）。

空间连接可在任意两个要素类上执行。用户可以将点连接到点、将多边形连接到多边形、将线连接到点或三种几何图形类型中任何组合，虽然在某些情况下空间运算符可能会减少（例如，点要素不能包含多边形要素）。输出要素类将始终与目标要素类具有相同的要素类型。

intersection（**相交**）	**proximity**（**邻近**）	**containment**（**包含**）
intersect（相交）	within a distance geodesic（在测量距离内）	contains（包含）
intersect 3D（3D相交）	within a distance（在一定距离内）	completely contains（完全包含）
are identical to（与……相同）	within a distance 3D（在3D距离内）	contains Clementini（包含Clementini）
boundary touches（边界接触）	closest geodesic（测量）	within（以内）
share a line segment with（与……共享一条线段）	closest（最近）	completely within（完全在……以内）
crossed by the outline of（被……的轮廓线穿过）		within Clementini（在Clementini内）
have their center in（以…为中心）		

图 10.2　用于连接的空间关系

因为空间连接是如此与空间查询类似，我们不禁要问它们有什么不同，为什么要使用其中一种而不是另一种。关键的区别在于用连接表创建输出数据集。当需要永久关联表信息时，连接很有帮助，例如，当一个要素到另一个要素的距离存储在输出中时。

空间连接示例

使用相交运算符进行连接

相交运算符可测试一个要素是否与另一个要素相交，例如在一个小区中，哪个分区类别与每个地块重叠（图 10.3）。在这个使用 intersect（相交）关系的空间连接中，地块要素类是目标，连接要素类是分区。每个要素类的每个要素都有自己的属性。执行空间连接时，会创建目标图层的副本。对每个地块进行测试，以确定与之相交的分区多边形，并将该分区的属性附加到地块记录上。最终表格包括每个地块的属性信息：标准地块属性加上分区信息。输出结果可用于其他分析，例如使用每个地块的面积和指定税率来计算每个地块的基准地税。

使用距离运算符连接

邻近运算符使用距离指标将一个要素及其属性与另一个要素连接起来。图 10.4（a）展示了使用 closest（最近）关系对机场和城市进行连接的情况。连接要素类（机场）与目标要素类（城市）相连。输出要素类包含城市。每个城市都有离它最近的机场的属性信息。在距离连接中，输出表中增加了一个新字段来记录距离。输出属性表包含两部分，即来自城市的原始数据和来自机场的连接数据。因此，麦克纳里机场是距离阿代尔村最近的机场，而东俄勒冈地区机场是距离亚当斯最近的机场。

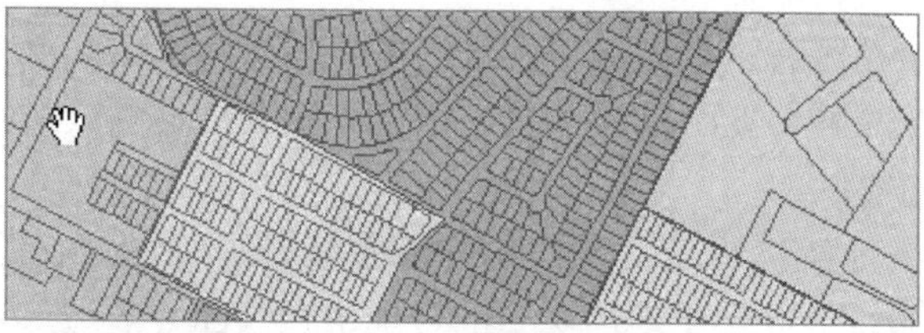

地块

BLOC	LOT	ADDRESS	STREET_NAM	PARCEL_ID
A	2	614	BISSONET	0234111302
B	2	205	CROSLIN	0232120702
8	22	402	BLACKSON	0231140418
C	2	205	O DELL	0232120902

分区

Zone	Setback	TaxRate
Residential L	10	0.5
Residential L	10	0.5
Residential H	5	0.6
Residential L	10	0.5

BLOC	LOT	ADDRESS	STREET_NAM	PARCEL_ID	Zone	Setback	TaxRate
A	2	614	BISSONET	0234111302	Residential L	10	0.5
B	2	205	CROSLIN	0232120702	Residential L	10	0.5
8	22	402	BLACKSON	0231140418	Residential H	5	0.6
C	2	205	O DELL	0232120902	Residential L	10	0.5

图 10.3　使用相交运算符将地块和分区信息结合起来的空间连接

来源：得克萨斯州奥斯汀市

NAME	POP2007
Adair Village	594
Adams	309
Adrian	144
Albany	44957
Aloha	48048

NAME	TYPE
Astoria Regional	Regional
Eastern Oregon Regional	Regional
Klamath Falls International	International
Mahlon Sweet Field	
Mcnary Field	

NAME	POP200	airports_NAME	TYPE	Distance
Adair Village	594	Mcnary Field		31539
Adams	309	Eastern Oregon Regional	Regional	23161
Adrian	144	Eastern Oregon Regional	Regional	258469
Albany	44957	Mcnary Field		31420
Aloha	48048	Portland Intl	Internatio	24056

(a)

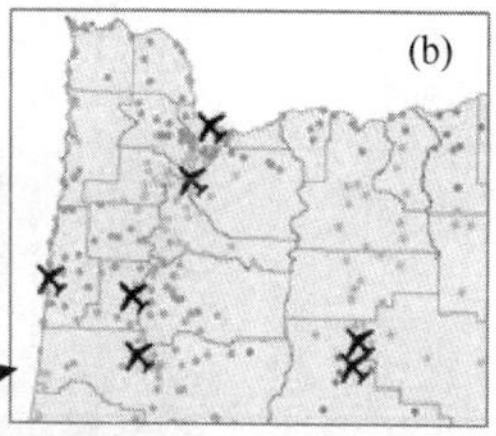

(b)

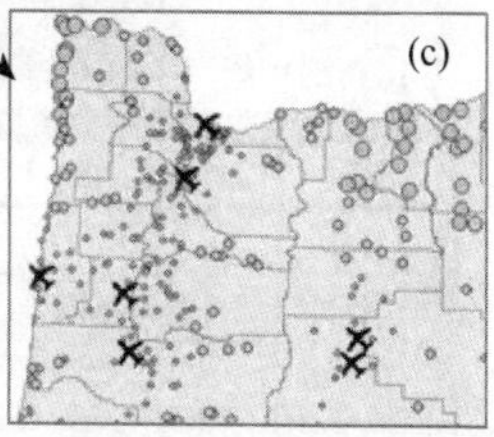

(c)

图 10.4　城市和机场之间的空间距离连接：（a）连接的表格；（b）基于机场名称的唯一值图；（c）基于距离的渐变符号图

（b）、（c）来源：Esri

新连接图层创建了两张地图。图 10.4（b）是基于机场名称的唯一值图，因此每个点的颜色都是基于最近的机场。假定人们会开车前往最近的机场，那么这些颜色就表示了每个机场服务的城市。第二张地图是根据距离字段绘制的渐变符号图，圆圈越大表示与机场的距离越远［图 10.4（c）］。距离字段的单位始终以存储的坐标系统单位表示。这些数据采用俄勒冈州兰伯特坐标系统，单位为米。

提示：连接后一定要查看原始坐标系统，以验证距离值的单位。此外，请记住距离连接只能在保留距离的投影坐标系统上进行，否则结果将无效。

使用包含运算符连接

在使用包含操作符 within（以内）进行连接时，要素类的记录会根据一个要素是否位于另一个要素内部进行连接。图 10.5 显示了一个包含化粪池系统位置的点图层和一个显示地质的多边形图层。设想一个社区有一个为城市供水的多孔地质含水层。城市范围外的广泛开发引起了城市对化粪池系统故障可能污染含水层的担忧。要评估这种威胁，就必须确定含水层露头区域内化粪池系统的数量。

空间连接可以完美地解决这个问题。化粪池系统是目标图层，并成为输出要素类。如图 10.5 所示，化粪池系统 800 位于地质层中的台地沉积（Qt）多边形内，因此该地质多边形的属性被附加到记录中。化粪池系统 836 和 839 位于纳瓦罗组（Knb）多边形内，并接收该多边形的属性。输出表有助于评估有多少化粪池系统位于敏感地质单元上。

从包含操作符中选择哪种关系部分取决于连接的方向。在图 10.5 中，使用了 within 操作符，因为目标是化粪池图层，我们希望确定化粪池系统所在的多边形区域。如果以地质为目标，我们就必须询问每个多边形包含哪些化粪池系统。

根据所使用的图层，不同的运算符可能会产生类似的结果。例如，在上述地块和化粪池系统的例子中，intersect（相交）运算符和 within（以内）运算符通常会产生相同的结果。但是，如果目标要素位于或跨越连接要素的边界。在这两个例子中，预计不会出现这种情况，但在其他情况下（如溪流穿过地质单元），这种情况就更有可能发生。

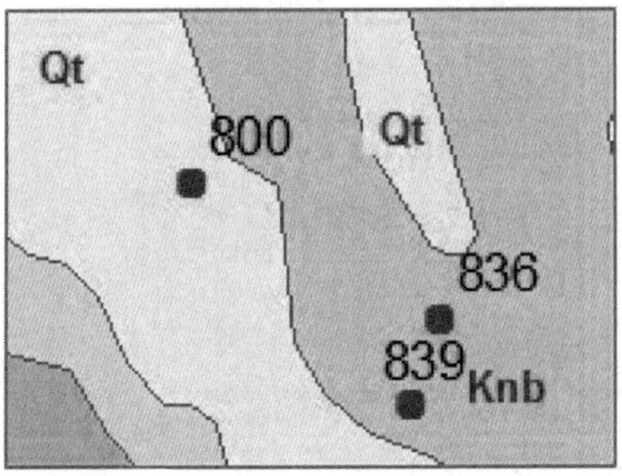

化粪池系统

ID *	cntycode	basin	gma
800	453	14	8
836	453	14	8
839	453	14	8

地质

LABEL	NAME
Kpg	Pecan Gap Chalk
Knb	Navarro Group
Qt	Terrace deposits

ID	cntycode	basin	gma	LABEL	NAME
800	453	14	8	Qt	Terrace deposits
836	453	14	8	Knb	Navarro Group
839	453	14	8	Knb	Navarro Group

图 10.5　空间连接为每个化粪池系统提供了其所在地质多边形的属性

来源：USGS、得克萨斯州奥斯汀市

空间连接中的基数

就像属性连接一样，空间连接的基数也是一个重要问题。目标要素类中的每条记录只能附加一条来自连接要素类的信息。在执行空间连接之前，必须评估目标要素和连接要素之间的潜在基数。

在第一个为地块分配分区的例子中，我们指定了 intersect（相交）运算符。由于分区边界通常是沿着道路中心线绘制的，很少与地块相交，因此我们预计一个地块绝不会存在于两个不同的分区多边形中，因此预期的基数是“一对一”。但是，如果我们怀疑由于数据错误可能会出现重叠，我们可能希望在设置连接时考虑到这种可能性。

在城市和机场的例子中，我们选择了 closest（最近）运算符。由于只有一个对象可以最接近另一个对象，因此可以确保“一对一”的关系。我们不需要安排连接来处理多个匹配。

在化粪池系统和地质的空间连接中，我们选择了 within（以内）运算符。由于一个点不可能同时位于两个不重叠的多边形内，因此我们再次保证了“一对一”的关系。但是，如果我们选择使用 intersect（相交）运算符，化粪池系统点就有可能（尽管很少见）正好位于两个地质多边形的边界上，从而产生潜在的“一对多”关系。此外，如果我们尝试以地质为目标并指定 contains（包含）操作符进行连接，那么一个地质单元很可能包含多个化粪池系统点，从而再次形成“一对多”的关系。

鉴于每条目标记录只能附加到一条源记录上，我们该如何处理目标要素和连接要素之间潜在的“一对多”基数呢？有两种基本方法。**“一对一”连接操作**规定，每个连接要素将复制一次到目标要素。如果目标要素与连接层中的多条记录相匹配，则将应用**合并规则**生成一条记录进行附加，例如，通过平均或相加所有匹配记录的数值来生成一个值。**“一对多”连接操作**会创建每个目标要素的副本，直到有足够的副本与每个匹配的连接要素进行追加。必须谨慎使用这种方法，因为它可能会为每个目标要素创建许多重复副本，从而导致数据集非常庞大。此外，这种方法通常也不如“一对一”连接操作有用。

提示：请注意不要将目标要素和连接要素之间的基数与连接操作的类型相混淆。当目标要素和连接要素之间的基数为“一对多”时，通常会执行“一对一”连接操作。连接类型术语指的是输入目标要素和输出要素之间的基数，而不是两个输入表之间的基数。

当一个目标要素可能匹配多个连接要素时，明智的做法是为连接层中的每个字段创建合并规则。我们可以称这种方法为**合并连接**。考虑一个空间连接，其中为了评估富含黏土的土壤所带来的维护成本，我们将公路与土壤单元连接起来。每条公路都可能穿过多个土壤单元，这是一种“一对多”的基数关系。图 10.6 显示了俄勒冈州莫罗县的公路地图和土壤黏土百分比地图。

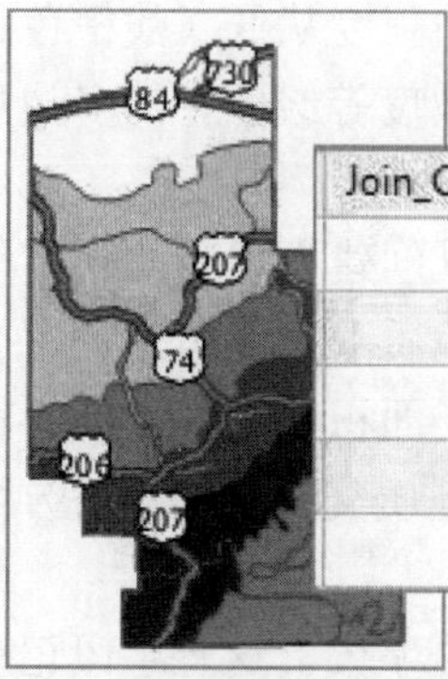

Join_Count	TARGET_FID	HWY	MUID	CLAY	SLOPE	HYDGRP	HYDJOIN
3	638	206	OR148	23.3	23.3	D	D,C,C
3	665	74	OR153	9.6	9.1	B	B,B,B
3	676	207	OR153	9.6	9.1	B	B,B,B
3	681	74	OR160	15.8	5.8	B	B,B,C
2	640	206	OR160	17.9	8.2	B	B,C

图 10.6　在具有“一对多”基数的“一对一”空间连接中管理合并规则

来源：USGS/Esri

对于数值数据，合并规则通常涉及统计，如计算匹配记录的总和或平均值。图 10.6 中的表格显示了合并连接的输出表。Join_Count 字段表示每条公路要素与多少个土壤单元相交。包括黏土百分比（CLAY）和坡度（SLOPE）在内的数值字段被取平均值并附加到公路记录中。因此，206 号公路的第一条记录包含的黏土和坡度值是从它所穿过的三个土壤单位中平均得出的。

对于文本或分类数据，如地图单元标识符（MUID）或水文组（HYDGRP），可用的统计量是有限的，因为这些值无法平均或求和。一种常见的方法是选择数据表中存储的第一个或最后一个值，但这种方法产生的结果随意性大，而且用处不大。在图 10.6 中，MUID 和 HYDGRP 字段都包含第一个值。

还有一种更复杂的解决方案（并非所有 GIS 程序都能提供），就是将这些值用某种分隔符（如逗号）分隔开来。例如，如果一条公路穿过水文类别为 B、C 和 D 的三个土壤单位，输出字段将包含“B，C，D”。该选项要求创建一个足够长的新字段，以接受合并后的值。在本例中，创建了一个长度为 50 的名为 HYDJOIN 的新字段来保存合并值。此解决方案虽然很方便，但在实施前需要仔细考虑。如果一个目标要素可能与许多不同的连接要素匹配，那么连接值可能对字段来说太大。

经典叠置

目标要素和连接要素之间的“一对多”关系可能很难管理，这也是为什么有其他工具来规避这些问题的原因之一。经典的叠置功能是最早为 GIS 分析开发的功能之一，经常被作为空间分析功能的范例。与空间连接一样，这些功能将两个图层结合起来，创建新的输出要素类包含来自两个输入的信息。不过，与空间连接不同的是，如果要素相互交叉，就会被拆分，从而创建新的要素，并在每个表的属性之间建立“一对一”的关系，避免了“一对多”或“多对多”的基数情况下出现的问题。

在图 10.6 中，想象一下当公路从一个土壤单元穿越到另一个土壤单元时，将公路分割开来。74 号公路穿过四个不同的多边形，因此它将被分割成四块，每块都是只存在于一个多边形中。在路段和土壤多边形之间建立“一对一”基数，使土壤单位在任何情况下都能与道路相连，无须合并或汇总。输出表中的每条道路都将包含其原始属性及其所穿过多边形的属性。

评估山体滑坡或落石等地质灾害就是叠置分析的一个很好的例子。风险主要取决于两个因素，即地形的坡度和地质单元的强度（能力）（砂岩比页岩强度高，不易滑动）。图 10.7 显示了坡度等级图（颜色越深表示坡度越高）和地质图，地质单元的强度从低（浅橙色）到高（深橙色）依次排列。叠置图中最底层的地图显示的是将地质图和坡度等级图中的多边形组合后的叠置结果。

在叠置过程中，原始多边形的所有边界都被转移到输出端，以创建不重叠的新多边形，每个新多边形都被赋予原始多边形的属性，其中包含同一要素的地质和坡度信息。每个新多边形都被视为有两个父多边形，每个父多边形都为子多边形提供了面积和属性。请看输出中选定的子多边形（粉红色）。其顶部的七个属性（橙色轮廓）来自地质父要素类。下方两个属性（蓝色轮廓）来自坡度等级图层。

在图 10.7 中，请注意 FID_SDgeology 和 FID_slopeclass 这两个字段。这些字段记录了父多边形的原始要素 ID。如果输出多边形在其中一个输入图层中没有对应的父要素时，通常由父图层提供的输出字段值将被设置为＜Null＞，但 FID_parent 值除外，该值会被设为–1。这种处理方法允许用户识别没有两个父图层的多边形，有时会很有用。在极少数情况下，保留这些字段并将其用于创建返回原始要素类的连接也会很有用。不过，在大多数情况下，这些字段用处不大，可以去掉以简化输出表。

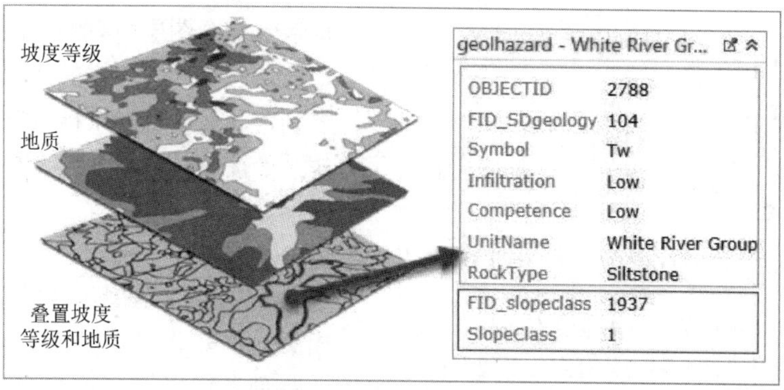

图 10.7　叠置结合了两个要素类的要素和属性表

来源：南达科他州地质调查局

为了评估地质灾害，可以选择和绘制表示风险的属性组合。例如，高强度和陡坡的组合会产生落石风险，然后，可将落石与道路测绘在一起，找出可能需要标志或缓解措施的路段，以降低对汽车造成的风险（图 10.8）。

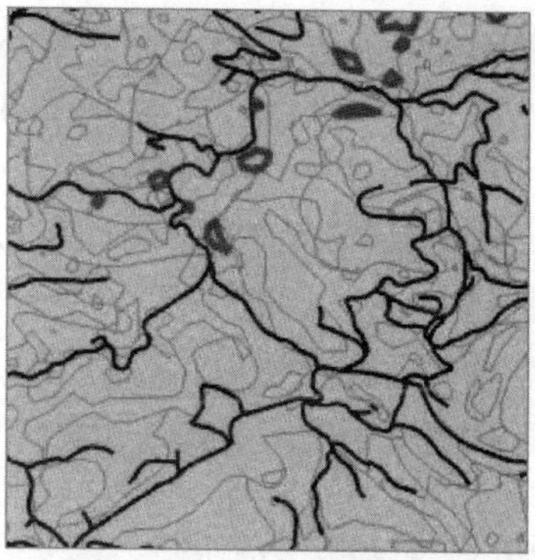

图 10.8　在靠近道路的地方，容易发生落石（粉红色）的区域会带来风险

来源：南达科他州地质调查局，黑山国家森林公园

相交和合并

经典叠置包含两种功能。**合并**（union）将两个多边形图层合并，保留所有区域并合并两个图层的属性。**相交**也是合并属性，但只保留两个图层共有的区域（或线或点），可以对点、线或多边形执行。

在合并分析中，主要目标通常是评估各种属性的组合，如上述地质灾害分析所示。通常情况下，两个输入数据集的地理范围是相同的。否则，只存在于一个输入数据中的区域将只能从其中一个父多边形中获得属性，从而无法找到感兴趣的组合。

使用相交时，输入要素所代表的区域通常不会匹配，主要目标是找到同时存在两个或多个条件的重叠区域。该函数提供了**适宜性分析**（suitability analysis）一类问题的基础——根据一系列地理限制条件，对景观进行评估，以找出哪些区域最符合特定目的。

例如，我们可以为具有特定环境要求的物种找到潜在的栖息地。想象一下，在南达科他州的黑山上栖息着一种罕见的蜗牛。这种蜗牛喜欢茂密针叶林中的石灰质土壤，而且很少在高程 1600 m 以上或 1200 m 以下发现它。查询每个数据集（高程、地质、植被）以找到满足指定条件的区域，然后将得到的三个图层的交集，找出三个条件都满足的区域（图 10.9）。输出结果中的栖息地多边

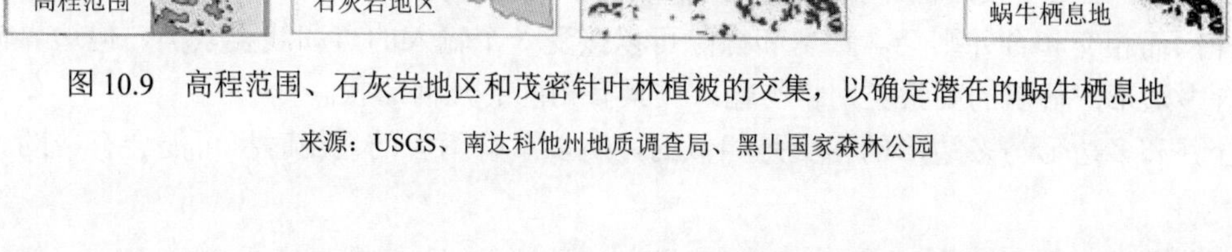

图 10.9　高程范围、石灰岩地区和茂密针叶林植被的交集，以确定潜在的蜗牛栖息地

来源：USGS、南达科他州地质调查局、黑山国家森林公园

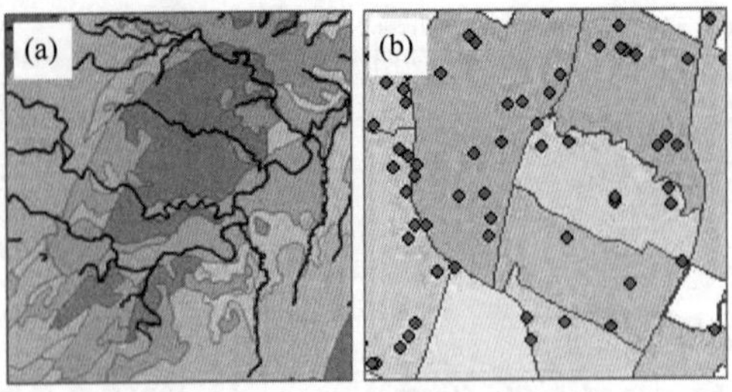

图 10.10　（a）将地质单元分配给具有线与多边形相交的溪流；（b）将学区分配给具有点与多边形相交的待售房屋

来源：USGS、得克萨斯州奥斯汀市

形包含三个图层所有的全部属性，如果需要这些信息的话。这样的地图将有助于生物学家制定计数种群的采样策略，分析栖息地是相互连接还是相距甚远，并做出保护蜗牛的森林管理决策。

叠置几何图形

蜗牛栖息地展示了多边形与多边形的相交。但是，与合并不同，相交并不局限于两个多边形图层。相交可以将多边形的属性分配给多边形中的线或点。在图 10.10（a）中，多边形与线相交用于为每个溪流河段分配地质单元，有助于估算地下水对溪流的影响。我们还可以将点与多边形相交，即点在多边形内的相交。房地产商可能会有一个待售房屋的点要素类，将其与代表小学学区的多边形数据进行相交操作，从而为每套待售房屋分配对应的学区［图 10.10（b）］（请注意点在多边形内的相交等同于以点图层为目标，使用相交运算符进行的空间连接）。

合并功能需要两个多边形输入图层，而相交工具则用途更广。输入和叠置层可包含点、线或多边形。输出的几何图形可以不同，但不能超过最低输入的维度。

如果输入都是多边形，输出可能是点、线或多边形。在图 10.11（a）中，两个圆可能代表两所学校周围的无毒品区。多边形输出显示重叠区域；线输出勾勒出重叠区域的边界；点输出显示两个圆的边界交叉处。

如果输入都是线要素类，输出可能是线或点［图 10.11（b）］。这些线可能代表路径，此时线输出将找到两条路径相交的位置，点输出可以找到需要设置路标的路径交叉点。

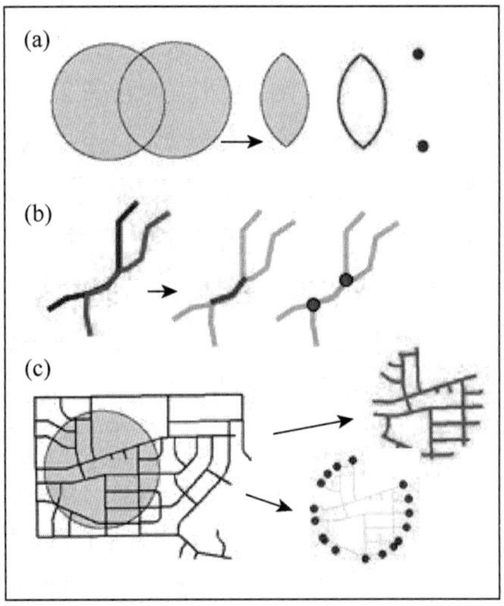

图 10.11　相交几何图形：（a）多边形产生多边形、线或点；（b）线产生线或点；（c）多边形和线产生线或点

如果输入是多边形和线，输出可能是点或线［图 10.11（c）］。如果圆表示学校周围禁止性犯罪者居住的区域，线输出可以提供禁止居住的街道和地址范围列表。如果城市打算在进入该区域的每条街道上都设置标志牌，那么点输出将估算出所需标志牌的数量以及应设置在何处。

两组点数据相交要求输出为点，但这并不是常见的分析方法，除非有人要在两个不同的数据集中寻找重复的点。

比较叠置功能

图 10.12 总结了使用两个多边形输入图层的不同叠置操作。裁剪和擦除不会合并输入图层的属性，而相交和合并则会。裁剪和擦除可以接受一个输入的点和线要素类，但边界输入必须包含多边形。输出的要素类别将与输入类具有相同的几何形状。

合并和多边形与多边形的相交是相似的，所以了解两者的使用时机可能会有帮助。相交的主要用途是查找某些条件重叠的区域。通常情况下，输入图层占据不同的区域，如图 10.9 所示的高程范围、石灰岩地区和茂密针叶林植被图层。该运算目标是找到输入的共同区域。虽然每个输入的属性都会合并到最终表格中，但有时属性本身并不重要。在蜗牛栖息地问题中，相关的属性已经通过查询进行了预选，主要目标是绘制叠置地图。

在合并过程中，主要目标是合并表格。一般来说，输入图层都完全占据同一区域，如图 10.7 所示的地质图层和坡度等级图层。预计整个地图区域将保持不变，但新要素将包含两个输入的属性。合并后，下一步通常是进行属性查询，以找到具有特定属性组合的区域，或将这些组合符号化，以显示感兴趣的区域。在山体滑坡危险的例子中，我们可能会提取页岩和陡坡区域，并将它们相交，以显示存在高危险区域的位置。危险要么存在，要么不存在。不过，通过合并，我们可以分析地质和坡度的不同组合，以评估对边坡稳定性的潜在影响。

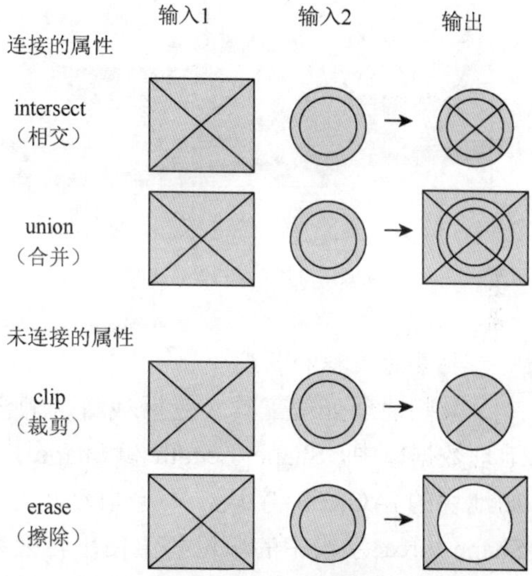

图 10.12 多边形叠置操作汇总

合并也可以替代擦除工具，后者需要 ArcGIS 高级许可证。假设希望使用圆形图层擦除正方形图层（图 10.12），但没有相应的许可证时，首先要进行合并，将两个图层的所有区域合并在一起。但是，圆形外的输出多边形没有来自圆形图层的父多边形，如前所述，它们在 FID_circles 字段中的值为−1。选择 FID_circles = −1 的多边形并将其导出到新的要素类中，将得到与擦除工具结果相同的区域。但结果并不完全相同，因为合并工具会合并表格，所以输出中会包含圆形和正方形字段。而擦除会忽略叠置层（圆形图层）的属性，输出结果只包含正方形图层的属性。

空间分析中的数据质量因素

逻辑一致性

与空间查询一样，叠置和空间连接也会遇到数据准确度和逻辑一致性（数据关系是否与现实世界中的条件相匹配）方面的问题。请看图 10.13，图中显示了人口普查区多边形和一个县的边界（棕色线）。在现实世界中，人口普查区边界和县的边界应该是重合的，但这些数据集来自两个不同的数据源和两个不同的数据源比例，而且它们还没有经过校正以匹配。

在空间连接中，这种差异会导致匹配问题。如果使用 within（以内）或 contains（包含）操作符的空间连接中，沿边界的小多边形实际上并不在县内（或该县不包含小多边形），输出表将因无法识别匹配而接收空值。如果使用 intersect（相交）运算符，一个小多边形可能会与不止一个县匹配，这显然是错误的，可能会在输出中产生不一致。解决此类问题通常很困难，在这种情况下，空间连接技术将不会有效。

在提取或经典叠置中，不准确的边界或逻辑不一致可能会产生无关的小多边形，称为**碎屑多边形**（slivers）（图 10.13）。这些碎屑多边形并不代表有效的数值组合，在计算统计或执行后续操作时会造成困扰。在叠置时，通常需要防止出现碎屑多边形。当计划进行多次叠置或分析操作时，碎屑多边形尤其麻烦，因为错误会随着每一步的进行而传播和成倍增加。

在叠置操作中可以通过指定一个 **XY** 容差来减少碎屑多边形。该容差指定了顶点之间的最小距离，它将合并靠得很近的顶点。不过，容差适用于所有顶点，可能会降低数据集的准确度。如果使用容差，应谨慎选择足够大的值，以便在不使其他顶点偏移不可接受的距离的情况下校正碎屑多边形。

请看图 10.13 中代表 XY 容差的紫色圆圈。较小的黄色和绿色碎屑多边形将从输出中删除，但较大的粉红色碎屑多边形不会被删除。可以使用 Eliminate（消除）工具（需要 ArcGIS 高级许可证）从现有数据集中删除碎屑多边形。

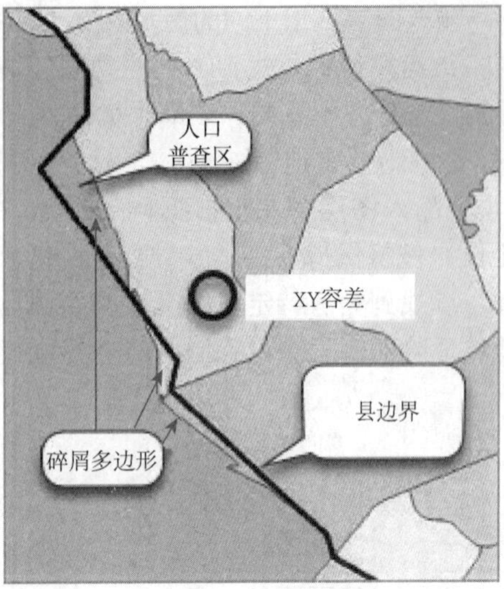

图 10.13　人口普查区与县边界之间的逻辑不一致

来源：得克萨斯州奥斯汀市

提示：请始终牢记，数据准确度和逻辑一致性问题可能会对分析产生负面影响，并可能使结果失效。要对潜在问题保持警惕。

要素的面积和长度

某些地理处理工具（包括裁剪、融合、相交或合并）会影响输出要素的面积或长度。在地理数据库中，Shape_Length 和 Shape_Area 字段会自动更新为新值。但是，用户创建的字段，如地块的 ACRES 字段，不会自动更正。用户必须采取措施手动更新此类字段，例如根据 Shape_Area 字段中的单位和值使用转换系数重新计算英亩数或使用计算几何属性工具。本书中附有转换系数表。Shapefile 不包含在地理处理后自动更新的面积或长度字段，所有此类字段都必须使用上述方法之一进行手动更新。

10.1.2　关于 ArcGIS

ArcGIS 中的叠置功能包括提取、空间连接和经典叠置，都是作为工具实现的。由于这些工具具有相似性，因此确定哪种工具最适合手头的问题往往是最困难的任务。当不需要对属性表进行组合时，提取功能是最佳的。输出数据集的字段与输入数据集的字段完全相同，但覆盖的区域不同。空间连接和经典叠置都旨在组合属性表。当要素之间是“一对一”的关系时，它们会产生类似的结果。在处理“一对多”的关系时，空间连接最适合汇总或合并信息，同时保留目标要素不变，而经典叠置则可以将要素分割成若干块。

设置空间连接

空间连接的实现具有挑战性，因为选项非常复杂，受连接的要素类型（点、线或多边形）、目标图层的选择、使用的运算符（相交、邻近、包含）、连接图层之间的基数以及连接操作本身的基数的影响。最重要的是要清楚地看到所需的结果，以便做出适当的选择。这一系列问题可帮助分析人员正确配置空间连接。

最终输出的图层或表格应该是什么样的？哪个是目标图层？

哪种空间运算符合适？输出表中需要哪些字段？

一个目标要素能否匹配多个连接要素？如果可以，应该如何处理？

想象一下，加利福尼亚州国会选区的一位代表正在发起一项立法，为地震应急规划提供资金，她正在寻求支持。她计划举办一个聚会，邀请那些在地震中有人员死亡的选区的代表参加。她要求她的工作人员吉姆，提供邀请名单的姓名。吉姆非常感激自己所学的 GIS 课程，他获得了第 114 届国会选区和地震的数据集（图 10.14），绘制了一张地图将其可视化，并开始思考问题。

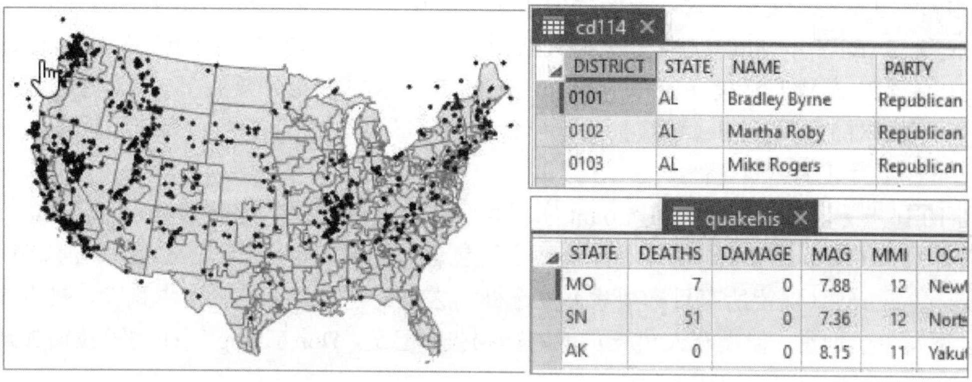

图 10.14　地震和第 114 届国会选区数据集

来源：Esri

最终输出的图层/表格应该是什么样的？吉姆需要一份国会选区列表，包括代表姓名。他还需要知道每个选区的地震死亡人数。

哪个是目标图层？输出层中的要素总是与目标图层中的要素相匹配。如果选择选区作为目标图层，那么输出图层将包含选区信息。如果选择地震作为目标图层，那么输出图层将包含地震数据。吉姆需要表格中有选区列表，因此选区必须是目标图层。

哪种空间运算符合适？显而易见的选择是将每一次地震都归属于其发生的选区。虽然包含运算符或相交运算符都能适用，但在这种情况下，相交运算符略胜一筹。地震正好发生在一个选区的边界上的可能性不大，但也是有可能的。如果使用包含运算符，地震就不会被分配到任何选区，其死亡人数将不计算在内。如果采用相交运算符，地震将被分配到两个选区，死亡人数将被计算两次，但在这种情况下，这并不是一个不合理的解决方案。

输出表中需要哪些字段？吉姆至少需要选区识别信息、代表姓名和地震死亡人数的总和。

一个目标要素能否匹配多个连接要素？可以，一个选区可以包含多个地震。吉姆不希望在输出中出现多个选区的副本，他想要的是一个选区的死亡人数总和。因此，带有合并规则的“一对一”连接操作是最佳解决方案。

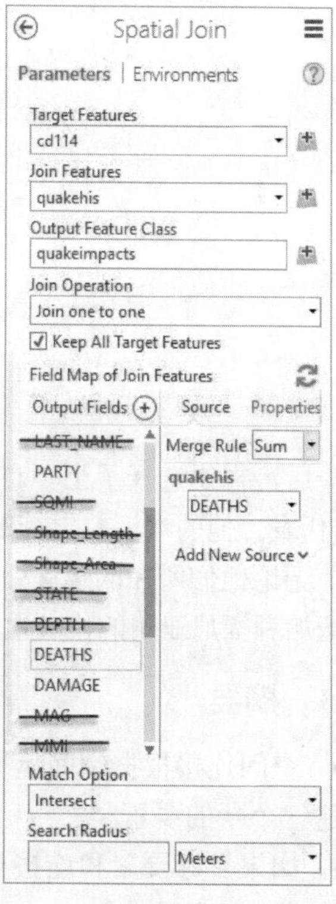

图 10.15　查找国会选区的地震死亡人数

来源：Esri

问题解答完毕后，吉姆准备执行连接。他打开空间连接工具并进行设置，如图 10.15 所示。目标要素、连接要素、输出要素类和连接操作可以使用问题的答案。他犹豫了片刻，决定是否取消选中 Keep All Target Features（保留所有目标要素）复选框。选中该复选框意味着没有地震的选区将被包含在输出要素类中。吉姆决定暂时保留所有选区，如果他的老板决定多邀请几个人参加聚会，他将仍然拥有这些名字。

字段地图需要花更多心思。吉姆保留了选区表中最相关的字段（DISTRICTID、STATE、NAME 和 PARTY），以便在准备邀请列表时使用。对于地震表中的相关字段，他选择了 DEATHS（死亡人数）字段并应用了 Sum Merge Rule（求和合并规则）。因为好奇，他还用求和合并规则对 DAMAGE（财产损失）字段进行了设置。最后，吉姆为匹配选项选择了相交运算符并运行工具。

图 10.16 显示了输出表。Join_Count 字段表示在该选区发现的地震数量。请注意，前三条记录的计数值为零（不包含地震），因此摘要字段包含＜Null＞值。如果工作人员取消选中 Keep All Target Features（保留所有目标要素）复选框，这三个选区就会从表格中删除。接下来的四个选区都发生了地震，但没有人员死亡或财产损失。但是，Don Young 所在的阿拉斯加选区有 125 人死亡。

在为输出创建新表时，每个要素都会收到一个新的 FID，以便在表中唯一标识。TARGET_FID 字段记录了原始目标图层中要素的 FID。有时，这些信息对于追踪输入层的特定要素非常有用。

Join_Count	TARGET_FID	DISTRICT	STATE	NAME	PARTY	DEATHS	DAMAGE
0	1	0101	AL	Bradley Byrne	Republican	<Null>	<Null>
0	2	0102	AL	Martha Roby	Republican	<Null>	<Null>
0	3	0103	AL	Mike Rogers	Republican	<Null>	<Null>
1	4	0104	AL	Robert B. Aderholt	Republican	0	0
1	5	0105	AL	Mo Brooks	Republican	0	0
4	6	0106	AL	Gary J. Palmer	Republican	0	0
1	7	0107	AL	Terri A. Sewell	Democrat	0	0
29	8	0200	AK	Don Young	Republican	125	31100000

图 10.16　空间连接的输出表

来源：Esri

最后，吉姆选择了至少有一人在地震中死亡的选区，并制作了一张邀请名单，总共邀请了 28 名代表。他的老板希望有更多的人参加聚会，因此她指示吉姆邀请所有来自加利福尼亚州的代表，无论他们所在的选区是否有地震死亡人员。吉姆很庆幸他把所有选区都保留了下来，于是他把加利福尼亚州的代表也加了进来，最后得到了一份包含 65 个名字的名单。

10.1.3　摘要

- 空间连接根据空间运算符评估的要素位置，将两个要素表的记录结合起来。空间连接会创建一个新的要素类。
- 如果目标要素和连接要素之间的基数为“一对多”，则需要进行“一对多”连接操作，或进行带合并字段的“一对一”连接操作。
- 基于邻近操作符的连接可包括在输出表中添加一个以目标图层地图单位测量的距离字段。
- 地图叠置类似于空间连接，但它会在要素部分重叠时将其拆分。在输出表中连接要素属性时，该功能会强制执行要素之间的一一对应关系。

- 地图叠置有两种基本类型。合并保留了两个图层中的所有要素，相交会保留两个输入图层中的所有共同要素。
- 应使用具有投影坐标系的图层进行空间分析，以避免距离失真。使用具有地理坐标系的图层可能会产生不正确的结果。
- 逻辑上的不一致性（如人口普查区边界和县的边界略有不同）可能会导致空间连接生成不正确的结果，或在相交或合并操作中产生麻烦的碎屑多边形。
- 地理数据库要素类中的 Shape_Area、Shape_Length 和 Shape_Perimeter 字段会自动存储和更新。其他基于面积或长度的字段，如 Area、Acres 或 Road_km，不会自动更新。
- Shapefile 中存储的要素长度和面积必须手动更新。

重要术语

基数	合并连接	碎屑多边形	合并
相交	“一对多”连接操作	空间连接	XY 容差
合并规则	“一对一”连接操作	适宜性分析	

10.1.4　复习题

1. 空间连接与按位置选择有哪些主要区别？与相交函数有什么不同？

2. 在空间连接中，有哪些选项可用于处理“一对多”的基数？

3. 如果以点为目标图层，将点要素类型连接到多边形图层，那么输出图层的要素类型会是什么？

4. 将点连接到多边形可以使用相交或包含操作符，结果非常相似。在什么情况下，结果会有所不同，又如何不同？

5. 解释基数和连接类型的区别。说明为什么“一对多”的基数通常使用“一对一”连接操作来处理。

6. 对于下列空间连接问题，请回答文本中的系列提问，然后说明应使用的连接类型。

①确定怀俄明州各县的风车数量；

②查找州际公路上每个休息区最近的城市；

③确定县内每个农业地块的联邦应急管理局（FEMA）洪泛区划分；

④利用杂货店和街区人口点来估算可能在每家店购物的人数。

7. 描述相交和合并的区别，包括它们的使用目的。

8. 执行相交和合并时，可能会有哪些不同类型的输出（点、线、多边形）？

9. 使用空间连接叠置数据集时，为什么逻辑一致性很重要？在使用相交或合并时？能否减少这些问题？如何减少？

10. 解释为什么要素长度或面积在叠置后会引起关注，并说明应采取哪些措施来减少这些关注。

扩展知识

通过阅读 ArcGIS Pro 帮助文档中的这些部分扩展您的知识。这些部分包括一个新位置，即帮助选项卡旁边的 Tool Reference（工具参考）选项卡。

Help＞Data＞Data Types＞Tables＞Joins and relates＞Spatial joins by feature type

（以及涉及连接和空间连接的后续章节）

Tool Reference＞Geoprocessing Tools＞Analysis Toolbox＞Overlay toolset

Tool Reference＞Environments

10.2 掌握技能

10.2.1 教程

以下示例提供了在 ArcGIS 中执行任务和解决问题的分步说明。您需要执行的步骤用箭头→标出；请仔细按照这些步骤操作。

→ 启动 ArcGIS Pro 并打开 ClassProjects\OverlayAnalysis 项目。记住经常保存项目。

了解空间连接

提示：在 STOP（停下来）处，请暂停并利用概念部分提出的问题来设置问题。然后继续阅读，看看自己是否正确分析了问题。

奥斯汀市地图视图显示了得克萨斯州奥斯汀市的地质和水井。对于每口水井，我们都想知道与其相关的地质单元。**停下来**，仔细想想。

所需的输出结果是一个包含水井信息以及对应地质单元字段的表格。因此，水井是目标图层。我们希望将水井所在地质单元的属性信息连接到该水井记录中。由于每口水井只能位于一个多边形（即一个地质单元）内，所以这种关系的基数是“多对一”，因此不需要使用合并规则。在极少数情况下，如果某口水井恰好位于地质单元的边界上，该水井记录将被忽略。

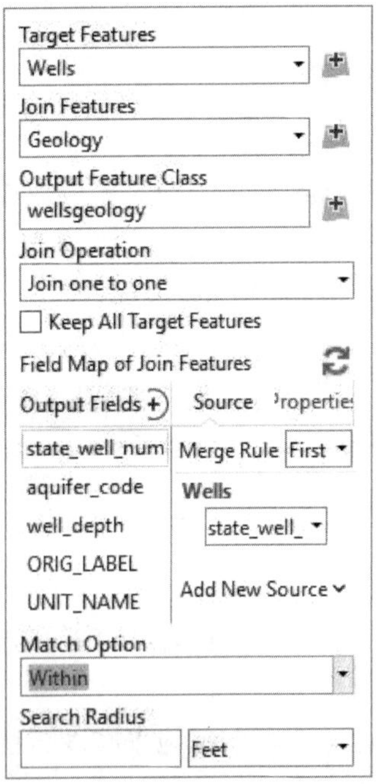

图 10.17　连接水井和地质的参数

来源：Esri

提示：设置窗口，使地理处理窗格在整个教程中保持打开状态。

1→ 在 Geoprocessing（地理处理）窗格中，打开 Spatial Join（空间连接）工具

1→ 将 Target Features（目标要素）设为 Wells（水井），Join Features（连接要素）设为 Geology（地质）（图 10.17）。

1→ 将输出命名为 *wellsgeology* 并保存在主地理数据库中。

1→ 为 Join Operation（连接操作）选择 Join one to one（“一对一”连接）。

1→ 取消选中 Keep All Target Features（保留所有目标要素）的复选框。消除任何地质单元外的水井。先不要运行工具。水井要素类中有很多我们不需要的属性字段。为了简化输出表格，我们将把它们从输出要素类中删除。

2→ 滚动字段地图中的 Output Fields（输出字段），找到水井字段和地质字段之间的切换点（**提示：**情况发生变化）。

2→ 单击表格水井栏中的 county_code 字段名称，将其选中，然后单击红色“×”将其移除。

2→ 删除除 state_well_number、aquifer_code 和 well_depth 以外的所有水井字段（使用 Ctrl 键选择多个字段，然后一并删除。如果出现错误，要重置字段地图，请单击蓝色的重置按钮）。

2→ 删除除 ORIG_LABEL 和 UNIT_NAME 以外的所有 Geology 字段。

2→ 不需要合并规则，因此不设置任何合并规则。

2→ 将 Match Option（匹配选项）设置为 Within。工具应如图 10.17 所示，运行它。

提示：在决定保留和删除哪些表格之前，最好先熟悉表格的内容。如有必要，可在开始连接前查看表格。

3→ 在 Contents 中，右键单击 wellgeology 图层并选择 Attribute Table（属性表）。查看字段。

让我们来看看有多少水井位于石灰岩单元上。

3→ 使用 Select Layer By Attribute（按属性选择图层）工具从 wellgeology 图层中选择水井，表达式为：UNIT_NAME contains the text Limestone。

1. 有多少口井位于石灰岩上？________________

3→ 清除表格选择并关闭表格。关闭除 Creeks（溪流）和 Soils（土壤）以外的所有图层。

管理基数选项

溪流的基质会影响其与地下水的联系。高渗透土壤上的溪流会比低渗透土壤上的溪流提供更多的补给。我们使用空间连接为水井分配了地质信息，我们也可以为溪流和土壤分配地质信息。**停下来**，仔细想想。

乍一看，这个问题似乎与前一个问题类似。我们需要一个包含溪流的表格，其中有一个字段表示土壤单元和渗透值。因此，溪流是目标图层，可以使用 within（以内）运算符。

4→ 在 Geoprocessing（地理处理）窗格中，打开 Spatial Join（空间连接）工具。将 Target Features（目标要素）设为 Creeks（溪流），将 Join Features（连接要素）设为 Soils（土壤）。将输出命名为 *creeksoilswithin*。

4→ 使用 Join one to one（“一对一”连接）操作。取消选中 Keep All Target Features（保留所有目标要素）的复选框。

4→ 在 Field Map Output Fields（字段地图输出字段）中，从 Creeks 中删除 WATERSHED、Shape_Length、AREA 和 PERIMETER。

4→ 在 Field Map Output Fields（字段地图输出字段）中，从 Soils 中删除 Rowid_、MUID_1 和 STATE。滚动跳过土壤属性，删除底部的三个 Shape_字段。

4→ 将 Match Option（匹配选项）设置为 Within，然后运行工具。保持工具打开。

5→ 打开 creeksoilswithin 表格，查看字段。

5→ 给 creeksoilswithin 符号一种与 Creeks 不同的颜色。

输出结果表明，我们忽略了一个重要问题（图 10.18）。任何跨越土壤边界的溪流都不在一个土壤单元内，因此从输出中遗漏了。连接后的要素类包含的溪流比原来的少，只有 306 条，而不是 381 条。within（以内）运算符没有产生好的结果，导致许多溪流没有被连接。

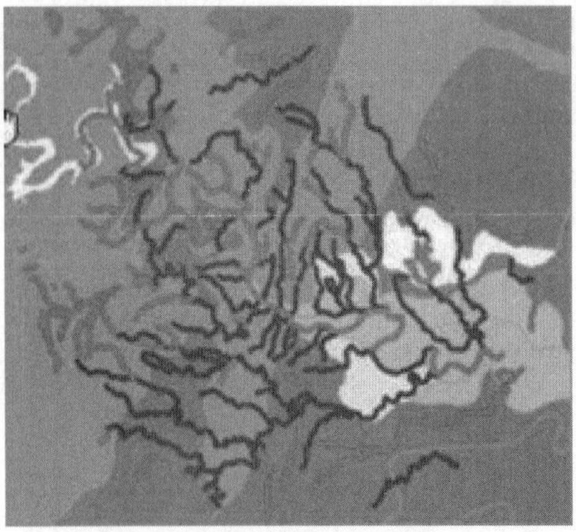

图 10.18　空间连接之前（蓝色）和之后（绿色）的溪流

来源：得克萨斯州奥斯汀市

也许我们应该改用 intersect（相交）运算符。不过，溪流和土壤之间的基数可能是“一对多”的，因此我们应该指定合并规则。取平均值可以轻松管理数值字段。土壤标识 MUID 是一个文本字段，对于它，我们将使用连接规则并添加一个新的文本字段来包含连接值。

6→ Spatial Join（空间连接）工具仍应以相同的设置打开。将输出名称更改为 *creeksoilint*，将 Match Option（匹配选项）更改为 Intersect（相交）。

6→ 在 Field Map Output Fields 中，选择第一个数字土壤属性字段 AWC。在右侧的 Source（来源）标题下，将 Merge Rule（合并规则）设置为 Mean（平均值）。

6→ 使用 Shift-Click 键选中 CLAY 及其下的所有字段，并将所有这些字段的 Merge Rule（合并规则）设置为 Mean（平均值）。

提示：主地理处理窗格会记录之前运行的工具。使用工具名称旁的下拉箭头，可以打开最近运行的工具及其参数设置。

接下来，我们需要添加一个新字段来包含连接的 MUID 值。

7→ 在 Field Map（字段地图）部分，单击 Output Fields（输出字段）（图 10.19 中①）旁边的 + 号添加一新字段。将 NewField 名称改为 *MuidJoin*（图 10.19 中②）。

7→ 点击右侧的 Properties（属性）标题（图 10.19 中③）。输入 *MuidJoin* 作为别名，并将长度改为 *100*。

7→ 单击 Source（来源）标题（图 10.19 中④）。将 Merge Rule（合并规则）设置为 Join（连接），并输入逗号作为 Join Delimiter（连接分隔符）。

7→ 单击 Add New Source（添加新来源）（图 10.19 中⑤）。在下拉菜单中，单击土壤表格查看其字段并选择 MUID。单击字段列表底部的 Add Selected（添加所选）。

7→ Field Map（字段地图）应显示为图 10.19 的下半部分。运行工具。

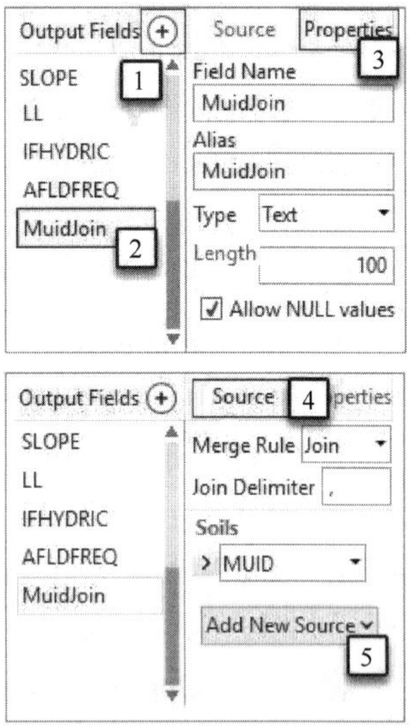

图 10.19　创建带有新字段的连接合并规则

来源：Esri

8→ 打开 creeksoilint 属性表。右键单击 Join_Count 字段标题，按降序排序，将有多个匹配项的溪流排在最前面。

8→ 查看字段，尤其是包含连接标签的新 MuidJoin 字段。

这一次，每条溪流都被分配了一个基于其土壤匹配的平均值。MUID 字段包含找到的第一个匹配值，MuidJoin 字段记录所有匹配值。顺便提一下，除非我们需要保留所有的 MUID 值，否则并不需要创建 MuidJoin 字段；如果我们不在乎这些值，也可以省略这一步骤。

8→ 如图 10.20（a）所示，使用基于 HYGRP 字段的渐变色图，以 2 pt 粗细的线表示 creeksoilint 图层，颜色越深表示渗透越慢。

另一种处理目标要素和连接要素之间"一对多"基数的方法是指定创建多个目标要素副本。

9→ 在 Spatial Join（空间连接）工具中，将输出名称改为 *creeksoilintmany*。将 Join Operation（连接操作）改为 Join one to many（"一对多"连接）。

9→ 合并规则将不再需要或使用，但保留它们比更改它们更容易。运行工具。

9→ 打开 creeksoilsintmany 表格。

9→ TARGET_FID 字段包含来自 Creeks 的原始多边形 ID。按升序排序，查看 FID 3 和 7 的记录。

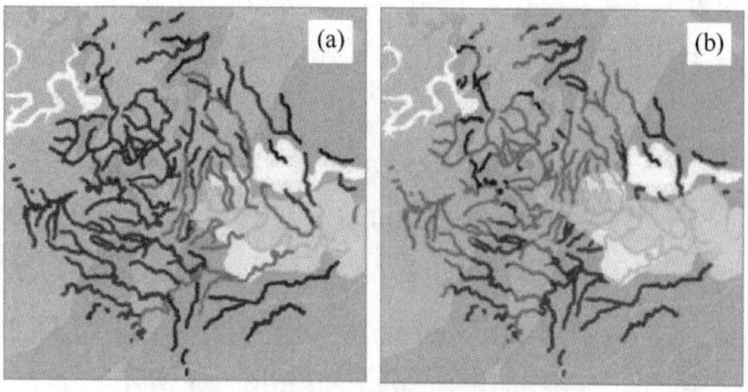

图 10.20　以土壤入渗率表示的溪流：
（a）在合并空间连接后；（b）在相交后
来源：得克萨斯州奥斯汀市

我们现在有 488 条溪流，而不是 381 条。我们创建了 3 号溪流、7 号溪流和其他溪流的新副本，以匹配它们穿过的所有土壤多边形。虽然这是一个很好的例子，说明了"一对多"连接类型是如何工作的，但在这种情况下，结果并不是很有用。

正如土壤上的溪流示例所表明的，当目标要素与连接要素之间存在"一对多"的关系时，空间连接就会变得复杂。合并解决方案效果最好，但长溪流的平均值只有一个，即使它们可能穿过渗透值差异很大的土壤。相交工具提供了一个更好的解决方案：它通过拆分溪流，在每个溪流段和包含它的土壤单元之间建立一一对应关系，从而消除了基数的问题。

10→ 在 Geoprocessing（地理处理）窗格中，打开 Intersect（相交）工具。

10→ 点击 Input Features（输入要素）下拉框，选择 Creeks。

10→ 点击下方新的下拉框，选择 Soils。

10→ 将 Output Feature Class（输出要素类）命名为 *creekintersect* 并运行工具。

11→ 用与 creeksoilint 相同的方法符号化 creekintersect 图层［图 10.20（b）］。

11→ 比较两个图层，并查看表格。

11→ 继续之前保存项目。

在执行空间连接时，基数是一个重要的考虑因素，对于特定任务来说，连接可能不是最好的工具。不过，让我们再来看看更多空间连接的例子。合并空间连接在处理线和多边形时可能会出现问题，但在处理点和多边形时却很有效。

合并点到多边形的连接

考虑一下流域，即地表水的汇集区。来自人多的流域的径流可能比来自人少的流域的径流含有更多的污染物。让我们来分析一下奥斯汀地区哪些流域受径流污染的风险最大。

12→ 移除 creeksoilswithin、creeksoilint、creeksoilintmany 和 creekintersect 图层。这些图

层仍保存在主地理数据库中。

12→ 关闭所有打开的表格，并关闭除 Watersheds 和 Block Population 以外的所有图层。

12→ 打开 Block Population 图层的表格。

Block Population（街区人口）包含代表街区组中心点的点，街区组是人口普查局汇总人口数据的最小单位。每个点代表人口和家庭的数量。我们将利用这些点来确定每个流域的人口数量。**停下来**，仔细想想。

我们需要一份包含总人数的流域列表。流域是目标图层。一个流域可以包含许多街区点，因此目标要素和连接要素之间的基数是“一对多”。“一对一”的合并连接操作是最佳选择。由于我们想知道总人数，因此需要申请人口总和合并规则。

13→ 关闭该表格。

13→ 在 Geoprocessing（地理处理）窗格中，打开 Spatial Join（空间连接）工具。

13→ 将 Target Features（目标要素）设为 Watersheds，将 Join Features（连接要素）设为 Block Population。将输出结果命名为 *watershedpop*。

13→ 在 Join Operation（连接操作）中使用 Join one to one（“一对一”连接），取消选中 Keep All Target Features（保留所有目标要素）复选框。有些流域没有点，所以我们不需要保留它们。

13→ 在 Field Map（字段地图）中，只保留 Watersheds 中的 DCM_CODE 和 DCM_NAME。

13→ 只保留 Block Population 中的 POP2010、HOUSEHOLDS 和 HSE_UNITS。选择它们并将 Merge Rule（合并规则）设置为 Sum（总和）。

13→ 将 Match Option（匹配选项）设置为 Contains（包含），然后运行工具。

14→ 在 Contents 中的 List By Drawing Order（按绘图顺序列出）面板中，将 watershedpop 图层拖到 Block Population 图层的正下方。

14→ 打开 watershedpop 表格，查看字段。

Join_Count 字段记录了流域内发现的街区数量。人口和住户字段现在包含流域内所有街区的总和。

15→ 关闭表格并关闭 Watersheds 图层。

15→ 根据 POP2010 字段，用渐变色图标示 watershedpop 图层。

15→ 人口数值受多边形面积的影响，因此使用 Shape_Area 字段对分类进行归一化。地图应与图 10.21 相似。

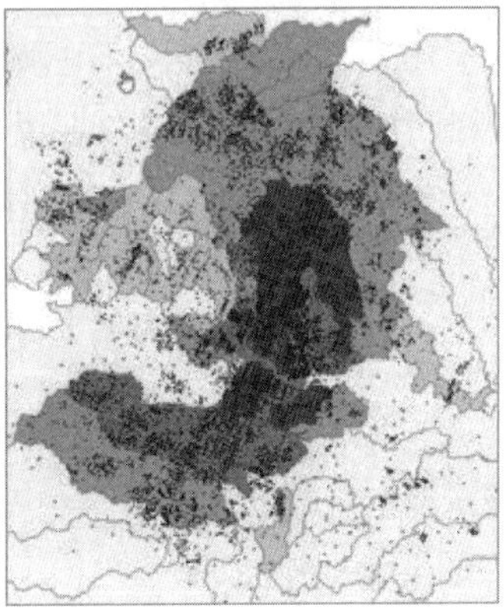

图 10.21　流域人口密度

来源：Esri、得克萨斯州奥斯汀市

距离连接

考虑对邮局使用情况进行分析。我们可以假设，一般来说，人们会去最近的邮局。对于每条街道，最好能知道去哪家邮局。**停下来**，仔细想想。

我们需要一个街道列表，其中有一个字段显示最近的邮局，因此目标图层是 Streets。closest（最近）操作符是合适的。由于只能有一个邮局最近，因此这是“一对一”的关系，不需要合并规则。

16→ 关闭除 Streets 和 Post Office 以外的所有图层。

16→ 在 Geoprocessing（地理处理）窗格中，使用后退按钮清除并重新打开空间连接工具。

16→ 将 Target Features（目标要素）设为 Streets，Join Features（加入要素）设为 Post Office。将输出结果命名为 *streetpost*。

16→ 保留 Join one to one（“一对一” 连接）为连接操作，并保留所有目标要素。

16→ 保留所有 Output Fields（输出字段）。将 Match Option（匹配选项）设置为 Closest（最接近），并将 Distance Field（距离字段）命名为 PODistanceFt。运行工具。

17→ 打开 streetpost 属性表并查看。

2. 哪个字段包含邮局名称？ ______________________

17→ 使用基于 FACILITY_N 字段的唯一值图对 streetpost 图层进行符号化，使每条街道都由其最靠近的邮局进行符号化（图 10.22）。

距离连接还会创建一个距离字段，记录每条街道距离最近的邮局有多远（就像鸟飞的距离，而不是开车的距离）。我们知道，我们指定的距离字段（PODistanceFT）的单位是英尺，因为输入要素类的坐标系 *x-y* 单位是英尺。

3. 有多少条街道距离邮局超过 2 英里（10 560 英尺）？ ______________________

18→ 清除所有选中的要素并关闭表格。

18→ 根据 PODistanceFt 字段用渐变色图对 streetpost 图层进行符号化（图 10.23）。

图 10.22　邮局服务区

来源：得克萨斯州奥斯汀市

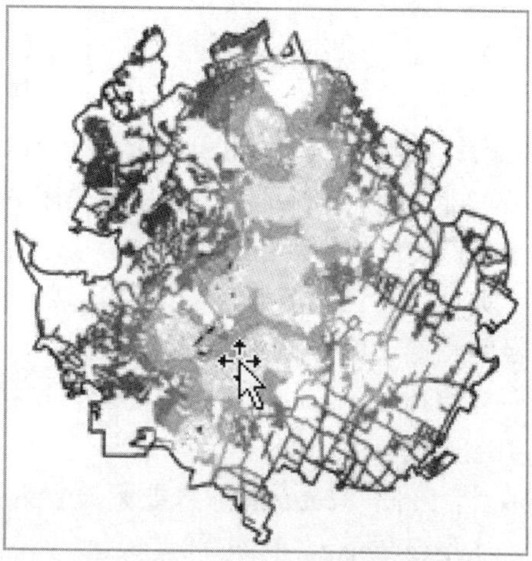

图 10.23　街道与最近邮局的距离

来源：得克萨斯州奥斯汀市

一个不同的距离问题可能是：有多少人在娱乐中心的步行距离（0.5 英里）之内？娱乐中心步行距离（0.5 英里）内有多少人？**停下来**，仔细想想。

我们需要一份包含附近人口总和的娱乐中心列表。目标是娱乐中心，运算符是“within a distance”（在一定距离内）。基数将是“一对多”，我们希望为人口设置一个求和合并规则。

19→ 关闭除 Block Population（街区人口）和 Rec Centers（娱乐中心）以外的所有图层。

19→ 点击返回箭头清除并重新打开 Spatial Join（空间连接）工具。

19→ 将 Target Features（目标要素）设为 Rec Centers，将 Join Features（连接要素）设为 Block Population。将输出命名为 *centerwalkpop*。

19→ 使用 Join one to one（“一对一” 连接）进行连接操作，并保留所有目标要素。

19→ 删除除 FACILI-TY_N、POP2010 和 HSE_UNITS 以外的所有输出字段。

19→ 为 POP2010 和 HSE_UNITS 指定 Sum Merge Rule（求和合并规则）。

19→ 将 Match Option（匹配选项）设置为 Within a distance（在一定距离内），并将 Search Radius（搜索半径）设置为 0.5 英里。运行工具。

20→ 查看输出表。

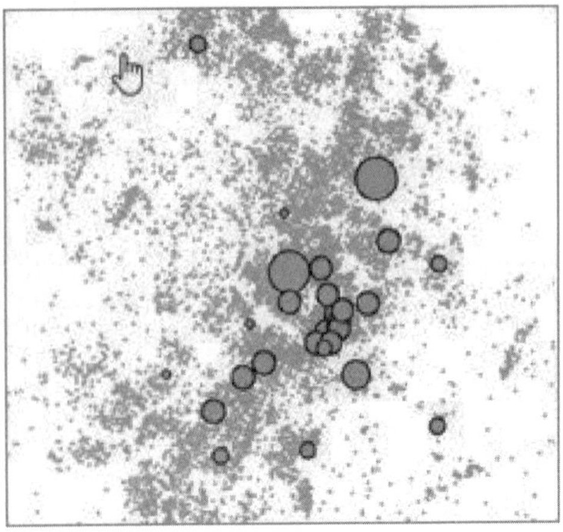

图 10.24　按步行距离内人口数量划分的娱乐中心

来源：得克萨斯州奥斯汀市

20→ 使用基于 POP2010 字段的渐变符号图对 centerwalkpop 图层进行符号化（图 10.24）。

4. 对于这个问题，空间连接与按位置选择图层有何不同？

空间连接是一种用途广泛、功能强大的分析工具。然而，正如我们在溪流和地质示例中看到的，有时拆分相互交叉的要素会提供更优雅的解决方案，这就给我们带来了经典的叠置工具——相交（intersect）和合并（union）。

使用相交进行栖息地分析

相交擅长筛分分析，或寻找存在不同条件组合的地方，例如前面描述的有关黑山蜗牛栖息地的问题。栖息地将由三个标准来定义：石灰岩地质单元上、茂密的针叶林中以及高程 1200～1600 m。

21→ 关闭所有表格并保存项目。关闭 Austin（奥斯汀市）地图，打开 Sturgis Area（斯特吉斯地区）地图。

第一步是创建包含多边形的图层，其中每个条件都成立。我们将使用 Geology 属性查询，将石灰岩单元置于单独的图层中。

22→ 在 Geoprocessing（地理处理）窗格中，打开 Make Feature Layer（创建要素图层）工具。

22→ 将 Input Features 输入要素设置为 SDgeology，并将 Output Layer 输出图层命名为 *Limestone*（石灰岩）。

22→ 输入表达式：RockType is Equal to Limestone。运行工具。

22→ 将 Limestone 图层的符号类型更改为 Single Symbol（单一符号）地图类型。

提示： 您的 ArcGIS Pro 版本可能会将符号从输入层复制到输出层。如果输出图层看不清楚，请随时更改符号，以便查看操作是否符合预期。

提示： 使用 Make Feature Layer（创建要素图层）工具虽然不是处理所必需的，但也是一种很好的做法。如果出现程序问题或必须重新运行工具，可以使用该工具保留选择。

接下来，我们将创建一个茂密针叶林图层。这个查询有三个条件，因为我们必须同时选择松柏（TPP）和白云杉（TWS），而且我们只想要茂密的树林。我们必须注意按照正确的顺序执行这些条件。

23→ 关闭除 Vegetation（植被）以外的所有图层。

23→ 清除并重新打开 Make Feature Layer（创建要素图层）工具。将 Input Features（输入要素）设为 Vegetation（植被），将 Output Layer（输出图层）设为 Conifers（针叶林）。

23→ 输入表达式：COV_TYPE is Equal to TPP。

23→ 单击 Add Clause（添加子句）并输入：Or COV_TYPE is Equal to TWS。

23→ 再次单击 Add Clause（添加子句）并输入：And DENSITY96 is Equal to C。

23→ 单击 SQL 按钮，在前两个条件周围插入括号，以确保这两个条件优先执行。SQL 表达式应显示为：（COV_TYPE = 'TPP' or COV_TYPE = 'TWS'）DENSITY96 = 'C'。

23→ 验证表达式并运行工具。

23→ 关闭 Vegetation 图层。如果执行正确，所选要素应与图 10.25 所示相符。

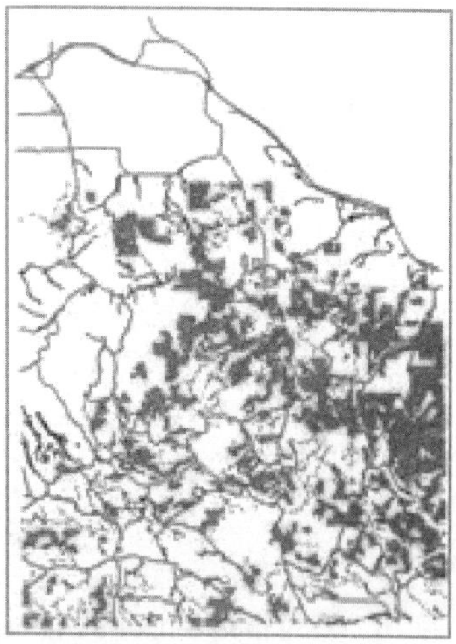

图 10.25　选择茂密的针叶林

来源：黑山国家森林公园

请注意，我们并没有选择在 Make Feature Layer（创建要素图层）工具中更改实地地图。在筛分分析中，空间区域通常是重点，而不是属性。

24→ 关闭所有图层，Elevation Range（高程范围）图层、Limestone（石灰岩）图层和 Conifers（针叶林）图层除外。

高程范围已经准备好了。不过，如果我们使用 Dissolve（融合）工具去除针叶林区域的内部边界，相交速度会更快，输出结果也会更简单。

24→ 在 Geoprocessing（地理处理）窗格中，打开 Dissolve 工具（图 10.26）。

24→ 将 Input Features（输入要素）设置为 Conifers，并将 Output Feature Class（输出要素类）命名为 *DenseConifDisslv*。

24→ 将 Dissolve_Field（融合字段）设置为 DENSITY96。Statistics Fields（统计字段）留空。

24→ 取消选中 Create multipart features（创建多部分要素）的复选框。运行工具。

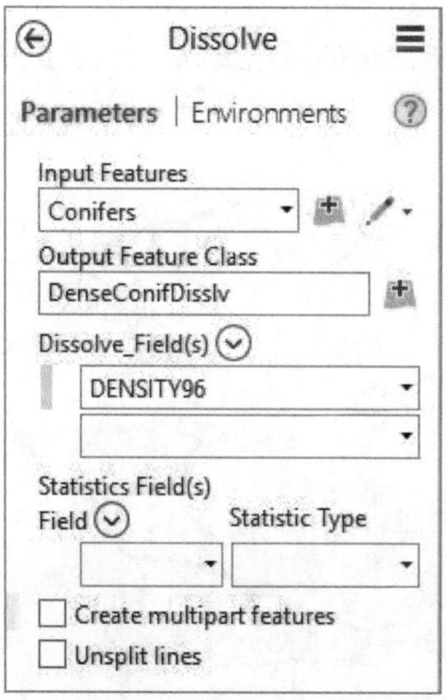

图 10.26　融合针叶林

来源：Esri

现在，我们可以使用 Intersect（相交）功能找到所有三个图层的共同区域。

提示：大多数学生都有高级许可证，它允许一次交集多个图层。如果使用的是基本或标准许可，则必须分两步进行。首先与石灰岩和针叶林图层相交，然后将输出结果与高程范围图层相交。

25→ 在 Geoprocessing（地理处理）窗格中，打开 Intersect（相交）工具（图 10.27）。退出 Help（帮助）弹出窗口。

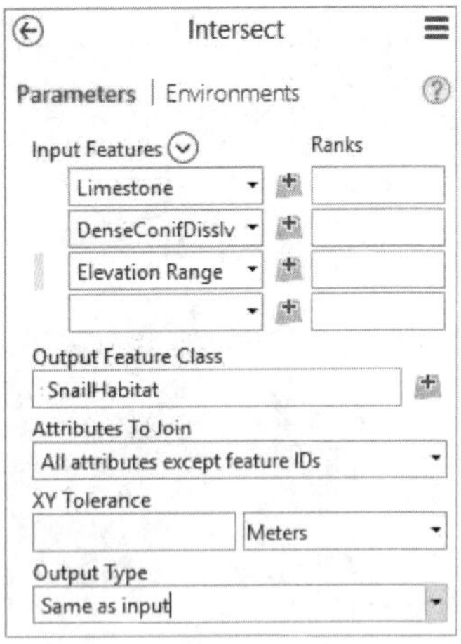

图 10.27 用相交寻找蜗牛栖息地

来源：Esri

25→ 在 Input Features（输入要素）下，单击第一个下拉框并将其设置为 Limestone（石灰岩）。

25→ 点击下一个 Input Features（输入要素）下拉框，将其设置为 DenseConifDisslv。将第三个框设置为 Elevation Range（高程范围）。

25→ 命名 Output Feature Class（输出要素类）为 *SnailHabitat*（蜗牛栖息地）。

25→ 将 Attributes To Join（要加入的属性）选项设置为 All attributes except feature IDs（除要素 ID 外的所有属性）。

25→ 其余选项可保留为默认值。运行工具。

提示：要素 ID（FID）是分配给每个要素的唯一整数，用于跟踪。在交集过程中，会为每个要素分配新的 FID 值。我们选择的选项将原始 FID 值从输出表中删除，因为它们通常作用不大。

多边形中线的叠置

蜗牛的繁殖期在六月初，为期三周。在此期间，它们会寻找道路提供的空旷地带，因此许多蜗牛会被压死。林业局希望考虑在繁殖季节关闭穿越蜗牛栖息地的原始道路，以减少被压死的蜗牛数量。他们需要在地图上标明建议关闭的道路，以评估哪些道路会受到影响。这一过程涉及多边形中线的相交。

26→ 在 Contents 中，关闭除 SnailHabitat（蜗牛栖息地）和 Roads（道路）以外的所有图层的可见性。

26→ 使用 Select Layer By Attribute（按属性选择图层）工具在 Roads 图层中选择 Primitive roads（主干道）。使用表达式：TYPE is Equal to PR。

27→ 打开 Intersect（相交）工具。将 Input Features（输入要素）设置为 Roads 图层（选择主干道）和 SnailHabitat 图层。

27→ 将输出命名为 *ProposedClosures* 并运行工具。清除选中的要素。

28→ 绘制与图 10.28 类似的地图，用红色标出封闭道路，黑色标出其他道路。

28→ 保存项目。

图 10.28 建议关闭的部分道路

来源：黑山国家森林公园

叠置与缓冲区结合

为了防止蜗牛在无法封闭的主要道路上死亡，林业局的生物学家建议对道路 200 m 范围内的树木进行疏伐，以减少这些区域对蜗牛的吸引力，从而使蜗牛远离道路。我们可以绘制一张地图，标明需要砍伐的林木，并确定需要清除的蜗牛栖息地总面积。

29→ 使用 Select Layer By Attribute（按属性选择图层）从道路图层中选择主干道和次干道，表达式为：TYPE is Equal to P Or TYPE is Equal to S。

30→ 打开 Buffer（缓冲）工具。将 Input Features（输入属性）设置为 Roads，并将输出命名为 *roadbuf200*。

30→ 将 Distance（距离）设置为 *200*，单位选择米。

30→ 将 Dissolve Type（融合类型）改为 Dissolve all output features into a single feature（将所有输出要素融合为单一要素），然后运行工具。

提示：默认情况下，缓冲区工具不会融合缓冲区之间的边界，从而产生混乱的重叠输出。通常情况下，最好在缓冲期间融合。

现在，将道路缓冲区与蜗牛栖息地相交，以确定可能需要清理的区域。

31→ 打开 Intersect（相交）工具。选择 SnailHabitat 和 roadbuf200 作为 Input Features（输入要素）。

31→ 将输出命名为 *ProposedThin* 并运行工具。

32→ 清理地图显示以展示结果（图 10.29）。最后一步是确定因砍伐而消失的蜗牛栖息地面积。地理数据库会自动记录要素的面积、长度和周长。

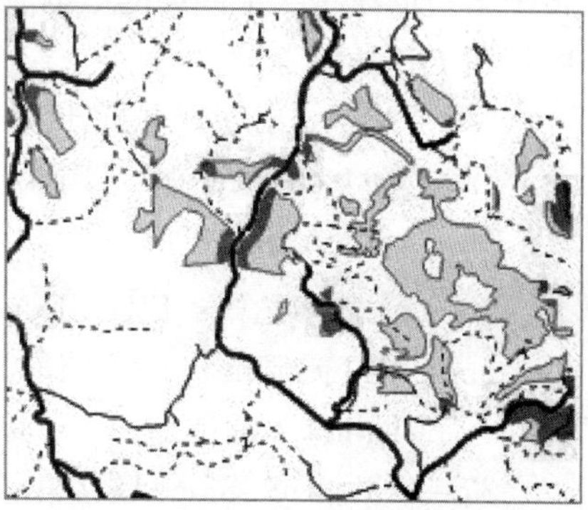

图 10.29　地图局部显示建议疏伐区域

来源：黑山国家森林公园

33→ 打开 Summary Statistics（汇总统计）工具。将 Input Table（输入表）设置为 ProposedThin，并将 Output Table（输出表）命名为 *ThinArea*。

33→ 将 Statistics Field（统计字段）设置为 Shape_Area（形状_面积），将 Statistic Type（统计类型）设置为 Sum（总和）。运行工具。

33→ 打开 ThinArea 表并查看结果。

Shape_Area 字段的单位将与要素类坐标系统的地图单位相同，在本例中为平方米。

提示：要将平方米换算成平方千米，除以 100 万（1 000 000）。

5. 建议的疏伐总面积是多少平方千米？ ____________________

提示：Shapefile 不会自动维护面积或长度字段。如果在创建字段后执行了地理处理操作，则这些字段中的值可能不正确。可以使用 Calculate Geometry Attributes（计算几何属性）工具更新这些字段。

相交与合并的关系

相交对于寻找已知标准同时存在的区域很有价值。合并可用于研究两类信息之间的关系。林业局希望分析坡度和地质的组合，以预测滑坡等地质灾害。

34→ 关闭所有表格，关闭除 SDgeology 以外的所有图层。

34→ 从 mgisdata\BlackHills\Sturgis 地理数据库的 Features 要素数据集中添加 slopepct 要素类。

34→ 打开 Union（合并）工具。在 Input Features（输入要素）中选择 SDgeology 和 slopepct。将 Output Feature Class（输出要素类）命名为 *GeolSlope*。

34→ 确保 Attributes To Join（合并的属性）设置为 All attributes（所有属性）。这次我们需要原始的要素 ID。运行工具。

34→ 将 GeolSlope 图层的符号类型更改为 Single Symbol（单一符号）地图类型。

在输出结果中，请注意两个输入图层的所有区域都包括在内，尽管 slopepct 图层覆盖的面积不如 SDgeology 图层覆盖的面积大。

35→ 单击 **Map**：**Navigate**：**Explore** 工具。

35→ 点击下半部分的几个小多边形，查看属性。

35→ 点击顶部附近的几个大的多边形，查看这些属性。

上部的大的多边形没有从 slopepct 中获得属性信息，因为该图层没有延伸到那里。当一个输出多边形缺少一个图层的数据时，该图层的原始 FID 值将被设置为-1（这就是我们在本例中保留 FID 值的原因）。

36→ 关闭弹出窗口并打开 Make Feature Layer（创建要素图层）工具。

36→ 将 Input Features（输入要素）设置为 GeolSlope，并将 Output Layer（输出图层）命名为 *Valid Combos*。

36→ 添加表达式：FID_SDgeology is Not Equal to-1 And FID_slopepct is Not Equal to–1。

36→ 在 Field Info（字段信息）中，取消选中所有字段的可见性，但 Symbol、Competence、UnitName、RockType 和 SLOPE_PCT 除外。运行工具。

37→ 移除 GeolSlope 图层并查看 Valid Combos（有效组合）表。完成后关闭表格。

最值得关注的沉陷区（岩石溶解造成的塌陷区）包括坡度较低的石灰岩地区。我们将选择符合这些标准的多边形区域。

38→ 清除并重新打开 Make Feature Layer（创建要素图层）工具。将 Input Features（输入要素）设置为 Valid Combos，并将 Output Layer（输出图层）命名为 *Sink Hazard*（沉陷危害）。

38→ 输入表达式：RockType is Equal to Limestone And SLOPE_PCT is Less Than 20。运行工具。

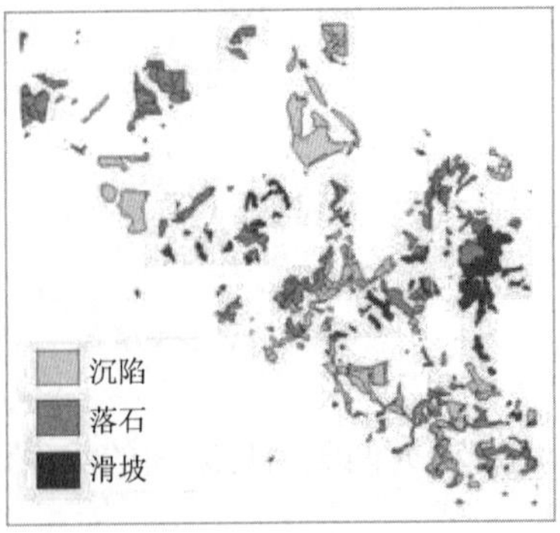

图 10.30　地质灾害区

38→ 给 Sink Hazard 图层添加黄色符号（图 10.30）。有可能发生落石事故的区域包括陡坡地区的坚硬岩石。

39→ 清除并重新打开 Make Feature Layer（创建要素图层）工具。将 Input Features（输入要素）设置为 Valid Combos，并将 Output Layer（输出图层）命名为 *Rockfall Hazard*。

39→ 输入表达式：Competence is Equal to High And SLOPE_ PCT is Greater Than 40。运行工具。

39→ 给 Rockfall Hazard 图层添加中度橙色符号。

最后，滑坡危险区的岩石较为脆弱，坡度较大。

40→ 清除并重新打开 Make Feature Layer（创建要素图层）工具。将 Input Features

（输入要素）设置为 Valid Combos，并将 Output Layer（输出图层）命名为 *Landslide Hazard*（滑坡危害）。

40→ 输入表达式：Competence is Equal to Low And SLOPE_PCT is Greater Than 40。运行工具。

40→ 给 Landslide Hazard 图层添加深橙色符号。

41→ 绘制一张仅显示三个危险区域的地图，与图 10.30 相似。

在靠近道路的地方，落石尤其危险。

42→ 将 Roads（道路）图层与 Rockfall Hazard（落石危害）图层相交。命名输出结果为 *RockHazardRoads*。

42→ 将 RockHazardRoads 符号化，以便清楚地看到受影响的道路。

42→ 继续之前将项目保存。

使用碎屑多边形和容差

现在我们将演示碎屑多边形问题以及如何使用容差来防止产生碎屑多边形。我们将以加利福尼亚州的国会选区和县为例，对具有不同源比例尺的数据集进行合并，可以很好地说明这个问题。

43→ 关闭 Sturgis Area 地图，打开显示加利福尼亚州旧金山湾区的 Tolerances（容差）地图。比较 cd114 和 counties 的边界。

44→ 打开 Union（合并）工具。在 Input Features（输入要素）中，先选择 cd114，再选择 counties（这一顺序能为输出提供更好的默认符号）。

44→ 将输出命名为 *union0* 并运行工具。

请注意，在输出结果中出现了许多碎屑多边形（图 10.31）。在现实生活中，区和县的边界是重合的，但这两个数据集的来源不同，边界也不完全相同。要指定处理容差，最好能知道的典型的碎屑多边形宽度。

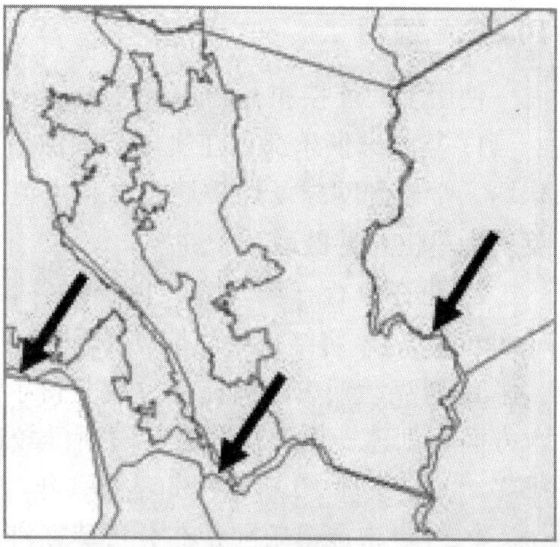

图 10.31　合并产生的碎屑多边形

来源：Esri

45→ 放大到有典型碎屑多边形的区域。

45→ 点击 **Map：Inquiry：Measure** 下拉菜单，选择 Measure Distance（测量距离）。

45→ 在弹出的测量距离窗口中，将单位从 Metric（公制）改为 Meters（米）。

45→ 测量几条碎屑多边形的宽度。

45→ 关闭测量距离弹出窗口。

典型的碎屑多边形宽度约为 1000 m。容差是一个半径，因此我们应该使用测量值的一半左右。让我们以 500 m 的容差来重作合并。

46→ Union（合并）工具仍应打开。将输出名称改为 *union500*。

46→ 切换到工具的 Environments（环境）选项卡。

46→ 查找 XY Tolerance（XY 容差）设置并输入 500 m。运行工具。

46→ 关闭和打开 union500 图层数次，以比较与 union0 图层的边界。

46→ 放大到 Bay Area（湾区）书签。

请注意，一些碎屑多边形仍然存在，而地区边界的细节已经丢失。XY 容差还不够大，不足以修复所有碎屑多边形，但它已经影响了输出的精度。不过，我们将尝试更大的容差。

47→ 在 Union（合并）工具中，将输出名称更改为 *union1000*，并将 XY 容差更改为 1000 m。运行该工具并将输出与其他图层进行比较。

现在，边界的概括性已经很明显了，只剩下一些顽固的碎屑多边形。从这个比例尺来看，边界似乎受到了严重破坏，但请记住，我们放大的比例尺远远超出了各区的源比例尺，约为 1∶5 000 000。

47→ 放大到 1∶5 000 000。合并的效果看起来更佳。

这个例子不仅展示了如何利用容差来减少碎屑多边形的影响，而且还说明了为什么将来自不同源比例尺的数据合并在一起往往会产生令人失望的结果。这两个原始数据集的边界差异很大，因此很难消除所有碎屑多边形并保持合理的坐标准确度。

教程到此结束。

→ 保存项目并关闭 Pro。

10.2.2 练习

使用空间连接和 mgisdata\Austin/Austin 地理数据库中的数据回答以下问题。

1. 某网球俱乐部正在实施一项课后网球计划。使用空间连接来确定离每所学校最近的网球场。学校到网球场的平均距离和中位距离是多少（以英里为单位）？创建距离直方图（以英里为单位）并**截取**。

2. 正在进行一项研究，以评估各警区的人员配置水平。确定居住在各区的人数（使用 blockpop 点）。将结果绘制成地图和图表并进行讨论。**提示**：将 blockpop 点与底图进行比较。

3. 得克萨斯大学奥斯汀分校获得了水质教育补助金。每所学校都将研究其所在流域的各个方面。创建一份学校列表，每所学校都有指定的流域。按学校名称的字母顺序对列表进行排序，并记录前 10 所学校的结果、年级范围和流域名称。哪个流域的学校最多？

4. 一个跑步俱乐部正在分析奥斯汀公园的使用情况，假设跑步者会去最近的公园，而不会去 1 英里以外的公园。根据比其他公园更靠近该公园但不超过 1 英里的街区人口，确定每个公园的潜在使用率。

5. 确定奥斯汀每个人口普查区的水井数量。绘制地图，显示每千人拥有的水井数量和每个人口普查区的平均水井深度。

使用奥斯汀数据和经典叠置（相交/合并）回答下列问题。

6. 低密度住宅区通常使用化粪池系统，但其对含水层的影响可能令人担忧。绘制奥斯汀人口普查区人口密度低于 1000 人每平方英里且地质单元名称包含“石灰岩”、“台地”或“冲积层”的地区的地图。

7. 土壤中的黏土成分以及道路使用情况可能会影响街道维修的频率。奥斯汀有多少英里的街道黏土含量超过 50%，道路等级为 5 级或以下？**截取**这些道路的地图。

8. 水质和汽油泄漏的风险可能会受到流域内道路干线普遍程度的影响。使用道路干线要素类，确定每个流域的道路里程数。哪三个流域的公路里程数最多？**截取**显示每个流域里程数的地图。

9. 也许街道总里程比主干道更适合衡量。使用街道要素类重复流域分析并比较结果。列出里程数最多的三个流域，并**截取**一张显示所有流域里程数的地图。什么重要问题会影响这一结果的质量？

10. 洪水对奥斯汀的影响取决于洪水频率和人口密度。根据人口密度乘以洪水频率（从 1 到 10），使用地块和土壤要素等级计算洪水影响指数。输入数据的哪个方面最大程度地限制了该地图的适用性？

第11章 栅格分析

目标

学完本章后，您将能够

- 解释不同的栅格分析功能和技术
- 使用布尔叠置和加权叠置分析适宜性
- 应用距离、密度、曲面和邻域函数解决问题
- 在栅格模型和矢量模型之间转换
- 使用空间分析工具时控制分析环境

注意：本章需要使用 ArcGIS 的可选扩展模块 Spatial Analyst（空间分析）。必须安装并获得许可才能执行所述功能。

11.1 掌握概念

11.1.1 GIS 概念

栅格和矢量两种不同的数据模型为数据存储和分析提供了灵活性。两种数据模型都没有本质上的优越性，它们都有各自的优势领域和劣势领域。掌握这两种工具的 GIS 专业人员掌握着进行最高效、最准确分析的关键。

栅格数据

可用于栅格的分析功能多达数百种，其中还包括复杂的应用。本章介绍栅格分析的基本概念，但这一主题所涉及的理论和技术范围较广，我们没有足够的时间进行深入探讨。想要仔细研究栅格分析的学生可以在 Spatial Analyst 的软件文档中找到更多资料。

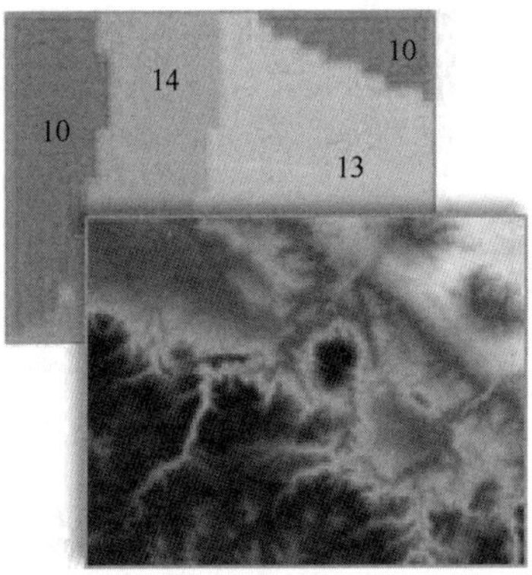

图 11.1 离散土地利用数据和连续数字高程模型
来源：USGS

回顾一下，空间数据有两种形式（图 11.1）。离散数据（如土壤类型或土地利用）代表空间对象，并在地图上形成不同的对象或区域。连续数据（如高程）在不同的数值范围内变化更为平滑，并在地图上形成一个曲面或域。矢量模型最适合存储离散数据。栅格可轻松存储和分析连续数据。

与矢量数据一样，栅格也有一个确定的坐标系统，并带有投影和基准面。栅格通过指定左上角像元中心的 *x-y* 坐标和像元大小（像元的高/宽）来进行地理参照。像元通常为正方形，30 m 栅格的像元由 30 m×30 m 的正方形组成。像元大小以坐标系统的地图单位指定，通常使用米或英尺。

此外，许多栅格分析函数都融入了距离和角度计算公式，但当这些公式应用于地理坐标

系（GCS）中或存在显著变形的投影坐标系中的栅格数据时，会产生不准确的结果。因此，栅格数据通常存储在能提供最佳且最无变形视图数据的投影坐标系中。例外情况是，像美国地质调查局这样的数据提供商，它们以 GCS 格式提供地形数据或其他数据，这类数据在使用前应进行投影转换。

栅格分析

栅格分析处理与矢量分析处理有本质区别。矢量分析处理的是 *x-y* 坐标，栅格分析处理则是对排列整齐的像元堆进行操作，效率非常高。本章将介绍最常用的函数，但还有更多可用函数。

地图代数

栅格是按行和列排列的数值阵列。可以使用基于数学、逻辑或布尔运算符的逐格公式对代表不同属性的多个堆叠栅格进行分析。这种技术称为**地图代数**。请看图 11.2 中两个输入栅格的堆叠。可以将这些栅格逐个像元相加，生成一个新的栅格，其中的像元包含输入栅格中相应像元的总和。如果输入栅格的像元尚未对齐，则必须重采样。如第 6 章所述，重采样可能会改变栅格的值和精度，因此用户在创建和管理栅格分析时最好尽量减少重采样的需求。

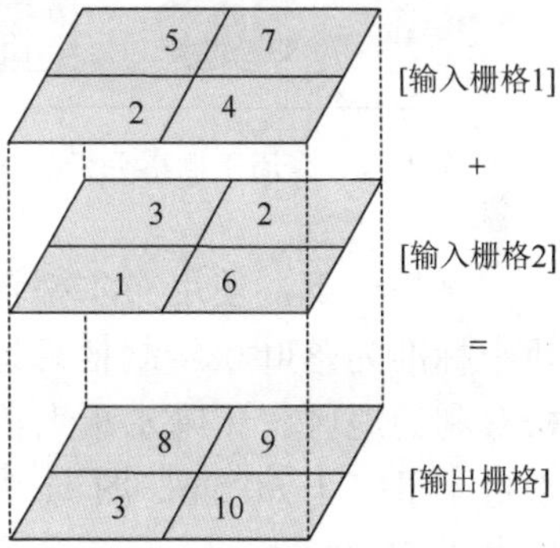

图 11.2　地图代数加法

图 11.2 中操作的地图代数表达式为[输入栅格 1]+[输入栅格 2]，括号内为栅格名称。想象一下以英寸为单位的降水量栅格。表达式[降水量]×2.54 输出的栅格降水量单位为厘米。表达式可以包含多个栅格、函数和数值。更多根据降水量、坡度、土壤侵蚀度和植被覆盖度来预测侵蚀潜力的复杂表达式可能为

[降水量]×2 + [坡度]×4/（[土壤侵蚀度]–[植被覆盖度]）

地图代数还包括可以返回**布尔栅格**的逻辑函数，**布尔栅格**的值为真（1）或假（0），表示某些条件成立。图 11.3 显示了输入表达式[高程]>1400 的结果，紫色区域显示的是满足此条件的像元。

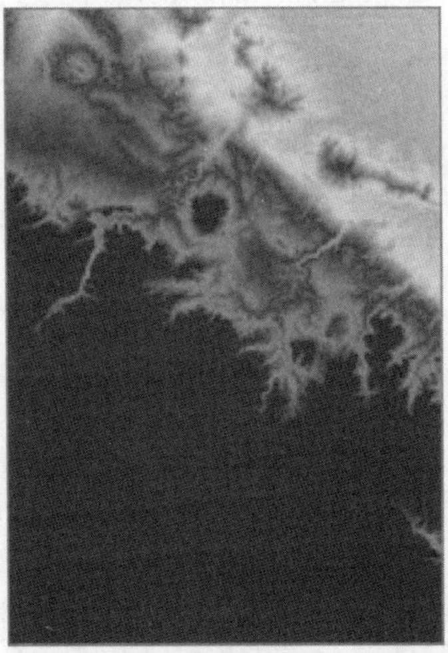
图 11.3　紫色区域表示高程大于 1400 m 的像元

来源：USGS

布尔叠置

叠置法通常用于**适宜性分析**，即根据一系列因素对景观进行评估，以确定哪些区域最符合特定目的。第 10 章中蜗牛栖息地问题，根据高程、植被密度和地质等因素找到理想栖息地的“栅格叠置”就是一个典型的叠置实例。栅格叠置尤其适用于适宜性问题。第一，它可以包含来自连续数据集的条件，如高程或坡度，而这些数据不容易存储为矢量；第二，该过程更快，因为相应的像元只是简单地相加或相乘，而不是拼接现有的多边形并创建新的多边形；第三，栅格叠置比矢量叠置更容易处理多个图层。

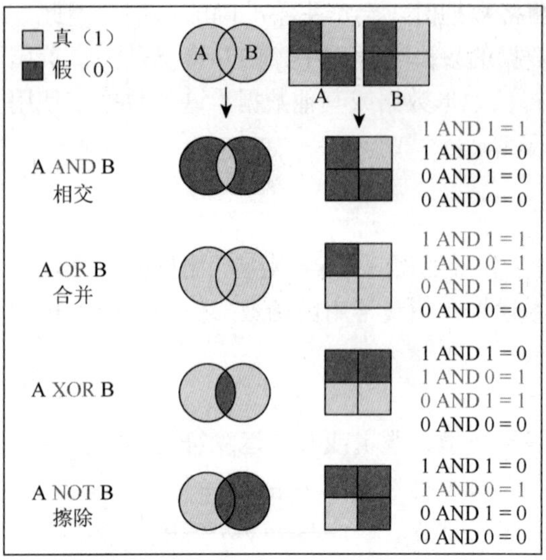

图 11.4　应用于栅格分析的布尔运算符

布尔叠置（Boolean overlay）与矢量叠置类似，但它使用的是带有布尔栅格和运算符的地图代数。第 9 章介绍了布尔运算符，它可以评估两个输入条件（A 和 B），以确定结果是真还是假。在栅格分析中，这一功能是逐个像元执行的。

图 11.4 展示了应用于栅格分析的布尔运算符。圆圈代表输入栅格 A 和 B，其中像元中的真值在圆圈内，假值在圆圈外。方块代表两个 4×4 的输入栅格，第三列详细说明了运算符逻辑。AND 运算符找出两个输入的共同区域，相当于矢量相交函数。OR 运算符的结果是合并两个输入的区域，相当于合并函数。NOT 运算符等价于擦除函数，是唯一不交换的布尔运算符。XOR 运算符在矢量运算中没有等效的工具（不过可以用相交后擦除的方法得到相同的结果）。

试想一下，使用布尔叠置根据高程 1500 m 以上的地区和年降水量超过 60 cm 的地区两个标准为落叶松绘制栖息地地图。在图 11.5（a）中，布尔栅格显示了降水条件对落叶松有利的地区。年降水量大于 60 cm 的地区的值为真（1），而标注为假（0）的区域年降水量小于等于 60 cm。图 11.5（b）显示了根据高程划分的有利条件，其中包含 1 的像元高程大于 1500 m。

为了找到落叶松栖息地，我们对输入栅格应用布尔运算 AND。当两个输入值均为 1 时，输出像元值为 1；若任一或两个输入像元值为 0，则输出结果为 0。图 11.5（c）显示了输出栅格，潜在栖息地区域被识别为值为 1（真）的像元。

布尔 AND 的操作方法与两个输入栅格的乘法相同。查看图 11.4 中的表达式 1 AND 1、1 AND 0 等，注意用乘法（×）代替 AND 得到的结果是一样的。因此，可以使用 AND 或乘法运算来查找落叶松栖息地。因为这两个运算符都是对称的，也就是说，输入的顺序并不重要，应用于三个或更多栅格与应用于两个栅格一样容易。

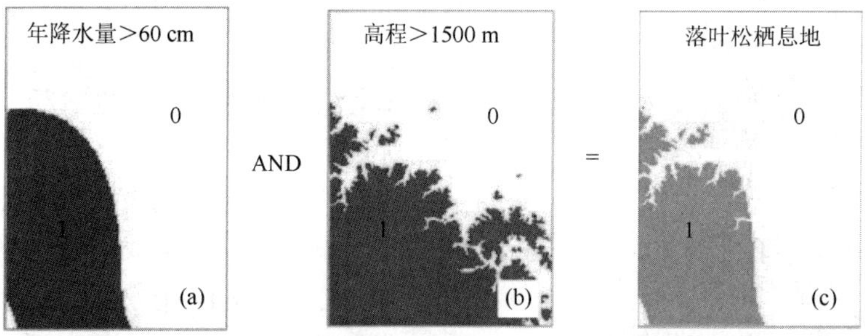

图 11.5　布尔叠置：（a）布尔栅格，其中值 1（真）表示年降水量大于 60 cm 的地方；（b）表示高程大于 1500 m 的栅格；（c）前两个栅格相乘的结果，显示两个条件都成立的地方

地图“加法”（addition）提供了另一种建立栖息地模型的方法——对发现落叶松的概率进行“排序”（rank）。在这个模型中，如果高程和降水量都很理想，那么落叶松最有可能出现。如果只有一个条件是理想的，那么它可能会出现，但可能性不大。如果两个条件都不理想，

那么落叶松就不太可能出现。为了实现这一模型，我们将两个输入地图相加，而不是相乘。图 11.6 中的最终栅格有三种可能的值：如果两个条件都不成立，则为 0；如果任一条件为真，则表示 1；如果两个条件都为真，则表示 2。因此，“2”表示找到落叶松的概率最高，“1”表示概率适中，“0”表示概率较低。当然，我们也希望通过测试来检验我们的落叶松栖息地适宜性模型，看看我们是否预测出了落叶松的实际分布位置。

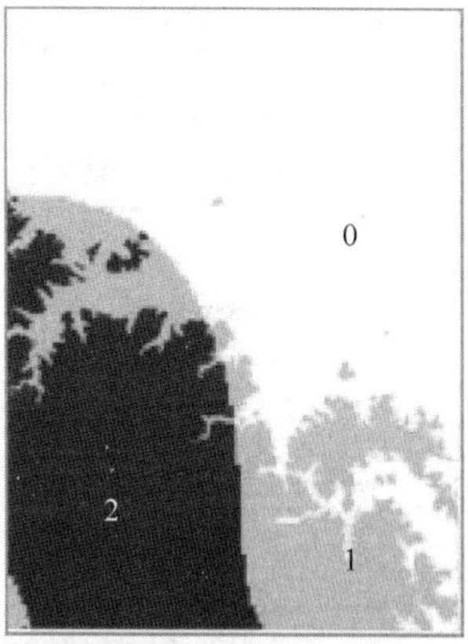

图 11.6　布尔加法叠置

加权叠置

布尔叠置在适用性分析方面有几个缺点。首先，也是最重要的一点是，它要求把所有变量都描述为真/假。对于建筑工地来说，10.0 是合适的，但 10.1 就不合适了。通常情况下，考虑一个从不尽理想到理想的分级值更为现实。其次，它假定所有输入层都同等重要。然而，在决定建筑工地时，也许靠近现有道路比坡度更重要，因为开发一条长长的车道的成本要高于额外推土平整场地的成本。

加权叠置（weighted overlay）分析解决了这两个缺点。与布尔叠置一样，加权叠置也是由 k 个栅格（$R_1, R_2, \cdots, R_k$）组成的，这些栅格指定了一组条件的适宜性。但是，每个栅格不是简单的真/假，而是按照从最差到最好的顺序值 1 到 N 进行排序，其中 N 为任意正整数。每个栅格还被赋予一个介于 0 和 1 之间的权重 W_k，所有权重之和为 1（$W_1 + W_2 + \cdots + W_k = 1$）。输出计算公式为 $W_1R_1 + W_2R_2 + \cdots + W_kR_k$，得出的栅格值介于 1 和 N 之间。输出值越高，表示适合度越高。

例如，考虑垃圾填埋场的选址（图 11.7）。可考虑四个因素（$k = 4$）：坡度、土壤渗透、与溪流的距离以及与道路的距离。希望适宜性指数值为 $N = 3$。首先，必须对每个栅格进行**重分类**，将其原始值转换为一组从 1 到 3 的新值。结果是四个指数栅格，每个因子一个，如图 11.7 所示。将每个索引栅格乘以其权重并相加，就得到了最终栅格。最终的栅格包含 1 到

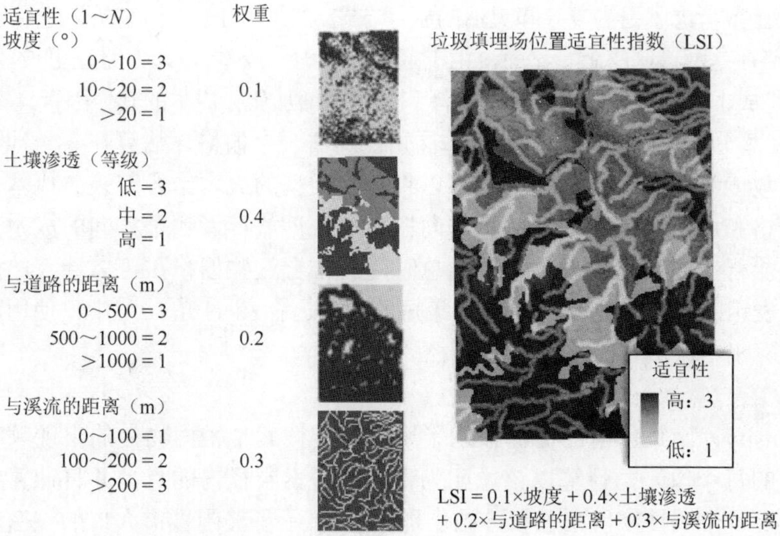

图 11.7　加权叠置法确定垃圾填埋场位置的适宜性。每个栅格中的深色表示最适合的区域

3 之间的浮点数值，数值最高（颜色最深）的地方表示最适合的区域。加权叠置提供了比布尔叠置法更灵活、更复杂的适宜性建模方法。它的主要缺点是适宜性等级和权重的分配通常是一个主观的过程，最终的模型在很大程度上取决于分析师的选择。

距离函数

距离函数（distance functions）计算的是一组指定对象的连续距离范围。**欧氏距离**函数生成的栅格中，每个像元代表距目标的最短距离，例如溪流［图 11.8（a)］。与此相关的输出是欧氏“方向”栅格［图 11.8（b)］，它以角度值记录最近物体的方向，以正北方向为 0°。

欧氏距离函数也是将缓冲区创建为栅格数据集的方法。生成距离曲面后，只需找出大于或小于指定的缓冲区值，以生成缓冲区内值为 1、缓冲区外值为 0 的布尔栅格［图 11.8（c)］。

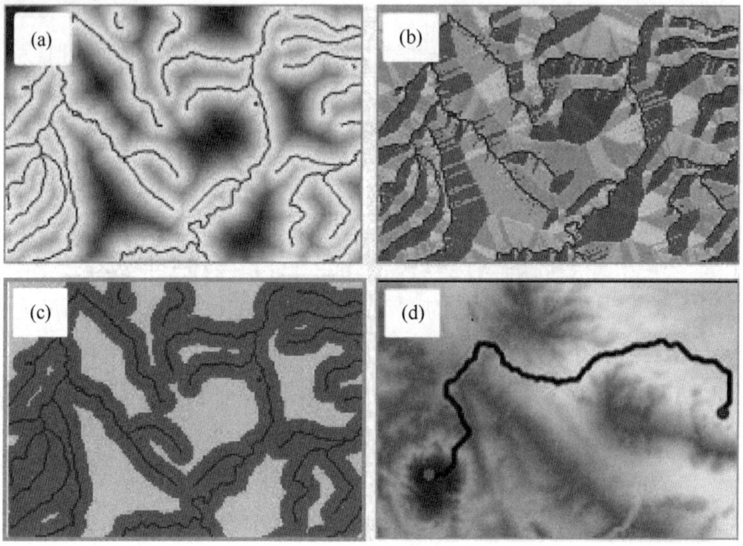

图 11.8 （a）直线距离；（b）欧氏“方向”栅格；（c）栅格缓冲区；（d）两点之间的最低成本路径

来源：USGS、黑山国家森林公园

成本-距离函数考虑了更为复杂和灵活的旅行方式。考虑一座山，山的两侧有两个点。通往对面两点的最短路径是翻过这座山。然而，由于翻山的努力（成本），即使路径更长，绕过山脚也更容易。坡度就是成本的一种，植被茂密、沼泽和禁区是增加旅行成本的其他因素。

在成本-距离分析中［图 11.8（d)］，首先要制作一个栅格，估算在某一地表上的旅行成本。可以使用坡度等单一成本因素，也可以将不同类型的成本结合起来。成本栅格可用于绘制成本方向栅格和成本累积栅格，成本方向栅格可告诉旅行者哪个方向的成本最低，成本累积栅格可记录旅行者在移动过程中花费的总时间。结合这些栅格，可以计算出两点之间成本最低的路径，表示最轻松的旅程，而不是最短的旅程。在图 11.8（d）中，使用坡度栅格来指定成本，并计算出一条成本最低的徒步路径。

密度

密度（density）函数创建的栅格显示了用户指定搜索半径内物体的出现频率。该函数会访问输出栅格的每个像元，计算以该像元为中心的搜索半径内的点，并将计算结果赋值到像元中。可以指定一个属性字段来加权计数。图 11.9 显示了美国城市人口的点密度图。如果没有人口属性，函数将计算城市的数量；如果有人口属性，它计算的是人口数量。计数按单位面积给出，如每平方英里的人口数或每平方千米的城市数。搜索半径越大，地图上的要素越多，但显示的细节会比搜索半径小的地图少。选择搜索半径需要进行一些试验，但半径应足够大，以便每个像元在搜索半径内都至少有一个要素。要满足图 11.9 中的这一条件，需要几百英里的半径，因为山区次区域的城市数量较少。

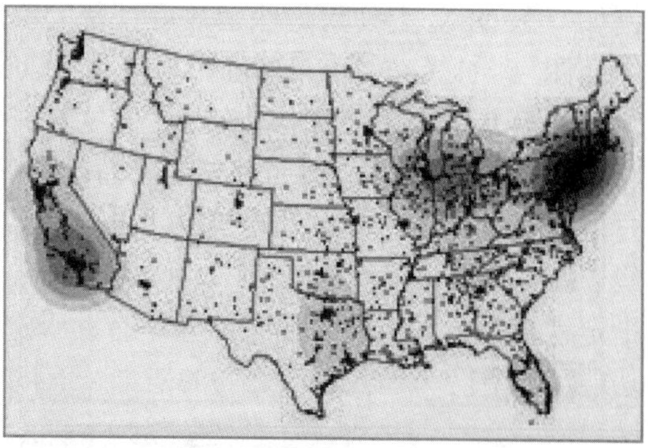

图 11.9　以 500 英里为搜索半径的美国城市人口的点密度图

来源：Esri

线密度函数计算的是圆内出现的线，而不是点，它按长度加权，也可选择按属性加权。该函数可用于计算国家森林内的道路密度。属性字段可能会给主要道路较高的权重，给原始道路较低的权重。

点密度函数假定每个点都有全部权重值，但事实并非总是如此。一个城市不可能有 10 万人居住在一个 x-y 位置上。核密度函数将人口值平滑地分布在一个圆形区域内，中心为最大值，周围的值逐渐减小。核密度函数提供了一个更真实的人口分布模型，得到的栅格比点密度函数得到的结果更平滑。搜索半径值对核密度函数的影响较小，但半径越大，生成的栅格越概括。

插值

插值（interpolation）是将点上的测量值分布到栅格上，并估算测量值之间的数值。一个常见的例子是，在气象站测量降水量，然后对各站之间的降水量值进行插值，以创建一个连续降水表面。图 11.10 显示了布莱克山地区各站测量数据插值的总降水量栅格图，并在图像上叠加了流域。

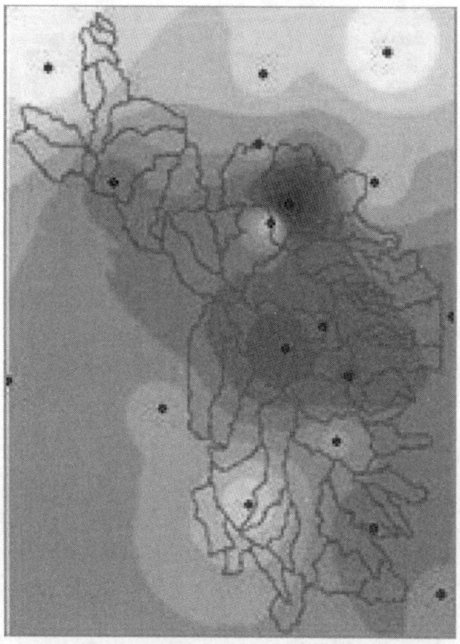

图 11.10　根据气象站测量数据插值的总降水量栅格图

来源：USGS、国家气候数据中心

插值算法基于一个重要的地理原理，即**托布勒定律**（Tobler's law），该定律指出，相距较近的测量值比相距较远的测量值更有可能相似。它也被称为地理学第一定律，因为许多地理数据集都表现出这种行为。连续的栅格数据集（如高程或温度）可以使用比典型多边形分类更多的颜色，因为根据托布勒定律，数据的基本结构是这样的。

常用的插值方法有四种：反距离加权法（IDW）、样条法、趋势法和克里金法。每种方法都使用不同的假设和不同的方法来获得结果。有关这四种插值方法的更多信息，请参阅 Spatial Analyst 的帮助文档。插值是一个复杂的课题，需要编写整本教科书来介绍。GIS 专业人员应熟悉不同的方法，以便了解每种方法的优点、缺点和假设条件，并为任何特定问题选择最佳方法。

虽然插值图和密度图看起来很相似，但两者的功能却不同。密度函数计算半径内的出现次数，然后除以面积。插值是根据附近的测量结果为每个栅格像元估算一个值。

曲面分析

曲面分析（surface analysis）包括一系列用于计算曲面属性的函数，如坡度和坡向。尽管大多数常用于高程数据［图 11.11（a)］，但这些函数能够用于任何类型的连续栅格数据。

例如，在 DEM 上使用这些函数可以帮助确定小木屋的理想位置；显示地形陡峭程度的**坡度**图［图 11.11（b）］可帮助确定平坦到足以建造房屋的地点；**坡向**图［图 11.11（c）］显示坡度的罗盘方向，可以确定朝南山坡的位置，使小木屋朝南照到温暖的阳光；**晕渲**图［图 11.11（d）］表示的是一个光源照射到的表面，它可以帮助观察者直观地看到地貌。照明光源可通过**方位角**（azimuth）或以度为单位的方向（0°～360°，0°为北）和**天顶角**（zenith angle）或地平线以上 0°～90°的角度来改变。**视域**（viewshed）分析［图 11.11（d）中的橙色区域]可确定从指定视角可看到地表的哪些部分，有助于选择视角最佳的地点。最后，**剪切/填充**（cut/fill）功能可计算两个输入表面之间的差异，有助于估算建筑工地上需要添加或移除的材料数量。

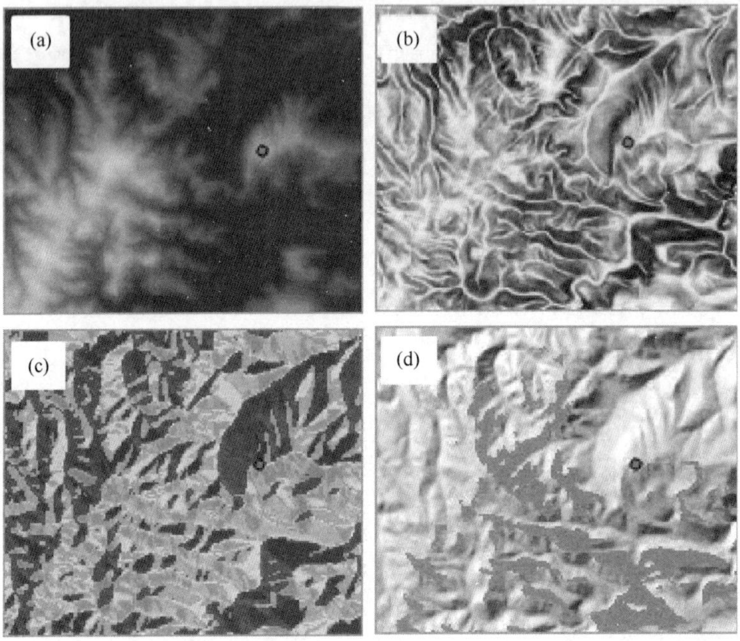

图 11.11　曲面函数：（a）高程栅格；（b）坡度；（c）坡向；（d）观察员在绿点的视角（橙色），显示在晕渲栅格上

来源：USGS

邻域统计

邻域函数（neighborhood functions）对像元周围特定大小和形状的区域（称为邻域）进行操作。移动窗口经过栅格，计算邻域内所有像元的统计量，记录结果，然后继续移动。邻域可以有不同的形状，包括正方形、圆形、矩形和环形。统计量包括最小值、最大值、范围、总和、平均值、标准差、多样性、多数、少数和中位数。邻域函数包括两种类型：分块函数和焦点函数。

分块函数（block function）移动窗口时不会与前一个窗口重叠，但会产生一组并排的相邻窗口，这些窗口相互独立。一旦计算出窗口的统计量，邻域中的每个像元都会在窗口移动之前获得相同的值。每个像元只使用一次。分块函数可用于将栅格从较高分辨率重采样到较低分辨率，如将高分辨率土地覆被数据集调整为低分辨率的气候建模网格所需的那样。

焦点函数（focal function）将窗口集中在一个像元（称为目标像元）上。它计算邻域的统计量，并将该值分配给目标像元，然后在下一个相邻像元重复该过程。考虑一个 3×3 像元的平均窗口（图 11.12）。对于每个目标像元，算法都会找出窗口中 9 个像元的平均值，并将其放入输出光栅的目标像元中。然后窗口移动到下一个像元。图 11.12 左上角的像元只有 4 个数值需要平均（目标像元值及其 3 个相邻像元值）。**滤波器**（filter）是焦点函数的另一个名称。

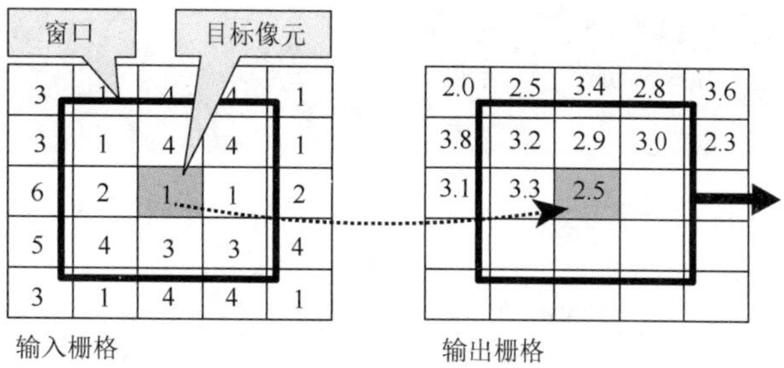

图 11.12　3×3 像元平均窗口对窗口中的 9 个像元进行平均，并将结果置于输出栅格的目标像元中

图 11.13 显示了应用于土地覆被栅格［图 11.13（a)］的分块函数和焦点函数求多数在输出上的差异。在这两种情况下，都使用了包含 16 个像元的 4×4 像元邻域，统计量是在邻域中发现出现频率最高的土地覆被类型。白色的输出像元出现在没有发现多数值的地方。在图 11.13（b）中，焦点函数评估了每个像元及其 15 个紧邻像元，然后移动到下一个相邻像元。在图 11.13（c）中分块函数评估 16 个像元，然后移动到相邻的 16 个像元组。两者都能概化原始数据集，但程度不同。

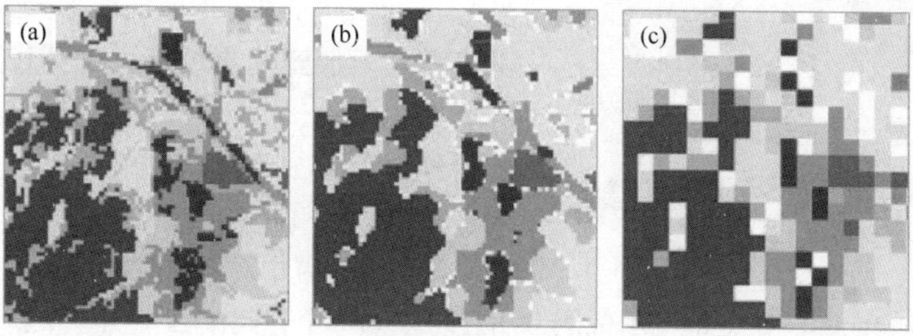

图 11.13　焦点函数与分块函数：(a）原始土地覆被栅格；(b）采用 4×4 焦点函数；(c）采用 4×4 分块函数。白色像元表示没有找到多数值

来源：USGS

分区统计

分区统计（zonal statistics）函数有时也被视为另一种邻域函数，但邻域的大小或形状并不固定。相反，它们是由另一个图层（称为区域图层）定义的。**分区**（zone）是栅格或多边形要素类中具有相同属性值的区域。区域可以是流域、地块或土壤类型。属性可以是名称、类别或唯一标识符（如地块 ID 或表格对象 ID）。

该函数从输入栅格中收集每个分区内的所有像元，并计算该分区的像元统计信息。例如，如果流域图层定义了分区，而输入栅格包含坡度数据，那么分区统计就可以计算出每个流域的平均坡度。图 11.14（a）显示了一组在晕渲图上显示的流域，从中可以很明显看出哪些流域的地形变化较大，平均坡度较高。在执行分区统计函数时，会对每个流域的坡度值进行平均。

分区统计函数可生成两种输出，即栅格和表格。栅格输出将计算出的统计值放入分区的每个像元中。表格输出包含区域属性字段以及每个分区的一个或多个统计值。该表格可利用分区字段连接原始流域多边形，并用于绘制流域的平均坡度图［图 11.14（b)］。

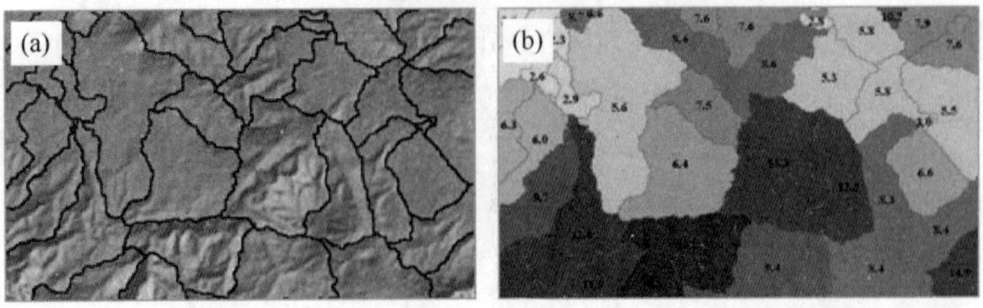

图 11.14　使用分区统计找出流域的平均坡度：（a）在晕渲图上显示的分区栅格；（b）用平均坡度着色和标注的流域

来源：USGS、黑山国家森林公园

但是，分区不一定要像流域分区那样毗连。图 11.15 中的地质图包含许多具有相同地质单元的不相连区域。该地图只有六个分区，每种颜色一个分区。利用地质单元名称和坡度栅格的分区统计功能可以生成每个地质单元的平均坡度，并包含六个平均值。如果需要每个地质多边形的平均坡度，则应使用每个多边形的唯一标识符（如要素 ID）作为指定分区的属性。

图 11.15　该地质图有六个分区

来源：南达科他州地质调查局

分区统计功能还可以将曲面上的值分配到线或点数据上，例如查找溪流断面的平均坡度，或将 DEM 中的高程值附加到溪流断面的图层上。

重分类

重分类（reclassify）功能可根据用户设计的方案改变栅格的值，例如将坡度图分为低、中、高三个坡度区域，或在加权叠置中对适宜性因子进行排序（图 11.7）。对于只有几个值的地图，如土地利用代码，用户可以为每个代码单独指定一个新值。也许一个城镇合并了附近一个使用不同土地利用代码的规划单位，因此必须将一套代码转换为另一套代码（如代码 143 变为 347），以此类推。对于涵盖一定数值范围的连续数据（如坡度），通常会将数值划分为若干离散的范围。分类使用的工具与第 2 章中描述的属性数据分类工具类似。

11.1.2　关于 ArcGIS

使用空间分析

空间分析是 ArcGIS 的扩展模块，必须单独购买。它包含一组 ArcToolbox 工具，标题为 Spatial Analyst Tools（空间分析工具）（图 11.16）。这些工具按功能类型编排，ArcGIS Pro 的每个新版本通常都会添加更多工具。空间分析工具已完全集成到地理处理环境中。它们可以从工具箱或命令行中运行，用于构建模型生成器中的模型，并纳入脚本。

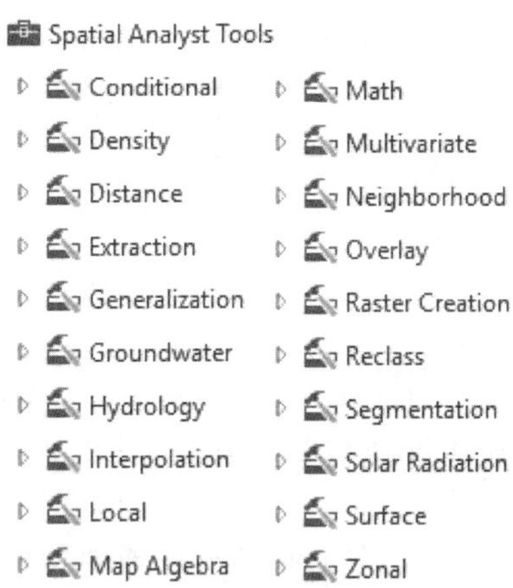

图 11.16　空间分析工具

来源：Esri

这些工具在帮助文档中都有详尽的记录，在许多情况下还包括对每个工具背后概念的完整讨论。例如，对插值感兴趣的用户可以在帮助文档中找到有关各种插值方法

（IDW、克里金法、趋势法和样条法）的大量信息和参考资料。强烈建议在使用不熟悉的工具之前先进行阅读。

环境设置

空间分析工具与其他工具一样服从环境设置。有几种设置特别有用（图 11.17）。

Workspace（工作区）设置指定了数据集的默认输入和输出位置。空间分析工具会生成许多输出栅格，这些栅格可能是实现解决方案的中间步骤。默认情况下，这些数据都存储在项目地理数据库中。不过，指定一个单独的地理数据库来保存输出结果，有助于将它们与永久数据集合分开，并简化稍后的清理工作。

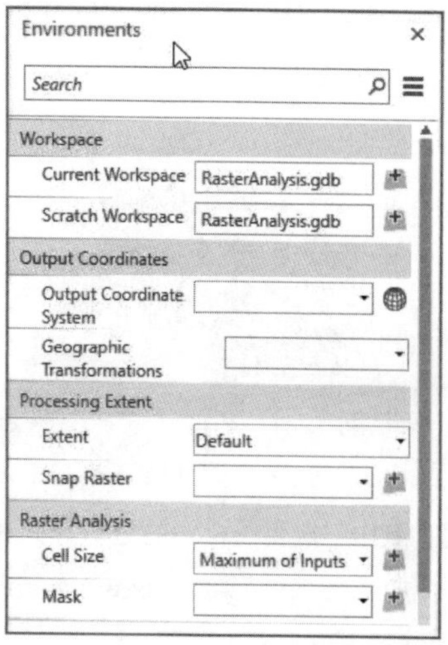

图 11.17 栅格分析的关键环境设置

来源：Esri

Output Coordinate（输出坐标）设置指定输出坐标系统。通常最好保留默认值，即与输入坐标系统相同。投影栅格会消耗时间和内存，在处理大型栅格时可能会导致系统超载。此外，投影过程中的重采样可能会影响原始数据的分辨率和精度。栅格投影只应在必要时进行，最好是作为一个单独的、有意识的步骤，在其中仔细选择参数，而不是作为一个被遗忘的后台程序。

Processing Extent（处理范围）控制用于预选要在工具中使用的要素或栅格单元的矩形区域。默认情况下，输入数据集的所有区域都会被使用。对于栅格数据，这一设置尤为重要，因为栅格必须具有矩形范围。如果两个数据集通过图 11.18 中所示的黑色方框表示，并且至少输入一种工具，那么即使黑线外的像元为空值，输出栅格也将包含整个蓝色区域。系统默认设置为 Intersection of Inputs（输入相交）选项（黄色区域包含两个输入的有效值的所有像元）。该范围可以设置为与显示区域相匹配，也可以设置为与特定数据集相同，其他所有内容都应与之保持一致。最后一个选项通常是最好的，因为它可以在分析步骤展开时最大限度地减少重采样的次数。

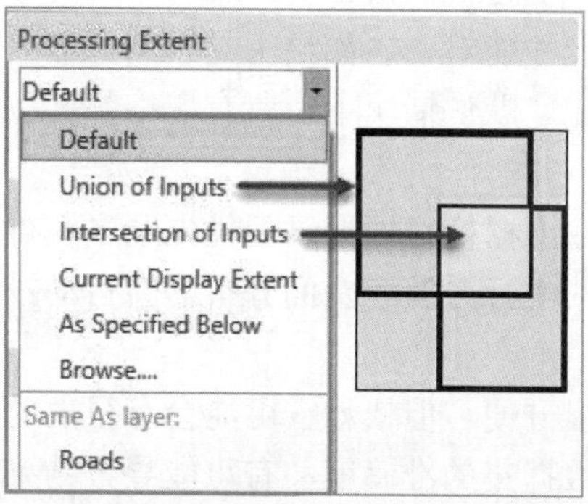

图 11.18 处理栅格时的处理范围选项

来源：Esri

Snap Raster（捕捉栅格）设置指示程序将第一个像元的角与现有栅格精确匹配，可用于确保输出中的像元始终对齐，从而减少后续步骤中重采样的需要。

Cell Size（像元大小）设置控制栅格的输出分辨率。可将其设置为特定值或与现有数据集匹配。默认值是输入的最大值。例如，如果两个输入的像元大小为 50 m 和 30 m，输出的分辨率为 50 m，而 30 m 栅格将被重采样以匹配（可能会影响数据值）。像元大小总是以坐标系统单位来衡量，通常为米或英尺。但是，如果栅格存储在 GCS 中，单位则为度。

有些工具即使设置了环境，也会要求输入像元大小。在这种情况下，像元大小框将填入一个基于地图单位和分析范围的建议值。建议的大小通常会创建一个像元数量足够但不过多的栅格。如果建议的大小与预期或想要的相差甚远，那么在继续之前请仔细查看范围设置和地图单位。

Mask（掩膜）设置用于指定多边形要素类或栅格，以控制哪些像元将被处理。掩膜栅格包含感兴趣区域外的空值像元，因此该区域的所有输出像元都将获得空值。如果使用多边形要素类作为掩膜，那么要素类边界外的所有像元都将获得空值。

使用掩膜与使用矢量数据的裁剪功能类似。在图 11.19 中，应用掩膜后，流域以外的区域将显示空值（NoData）而不是高程。

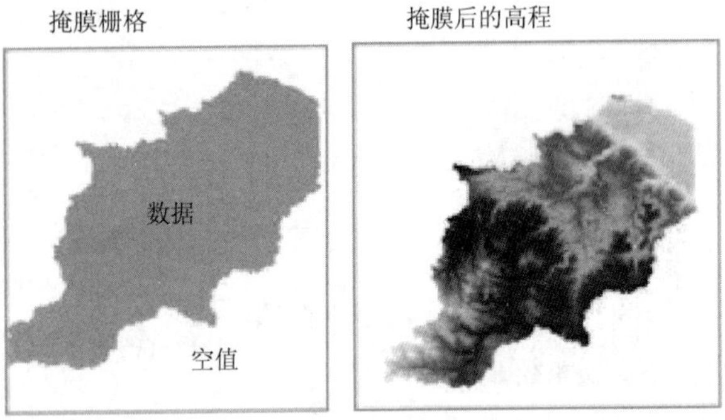

图 11.19　掩膜栅格中的空值像元在输出栅格中变成空值像元

来源：USGS、黑山国家森林公园

有些工具允许用户指定不同的方法来处理空值。如果工具设置为 Ignore NoData values（忽略空值），那么工具会尝试使用现有值完成计算，这通常是首选和默认选项。另一个选项是，如果输入像元包含一个或多个空值，则为输出像元分配空值。换句话说，如果任何输入值是空值，工具就会认为没有足够的信息来计算该像元的有效结果。

提示：环境设置与项目一起保存，在更改之前一直有效。创建新项目时，环境设置会重置为默认值。使用工具上的“环境”面板，可以暂时覆盖该工具的项目设置。

重采样的影响

栅格函数将图层视为数字数组，可作为堆栈进行处理。要进行栅格分析，所有输入的栅格必须具有相同的像元大小和范围，这样每个堆栈中的像元才能对齐。如果工具收到的输入具有不同的像元大小或范围，栅格会自动重采样以相互匹配。默认情况下，所有栅格都会按照输入栅格中最粗的像元大小重采样。

如果将不同坐标系统的栅格输入到工具中进行分析，输出栅格将根据以下优先顺序获得坐标系统：①环境设置指定的坐标系统；②工具首次输入的坐标系统。空间分析器会自动投影栅格以匹配，投影通常包括重采样。

自动重采样和投影过程对用户来说是不可见的，似乎很方便，但依赖它可能会有很大的隐患。第一，自动流程可能会在用户不知情的情况下降低数据集的准确度，有可能导致结果不一致甚至出错。第二，自动处理过程中使用的默认设置可能无法针对数据进行优化。在对 DEM 进行重采样时，双线性插值选项可产生最佳结果，但自动处理过程使用的是最近邻选项，可能会在表面引入麻烦的不连续性。第三，处理顺序可能会导致问题。考虑一个需要裁剪和投影的输入栅格。由于投影是一个计算机密集型处理过程，最好是先裁剪后投影，但自动处理过程可能会因为先投影而导致工具失效，使计算机不堪重负。

在开始栅格分析之前，最好先确定一个标准坐标系统、范围和像元大小，以便在整个分析过程中统一使用。如果输入数据集与所选参数不匹配，最好事先手动对数据进行投影、裁剪或重采样，以便指定适当的参数，而不是让它们默认为自动处理。分析开始后，使用适当的环境设置可确保整个分析过程中的范围、像元大小和投影保持一致，这样就不需要重采样，也不会因此出现问题。如果栅格工具出现意外故障，解决方法通常在于查看输入数据和环境设置，并确保输入数据和环境设置得到仔细管理。

11.1.3 摘要

- 栅格由作为独立像元存储在阵列中的空间数据组成，可以表示离散的要素或连续的信息区域。
- 栅格与其他空间数据一样都有坐标系统。许多栅格计算都基于距离和面积函数，因此必须将栅格存储在投影坐标系统中，并尽量减少变形。
- 地图代数将栅格视为数字数组，可逐个像元进行加法和乘法等操作。算术、逻辑、布尔、位运算符和函数为分析栅格和标量数据提供了多种选择。
- 与矢量叠置法相比，栅格叠置法通常更快，而且能更好地结合连续数据进行适宜性分析。布尔叠置使用真/假栅格和布尔运算符。加权叠置使用重分类和加权，可更灵活地建立适宜性模型。
- 距离函数用于测量一组物体之间的距离，也可用于计算与在表面上行进相关的成本和路径。
- 密度函数测量指定搜索半径内出现的物体数量，并以单位面积的要素进行报告。
- 栅格插值法根据孤立位置的测量值估算出一个表面。
- 可以计算基于单个像元、指定邻域或大型不规则区域的栅格的统计量。
- 可根据需要对栅格进行重分类并赋予新值。
- 当一起分析具有不同像元栅格的栅格时，会自动进行重采样，但这会降低数据集的质量。用户应在分析前对齐栅格数据，尽可能减少重采样。
- 分析环境可控制会话期间创建的所有新栅格的某些设置。这些设置包括工作路径、输出栅格的范围和像元大小以及分析掩膜等。

重要术语

坡向	滤波器	重分类	加权叠置
方位角	焦点函数	坡度	天顶角
分块函数	晕渲	空间分析	分区统计
布尔叠置	插值	适宜性分析	分区
布尔栅格	地图代数	曲面分析	
剪切/填充	掩膜	托布勒定律	
欧氏距离	邻域函数	视域	

11.1.4 复习题

1. 在执行任何地图代数表达式之前，输入栅格的分辨率和结构必须符合哪些条件？
2. 想象一下，您有10个不同标准的布尔栅格，这些标准都与垃圾填埋场的选址有关。如果将这些栅格相加，输出栅格的潜在取值范围是多少？如果将栅格相乘，可能的取值范围是多少？
3. 解释使用加权叠置而不是布尔叠置的优势。

4. 为什么最好将栅格存储在与分析时所使用的坐标系统相同的坐标系统中？哪种类型的投影效果最好？

5. 比较显示溪流距离的栅格和显示溪流周围缓冲区的布尔栅格中的数值范围。

6. 描述托布勒定律。举例说明一组数据可能遵循这一定律，另一组数据可能不遵循这一定律。

7. 何时应使用核密度函数而非简单密度函数？

8. 焦点函数和分块函数除了邻域的定义方式不同外，其他都很相似。请解释这一区别。

9. 设想将地块要素类用作分区统计功能的分区图层。请解释如果使用的分区属性是①地块 ID 编号或②土地利用类型时，结果会有何不同。

10. 列出并描述有助于管理栅格分析的五个环境设置。何时应检查和设置这些设置？

扩展知识

通过阅读 ArcGIS 帮助文档的这些部分来扩展您的知识。

Help＞Analysis and geoprocessing＞Spatial Analyst＞Spatial Analyst basics

Help＞Analysis and geoprocessing＞Spatial Analyst＞Map algebra

Tool Reference＞Geoprocessing Tools＞Spatial Analyst toolbox（浏览各种工具）

11.2 掌握技能

11.2.1 教程

以下示例提供了在 ArcGIS 中执行任务和解决问题的分步说明。您需要执行的步骤用箭头“→”标出；请仔细按照这些步骤操作。

→ 启动 ArcGIS Pro 并打开 ClassProjects\RasterAnalysis 项目。记住要经常保存。

为了熟悉栅格分析，我们将使用栅格来解决第 10 章中的蜗牛栖息地适宜性问题（图 11.20）。

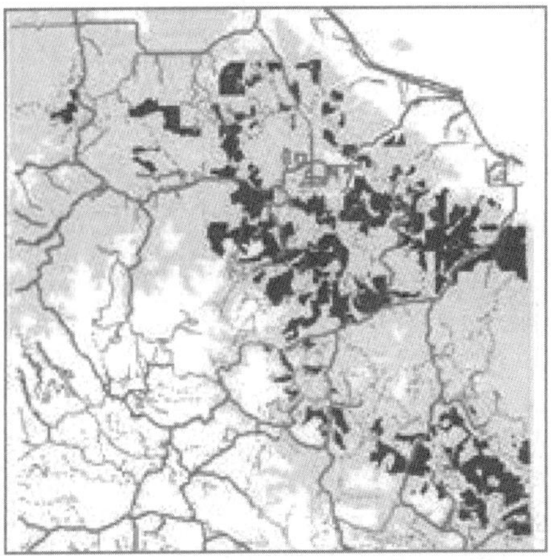

图 11.20 通过矢量分析确定的蜗牛栖息地

来源：黑山国家森林公园

某些环境设置对栅格分析尤为重要，包括默认的像元大小和范围，这样所有输入和输出都具有相同的像元网格，无须重采样。

1→ 点击 **Analysis：Geoprocessing：Environments**。

1→ 注意 Current and Scratch Workspace（当前和临时工作区）设置为主地理数据库。

1→ 设置 Processing Extent（处理范围）：将处理范围设置为 Same As layer：Elevation（与高程图层相同）。更新坐标方框，以显示所使用的特定 *x-y* 值。

1→ 设置 Raster Analysis（栅格分析）：将栅格捕捉到 Elevation（高程）。

1→ 更改 Raster Analysis（栅格分析）为：像元大小设置为 Same as layer Elevation（与高程图层相同）。

1→ 保持 Raster Analysis（栅格分析）：Mask（掩膜）设置为空。单击 OK。

提示： 在栅格分析过程中更改输出坐标系统不是好的做法，因为这会导致输入数据的重采样。通常情况下，栅格处理时应将输出坐标系统留空。

在第 10 章中，我们通过地质、植被和高程的矢量图层预测了蜗牛的栖息地。现在，我们将通过创建三个布尔栅格来进行相同的分析，每个栅格显示一种理想的蜗牛栖息地条件，然后将它们相乘来找到栖息地。

执行布尔叠置

蜗牛喜欢高程在 1200～1600 m 的区域。我们需要创建一个布尔栅格，其中符合高程标准的像元值为 1，其余像元值为 0。

提示： Spatial Analyst（空间分析）和 3D Analyst（三维分析）扩展共享某些工具，因此在工具搜索时可能会出现两个选项。在本教程中，请始终选择空间分析工具。

2→ 安排 Geoprocessing（地理处理）窗格，使其在教程中保持打开状态。

2→ 在 Geoprocessing（地理处理）窗格中，打开 Reclassify（重分类）工具（图 11.21）。

2→ 将 Input raster（输入栅格）设置为 Elevation（高程）。

2→ Reclass field（重分类字段）将默认为 VALUE，即包含栅格中存储的值的字段。这通常是处理栅格时使用的字段。

对于数字数据，我们需要指定范围，在本例中，我们指定 0～1200、1200～1600 和 1600～2000。先创建所需的分类数量，然后再编辑范围，这样做很有帮助。

3→ 单击 Classify（分类）链接并输入 *3* 为分类数量。单击 OK。

3→ 单击第一个起始方框，将值改为 0。单击 Tab 键转到结束方框，输入 1200。单击 Tab 键转到新建框，输入 0。

3→ 继续使用 Tab 键输入图 11.21 所示的范围，其中 0 代表新的 NoData 值。

3→ 将输出命名为 *ElevRange* 并运行工具。

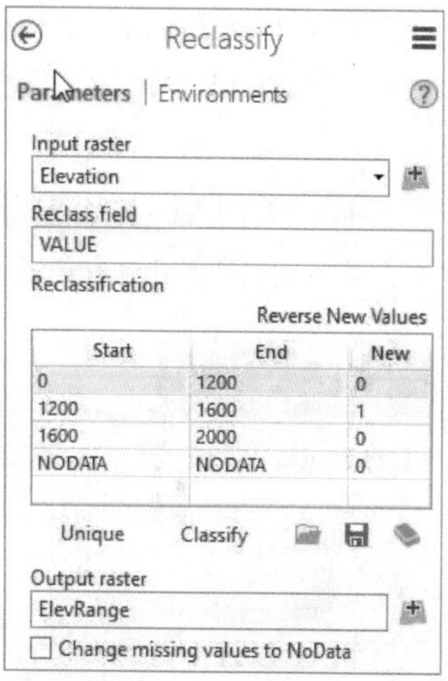

图 11.21　重新划分高程

来源：Esri

提示： 重分类时，栅格中的最小值和最大值将自动显示在第一个 Start（开始）框和最后一个 End（结束）框中。最好确保起始值和终止值低于和高于这些自动值。此外，要创建只有 0 和 1 值的真正布尔栅格，最好将 NoData 值改为 0。

3→ 右键单击 ElevRange 的 0 值符号，将其颜色设置为灰色 10%，这有助于我们直观地看到哪些区域符合标准。

新的栅格应如图 11.22（a）所示（颜色可能有所不同）。这是一个布尔栅格，有两个值：1 表示高程在所需范围内（绿色），0 表示高程不在所需范围内（灰色）。

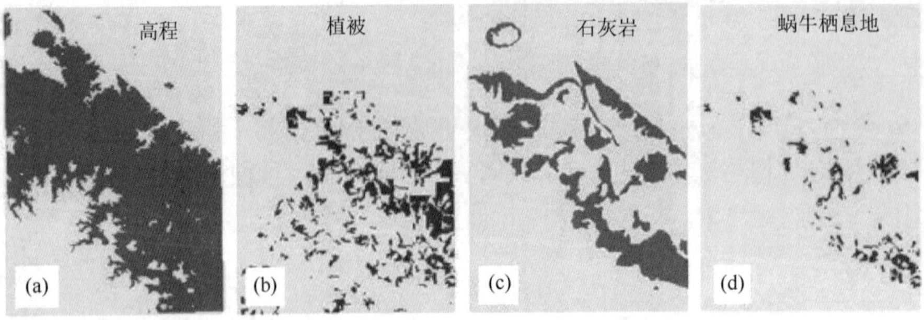

图 11.22　布尔叠置法确定蜗牛栖息地

接下来，我们将使用 Vegetation（植被）多边形图层创建一个布尔栅格，显示树木茂密的区域。栅格只能存储一个属性值，因此我们必须指定 Vegetation（植被）表中的哪个字段来提供数据。我们将使用 DENSITY96 文本字段。

4→ 关闭除 Vegetation（植被）以外的所有图层。

4→ 打开 Feature to Raster（要素到栅格）工具。将 Input Features（输入要素）设为 Vegetation，Field（字段）设为 DENSITY96。将输出命名为 *vegdensity*（植被密度）并运行该工具。

4→ 关闭 Vegetation 多边形图层，查看栅格［图 11.22（b）］。

4→ 右键单击 vegdensity 图层，选择 Attribute Table（属性表）。

vegdensity 栅格表如图 11.23 所示。栅格只存储数字（显示在 Value 字段中），通过为 DENSITY96 中的每个唯一文本值任意分配一个整数来确定。虽然图层在图例中使用了文本字段，但表格记录了分配给每个密度等级的整数。计数字段表示每个值有多少个像元。例如，该栅格包含 75 914 个密度等级为 C 的像元。

vegdensity ×

Field:　Selection:

OBJECTID	Value	Count	DENSITY96
1	1	147840	0
2	2	80898	A
3	3	75914	C
4	4	97386	B

图 11.23　vegdensity 栅格表

来源：Esri

1. 使用像元尺寸（30 m）计算 C 级的面积（km^2）。________________

5→ 关闭表格并打开 Reclassify（重分类）工具。

5→ 设置 Input raster（输入栅格）为 vegdensity，Reclass field（重分类字段）为 DENSITY96。

5→ 将 C 的新值改为 1，其余（包括 NODATA）均改为 0。

5→ 将输出命名为 *DenseTrees*。运行工具。

请注意，输出符号的标签是 0、A、B 和 C，而不是 0 和 1。当属性表包含文本字段时，栅格渲染器默认使用文本字段。为了记住我们使用的是布尔图层，让我们重置符号以显示实际的栅格值，而不是文本标签。

6→ 打开 DenseTrees 图层的 Symbology（符号）窗格。它使用的是唯一值图，这没有问题，但要将 Value 字段的 DENSITY96 改为 Value。

6→ 将 0 颜色设置为灰色 10%，以便更好地观察所需区域［图 11.22（b）］。

最后，我们将把地质图层转换为栅格图层。由于地质单元种类繁多，我们将在转换前选择所需的地质单元。所选多边形以外的区域将被赋予 NoData 值。

7→ 关闭除 Geology 以外的所有图层。

7→ 打开 Select Layer By Attribute（按属性选择图层）工具，从 Geology 图层中选择 limestone（石灰岩），表达式为：RockType is Equal to Limestone。

8→ 打开 Feature to Raster（要素到栅格）工具。选择 Geology 作为 Input features（输入要素），并将 Field（字段）设置为 RockType（岩石类型）。将输出命名为 *Limestone* 并运行该工具。

8→ 打开 Limestone 属性表。

在布尔叠置过程中，NoData 值的处理方式与 0 值不同，它们甚至不会显示在此表中。为了确保布尔叠置过程中处理的一致性，并避免在最终结果中同时出现 0 和 NoData 值，我们应该将 NoData 值重新归类为 0。

9→ 关闭表格并打开 Reclassify（重分类）工具。

9→ 将 Input raster（输入栅格）设置为 Limestone，并将 Reclass field（重分类字段）设置为 Value。

9→ 如有必要，在第一行输入 1，然后点击制表符。

9→ 在 NODATA 行，将新值改为 0。

9→ 将输出命名为 *LimestoneBoo* 并运行该工具。

10→ 关闭 Geology 图，查看新的栅格。

10→ 更改 LimestoneBoo 的 0 值符号使之变为灰色［图 11.22（c）］。

我们准备好进行叠置了。我们有三个布尔栅格，每个栅格在栖息地条件成立时包含 1，在条件不成立时包含 0［图 11.22（a）～（c）］。将它们相乘后，符合所有三个条件的区域将被分配的值为 1，其他像元的值均为 0。

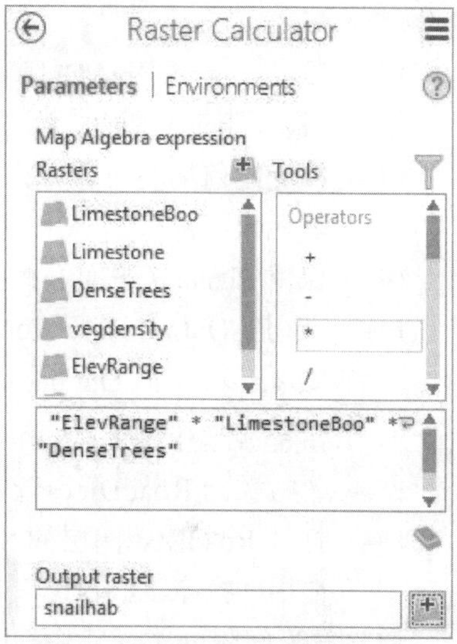

图 11.24　使用栅格计算器进行布尔叠加

来源：Esri

11→ 打开 Raster Calculator（栅格计算器）工具（图 11.24）。

11→ 在栅格列表中，双击栅格名称，然后双击工具列表中的乘法运算符，输入表达式：“ElevRange”×“LimestoneBoo”×“DenseTrees”。

11→ 将输出命名为 *SnailHab* 并运行工具。

12→ 关闭除 SnailHab 以外的所有图层。

12→ 放大到 SnailHab 图层的范围，并与图 11.22（d）仔细比较（颜色可能不同）。

在图 11.22（d）中，蜗牛栖息地的值为 1，呈棕色。它相当于第 10 章中通过矢量要素相交计算出的蜗牛栖息地栅格。不过，对于栅格图，我们可以选择将它们相加来获得适宜度的排序，而不仅仅是简单的“是”或“否”。

13→ 在仍然打开的 Raster Calculator（栅格计算器）工具中，将乘法运算符编辑为加法运算符，将表达式改为：“ElevRange”+“LimestoneBoo”+“DenseTrees”。

13→ 将输出命名为 *SnailHabrank* 并重新运行工具。

13→ 打开 SnailHabrank 的符号，并将配色方案改为由浅到深的绿色色阶。

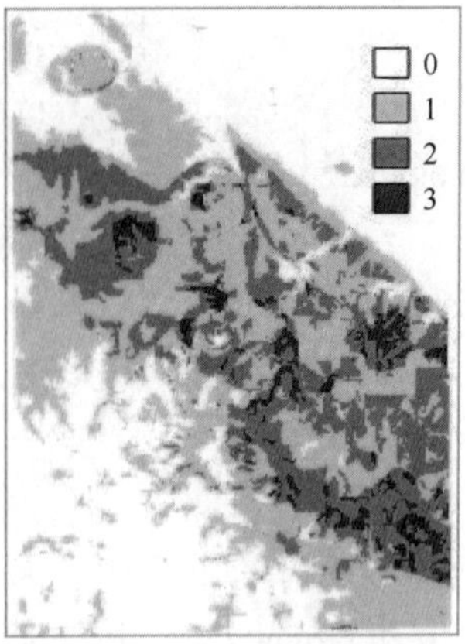

图 11.25　蜗牛栖息地排序

这次，最佳栖息地的值为 3，其他区域则根据有多少优选条件出现进行排序（图 11.25）。

距离函数和缓冲区

矢量分析使用缓冲区来评估与要素的距离，例如道路 200 m 以内的区域。使用栅格进行距离分析功能更强大、更灵活，部分原因是栅格可以存储连续的距离信息，而矢量仅限于描绘离散的对象。让我们来探索一些栅格距离函数。

14→ 按住 Ctrl 键折叠图例，并关闭除 Roads 以外的所有图层。

14→ 打开 Euclidean Distance（欧氏距离）工具（图 11.26）。

14→ 将输入数据设置为 Roads，并将 Output distance raster（输出距离栅格）命名为 *RoadDist*。

14→ 重要：barrier data（障碍物数据）和 Maximum distance（最大距离）留空。

14→ 接受之前环境设置中指定的高程栅格 topo30 m 的默认像元大小。

14→ 保留 Planar（平面）距离方法。

14→ 指定 Output direction raster（输出方向栅格）为 *RoadDir*，但 Out back direction raster（反向输出栅格）留空。运行该工具。

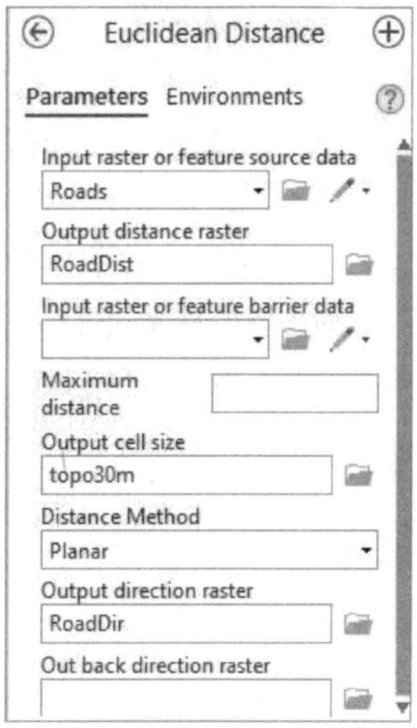

图 11.26　欧氏距离工具

来源：Esri

15→ 暂时关闭 RoadDir，查看 RoadDist。

15→ 打开 RoadDist 图层的 Symbology（符号）窗格，根据需要更改拉伸显示方式，并选择一个漂亮的色阶。

通常，等间隔分类法［图 11.27（a）］或拉伸法适合显示距离栅格，不过在本例中，右上方的无路区域使符号有些偏斜。

16→ 单击 **Map：Navigate：Explore** 工具，点击栅格上的像元，查看其中包含的值。

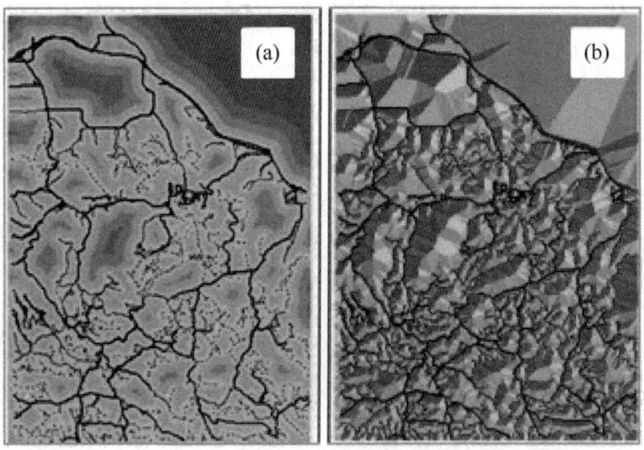

图 11.27　（a）RoadDist 和（b）RoadDir 栅格图

来源：黑山国家森林公园

RoadDist 栅格中的每个像元表示该像元到最近道路的距离［图 11.27（a）］，坐标系统单位为米。

16→ 打开 RoadDir 栅格，查看图例的数值。点击多个像元查看数值。完成后关闭弹出窗口。

RoadDir 栅格单元记录了到最近道路的方向［图 11.27（b）］，范围为 0°～360°，其中 0°（和 360°）表示北方。对于地图区域中的任何位置，这两个栅格都显示了到最近道路的距离以及到达那里的行进方向。

第 9 章介绍了缓冲区。栅格计算器可以以布尔栅格的形式快速创建栅格缓冲区，缓冲区内为 1，缓冲区外为 0（图 11.28）。假设我们希望缓冲区显示道路 300 m 范围内的区域。

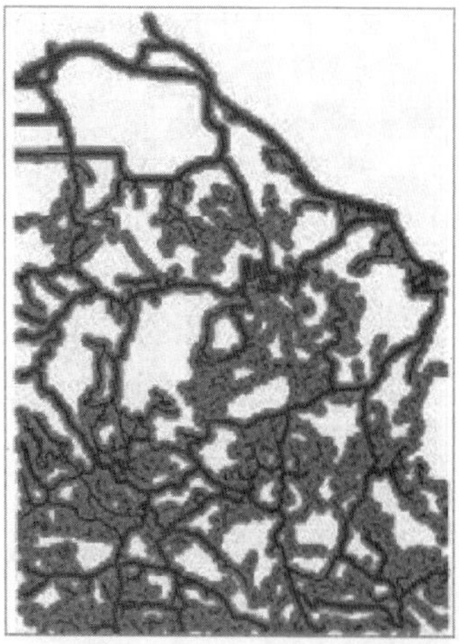

图 11.28　布尔栅格道路缓冲区

17→ 打开 Raster Calculator（栅格计算器）工具。

17→ 输入表达式："RoadDist" ＜ = 300（请注意，"＜ = "是一个单独的运算符，从其所在行输入，而不是先输入"＜"，再输入" = "）。

17→ 将输出命名为 *Roadbuf300* 并运行工具。

我们还可以使用栅格创建多个环形缓冲区。再以蜗牛栖息地为例，由于蜗牛容易被道路压死，因此最佳栖息地应远离道路。生物学家发现，蜗牛一生中的旅行距离很少超过 400 m。我们可以使用 200 m 的环形缓冲区，根据距离对栖息地进行排序。

18→ 打开 Reclassify（重分类）工具。将 Input raster（输入栅格）设为 RoadDist，将 Reclass field（重分类字段）设为 VALUE。

18→ 单击 Classify（分类）链接。将分类数量设置为 4。

18→ 在 Reclassification（重分类）部分，在第一个方框中输入 0，然后使用 Tab 键输入其余范围，如图 11.29 所示。

18→ 将输出命名为 *Ringbuf200* 并运行工具。

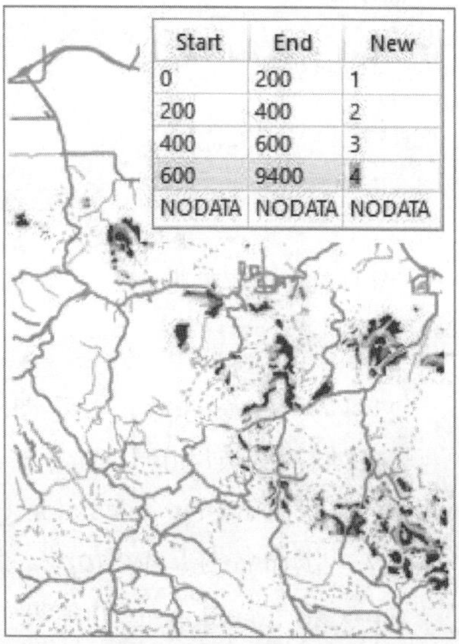

图 11.29　按距离道路远近排列的栖息地

来源：Esri、黑山国家森林公园

现在我们有了一个栅格，1 表示最不理想的距离，4 表示最佳距离。让我们将环形缓冲区与蜗牛栖息地栅格相乘。回想一下，栖息地的值为 1，非栖息地的值为 0，因此乘以 Ringbuf200 将得到一个新的栅格，其值从 1 到 4 不等，但仅限于蜗牛栖息地。

19→ 打开 Raster Calculator（栅格计算器）工具并输入表达式："SnailHab" × "Ringbuf200"。

19→ 将输出命名为 *DistHabitat* 并运行工具。

19→ 关闭除 DistHabitat 和 roads 以外的所有图层。

19→ 更改 DistHabitat 的配色方案，使 1 为红色、2 为橙色、3 为黄色、4 为绿色（图 11.29）。

这张地图可能会引起新的关注——很少有栖息地位于远离公路的较安全区域。

需要注意的是，距离栅格的分类显示［图 11.27（a）］看起来与缓冲区类似，但不要被它迷惑。距离栅格包含连续的距离，而缓冲区栅格包含 0 或 1 的离散值。不能通过改变距离栅格的符号来创建缓冲区。即使它们看起来像缓冲区，其值仍然是距离。

20→ 比较 Ringbuf200、Roadbuf300 和 RoadDist 图层的图例和栅格。

也不能使用 Euclidean Distance（欧氏距离）工具中的最大距离功能创建缓冲区。这是一个常见的误解。

21→ 打开 Euclidean Distance（欧氏距离）工具。将输入要素设为 Roads，输出设为 *MinDist*，最大距离设为 *300*。不要指定方向栅格，因为不需要。运行工具。

21→ 关闭除 MinDist 和 Roadbuf300 以外的所有图层。放大并仔细比较它们。同时比较内容窗格中的图例。

从表面上看，MinDist 栅格看起来像缓冲区，因为只有靠近道路的像元才有数值。但是，像元值包含距离。真正的布尔值 Roadbuf300 在缓冲区像元中为 1。要将 MinDist 变成缓冲区，仍必须对其进行重新分类。因此，设置最大距离并不省力，而且布尔叠置的输出结果也无法正常发挥作用。

地形函数

地形函数可以将高程数据有力地转化为有用的产品。在本节中，我们将使用它们来寻找低坡、阳光充足的地区，作为建造冬季滑雪小屋的潜在地点。当前地图的 Contents 窗格中的图层越来越多，因此让我们重新开始绘制一张新地图。

22→ 保存项目并关闭 Sturgis 地图窗口。

22→ 选择 **Insert：New Map**，并将其名称更改为 Topo Functions。关闭 Topographic（地形）底图。

22→ 将栅格 Folders\BlackHills\Sturgis\ topo30m 添加到地图上。

坡度函数通俗地说，就是计算曲面的陡峭程度。用数学术语来说，就是计算曲面的变化率。

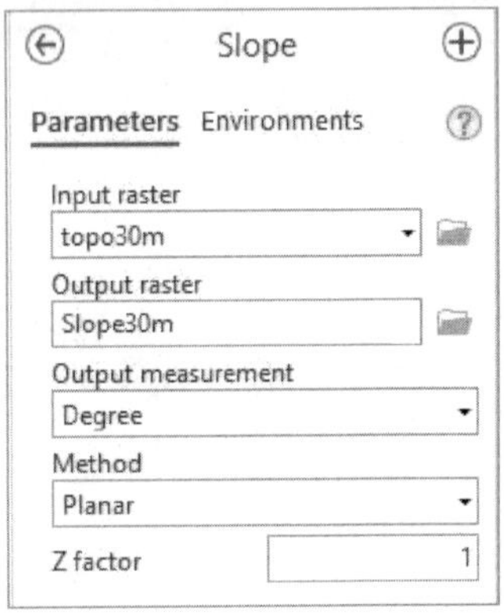

图 11.30　坡度工具

来源：Esri

23→ 打开 Slope（坡度）工具（图 11.30）。将 Input raster（输入栅格）设置为 topo30m。将输出命名为 *Slope30m*。

23→ 保留 Output measurement（输出值）为 Degree（度）、Method（方法）为 Planar（平面）和 Z factor（Z 因子）为 1 的默认值。运行工具。

23→ 关闭 topo30m，查看 Slope30m。

让我们找到坡度小于 10°，平坦到足以建造小木屋的区域。

24→ 打开 Raster Calculator（栅格计算器）工具并输入表达式：“Slope30m”＜10。将输出命名为 *LowSlope*。运行工具。

24→ 将 LowSlope 的 0 值设置为浅灰色，1 值设置为亮丽的颜色。

要找到阳光充足的区域，我们需要一个坡向栅格。坡向是指斜坡的朝向——从北向开始，正北是 0°（和 360°），正东是 90°，以此类推。

25→ 打开 Aspect 工具。将输入栅格设置为 topo30m，并将输出命名为 *Aspect30m*。运行工具。

> 2. 坡向图会根据罗盘方向自动着色和标注。哪种颜色表示北向？__________哪种颜色表示南向？______________________________

让我们找到温暖的南向地区，即坡向在 130°～230°（南向两侧各 50°）的地区。

26→ 打开 Raster Calculator（栅格计算器）工具。

26→ 认真输入表达式，包括括号：（“Aspect30m”＞130）&（“Aspect30m”＜230）

26→ 将输出命名为 *Southerly* 并运行工具。

提示：需要使用括号来强制计算器评估两个条件：（坡向>130）和（坡向<230），然后才执行布尔 AND（&）。

现在，我们通过布尔叠置来寻找潜在的木屋地点。

27→ 清除并重新打开 Raster Calculator（栅格计算器）工具，输入表达式：“LowSlope” × “Southerly”。将输出命名为 *CabinSites* 并运行工具。

27→ 将结果与图 11.31 进行比较。

27→ 折叠所有图例，关闭所有图层。

图 11.31 小木屋位置

还有两个曲面函数值得研究。晕渲函数可以创建一个栅格，模拟光源在某一位置对表面的照射。指定方向（**方位角**）和高度（**天顶角**），均以度为单位。其结果类似于人飞越地表时可能看到的景象。

28→ 打开 Hillshade（晕渲）工具。将输入栅格设置为 topo30m，并将输出命名为 *Hillshd30m*。其他设置保持默认。运行该工具。

比较高程栅格和晕渲栅格，注意到晕渲效果可呈现精细的地形细节。它是一张出色的底图。

晕渲函数可确定从一组点可以看到哪些区域。它可用于放置防火瞭望塔或确定从防火瞭望塔是否可以看到木材砍伐区域等应用。我们将用它来确定三个防火瞭望塔的可见度。

29→ 从 Folders\BlackHills\Sturgis 地理数据库的要素数据集中添加 towers（瞭望塔）要素类。

29→ 打开 Viewshed（视图）工具。将 Input raster（输入栅格）设为 topo30m，observer features 观察点要素）设为 towers。将输出命名为 *TowerView* 并运行该工具。

3. 查看 TowerView 的属性表。栅格实际存储了哪些值？使用工具帮助确定这些值的含义。

提示：随着栅格的累积，每次绘制时都必须等待。为获得最佳性能，请养成关闭或删除当前不使用的栅格的习惯。

邻域函数

邻域函数查看栅格中的目标窗口，并计算窗口中像元的统计数据。不妨思考一下栖息地多样性的概念。

30→ 从 Folders\BlackHills 文件夹中添加 Landuse.lyrx 图层文件。它指的是 Sturgis 地理数据库中的 landcover（土地覆被）栅格。

有些区域比较单一，只有一个或两个土地覆被单元，但有些区域则变化较大。我们可以利用邻域函数来分析不同区域的土地覆被类型的多样性，例如找出 10×10 像元移动矩形框内土地覆被类型的多样性。

31→ 打开 Focal Statistics（焦点统计）工具（图 11.32）。

31→ 将 Input raster（输入栅格）设置为 landcover，将输出栅格命名为 *lcvarfoc*。

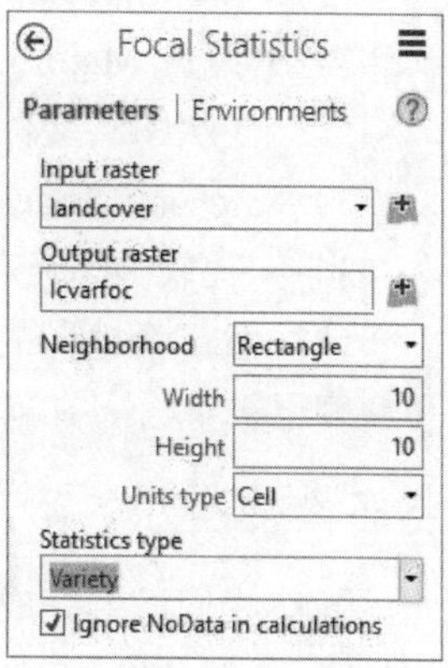

图 11.32 焦点统计工具

来源：Esri

31→ 选择 Rectangle（矩形）邻域。Width（宽度）和 Height（高度）均输入 10，Units type（单元类型）设置为 Cell（像元）。

31→ 在 Statistics type（统计类型）中选择 Variety（多样性），然后运行工具。

31→ 这些是序数数据，因此打开 lcvarfoc 图层的 Symbology 窗格，将配色方案更改为单色色阶。

如果 lcvarfoc 栅格中的值为 1，则表示在 10×10 个像元（300 m×300 m）区域内只有一种土地覆被类型，它是均匀的。数值为 9 表示发现了 9 种不同类型。该栅格对景观的异质性进行了客观估计。

区块统计函数的工作方式大致相同，只不过目标窗口不是逐个像元移动，而是每次都移动到一个全新的区域。

32→ 打开 Block Statistics（区块统计）工具。

32→ 使用与 Focal Statistics（焦点统计）工具相同的输入，但将输出命名为 *Lcvarblock*。运行工具。

32→ 更改配色方案，使其与 Lcvarfoc 相匹配，然后比较两个栅格。然后将它们都关闭，并折叠图例，只打开土地覆被图层。

邻域函数可以使用不同的统计量。例如，焦点多数函数可以很好地简化栅格，以便转换为要素。这组土地覆被数据［图 11.33（a）］是由栅格卫星数据生成的，但也许还需要一个矢量版本。其原始形式是一组复杂的多边形，其中有许多微小的点和线，需要在转换前进行简化。多数统计（Majority Statistic）工具会查看目标窗口，并选择出现频率最高的土地覆被值。我们将使用焦点统计以获得更平滑的结果。窗口越大，概括性越强。

33→ 打开 Focal Statistics（焦点统计）工具。将 Input raster（输入栅格）设置为 landcover，并命名输出 *Major5*。

33→ 指定 5×5 像元的 Rectangle（矩形）窗口和 Majority（多数）统计。运行工具。

在简化时，一个较小的矩形做两三次通常比一个较大的矩形效果好，因此再运行一次多数滤波器。

33→ 在 Focal Statistics（焦点统计）工具中，将 Input raster（输入栅格）设置为 Major5，并将输出命名为 *Major5×2*，保持其他参数不变，再次运行该工具。

我们可以将准备好的图层文件中的符号导入 Major5×2，以便更好地比较原始栅格和最终栅格。

34→ 打开 Major5×2 的 Symbology（符号）窗格。单击选项并选择 Import from layer file（从图层文件导入）。

34→ 导航至 BlackHills 文件夹并选择 LanduseNumbers.lyrx 文件。

34→ 比较 Major5×2［图 11.33（b）］和 landcover［图 11.33（a）］。

请注意，新地图的外观更加简洁。它将更容易转换成多边形。不过，数据的原始分辨率和精度已被综合。在解释基于新数据的结果时，请牢记这一点。

将栅格转换为要素

既然我们已经完成了简化，那就继续将土地覆被转换为多边形。

35→ 打开 Raster to Polygon（栅格到多边形）工具。

35→ 将输入栅格设置为 Major5×2，字段设置为 Value。

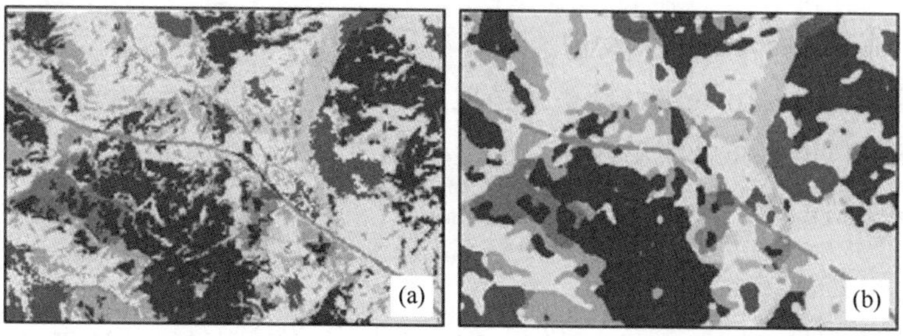

图 11.33　（a）原始土地覆被；（b）经过两次 5×5 多数滤波后的土地覆被

来源：USGS

35→ 将输出结果命名为 *LandcoverPoly*，并选中 Simplify polygons（简化多边形）复选框（否则，多边形边缘将沿着像元边界）。运行该工具。

指定的字段 Value 将作为名为 gridcode 的属性转移到多边形表格中。遗憾的是，在运行邻域多数工具时忽略了原始土地覆被栅格中包含土地覆被等级名称的文本字段。不过，我们可以使用连接操作从原始土地覆盖表中复制字段。

36→ 打开 LandcoverPoly 表，查看网格代码（gridcode）字段。

36→ 打开 Add Join（添加连接）工具。将 Input Table（输入表）设置为 LandcoverPoly，Input Join Field（输入连接字段）设置为 gridcode。

36→ 设置 Join Table（连接表）为 landcover，Output Join Field（输出连接字段）为 Value。运行工具。

37→ 在 Contents 中，右键单击 LandcoverPoly 图层，选择 Data＞Export Features。

37→ 将 Output Name（输出名称）设为 LandcoverFinal。单击 OK。

37→ 打开 LandcoverFinal 属性表，确认其中包含连接字段。

38→ 移除 LandcoverPoly 图层并关闭剩余的表格。

38→ 打开 LandcoverFinal 的 Symbology（符号）窗格，使用基于 Covertype 字段的唯一值图来显示。遗憾的是，没有办法将栅格颜色映射复制到多边形数据集。

第一次分析中的 SnailHab 栅格图可以说明将栅格图转换为多边形时的另一个潜在问题。

39→ 折叠并关闭所有图层。

39→ 从主地理数据库 RasterAnalysis（栅格分析）中添加 SnailHab（蜗牛栖息地）栅格。

请注意，该栅格具有 0 和 1 值。如果我们转换这个栅格，0 和 1 的区域都将转换为多边形［图 11.34（a）］，尽管我们只想要 1 值的多边形。我们应首先使用重新分类将 0 值转换为 NODATA。

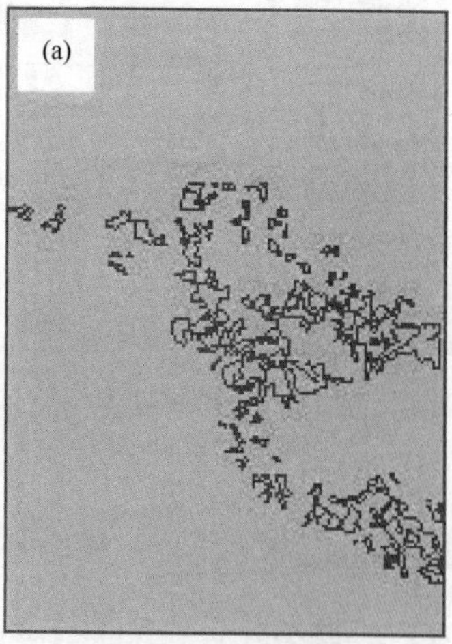

(b)

Value	New
0	NODATA
1	1
NODATA	NODATA

图 11.34　蜗牛栖息地多边形转换

40→ 打开 Reclassify（重分类）工具。将 Input raster（输入栅格）设置为 SnailHab，Reclass field（重分类字段）设置为 Value。

40→ 在新建栏中，将 0 的输出值改为 NODATA，将 1 的输出值改为 1［图 11.34（b）］。

40→ 将输出命名为 *SnailHabOnly* 并运行工具。关闭 SnailHab。

41→ 打开 Raster to Polygon（栅格到多边形）工具。将 Input raster（输入栅格）设置为 SnailHabOnly，将字段设置为 Value。将输出命名为 *SnailHabPoly* 并运行工具。

41→ 查看多边形。然后保存项目。

插值和分区统计

插值根据点测量结果计算出栅格表面。例如，黑山地区的气候站记录了降水量。在这些站点之间，我们不知道降水量是多少，但我们可以估算出每个像元的降水量，从而创建降水栅格。

42→ 关闭 Topo Functions 地图，打开 Climate Stations（气候站）地图。

42→ 打开 Climate Stations 表格并查看字段。该数据集包含 1997 年以厘米为单位的月降水量值和年降水量总和。

42→ 关闭该表格。

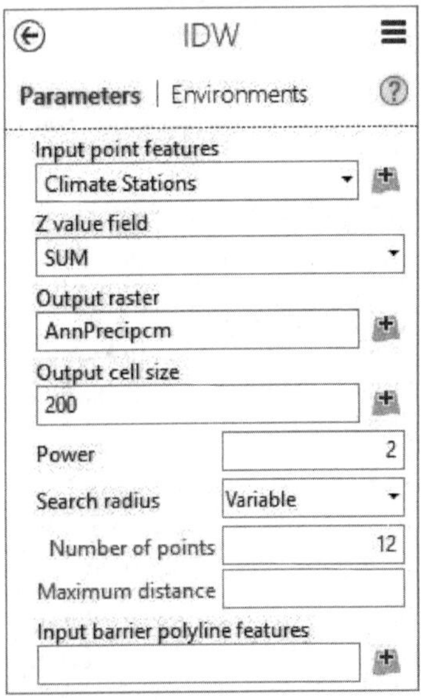

图 11.35　IDW 工具

来源：Esri

与其他数据集相比，该数据集的覆盖范围更大，如果将默认像元大小保持为 30，生成的栅格将需要大量存储空间。在这种比例下，我们也不需要那么高的分辨率。我们将重置处理范围并提高默认分辨率。

43→ 点击 **Analysis：Geoprocessing：Environments**。

43→ 设置 Processing Extent（处理范围）：Same As layer Climate Stations（与气候站图层相同）。

43→ 删除 Raster Analysis：Snap Raster（栅格分析：捕捉栅格）中的 Elevation（高程）。

43→ 输入 200 为栅格分析像元大小设置。单击 OK。

我们将根据 SUM 字段的年降水量估算值创建一个栅格。

44→ 打开 IDW 工具（图 11.35）。将 Input point features（输入点要素）设为气候站，Z value field（Z 值字段）设为 SUM。

44→ 将输出命名为 *AnnPrecipcm*。保留其他默认参数并运行该工具。

4. 降水栅格是整数栅格还是浮点栅格？____________请查看其属性以确定答案。

提示： 正确使用插值功能需要了解设置并合理使用。准备学习更多内容时，请花些时间查阅帮助文档或相关书籍。

虽然我们需要所有的站点来获得尽可能好的插值结果，但离站点越远，估计结果越差。此外，我们只对流域内的区域感兴趣。我们可以使用掩膜。掩膜的作用类似于裁剪，保留感兴趣的区域，并为其他区域分配 NoData。栅格或多边形要素都可以用作掩膜。

45→ 打开 Extract by Mask（掩膜提取）工具。

45→ 将 Input raster（输入栅格）设置为 AnnPrecipcm。

45→ 将掩膜数据设置为 Watersheds 要素类。

45→ 将输出命名为 *PrecipMask* 并运行该工具。

46→ 关闭 AnnPrecipcm。

46→ 使用 Symbology（符号）窗格预览 PrecipMask 栅格，使用 Stretch（拉伸）方法显示从棕色到绿色的色阶［图 11.36（a）］。

栅格分析环境设置包括一个掩膜设置，以确保每个新栅格在掩膜区域外的空间中都有 NoData。

46→ 选择 **Analysis：Geoprocessing：Environments**。设置栅格分析：掩膜设置为 Watersheds。单击 OK。

我们正在进行一项水文研究，希望计算出每个流域的总降水量。我们首先计算每个像元的降水量（V），单位为立方千米。像元的降水深度为 PrecipMask（cm）× 0.000 01（cm/km）。每个像元的面积为 200 m×200 m。因此，V(km^3) = PrecipMask(cm) × 0.000 01（cm/km）× 0.2 km×0.2 km［图 11.36（b）］。

47→ 打开 Raster Calculator（栅格计算器）工具并输入表达式："PrecipMask" ×0.000 01×0.2×0.2。

47→ 将输出结果命名为 *PrecipVolkm* 并运行该工具。

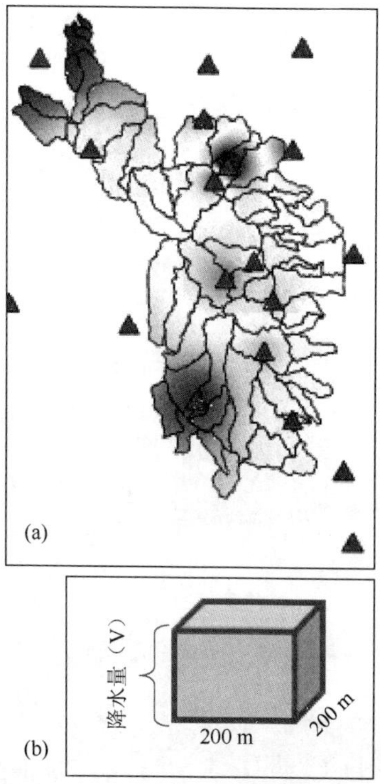

图 11.36 运行掩膜提取后的降水量栅格数据

来源：黑山国家森林公园

输出的栅格值范围约为 1.6×10^{-5}～3.5×10^{-5} km^3。接下来，如果我们将流域内的所有像元相加，就可以得到流域内的总水量。分区统计将根据另一个栅格或要素类（流域）所定义的分区，对一个栅格（PrecipVolkm）中的像元降水量进行求和。在分区要素类中，我们必须选择一个属性字段来保存定义分区的唯一值。我们将使用 SHEDNAME 字段。

48→ 打开 Zonal Statistics（分区统计）工具［图 11.37（a）］。

48→ 将输入分区数据设为 Watersheds，Zone field（分区字段）设为 SHEDNAME。

48→ 将 Input value raster（输入值栅格）设置为 PrecipVolkm。

48→ 将输出命名为 *ShedPrecipVol*，并设置统计类型为 Sum（总和）。运行工具。

49→ 打开 ShedPrecipVol 的符号属性，并为其添加由浅到深的蓝色色阶［图 11.37（b）］。

在输出栅格中，流域内每个像元都包含该流域的降水量总和，范围约为 0.005～0.16 km^3。Zonal Statistics as Table（分区统计表）工具提供了计算和查看总量的另一种方法。

50→ 打开 Zonal Statistics as Table（分区统计表）工具。

50→ 像以前一样填写前三个方框［图 11.37（a）］。

50→ 将输出表命名为 *ShedVolTable*。

50→ 选择 All（全部），而不是单一的 Sum 统计。运行工具。

51→ 查找独立的 ShedVolTable 表格，打开并查看流域的统计数据。

输出表列出了更多信息，包括像元数量、面积以及有关降水量的统计信息（最小值、最大值等）。如有需要，可将此表连接回 Watersheds 图层。

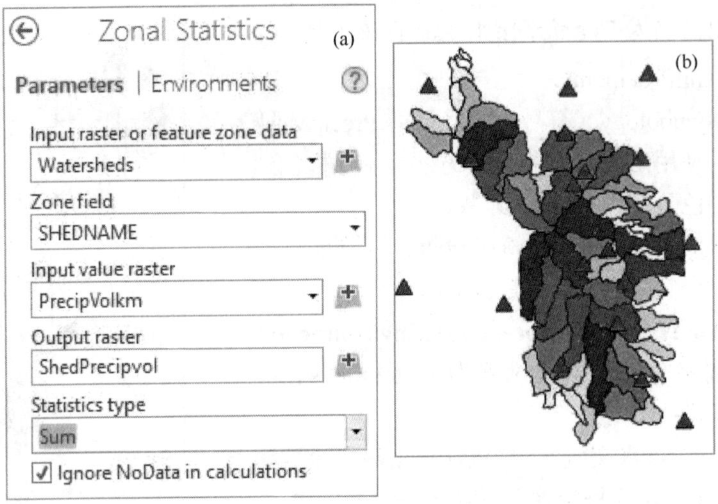

图 11.37　分区统计工具和输出

来源：Esri

5. 降水量最大的流域叫什么名字？降水量是多少？

提示：分区也可以用点或线来定义，这样就可以确定一组山峰的高程或单条溪流的平均坡度。

教程到此结束。

→ 保存项目并关闭 ArcGIS Pro。

11.2.2　练习

使用 BlackHills\Sturgis 地理数据库中的数据回答以下问题。将环境设置中的“像元大小”重设为 30 m，“范围”重设为默认值；同时确认“捕捉栅格”和“掩膜”未设置。

想象一下，一位生物学家正在寻找一个合适的地区，将大角羊重新引入黑山。该地区必须有森林，必须有陡峭的山坡，而且必须位于林业局的土地上。

1. 创建布尔栅格，显示植被密度为中度到高度（DENSITY96 为 B 或 C）且土地归林业局所有（OWNER 为 NFS）的区域。**截取**地图。

2. 创建布尔栅格，显示距离主干道或次干路（类型＝P 或 S）300 m 以外的区域。**截取**地图。

3. 在 slope30m 栅格上使用区块统计计算 10×10 像元（300 m×300 m）区域的平均坡度。然后创建布尔栅格，显示平均坡度大于 15°的区域。**截取**地图。

4. 使用练习 1～3 中生成的栅格数据创建布尔栅格图，显示潜在的重新引入区域。这些潜在地点的总面积是多少？**截取**地图。

5. 该地点的面积必须至少为 3 km^2，才能被考虑作为重新引入地点。有多少潜在地点达到了最小面积要求？将符合这一标准的地点绘制成有用的地图，以供最终选择（**提示：**将这些地点转换为多边形）。观察地图，还可以使用哪些因素来选择最终地点？

一项研究需要对不同流域的侵蚀潜力进行研究比较。坡度大会增加侵蚀风险，而植被茂密、土壤渗透率高则会降低侵蚀风险。

6. 冠层栅格包含森林冠层百分比。使用公式：（100−冠层）/100，创建名为 CanopyEffect 的栅格。**截取**地图。

7. 根据渗透情况将 SDgeology 要素类转换为栅格。将低、中、高值分别重新分类为 5、3 和 1。将生成的栅格除以 10，创建一个范围为 0.1～0.5 的 InfilEffect 栅格。**截取**地图。

8. 计算侵蚀指数，即 slope30 m×CanopyEffect×InfilEffect（坡度 30 m×树冠效应×土壤侵蚀效应）。**截取**地图。

9. 在 wshds2c 中确定每个流域的平均侵蚀指数。**截取**地图。

图 11.7 举例说明了加权布尔叠置查找垃圾填埋场的方法。

10. 使用相同的方法进行垃圾填埋场分析，但使用最大指数值 $N=5$ 而不是 $N=3$，并分配您自己的权重。以该图为模板，记录您的范围、等级和权重，包括每个输入栅格的地图、指数方程和最终地图。**截取**最终图表。

第 12 章　共享 GIS

目标

学完本章后，您将能够

- 描述 ArcGIS Online 中的 GIS 服务和数据共享
- 与模型构建器或任务共享工作流程
- 开发全面的元数据，记录共享项目
- 使用 ArcGIS Online 推动移动制图和测量应用

12.1　掌握概念

12.1.1　GIS 概念

无论是与项目团队、同事、远在多地的团队，还是与公众共享，GIS 的威力都会增强。不仅能分发数据，还能分发流程和工作流，这是地理空间工作中越来越重要的一部分，而支持共享的软件和网络系统的发展速度也越来越快。本章将介绍把地理空间工作扩展到桌面和本地服务器之外的技术，包括将数据发布到 ArcGIS Online、使用智能手机或平板电脑进行多用户野外数据采集工作、使用任务引导同事完成工作流程，以及使用模型构建器和 Python 脚本共享地理处理程序。

网络 GIS

自台式计算机变得便宜且功能强大以来，大多数 GIS 工作都是通过安装在台式计算机上的软件完成的。数据通常保存在同一台计算机或局域网中的文件服务器上。数据通常以专有格式存储，只有创建这些数据的软件才能识别。然而，共享信息的冲动、互联网的扩展、智能手机和其他移动设备的普及，以及将 GIS 推广到少数训练有素的专业人员范围之外的愿望，都推动了另一种模式（即网络 GIS）的发展。

网络 GIS 具有与桌面 GIS 相同的核心组件（硬件、软件、存储数据等），但这些组件可能分布在远程服务器上而非局限于本地计算机或局域网。典型的网络 GIS 包括网络服务器、资源和客户端，所有这些都通过互联网连接（图 12.1）。**资源**（resources）是旨在与他人共享的信息，如网络地图或数据服务。**客户端**（client）是计算机或其他设备，用于需要信息或服务，并通过互联网提出请求。客户端可包括台式计算机、笔记本电脑、智能手机、平板电脑或其他服务器。客户端拥有向服务器发出信息请求的软件。客户端软件可能是一个简单的网络浏览器，也可能是一个为处理地理空间数据而设计的定制应用程序，如手机应用程序或专门程序。**网络服务器**（web server）计算机运行的软件可使其接收来自客户端的请求并交付所请求的资源。

资源可能与网络服务器存放在同一台计算机上，但通常存放在其他服务器或 GIS 服务器上，当网络服务器专注于与客户端通信时，由 GIS 服务器提供信息，在这种情况下，网络服务器接收到客户端的请求后，将其转发给拥有地理空间资源的计算机，后者访问其数据，执行所需的任何操作，并将结果传回网络服务器，再传输给客户端。

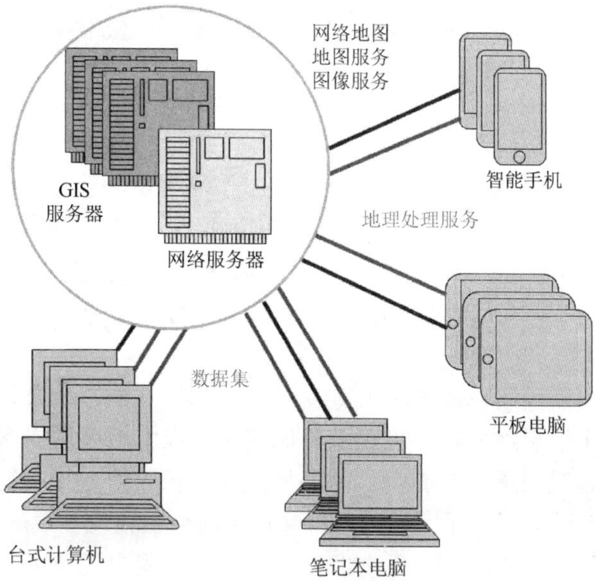

图 12.1　典型的网络 GIS 配置

想象一下，莎莉正在使用智能手机为一个聚会问路。她打开手机上的一个应用程序（客户端）并输入地址。客户端将地址传输到网络服务器，网络服务器将地址转发给 GIS 服务器，GIS 服务器解析地址，将地址与存储的街道数据库进行比较，然后确定地图上的位置。然后，地理空间分析服务会计算如何从莎莉的当前位置前往该地址，并返回一组方向指示、一条路线和一张街道地图的图像。这些信息会通过网络服务器传回客户端应用程序，以便它能显示路线图并提供路线指引。当莎莉打开应用程序开车时，客户端和网络服务器会定期通信，更新莎莉的位置，并在莎莉拐错弯时重新计算路线和方向。

虽然描述有所简化，但它说明了这一架构的成功之处和它的美妙之处，即莎莉并不需要在她的手机上查看整个世界的街道地图（因为这样就没有空间播放音乐或视频了）。数据存放在 GIS 服务器上，它只需要提供少量有关莎莉周围环境的信息。此外，如果发现并修复了街道错误，只需在下次访问时下载修改后的数据即可；在实际使用之前，无须将更新数据传输到数百万部手机上。

客户端可分为瘦客户端和厚客户端。瘦客户端几乎没有地理空间功能，大部分工作依靠 GIS 服务器来完成，并返回一个简单的结果，如地图图像或附近餐馆的列表。网络浏览器就是瘦客户端的一个例子。

厚客户端可独立执行地理空间数据处理。桌面 GIS 软件程序是最终的厚客户端，其功能超过 GIS 服务器。大多数移动应用程序介于两者之间。在前面的例子中，GIS 服务器提供数据并确定路线，而客户端则根据路线跟踪当前位置。

GIS 服务通常通过网络地图（web map）来使用，网络地图是一种只使用 GIS 服务而非本地存储数据的地图。用户可以搜索成千上万的数据服务，并将它们组合成新的地图（即混合地图）。网络地图可由某些类型的软件创建，如 ArcGIS Online 网络应用程序或 ArcGIS Pro，甚至还有更多的应用程序可以使用这些地图，包括智能手机和平板电脑。

资源通过称为统一资源定位器（URL）的唯一地址进行标识和定位，例如 http://www.esri.com 就是网页的 URL。ArcGIS Online 托管的地图服务的 URL 可能显示为 http://maps1.

arcgisonline.com/ArcGIS/rest/services/USGS_Earthquake_Faults/MapServer。地图服务 URL 必须由 GIS 客户端打开，标准网络浏览器无法解析这类 URL。

共享工作流程

网络 GIS 能够共享的不仅仅是数据或地图。工作流程是一系列数据管理或分析步骤，用于根据一组输入创建最终产品。第 10 章介绍并在第 11 章重申的蜗牛栖息地地图就是一个例子。通过处理三项输入（高程范围、石灰岩地区和茂密针叶林植被），绘制出潜在的蜗牛栖息地地图。在这两种情况下，每个步骤都是手动完成的。如果要进行相同的分析，同事需要重复相同的步骤。

有些地理处理过程需要同一人或多人重复多次。蜗牛的栖息地布莱克山不断被砍伐，林业局需要定期重复蜗牛栖息地分析，以跟踪长期变化。在木材公司提交详细伐木计划的地图时，可以评估每项计划对栖息地的影响。确保每次都以相同的方式重复这一过程至关重要。当然，流程的制定者可以编写一系列说明，但文件可能会丢失或被误解。

将步骤编码为存储的工作流程有几个好处。第一，流程中记录了所需的正确信息，以便其他人重复执行。第二，分析人员可以自动运行流程，所需的时间仅为手动执行步骤的一小部分。第三，工作流程可以迭代或嵌套在一起，以快速完成更多工作。

GIS 系统通常通过宏、模型或脚本实现工作流程共享。**宏**（macro）记录了用户执行的一系列步骤，允许重复执行。有些宏可以在事后进行编辑，以纠正错误步骤或增加功能。**模型**（model）通常提供一个视觉画布，以图形方式将一系列步骤串联起来（图 12.6），为每个步骤设置参数并定义输入和输出。**脚本**（script）是用编程语言编写的软件程序，但可以调用 GIS 软件程序的功能，如运行缓冲区工具。使用 Perl 或 Python 等编程语言或脚本语言可以测试条件、做出决策并与运行脚本的人员进行交流，从而提高工作流程的复杂性。宏、模型或程序创建完成后，可以分发给需要以快速或标准化方式完成相同任务的其他人。

共享和元数据

正如我们所了解的，元数据是“关于数据的数据”，允许用户发现、访问和理解地理空间数据集和服务。提供元数据是创建 GIS 数据集的一部分。当数据要分发给客户或公众时，这是一项专业义务。根据最佳管理实践的要求，至少应为内部数据准备基本的元数据，以便不会丢失有关源数据和处理过程的关键信息。

共享数据和工作流程也应妥善记录，以便他人有效使用，并适当归功于作者。在 GIS 信息交换中心或 ArcGIS Online 等存储库中搜索数据时，查看有关数据集的摘要要比先下载数据集再进行探索以确定其是否满足预期需求容易得多。此外，项目描述中公布的信息往往是数据集权威性和专业质量的第一线索。

元数据的一个基本目的是为用户提供足够的信息，以决定数据集的质量是否足以满足特定应用的需要。出版商应在元数据中解决数据质量的六个关键问题：①数据来源；②位置准确度；③属性准确度；④逻辑一致性；⑤完整性；⑥时间准确度。

数据来源记录了数据集的原始来源，并记录了从来源到最终产品之间的处理步骤。需要回答的问题包括：谁收集的数据、收集的方式和原因、最初的比例尺或精度是什么，以及如何转换成数字形式。

位置准确度是对数据集中的要素与其在现实世界中的位置对应密切程度的评估。位置准确度可能在数据集开发的几个阶段受到影响：①原始数据收集中存在的误差；②与数据集转换和地理参照相关的误差；③与后续处理相关的误差，如与 XY 容差执行交集。位置准确度通常以数据集要素或像素与真实位置之间的平均位移距离来报告。

属性准确度评估属性字段中的值在多大程度上代表了真实值。Rapid Creek 的标签是否代表其真实名称？树丛 40%的树冠覆盖率是否反映了树冠叶片的实际密度？由于属性种类繁多，因此评估准确度既复杂又多变，而且没有任何标准方法的指导。不过，任何有关已知错误或属性不一致的信息都会对用户有所帮助。

逻辑一致性是衡量存储的要素在多大程度上代表了真实世界中的对象和空间关系。数据质量的这一方面是另一个复杂而困难的领域，很少进行全面测试。不过，对数据集的内部逻辑一致性以及它在多大程度上符合为其定义的拓扑规则进行描述是个好主意。多边形不应存在间隙或重叠，线条应在节点处相交，而不应相互交叉，等等。可以报告在编辑过程中为创建正确的关系而采取的步骤，或之后通过正式拓扑工具测试关系而采取的步骤。

数据集的**完整性**是指数据集捕捉现实世界中每一个可能物体的程度。绘制的湿地最小面积是多少？交通部门在 GPS 调查中只对公共道路进行了数字化，还是也包括私人道路？它包括砾石路和土路，还是只包括铺面公路？该州的石油和天然气井表是否包括所有已知的油井，还是有些历史记录已经遗失？

时间准确度涉及数据集被认为有效的时间段。一些地理空间数据，如绿化状况图或 NEXRAD 雷达雨量图，代表的是有效期为几分钟到几天的短暂状况。人口变化迅速，但通常以人口普查年份为参照。随着城市的发展，土地利用数据变化缓慢，这些数据可能在几年内都比较准确。地质、主要道路网、河流和国际边界变化较少。对于在数据集有效期内会发生重大变化的数据，必须指定数据提供者更新信息的频率。

元数据标准

前几章介绍的简短**项目描述**[图 12.2（a）]可用于快速记录 ArcGIS 数据集。但是为客户或公众提供数据的 GIS 专业人员通常会创建可用于不同 GIS 平台的基于标准的元数据。元数据标准的制定由**联邦地理数据委员会**（Federal Geographic Data Committee，FGDC）和**国际标准化组织**（International Organization for Standardization，ISO）等机构制定。**元数据标准**定义了元数据中应包含的字段，并定义哪些字段是可选的，哪些是强制性的。它还规定了所提供信息的格式与组织结构，因此元数据可在不同系统间传输。

图 12.2　（a）精简元数据；（b）基于标准的完整元数据

来源：Esri

基于标准的元数据包含大量信息。图 12.2（b）显示了各部分的标题（完整的元数据需要很多页才能显示）。资源指的是被记录的数据集，Citation（引用）记录了原始来源（如已发表论文地图的正式引用），Lineage（数据来源）描述了数据来源和处理步骤，Distribution（分发）则告诉用户如何获取副本。它甚至还包含有关元数据的元数据，例如由谁开发以及使用了哪种标准。

目前，美国的元数据标准处于不断变化之中。多年来，美国用户一直使用由 FGDC 制定的**数字地理空间元数据内容标准**（Content Standard For Digital Geographic Metadata，CSDGM）。为联邦机构提供数据的公司必须提供符合 CSDGM 的元数据。国际组织可能会使用另一种名为 ISO 19115 的标准。美国和加拿大的地理数据委员会联合开发了一个定制标准，称为 North American Profile of ISO 19115，简称 NAP。该标准已被加拿大采用。FGDC 已正式认可 ISO 19115 标准，并鼓励联邦机构采用该标准，但这一过程可能需要数年时间。因此，用户可能会同时遇到 CSDGM 和 NAP 元数据。这两种标准中包含的许多信息是相似的，但组织结构不同，交叉连接也不完美或简单。有关这两种标准的更多信息和有用出版物，请访问 FGDC 网站（http://www.fgdc.gov/metadata）和出版物列表（http://www.fgdc.gov/metadata/metadata-publications-list）。

在 ArcGIS 产品中，元数据是以与每个数据集相关联的内部格式存储和编辑的。不需要以特定标准制作元数据的用户只需创建并在 ArcGIS 内部框架内查阅元数据。该框架允许用户指定**元数据样式**，从而控制内部信息的显示和编辑方式。用户可以设置元数据样式，使其与最常用的元数据类型相匹配（图 12.3）。当需要符合特定标准的正式元数据时（如向客户交付数据），内部元数据可以翻译并保存在符合标准的 XML 文件中。

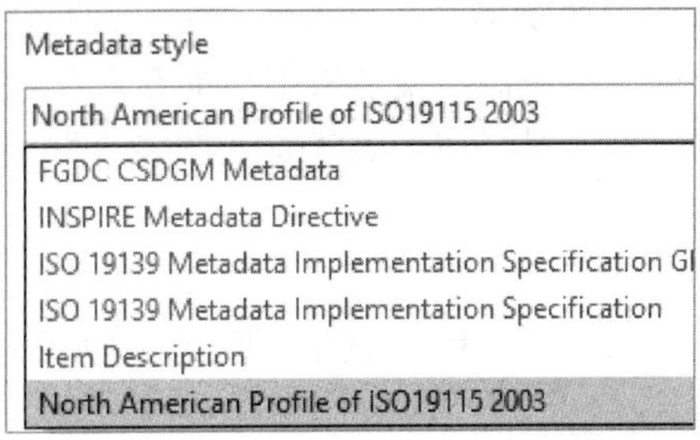

图 12.3　ArcGIS 中的元数据样式

来源：Esri

精简版项目描述是 ArcGIS Pro 中的默认样式。项目描述易于创建和理解，尽管元数据记录远远达不到完整的元数据记录的要求，但有总比没有好。然而，数据用户可能并不总能找到有关数据集的足够信息来了解其特征或为特定目的对其进行评估。在这种情况下，可以选择一种更广泛的样式来显示附加信息（如果数据创建者填写了附加信息）。

正如第 5 章和第 6 章所提倡的，不应忽视为每个下载的数据集或创建的最终数据集创建项目描述。项目描述可为 ArcGIS 中的任何项目类型创建，不仅包括地理数据集，还包括模型、表格、脚本等。在 ArcGIS Online 上共享的每个数据集也都需要这一最低限度的项目描述。

12.1.2　关于 ArcGIS

关于 ArcGIS Online

ArcGIS Online（AGOL）是一个基于云的平台，提供 GIS 数据和地理处理服务，以及与其他用户共享地图和数据的环境。AGOL 为多种类型的客户端提供服务，包括网络浏览器、ArcGIS Pro 等桌面软件包以及智能手机和平板电脑应用程序。

AGOL 基于名为 ArcGIS for Portal 的地理空间智能数据服务器软件包的功能，旨在通过互联网存储和分发 GIS 数据和服务。该产品以前的名称是 ArcGIS for Server 和 ArcIMS。建立和维护 ArcGIS 门户是一项极具挑战性的任务，大多数 GIS 用户都无法胜任。AGOL 本质上是一个平台，可与大量基于云的 ArcGIS Portal 安装连接，使用户无须自己的 GIS 服务器即可在互联网上托管 GIS 数据。AGOL 还可以组织和访问来自云以外服务器的数据，这些服务器由创建了自己门户安装的组织或机构托管。

无论使用何种类型的客户端，大多数 AGOL 活动都需要登录。AGOL 提供免费的个人公共账户，向用户介绍系统，但这些账户的功能和访问权限有限。不过，AGOL 的大部分服务都是围绕**组织账户**（organizational account）构建的，要完全访问可用的功能和数据集，就必须使用组织账户。ArcGIS Online 组织账户由管理员为多个用户设置。一家公司可能会建立一个组织账户，允许其员工创建和共享与其工作相关的数据，也可能会以公众形象出现，允许公民访问其某些数据集。许多地方政府都有 AGOL 组织账户来扮演这一角色。

ArcGIS Pro 的设计目的是与 ArcGIS Online 的功能直接集成，它可以访问和管理保存在 AGOL 账户中的资源。程序启动时，会要求用户提供 AGOL 组织账户登录名和密码，且该账户必须是由 AGOL 管理员配置以包含 ArcGIS Pro 许可证。拥有 Esri 公司 GIS 站点许可证的大学可能会有一个或多个由大学或其部门运行的 AGOL 组织账户。这类账户很可能提供给学生运行 ArcGIS Pro。

AGOL 组织账户不是免费的，而是根据用户数量收取年费。用户的活动也会消耗服务积分。每个年度订阅都包含一定数量的积分，但如果组织账户用完，则必须购买更多积分。大多数用户的日常操作消耗的积分很少，但某些类型的分析或发布会在一天内消耗掉一个组织账户的全部积分（使用大量积分的大多数功能都会发出警告，并估算将消耗的积分）。用户通常会被限定积分额度，并可能被禁止使用某些功能，直到他们接受了所需的培训，避免因无知而浪费积分额度。

AGOL 中的内容分为开放内容、订阅内容或高级内容。开放内容可供拥有公共账户的任何人使用。**订阅内容**（subscriber content）只对拥有组织账户的用户开放。**高级内容**（premium content）需要有组织账户，也需要消耗积分。

> **提示：**Esri 公司提供临时免费试用，其中包括 ArcGIS Online 的组织账户。

优化服务

网络数据的一个主要挑战是通过网络连接传送大量数据。对于矢量数据，主要采用两种策略。在传输实际要素时，诀窍在于限制地理区域，从而减少所需的要素，或者只在指定比例尺范围内显示要素。对于基于许多不同矢量数据集的复杂地图，先用所需的属性显示和符号化要素，然后进行快照，将地图转换为简单的栅格**图块**（tile），如图 6.2（f）所示。从视觉上看，地图是一样的，但栅格图块的传输速度要快得多。这些快照可以在用户需要查看数据时动态呈现，也可以提前生成并存储，直到需要时才取出，这一过程称为**缓存**（caching）。

我们熟悉的美国地质调查局纸质地形图有助于直观地理解图块和缓存的概念。为了绘制详细的美国印刷地图，美国地质调查局开发了多个等值网格（1°×1°、0.5°×0.5°、15′、7.5′），以此定义每个地图的范围（图 12.4）。对于每个网格，它都指定了一个比例尺，使地图适合标准纸张大小，每一级都比上一级更详细（1∶250 000、1∶100 000、1∶48 000、1∶24 000）。得出的四边形图幅类似于图块，而创建和打印每个四边形图幅的工作就是缓存。虽然缓存是由纸质地图（而不是 PNG 图像）组成的，并且存储在文件柜（而不是硬盘驱动器）中，但这并不能否认两者的相似性。这个类比可以帮助我们理解，以 1∶24 000 的详细比例尺表示像美国这样的大面积区域需要大量的图块和惊人的数据量。即使使用自动化计算机处理，创建

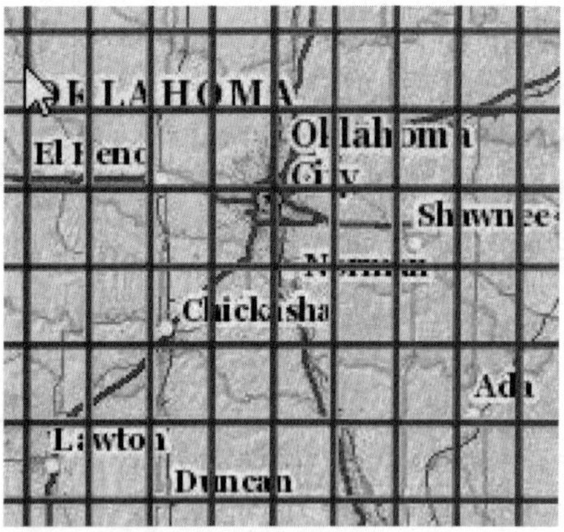

图 12.4　俄克拉荷马市附近的一些 15′ 四边形图幅（图块）

来源：USGS

一个涵盖多个详细比例尺的现代数字世界数据缓存也需要数周时间。

图块的尺寸和生成的比例尺集合共同构成了**平铺方案**（tiling scheme）。美国地质调查局的四边形图幅平铺方案就是一个例子，但 ArcGIS Online 和其他地图服务（如 Bing 和 Google Earth）使用的是一种覆盖全球的通用平铺方案，并指定了标准的用于缓存的图块大小和比例尺。使用匹配的图块有显示方面的优势，因此我们鼓励用户在自己的缓存中使用这一标准方案，但有特殊要求（和专业知识）的用户可以根据需要建立其他方案。

对于栅格数据，服务提供商通常会使用平铺和预生成的金字塔来尽量减少通过网络发送的像素数量。缩放比例决定了将要传输的栅格平铺的分辨率，而范围则决定了需要哪些平铺。

ArcGIS Online 服务类型

ArcGIS Online 提供许多不同类型的数据服务，既有基于矢量的，也有基于栅格的。正如我们在前面的教程中使用 AGOL 数据所证明的，虽然搜索和使用数据并不需要数据类型方面的知识，但这些知识有助于为特定目的找到最合适的数据集，以及了解数据的功能和使用方法。这对于学习如何将数据发布到 ArcGIS Online 也至关重要。

表 12.1 概述了 ArcGIS Online 提供的 GIS 服务类型，随后对每种类型进行了讨论。表中的项目是最常用的 Pro 服务，尽管 ArcGIS Online 的网页界面也支持其他格式。在接下来关于服务类型的讨论中，请注意哪些服务提供的地理空间数据可作为要素或栅格值进行实际分析和处理，而哪些服务仅呈现只能查看的地理空间数据图片。随着时间推移，可能会新增服务类型。如需获取当前的服务类型列表及详细说明，请参阅 ArcGIS Online 中的帮助文档。

表 12.1　ArcGIS Online 提供的 GIS 服务类型

文件类型	说明
要素图层	要素图层为点、线或多边形要素及其属性提供服务
图像图层	图像图层以可分析的形式提供卫星图像、航空摄影和高程等栅格数据产品
地图图像图层	基于矢量数据的地图制图集合，动态渲染并以图像图块形式提供
图块图层	一组存储在服务器上且可通过网络访问的地图图块；这些图块已预先渲染好，以便快速显示；其中包含许多底图
高程图层	一组以压缩格式缓存的高程图像图块，适合在三维场景中显示地形
网络工具	在 GIS 服务器上运行的地理处理功能，而不是使用本地 GIS 软件功能
场景	用于三维可视化地理区域的符号化三维空间内容；可包括二维和三维图层服务
网络地图	仅基于 GIS 服务的地图；可包括本表所列其他类型的服务

续表

文件类型	说明
包	上传到 ArcGIS Online 以与他人共享的数据；包括图层、地图、项目、规则或地理处理包
场景图层	一组包含三维对象和 z 值的集合，包括点、三维对象、集成网格或点云
表格	一组行和列，每行代表一个要素；可能包含位置，但通常不绘制在地图上

要素图层是基于矢量的数据集，以单个点、线或多边形要素的形式共享。要素图层的渲染速度可能较慢，尤其是在服务包含许多要素的情况下。其优点是用户可以指定要使用的绘图符号，查看属性表中的信息，并在分析中使用这些要素，就像在本地存储要素一样。如果配置允许，任何类型的客户端（包括 AGOL 网页界面、ArcMap 和 ArcGIS Pro）都可以编辑图层。要素图层也是共享编辑不同地点的数据集或使用运行 ArcGIS Explorer、ArcGIS Collector 或 ArcGIS Survey123 应用程序的智能手机或平板电脑收集野外数据的基础。

图像图层的设计目的是将卫星图像或航空摄影作为实际的像元值，可以像本地栅格一样进行操作和分析。图像图层可以按照用户的意愿进行符号化，并纳入栅格处理工具。

地图图像图层使用服务器动态（实时）绘制符号化的矢量地图，然后将地图快照渲染为图块，快速传送到客户端，通常采用 PNG 图像格式。这些图层通常使用可见的比例尺范围，以不同比例尺展示不同的数据集（例如州与县）。有些地图图像图层可以点击要素来识别其属性。

图块图层既可以基于矢量信息，也可以基于栅信息，与地图图像图层类似，不同之处在于图块图层是提前创建的，并存储在服务器上，直到需要时才取出，也就是说，图块图层是缓存的。这种类型的服务效率高、速度快，但用户无法修改地图的符号化方式，也无法识别要素。ArcGIS Online 底图就是这种服务类型的例子。矢量图块图层是最近新增的一种服务类型，其中包括样式设置，用户只需稍加修改，就可以用不同的字体、颜色或符号显示图层。

场景图层是一种缓存网络层，经过优化，可在三维显示屏中快速显示二维或三维数据。**高程图层**是一种特殊且常用的场景图层，它提供压缩的高程数据，用于快速显示三维数据。

网络地图（2D）和**网络场景**（3D）是服务图层的集合，通过组合和预符号化来传达地理信息。当添加到专业版或 AGOL 网页界面时，可包含一个或多个要素、地图、图块或场景图层。

图层包将一个图层连同其符号和其他属性以及数据组装成一个可以共享的文件。还可以为地图（包括所有图层）、场景、地理处理服务甚至项目创建包。

除数据外，GIS 服务器还可提供分析工具。**地理处理服务**（geoprocessing service）提供某些计算和功能，这样用户即使没有安装 GIS 软件，也可以通过网站进行指定的分析。根据任务的不同，这些服务可对矢量或栅格数据进行操作。

另外两个 ArcGIS Online 产品将其功能扩展到了自定义客户端之外。**网络应用程序**（web application）是一种设计用于标准浏览器的网页，但其配置可消费网络地图并允许查看者与之交互。Esri 公司还推广了一种特殊类型的网络应用程序，即“**故事地图**”（story map），它将一个或多个交互式地图与说明、照片、视频和其他多媒体项目一起展示。Esri 公司开发了一系列模板，可用于快速创建和定制网络应用程序或故事地图。故事地图已成为分享地理空间内容的一种流行方式，它既美观又鼓舞人心（https://storymaps.arcgis.com/en/）。

并非所有 GIS 服务都具有同等价值。许多专业机构和政府机构都会发布服务，这些服务往往是权威的、有据可查的数据来源。普通用户也可以在 ArcGIS Online 中共享和发布地图和数据，但质量可能参差不齐。用户可自行评估数据集，确保其符合所需的质量标准。重要的是要查看数据的来源：是由知名机构发布还是由随机用户发布？元数据的详尽程度是衡量数据提供者专业性和技术水平的重要线索。记录不全的数据集往往是由初学者发布的或有时由合格的分析师使用，他们只是“试一试”，并不打算将数据集作为持久或广泛使用的商品。尽管将此类数据用于娱乐或课堂项目并无不妥，但在影响现实世界的项目（业务、安全、财产或法律事务方面的问题）中使用有问题的数据时，还是应该三思而后行。无论数据来源如何，用户还应了解所使用的任何数据集的局限性和潜在错误或不一致之处。元数据旨在提供这些信息，并指导用户做出正确的选择。

在 ArcGIS Online 中共享数据

在 AGOL 中共享 GIS 数据有两种方法。第一种是创建要素图层、图像图层、图块图层和其他文件，并将它们作为托管服务直接共享。在 AGOL 中托管服务需要一个组织账户和由组织账户管理员设置的特定发布权限。发布托管数据集可能会受到管理员的限制，因为该过程可能会消耗大量积分。只要没有过多的要素，要素图层是相当无害的。但是，托管图块图层需要进行专业配置，以防止缓存过程消耗过多积分。

即使没有发布权限，任何拥有 AGOL 公共或组织账户的用户仍可以**包**（package）的形式共享数据，包是一个包含符号、数据和其他项目的单一文件，这些符号、数据和其他项目是在其他人的计算机上完全重新创建图层、地图、场景或项目所必需的。包可以保存到本地计算机或网络驱动器中，也可以上传到 ArcGIS Online 中与更多人共享。AGOL 包无法使用 ArcGIS Online 网页界面或平板电脑和智能手机显示，但可以在 ArcMap 和 ArcGIS Pro 中使用。某些 AGOL 图层同时以地图服务和图层包的形式出现；选择图层包将下载数据，一开始会花费一些额外的时间，但从长远来看可能会提高性能。由于包包含实际数据，它们通常可以导出并保存在其他位置，因此在建立地理数据库时，它们是一个潜在的数据源。

准备共享数据

发布要素服务或图层包比将当前地图放入ArcGIS Online更为复杂。需要进行适当的准备，以确保最终结果看起来和运行良好。发布过程包括分析步骤，该步骤用于审查发布配置并确定潜在问题。有些问题很严重，必须在完成发布之前解决，其他问题可能未遵循最佳实践或导致性能不达标，但如果需要，发布可以继续进行。这里列出了一些最佳实践建议。

- 底图不能包含在服务或包中。底图已经存在于 AGOL 中，没有理由再次将其包含在内。
- 地图应有一个默认的地图范围，以便查看者能立即看到地图所涵盖的区域。
- 尽量减少要素图层中的要素数量。包含数千个要素的图层速度会很慢，尤其是包含复杂多边形的图层。共享大型要素集合，可以考虑使用包或地图图像图层。在托管要素之前对其进行概化，或提供具有比例尺范围的分组图层可能会有好处。
- 设置可视比例尺范围，将图层显示限制在适当的比例尺范围内。如果计划提供涵盖多种比例尺的服务，则应设置比例尺范围，使其与平铺方案保持一致。
- 决定数据是否需要编辑，谁可以查看，谁可以编辑。在出版时或出版后设置这些参数。
- 提供高质量的元数据和良好的搜索条件。

- 如果缓存图块图层，在选择要包含的比例尺时要小心。

在 ArcGIS Online 中发布图块图层时，必须谨慎选择缓存比例尺，因为数据范围和所选比例尺将决定缓存的总大小以及生成缓存所消耗的积分。在发布之前，我们会告知用户估计的大小。如果小于 100 MB，则消耗的积分不会过多。要生成更大的缓存，请先与 AGOL 管理员联系，以确保缓存参数配置正确，并有足够的积分可用。

图块也可以本地缓存，使用台式计算机的处理能力，而不是 AGOL 中的云计算机，之后再上传图块。这种方法可以大大减少所消耗的积分，但用户仍需注意其大小。创建超大规模的缓存既浪费时间又浪费空间。

移动应用程序的共享功能

Esri 公司为使用智能手机或平板电脑等移动设备收集地理空间数据提供了几种不同的选择（图 12.5），其中包括移动应用程序 ArcGIS Explorer、ArcGIS Collector 和 ArcGIS Survey123。每个应用程序都可免费下载，但使用 Collector 和 Survey123 需要一个 AGOL 组织账户。移动设备的精度通常不如专用 GPS，一般在 5～10 m（参见图 12.5 中的人行道和景观边界）。但是，它们易于学习而且足以满足多种用途。为了提高移动设备的精度，可以购买附加装置，价格从几百美元到几千美元不等。

图 12.5　使用采集器绘制人行道
来源：Esri

ArcGIS 移动数据采集应用程序依赖于托管的要素图层。在收集数据之前，必须创建并发布一个要素图层服务。还需要网络地图来打包托管图层，供移动应用程序使用。

由于移动数据收集基于共享云服务，因此多名野外工作人员可以在同一个共享数据集中收集和编辑信息。此外，这些信息是实时更新的，因此，当一名野外工作人员在一个区域收集到新的要素时，其他人就会看到这些要素实时出现在他们的移动地图上。他们可以分辨出一个区域是否已经覆盖，并转移到另一个地方，从而避免重复工作。野外工作负责人可以跟踪地图上的哪些部分是已完成的，并将闲置的工作人员派往新的区域。野外工作结束后，工作人员无须将数据上传回办公室。

在准备托管要素服务时，应为归属字段创建编码域，为野外工作人员提供选择列表。这种做法可以节省数据录入时间，避免输入错误，并确保使用一致的术语。例如，在收集有关树木的信息时，每次输入“针叶树”很快就会变得枯燥乏味。此外，如果没有列表，用户可能会出现输入错误、使用缩写或使用不一致的情况，从而使以后的查询变得复杂。在发布服务之前，应仔细规划并实施域和要素图层模式的其他部分，因为之后再实施模式更改会更加困难。

某些移动应用程序（如采集器应用程序）可以在没有蜂窝数据或无线网络覆盖的情况下进行离线数据采集，例如在偏远地区采集数据。当在有无线网络覆盖的地区工作时，这一功能也能有效地减少对蜂窝数据的需求。要素和属性通常不会消耗大量的月度数据限额，但如果在野外工作中收集照片，那么数据需求就会大幅增加，并可能开始对用户的数据分配产生真正的影响。在离线编辑的情况下，数据和照片将存储在本地，直到用户回到无线网络覆盖的范围内，并在不使用蜂窝数据传输的情况下手动将数据和照片同步到托管服务器。不过，离线的编辑方式不允许野外作业团队在收集数据时查看实时编辑，因为新数据只有在工作同步后才会出现在服务器上。

共享工作流程

ArcGIS Pro 提供三种共享工作流程的主要方式：模型、脚本和任务。

ModelBuilder（**模型构建器**）提供了一个图形画布，可以将工具串联起来并按顺序执行。图 12.6（a）显示了一个用于绘制第 10 章中蜗牛栖息地分析的模型。蓝色椭圆代表数据输入，黄色矩形代表工具，绿色椭圆代表输出数据。数据和工具连接起来就形成了一个流程，每个工具的参数都会被设置和保存，这样模型就可以自动运行。模型创建后，可以根据需要多次运行。工具设置可根据需要进行更改，以产生不同的结果。模型存储在项目的工具箱中，可以像工具一样运行。

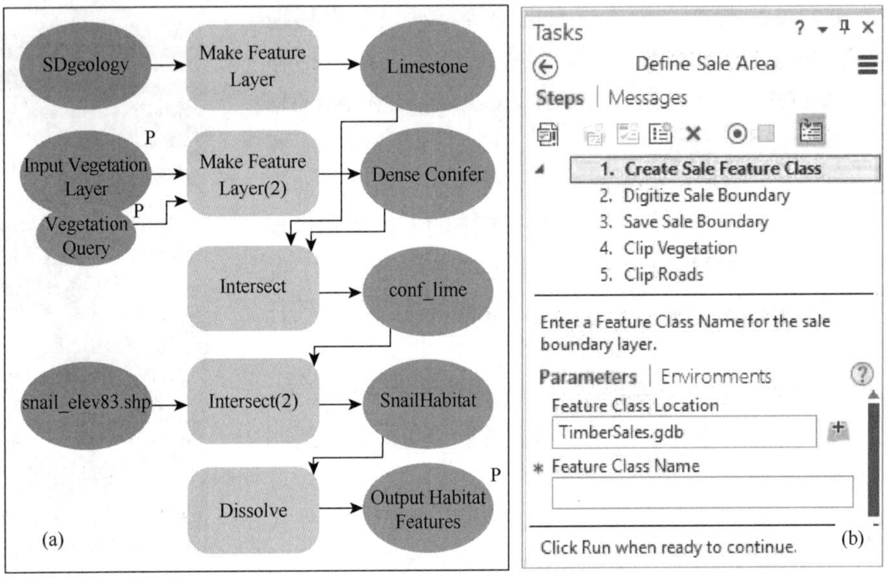

图 12.6　共享工作流程：（a）蜗牛栖息地分析模型；（b）定义销售区域的任务

来源：Esri

如果需要，更高级的模型还可以加入决策结构、条件语句和迭代功能。为了获得更大的灵活性，模型可以保存为计算机程序。**脚本**是一种用 Jscript、VBScript 或 Perl 等编程语言编写的计算机程序，可以包含地理处理工具或命令。Esri 采用开源语言 Python 作为推荐脚本平台。ArcGIS 安装了 Python 副本，所有 Esri 脚本示例和补充工具都是用 Python 编写的。

模型和脚本是自动执行一系列地理处理步骤的理想工具，但有时程序需要与用户交互，以提供空间输入或决策，例如在执行步骤前定义感兴趣的区域，或执行一组规定的编辑。**任务**是项目中的一系列步骤，用于记录流程并通过详细说明引导用户完成。图 12.6（b）显示了一个任务，该任务提示用户对代表木材销售区域的多边形进行数字化，然后一步步将一系列图层裁剪到边界，同时允许用户指定正确的输入图层并为每个输出命名。任务以多种方式协助工作流程，它们可以帮助非专业人员像专家一样完成分析。通过减少按键操作、自动打开下一个工具以及提供适当的默认值，它们可以加快重复性任务的处理速度。它们可以记录不常执行的流程，即使距离上次执行已过去数月，用户也能快速、正确地完成任务。它们可以与许多不同的用户共享，以建立一致的操作方法。

任务项（task item）是项目中的一个容器，可以容纳一个或多个任务。每个任务都由若干步骤组成[如图 12.6（b）中定义销售区域任务的步骤 1～5]。创建任务时，可以通过选择工具或命令并分配参数来手动配置每个步骤，创建者也可以使用记录功能在执行过程中记录一系列步骤。一个项目中可以存储多个任务项。

12.1.3　摘要

- 网络 GIS 可能会将标准 GIS 组件分散到很远的地方，而不是集中在一个办公室或网络中。
- GIS 服务通过互联网提供数据或分析，这些服务可由具有不同软件和不同功能的各种设备使用。
- 可使用模型、宏或脚本与他人共享工作流程和地理处理序列。
- 元数据文件记录了与数据质量有关的六个问题，以便用户查找和评估数据集，确定它们是否适合特定目的。
- 元数据的范围很广，从简化的项目描述到根据国家或国际标准编制的全面专业元数据，不一而足。元数据的全面性和质量往往是数据集权威性和价值的重要线索。
- ArcGIS Online 是一个基于云的环境，用于创建和共享 GIS 数据、应用程序、工作流程和知识。它围绕由不同机构维护的组织订阅开展，这些机构向其用户提供账户和服务积分。
- ArcGIS Online 提供多种服务类型，从可分析的实际要素或像素到复杂地图的平铺方案，还可以创建和共享三维场景。
- 拥有 AGOL 账户的任何人都可以共享包，但托管 GIS 服务需要 ArcGIS Online 账户或使用 Portal for ArcGIS 设置的机构服务器安装中的发布权限。
- 发布性能良好的优质服务需要深思熟虑、仔细记录并关注最佳实践。对于缓存图块图层，必须仔细选择生成规模，以避免消耗过多的积分。
- 使用移动设备收集数据依赖于 AGOL 或机构门户中的托管要素图层。目前有几种不同的移动应用程序可供选择。

重要术语

ArcGIS Online	图像图层	组织账户	时间准确度
属性准确度	国际标准化组织（ISO）	图层/地图/项目包	图块
缓存	项目描述	位置准确度	图块图层
客户端	数据来源	高级内容	平铺方案
完整性	逻辑一致性	资源	网络应用程序
数字地理空间元数据内容标准（CSDGM）	宏	场景图层	网络地图
高程图层	地图图像图层	脚本	网络场景
要素图层	元数据标准	故事地图	网络服务器
联邦地理数据委员会（FGDC）	元数据样式	任务	
地理处理服务	模型	任务项	
GIS 服务器	模型构建器	订阅内容	

12.1.4　复习题

1. 网络 GIS 在哪些方面与传统 GIS 相似？它们有何不同？
2. 解释什么是客户端。哪些类型的客户端可以访问 GIS 资源？它们之间有何不同？
3. 网络地图与本书教程中使用的许多地图有何不同？
4. 描述与他人共享工作流程的不同方法。
5. 简要概述良好元数据可解决的六个不同的数据质量问题。
6. ArcGIS Online 中提供哪些类型的账户？比较它们的功能。
7. 网络 GIS 如何限制需要传输给用户的数据量，以确保最佳性能？讨论矢量数据和栅格数据。
8. ArcGIS Online 服务的逻辑分组可能包括一组中的要素图层、图像图层和包，以及另一组中的地图图像图层和图块图层。请解释这种分组的依据。
9. 描述任务和模型之间的异同。
10. 为什么域在准备使用移动设备收集数据时特别有用？

扩展知识

访问 https://storymaps.arcgis.com/en/了解故事地图并查看示例。阅读 ArcGIS Pro 帮助文档的这些部分，了解有关共享 GIS 数据的更多信息。

Help > Share your work (all sections)

Help > Workflows > Tasks

Help > Analysis and geoprocessing > Geoprocessing > ModelBuilder

浏览器登录 ArcGIS.com，并在其中查看帮助文档。

12.2　掌 握 技 能

12.2.1　教程

以下示例提供了在 ArcGIS 中执行任务和解决问题的分步说明。您需要执行的步骤用箭头“→”标出；请仔细按照这些步骤操作。

→ 启动 ArcGIS Pro 并打开 ClassProjects\TimberSales 项目。记住要经常保存。

使用模型构建器进行地理处理

本节介绍如何使用模型构建器记录地理处理步骤的顺序。当一家木材公司以采伐后最终植被图的形式提交采伐计划时，国家森林工作人员会对该计划进行评估，包括该计划可能对蜗牛栖息地造成的影响。使用模型进行栖息地分析可以节省时间，并确保每次都以相同的方式重复分析。

1→ 创建新地图并命名为 *Snail Model*。

1→ 选择 **Project** > **Options**，然后单击 Geoprocessing（地理处理）部分。确保选中 Allow geoprocessing tools to overwrite existing data sets（允许地理处理工具覆盖现有数据集）复选框。

1→ 单击 OK，然后单击返回箭头返回项目。

创建和运行模型

项目有一个工具箱，用于存储与项目有关的模型和工具。

2→ 在 Catalog 窗格中，展开 Toolboxes（工具箱）条目，查看 TimberSales.tbx。

2→ 右键单击 TimberSales.tbx 工具箱，选择 New > Model。

名为 Model 的视图将打开，并显示 **ModelBuilder**（模型构建器）功能区。请花一点时间查看功能区上的组和按钮。

2→ 单击 **Modelbuilder: Model: Properties**。

2→ 输入 *SnailHabitat* 作为模型名称。

2→ 在标签中输入 *Snail Habitat Analysis*（蜗牛栖息地分析）。确保选中 Store tool with relative path（使用相对路径存储工具）复选框。

2→ 单击 OK，然后单击 Store tool with relative path。

提示：为模型存储相对路径名可使其在项目文件夹复制到新位置或作为项目包在线共享时仍可正常工作。如果模型中使用的数据被固定到特定的网络位置（如组织的文件服务器），请取消选中此框。

在模型构建器中，创建数据链和工具，为工具设置参数，然后运行各个步骤。首先，我们要选择有利于蜗牛栖息的地质和植被要素，并从中创建图层。

3→ 在 Catalog 窗格中，从 mgisdata\BlackHills\Sturgis\要素数据集将 SDgeology 和 Vegetation 要素类拖到模型画布上。

3→ 将 mgisdata\Black Hills 文件夹中的 snail_elev83.shp 拖到模型画布上。

3→ 点击一个椭圆，选择并移动它。将三个数据集垂直堆叠排列（图 12.7）。

4→ 在 Geoprocessing（地理处理）窗格中，搜索 Make Feature Layer（创建要素图层）工具并拖动将其放到模型画布上，与 SDgeology 椭圆相邻。

4→ 选择工具后，单击蓝色 SDgeology 椭圆，然后向 Make Feature Layer（创建要素图层）框拖动，将两者连接起来。从弹出框中选择 Input Features（输入要素）。

4→ 右键单击模型画布中的 Make Feature Layer（创建要素图层）工具并选择 Open（打开）。

4→ 将 Output Layer（输出图层）命名为 *Limestone*（石灰岩），如图 12.7 所示。

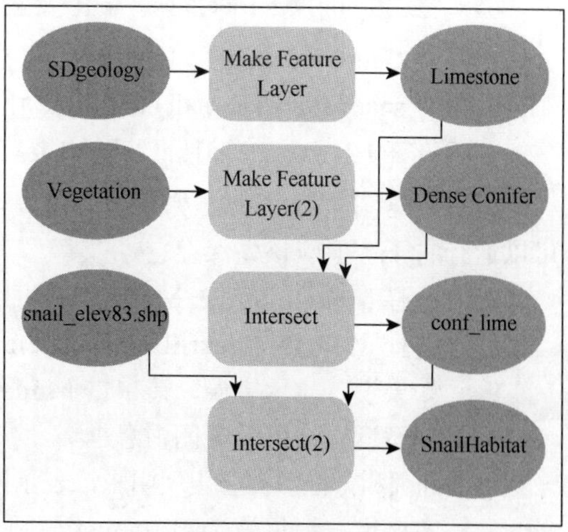

图 12.7　蜗牛栖息地分析模型

4→ 输入选择表达式：RockType is Equal to Limestone。验证后点击 OK。

提示：灰色方框表示工具缺少有效参数，无法运行。彩色方框表示步骤已准备就绪可以执行。阴影表示步骤已执行。

5→ 从 Geoprocessing（地理处理）窗格中，将另一个 Make Feature Layer（创建要素图层）工具副本拖到模型画布上，并将其放在 Vegetation 椭圆旁边。

5→ 将 Vegetation 椭圆连接到 Make Feature Layer (2)[创建要素图层(2)]工具，并选择 Input Features（输入要素）作为参数。

5→ 右键单击工具打开。将 Output Layer（输出图层）命名为 *Dense Conifer*（茂密针叶林）。

5→ 输入包含以下三个分句的表达式：（COV_TYPE is Equal to TPP Or COV_TYPE is Equal to TWS）And DENSITY96 is Equal to C。

5→ 单击 SQL 按钮，添加括号以匹配前面的表达式。

5→ 验证表达式并单击 OK。

提示：单击一个模型形状可将其选中。使用单击并拖动框或 Shift 键来选择多个形状。单击并拖动选中的形状可在模型画布上移动或调整大小。使用这些技巧可将模型排列成整齐的图案。

请注意，两个以上要素类的交集需要 ArcGIS 高级许可证。为确保该工具适用于任何人，我们将分两步进行交集，每次两个要素类。

6→ 在 Geoprocessing（地理处理）窗格中，搜索 Intersect（相交）工具并将其拖到模型画布上。

6→ 将绿色的 Limestone（石灰岩）椭圆连接到 Intersect 工具，然后从弹出窗口选择 Input Features（输入要素）。

6→ 同时将 Dense Conifer（茂密针叶林）椭圆连接为 Input Features（输入要素）。

6→ 右键单击模型画布上的 Intersect 工具并将其打开。

6→ 将 Output Feature Class（输出要素类）命名为 *conf_lime*。单击 OK。

7→ 从 Geoprocessing（地理处理）窗格中拖动另一个 Intersect 工具副本。

7→ 将 snail_elev83.shp 和 conf_lime 作为 Input Features（输入要素）连接到 Intersect 工具。

7→ 打开 Intersect(2)工具，将输出要素类命名为 *SnailHabitat*。单击 OK。

模型应与图 12.7 类似。如果您的模型排列方式不同也没关系，只要连接正确即可。我们可以运行它了，但应该先保存它。

8→ 选择 **Modelbuilder: Model: Save**。

8→ 选择 **Modelbuilder: Run: Validate**，先来测试模型。

8→ 如果没有显示错误，请单击 **Modelbuilder: Run: Run**。

8→ 模型运行结束后关闭消息框。

每个椭圆和方框后都会出现阴影，表示该步骤已执行，但输出结果不会自动显示在地图上。

8→ 右键单击绿色的 SnailHabitat 椭圆，然后选择 Add to Display（添加到显示）。该图层就会出现在 Contents 窗格中。

8→ 切换到 Snail Model 地图查看输出结果。如有需要，可放大到图层。

我们应该在模型中增加一个新步骤，以消除蜗牛栖息地中的内部线。

9→ 切换回模型视图。

9→ 在 Geoprocessing（地理处理）窗格中，搜索 Dissolve（融合）工具并将其添加到模型中。

9→ 将 SnailHabitat 椭圆作为输入要素连接到 Dissolve（融合）工具。

9→ 打开 Dissolve（融合）工具。将 Output Feature Class（输出要素类）设为 *SnailHabitatDiss*，将 Dissolve_Field（融合字段）设为 OWNER。

9→ 取消选中 Create multipart features（创建多部分要素）复选框，然后单击 OK。

9→ 保存模型，然后单击 Run（运行）。关闭消息框。

请注意，只执行了最后一个融合步骤。已完成的步骤不会再次执行（除非它们被打开并更改）。

10→ 在 Contents 中，右键单击 SnailHabitat 图层并选择 Remove（删除）。

10→ 右键单击 SnailHabitat 椭圆，然后单击 Add to Display（添加到显示）以取消选中。

10→ 在 Model（模型）视图中，右键单击 SnailHabitatDiss 椭圆，选择 Add to Display（添加到显示）。

10→ 切换到 Snail Model 地图查看新结果。保存项目。

更改和重新运行模型

保存的模型记录了用于得出输出结果的输入和参数。还可以对其进行编辑并再次运行，以尝试不同的解决方案。一项新的研究表明，蜗牛在另一种被称为长石侵入岩的岩石类型上也有很好的表现。

11→ 切换回 Model（模型）视图。

11→ 右键单击地质查询的 Make Feature Layer（创建要素图层）输入框并打开。

11→ 添加子句：Or RockType is Equal to Felsic intrusives（或岩石类型等于长石侵入岩）。

11→ 验证查询，然后单击 OK 关闭工具。

请注意，模型方框失去了阴影（不变的植被查询除外），这表明需要在新的条件下再次运行。

11→ 保存模型，然后点击 Run（运行）按钮再次运行模型。

11→ 切换到地图，查看 SnailHabitatDiss 输出。

11→ 保存项目。

根据模型创建工具

通过将输入转化为参数，可以将模型设置为工具运行。这种方法在运行同一系列步骤时非常有用，因为每次的输入都不同。

12→ 在 Model（模型）视图中，右键单击蓝色 Vegetation（植被）椭圆，然后选择 Parameter（参数）。蓝色椭圆的右侧出现一个小 P，表示它现在是一个参数。

12→ 右键单击 SnailHabitatDiss 绿色椭圆，将其设置为参数。

12→ 保存模型并关闭 Model（模型）视图。

12→ 在 Catalog 窗格中，展开 TimberSales.tbx 工具箱，双击 Snail Habitat Analysis 模型。

该模型作为工具在 Geoprocessing（地理处理）窗格中打开，并带有两个参数的输入框。请查看输入框上方的标题：Vegetation and SnailHabitatDiss。标题取自模型中分配给椭圆的名称。让我们给它们重新命名，以便让用户更容易理解。

13→ 在 Catalog 窗格中，右键单击模型并选择 Edit（编辑）。

13→ 右键单击 Vegetation 椭圆，选择 Rename（重命名）。将名称编辑为 *Input Vegetation Layer*（输入植被图层），然后单击 Enter。

13→ 重新命名 SnailHabitatDiss 椭圆为 *Output Habitat Features*（输出栖息地要素）。

13→ 保存模型并关闭。

13→ 在 Catalog 窗格中，双击模型将其作为工具打开。

> **提示：**双击或选择打开将打开模型作为工具运行。要打开模型画布，请右键单击模型并选择编辑。

Sturgis 地理数据库中有一个名为 veg2006 的最新植被要素类。我们将使用新数据再次运行模型，看看栖息地是否发生了变化。

14→ 在 Geoprocessing（地理处理）窗格中的 Snail Habitat Analysis 工具中，单击 Input Vegetation Layer（输入植被层）的 Browse（浏览）按钮，从 Sturgis 地理数据库中添加 veg2006 要素类。

14→ 将 Output Habitat Features（输出栖息地要素）设置为 SnailHab06。运行工具。

14→ 比较 SnailHabDiss 和 SnailHab06 图层，注意栖息地的丧失。

我们还可以将单个参数设置为参数。试想一下，我们希望通过选择不同的植被类型来评估不太理想但仍可生存的栖息地。

15→ 在 Catalog 窗格中，右击 Snail Habitat Analysis 工具，选择 Edit（编辑）。

15→ 右键单击与植被查询相关联的 Make Feature Layer (2)[创建要素图层(2)]框，然后选择 Create Variable > From Parameter > Expression。表达式会出现一个新的蓝色输入椭圆。

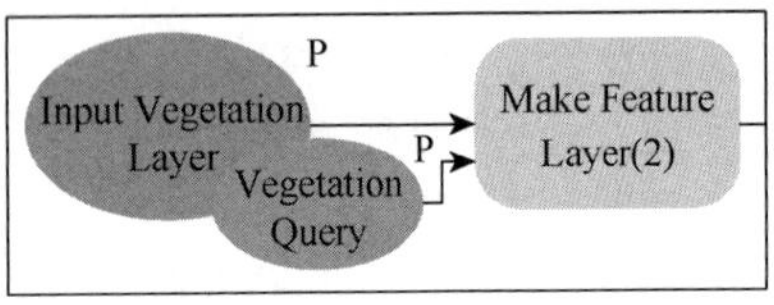

图 12.8　将植被查询设为参数

15→ 重新命名新的椭圆为 *Vegetation Query*。根据需要移动或调整大小。

15→ 右键单击 Vegetation Query 椭圆，选择 Parameter（参数）。旁边会出现一个 P（图 12.8）。

15→ 保存模型并关闭。

现在让我们再次运行模型。假设我们要评估的是所有中密度林区的潜在栖息地，而不仅仅是针叶林。

16→ 在 Catalog 窗格中，双击 Snail Habitat Analysis 模型将其打开。

16→ 设置输入和输出要素类为 Vegetation 和 *SnailHabAllC*。

16→ 单击红色“×”以删除 COV_TYPE 子句之一。删除另一个，只留下 DENSITY96 子句。

16→ 添加新子句：Or DENSITY96 is Equal to B。确认表达式。

16→ 再次运行工具。比较输出结果。保存项目。

以上简短介绍仅展示了 ModelBuilder 的一小部分功能。要了解更多信息，请阅读专业版帮助文档中有关 ModelBuilder 的内容。

> **提示：**模型可以保存为 Python 编程语言脚本，作为创建具有更高级功能的完整程序的起点。

使用任务共享工作流程

任务用于记录可重复工作流程的步骤，以确保每次都以相同的方式完成。我们将从运行一个现有任务开始。

17→ 关闭 Snail Model 地图，打开 Timber Sale 15A 地图。

17→ 在 Catalog 窗格中，展开 Tasks 并双击 Timber Sale Maps。

在 Tasks 窗格中打开 Timber Sale Maps 任务项（任务项是一个用于存储任务的容器），其中包含一个名为 Define Sale Area（定义销售区域）的任务，该任务将引导用户定义拟议木材销售的区域，并将多个图层裁剪到该区域。

提示： 如果项目中没有可用于创建任务的现有任务项，或者需要一个新的任务项，请右键单击 Catalog 窗格中的 Tasks 条目，然后选择 New Task Item（新建任务项）。

运行任务

17→ 在 Tasks（任务）窗格中，将鼠标移至 Define Sale Area（定义销售区）任务上，然后单击蓝色箭头启动它。

任务打开后进入第一步，Create Sale Feature（创建销售要素类）。在该步骤下方，一些说明会告诉您要做什么（为销售边界层输入一个要素类名称）。在该步骤下方，Tasks（任务）窗格中嵌入了 Create Feature Class（创建要素类）工具。底部还有一组指示如何进入下一步，并有一个条形图显示各步骤的进度。

17→ 输入 *Sale15A* 作为 Feature Class Name（要素类名称）。单击 Tab 键。

17→ 查看但不更改其他工具参数。

17→ 在 Tasks（任务）窗格底部，单击 Run（运行）进入下一步。

第二步，Digitize Sale Boundary（数字化销售边界）自动启动，节省鼠标点击次数。

18→ 按照说明在绿色国家森林区域内数字化一个木材销售多边形。示例如图 12.9 所示。

18→ 完成多边形绘制后，单击 Tasks（任务）窗格中的 Next（下一步）继续。

18→ 按照步骤 3 的说明保存销售边界。

接下来的步骤会提示用户将三个不同的输入图层裁剪到木材销售区域。用描述性名称命名裁剪输出。

19→ 按照步骤 4 的说明，将裁剪输出命名为 *Sale15A_Veg*。

19→ 继续完成任务。将裁剪输出命名为 *Sale15A_Roads* 和 *Sale15A_ Streams*。

19→ 任务完成。保存项目。

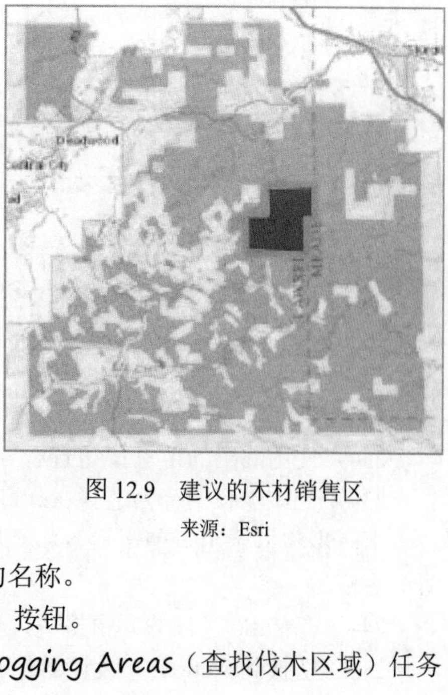

图 12.9　建议的木材销售区

来源：Esri

创建任务

在演示了任务如何工作之后，现在是创建任务的时候了。这项新任务将根据树木的大小和密度，确定具有商业伐木价值的林分。

20→ 在 Tasks 窗格中，单击 Options 按钮并选择 Edit in Designer（在设计器中编辑）。

这时会打开一个任务设计器窗格，用于修改任务窗格中当前所选任务的属性。我们简称它为设计器窗格。

20→ 用鼠标移动 Tasks 窗格中的图标，查看它们的名称。

20→ 在 Tasks 窗格中，单击 New Task（新建任务）按钮。

20→ 在 Designer（设计器）窗格中，命名 *Find Logging Areas*（查找伐木区域）任务

并输入说明 *Finds the areas of timber to be logged based on tree size and density*（根据树木的大小和密度确定需要伐木的区域）。

21→ 在 Tasks（任务）窗格中，单击 New Step（新建步骤）按钮。

21→ 在 Designer（设计器）窗格中，切换到 Actions（操作）选项卡[图 12.10（a）]。

21→ 在 Set the command or geoprocessing tool（设置命令或地理处理工具）下，将鼠标移至 <none> 栏，然后选择 Edit（编辑）图标（铅笔）。

21→ 在 Type of Command（命令类型）中选择 Geoprocessing Tool（地理处理工具）。搜索框将打开。

提示：如果搜索框没有自动打开，或者意外关闭，请单击 Selected Geoprocessing Tool（选定的地理处理工具）下的 Folder（文件夹）图标再次打开。

22→ 搜索并选择 Make Feature Layer（创建要素图层）工具。单击 OK。

22→ 选中 Embed（嵌入）框[图 12.10（b）]。该设置将在工具运行时显示在任务窗格内。

22→ 选择 *Sale15A_Veg* 作为 Input Features（输入要素）。

22→ 将 Output Layer（输出层图）命名为 *Suitable Timber*（合适的木材）。

22→ 单击 New Expression（新建表达式）并输入表达式：SSTAGE96 is Equal to 4B Or SSTAGE96 is Equal to 4C Or SSTAGE96 is Equal to 3C。

22→ 验证表达式并单击 Done（完成）。

23→ 在 Designer（设计器）窗格中，切换到 General（常规）选项卡[图 12.10（c）]。在步骤名称中输入 *Select Logging Areas*（选择伐木区域）。输入其余信息，如图 12.10（c）所示。

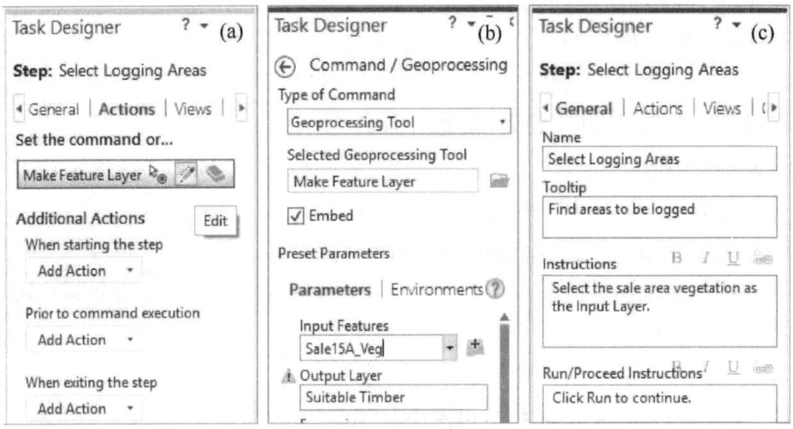

图 12.10　配置“选择伐木区域”步骤

来源：Esri

23→ 使用圈出的信息按钮查看 Step Behavior（步骤行为）选项。

23→ 为该步骤的行为选择 Auto Proceed（自动继续）。

下一步将提示用户使用命令将地图符号化。我们希望该步骤能自动启动 Symbology（符号）窗格。

24→ 在 Tasks（任务）窗格中，单击 New Step（新建步骤）按钮。

24→ 切换到 Actions（设计器）窗格中的 Actions（操作）选项卡。

24→ 将鼠标移至<none>栏，然后选择 Edit（编辑）图标。

24→ 对于 Type of Command（命令类型），选择 Command（命令）。搜索 *Symbology*。

查看命令。由于列出的命令太多，很难选择正确的命令。让我们试试不同的方法，用记录步骤来代替选择命令。

25→ 单击取消并单击返回箭头。确保在 Contents 窗格中选中 Sale15A_Veg 图层。

25→ 再次将鼠标移至<none>栏，然后选择 Record（记录）。

25→ 单击 Feature Layer: Appearance: Symbology 按钮。输入步骤操作，记录自动停止。

26→ 切换到 Designer（设计器）窗格中的（General）常规选项卡。

26→ 将步骤名称更改为 *Symbolize Logging Areas*。

26→ 输入工具提示 *Symbolize areas to be logged*（符号化要伐木的区域）。

26→ 在 Instructions（说明）中，输入 *Create a unique values map based on the SSTAGE96 field*。

26→ 在 Run/Proceed Instructions（运行/继续指令）中，输入 *Click Finish when done creating the map*（创建地图后单击完成）。

26→ 为 Step Behavior（步骤行为）选择 Auto Run（自动运行）。

26→ 关闭 Designer（设计器）窗格并保存项目，以保存任务编辑。

现在，我们将运行刚刚创建的任务。

27→ 在 Tasks（任务）窗格中，将鼠标移至 Find Logging Areas（查找伐木区域）任务，然后单击蓝色箭头。

27→ 按照说明运行任务。

我们将再创建一个任务来查找不可伐木的保护区域。在这个任务中，我们将演示如何记录步骤而不是手动配置。

28→ 在 Tasks（任务）窗格中，选择 Options > Edit In Designer。

28→ 单击 New Task（新建任务）。

28→ 在 Designer（设计器）窗格中，输入名称 *Find Protected Areas*（查找保护区）并输入说明 *Finds the areas of a timber sale where logging is prohibited*（在禁止伐木区域查找木材销售区）。

29→ 在 Tasks（任务）窗格中，单击 Record Commands（记录命令）按钮。

29→ 在 Geoprocessing（地理处理）窗格中，搜索并打开 Buffer（缓冲区）工具。一个名为 Buffer 的新步骤会自动添加到任务中。

29→ 为 Input Features（输入要素）选择 Sale15A_Streams。

29→ 为 Output Feature Class（输出要素类）输入 *StreamBuffers*。

29→ 将 Distance（距离）设置为 *100*，单位选择 Meters。

29→ 将 Dissolve Type（融合类型）设置为 Dissolve all output features into a single feature（将所有输出要素融合为单一要素）。

29→ 运行工具。

> **提示：** 录制时，任务设计器窗格必须打开。在继续之前，请将其与地理处理窗格并排放置。

30→ 单击返回箭头返回主 Geoprocessing（地理处理）窗格。

30→ 再次打开 Buffer（缓冲区）工具。另一个缓冲区步骤已创建。

30→ 将 Input Features（输入要素）设置为 Sale15A_Roads。

30→ 将 Output Feature Class（输出要素类）命名为 *RoadBuffers*。

30→ 设置 Distance（距离）为 *50* Meters。

30→ 设置 Dissolve Type（融合类型）为 Dissolve output features into a single feature（输出要素融合为单一要素）。

30→ 运行工具。

30→ 在 Tasks（任务）窗格中，单击 Stop Recording（停止记录）按钮。

记录步骤有一个缺点：输入工具的参数不会被保存。为了尽可能简化这些任务，我们应该设置适当的工具参数，并为输出文件提供默认名称。由于用户每次运行任务时输入的参数都会不同，因此通常会留空。让我们为两个缓冲步骤预设参数。

31→ 在 Tasks（任务）窗格中，选择第一个 Buffer（缓冲区）步骤。

31→ 在 Designer（设计器）窗格中，切换到 Actions（操作）选项卡。

31→ 将鼠标移至 Buffer（缓冲区）按钮上，选择 Edit（编辑）图标。

31→ 为 Output Feature Class（输出要素类）输入 *StreamBuffers*。将 Distance（距离）设为 *100* Meters，Dissolve Type（融合类型）设为 Dissolve all…（全部融合……）。单击 Done（完成）。

32→ 重复前面的教程步骤，编辑第二个 Buffer（缓冲区）步骤的参数，将输出设置为 *RoadBuffers*，Distance（距离）设置为 *50* Meters，Dissolve Type（融合类型）设置为 Dissolve all…（全部融合……）。

最后，我们为用户描述步骤，并设置适当的步骤行为。

33→ 在 Tasks（任务）窗格中，单击第一个 Buffer（缓冲区）步骤。

33→ 切换到 Designer（设计器）窗格的 General（常规）选项卡，将其命名为 *Buffer Streams*。

33→ 输入工具提示 Buffer streams for protected areas（保护区的缓冲河流）。

33→ 输入说明 *Select the timber sale streams for the Input Features*（选择输入要素的木材销售河流）。

33→ 对于 Run/Proceed Instructions（运行/继续说明），输入 *Click Run to continue*（单击运行继续）。

33→ 将 Step Behavior（步骤行为）设置为 Auto Proceed（自动继续）。

34→ 在 Tasks（任务）窗格中，选择第二个 Buffer（缓冲区）步骤。

34→ 在 Designer（设计器）窗格中，输入 Name（名称）、Tooltip（工具提示）和其他项目，如前所述，用道路取代溪流。

34→ 将 Step Behavior（步骤行为）设置为 Auto Proceed（自动继续）。

重置参数会降低录制效率，因此我们将手动输入最后两个步骤。下一步无须用户输入，因此将设置为自动运行。

35→ 在 Tasks（任务）窗格中，单击 New Step（新建步骤）按钮。

35→ 在 Designer（设计器）窗格中，打开 Actions（操作）选项卡。将鼠标移至<none>栏上，然后选择编辑图标。

35→ 选择 Geoprocessing Tool（地理处理工具）。选择 Union（合并）工具，点击 OK。

35→ 为 Input Features（输入要素）输入 StreamBuffers 和 RoadBuffers。

35→ 将 Output Feature Class（输出要素类）命名为 *NoLogBuffers*。

35→ 单击 OK。

36→ 切换到 Designer（设计器）窗格中的 General（常规）选项卡。将步骤命名为 *Combine Buffers* 并输入工具提示。

36→ 对于 Instructions（说明），输入 *Wait while the buffers are combined*（当缓冲区合并时请等待）。

36→ 对于 Run/Proceed Instructions（运行/继续说明），输入 *Next step starts automatically*（下一步自动开始）。

36→ 为 Step Behavior（步骤行为）选择 Automatic（自动）。

37→ 在 Tasks（任务）窗格中，单击 New Step（新建步骤）按钮。

37→ 切换到 Actions（操作）选项卡。将鼠标移至<none>栏上，选择 Edit（编辑）图标。

37→ 选择 Geoprocessing Tool（地理处理工具）。选择 Dissolve（融合）工具，点击 OK。

37→ 对于 Input Features（输入要素），键入 *NoLogBuffers* 名称（出现红色“×”是因为上一步尚未运行，请忽略）。

37→ 将 Output Feature Class（输出要素类）命名为 *Sale_Protected*。单击 Done（完成）。

38→ 切换到 General（常规）选项卡。将步骤命名为 *Dissolve Buffers* 并输入工具提示。

38→ 对于 Instructions（说明），输入 *Edit the Output Feature Class name to uniquely identify this timber sale's protected areas*（编辑输出要素类名称以唯一标识此木材销售的保护区）。

38→ 对于 Run/Proceed Instructions（运行/继续说明），输入 *Click Run to continue, and then Finish to complete the task*。

38→ 将 Step Behavior（步骤行为）设置为 Auto Proceed（自动继续）。

38→ 关闭 Task Designer（任务设计器）窗格并保存项目。测试任务前一定要保存，以防出错。

提示：编辑操作可能会将步骤行为重置为手动。请养成在编辑操作后查看步骤行为的习惯。

39→ 在 Contents 窗格中，关闭除 Suitable Timber 以外的所有图层。

39→ 换回 Tasks（任务）窗格，显示 Timber Sale Maps（木材销售地图）任务项及其三个任务（图 12.11）。

39→ 将鼠标移至 Find Protected Areas 任务，然后单击蓝色箭头启动该任务。

39→ 测试运行该任务，以确保其正常运行。

就像数据集一样，模型和任务也应该有创建者填写的元数据。即使它们不会被共享，这些信息也会在创建者下次使用时起到提醒作用。我们现在不填写元数据，但可以快速查看一下格式。

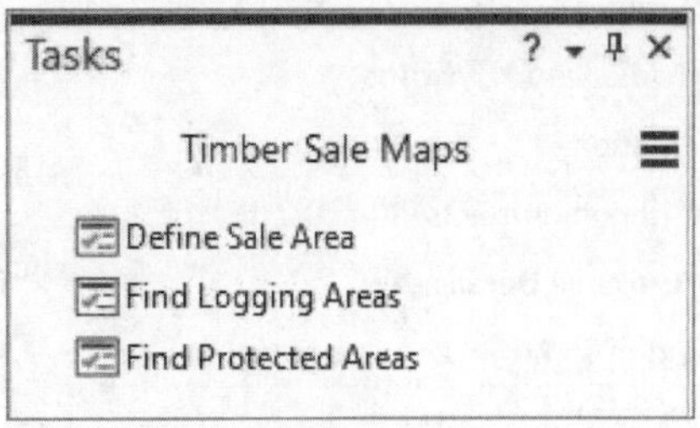

图 12.11　木材销售地图任务项目

来源：Esri

40→ 切换到 Catalog 视图。

40→ 在 Contents 中，在 Project（项目）下

选择 Toolboxes（工具箱）条目，然后双击打开视图中出现的 TimberSales.tbx 工具箱。

40→ 单击模型并查看元数据。模型元数据与数据集的元数据有些不同。有关示例，请参阅 Help Tool Reference（帮助工具参考）。

40→ 查看任务项目的元数据。

40→ 保存项目。

> **提示：** 要保存和共享任务项，请在 Catalog（目录）窗格中展开 Tasks（任务）条目，然后选择 Export > Save As。

查看元数据

共享数据需要承担创建高质量元数据的责任。在 ArcGIS Online 或其他互联网资源中，元数据的完整性通常是衡量数据集质量和价值的主要线索。用户有时可能会发现，在接受数据集作为对项目的有效贡献之前，有必要探索基于标准的元数据。

41→ 确保 Catalog 视图已打开。

41→ 在 Contents 窗格中选择 Folders（文件夹）。在 Catalog 视图中，使用双击在 mgisdata\Usa\usdata 地理数据库中导航。

41→ 单击 quakehis 图层将其选中，并将元数据滚动到最后。

默认情况下，Catalog 视图只显示几个元数据字段，即 Item Description（项目描述）。要查看更多的元数据（如果有的话），必须更改设置。

42→ 选择 **Project: Options**，然后查看元数据部分。

42→ 将元数据样式更改为 North American Profile of ISO 19115 2003。单击 OK 并单击返回箭头返回项目。

42→ 要更新元数据视图，请单击 quakehis 上方的数据集，然后再次单击 quakehis。

42→ 再次向下滚动，注意附加信息。

样式可以基于 ISO 19115 等标准。ArcGIS 在内部以自己的格式存储元数据信息。元数据样式控制显示和编辑哪些信息项。如有需要，可将元数据导出为标准格式。

> **提示：** 大字体部分标题可以折叠（侧面箭头）或展开（向下箭头）。根据接下来步骤的指示，使用这些标题隐藏或查看信息。

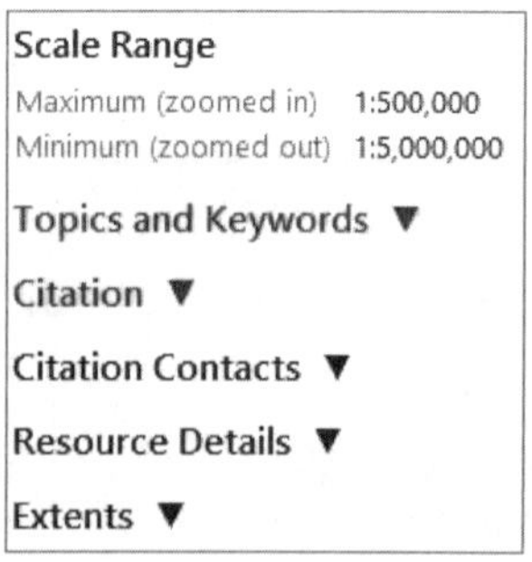

图 12.12　部分元数据

来源：Esri

43→ 开始时，将所有标题按比例尺范围折叠起来，这样 18 个部分的组织结构就一目了然了（图 12.12）。

43→ 展开 Topics and Keywords（主题和关键词）部分，浏览相关信息。

43→ 完成后，再次单击标题将其关闭。

> **提示：** 在接下来的步骤中，完成每个部分的查看后，请再次关闭。

43→ 查看 Citation（引用）部分。

> 1. 该数据集的出版日期是什么时候？

43→查看 Citation Contacts（引用联系人）部分。

2. 该数据集由谁创建？_______________出版者是谁？_______________________

44→ 查看 Resource Details（资源详细信息）部分。

44→ 查看 Resource Points of Contact（资源联系点），找出有关该数据集问题的联系人。

44→ 查看 Resource Maintenance（资源维护）部分，了解该数据集的更新频率。

让我们进一步了解这组数据的来源。

44→ 展开 Lineage（数据来源）部分，查看流程步骤。

3. 列出了多少个流程步骤？_________________何时进行？_________________

4. 该数据集是通过什么渠道编制的？___________________

5. 该数据集的原始比例尺是多少？_________________________________

提示：在第 7 章中，我们对 1960 年以前的一些地震有震级而另一些没有感到困惑。这些元数据揭示了原因：为了制作这个要素类，我们综合了多个资料来源，但并非所有资料来源都包含了较早地震的震级估计。

44→查看 Data Quality（数据质量）部分，特别注意五个数据质量端口，以及它们与本章讨论的数据质量问题的比较。

6. 查看 Distribution（分发）部分，确定如何获取这些数据的副本。

7. 查看 Metadata Details（元数据详情）和 Metadata Contacts（元数据联系人）部分，了解元数据的制作者和制作标准。

8. 查看 Fields（字段）部分，找到地震深度的测量单位。

显然，要将数据集记录到如此详细的程度，需要耗费大量精力。各组织可能有一个或多个专门负责元数据制作的人员，而这类人员往往需求量很大。学会解释和创建基于标准的元数据是地理空间专业人员的宝贵技能。

美国的许多数据集使用的是较早的 FGDC CSDGM 风格元数据，在转换或导入之前无法在 Pro 中查看。第 6 章中从国家地图下载的 NLCD 土地覆被数据的元数据存储在一个单独的 XML 文件中。

45→ 使用 **Insert: Project: Add Folder** 以添加连接到 gisclass\ClassProjects 文件夹，其中包含 CraterLake 项目。

45→ 导航到 CraterLake.gdb 地理数据库，查看 nedlakeprj 数据，它是空的。

45→ 浏览 CraterLake\MyDownloads 文件夹，找到下载的高程数据 XML 文件，如 ned19_n43x00_w122x00_or_craterlake_2010_meta.xml。单击选择该文件。

45→ 阅读有关 FGDC 元数据的信息，然后单击 View Content（查看内容）。您的网络浏览器应该会打开，以原生 XML 格式显示元数据。

可将.xml 文件中的元数据导入到土地覆被栅格中。

46→ 在 Catalog（目录）视图中，返回 CraterLake 地理数据库并选择 nedlakeprj 栅格。

46→ 单击 **Catalog Metadata: Import**。

46→ 单击 Import metadata from（从中导入元数据）框的 Browse（浏览）按钮，导航到 ned19_n43x00_w122x00_or_craterlake_2010_meta.xml 文件，并将其选中。单击 OK。

46→ 设置要导入的元数据类型为 FGDC CSDGM。单击 OK。查看导入的元数据。（您可能需要选择不同的数据集，然后再次选择 nedlakeprj 才能显示元数据）。

共享图层包

ArcGIS Online 可用于与组织内或其他任何地方的其他人共享数据。最简单的方法之一是图层包，它将图层设置和数据编译成一个简单的文件，然后上传到 ArcGIS Online。

47→ 保存当前项目并打开 ClassProjects\CraterLake 项目。

47→ 关闭项目中除 Crater Lake 地图之外的所有地图。

47→ 关闭除 Crater Lake Geology 组图层以外的所有图层，并放大到其范围。

一位朋友计划去火山口湖游玩，并希望探索火山口湖的地质情况，因此我们将把 Crater Lake Geology 组图层作为一个包共享。共享数据时，必须提供元数据并注明来源。如果图层元数据已经完成，则在共享元数据时将复制摘要和标签。我们可以查阅地质单元要素类的原始信息。

48→ 打开 Catalog（目录）视图并导航到 Folders\CraterLake\CraterLake 主地理数据库。查看 geologyunits 要素类的元数据。

48→ 从 Tags（标签）部分通过 Use Limitations（使用限制）部分复制 Description information（项目描述信息）。

48→ 将元数据粘贴到文字处理器的空白文档中。这一步可以更方便地传输信息。

49→ 切换回 Crater Lake 地图视图。

49→ 打开 Crater Lake Geology 组图层的属性，单击元数据部分。

49→ 将文字处理文档中的 Tags（标签）、Summary（摘要）、Description（描述）、Credits（积分）和 Use Limitations（使用限制）复制并粘贴到元数据部分，每个部分作为一个单独的项目。

为该数据集执行了一个新的流程步骤，因此应更新元数据以反映该贡献。

50→ 在 Summary（摘要）部分，在摘要底部添加以下文字：*Symbolized and uploaded to ArcGIS Online by < your name > on < today's date >*。

50→ 滚动到底部，单击 Generate Thumbnail（生成缩略图）按钮。单击 OK 以保存元数据。

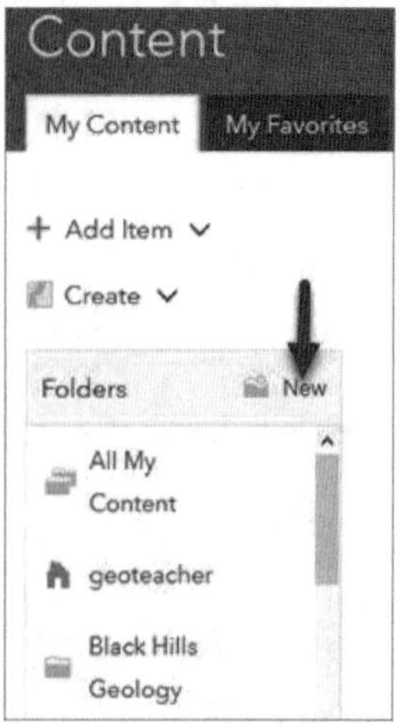

图 12.13　为 AGOL 内容添加新文件夹

50→ 将文字处理文档最小化，以便稍后保存。

使用文件夹来组织 AGOL 账户内容是一种良好的做法，否则很快就会变得难以查找。现在请花点时间创建一个文件夹来包含这些实践数据。文件夹只能通过网页版 ArcGIS Online 创建和管理。

提示： 虽然 ArcGIS Online 允许创建带有空格的文件夹名称，但 Pro 不会写入该文件夹。在文件夹名称中使用空格是不明智的。

51→ 使用网络浏览器访问 ArcGIS.com，并使用与 Pro 相同的用户名和密码登录。

51→ 靠近窗口顶部，单击 Content（内容）选项卡（图 12.13）。

51→ 在左侧的 Folders（文件夹）框中，单击 New folder（新建文件夹）按钮。

51→ 输入文件夹名称，不留空格，如 *ProPractice*，然后单击 OK。

51→ 暂时将浏览器最小化，而不是关闭。

52→ 在专业版中，在 Catalog 窗格中切换到 Portal 选项卡，选择第一个图标 My Content（我的内容），即可查看 AGOL 账户中的内容。

52→ 如果新的 ProPractice 文件夹不可见，请单击 Options（选项）按钮（如果未显示，则拓宽窗格）并选择 Refresh（刷新）。

现在我们可以共享组图层了。

53→ 切换到 Crater Lake 地图。

53→ 在 Contents 中选择 Crater Lake Geology 组图层后，单击 **Share: Package: Layer**（或右键单击内容）中的组图层，选择 Sharing As A Layer Package（作为图层包共享）。

53→ 选择 Upload package to Online account（将包上传到在线账户）（图 12.14）。

53→ 接受 Crater Lake Geology（火山口湖地质）为包件名称。

53→ 单击 Location Browse（位置浏览）按钮，选择刚刚创建的 Portal\My Content\ProPractice 文件夹。单击保存。

54→ 查看 Description Summary（描述摘要）和 Tags（标签），确保它们包含您提供的元数据。

54→ 暂时不勾选任何附加的 Share with（共享）选项框，因此包仅对您可见。如果需要，以后可以更改这一设置。

54→ 单击 Analyze（分析）。专业版将查看设置，并找出妨碍图层正常发布的任何问题。该数据集应该没有错误。

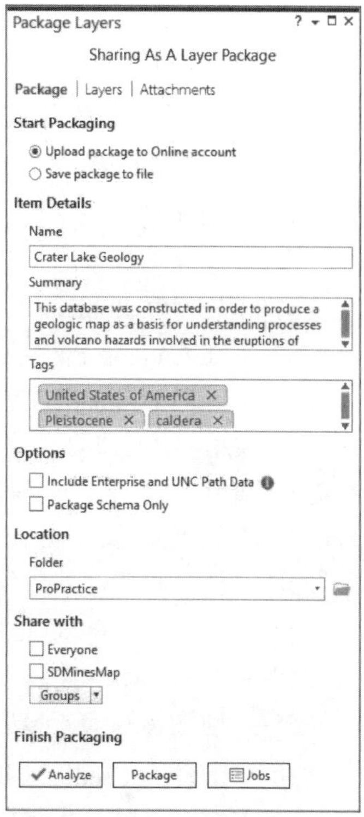

图 12.14　创建和共享图层包

来源：Esri

54→ 单击 Package（包）。需要几分钟才能完成。完成后，关闭 Package Layers（图层包）窗格。

图层包将放置在您的 AGOL 内容中（顺便说一句，不要与公众分享这些练习项目。AGOL 不需要做此教程的学生发布数百个相同的火山口湖包和服务）。

提示： 当 AGOL 账户包含文件夹时，默认情况下只显示文件夹。要查看其他数据集，请单击窗格底部的 Find more items...（查找更多项目……）绿色文本。

55→ 在 Catalog 窗格中，单击 Options（选项）按钮并选择刷新。

55→ 双击 ProPractice 文件夹，打开并查看图层包。

55→ 将鼠标悬停在包上，弹出简要说明。

56→ 切换到 Catalog 视图。

56→ 在 Contents 中，选择 Portal\My Content 文件夹。

56→ 浏览 ProPractice 文件夹，选择 Crater Lake Geology 组图层包，查看完整的元数据。

56→ 保存项目。

发布服务

> **提示：**要完成本教程的其余部分，需要具有发布权限的 AGOL 账户。如有必要，请咨询您的教师或 AGOL 管理员。

在火山口湖旅行时，可以使用智能手机访问绘有地质单元和公园平面图的地图。地质单元图层的绘制速度较慢，因此图块图层的性能最佳，可包括地质单元和公园平面图。发布地图服务时，如果有一张单独的地图，其中只包含所需的图层，会很有帮助。

57→ 使用 **Insert: Project: New Map** 来创建新地图并命名为 *Publish*（发布）。

57→ 切换到 Crater Lake 地图视图。在 Contents 中，右键单击 Crater Lake Geology 组图层并选择复制。

57→ 切换回 Publish 地图并将组图层粘贴到其中。已为图层创建的元数据也将被复制。

57→ 在 Catalog 窗格的 Project（项目）选项卡中，在 Crater Lake 主文件夹中查找地理参照的 crlamap1GR.jpg 图像，并将其添加到地图中。

这一次，我们需要为地图本身而不仅仅是图层提供元数据。我们可以使用之前复制到文字处理文档中的信息，但我们还需要公园游客地图的积分。

58→ 切换到 Catalog 视图并打开 crlamap1GR.jpg 图像的元数据。

58→ 阅读说明，然后复制 Credits（积分）部分。

58→ 切换回 Publish 地图。

58→ 在 Contents 中，双击 Publish 标题，打开地图属性。单击 Metadata（元数据）部分。

58→ 地图标题为 *Crater Lake Mobile Map*。

58→ 滚动到 Credits（积分）部分，粘贴游客地图积分。

58→ 打开之前的文字处理文档，将 Tags（标签）和 Credits（积分）复制到地图元数据属性中。

现在，我们将添加自己的信息来描述已发布的地图。

59→ 在 Summary（摘要）部分，描述地图的目的（例如为使用智能手机的游客提供地质和公园信息）。

59→ 在 Description（描述）部分，简要描述地图中包含的两个数据集（地质单元和公园平面图）。如果有帮助，请使用文字处理文档中的信息。

59→ 滚动到底部并生成缩略图。

59→ 单击 OK 保存元数据。

接下来，必须确定一些基本属性，以确保地图的良好性能。

60→ 双击 Publish 地图名称，再次打开地图属性。

60→ 打开 Extent（范围）部分。默认情况下，地图将显示所有图层（本例中为 crlamap1.jpg）中的数据范围，这样就可以了。

60→ 打开 Coordinate Systems（坐标系统）部分。网络地图在 WGS 1984 Web Mercator Auxiliary Sphere 坐标系下性能最佳，因此将其设置为 CS。

60→ 单击 OK 保存地图设置。

61→ 在 Contents 中，选择 Crater Lake Geology 组图层，并使用 **Layer Appearance: Effects**（图层外观：效果），透明度滑块将其设置为 50%左右。

61→ 在 Contents 中，右键单击并删除 Topographic（地形）底图图层。

对于托管图块图层，大比例尺生成的图块最多，对缓存的大小影响也最大。我们必须谨慎选择缩放比例尺。

61→ 查看当前比例尺。放大，直到出现带有标签的地质子单元，公园地图开始看起来像素化。注意比例尺。

61→ 在 Contents 中，单击 Classes and Labels（类和标签）图层，查看 **Feature Layer Appearance**（要素图层外观）和 **Labeling**（标签）功能区。

详细的地质符号以 1∶24 000 的比例尺显示，标签以 1∶10 000 的比例尺显示。

61→ 放大到地图范围。

61→ 保存项目。在发布前保存项目是明智之举。

62→ 在 Contents 中，选择 Publish 地图条目并单击 **Share: Share As: Web Layer > Publish Web Layer**。将打开一个窗格。

62→ 输入名称 *CraterLakeMobile_xxx*，其中×××是您姓名的首字母缩写（组织内的服务名称必须唯一）。名称中不允许有空格。

62→ 将 Layer Type（图层类型）设置为 Tile（图块）。

62→ 单击 Location Folder（位置文件夹）下拉菜单，选择 ProPractice 文件夹。

62→ 目前，请保留默认共享方式，即私人共享。以后可以更改，与他人共享地图。

63→ 单击 Configuration（配置）选项卡（图 12.15）。保持默认的 Tiling Scheme（平铺方案）。

63→ 查看 Levels of Detail（详细程度）。在 Estimate（估计）下，查看估计的缓存大小。

建议的比例尺范围包括 10 级（1∶577 791）至 16 级（1∶9028），将生成一个大小约为 53 MB 的缓存。

63→ 将光标放在范围滑块的中间，然后单击并拖动到新位置。整个范围就会移动。

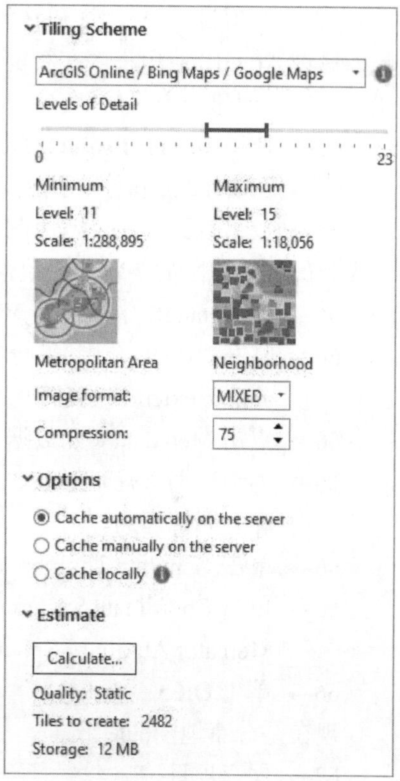

图 12.15　选择缓存的详细程度

来源：Esri

63→ 将光标放在范围的一端，然后单击/拖动以改变它，使其独立于另一端。

63→ 尝试将比例尺范围滑动到较高或较低的数值。注意水平和刻度值。

这里需要做出决定。1∶9028 的比例可以显示标签，但缓存会更大，消耗的积分也会更多。由于这只是一个练习，我们将选择一个较小的缓存。

63→ 设置范围为 11～15 级（图 12.15），缓存大小为 12 MB。

最后，分析发布计划的潜在问题。

64→ 在 Options（选项）下，保持默认设置为 Cache automatically on the server（在服务器上自动缓存）。

64→ 点击底部的 Analyze（分析）按钮。

64→ 不应出现任何错误或警告，如果出现，则需要在发布前清除。请参阅专业版帮助。

64→ 点击 Publish（发布）。这需要几分钟时间。完成后，Share As Web Layer（共享为网络图层）窗格底部会出现一份成功的报告。

64→ 查看报告后，关闭 Share As Web Layer（共享为网络图层）窗格。

提示：单击 Share（共享）功能区中的 Jobs（工作）按钮，跟踪大型缓存进程。在生成缓存时，可以继续在 Pro 中工作。

65→ 生成缓存后，在 Catalog 窗格中，切换到 Portal（门户）面板并导航到 ProPractice 文件夹。使用选项刷新视图。

65→ 如果未显示 CraterLakeMobile 服务，请单击窗格底部的 Find more items...（查找更多项目……），打开并关闭文件夹，然后再次刷新。

通过 ArcGIS 应用程序在智能手机上使用该服务需要基于托管服务的网络地图，因此我们现在就应该创建一个并共享它。网络地图必须只使用地图服务，不包含本地数据。

65→ 使用 **Insert: Project: New Map** 以创建新地图并命名为 Visit Crater Lake Geology。

65→ 在 Catalog 窗格中找到 CraterLakeMobile 图块图层并将其拖入地图。

65→ 放大直到出现公园地图和地质单元。这将是地图范围。

新的共享地图需要新的元数据和新的属性。

66→ 在 Contents 中，打开 Visit Crater Lake Geology 的地图属性。

66→ 打开 Extent（范围）部分并将范围设置为 Custom extent（自定义范围）。选择从 Current visible extent（当前可见范围）计算。

66→ 点击 Metadata（元数据）部分。给元数据加上标题：*Visit Crater Lake Geology*。

66→ 为地图输入几个标签、摘要和描述。为自己积分，但不要忘记感谢美国地质调查局和公园管理局。

66→ 单击 Generate Thumbnail（生成缩略图）。

66→ 单击 Coordinate Systems（坐标系统）部分，确保地图坐标系统设置为 WGS 1984 Web Mercator Auxiliary Sphere。

66→ 单击 OK。

现在是分享地图的时候了。

67→ 保存项目。

67→ 在 Contents 中，选择 Visit Crater Lake Geology（访问火山口湖地质图）条目并选择 **Share: Share As: Web Map**。

67→ 将地图命名为 *Visit Crater Lake Geology*，并保存在 ProPractice 文件夹中。

67→ 暂时保留默认设置。

67→ 单击 Analyze（分析）。应该不会出现警告。

67→ 单击 Share（共享）。

67→ 完成后，在 Catalog 窗格中打开 ProPractice 文件夹。如有必要，单击 Options > Refresh 按钮查看新地图。

既然是网络地图，就可以通过以下步骤在移动设备上查看。由于每个移动操作系统都不一样，所以这些说明都很笼统。

→ 在移动设备上下载以下应用程序之一：Explorer for ArcGIS、Collector for ArcGIS 或

Field Maps for ArcGIS。

→ 打开应用程序，使用 AGOL/Pro 登录名和密码登录。

→ 找到 Visit Crater Lake Geology 地图并进行探索。

> **提示：** 有关特定应用程序和操作系统的帮助，请登录网页版的 ArcGIS Online 并搜索 “mobile”（移动）。

本教程到此结束。下一个可选部分将介绍如何准备一个要素图层，以便在实地使用智能手机或平板电脑收集信息。

→ 保存项目。

在移动设备上收集数据（可选）

在移动设备上查看地图功能强大，但想象一下使用内置 GPS 收集数据的功能。移动编辑基于嵌套在网络地图中的托管要素图层。在下一节中，我们将建立一组托管要素图层，以收集大学校园或公园中的对象。为此，请启动一个新项目。

68→ 单击窗口顶部快速访问工具栏上的 New Project（新建项目）按钮。

68→ 将项目命名为 *MobileCollection*，并保存在 gisclass\ClassProjects 文件夹中。

68→ 使用 **Insert: Project: New Map** 以创建新地图。将其重命名为 *Hometown*。

68→ 使用 **Map: Inquiry: Locate** 工具缩放至当地公共区域，如校园或公园，作为您的实地考察区域。

69→ 调整缩放，使整个字段区域充满屏幕。

69→ 打开地图属性 Extent（范围）设置。选择 Custom Extent（自定义范围），并选择从 Current visible extent（当前可见范围）计算。

69→ 单击 Coordinate Systems（坐标系统）设置，确认地图已设置为 WGS 1984 Web Mercator Auxiliary Sphere。

我们将发布这张地图，请花点时间填写元数据。

69→ 点击 Metadata（元数据）设置。给地图起名为 *Hometown Mobile Collection*，指定一些标签，并写上简要的摘要和描述。为地图署名，生成缩略图。

69→ 单击 OK 保存所有设置。

为确保为本项目创建的所有数据都使用同一坐标系要，我们将在项目环境设置中进行设置。

70→ 选 **Analysis: Environments**。单击 Output Coordinate System（输出坐标系）下拉按钮，选择 Current Map [Hometown]。单击 OK。

> **提示：** 如果为使用不同坐标系（如 UTM 或国家平面）的已建数据库收集数据，请将地图和环境设置设为该坐标系统。

接下来，我们创建要素类来记录校园或公园中可能出现的物体和区域：如树木和灯杆等点要素，人行道中心线等线要素，以及运动场和停车场等多边形要素。我们将在一个要素数据集中创建它们。本教程将使用拉皮德市的苏克斯公园，请适当命名您的要素数据集，并在随后的说明中根据需要进行替换。

> **提示：** 虽然不需要要素数据集，但可以在以后使用它来创建正式拓扑图，以帮助编辑在收集 GPS 数据时常见的悬挂、间隙和重叠。

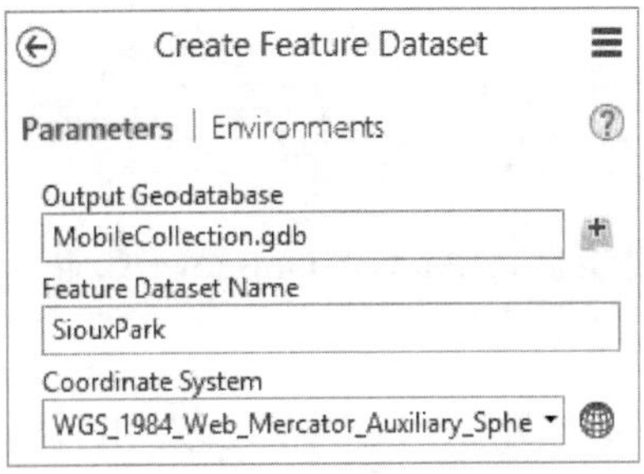

图 12.16　创建要素数据集

来源：Esri

70→ 在 Geoprocessing（地理处理）窗格中，打开 Create Feature Dataset（创建要素数据集）工具（图 12.16）。

70→ 保留默认 Output Geodatabase（输出地理数据库）和 Coordinate System（坐标系统）。

70→ 为数据集键入一个不含空格的名称，如 *SiouxPark*，然后运行该工具。

71→ 在 Geoprocessing（地理处理）窗格中，打开 Create Feature Class（创建要素类）工具。

71→ 单击 Feature Class Location（要素类位置）浏览按钮并导航到 MobileCollection 地理数据库。

71→ 选择 SiouxPark 要素数据集（或您为其命名的数据集），然后单击 OK。

71→ 键入 Feature Class Name（要素类名称）为 *Objects*。

71→ 将 Geometry Type（几何类型）设置为 Point。

71→ 保留其他设置为默认值并运行工具。

72→ 在打开的工具中，将 Feature Class Name（要素类名称）更改为 *Centerlines*（中心线），Geometry Type（几何类型）更改为 Polyline（折线）。再次运行该工具。

72→ 重复上一步，创建名为 *Landscape*（景观）的多边形要素类。

在晴朗的天气里，为了提高智能手机屏幕上功能的可视性，符号应该加粗。

73→ 打开每个新图层的 Symbology（符号）窗格，选择一个大而明亮、对比度好的符号（图 12.17）。

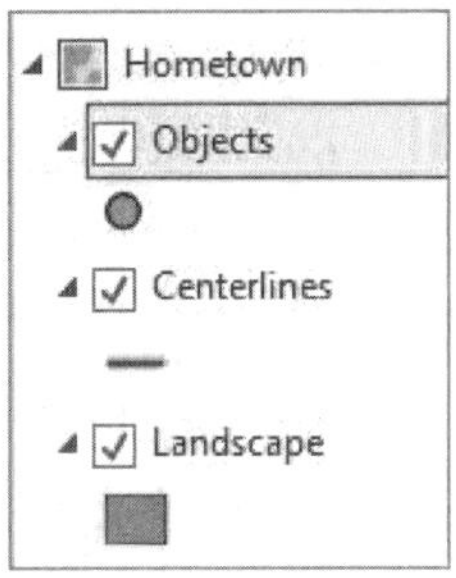

图 12.17　收集图层

来源：Esri

如果使用域来提供选取列表，数据收集会更快、更一致。表 12.2 列出了一些适合从公园或校园收集信息的域。

我们将首先为地理数据库创建域。（这些域适用于大多数校园或公园区域。如有需要，可在列表中添加其他代码值）。

74→ 在 Catalog 视图中，找到并右键单击 MobileCollection 地理数据库，选择 Domains（域）。

74→ 单击第一个空的 Domain Name（域名）框并输入 *Things*（事物）。

74→ 点选 Description（描述）框并输入描述，例如 *Things found in a park*（公园里发现的东西）。

74→ 将 Text（文本）作为 Field Type（字段类型），将 Coded Value Domain（编码值域）作为 Domain Type（域类型）。

74→ 将 Split Policy（拆分策略）和 Merge Policy（合并策略）设置为默认值。

表 12.2　移动采集地理数据库的域

域名	字段类型	域类型	编码值
事物	文本	编码	树、长凳、灯柱、标志、雕塑、其他
条件类	文本	编码	好、一般、差
线路类别	文本	编码	人行道、街道、小径、电力线、其他
表面材料	文本	编码	混凝土、沥青、砾石、泥土、草、衬垫、树皮、沙、其他
土地使用类别	文本	编码	停车场、运动场、游泳池、园林景观、游乐场、游戏场、一般用途、其他

提示：在输入代码时，切记不要在最后一个描述后点击 Tab 键，而应在保存域之前点击前面的一个代码框来完成代码输入。要保存域名，事物名称左边的一栏必须是绿色而不是红色。

74→ 单击 Code（代码）部分。对于每个代码，使用表 12.2 所列值的前五个字母（小写），并使用所列出的完整值进行描述（图 12.18）。

75→ 单击下一个空的 Domain Name（域名框），输入 ConditionClass 域的信息和代码。使用与上一步相同的方法输入代码和描述。确保每个代码不超过五个字母。

75→ 继续，直到输入表 12.2 中的所有域（图 12.19）。

75→ 点击 **Domains: Changes: Save** 以保存域。

75→ 关闭 Domains: MobileCollection 视图。打 Hometown 地图。

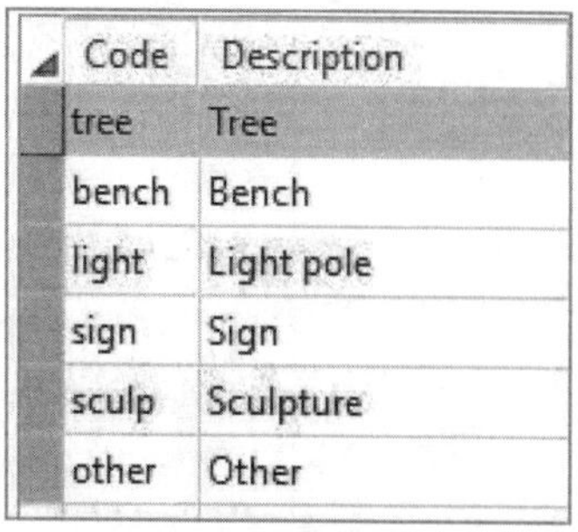

图 12.18　事物域代码

来源：Esri

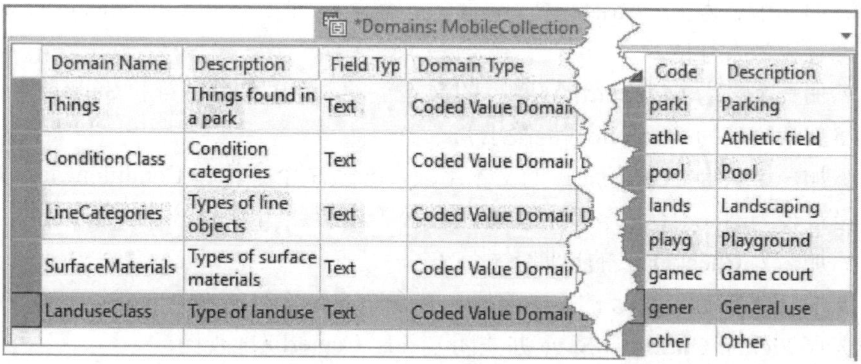

图 12.19　准备保存的 MobileCollection 地理数据库域

来源：Esri

接下来，我们将为每个要素类创建字段，并根据需要分配域。我们还将为某些字段指定默认值，以加快数据输入速度。例如，我们预计状况良好的混凝土人行道中心线将是最常见的线要素。

76→ 打开 Objects 图层表格，单击 Add Field（添加字段）按钮。

76→ 在第一个空 Field Name（字段名称）框中输入 *ObjectType*。别名留空。

76→ 将 Data Type（数据类型）设为 Text（文本），Length（长度）设为 *5*。

76→ 单击 Domain（域）框并从域列表中选择 Things（事物）。

76→ 单击 Default（默认值）框，选择 Tree（树）作为默认值。

提示：请注意，通过为域创建五字母代码，我们可以在表中创建较短的字段长度，从而节省空间，但在处理数据时仍能看到较长的描述。

77→ 单击以添加另一个新字段。将其命名为 *Condition*（条件），赋予其 Text（文本）字段类型，长度设置为 *5* 个字符，并指定 ConditionClass 域。默认设置为 Good（好）。

77→ 添加名为 CheckDate 的字段，字段类型为 Date（日期），无域。

78→ 添加名为 Notes（备注）的字段，字段类型为 Text（文本），长度为 *255*。字段显示如图 12.20 所示。

78→ 选择 **Fields: Changes: Save**，然后关闭 Fields: Objects 视图。

Field Name	Alias	Data Type	Domain	Default	Length
OBJECTID	OBJECTID	Object ID			
Shape	Shape	Geometry			
ObjectType	ObjectType	Text	Things	Tree	5
Condition	Condition	Text	ConditionClass	Good	5
CheckDate	CheckDate	Date			
Notes	Notes	Text			255

图 12.20　Objects（对象）要素类表的字段

来源：Esri

79→ 打开 Centerlines（中心线）图层的表格，单击 Add Field（添加字段）按钮。

79→ 添加一个名为 *Linetype* 的文本字段，包含 *5* 个字符和 LineCategories 域。将默认设置设为人行道。

79→ 添加一个名为 *Material*（材料）的文本字段，包含 *5* 个字符和 SurfaceMaterials 域。将默认值设为 Concrete（混凝土）。

80→ 添加一个名为 *Condition* 的文本字段，包含 *5* 个字符和 ConditionClass 域。将默认设置设为 Good（好）。

80→ 添加名为 CheckDate 的日期字段。

80→ 添加一个名为 *Notes* 的文本字段，包含 255 个字符。

80→ 选择 **Fields: Changes: Save** 并关闭 Fields: Centerlines 视图。

81→ 打开 Landscape（景观）图层的表格，然后单击 Add Field（添加字段）按钮。

81→ 添加名为 *Areatype* 的文本字段，包含 *5* 个字符和 LanduseClass 域。将默认设置设为 General use（一般使用）。

81→ 添加一个名为 *Material*（材料）的文本字段，包含 *5* 个字符和 SurfaceMaterials（表面材料）域。将默认值设为 Grass（草）。

82→ 添加一个名为 *Condition* 的文本字段，包含 *5* 个字符和 ConditionClass 域。将默认值设为 Good（好）。

82→ 添加名为 CheckDate 的日期字段。

82→ 添加一个名为 *Notes*（备注）的文本字段，包含 *255* 个字符。

82→ 选择 **Fields: Changes: Save** 并关闭 Fields: Landscape 视图。

82→ 关闭所有表格并保存项目。

提示： 提前精心设计和创建字段、域和默认值是明智之举。服务发布后，模式更改就很难实施了。

接下来，我们必须按照常见的最佳实践为发布要素类和地图做好准备。您已经设置了地图的默认范围并输入了地图的元数据。

83→ 打开 Objects 的图层属性。

83→ 单击 General（常规）设置并将 Out beyond（minimum scale）[超出（最小比例）] 设置为 1∶500 000。

83→ 单击 Display（显示）设置，将 Display field（显示字段）设置为 ObjectType（对象类型）。单击 OK。

84→ 打开 Centerlines（中心线）的图层属性。设置相同的最小比例，并为默认标签字段选择 Linetype（线型）。

84→ 打开 Landscape 的图层属性。设置相同的最小比例，并为 Display field（显示字段）选择 AreaType（区域类型）。

85→ 从地图上删除 Topographic（地形）底图图层（不要对显示空白感到惊讶，因为要素类中尚未创建任何要素）。

85→ 在 Contents 中，选择所有三个图层（按住 Shift 键）。右键单击其中一个图层，选择 Sharing > Share As Web Layer 以打开该工具。

提示：要让朋友或同学帮助收集数据，请使用唯一的地图名称和独特的可搜索标签，而不是这里给出的通用标签，并根据需要将共享选项设置为组织、小组或每个人，以便让他们访问。

85→ 输入服务的特殊名称（不含空格），如 *SiouxParkMapping*。

85→ 输入简要摘要和独特的搜索标记。

85→ 为 Layer Type（图层类型）选择 Feature（要素）。

85→ 选择 ProPractice 作为 Location Folder（位置文件夹）。

85→ 如果需要，打开其他共享选项。

85→ 单击工具中的 Configuration（配置）选项卡，然后单击要素图层的 Edit（编辑）按钮（铅笔）。

85→ 选中启用编辑复选框，允许编辑者 Add, update and delete features（添加、更新和删除要素）（图 12.21）。

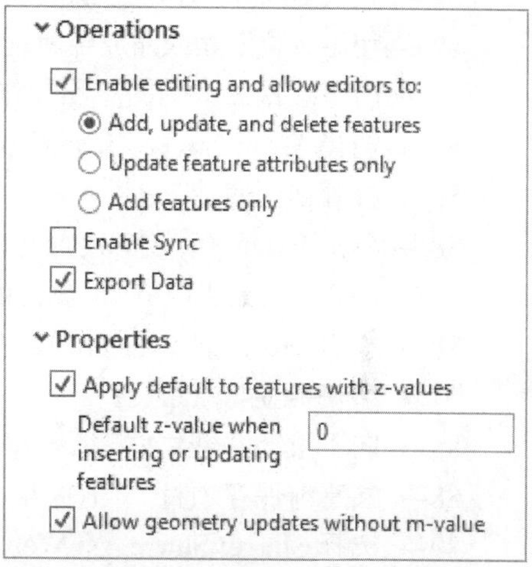

图 12.21　托管要素的配置设置

来源：Esri

85→ 在此练习中不要启用同步功能（除非所选公园没有手机服务）。

85→ 选中 Export Data（导出数据），允许他人下载副本。如果需要，还可以添加要素图层。本练习并不要求使用该图层，如有需要，可稍后更改。

提示：选中 Enable Sync box（启用同步）复选框后，某些支持该复选框的应用程序（如采集器）就可以在没有手机服务的情况下离线采集数据。但是，这将取消现场工作人员可以实时查看彼此收集工作的实时编辑功能。

86→ 单击 Analyze（分析），以开始在发布前测试图层。

86→ 由于图层没有编辑模板，在旧版本的 Pro 中可能会出现中等严重性错误。

虽然可以继续发布，让模板自动创建，但我们将手动解决问题，演示如何在发布过程中进行更改。在处理错误时不要关闭共享工具，以免丢失已输入工具中的信息。如果没有错误，请执行步骤 86。

86→ 单击 **Edit: Features: Create** 以打开 Create Features（创建要素）窗格。此步骤将为地图中的每个图层创建一个模板。

86→ 关闭 Create Features（创建要素）窗格。

86→ 在 Share As Web Layer（共享为网络图层）工具中，再次单击 Analyze（分析）。这次没有发现错误。

86→ 单击 Publish（发布）并等待。

到目前为止，只发布了要素图层。回顾一下，访问移动应用程序中的信息需要网络地图，而网络地图必须使用已发布的要素图层，而不是当前地图中显示的本地图层。

87→ 单击 **Insert: Project: New Map**，并将其重命名为 *Sioux Park Mapping*。

87→ 在 Catalog 窗格中，切换到显示 My Content（我的内容）面板的 Portal（门户）选项卡。导航至 ProPractice 文件夹。

87→ 如果需要查看新服务，请使用 Options/Refresh（选项/刷新）或 Find more items…（查找更多项目……）。

87→ 查找 SiouxParkMapping 图层并将其添加到地图上。

87→ 使用定位工具或缩放至所选公园区域（由于还没有要素，要素图层没有有效的范围，所以这次放大到图层不起作用）。

87→ 选择 **Map: Layer: Basemap** > **Imagery**。

88→ 打开地图属性。

88→ 单击 Extent（范围）设置并将其设置为 Custom extent（自定义范围），选择从 Current visible extent（当前可见范围）计算。

88→ 单击 Metadata（元数据）设置。输入搜索标记和元数据。如果要与他人共享此地图，请使标签与众不同。

88→ 向下滚动并创建缩略图。单击 OK 关闭地图属性。

88→ 共享前保存项目。

89→ 选择 **Share: Share As: Web Map**。

89→ 接受名称 *Sioux Park Mapping*，并为位置文件夹选择 ProPractice。

89→ 查看元数据，必要时进行编辑。

89→ 如果打算与他人共享地图，请选中更多共享选项。

89→ 单击 Analyze（分析）。应该不会出现错误。单击 Share（共享）。

89→ 完成后关闭 Share As Web Map（共享为网络地图）窗格。保存项目。

使用智能手机或平板电脑上的 Explorer、Collector 或 Field Maps 应用程序收集数据。您必须前往公园才能真正收集数据，但现在，请确保您拥有该应用程序并能找到地图。

→ 在移动设备上下载所选应用程序。

→ 打开应用程序，使用 AGOL /Pro 登录名和密码登录。

→ 在应用程序中查找 Sioux Park Mapping 地图。

提示： 每个移动操作系统都有所不同。要获得使用应用程序的帮助，请登录网页版 ArcGIS 在线帮助并搜索“mobile”（移动）。

教程到此结束。

→ 保存项目并关闭 Pro。

12.2.2　练习

想象一下，俄勒冈州的一个房地产商协会突然收到许多请求，希望得到适合种植某种特殊作物的地块，而这种作物往往在这种条件下生长得最好：①岩石类型为玄武岩或安山岩；②排水量至少为 3～4；③坡度至少为 10%～30%。

该协会在 oregondata 地理数据库中找到了土壤和地质要素类，用于识别这些区域。实施一个模型和一项任务，帮助他们找到合适的属性。

1. 启动一个新项目。在项目名称中包含您的姓名或姓名首字母，以及项目中的地图名称。添加与 mgisdata\Oregon 文件夹的连接。将 OregonStateGeology 地理数据库中的地质要素类和 oregondata 地理数据库中的土壤要素类复制到项目主地理数据库中。然后删除文件夹连接（此步骤将减少共享项目包的大小和复杂性）。

2. 使用 ModelBuilder 构建模型，为俄勒冈州进行分析。请务必创建高质量的元数据，记录标准并确定模型作者。

3. 构建一个任务，允许用户创建一个显示潜在地块区域的多边形，输入不同的排水和坡度标准，并接收该多边形内符合标准的区域的裁剪地图。确保包含良好的说明。用良好的元数据记录任务（**提示：**使用任务设计器查看教程中的 Define Sale Area 任务，了解该任务是如何完成的）。

4. 以项目包的形式共享项目（其中包括模型和任务）。请向指导教师咨询使用哪种共享选项。

5. 使用教程中托管的要素图层和地图，从您发布的本地公园或校园收集一些数据。每种要素类型（点、线和多边形）至少包含 15 个要素。**截取**显示所收集数据的地图。

术语表

absolute pathname（绝对路径名） 以驱动器字母开头的文件路径名
adjacency（邻接） 一种空间条件，用于量化一个要素是否接触到另一个要素
affine transformation（仿射变换） 将图像平移、旋转或倾斜以适应新坐标系的过程
aggregate（聚合） 使用常规或分级方案将一组空间单元的测量值合并为一个更大的单元，例如将县级人口相加以确定州级人口
alias（别名） 为表格中的字段显示的替代名称，不必遵循长度和字符限制
alpha 一个颜色参数，用于定义颜色的不透明度或透明度
annotation（注释） 根据地图要素创建注释标签并单独存储，以便进行详细编辑
append（追加） 一个融合两个不同特征类别特性的函数
ArcGIS Online 一个基于云的平台，用于创建和共享 GIS 地图、数据和应用程序
archive（归档文件） 一个文件中存储多个文件，通常采用压缩形式，以便于传输和下载
area-weighted average resampling（面积加权平均重采样） 一种栅格重采样技术，采用原始像元的面积加权平均值，为新的像元提供一个值
ASCII 用于存储简单文本字母、数字和符号的国际代码；与“文本文件”同义
aspatial data（非空间数据） 与地球表面位置无关的非空间数据条目
aspect（坡向） 曲面上一个位置的斜坡朝向
attribute accuracy（属性准确度） 衡量数据集属性错误类型或发生频率的指标
attribute field（属性字段） 包含空间要素信息的表格中的一列
attribute query（属性查询） 根据记录中的值从文件中提取特定的信息记录
attribute table（属性表） 包含要素信息行的表格
attributes（属性） 表格列中存储的地图要素属性信息
azimuth（方位角） 以 360°为单位测量罗盘方向，0°代表正北方向
azimuthal projection（方位投影） 在与地球表面相切或相割的平面上的地图投影
background（背景） 视觉层次中位置较低的区域和物体
band（波段） 栅格中存储的单个数值数组
band stack（波段堆栈） 一组具有相同范围和像元大小的栅格，作为一个单元存储在一起；另见 **multiband raster**（多波段栅格）
base height（基准高度） 用于在三维表面上绘制二维地图要素，以便在场景中可视化
bilinear resampling（双线性重采样） 一种重采样方法，根据四个最接近的值内插一个新的像元值
binary（二进制） 数字数据，以一连串的“1”和“0”进行以 2 为基数的存储；计算机的本地数据存储格式
bivariate choropleth map（双变量等值区域图） 一种渐变色图，通过混合两种颜色范围来比较两种不同数字属性的空间模式
block function（分块函数） 在相邻、不重叠的邻域内移动栅格的分析函数

block resampling（分块重采样） 栅格重采样方案，只将整个像素聚合到新网格中，例如将一个4×4的块转换成一个新像素

Boolean（布尔） 一个形容词，描述只包含或操作真假值的数据、操作符、值或文件

Boolean operators（布尔运算符） 运算符（AND、OR、NOT、XOR），用于评估一对真或假命题，并返回真或假结果

Boolean overlay（布尔叠置） 使用布尔运算符对栅格进行评估，以确定存在特定条件组合的区域

Boolean raster（布尔栅格） 是一种栅格，其中的像元在特定条件下用“1”表示“真”，用“0”表示“假”

branding（品牌） 在多份出版物中重复使用颜色、符号、字体、图像或其他设计元素，以提高品牌识别度

buffer（缓冲区） 指距要素一定距离内的划定区域

byte（字节） 以2为基数的数据存储单元，包含8个0或1，可存储0～255的数字

caching（缓存） 提前缓存制造的地图图块快照，并将其存储在GIS服务器上，以便通过互联网快速传送

capture（截取） 使用Alt-PrntScrn键进行捕捉，将活动窗口的副本放到剪贴板上，以便粘贴到其他程序中

cardinality（基数） 两个表中匹配记录之间的数字关系：“一对一”、“一对多”、“多对一”或“多对多”

cartographic generalization（制图综合） 简化地图要素，使地图更清晰、更简洁

case field（案例字段） 用于在计算各组的独立统计量前对表中记录进行分组的属性字段

categorical data（分类数据） 将对象归入不分等级组别的分类数据，例如土地利用和地质数据

cell（像元） 栅格中的一个正方形数据元素，对应一个代表地面状况的值

central meridian（中央子午线） x坐标等于零的地图投影的中央经线

chart map（图表地图） 以图表形式显示多个不同属性的地图，每个要素一个图表

choropleth map（等值区域图） 地图中的每个要素（如州）都根据数据字段中的值着色

classification（分类） 根据属性字段中的数值将要素分配到两个或多个组中的分类方法

classified（已分类） 分类栅格显示方法，根据数值将数值分为两组或多组

client（客户端） 带有可与提供数据或处理服务的互联网服务器进行通信的软件的设备

clip（裁剪） 移除位于另一层要素之外的要素和部分要素

cloud（云） 由计算机和硬盘驱动器组成的仓库，由公司管理，向客户出租处理能力和磁盘空间

cluster tolerance（聚合容差） 在拓扑编辑中使用的定义距离，如果顶点之间的距离小于容差距离，则会使顶点重合

CMYK 一种使用青色、品红色、黄色和黑色混合物指定颜色的方法，主要用于印刷和出版业

coded domain（编码域） 仅允许为某个属性指定某些特定值的规则，如土地利用代码

coincident boundary（重合边界） 相邻两个多边形共享的相同边界

colormap（颜色映射） 一组与特定图像像素值相匹配的定义颜色，用于确定图像将如何显示

completeness（完整性） 衡量数据集对整个区域或某一要素类的所有代表物的捕捉程度

compression（压缩） 用于缩小一个或多个文件存储空间的数学或统计压缩方案
conic projection（圆锥投影） 通过在覆盖球体的纸锥上投影经纬度值而得到的地图投影
connectivity（连通性） 连通性是线性要素通过交界点相互连接时的一种属性
connotation（内涵） 某些颜色或符号引起的典型情绪反应
containment（包含） 一个要素全部或部分包含另一个要素的属性
Contents pane（内容窗格） Pro 图形用户界面中列出正在处理的对象的部分，例如地图中的图层或布局中的设计元素
contextual ribbon（上下文功能区） Pro 图形用户界面中的上下文功能区，这是一个命令条，只有在选择相应对象时才会出现
continuous（连续） 具有各种数值且在整个数据集中变化迅速的连续数据，如高程
contrast（对比度） 相邻颜色之间在色调、饱和度或明度上的差异
convention（惯例） 约定俗成的一种绘图符号，通常被选择和理解为具有特定含义
coordinate pair（坐标对） 在平面坐标系统中表示位置的一对 x 值和 y 值
coordinate space（坐标空间） 绘制地图的 x-y 值范围
coordinate system（坐标系统） 绘制地图的 x-y 值；地图层使用的坐标空间的定义，包括椭球、基准面和投影
core ribbon（核心功能区） Pro 图形用户界面的核心功能区，几乎始终可见并可访问的命令条带
Coverage 为 Arc/Info 创建并使用的空间数据格式
CSDGM（数字地理空间元数据内容标准） 由 FGDC 制定的元数据标准，在美国普遍使用
cubic convolution resampling（立方卷积重采样） 一种重采样方法，从一个最接近的输入像元插值出一个新的像元值
cut/fill（剪切/填充） 一个确定初始地形表面和最终地形表面之间差异的函数
cylindrical projection（圆柱投影） 将球面经纬度值投影到环绕球体的圆柱体上而得到的地图投影
dangle（悬挂） 将无法连接到另一个线要素的线要素悬挂起来
database（数据库） 以表格形式存储信息的数据结构
data raster（数据栅格） 包含测量值（如高程）的栅格，可用于分析；与图片栅格形成对比
datum（基准面） 是地球椭球体和参考点的组合，用于减少测绘差异
dBase 一种数据库程序，其文件格式已被 ArcGIS 中的 shapefile 数据模式和表格所采用
Define Projection tool（定义投影工具） 一个指导用户完成为空间数据层分配坐标系统任务的工具
defined interval（定义间隔） 一种分类方法，用户可指定所有类别的大小范围
definition query（定义查询） 一项操作，用于设置地图图层，使其只显示属性符合特定条件的要素
degrees（度） 球面坐标系中使用的度量单位；一个圆有 360°
destination table（目的表） 在连接操作中从另一个表接收数据的表格；另见 **target table（目标表）**
DEM（数字高程模型） 表示地球表面高程的栅格数值阵列
DRG（数字栅格图） 美国地质调查局地形图的扫描图像

digitize（数字化） 通过输入顶点将纸质地图上的图形转换为数字地图图层
discrete（离散） 一种数据描述，代表不同的空间对象，如水井、道路或县
display units（显示单位） 当前 x、y 报告光标在地图上的位置
dissolve（融合） 当要素具有相同的属性值时，通过融合将其合并
divergent color set（离散色组） 一组具有中性中间值的颜色，向上和向下渐变为不同色调的饱和度逐渐增强的颜色
division units（刻度单位） 测量和绘制地图比例尺的单位，如英里或千米
division value（刻度值） 以刻度单位表示的一段刻度线的长度，如 100 km
divisions（刻度） 线段比例尺上主刻度线的分段数
domain（域） 确定可输入属性值的规则
dot density map（点密度图） 用随机放置的点按比例表示属性值的地图
double-precision（双精度） 以 16 位有效数字存储的浮点数值
draping（披盖） 将二维地图层悬挂在高程面上，以生成三维可视化图像
dynamic constraints（动态约束） 是一种编辑功能，可在输入草图时控制下一个顶点放置的各个方面，如距离、方向或位置等
dynamic labels（动态标签） 每次绘制和重新绘制地图时，根据属性确定并自动放置在地图上的标签
edge（边） 使用拓扑结构编辑的两个要素之间的共享边界
edge snapping（边捕捉） 确保新要素自动连接到现有线或多边形的边缘
elevation layer（高程图层） 提供压缩高程数据的网络服务，用于快速显示三维场景
ellipsoid（椭球体） 一个具有不等轴的球体，在地图投影中用来近似地球的形状
end snapping（端点捕捉） 确保新要素自动连接到现有线路要素的端点
enterprise GIS（企业级 GIS） 由大型组织开发的长期 GIS 项目，涉及许多人的长期工作
Environment settings（环境设置） 程序级或工具级设置会影响工具运行或设置输出特性（如像元尺寸或坐标系）的方式
equal interval（等间隔） 用户指定若干大小范围相等的类别
erase（擦除） 一种叠置功能，用于移除位于另一个多边形要素类外部边界内的要素
Euclidean distance（欧氏距离） 两点之间的直线距离
event layer（事件图层） 根据表格中一系列坐标对创建的点地图图层
export（导出） 根据现有文件中的全部或部分要素创建新的数据文件，通常同时将其转换为不同的格式
expression（表达式） 包含字段名称、值或函数的语句，用于在查询中重新提取字段或计算表中的值
extension（扩展） 可单独购买的一套额外工具、命令和功能，以扩展 ArcGIS 产品的功能
extent（范围） 调整地图中显示或数据层中存储的 x-y 坐标范围
extent rectangle（范围矩形） 即数据层中要素所占的 x-y 坐标范围
extraction（提取） 根据字段值或指定空间区域提取某些记录或像素的提取功能或命令
extrusion（拉伸） 按属性字段（如建筑物高度）中指定的量或为整个图层定义的量，将平面要素扩展到垂直维度的挤压效果
false easting（东移假定值） 对地图投影进行任意的 x 坐标转换，通常是为了确保所有值都是

正值

false northing（北移假定值） 对地图投影进行任意的 *y* 坐标平移，通常是为了确保所有值都是正值

feature（要素） 一个空间对象，该对象由一个或多个 *x-y* 坐标对组成，在关联表的单个记录中具有一个或多个属性

FID（要素 ID） 分配给空间数据文件中每个要素的唯一编号，用于识别和跟踪

feature class（要素类） 在空间数据文件中一起存储的具有相同属性的一组相似对象

feature dataset（要素数据集） 地理数据库中的一组要素类，它们共享一个共同的坐标系统，并可参与网络和拓扑结构

feature layer（要素图层） 通过网间连接提供点、线或多边形要素的 GIS 数据服务

feature template（要素模板） 一组属性和属性，存储编辑时为图层创建新要素所需的所有信息

feature weight（要素权重） 在确定哪些要素可以绘制在其他要素之上时，赋予图层的优先权

FGDC（联邦地理数据委员会） 一个推广和制定数据交换标准的组织

field（字段） 数据表中的单列信息

field definition（字段定义） 创建属性字段时指定的字段定义参数，包括数据类型、字段长度、精度和比例尺

field length（字段长度） 文本属性字段中可存储的最大字符数

Fields view（字段视图） Pro 图形用户界面中的字段视图，是修改表格字段属性（如名称、别名或可见性）的界面

filter（滤波器） 是一个移动窗口，应用于栅格数据层，根据窗口中数值的某个函数计算出中心像素的新值

flat file database（平面文件数据库） 以简单文件存储数据的数据库

focal function（焦点函数） 栅格分析功能，可根据目标像元周围移动邻域中的值确定目标像元的新值

folder connection（文件夹连接） ArcGIS Pro 中指向包含 GIS 数据的文件夹的链接，可作为常用文件夹的快捷方式；DBMS 链接，可传输数据

foreground（前景） 在视觉层次中位置较高的物体和区域

generalize（概化） 见综合

generalization（综合） 将要素简化，以便以比源比例尺更小的比例尺进行存储或显示

geocoding（地理编码） 将表格中存储的位置与基于参考空间数据层的空间点要素进行匹配，通常用于将地址转换为位置

geodatabase（地理数据库） 为 ArcGIS 8 开发的数据模型，采用最新的数据库技术进行存储，并执行规则和拓扑结构

GCS（地理坐标系） 由经度和纬度组成的球面坐标系，用于确定地球表面要素的位置

geoid（大地水准面） 由平均海平面确定并受地形和重力因素影响的地球形状

geometric accuracy（几何准确度） 表示要素形状和位置的准确度

geometric interval（几何间隔） 一种分类方法，以几何级数为基础划分等级区间，每个等级乘以一个常数系数，得出下一个更高的等级

Geoprocessing（地理处理） 对空间数据层进行地理处理分析，如融合、相交和合并

geoprocessing history（地理处理历史） ArcGIS Pro 在会话期间保存的地理处理操作和参数日志

geoprocessing service（地理处理服务） 由 GIS 服务器提供的分析工具，其处理过程在服务器上而不是客户端设备上完成

georeferenced（地理参照） 空间数据图层与地球表面的特定位置绑定，以便与其他数据一起显示

geospatial（地理空间） 一个形容词，描述构成、使用或处理地理信息的软件、数据、模型或其他构造物

GIS server（GIS 服务器） 配置为通过互联网提供 GIS 数据或分析的计算机

graduated color map（渐变色图） 将多边形要素类中的数值数据按值划分为不同等级，并用不同颜色显示这些等级的地图

graduated symbol map（渐变符号图） 将线或点要素类中的细分数据根据数值划分为不同等级，并以不同大小或粗细的符号显示这些等级的地图

graphic text（图形文本） 放置在地图版面上的与要素属性无关的文本

graticule grid（经纬网） 在地图边界上标注纬度和经度的网格标记

grid（格网） GRID 和 Spatial Analyst 原生的特定栅格格式；栅格数据集的通用术语

ground control points（地面控制点） 一组与两个不同数据图层上易于识别的位置相匹配的点，以便将一个数据图层与另一个数据图层进行地理参照

hierarchical database（分层数据库） 以表格形式存储信息的数据库，表格之间有永久链接

hillshade（晕渲） 显示表面的亮度变化的栅格，就像表面被指定方位角和天顶角的光源照射一样

histogram（直方图） 显示数据集中均匀分布的数值数量的图表，称为“bins”（箱）

home geodatabase（主地理数据库） 存储在项目中的地理数据库，作为地理处理输出的默认位置

HSV 一种根据色调、饱和度或明度指定颜色的方法

hue（色调） 在 HSV 颜色模型中的一种颜色（如红色、绿色或蓝色）的深浅度，以 0°到 360°的范围测量

image（图像） 栅格数据图层，通常指显示亮度值的栅格，如照片中的亮度值

imagery layer（图像图层） 通过互联网连接提供栅格单元或像素的 GIS 数据服务

import（导入） 将数据集的副本导入地理数据库，有时包括从不同的数据格式进行转换

interactive query / interactive selection（交互式查询/交互式选择） 通过使用选择工具从屏幕上手动选择，提取一个或多个要素

Interchange file（交换文件） 用于存储文件传输封面的文件；扩展名为.e00

interpolation（内插） 计算已知测量值之间位置的数值；用从一组已知点值外推的数值填充栅格

intersect（相交） 相交操作，用于叠置两个空间数据图层，并找出两个数据图层的共同区域，同时剔除其中一个数据图层的特有区域

intersection（相交） 两个要素全部或部分相接触的特性

interval data（区间数据） 这些数据的数值遵循固定比例，但没有自然零点，如摄氏度或 pH 值

ISO（国际标准化组织） 一个证明标准行业实践的国际机构，包括元数据标准

item description（项目描述） 一种简短的元数据样式，提供数据集的基本信息

Jenks method（詹克斯法） 一种将数值数据划分为由数据直方图中自然出现的间隙所定义的范围的方法

join（连接） 根据共同属性字段或位置，连接两个表中数据的临时组合

join table（连接表） 在连接中提供要附加到另一个表的信息的表格；另见 **source table（源表）**

key（键） 一个属性字段，用于提取或匹配表中的记录

latitude（纬度） 衡量从赤道向北或向南的角距离的球面单位

latitude of origin（起始纬度） 地图投影的参考纬度，其中 y 值为零

layer（图层） 对要素类及其相关属性的引用

layer file（图层文件） 一种存储空间数据指针以及如何显示这些数据的信息的文件

layer package（图层包） 包含符号化地图布局和必要数据的文件，供他人使用；用于共享地图图层

layer properties（图层属性） 控制如何显示或查看数据集的设置

layout（布局） 地图页面的规格，包括地图框架、图例标题、比例尺等；存储在项目中

layout file（布局文件） 包含重新创建布局所需的所有属性、设置和数据链接的文件

line（线） 一种空间要素，由一串 x-y 坐标顶点组成，用于表示街道等线性要素

Lineage（数据来源） 数字地理空间数据集制作背后的原始来源和处理步骤

locator（定位器） 参考数据集和规则，用于根据地址、城市和州的组合或其他尚未使用 x-y 坐标的数据查找位置

lock file（锁定文件） 在数据集文件夹中创建的小文件，表示数据集正在使用中

logical consistency（逻辑一致性） 数据集中要素之间的空间关系在多大程度上代表了真实世界的关系；拓扑学的一个方面

logical expression（逻辑表达式） 由字段名、运算符和值组成的语句，用于指定从层或表中选择记录或值的标准

logical operators（逻辑运算符） 函数，如 >、< 或 =，用于比较数值并生成真或假的结果

longitude（经度） 从本初子午线向东或向西测量角距离的球面单位

lossy compression（有损压缩） 一种从原始数据中删除信息的压缩方案，一旦完成，无法逆转以重新创建原始文件

macro（宏） 一系列程序步骤，通常由用户记录，可让人快速自动执行步骤

mantissa（尾数） 存储对数数字中的有效数字的部分

map（地图） （在 ArcGIS Pro 中）由数据布局、注记和其他元素的集合，用于描绘地理区域

map algebra（地图代数） 允许对整个栅格阵列进行计算和操作的系统，例如将两个栅格相加

map elements（地图要素） 放置在地图布局上的对象，如标题、图例、比例尺、指北针、图像和图表

map extent（地图范围） 地图中所显示区域的 x-y 值范围

map frame（地图框架） 是项目地图在版面中的表示，与原始地图中图层的适当联系相关联，但具有独立的比例尺和范围

map image layer（地图图像图层） 一种 GIS 数据服务，可根据矢量或栅格数据动态渲染地图，并向客户端提供地图的栅格快照

map package（地图包） 包含符号化地图和必要数据的文件，供他人使用；用于共享地图
map scale（地图比例尺） 地图上的要素尺寸与地面尺寸的比率
map topology（地图拓扑） 在编辑过程中在要素之间建立的临时空间关系，便于编辑具有共同节点或边界的要素
map units（地图单位） 存储或显示地图的坐标系统单位
mask（掩膜） 在分析过程中应用的栅格图层，用于消除不需要的像元，如研究区域边界外的像元
measurement grid（测量网格） 一个数据框架网格，提供框架周边 *x-y* 坐标系的测量值
merge（合并） 将两个或多个地图要素合并为一个要素；将两个或多个数据图层合并为一个图层
merge rule（合并规则） 空间连接中使用的合并规则，用于指定当多个连接要素匹配一个目标输出要素时如何合并属性
merged join（合并连接） 利用合并规则，将多个连接要素中与单个输出要素匹配的属性进行合并的空间连接
metadata（元数据） 存储有关数据的信息，以记录其来源、历史、管理、用途等信息
metadata standard（元数据标准） 一套规定了用于创建元数据的信息和组织类型的要求
metadata style（元数据样式） 一种控制如何显示和编辑 ArcGIS 内部元数据的设置
model（模型） 用于将原始数据转换为有用信息的一连串步骤或计算；根据对数据的处理，用于理解和预测现实世界中的过程的方案
ModelBuilder（模型构建器） 用于组合现有工具，创建新工具和脚本的图形界面
MAUP（可塑性面积单元问题） 使用任意面积单位（如政区边界）汇总测量数据所造成的统计和视觉问题
multiband raster（多波段栅格） 一组具有相同范围和像元大小的栅格，作为一个单元存储在一起；另见 **band stack**（波段堆栈）
multipart feature（多部分要素） 由非接触单元组成的单一要素，如由夏威夷七岛组成的单一州要素
multipatch feature（多面要素） 由简单的矩形或圆形面构成的三维要素
nearest neighbor resampling（最近邻重采样） 一种离散数据的重采样方法，可抓取离像元中心最近的值
neatline（图廓线） 用来将一个或多个地图元素包围在矩形中的线
negative space（负空间） 在图形或地图设计构图中的空白区域
neighborhood function（邻域函数） 根据定义区域的舍入值计算目标像元或要素的值
netCDF 通用数据格式，一种用于存储三维内部信息，特别是时空信息的标准数据格式
NoData（空值） 一个特殊值，用于指定数据值不存在或未知
node（节点） 线要素的起点或终点 *x-y* 对
nominal data（标称数据） 命名或标识对象（如街道名称）的数据值
normalize（归一化） 将属性字段的值除以该字段的总值或另一个字段的值
NAD（北美洲基准） 球面和参考点的组合，用于尽量减少北美洲地图的变形
OID（对象 ID） 标识表中某一行或地理数据库要素类中某一要素的唯一编号
oblique projection（斜轴投影） 一种地图投影，将球面上的位置以任意角度投射到圆柱或圆

锥纸上

one-to-many join operation（"一对多"连接操作） 空间连接会创建足够多的输出目标要素，以便将属性与每个匹配的连接要素相结合

one-to-one join operation（"一对一"连接操作） 空间连接，对每个目标输入要素只创建一个目标输出要素；合并规则用于指定如何汇总或合并多个匹配连接要素的属性

ordinal data（序数数据） 表示等级或排序系统的数据值

organizational account（组织账户） 由组织提供的 ArcGIS Online 账户，该组织维护自己的 ArcGIS Online 实例并向用户提供账户

origin（原点） 坐标系的（0, 0）点

orthographic projection（正射投影） 将球面上的位置投影到平面上的地图投影

overlap（重叠） 一个空间条件，量化一个要素是否覆盖了另一个要素的全部或一部分

package（包） 包含图层、地图或项目所有元素的单一文件，创建该文件是为了与他人共享，通常在 ArcGIS Online 上共享

pane（窗格） Pro 图形用户界面的一部分，用于显示处理程序中对象的命令和设置

panel（面板） 窗格中的命令或设置集合，可通过选择窗格中的特定图标进行访问

parameter（参数） 与地图投影相关的特定数值，用于定义地图的显示方式；作为模型输入的变量

path/pathname（路径/路径名） 为查找特定文件而必须遍历的文件夹列表，如 c:\mgisdata\usa\states.shp

picture raster（图片栅格） 描绘地理信息可视化快照的栅格，而非高程等可分析数据；与数据栅格形成对比

pixel（像素） 栅格中的一个正方形数据元素，与代表地面状况的一个数值相对应

pixel depth（像素深度） 用来存储栅格单个像素的位数或字节数

planar topology（平面拓扑） 是要素数据集中要素类的关联，由要素之间的空间关系规则（如不相互重叠）建立

point（点） 一个由 *x-y* 坐标对定义的一维要素

point cloud（点云） 由多 *x-y-z* 位置组成的数据集，通常用于存储和可视化三维物体或表面

point snapping（点捕捉） 确保新顶点自动连接到现有点要素

polygon（多边形） 一个封闭的二维区域要素，由三个或多个 *x-y* 坐标对定义

portal（门户） 通过互联网访问 GIS 服务的连接

positional accuracy（位置准确度） 是衡量地图上的要素实际位于指定位置的可能性的指标

precision（精度） 用于存储数值的位数或有效数字的个数

premium content（高级内容） ArcGIS Online 中的高级内容，只有拥有组织账户的用户才能使用的内容；它还消耗服务积分

Prime Meridian（本初子午线） 通过英国格林尼治的地球 0°经线

project（项目） （名词）地理图形区域的数据、工具、模型、表格和其他项目的集合；ArcGIS Pro 使用的基本工作文件结构

project（投影） （动词）将三维地理坐标系统转换为二维平面坐标系统

project file（项目文件） 数据存储文件，包含并跟踪项目中存储的所有信息要素；文件扩展名为.aprx

project folder（项目文件夹） 包含项目文件、主地理数据库和与项目相关的其他项目的文件系统文件夹

Project tool（项目工具） 将要素类从一种坐标系统转换为另一种坐标系统的工具

project package（项目包） 包含完整项目的文件，包括数据、地图、布局和其他项目；用于与他人共享项目

projection（投影） 将球面经纬度单位转换为平面 *x-y* 坐标系的数学变换

proportional symbol map（比例符号图） 用与要素值大小成比例的标记或线符号显示属性值的地图

proximity（邻近） 一个要素接近另一个要素的特性

public account（公共账户） ArcGIS Online 的公共账户，这是一个免费账户，可访问部分可用数据和服务

pyramids（金字塔） 根据栅格计算出的一组具有不同分辨率的栅格，用于加快较小比例尺的显示速度

quantile（分位数） 是一种将数据划分为指定数量的量化类别的分类方法，从而使每个类别具有相同的要素数量

query（查询） 从数据库中根据指定标准提取记录的操作

range domain（范围域） 规定属性字段中可存储的最大值和最小值的规则

raster（栅格） 由数值阵列组成的数据集，每个数值阵列代表地面一个正方形元素中的一个条件

ratio data（比率数据） 具有固定测量尺度和自然零点的数据，如降水量或人口数量

read access（读取访问权限） 允许用户查看文件，但不能更改或保存文件

reclassify（重分类） 将栅格中的数值集或数值范围替换为不同的数值集或数值范围

record（记录） 表格中的一行，其中包含一个对象或要素

rectify（校正） 使用选定的地面控制点集旋转、调整图像大小或扭曲图像，使其与底图相匹配

reference grid（参考网格） 在地图上提供字母和数字方格的数据框架网格，用于要素索引

reference latitude（参考纬度） 另见 **latitude of origin（起始纬度）**

reference scale（参考比例尺） 文字或符号按指定尺寸显示时的比例尺

relate（关联） 在两个表之间建立基于共同字段的临时关联，可根据字段是否与另一个表中的选定记录相匹配来选择字段

relational database（关系数据库） 将信息存储在表格中，并在表格之间建立临时关系的数据库

relative pathname（相对路径名） 从当前文件夹开始的文件路径

resampling（重采样） 使用定义的策略将数值从一个像元网格转换到另一个像元网格，从而改变栅格的分辨率

resolution（分辨率） 栅格中一个像元值所代表的地面面积；矢量数据集的默认存储精度

resources（资源） 泛指服务器通过互联网提供的数据、分析、地图、场景或其他内容

RGB 一种在 0～255 的范围内使用红、绿、蓝三色混合指定颜色的方法

RGB composite（RGB 合成） 通过在显示监视器中为每个红、绿、蓝色枪赋予一个亮度信息波段所带来的显示图像

RMSE（均方根误差） 一组原始点和平移点之间的均方根差值

rubbersheeting（橡皮页变换） 栅格的变形过程，使其适应新的坐标系统

rule of joining（连接规则） 目标表中的每条记录都必须在源表中有且仅有一条匹配记录

rule of thirds（三分法则） 将图形构图中的重要部分放在将页面分成三等分的线条交叉处的准则

saturation（饱和度） 在 HSV 颜色模型中指颜色的强度，以 0 到 100 的范围测量

scale（比例尺） 地图中要素的大小与其在地面上的大小之比；分配给属性字段用于存储数字的小数位数；用于将栅格十进制值转换为整数以提高存储效率的系数

scale range（比例尺范围） 用户设置的显示数据图层的比例尺范围，以避免杂乱无章或以不适当的比例尺显示图层

scene（场景） 通过将地图数据绘制在立面上实现三维地理视图的场景

scene layer（场景图层） ArcGIS Online 中的场景图层，可通过互联网作为 GIS 服务使用的场景

schema（模式） 地理数据库的布局规划，包括表、字段、域和关系

schema changes（模式更改） 模式更改影响要素类或地理数据库基本存储结构的属性更改，而不是图层的外观属性更改

script（脚本） 编写包含调用 ArcGIS 命令和函数的程序脚本

secant projection（割圆锥投影） 将球面坐标投影到沿两个大圆与球面相交的面上的地图投影

segment（线段） 相邻两个顶点之间的连接线；通常是一条直线，但也可以指定为几种曲线之一

segment constraints（线段约束） 线段约束编辑引导于控制草图的下一个顶点，如距离、方向、角度或位置等

selection type（选择类型） 一个参数，当进行新的选择时，它控制着以前和新选择的对象的处理方式

Shapefile 为 ArcView 3 及更高版本开发并使用的空间数据模型

single-precision（单精度） 使用八位有效数字存储的浮点数值

sketch（草图） 在编辑过程中创建的临时图形；完成后，它将成为一个要素类中的一个要素

Sketch menu（草图菜单） 带有线段约束的上下文菜单，可在编辑过程中右击草图进行访问

slice（切片） 将栅格中的数值划分为指定数量的偶数类型

sliver（碎屑多边形） 在地图叠置过程中，由于输入数据的边界略有不同而产生的小多边形；通常被认为是一种错误

slope（坡度） 特定水平距离内的高度落差，以角度或百分比表示

snap tolerance（捕捉容差） 在编辑过程中设置的距离，使靠近现有要素的新顶点被捕捉到该要素上

snapping（捕捉） 确保指定距离内的要素自动调整到完全相同的位置，以避免要素之间出现间隙

source data（源数据） 提供地图图层要素的空间数据文件；用于开发初始数据集的原始资料

source scale（源比例尺） 指数字数据集转换为数字形式时使用的原始模拟比例尺或分辨率

source table（源表） 在连接中提供要附加到另一个表的信息的表格；另见 **join table（连接表）**

space-time cube（时空立方体） 一个三维数据集，将 *x-y* 数据与作为第三轴的时间相结合

spaghetti model（面条模型） 将空间要素存储为一系列 *x-y* 坐标，而不存储要素之间的拓扑

关系的模型

Spatial Analyst（**空间分析**） 用于分析栅格数据的程序扩展模块

spatial data（**空间数据**） 与地球表面特定位置相关联的空间数据信息

spatial join（**空间连接**） 基于空间关系将两个图层中的要素属性合并的函数

spatial operators（**空间运算符**） 一组评估空间关系的函数，包括要素集之间的相互关系、包含关系和邻近关系

spatial query（**空间查询**） 是根据相对于另一数据层的位置从数据层中提取记录的操作

spatial reference（**空间参照**） 关于要素类空间数据存储方式的完整描述，包括坐标系、X/Y 域和精度

spheroid（**椭圆体**） 一个椭圆体；另见 **ellipsoid**（**椭圆体**）

standalone table（**独立表**） 与空间数据要素不相关联的信息表格

standard deviation（**标准差**） 一种分类方法，根据制图数据的标准偏差值来划分类别

standard parallel（**标准纬线**） 地图投影的参数，表示投影面与球面相切或相切的纬度

SPCS（**国家平面坐标系**） 为美国不同地区定义的一组投影，旨在最大限度地减少地图变形

stereographic projection（**立体投影**） 将球面上的位置投影到平面上的地图投影

story map（**故事地图**） 将交互式地图与文字、照片或视频相结合，并作为网络应用程序提供

stretch（**拉伸**） 拉伸图像的值，以覆盖整个可用符号范围，通常辅以忽略分布的尾部；另见 **stretched**（**已拉伸**）

stretch geometry（**拉伸几何**） 在拓扑中移动节点或边时，拉伸几何图形编辑选项可对连接的要素进行逐步调整

stretched（**已拉伸**） 一种显示方法，将数据值分散到整个可用符号范围内；另见 **stretch**（**拉伸**）

SQL（**结构化查询语言**） 一种既定的语法，用于创建逻辑表达式，以根据指定标准从数据库中提取记录

style（**样式**） 地图符号和颜色的集合，这些符号和颜色存储在一起并可一起使用

subdivisions（**分刻度**） 单个比例尺的分段所分成的单位数，通常出现在左端

subscriber content（**订阅内容**） ArcGIS Online 中的订阅内容，即只有拥有机构账户的用户才能访问的内容

suitability analysis（**适宜性分析**） 根据一系列因素对景观进行评估，以确定哪些区域最适合特定用途

surface analysis（**曲面分析**） 曲面分析功能旨在应用于表示三维曲面的栅格，例如高程

table（**表格**） 以行和列数组形式存储的表格数据，每一行代表一个对象或要素，每一列代表该对象的一个属性或特性

table view（**表格视图**） 专业图形用户界面中的表格视图，用于查看和操作表格信息的界面

tangent projection（**切圆锥投影**） 将球面坐标投影到沿一条纬线与球面相切的表面上的地图投影

target table（**目标表**） 在连接操作中从另一个表接收数据的表格；另见 **destination table**（**目的表**）

task（**任务**） 将已存储的一系列地理处理步骤与详细说明结合起来，使用户能够交互式地按照指定程序执行任务

task item（**任务项**） 项目中用于存储一个或多个任务的容器

temporal accuracy（时间准确度） 确定数据集被视为有效的时间段

thematic accuracy（专题准确度） 指属性值代表现实世界中真实属性的程度

thematic raster（专题栅格） 包含分类或名义数据值的栅格，如土地利用代码或土壤类型

tile（图块） 是较大栅格中的一个矩形子集，通常以有规则间隔的非重叠集形式存储，以加快GIS 服务的传输速度

tiled layer（图块图层） ArcGIS Online 中的图块图层，是将地图分割成间隔规则的图块，提前重新设计，缓存在服务器上，并作为 GIS 服务提供；包括底图

tiling scheme（平铺方案） 平铺方案参数，指定地图图块的尺寸以及创建图块图层时生成图块的多种比例尺

Tobler's law（托布勒定律） 与相距较远的地点相比，在相距较近的地点进行的测量更可能相似

tool（工具） 为执行某一特定功能而设计的计算机程序

toolbox（工具箱） ArcGIS Pro 中的工具集合，按功能分类

topological model（拓扑模型） 一种数据模型，除了存储要素的 *x-y* 坐标外，还存储要素之间的空间关系

topology（拓扑结构） 指要素之间的空间关系，如哪些要素相互连接或相邻

transformation（转换） 将一种地理坐标系（GCS）和基准面转换为另一种地理坐标系和基准面的转换

transverse projection（横轴投影） 一种将球面坐标转换为沿经线与球面相切的圆柱体或圆锥体上的位置

TIN（不规则三角网） 一种将曲面存储为不同方向的三角形面的数据模型

union（合并） 一种操作，将两个输入要素的所有区域合并起来创建一个新的要素或要素集

unique values map（唯一值图） 每个属性值都有自己符号的地图

UTM（通用横轴墨卡托） 据横轴圆柱投影将全球定义为 60 个投影带的地图投影系列

value（明度） 在 HSV 颜色模型中，表示颜色的明暗度，范围为 0～100

vector（矢量） 一种空间数据存储方法，其中要素由形成点、线或多边形的一对或多对 *x-y* 坐标值表示

Venn diagram（维恩图） 是集合论中用来描述集合和子集的图示

vertex，复数为 **vertices（顶点）** 线段或多边形要素改变方向的点

Vertex menu（顶点菜单） 是一个简短的上下文菜单，用于对单个顶点进行编辑，在编辑过程中点击草图即可进入

vertex snapping（顶点捕捉） 确保新要素自动连接到现有线要素的顶点上

view（视图） 专业图形用户界面中的视图，即中央显示区域中的一个窗口，其中包含正在处理的项目项，如地图或表格

viewshed（视域） 从代表观察者的一个或一组指定点可以看到的三维表面区域

visual center（视觉中心） 即图形构图中心的位置，比几何中心高出约 5%

visual hierarchy（视觉层次） 设计中物体被感知的顺序

voxel（体素） 一个代表空间体积的矩形实体，一个三维像素

web application（网络应用程序） 包含交互式显示和分析的网页，而不仅仅是展示信息；在 ArcGIS Online 中用于在网页上提供交互式地图

Web GIS（网络 GIS） 具有与桌面 GIS 类似功能的系统，但各组件通过互联网连接，可能相

隔数千英里

web map（**网络地图**） 仅基于互联网数据服务的交互式地图，可通过桌面软件、网页和移动设备等多种客户端访问

web scene（**网络场景**） 完全基于互联网数据服务的交互式三维场景，可通过桌面软件、网页和移动设备等多种客户端访问

web server（**网络服务器**） 配置为通过互联网与客户端通信并响应请求的计算机

weighted overlay（**加权叠置**） 一种分析方法，使用一套重新分类和排序的条件栅格，并乘以权重来计算适宜性指数

window（**窗口**） 专业图形用户界面中的窗口，是在屏幕上一个受限框内组织窗格和视图的容器；窗口可包含多个打开的窗格或视图，作为可快速访问的选项卡

world file（**世界文件**） 包含栅格地理参照信息的文本文件

write access（**写入访问权限**） 授予用户查看、编辑和保存文件的权限

XY tolerance（**XY 容差**） 用于地理处理的设置，定义顶点之间允许的最小距离

X/Y Domain（**X/Y 域**） 要素类存储值的最大允许范围

zenith angle（**天顶角**） 物体距离地平线的角度，范围为 0°～90°

zipped（**压缩文件**） 指为了便于文件传输和下载而编译成单一文件并压缩的一组文件

zonal statistics（**分区统计**） 栅格分析功能，可从一个栅格为另一个栅格定义的分区计算统计数据

zone（**分区**） 栅格中具有相同属性值的合并区域，例如具有相同土地利用代码的所有区域

参 考 答 案

有些问题可以用多种方法解决，答案有时可能会略有不同。

由于地图尺寸较小，大多数地图答案都省略了图例和其他项目，您提交的答案应该会更好。请向指导老师咨询，以确定您需要提交哪些内容。

第 1 章　教　　程

1. 5412 hm^2

2. 点：vents；线：faults 和 bathymetry；多边形：floorgeology、geologyunits、lake、ParkBoundary、topocliparea；栅格：dem30m 和 hillshade10m

3. 不，没有更新

4. USA Mean Temperature（2016）[imagery layer]. US Geological Survey on ArcGIS Online. URL:https://landscape3. arcgis.com/arcgis/rest/services/USA_Mean_Temperature/ImageServer [August，2017]. 数据由美国国家海洋和大气管理局提供，美国地质调查局负责托管

5. 36 个县，平均人口 108 964

6. Wheeler，1460；Multnomah，759 000

第 1 章　练　　习

答案会有所不同

第 2 章　教　　程

1. ELEVATION 是区间数据；TYPE 是分类数据

2. 单击 FEATURE LAYER: APPEARANCE: Drawing: Symbology，或单击内容中的图层符号

3. I 代表州际公路，U 代表美国高速公路，S 代表州高速公路

4. 比率数据；渐变色图

5. 区间数据；拉伸或分类

6. 序数数据；带有单色色阶的唯一值

第 2 章　练　　习

答案会有所不同。请注意每张地图的颜色、符号、图例文本、图例值的格式以及分类方法的选择

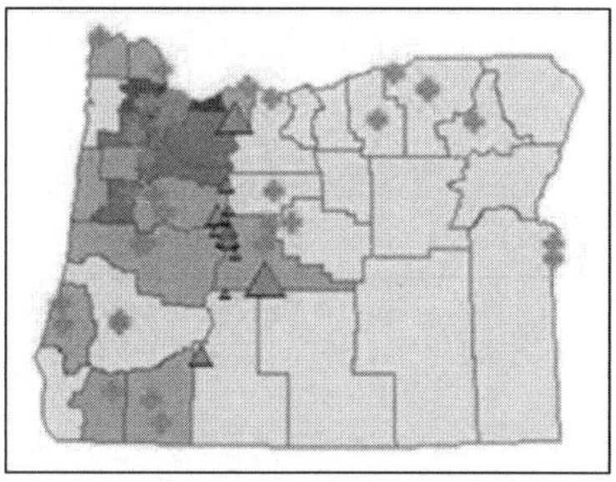

火山灾害地图

来源：Esri

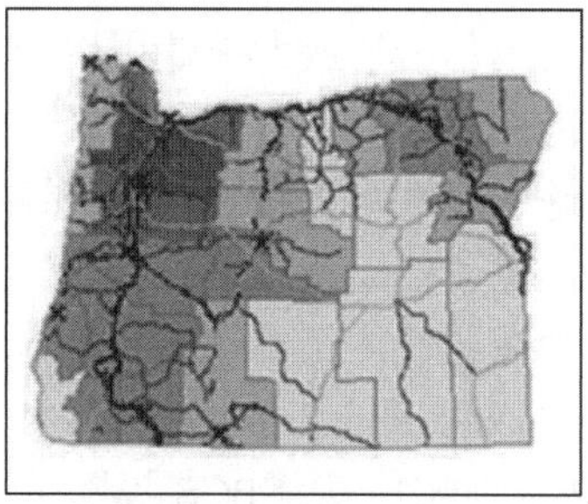

农业地图

来源：Esri

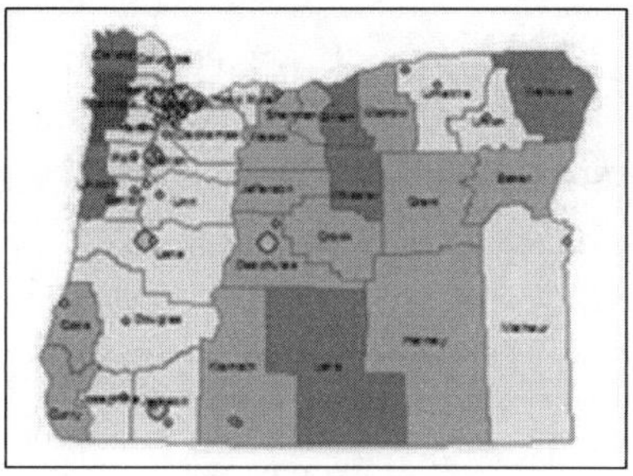

房屋地图

来源：Esri

自然地理地图

来源：Esri

第 3 章　教　　程

1. 地图是图层的容器；地图框将地图放置在布局中，具有相同的图层属性，但范围独立
2. 从左到右：分刻度、刻度、刻度单位

第 3 章　练　　习

1. 地图应如问题所示
2. 答案会有所不同

第 4 章　教　　程

1. GCS_WGS_1984，度
2. 约–80°和 25°
3. 两个单位都是十进制度
4. 世界墨卡托投影的单位为米
5. 南美洲大多为负值；亚洲大多为正值
6. 中央子午线为–96°，起始纬度为 40°。标准纬线为 20°和 60°
7. 它们不会被覆盖，因为它们存储在不同的地理数据库中
8. NAD 1983 South Dakota State Plane

第 4 章　练习（提示）

1. 查看图层属性中的坐标系统设置
2. 查看图层属性中的坐标系统设置

3. 找到雷尼尔山，放大并使用地图属性修改地图视图中坐标系统读数的显示单位
4. 打开地图属性，查看坐标系统详情
5. 打开地图属性，查看坐标系统详情
6. 打开地图属性，查看坐标系统详情
7. 打开地图属性，查看坐标系统详情
8. 显示并标注 mgisdata 中的 UTM 和 SPCS
9. 在地图属性中，从 SPCS 投影带开始并修改它
10. 查看图层属性，猜测正确的坐标系统，修改标签使其正确显示

第 5 章　教　　程

1. 图层名称是外观名称，不适用文件命名规则
2. Coverages、数据库连接、AGOL 要素图层、包和 CAD 绘图
3. Contents（内容）窗格显示带有外观设置的图层；Catalog（目录）窗格显示已存储的数据集
4. 不同的数据源具有不同的源比例尺
5. 裁剪会取代部分原始边界，降低几何准确度
6. 通过阅读网站上的元数据

第 5 章　练　　习

答案会有所不同

第 6 章　教　　程

1. NAD 1983 UTM Zone 10N；米
2. 值为 180；包含湖泊
3. 6 号，ignimbrite（熔灰岩）

第 6 章　练　　习

答案会有所不同

第 7 章　教　　程

1. 约 3900 万黑人和 5000 万西班牙裔人
2. 南亚特兰蒂斯黑人最多；太平洋地区西班牙裔人最多
3. 190 个民主党选区
4. 独立表
5. DISTRICTID 字段
6. “一对多”；州是目标表；选区是连接表
7. 21 名代表
8. 许多西部气候站位于丘陵地带，因此气温较低
9. 它们只包含部分信息，而不是十进制度
10. STATION_NAME 和 STATION

第 7 章 练习（提示）

1. 将表格添加到 Pro 并导出到数据库
2. 查看表中的记录数，并按开始日期排序
3. 在目录视图中查看元数据
4. 使用 Frequency（频率）工具
5. 创建一个人均字段，并将各州与商店连接起来以计算数值
6. 使用连接将独立的频率表转换为空间数据，以便绘制地图，参见下图

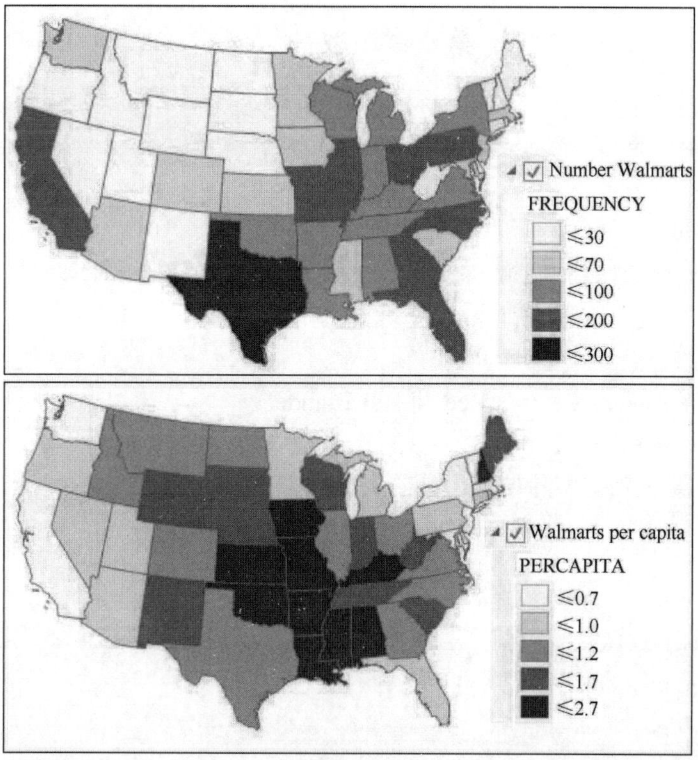

来源：Esri

7. 创建散点图，参见下图

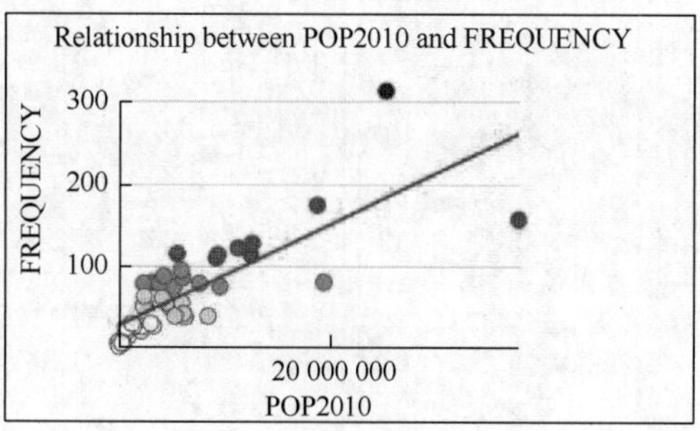

来源：Esri

8. 使用汇总统计
9. 使用图层属性设置时间，并使用时间滑块进行探索
10. 答案会有所不同

第 8 章　教　　程

1. NAD 1983 State Plane Texas Central
2. 模式更改
3. 源比例尺为 1∶200 000；约 1200 英尺

第 8 章　练　　习

答案会有所不同。注意正确捕捉和补全相邻多边形

第 9 章　教　　程

1. 九个城市
2. 303 个县
3. 还剩 133 个县
4. 36 个城市包含“NEW”
5. 删除 SQL 中的第一个%通配符，然后剩下 34 个城市
6. 州际公路 20 英里范围内有 3641 座城市
7. 93%
8. Brazos、Canadian、Pecos、Red 和 Rio Grande
9. 风险城市有 4300 万人
10. 它计算的是被裁剪删除的部分县的人口

第 9 章　练习（提示）

1. 使用属性选择
2. 使用属性选择
3. 使用位置选择
4. 使用位置选择
5. 按属性选择，然后按位置选择，并对选择类型进行适当设置

6～9. 参见下图

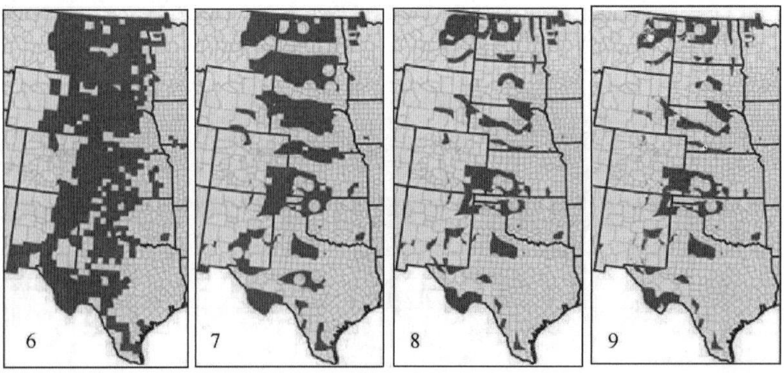

来源：Esri

10. 参见下图

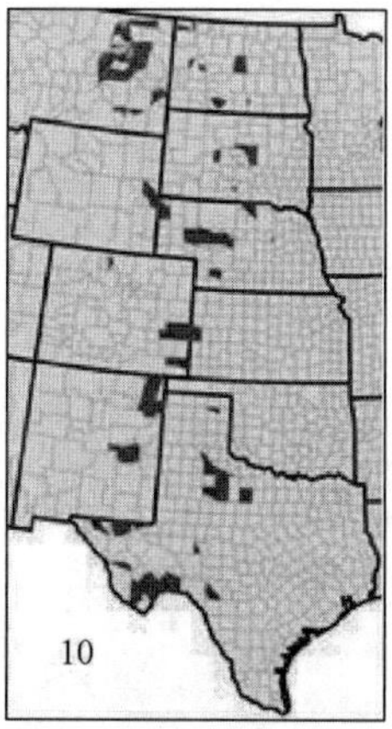

来源：Esri

第10章 教 程

1. 1360口井中的591口
2. FACILITY_N
3. 16 477条街道
4. 按位置选择只能选择点，不能求出中心的人口总数
5. 2.4 km^2

第10章 练习（提示）

1. 使用“一对一”连接类型连接最接近的数据。创建并计算距离字段，并将结果绘制成图表

2. 参见下图

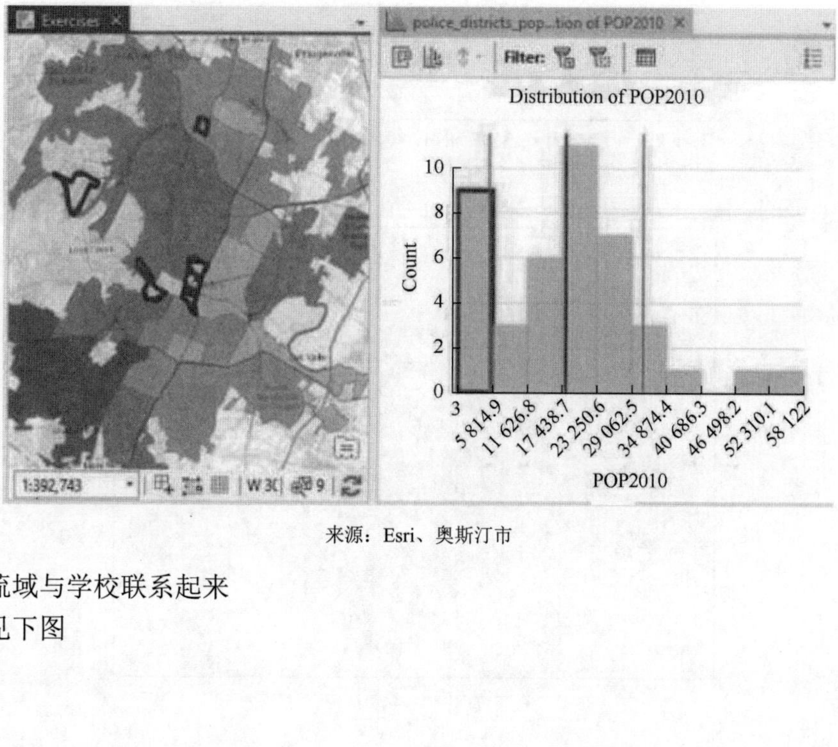

来源：Esri、奥斯汀市

3. 将流域与学校联系起来

4. 参见下图

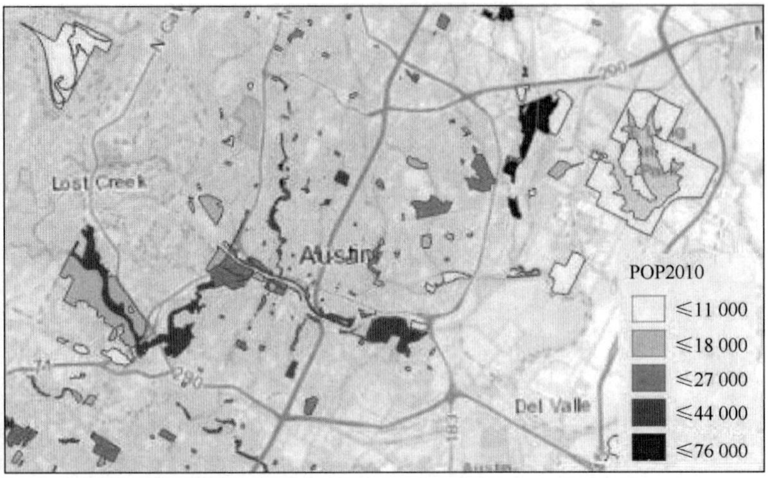

来源：Esri、奥斯汀市

5. 参见下图

每千人拥有的水井数

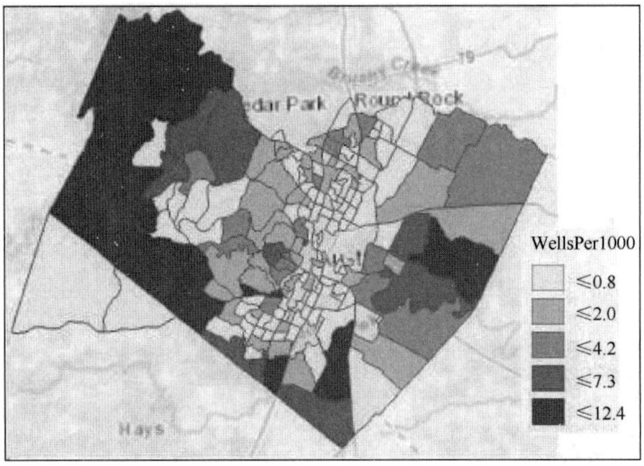

来源：Esri、奥斯汀市

井深

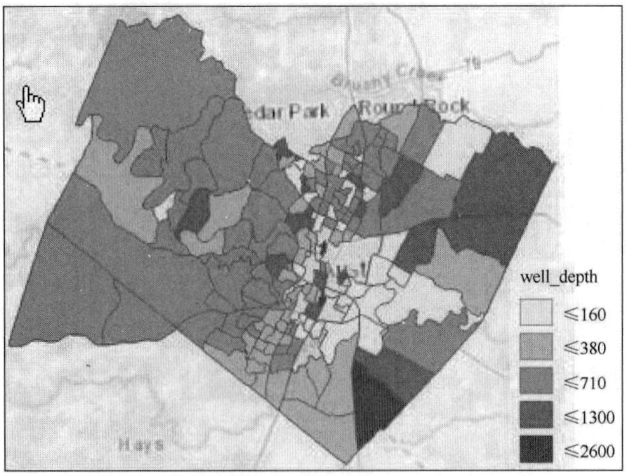

来源：Esri、奥斯汀市

6. 参见下图

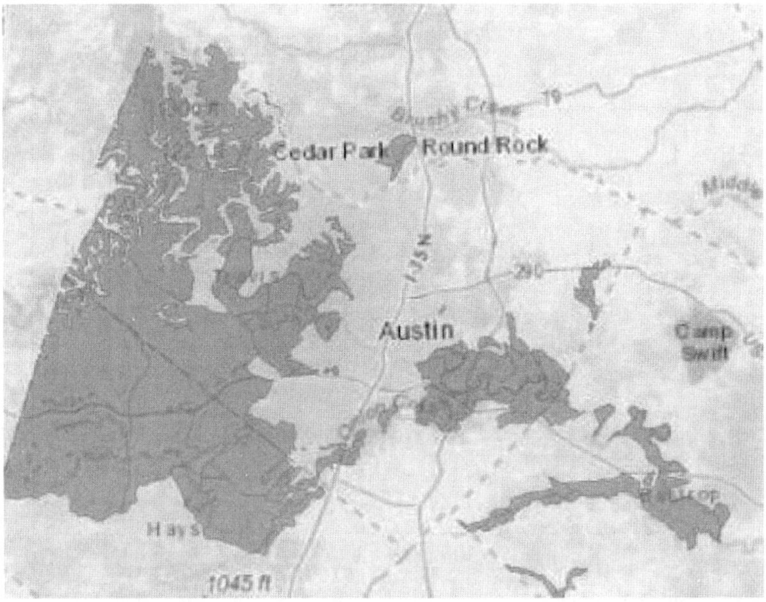

来源：Esri

7. 参见下图，选定的道路为紫色

来源：Esri、奥斯汀市

8. 参见下图

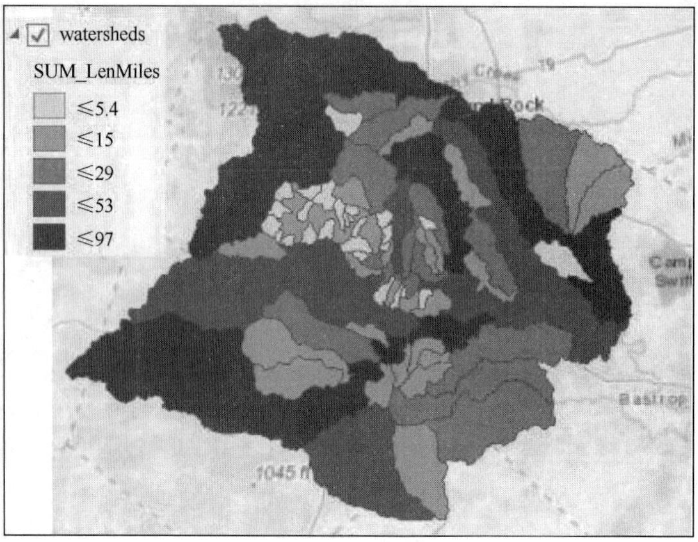

来源：Esri、奥斯汀市

9. 参见下图

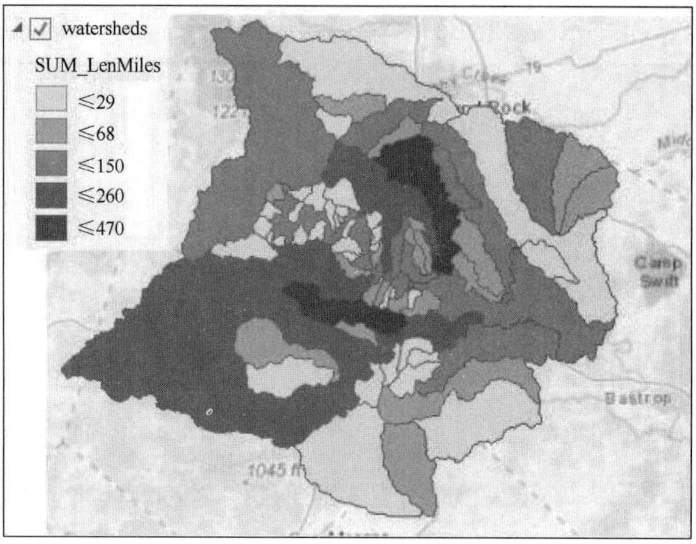

来源：Esri、奥斯汀市

10. 参见下图

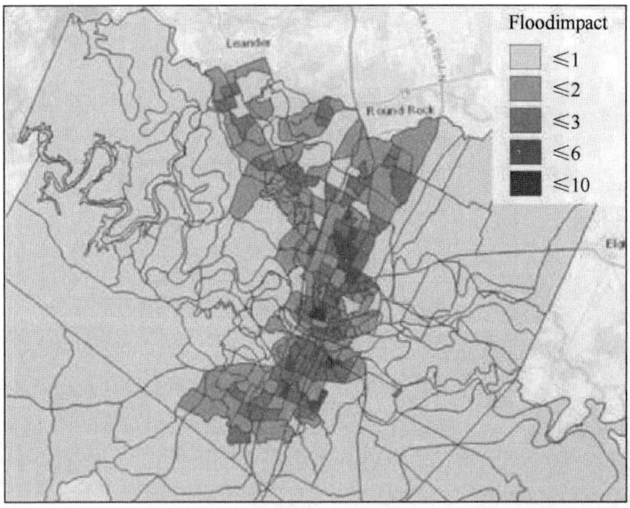

来源：Esri、奥斯汀市

第 11 章　教　　程

1. 约 319 km^2 的 C 级
2. 北部为红色，南部为浅蓝色
3. 存储 0～3，表示可以看到像元的点数
4. 浮点栅格，因为降水量数值是小数
5. 欢乐谷（Pleasant Valley），约 0.166 km^3

第 11 章　练　　习

1. 参见下图
2. 参见下图

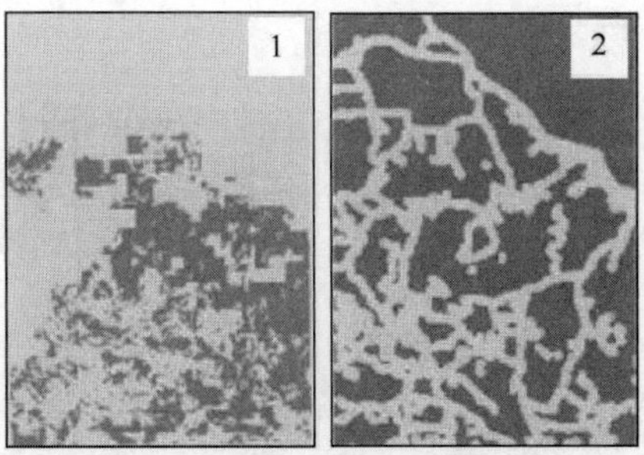

来源：黑山国家森林公园

3. 参见下图
4. 面积为 40.4 km^2，参见下图

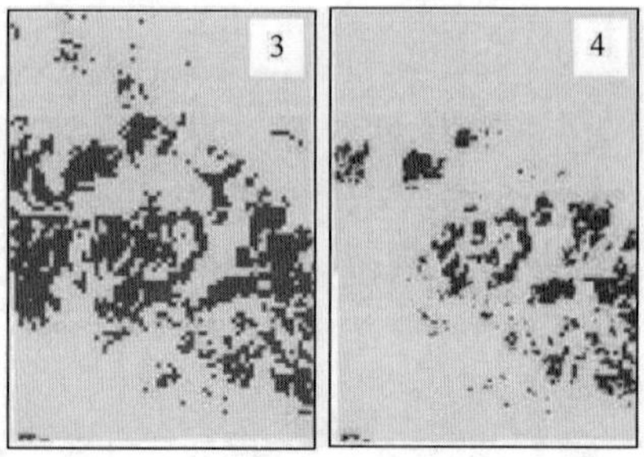

来源：Esri、黑山国家森林公园、南达科他州地质调查局

5. 参见下图，最佳地点为绿色

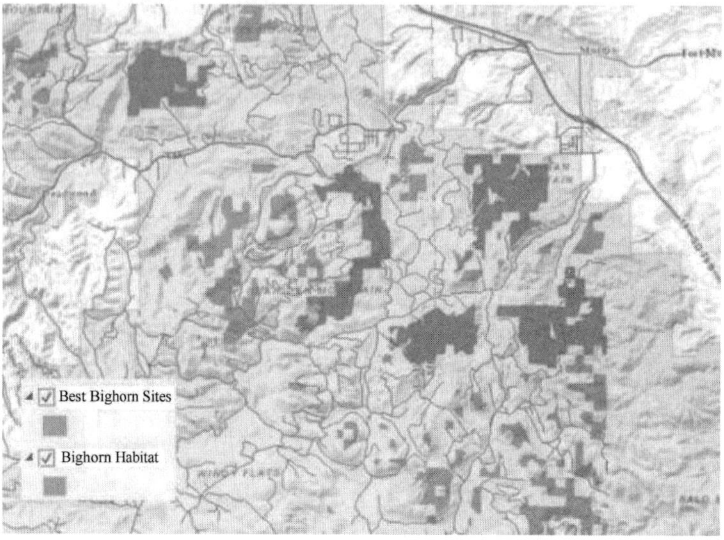

来源：Esri

6～9. 答案各不相同，示例见下图

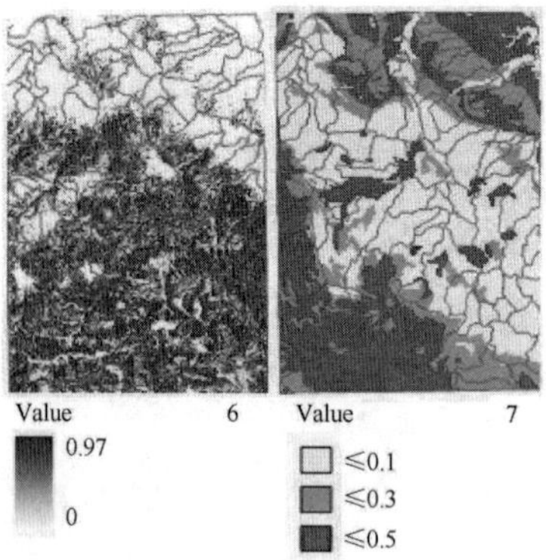

来源：黑山国家森林公园

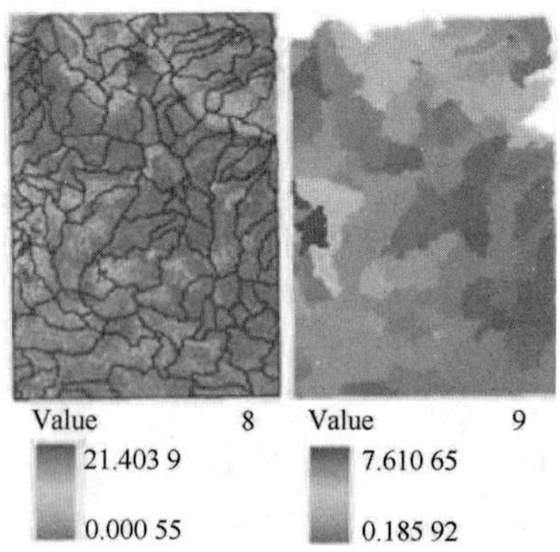

来源：黑山国家森林公园

10. 答案会有所不同，但应该与图 11.7 相似

第12章 教 程

1. 出版日期为 6/30/2010
2. 由国家世界地图集和美国地质调查局发起，由 Esri 出版
3. 两个步骤；2004 年和 2006 年
4. 国家地图集
5. 1∶200 万
6. 请联系 Esri 购买软件
7. 由 ArcGIS 内容团队制作；遵循 ISO 19115 2003 的 NAP 标准
8. 深度单位为千米

第12章 练 习

答案会有所不同，符合标准的俄勒冈州地区参见下图

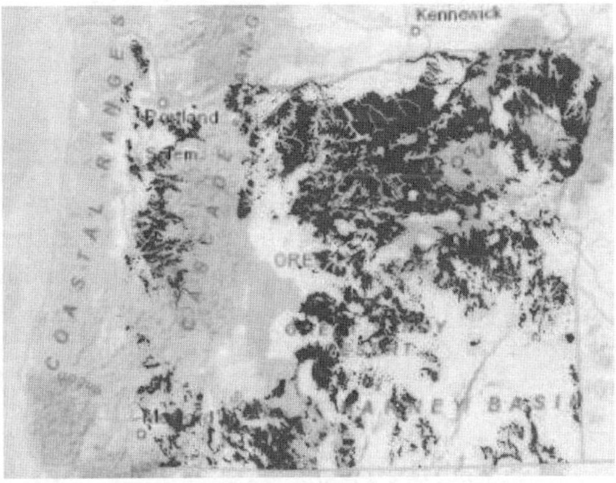

来源：Esri

常用坐标系统

投影	属性	用途
地理 （Geographic） 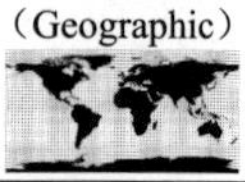	地理坐标系未投影数据，不是投影坐标系统。方向是准确的，但所有其他属性变形明显	用笛卡儿坐标显示的纬度和经度表示球面上的位置；用于存储未投影的数据；不建议用于地图
等距圆锥 （Equidistant Conic） 	沿标准纬线和经线的距离是真实的，其他属性在标准纬线上也是如此，但在远离纬线的地方，变形会增加	适用于中纬度地区东西走向的区域制图；适用于国土面积较小国家的地图集；最适合于纬度小于 30° 的区域
阿尔伯斯等积圆锥 （Albers Equal Area Conic） 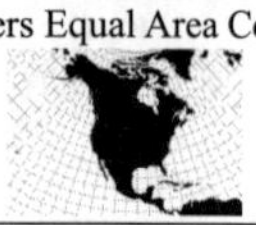	面积比例真实；形状和距离随着与标准纬线的距离而变形；方向沿纬线局部真实	适用于中纬度地区东西向国家的区域性制图，该投影通常用于美国本土地图，最适合于纬度小于 30°的区域
兰伯特等积方位 （Lambert Azimuthal Equal Area） 	面积是真实的，形状的变形很小。从中心点辐射出去的方向是真实的；距离投影中心点越远，距离变形越大	最大制图区域可以到半球大小，适合于大洲地图或较大面积国家地图所使用
兰伯特等角圆锥 （Lambert Conformal Conic） 	类似于阿尔伯斯等积投影，但形状保留更好，面积变形最小。局部地区保证角度无变形；沿纬线的距离是真实的	美国州地图或中纬度地区较小面积国家的区域性制图，常用于国家平面坐标系和美国地质调查局的很多地图，仅限于纬度小于 30°的区域
墨卡托 （Mercator） 	圆柱投影。保留了形状和局部角度；磁北方向是真实的。距离赤道越远，面积和距离变形越大	导航地图和其他需要真实方向（如航向或风向）的地图。需要保形特性的大陆和世界地图应用
罗宾逊 （Robinson） 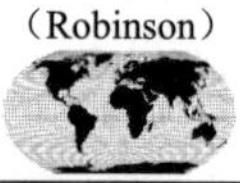	折衷投影，所有特性都有适度变形	为显示普通和专题世界地图而开发。仅用于世界地图
辅助球面墨卡托 （Web Mercator Auxiliary Sphere） 	形状和局部角度是真实的；距离赤道越远，面积和距离变形越大	常用于网络地图数据，因为它将世界划分为 256×256 的正方形图块。适用于基准面为 WGS 1984 的 ArcGIS Online、Google Maps 和 Bing Maps 在线地图应用
通用横轴墨卡托 （Universal Transverse Mercator） 	为全球 60 个南北投影带优化的坐标系系列。单个投影带内的变形最小	用于绘制本地地图和单个区域内的大比例尺地图。美国地质调查局地形图和许多国家都在使用。也用于一些国家平面（State Plane）投影带
国家平面坐标系 （State Plane Coordinate System） 	将国家平面投影带内的面积、方向、距离和形状的变形程度降到最低	这是一种美国州分带投影，也是减少变形的最佳投影方法，主要用于美国地质调查局地形图以及联邦、州和局部区域大比例尺制图

长度换算

乘以所示系数，即可将列单位转换为行单位。

	英寸	厘米	英尺	码	米	英里	千米	海里
英寸	1	0.393 7	12	36	39.37	69 840	39 370	60 964
厘米	2.540	1	30.48	91.44	100	27 496	1.00×10^{-5}	1.548×10^{-5}
英尺	0.083 3	0.032 8	1	3	3.281	5 280	3 281	5 080
码	0.027 8	0.010 9	0.333	1	1.094	1 940	1 094	1 693
米	0.025 4	0.010 0	0.304 8	0.914	1	1 610	1 000	1 852
英里	1.432×10^{-5}	3.637×10^{-5}	1.718×10^{-4}	5.155×10^{-4}	6.21×10^{-4}	1	0.621 5	1.151
千米	2.539×10^{-5}	1.00×10^{-5}	3.048×10^{-4}	9.144×10^{-4}	0.001	1.609	1	1.852
海里	1.640×10^{-5}	6.458×10^{-6}	1.968×10^{-4}	5.905×10^{-4}	5.40×10^{-4}	0.869	0.5 400	1

面积换算

乘以所示系数，即可将列单位转换为行单位。

	英寸	厘米	英尺	码	米	英里	千米	公顷	英亩
英寸	1	0.155 0	144	1 296	1 550	4.878×10^{9}	1.550×10^{9}	1.550×10^{7}	6.272×10^{6}
厘米	6.452	1	929	8 361	10 000	7.560×10^{8}	1.00×10^{10}	1.000×10^{8}	4.046×10^{7}
英尺	0.006 9	1.076×10^{-3}	1	9	10.76	3.387×10^{7}	1.076×10^{7}	1.076×10^{5}	43 560
码	7.716×10^{-4}	1.196×10^{-4}	0.111 1	1	1.196	3.764×10^{6}	1.196×10^{6}	11 960	4 840
米	6.442×10^{-4}	1.00×10^{-4}	0.092 9	0.836 1	1	2.591×10^{6}	1 000 000	10 000	4 047
英里	2.050×10^{-10}	1.323×10^{-9}	2.952×10^{-8}	2.657×10^{-7}	3.859×10^{-7}	1	0.386 3	3.859×10^{-3}	1.563×10^{-3}
千米	6.449×10^{-10}	1.00×10^{-10}	9.290×10^{-8}	8.361×10^{-7}	1.00×10^{-6}	2.590	1	0.010 0	4.047×10^{-3}
公顷	6.452×10^{-8}	1.00×10^{-8}	9.290×10^{-6}	8.361×10^{-5}	0.000 1	259	100	1	0.404 7
英亩	1.594×10^{-7}	2.471×10^{-8}	2.296×10^{-5}	2.066×10^{-4}	2.471×10^{-4}	640	247	2.471	1